全国高等教育自学考试指定教材

钢　结　构

（含：钢结构自学考试大纲）

（2024 年版）

全国高等教育自学考试指导委员会　组编

主　编　王玉银　郭兰慧　耿　悦

副主编　高　山　苏安第

图书在版编目(CIP)数据

钢结构：2024年版/王玉银，郭兰慧，耿悦主编. ——北京：北京大学出版社，2024.6
全国高等教育自学考试指定教材
ISBN 978-7-301-35030-0

Ⅰ. ①钢…　Ⅱ. ①王…　②郭…　Ⅲ. ①钢结构—高等教育—自学考试—教材　Ⅳ. ①TU391

中国国家版本馆CIP数据核字(2024)第094450号

书　　名　钢结构（2024年版）
　　　　　GANG JIEGOU（2024 NIAN BAN）
著作责任者　王玉银　郭兰慧　耿　悦　主编
策划编辑　吴　迪　赵思儒
责任编辑　范超奕
数字编辑　金常伟
标准书号　ISBN 978-7-301-35030-0
出版发行　北京大学出版社
地　　址　北京市海淀区成府路205号　100871
网　　址　http://www.pup.cn　新浪微博：@北京大学出版社
电子邮箱　编辑部pup6@pup.cn　总编室zpup@pup.cn
电　　话　邮购部010-62752015　发行部010-62750672　编辑部010-62750667
印 刷 者　北京鑫海金澳胶印有限公司
经 销 者　新华书店
　　　　　787毫米×1092毫米　16开本　22.25印张　541千字
　　　　　2024年6月第1版　2024年6月第1次印刷
定　　价　59.50元

组编前言

21世纪是一个变幻难测的世纪，是一个催人奋进的时代。科学技术飞速发展，知识更替日新月异。希望、困惑、机遇、挑战，随时随地都有可能出现在每一个社会成员的生活之中。抓住机遇、寻求发展、迎接挑战、适应变化的制胜法宝就是学习——依靠自己学习、终身学习。

作为我国高等教育组成部分的自学考试，其职责就是在高等教育这个水平上倡导自学、鼓励自学、帮助自学、推动自学，为每一个自学者铺就成才之路。组织编写供读者学习的教材就是履行这个职责的重要环节。毫无疑问，这种教材应当适合自学，应当有利于学习者掌握和了解新知识、新信息，有利于学习者增强创新意识，培养实践能力，形成自学能力，也有利于学习者学以致用，解决实际工作中所遇到的问题。具有如此特点的书，我们虽然沿用了“教材”这个概念，但它与那种仅供教师讲、学生听，教师不讲、学生不懂，以“教”为中心的教科书相比，已经在内容安排、编写体例、行文风格等方面都大不相同了。希望读者对此有所了解，以便从一开始就树立起依靠自己学习的坚定信念，不断探索适合自己的学习方法，充分利用自己已有的知识基础和实际工作经验，最大限度地发挥自己的潜能，达到学习的目标。

欢迎读者提出意见和建议。

祝每一位读者自学成功。

全国高等教育自学考试指导委员会

2023 年 1 月

目　录

全国高等教育自学考试

钢结构
自学考试大纲

全国高等教育自学考试指导委员会　制定

大 纲 前 言

为了适应社会主义现代化建设事业的需要，鼓励自学成才，我国在 20 世纪 80 年代初建立了高等教育自学考试制度。高等教育自学考试是个人自学、社会助学和国家考试相结合的一种高等教育形式。应考者通过规定的专业考试课程并经思想品德鉴定达到毕业要求的，可获得毕业证书；国家承认学历并按照规定享有与普通高等学校毕业生同等的有关待遇。经过 40 多年的发展，高等教育自学考试为国家培养造就了大批专门人才。

课程自学考试大纲是规范自学者学习范围、要求和考试标准的文件。它是按照专业考试计划的要求，具体指导个人自学、社会助学、国家考试及编写教材的依据。

随着经济社会的快速发展，新的法律法规不断出台，科技成果不断涌现，原大纲中有些内容过时、知识陈旧。为更新教育观念，深化教学内容及方式、考试制度、质量评价制度改革，使自学考试更好地提高人才培养的质量，各专业委员会按照专业考试计划的要求，对原课程自学考试大纲组织了修订或重编。

修订后的大纲，在层次上，本科参照一般普通高校本科的水平，专科参照一般普通高校专科或高职院校的水平；在内容上，及时反映学科的发展变化以及自然科学和社会科学近年来研究的成果，以更好地指导应考者学习使用。

全国高等教育自学考试指导委员会

2023 年 12 月

Ⅰ 课程性质与课程目标

一、课程性质和特点

钢结构是全国高等教育自学考试土木工程(专升本)、道路桥梁与渡河工程(专升本)等专业的专业课，是为培养和检测自学应考者在建筑钢结构方面的基本概念、基本理论和设计方法而设置的一门课程。近年来随着我国钢产量的逐年提升，钢结构在工业与民用建筑中得到了大量应用，中国正逐步走向钢结构发展的强国，也凸显了学习本课程的重要性。钢结构是从事土木建筑的工程技术人员应很好学习和掌握应用的专业课程。

钢结构是在工程力学和建筑材料等课程的基础上，进行学习和掌握的专业课，因而在学习本课程前，应学好材料力学和结构力学的相关知识。前序相关课程的学习可以为清晰了解轴心受力、受弯、拉弯和压弯构件及屋架的受力机理奠定良好的基础；本课程结合钢材的力学性能，针对性介绍钢结构连接及轴心受力、受弯、拉弯和压弯构件的设计方法。相关设计理论和设计方法可为其他金属构件的设计提供参考和借鉴。

自学本课程后，自学应考者应了解钢结构的特点及其合理应用范围和发展。深刻理解钢材的基本性能，梁、柱和屋架等基本构件及其连接的工作性能，掌握这些方面的基本知识、基本理论、设计方法和构造原则。能根据钢结构的整体布置，正确使用钢结构设计的相关标准进行基本构件的设计。同时自学应考者在学习过程中也需关注钢材的合理选用，构件的稳定问题及节点的合理构造。

二、课程目标

通过本课程的学习，可获得建筑钢结构的概念、计算方法和设计技能，了解不同受力状态下钢结构构件的受力机理，这些知识和技能具有普遍意义，有助于培养分析问题和解决问题的能力，以及处理技术问题的能力和素质，也为自学应考者很好地完成毕业设计或毕业论文奠定基础，为将来从事钢结构设计、分析与建造工作的从业人员打下坚实的专业基础。

三、与相关课程的联系与区别

钢结构的先导课程有材料力学和结构力学等课程，学生应在理解和掌握相关概念后，再进入钢结构课程的学习。其中，材料力学可以为钢结构提供受力状态和构件截面属性等方面的理论基础；结构力学可以从结构构件层面解释力学的相关问题。钢结构是在对构件受力状态、构件截面属性理解的基础上，对由钢材制作的结构构件、连接和体系展开分析，主要解决其受力和设计的计算问题，同时，钢结构方面的知识可以为后续钢-混凝土组合结构等课程的学习打下良好的基础。

钢结构课程与材料力学和结构力学等课程在部分内容上有交叉情况。三者的关系为：材料力学中有关在各种外力作用下产生的应变、应力、强度、刚度、稳定和各种材料破坏极限的内容，分流到结构力学和钢结构，其中有关在各种外力作用下产生的应变、应力、强度、刚度、稳定的部分放到结构力学中，有关各种构件破坏极限的部分则置于钢结构中。

四、课程的重点和难点

本课程的重点内容包括：钢材的静力性能，焊缝和螺栓连接，轴心受压构件的整体稳定，受弯构件的强度与整体稳定，拉弯和压弯构件的强度与整体稳定，屋盖结构组成和支撑体系。

本课程的难点内容包括：钢材的疲劳问题，焊接应力与变形，轴心受压构件的局部稳定，受弯构件的局部稳定，拉弯和压弯构件的整体稳定，屋盖支撑的布置原则与典型节点设计。

Ⅱ 考核目标

本大纲在考核目标中，按照识记、领会、简单应用和综合应用 4 个层次规定其应达到的能力层次要求。4 个能力层次是递进关系，各能力层次的含义如下。

识记(Ⅰ)：要求考生能够识别和记忆课程中规定的有关知识点的主要内容，并能够根据考核的要求，做出正确的表述、选择和判断，如结构或构造特点、应用范围、名词和定义等。

例如：识记化学成分和轧制工艺对钢材工作性能及力学指标的影响，要求能回答有哪些影响，不要求进一步解释产生这些影响的原因是什么。又如，识记钢结构常采用的连接方法，电弧焊的基本原理，梁截面的种类和梁格布置的方法，拉弯和压弯构件的合理截面形式和用途，及屋盖结构的组成等，这些都只要求能正确阐述其内容，不要求进一步论述。

领会(Ⅱ)：要求考生能够领悟和理解课程中规定的有关知识点的内涵与外延，熟悉其内容要求和它们之间的区别与联系，并能够根据考核的不同要求，做出正确的解释、说明和论述。

例如：领会结构钢材单向均匀拉伸时的力学性能，考生不但要能画出应力-应变关系全过程曲线，而且要解释各个工作阶段的过程和钢材破坏的性质等。领会实腹式轴心受压构件的整体稳定，考生不但要理解整体稳定临界力确定的方法和计算公式，而且要理解整体稳定曲线的分类原则。

简单应用(Ⅲ)：要求考生能够运用课程中规定的少量知识点，分析和解决一般应用问题，如简单计算、绘图、分析和论证等。

例如：对轴心受拉构件、格构式压弯构件进行截面选择的计算公式，对钢屋架施工图的绘制方法和要求等都只要求能简单应用。

综合应用(Ⅳ)：要求考生能够运用课程中规定的多个知识点，分析和解决较复杂的应用问题，如计算、绘图和简单设计、分析、论证等。

例如：综合应用实腹式轴心受压构件截面的选择方法，要求考生根据稳定和等稳定的概念和原则，以及长细比的规定，全面分析考虑后，选出合理的构件截面。又如，综合应用梁的整体稳定验算方法及设计标准对各项计算的规定，要求考生能运用梁整体稳定的基本概念、整体稳定系数计算公式，以及保证和提高整体稳定的方法。

Ⅲ　课程内容与考核要求

第1章　概　　述

一、学习目的与要求

通过本章的学习，要求了解钢结构的发展概况及其在建筑工程中的地位。了解钢结构的特点，理解由其特点决定的合理应用范围。深刻理解钢结构采用的极限状态设计方法，了解钢结构的发展方向。

二、课程内容

1. 钢结构的发展概况

(1) 钢结构在国内的发展概况。

(2) 钢结构在国外的发展概况。

2. 钢结构的特点和合理应用范围

(1) 轻质高强的概念。

钢材是容重较大的建筑材料，但强度比其他材料高很多，因而钢结构的自重轻，属轻质高强材料。

(2) 匀质等向体的概念。

工程力学研究的对象是匀质等向体，钢材的组织构造与其较为接近，因而表现出塑性和韧性好的特点。在外力作用下，钢结构的实际内力和计算结果较为符合匀质等向体的特征。

(3) 焊接性能的概念。

钢材具有良好的焊接性能，适用于多种焊接连接形式。

(4) 工厂化的概念。

钢结构制造的工厂化，既保证了制造和安装质量，又加快了施工速度。

(5) 钢材抗腐蚀和抗火性能差。

这是钢结构的不足之处，增加了工程造价和维修费用，近年来有很大改进，并在不断研究解决之中。

(6) 钢结构的合理应用范围。

钢结构的合理应用范围根据钢结构本身的特点来确定。总的来说，钢结构适用于高、大、重型及轻型结构。

3. 钢结构的设计方法

(1) 结构可靠度设计的概念。

结构可靠性包括安全性、适用性和耐久性。用概率理论的方法来分析和确定各种变量，以可靠指标来衡量结构的可靠性。

(2) 近似概率极限状态设计法。

根据结构或构件能否满足预定功能的要求来确定它们的极限状态。

钢结构采用的是近似概率极限状态设计法。为了适应工程设计者的习惯，转化为分项系数法。

两种极限状态：承载能力极限状态和正常使用极限状态。前者包括强度设计(含疲劳强度)和稳定设计，后者主要指变形计算。

4. 钢结构的发展

(1) 高性能钢材的发展趋势。

高性能钢材的主要趋势是：提高材料强度，提高截面承载效率，提高钢材耐高温、耐腐蚀等性能。

(2) 当前国内钢结构的发展。

未来主要发展的趋势是：高性能钢材、标准化建设、智能建造。

三、考核知识点和考核要求

1. 钢结构的发展概况

领会：钢结构在国内外的发展概况；当前钢结构的发展趋势。

2. 钢结构的特点和合理应用范围

领会：匀质等向体的重要意义；轻质高强的含义；钢结构的合理应用范围。

识记：钢结构的特点。

3. 钢结构的设计方法

领会：结构可靠度设计方法。

识记：承载能力极限状态和正常使用极限状态的含义和区别。

四、本章重点与难点

本章重点：钢结构的合理应用范围和发展。在了解钢结构特点的基础上，理解其合理应用范围以及当前和未来的发展。

本章难点：钢结构采用的近似概率极限状态设计法。要求深刻理解采用应力计算公式表达的近似概率极限状态设计方法和设计公式。理解钢结构设计中承载能力极限状态和正常使用极限状态的内容和意义。

第 2 章　建筑结构用钢材及其性能

一、学习目的与要求

钢材性能是钢结构课程的基本知识部分。通过本章的学习，要求深刻理解结构钢材一次单向均匀拉伸时的力学性能，各种力学指标的意义和用途，复杂应力状态下的屈服条件，以及冷弯性能和冲击韧性指标的意义。理解循环荷载作用下钢材的疲劳强度，掌握设计标准中疲劳强度的计算方法。

深刻理解设计中采用合理构造、减少应力集中、防止脆性破坏的措施。

了解钢材种类和规格，理解如何正确选用钢材。

二、课程内容

1. 钢材一次单向均匀拉伸时的力学性能

(1) 结构钢材一次单向均匀拉伸的应力应变全过程。

钢材一次单向均匀拉伸直至破坏属于静力荷载作用。历经弹性、弹塑性、塑性(屈服)和强化四个阶段。

(2) 理想弹-塑性体的概念。

弹性阶段钢材的应力和应变成正比，呈完全弹性工作。弹塑性阶段钢材的应力和应变为非线性关系，但此阶段范围不大。钢材进入塑性阶段屈服后，应力保持不变而应变可自由发展到2%～3%。

工程设计中，为了避免产生过大的变形，取钢材的屈服强度作为钢材强度的标准值。

为了力学计算方便，假设钢材应力应变关系为理想弹-塑性体，而忽略弹塑性阶段和强化阶段。

2. 钢材的力学性能指标

(1) 静力荷载作用下的力学性能指标。

由应力-应变关系全过程曲线，可得弹性模量 E、屈服点(屈服强度) f_y、抗拉强度 f_u 和伸长率 A。强度设计以 f_y 为极限状态的钢材强度标准值。冷弯性能是考察钢材是否具有良好塑性变形能力和冶金质量的综合指标。断面收缩率是考察厚钢板用于受垂直于厚度方向拉力作用时，是否具有良好的抗分层撕裂的能力。钢材双向或三向同时受外力作用时，应按能量强度理论来确定其折算应力，作为进入塑性工作状态的屈服极限。

(2) 钢材的冲击韧性指标。

钢材的冲击韧性表示钢材抵抗冲击荷载的能力，也是衡量动力荷载作用下钢材抵抗脆性破坏的能力，是直接承受动力荷载作用的构件选用钢材的主要指标。我国标准规定以V形缺口试件破坏时所消耗的功作为冲击韧性指标。

(3) 钢材的疲劳强度。

构件和连接中，钢材在连续往复循环荷载作用下，在受拉区可能发生疲劳破坏。应力集中越严重，疲劳强度就越低。疲劳强度是按容许应力幅方法计算的，计算应力幅值应不超过容许应力幅。

(4) 钢材工作性能的影响因素。

钢材的化学成分(特别是碳、硫、磷)和轧制工艺对钢材的工作性能有很大影响，具体包括对钢材的力学性能指标和钢材焊接性能的影响。

3. 钢材的破坏形式

(1) 钢材的两种破坏形式。

塑性破坏的特征是：破坏有明显的变形和征兆，可以及时采取措施予以补救，危险性相对于脆性破坏稍小。

脆性破坏的特征是：破坏是突然发生的，应变极小，大多数情况下局部应力很高，危险性很大，应予以重视，尽可能使之不发生脆性破坏。

(2) 冶金缺陷的影响。

钢材的冶金缺陷主要包括某些化学元素的偏析，或具有非金属杂质，以及轧制后产生裂纹和分层等，这些缺陷都会使钢材的塑性、冲击韧性、冷弯性能、抗层间撕裂以及焊接性能等变差。沸腾钢的冶金缺陷常大于镇静钢。

(3) 温度影响。

当温度由常温降到零下温度时，钢材的脆性增大，可能引起脆性断裂，发生低温冷脆。升温时，钢材的屈服点下降，发生高温软化，达到600℃时，屈服点显著降低。

(4) 钢材的硬化。

钢材的硬化包括时效硬化和冷作硬化两种。前者是由钢材内部组织变化引起的，后者是由应力超过弹性极限后卸载再受载引起的，虽然屈服点提高了，但损失了钢材的塑性变形能力，增加了钢材的脆性。

4. 钢材种类和规格

(1) 建筑结构用碳素结构钢和低合金高强度结构钢。

我国目前推荐采用的碳素结构钢有Q235，低合金高强度结构钢有Q355、Q390、Q420和Q460共5种钢材。Q235钢又分沸腾钢、镇静钢和特殊镇静钢。每种牌号钢材按质量分为4种或5种等级，根据使用要求选用。

(2) 钢材的选用和规格。

钢材的正确选用和合理使用，关系到结构的安全、使用寿命和经济性。应根据使用要求、工作性质和使用条件等全面考虑，合理选择钢种、牌号、质量等级、性能指标和规格。

三、考核知识点与考核要求

1. 钢材一次单向均匀拉伸时的力学性能

领会：应力-应变关系全过程曲线的 4 个阶段——弹性、弹塑性、塑性和强化阶段；应力达到屈服应力时，进入塑性阶段，应力保持不变，应变可自由增加，达到2%～3%，但并未破坏；塑性阶段结束后，钢材承载力继续提高，直至应力达到抗拉强度，钢材断裂破坏，最大应变为30%。

2. 钢材的静力力学性能指标

识记：单向应力状态下的静力力学性能指标及化学成分和钢材轧制工艺对工作性能及力学指标的影响；多轴应力状态下钢材的屈服条件。

领会：钢材以屈服点为强度设计指标的根据；钢材弹性工作时变形很小；弹塑性阶段的范围不大，塑性阶段变形又很大，因而结构钢材很接近于理想弹-塑性体，以屈服点为强度设计指标；抗分层撕裂指标用于厚钢板，仅在垂直于厚度方向受拉的情况下考虑。

3. 钢材的韧性指标

识记：冲击韧性试验方法。

领会：冲击韧性的意义，能在选用钢材时正确地提出冲击韧性指标的要求；钢材高温软化和低温脆性的概念。

4. 钢材的疲劳强度

识记：循环荷载的种类。

领会：在反复荷载作用下构件和连接中受拉区钢材的疲劳破坏。

简单应用：常幅疲劳的计算方法。

5. 结构钢材的塑性破坏和脆性破坏

领会：钢材的两种可能破坏形式，两者的区别和后果；应力集中现象，产生的原因和后果，以及设计中应采取的合理构造措施；冶金缺陷和温度变化可能引起钢材脆性破坏的现象；时效硬化和冷作硬化的现象和原因。

6. 钢材的牌号、规格和合理选用

识记：建筑结构中采用的钢材牌号和用途；各种钢材的规格和特性。

领会：如何根据使用要求、使用条件、受力状况等合理地选用钢材。

四、本章重点与难点

本章重点：通过对单向均匀拉伸的应力-应变关系全过程曲线的学习和理解，要求建立理想弹-塑性体的概念，及钢材塑性破坏的概念。结构钢材静力和动力性能指标，包括：屈服点f_y、抗拉强度f_u、弹性模量E、伸长率A、冷弯性能、断面收缩率及冲击韧性A_{KV}。应用能量强度理论计算钢材的折算应力，包括：钢材的剪切屈服强度和剪切模量的确定。建立同号应力场导致钢材脆性、异号应力场钢材显示塑性的概念。应力集中现象是钢结构中普遍存在的问题，它将导致构件和结构的脆性破坏，尤其在节点中更为突出，是钢结构设计中应予以重视的重要问题。钢材的合理选用，在了解和掌握各种钢材的性能和结构构件使用要求的基础上，能进行材料的选用。

本章难点：本章的学习难点是钢材的疲劳问题，但只要求了解什么是钢材的疲劳，疲劳破坏产生的原因，以及会验算构件和连接的常幅疲劳。

第3章　钢结构连接

一、学习目的与要求

连接是组合钢构件和组成钢结构的重要环节，是本课程的基本知识和基本技能。

通过本章的学习，要求了解钢结构采用的焊接连接和螺栓连接两种常用的连接方法及其特点。深刻理解对接焊缝及角焊缝的工作性能。熟练掌握各种内力作用下，连接的构造、传力过程和计算方法。了解焊缝缺陷对其承载力的影响及焊缝质量等级和质量检验方法。理解焊接应力和焊接变形的种类、产生原因及其影响，以及减小和消除的方法。深刻理解普通螺栓的工作性能和破坏形式，熟练掌握螺栓连接在传递各种内力时连接的构造、传力过程和计算方法。理解螺栓排列方式和构造要求。深刻理解高强度螺栓的工作性能，熟练掌握高强度螺栓连接传递内力时连接的构造、传力过程和计算方法。

二、课程内容

1. 钢结构的连接方法和特点

(1) 钢结构的连接方法。

钢结构采用的连接方法目前常用的有焊接和螺栓连接两种，后者包括普通螺栓连接和高强度螺栓连接。

(2) 焊接连接的特点。

构造简单，对构件无截面削弱，可焊接成任何形状，节约钢材。焊条的种类和用途。焊缝的方位和要求。焊缝符号和标注方法。焊缝的缺陷。焊缝质量等级和焊缝质量检验方法。

(3) 螺栓连接的特点。

普通螺栓连接施工简便，常用作安装固定件，也可用于传递拉力。高强度螺栓分承压型连接和摩擦型连接两种，前者和普通螺栓连接的工作类似，可用来传递剪力。高强度螺栓摩擦型连接依靠连接件间的摩擦力传力，具有连接紧密、节点整体性好、耐疲劳、施工简便及可拆卸等优点。

2. 对接焊缝及其连接

(1) 对接焊缝的形式和构造要求。

(2) 对接焊缝的连接。

采用对接焊缝的连接有对接连接和 T 形连接两种。对接连接传递轴心力或弯矩，及同时传递轴心力、弯矩和剪力时的传力过程分析和计算。T 形连接传递轴心力和弯矩，及同时传递几种内力时的传力过程分析和计算。

3. 角焊缝的构造及计算

(1) 角焊缝的形式和构造要求。

角焊缝分直角角焊缝和斜角角焊缝，还有部分熔透的坡口焊缝也相当于角焊缝的工作。角焊缝的构造要求。

(2) 采用角焊缝的连接。

采用角焊缝的连接有对接连接、搭接连接和 T 形连接。角焊缝连接的基本计算公式。对接连接的工作和计算。搭接连接的工作和计算。T 形连接的角焊缝在轴心力、弯矩和剪力共同作用下的计算。

(3) 部分熔透的对接和角接组合焊缝的构造要求和计算。

4. 焊接应力和焊接变形

(1) 焊接应力和焊接变形的种类、产生的原因和特点。

(2) 焊接应力和焊接变形对结构构件工作的影响，减小和消除焊接应力和焊接变形的措施。

5. 普通螺栓连接

(1) 普通螺栓。

普通螺栓的等级(4.6 级、4.8 级和 8.8 级)排列和构造。普通螺栓传递剪力时的工作性能、破坏形式和承载力计算。普通螺栓传递拉力时的工作性能和承载力计算。

(2) 普通螺栓连接。

螺栓受剪传递轴心力、扭矩，或同时传递剪力、扭矩和轴心力的连接构造、内力分析和计算。螺栓受拉传递弯矩，或同时传递弯矩和剪力的连接构造、内力分析和计算。

6. 高强度螺栓连接

(1) 高强度螺栓连接的工作性能和特点。

高强度螺栓预拉力和抗滑移系数。

(2) 高强度螺栓连接的计算。

高强度螺栓摩擦型连接和高强度螺栓承压型连接。受剪连接中，传递轴心力和扭矩时的计算。受拉连接中，传递轴心力和弯矩时的计算。

三、考核知识点和考核要求

1. 钢结构的连接方法和特点

领会：钢结构常采用的焊接和螺栓连接的优缺点和用途；电弧焊的基本原理和设备，

焊条种类和选用，焊缝的方位和要求，焊缝符号和标注方法，以及焊缝缺陷和国家规定的质量检验标准；普通螺栓和高强度螺栓的优缺点和用途。

识记：焊缝质量等级和质量检验等级的要求。

2. 对接焊缝及其连接

领会：对接焊缝的构造和工作性能；对接连接和 T 形连接的构造。

综合应用：传递各种内力时的传力过程分析和焊缝的计算公式。

3. 角焊缝及其连接

识记：角焊缝的构造要求。

领会：角焊缝的形式和工作性能，包括直角角焊缝、斜角角焊缝和部分熔透的坡口焊缝；采用角焊缝的对接连接、搭接连接和 T 形连接的工作性能和构造要求。

简单应用：部分熔透的对接与角接组合焊缝连接的构造和计算。

综合应用：上述各种连接在各种内力作用下的内力传递过程分析，以及连接的计算。

4. 焊接应力和焊接变形

识记：悍接应力的种类。

领会：焊接应力和焊接变形、产生原因及影响，以及减小和消除的措施。

5. 普通螺栓连接和高强度螺栓连接

领会：螺栓的排列和构造要求；普通螺栓连接传递剪力和拉力时的工作性能和破坏形式；高强度螺栓连接的工作性能。

综合应用：普通螺栓连接和高强度螺栓连接在传递各种内力时，传力过程的分析和计算方法；高强度螺栓连接在受剪、受拉以及同时受剪和受拉的连接中，力的传递过程、内力分析以及计算。

四、本章重点与难点

本章重点：对接焊缝和角焊缝的受力性能。要求对焊缝的构造和工作性能有较深刻的理解和认识。采用对接焊缝的对接连接和 T 形连接，和采用角焊缝的对接、搭接和 T 形连接，以及部分熔透的组合焊缝连接。要求掌握构造、传力过程分析和强度承载力计算。普通螺栓受剪和受拉的工作性能，螺栓群传递轴心力、扭矩和弯矩时的构造、传力过程分析和强度承载力的计算。高强度螺栓摩擦型和承压型连接的工作特点和计算。

本章难点：焊接应力与焊接变形。要求理解焊接应力与焊接变形产生的原因，焊接应力与变形的种类及其对构件工作的影响。了解减小和消除焊接应力与变形的措施。

第 4 章　轴心受力构件

一、学习目的与要求

轴心受力构件包括轴心受拉和轴心受压两种工况，是钢结构的基本构件之一，广泛用于工作平台支撑柱子和各种桁架及网架结构中。通过本章的学习，要求理解轴心受力构件的特点、截面形式和应用范围。深刻理解轴心受拉构件的强度承载力极限和容许长细比的规定。深刻理解轴心受压构件的稳定承载力极限和容许长细比的规定。深刻理解等稳定的概念，熟练掌握轴心受压构件(包括实腹式和格构式构件)的设计方法和标准的有关规定。理解实腹式轴心受压构件局部稳定的概念，掌握标准中关于局部稳定的规定。掌握柱头和柱脚的构造和设计。

二、课程内容

1. 轴心受力构件的特点和截面形式

(1) 轴心受力构件的用途和截面形式。

(2) 轴心受力构件的极限状态。承载能力极限状态包括强度和稳定承载力。正常使用极限状态，用容许长细比控制。

2. 轴心受拉构件

(1) 轴心受拉构件的强度计算。

(2) 轴心受拉构件的容许长细比。

3. 实腹式轴心受压构件

(1) 轴心受压构件的强度承载力和容许长细比。

(2) 实腹式轴心受压构件的整体稳定。轴心受压构件的弯曲屈曲、扭转屈曲和弯扭屈曲状态，产生屈曲的原因。轴心受压构件弯曲屈曲临界应力的确定和采用的基本假定。初始几何缺陷和残余应力对临界应力的影响。设计标准规定的轴心受压构件弯曲屈曲和弯扭屈曲临界应力的确定、稳定系数及其应用。轴心受压构件的截面选择。

(3) 实腹式轴心受压构件的局部稳定。薄板稳定的基本概念。腹板和翼缘板临界应力的确定。局部稳定与构件整体稳定等稳定的概念。设计标准对组成轴心受压构件的板件宽(高)厚比规定。

4. 格构式轴心受压构件

(1) 格构式轴心受压构件的整体稳定。格构式轴心受压构件的截面形式。缀条式轴心受压构件对虚轴的换算长细比。缀板式轴心受压构件对虚轴的换算长细比。

(2) 格构式轴心受压柱的截面选择。格构式轴心受压柱设计中的等稳定原则。缀材设计和横隔板的设置。

5. 柱头和柱脚

(1) 柱头设计。常用的柱头形式和构造，传力过程分析和组成部件的计算。

(2) 柱脚设计。常用的柱脚形式和构造，传力过程分析和组成部件的计算。

三、考核知识点和考核要求

1. 轴心受力构件的极限状态

识记：轴心受力构件的失稳形式。

领会：轴心受力构件的特点、截面形式和用途，以及计算长度的计算；轴心受力构件极限状态设计的内容，承载能力极限状态包括强度和稳定，正常使用极限状态用容许长细比来控制。

2. 轴心受拉构件设计

领会：限制容许长细比的意义。

简单应用：轴心受拉构件强度承载力的计算方法。

3. 实腹式轴心受压构件的整体稳定

领会：轴心受压构件失稳形态、临界应力的确定和采用的基本假定；初始几何缺陷和残余应力对构件稳定承载力的影响；设计标准对轴心受压构件稳定系数的规定。

综合应用：实腹式轴心受压构件稳定承载力的计算。

4. 实腹式轴心受压构件的局部稳定

领会：四边支承板在正应力作用下屈曲的概念，临界应力公式的意义及其简单应用；实腹式轴心受压构件的腹板和翼缘板屈曲的概念，临界应力公式的意义及其简单应用；设计标准对轴心受压构件的腹板高厚比和翼缘板宽厚比的规定。

5. 格构式轴心受压构件的整体稳定

领会：格构式轴心受压构件的截面形式和缀材体系；格构式构件对虚轴的换算长细比。

综合应用：格构式轴心受压构件的整体稳定计算；缀件的计算。

6. 等稳定设计概念

领会：轴心受压构件两个主轴方向临界应力相等的等稳定设计；轴心受压构件组成板件局部稳定临界应力和构件整体稳定临界应力相等的等稳定概念。

7. 格构式轴心受压构件设计

领会：格构式构件采用换算长细比的原因。

综合应用：格构式轴心受压构件的整体稳定计算；缀件的计算。

8. 柱头和柱脚

领会：柱头和柱脚常用的构造形式；柱头和柱脚传力过程的分析。

简单应用：柱头和柱脚设计的计算方法与过程。

四、本章重点与难点

本章重点：实腹式和格构式轴心受压构件的整体稳定。要求深刻理解轴心受压构件整体稳定临界应力公式的来源，采用的基本假定，理论公式的意义。设计标准对稳定承载力计算的规定，掌握标准规定的轴心受压构件稳定计算；包括实腹式和格构式构件、格构式构件的缀材计算。实腹式轴心受压构件腹板和翼缘板宽厚比的规定。等稳定设计概念，包括轴心受压构件绕两个主轴的等稳定和局部稳定与整体稳定的等稳定。典型柱头和柱脚的构造，传力过程分析和计算。

本章难点：轴心受压构件的整体稳定和局部稳定，要求深刻理解稳定的基本概念、基本假设、临界状态，及设计标准对稳定问题的规定及计算方法。

第5章 受 弯 构 件

一、学习目的与要求

受弯构件是钢结构的基本构件之一，广泛用于各种结构中，如设备平台结构、楼盖结构、框架横梁和吊车梁等。

通过本章的学习，要求了解梁格布置。深刻理解受弯构件的工作性能和两种极限状态。理解整体稳定的基本概念。熟练掌握标准规定的有关整体稳定的验算方法和提高稳定的措施。理解梁的组成、板件局部稳定的基本概念和腹板屈曲后强度的概念。掌握标准中的有关规定和验算方法。熟练掌握型钢梁的设计，了解工字截面焊接梁的设计。理解梁的拼接、支座和主次梁连接的构造，并掌握其设计方法。

二、课程内容

1. 梁的种类和梁格布置

(1) 梁的种类。

有热轧型钢梁、冷弯薄壁型钢梁和焊接梁等，根据跨度大小和荷载大小等选用。

(2) 梁格布置。

由纵横交错的主、次梁组成平面结构体系，可分简式梁格、普通式梁格和复式梁格。

2. 梁的强度与刚度的计算

(1) 承载能力极限状态。梁截面的抗弯强度和抗剪强度，以及局部承压处的抗压强度。梁的整体稳定和组成板件的局部稳定。

(2) 正常使用极限状态。通常用最大挠度控制梁的正常使用极限状态。

(3) 梁的强度计算。对称截面梁在主轴平面内受弯时的工作性能。梁受弯时正应力和剪应力的计算。集中荷载作用于梁的上翼缘时，腹板边缘局部压应力的计算。

(4) 梁的刚度计算。采用荷载标准值控制梁的最大挠度。

3. 梁的整体稳定

(1) 受弯构件整体稳定的概念。夹支座简支梁整体丧失稳定破坏的状态。梁整体失稳的原因。

(2) 整体稳定的临界应力与验算。求解整体稳定临界荷载时采用的基本假定。夹支座简支梁在纯弯曲、均布荷载和集中荷载作用下临界弯矩的确定。影响临界弯矩的因素和提高整体稳定承载力的措施。设计标准对梁整体稳定验算的规定、整体稳定系数的计算及其简化验算方法。

4. 梁的局部稳定和加劲肋设计

(1) 梁腹板局部稳定的概念。

(2) 受压翼缘板的局部稳定和宽厚比限值。

(3) 梁腹板局部稳定的计算和加劲肋设计。四边简支板在弯曲应力作用下的屈曲。四边简支板在剪应力作用下的屈曲。四边简支板在横向压应力作用下的屈曲。几种应力共同作用下腹板的屈曲和临界状态相关方程。设计标准规定的保证腹板稳定的设计方法。

(4) 加劲肋的构造和截面尺寸的要求。加劲肋的构造要求，梁端构造和支座反力的传递过程，支承加劲肋设计。

5. 梁腹板的屈曲后强度

(1) 腹板受剪的屈曲后强度。

(2) 腹板受弯屈曲后梁的极限弯矩。

(3) 焊接梁腹板考虑屈曲后强度的计算。

6. 型钢梁设计

(1) 单向弯曲型钢梁的截面选择和验算。

(2) 双向弯曲型钢梁的截面选择和验算。

7. 焊接梁设计

(1) 截面选择。梁高、腹板高度和厚度的确定，翼缘板宽度和厚度的确定，截面强度和挠度的验算。

(2) 翼缘与腹板连接焊缝的计算。

(3) 翼缘变截面的确定和计算。

8. 梁的节点做法

(1) 梁的拼接。工厂拼接和工地拼接。

(2) 梁的支座。平板支座和凸缘支座。

(3) 主梁与次梁的连接。叠接和平接。

三、考核知识点和考核要求

1. 梁的种类和梁格布置

识记：梁截面的种类和用途；简式、普通式和复式梁格布置方法。

2. 梁的承载能力和正常使用极限状态

领会：梁的承载能力极限状态，包括强度和稳定。强度包括受弯强度、受剪强度、局部承压强度和折算应力；稳定包括整体稳定和局部稳定；梁的正常使用极限状态，即梁的刚度要求。

简单应用：梁的挠度计算方法。

3. 梁的强度计算

领会：梁受弯时的工作性能。

综合应用：弯曲正应力、剪应力、局部压应力和折算应力的计算方法。

4. 梁的整体稳定

领会：梁整体稳定的基本概念；影响梁整体稳定的各种因素，提高梁整体稳定承载力的具体措施。

综合应用：梁整体稳定的验算方法，及设计标准对各项计算的规定。

5. 梁的局部稳定

领会：梁的腹板和受压翼缘板局部稳定的基本概念；腹板在几种应力共同作用下临界状态的相关方程。

简单应用：设计标准对受压翼缘板宽厚比的规定，以保证其局部稳定；设计标准规定的保证腹板局部稳定的计算和加劲肋的布置原则；加劲肋的设计方法；梁端构造、传力过程分析及支承加劲肋的设计。

6. 梁腹板的屈曲后强度

领会：梁腹板在剪应力作用下具有屈曲后强度的原因及屈曲后增加剪力值的计算；梁腹板在弯曲应力作用下具有屈曲后强度的原因及利用屈曲后强度时，梁的极限弯矩的计算；腹板在弯、剪应力共同作用下，考虑屈曲后强度的计算。

7. 型钢梁设计

综合应用：型钢梁截面选择和挠度的计算过程和方法。

8. 焊接梁设计

简单应用：焊接梁翼缘焊缝的计算，翼缘截面的改变，腹板加劲肋设计，梁端构造和梁端加劲肋设计。

综合应用：焊接梁的截面选择方法。

9. 梁的拼接、支座和主次梁连接

领会：梁的拼接、支座和主次梁连接的构造和要求。

简单应用：梁的拼接、支座和主次梁连接的计算。

四、本章重点与难点

本章重点：受弯构件的强度，包括抗弯强度、抗剪强度和局部承压时的抗压强度。梁的整体稳定，影响整体稳定的因素，提高稳定承载力的措施，验算稳定的方法。腹板和受压翼缘板的局部稳定，腹板在几种应力共同作用下的临界状态。标准规定保证腹板局部稳定的设计方法，加劲肋的设计，保证受压翼缘局部稳定的宽厚比规定。腹板屈曲后强度的基本概念。型钢梁截面选择。焊接梁设计的全过程，包括梁端构造和挠度计算。

本章难点：深刻理解梁的整体稳定和腹板及受压翼缘板的局部稳定的基本概念和假设，以及设计中保证稳定的方法和计算。

第 6 章　拉弯和压弯构件

一、学习目的与要求

拉弯和压弯构件也是钢结构的基本构件，广泛用于各种结构中，如框架柱和有集中荷载作用于节间的桁架弦杆等。

通过本章的学习，要求了解构件截面形式和特点。理解拉弯和压弯构件的强度极限状态。熟练掌握实腹式压弯构件在弯矩作用平面内、外的整体稳定的验算，以及腹板和受压翼缘板局部稳定的验算和规定。熟练掌握格构式压弯构件的整体稳定和单肢稳定的验算，以及缀材的计算。掌握压弯构件柱脚的构造和设计。

二、课程内容

1. 拉弯、压弯构件的截面形式和特点

(1) 截面形式。

有单轴对称截面和双轴对称截面，有实腹式截面和格构式截面。

(2) 特点。

拉弯和压弯构件设计应同时满足正常使用极限状态和承载能力极限状态的要求。拉弯构件通常只考虑强度问题，压弯构件应同时满足强度和稳定承载力要求。拉弯和压弯构件的正常使用极限状态用容许长细比来控制。

2. 拉弯、压弯构件的强度和刚度计算

(1) 拉弯、压弯构件的破坏形式。

(2) 拉弯、压弯构件的强度和刚度计算，轴心压力和弯矩的相关关系，构件的容许长细比。设计标准规定的强度计算相关公式。

3. 实腹式压弯构件的整体稳定

(1) 弯矩作用平面内的稳定。

弯矩作用平面内的稳定属第二类稳定，只有压弯构件稳定平衡状态，荷载达极值时为临界状态。临界状态屈曲时，构件截面可能为弹性工作，但大多数情况下截面发展塑性。设计标准给出了临界状态稳定承载力验算的相关公式。

(2) 弯矩作用平面外的稳定。

构件在弯矩作用平面外以弯扭屈曲状态丧失稳定。设计标准采用偏于安全的线性相关公式验算构件的稳定承载力。

(3) 压弯构件的计算长度。

4. 压弯构件的局部稳定

(1) 腹板的局部稳定。

腹板为四边支承板，受非均匀正应力和均布的剪应力共同作用。设计标准采用的保证腹板局部稳定的方法是：令腹板的临界应力等于钢材屈服点并适当考虑塑性发展，从而导出腹板的高厚比限值，或考虑屈曲后强度按腹板的有效截面进行计算。

(2) 翼缘板的局部稳定是由临界应力等于钢材屈服点的条件导出宽厚比限值。

5. 格构式压弯构件的计算

(1) 整体稳定承载力的验算。

弯矩在垂直于实轴的平面内作用时，和实腹式构件相同。弯矩在垂直于虚轴的平面内作用时，采用相关公式验算稳定承载力，但不考虑截面发展塑性。不必验算在弯矩作用平面外的整体稳定，应按设计标准的规定，验算最大受压分肢的稳定承载力。

(2) 缀材计算。

计算方法和轴心受压构件的缀材相同，但剪力设计值应取假想剪力和实际剪力中的较大值。

6. 压弯构件的柱脚设计

(1) 实腹式柱的刚接柱脚——整体式柱脚。典型柱脚的构造。柱脚设计要点：底板尺寸的确定、焊缝的计算、锚栓计算。

(2) 格构式柱的刚接柱脚。内力不大、柱肢间距也不大时，采用整体式柱柱脚，计算同实腹式柱柱脚。内力较大、柱肢间距也较大时，采用分离式柱柱脚，计算同轴心受压柱柱脚。

三、考核知识点和考核要求

1. 拉弯和压弯构件的截面形式和特点

识记：构件的合理截面形式和用途；拉弯和压弯构件的应用范围。

领会：拉弯和压弯构件的工作性能、破坏形式，能简单应用两种极限状态的计算方法。

2. 拉弯和压弯构件强度的计算

简单应用：设计标准规定的相关公式，进行构件强度的验算。

3. 压弯构件的整体稳定和局部稳定

领会：第一类稳定和第二类稳定的区别。

简单应用：设计标准对实腹式压弯构件弯矩作用平面内、外整体稳定的验算；实腹式压弯构件腹板和受压翼缘板宽厚比的规定；设计标准对格构式压弯构件在弯矩作用平面内整体稳定的验算和最大受压肢稳定的验算。

4. 格构式压弯构件的计算

简单应用：格构式压弯构件的截面选择步骤和计算公式；格构式压弯构件缀材的设计。

5. 压弯构件的柱脚设计

领会：典型整体式柱脚的构造、传力过程分析、简单应用其计算方法；典型分离式柱脚的构造、传力过程分析、简单应用其计算方法。

四、本章重点与难点

本章重点：拉弯和压弯构件的强度计算。标准规定的强度计算公式及其应用。实腹式压弯构件截面选择和弯矩作用平面内、外稳定承载力的验算，腹板和受压翼缘板的宽厚比规定。格构式压弯构件的截面选择，稳定承载力的验算。实腹式压弯构件的整体式柱脚设计。

本章难点：实腹式和格构式压弯构件在弯矩作用平面内、外的稳定问题。

第7章 屋盖结构

一、学习目的与要求

屋盖结构是工业与民用建筑中最常见的结构，也是采用钢结构较为普遍的结构。通过本章的学习，要求对屋盖结构的整体构造和组成有全面的了解，对支撑体系在结构中的作用和重要性有一定的理解。运用之前各章学习到的基本理论、基本知识和基本计算技能，掌握普通钢屋架的设计，达到能绘制施工图的目的。

二、课程内容

1. *屋盖结构的种类、特点和用途*

(1) 屋盖结构的组成分类。

屋盖结构分为无檩屋盖结构体系和有檩屋盖结构体系两类。

(2) 特点和用途。

无檩屋盖结构体系刚度大，整体性好，但自重大，用钢量较多。有檩屋盖结构体系刚度较小，整体性较差，但自重较小，用钢量较省。根据使用要求选用无檩屋盖结构体系或有檩屋盖结构体系。

2. *屋盖结构的支撑体系*

(1) 屋盖支撑的种类和作用。

屋盖支撑体系由上弦横向水平支撑、下弦横向水平支撑、下弦纵向水平支撑、垂直支撑和系杆组成。支撑的作用是：保证屋盖的整体性和整体刚度，为屋架弦杆提供侧向支承点，保证其平面外的稳定，承受并传递水平荷载及保证结构安装时的稳定和方便。

(2) 屋盖支撑的布置。

上、下弦横向水平支撑布置在上下弦平面内，和相邻两屋架的杆组成平行弦桁架。下弦纵向水平支撑布置在下弦端部节间，把所有屋架下弦端节间连接起来，只在必要时才设置。垂直支撑布置在相邻两屋架的竖杆平面内，把此两屋架连成稳定的整体。根据屋架形式和跨度，确定两屋架间垂直支撑的个数，由一个到三个。上述上、下弦支撑和垂直支撑设在同一处两屋架之间，组成稳定的几何不变空间结构体系。其他屋架的稳定性依靠系杆和稳定的空间结构相连，形成整体。

(3) 支撑的计算与构造。

有十字交叉式、V 形和 W 形。V 形和 W 形支撑的杆件以及刚性系杆按压杆设计，十字交叉杆和柔性系杆按拉杆设计。结合支撑的计算长度和容许长细比选择截面。

3. 普通钢屋架设计

(1) 钢屋架形式、腹杆布置及尺寸确定。

屋架形式选择、腹杆的布置和要求、屋架主要尺寸的确定。

(2) 钢屋架的杆件设计。

荷载汇集、杆件内力的计算和内力组合、杆件的计算长度和合理的截面形式、杆件的容许长细比、杆件的截面选择。

(3) 节点设计。

节点的构造要求、典型节点计算。

(4) 钢屋架施工图的绘制。

三、考核知识点和考核要求

1. 屋盖结构的种类、特点和用途

识记：钢屋盖；无檩屋盖结构体系；有檩屋盖结构体系；天窗架；托架。

领会：钢屋盖的组成；无檩屋盖结构体系和有檩屋盖结构体系的组成、特点和用途；屋盖结构的重要性。

简单应用：钢屋盖选型及选材方法。

2. 屋盖结构的支撑体系

识记：上弦横向水平支撑；下弦横向水平支撑；下弦纵向水平支撑；垂直支撑；系杆。

领会：钢屋盖结构中支撑的种类及其作用；钢屋盖结构中各种支撑的布置及其重要性，各种支撑组合成整体后的作用。

简单应用：各种支撑的结构形式和截面选择方法。

3. 普通钢屋架设计

识记：屋架外形；屋架腹杆；屋架荷载组合；杆件的计算长度和容许长细比；屋架节点；屋架施工图。

领会：屋架形式选择的原则，各种形式屋架的特点和应用，以及腹杆的布置要求；屋架主要尺寸确定的方法和原则要求；屋架杆件计算长度的确定原则，以及合理截面形式的确定；屋架杆件容许长细比的规定。

简单应用：普通钢屋架设计方法。

综合应用：屋盖荷载的特点和荷载汇集步骤和方法；钢屋架施工图绘制的方法和要求；屋架杆件内力的计算及最不利的内力组合方法；屋架杆件的截面选择步骤和方法；节点的构造要求和典型节点的设计方法。

四、本章重点与难点

本章重点：屋盖结构组成和支撑体系的构造和作用，要求建立由屋架、支撑等构件组成的整体结构体系的概念。普通钢屋架设计，屋架形式和主要尺寸的确定，荷载汇集，杆力计算和内力组合，杆件计算长度和合理的截面形式，典型节点设计。

本章难点：屋盖支撑的布置原则，屋架杆件计算长度原则及最不利的内力组合方法，典型节点的设计方法。

Ⅳ　关于大纲的说明与考核实施要求

一、课程自学考试大纲的目的和作用

课程自学考试大纲是根据土木工程(专升本)、道路桥梁与渡河工程(专升本)专业自学考试计划的要求，结合自学考试的特点而确定。其目的是对个人自学、社会助学和课程考试命题进行指导和规定。

本课程自学考试大纲明确了课程学习的内容以及深度和广度，规定了课程自学考试的范围和标准。因此，它是编写本课程自学考试教材和辅导书的依据，是社会助学组织进行自学辅导的依据，是自学者学习教材、掌握课程内容知识范围和程度的依据，也是进行自学考试命题的依据。

二、课程自学考试大纲与教材的关系

课程自学考试大纲是进行学习和考核的依据，教材是学习掌握课程知识的基本内容与范围，教材的内容是大纲所规定的课程知识和内容的扩展与发挥。课程内容在教材中可以体现一定的深度或难度，但在大纲中对考核的要求一定要适当。

大纲与教材所体现的课程内容应基本一致；大纲里面的课程内容和考核知识点，教材里一般也要有。反过来教材里有的内容，大纲里就不一定体现。如果教材是推荐选用的，其中有的内容与大纲要求不一致的地方，应以大纲规定为准。

三、关于自学教材

《钢结构(2024年版)》，全国高等教育自学考试指导委员会组编，王玉银、郭兰慧、耿悦主编，北京大学出版社出版。

四、关于自学要求和自学方法的指导

本大纲的课程基本要求是依据专业基本规范和专业培养目标而确定的。课程基本要求明确了课程的基本内容及对基本内容掌握的程度。基本要求中的知识点构成了课程内容的主体部分。因此，课程基本内容掌握程度、课程考核知识点是高等教育自学考试考核的主要内容。

为有效地指导个人自学和社会助学，本大纲已指明了课程的重点和难点，在章节的基本要求中一般也指明了章节内容的重点和难点。具体自学方法如下。

(1) 仔细阅读各章的学习目的和要求。

(2) 先把教材粗读一遍。

(3) 阅读了解本章内容的重点和难点。

(4) 遇到与以前学习过的工程力学和材料力学有关的课程内容，必要时应先进行复习。

(5) 精读教材内容。

(6) 完成各章习题。在完成习题的过程中，可结合自己掌握的程度，重读教材中的有关内容。

五、对考核内容的说明

本课程要求考生学习和掌握的知识点内容都作为考核的内容。课程中各章的内容均由若干知识点组成，在自学考试中成为考核知识点。因此，课程自学考试大纲中所规定的考试内容是以分解为考核知识点的方式给出的。由于各知识点在课程中的地位、作用以及知识自身的特点不同，自学考试对各知识点分别按三个或四个认知层次确定其考核要求。

六、关于考试命题的若干规定

(1) 本课程的考试方式为闭卷，笔试，满分 100 分，60 分及格。考试时间为 150 分钟。考生可携带钢笔、签字笔、铅笔、橡皮、无记忆存储及通讯功能的计算器参加考试。

(2) 本课程在试卷中对不同能力层次要求的分数比例大致为：识记占 20%，领会占 20%，简单应用占 30%，综合应用占 30%。

(3) 要合理安排试题的难易程度，试题的难度可分为：易、较易、较难和难四个等级。必须注意试题的难易程度与能力层次有一定的联系，但二者不是等同的概念。在各个能力层次中对于不同的考生都存在着不同的难度。在大纲中要特别强调这个问题，应告诫考生切勿混淆。

(4) 课程考试命题的主要题型一般有单项选择题、填空题、计算题、分析题、综合题等题型。

在命题工作中必须按照本课程大纲中所规定的题型命制，考试试卷使用的题型可以略少，但不能超出本课程对题型的规定。

附录　题 型 举 例

一、单项选择题

1．为防止厚钢板在焊接时或承受厚度方向的拉力时发生层状撕裂，必须测试钢材的(　　)。

A．抗拉强度 f_u　　　　B．屈服点 f_y

C．冷弯 180° 试验　　　　D．Z 向收缩率

2．采用 Q235 钢材的钢板，厚度越大，其(　　)。

A．塑性越好　　　　B．韧性越好

C．内部缺陷越少　　　　D．强度越低

二、填空题

1．对焊缝进行质量验收时，对于______级焊缝，只进行外观检查即可。

2．单轴对称的 T 形截面轴心受压构件，绕非对称主轴整体失稳时，会发生______屈曲。

三、计算题

图示肋板采用双面角焊缝连接，受静力荷载 F=200kN(设计值)，角焊缝焊脚尺寸 h_f=12mm，钢材为 Q235B，手工电弧焊，焊条为 E43 型，f_f^w =160N/mm^2。验算焊缝强度(注：需考虑焊缝起弧和灭弧的影响)。

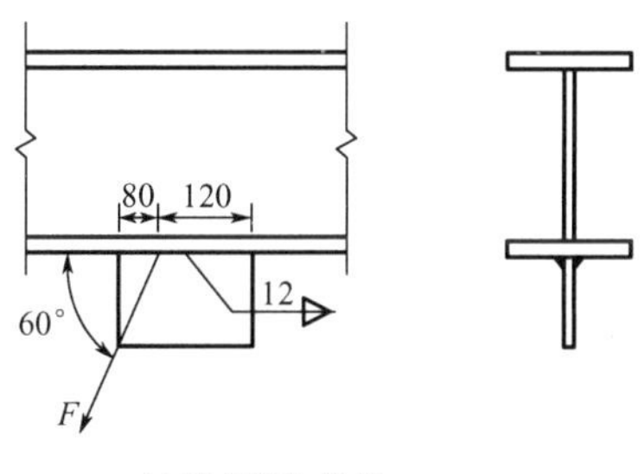

计算题图(单位：mm)

四、分析题

为保证梁腹板的局部稳定，需按哪些原则设置加劲肋？

五、综合题

如图所示格构式轴心受压缀板柱，已知：l_{0x}=4.8m，l_{0y}=7.5m，单肢长细比 λ_1=22，钢材 Q390，f=345N/mm^2，双肢格构柱截面对 x 轴和 y 轴均属 b 类截面。双槽钢［24c 格构式柱的截面特性：A=43.81cm^2, I_x=7020cm^4, I_y=28815cm^4。计算满足整体稳定的最大轴心压力设计值。轴心受压构件稳定系数 φ 取值见下表。

λ/ε_k	40	50	60	70	80	90	100
φ	0.899	0.856	0.807	0.751	0.688	0.621	0.555

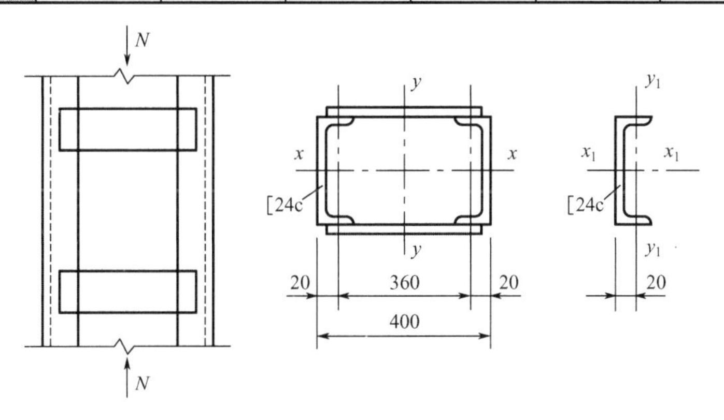

综合题图(单位：mm)

大 纲 后 记

《钢结构自学考试大纲》是根据《高等教育自学考试专业基本规范(2021年)》的要求，由全国高等教育自学考试指导委员会土木水利矿业环境类专业委员会组织制定的。

全国高等教育自学考试指导委员会土木水利矿业环境类专业委员会对本大纲组织审稿，根据审稿会意见由编者做了修改，最后由土木水利矿业环境类专业委员会定稿。

本大纲由哈尔滨工业大学王玉银教授、郭兰慧教授、耿悦教授、高山副教授和苏安第教授编写；参加审稿并提出修改意见的有北京工业大学张爱林教授、天津大学丁阳教授、哈尔滨工业大学邵永松教授。

对参与本大纲编写和审稿的各位专家表示感谢。

全国高等教育自学考试指导委员会
土木水利矿业环境类专业委员会
2023年12月

全国高等教育自学考试指定教材

钢 结 构

全国高等教育自学考试指导委员会　组编

编 者 的 话

本教材是根据全国高等教育自学考试指导委员会最新制定的《钢结构自学考试大纲》的课程内容、考核知识点及考核要求编写的自学考试指定教材。涉及相关的现行国家标准有《钢结构设计标准》(GB 50017—2017)、《低合金高强度结构钢》(GB/T 1591—2018)、《建筑结构可靠性设计统一标准》(GB 50068—2018)、《建筑结构荷载规范》(GB 50009—2012)、《工程结构通用规范》(GB 55001—2021)和《钢结构通用规范》(GB 55006—2021)等，使教材内容能够反映行业的最新研究成果。

本教材系统介绍了钢结构的基本概念、理论和计算方法，共分为7章，包括：概述、建筑结构用钢材及其性能、钢结构连接、轴心受力构件、受弯构件、拉弯和压弯构件、屋盖结构。通过上述内容的学习，自学者可以掌握钢结构的基本原理和设计方法，掌握钢结构屋盖及其屋架的设计方法，能够依据现行国家标准、规程从事钢结构工程的相关工作。各章章前有知识结构图，将知识点分为识记、领会和应用；章后有习题，题型包括单项选择题、填空题、简答题和计算题，与考试题型相对应。另外，本教材还配有部分章后计算题讲解视频和在线答题等数字资源（读者可参照本书封底的数字资源使用说明获取），便于读者理解和巩固知识。

本教材由哈尔滨工业大学王玉银教授、郭兰慧教授、耿悦教授任主编，哈尔滨工业大学高山副教授、苏安第教授任副主编。本教材具体编写分工如下：王玉银教授编写第1章，郭兰慧教授编写第3、4章，耿悦教授编写第7章，高山副教授编写第5、6章，苏安第教授编写第2章。全书由王玉银教授负责统稿。本教材是在哈尔滨工业大学钟善桐教授主编的全国高等教育自学考试指定教材《钢结构(2005年版)》的基础上进行修订的，在此对钟善铜教授前期做出的巨大贡献表示衷心的感谢。

本教材聘请北京工业大学张爱林教授任主审，天津大学丁阳教授和哈尔滨工业大学邵永松教授参审，在此对参与审稿工作的同人表示诚挚的感谢。

限于编者的水平，书中难免有不妥之处，恳请广大读者批评指正。

编 者

2023年12月

第1章 概述

知识结构图

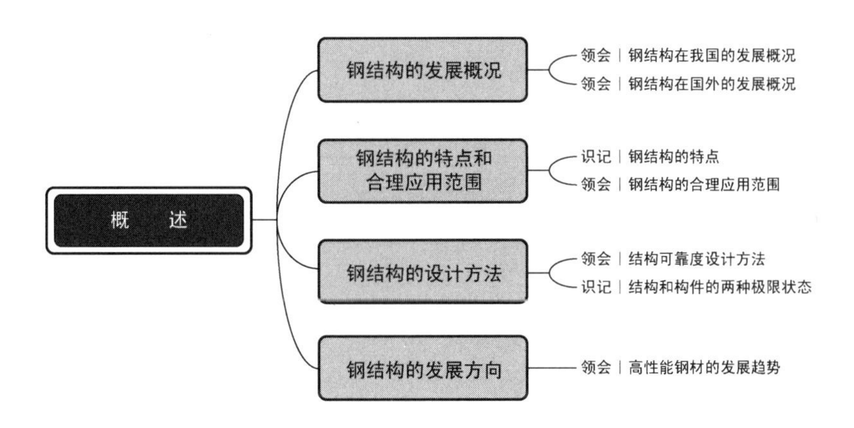

概　述
钢结构的发展概况
领会 | 钢结构在我国的发展概况
领会 | 钢结构在国外的发展概况
钢结构的特点和合理应用范围
识记 | 钢结构的特点
领会 | 钢结构的合理应用范围
钢结构的设计方法
领会 | 结构可靠度设计方法
识记 | 结构和构件的两种极限状态
钢结构的发展方向
领会 | 高性能钢材的发展趋势

1.1 钢结构的发展概况

1.1.1 钢结构在我国的发展概况

钢结构由铁结构发展而来。早期铁结构主要应用于桥梁。早在公元前 60 年前后，我国开始修建铁索桥。1706 年建成的位于四川省泸定县大渡河上的泸定桥，宽 3m，跨长 103m，由 9 根桥面铁索和 4 根桥栏铁索构成，两端系于直径 20cm、长 4m 的生铁铸成的锚桩上。其对铁结构的应用不仅在我国具有标志性意义，在世界上也具有里程碑意义。

图 1.1　武汉长江大桥

中华人民共和国成立以来，我国的钢结构设计、制造和安装水平迅速提高，先后建成一大批规模较大、技术较为先进的钢结构项目(如图 1.1 所示的武汉长江大桥)，为我国钢结构的进一步发展奠定了坚实的技术基础。我国钢材产量和质量的不断提高，为工程建设中大量采用钢结构提供了物质保证。表 1-1 所示为我国部分重要钢结构桥梁。

表 1-1　我国部分重要钢结构桥梁

工程名称	结构形式	建成时间	用途
武汉长江大桥	连续梁桥	1957 年	公铁两用
九江长江大桥	钢桁架桥	1993 年	公铁两用
上海杨浦大桥	斜拉桥	1993 年	公路
江阴长江公路大桥	悬索桥	1999 年	公路
南京八卦洲长江大桥	斜拉桥	2001 年	公路
宜昌长江公路大桥	悬索桥	2001 年	公路
卢浦大桥	中承式系杆拱桥	2003 年	公路
润扬长江公路大桥	悬索桥	2005 年	公路
苏通长江公路大桥	斜拉桥	2008 年	公路
武汉天兴洲长江大桥	斜拉桥	2009 年	公铁两用

除了钢结构桥梁，我国建成的重要大型钢结构建筑有：北京香格里拉饭店(高 82.75m，1986 年建成)、深圳发展中心大厦(高 154m，1987 年建成)、北京京广中心(高 208m，1990 年建成)、北京京城大厦(高 182m，1991 年建成)、上海世界金融大厦(高 189m，1996 年建成)、上海浦东金茂大厦(高 420m，1998 年建成)、上海环球金融中心(高 492m，2008 年建成)、广州塔(高 600m，2009 年建成)、广州周大福金融中心(高 530m，2014 年建成)、深圳平安国际金融中心(高 592.5m，2016 年建成)、上海中心大厦(高 632m，2016 年建成)、北京中信大厦(高

528m，2018 年建成)。其中上海中心大厦是当前世界第三高的高层建筑。据不完全统计，自 20 世纪 80 年代以来，全国各地兴建的百米以上的高层建筑已有数十座，其中大多采用钢结构。

随着我国国民经济的不断发展和科学技术的进步，钢结构在我国的应用范围也在不断扩大。例如，为了迎接 2008 年在我国举办的奥运会，北京兴建的国家游泳中心(水立方)采用了大跨空间钢结构(图 1.2)；郑州 2009 年建成的中原福塔，其总高度为 388m，是目前我国最高的钢结构电视塔，也是迄今世界第一高的钢结构电视塔(图 1.3)。

图 1.2 国家游泳中心(水立方)

图 1.3 中原福塔

钢结构虽然造价较高，但由于其具有轻质高强，抗震性能好，建造速度快、工期短，综合经济效益好等特点而获得了广泛应用。我国钢产量在 2009 年达到 5.68 亿吨，是日本、俄罗斯、美国和印度钢产量之和的 2.2 倍，2014 年更达到创纪录的 8.2 亿吨，进一步确立了中国钢铁大国的地位。《钢结构设计标准》(GB 50017—2017)、《冷弯薄壁型钢结构技术规范》(GB 50018—2002)等相关规范的颁布实施，也为我国钢结构的快速发展创造了条件。

1.1.2 钢结构在国外的发展概况

欧美地区最早将铁作为建筑材料的是英国，但直到 1840 年，人们还只能采用铸铁来建造拱桥。1840 年以后，随着铆钉连接和锻铁技术的发展，铸铁结构逐渐被锻铁结构取代。1846—1850 年，在英国威尔士修建的布里塔尼亚桥是典型代表，该桥共有 4 跨，跨度布置为 70m+140m+140m+70m，每跨均为箱形梁式桥。

随着 1855 年英国发明贝氏转炉炼钢法和 1865 年法国发明平炉炼钢法，以及 1870 年成功轧制出工字钢，工业化大批量生产钢材的能力逐渐形成，从此强度高且韧性好的钢材开始在建筑领域逐渐取代锻铁材料。1890 年，英国在爱丁堡城北福斯河上建成了福斯桥，主跨跨度达 519m，是英国人引以为豪的工程杰作。

20 世纪 30 年代，美国进入钢铁产业的迅猛发展时期，钢铁产量和质量的提高带动了钢结构的迅速发展，在纽约、芝加哥等城市建设了大量高层钢结构。

表 1-2 所示为国外经典高层钢结构建筑，图 1.4 所示的吉隆坡石油双塔和图 1.5 所示的迪拜哈利法塔是其中的代表。

表 1-2　国外经典高层钢结构建筑

工程名称	地点	层数	高度/m
帝国大厦	纽约	102	381
约翰·汉考克中心	芝加哥	100	344
威利斯大厦	芝加哥	108	442
吉隆坡石油双塔	吉隆坡	95	452
哈利法塔	迪拜	162	828

图 1.4　吉隆坡石油双塔

图 1.5　哈利法塔

1.2　钢结构的特点和合理应用范围

钢结构是用钢板和各种型钢(如角钢、工字钢、槽钢、钢管和冷弯薄壁型钢等)制成的结构，钢材在钢结构制造工厂中加工制造，运到现场进行安装。

1.2.1　钢结构的特点

1. 自重轻而承载力高

钢材的容重虽比其他建筑材料大，但强度却高得多，属于轻质高强材料。在相同的荷载条件下，采用钢结构时，结构自重通常较小。例如，当跨度和荷载相同时，钢屋架的质量只有钢筋混凝土屋架质量的 1/4～1/3。若采用冷弯薄壁型钢屋架，则将更轻。因此，钢结构能承受更大的荷载，跨越更大的跨度且便于运输和吊装。

据统计，百米左右的高层建筑，和钢筋混凝土结构相比，钢结构的自重可减小1/3，每根柱子的轴心压力可减小 6000～7000kN，因而地震作用反应可减小 30%～40%，同时对地基压力可减少 25%以上。显然，在地震区，特别是软弱地基的地区，采用钢结构可以取得很大的经济效益。

此外，钢柱的承载力高，截面比钢筋混凝土柱小。据统计，在高层建筑中，采用钢柱比采用钢筋混凝土柱可增加建筑有效使用面积3%～6%。

2. 具有匀质等向性

钢材的匀质等向性是指把钢材分割成细微小块，每小块都将具有大致相同的力学性能，而且在各方向的性能也大致一样。这种匀质等向性是固体力学的基础。

在使用应力阶段，钢材属于理想弹性体，弹性模量高达 206×10^3N/mm^2，因而变形很小，可应用应力叠加原理简化计算。钢材的性能与力学计算中采用的假定较为符合，所以钢结构的实际受力情况和力学计算结果较为一致。

3. 塑性和韧性好

由建筑钢材标准拉伸试件的应力-应变关系全过程曲线(后文简称为 $\sigma-\varepsilon$ 曲线，详见本教材第 2 章)可知，在静力荷载作用下，钢材具有很好的塑性变形能力。到达屈服点应力时，可有2%～3%的应变，到达拉伸极限而破坏时，应变可达20%～30%。所以，在一般情况下，钢结构不会因偶然超载或局部超载而突然断裂破坏。在冲击荷载作用下，带有缺口的试件能吸收相当大的冲击功，保证钢材有一定的抗冲击脆断的能力，说明钢材的冲击韧性也很好。

4. 具有良好的焊接性能

由于焊接技术的发展，钢结构的连接大为简化。焊接结构可以满足制造各种复杂形状结构的需要，这是促进近代钢结构发展的重要因素之一。

所谓焊接性能好，是指钢材在焊接过程中和焊接后，都能保持焊接部分不开裂的完整性的性质。钢材的这种性质为采用焊接结构创造了条件。

5. 具有不渗漏的特性

无论采用焊接、铆接或螺栓连接，钢结构都可做到密闭而不渗漏。因而钢材是制造各种容器，特别是高压容器的良好材料。

6. 制造工厂化、施工装配化

钢结构未来要走制造工厂化、施工装配化的新型工业化道路。钢结构是由各种型材制成的构件构成的，构件在专业化的钢结构制造工厂中制造，工艺简便，成品的精确度高。制成的构件运到现场吊装，采用螺栓或焊接连接，构件质量轻，施工方便，占用场地小，施工周期短，且便于拆除、加固和改建、扩建。

7. 耐腐蚀性差，应采取防护措施

钢材在湿度大、有侵蚀性介质的环境中易腐蚀。腐蚀使钢材截面不断削弱，结构受损，影响使用寿命，因而必须对钢结构采取防护措施。这将导致其维护费用较高。不过在没有侵蚀介质的一般厂房中，钢构件经过彻底除锈并涂上合格的防腐蚀材料后，腐蚀问题并不严重。对于处在湿度大、有侵蚀性介质环境中的钢结构，可采用耐候钢或不锈钢以提高其抗腐蚀性能。

8. 耐热性能好，但耐火性能差

实验证明，钢材从常温到 150℃时，性能变化不大；超过 150℃后，其强度和塑性变化都很大；到600℃时，其强度将降至零，完全失去承载力。因此，钢结构耐热但不耐火。《钢结构设计标准》规定：当结构的表面长期受辐射热达 150℃以上，或在短时间内可能受到火焰作用时，应采取有效的防护措施，如加隔热层或水套等。

2022 年北京冬奥会体育场馆开启了建筑用耐火耐候钢的时代。例如，延庆赛区高山滑雪场、雪橇中心采用了 Q355NHD 建筑用耐候钢，首钢滑雪大跳台裁判塔采用了 SQ345FRW 耐火耐候钢，大幅减少了防腐蚀和防火涂装及后期的维护成本。

低温时，钢材的强度提高而塑性减小，呈现脆性。因而，钢材除了具有高温软化的特点，还具有低温脆性，使用时应加以注意。

1.2.2 钢结构的合理应用范围

1. 重型工业厂房

跨度和柱距都比较大、设有繁重工作制吊车或大吨位吊车、具有 2～3 层吊车的重型工业厂房，以及某些高温车间(如炼钢、轧钢和均热炉车间等)宜采用钢吊车梁、钢屋架及钢柱等构件，甚至采用全钢结构。

2. 大跨度结构

结构的跨度越大，减轻结构自重经济效果越明显。钢材轻质高强，可跨越很大的跨度，因此，大跨度结构应采用钢结构。近几十年来，随着我国经济实力的增强和人民生活水平的提高，社会对空间结构，尤其是大跨度、高性能的空间结构的需求大大增加，如国家体育场“鸟巢”(图 1.6)、贵州 500m 口径球面射电望远镜(图 1.7)等典型空间结构建筑物或构筑物。

图 1.6　国家体育场“鸟巢”

图 1.7　贵州 500m 口径球面射电望远镜

3. 高耸结构和高层建筑

高耸结构包括广播和电视发射塔、高压输电线路塔、变电架构和桅杆等，如 1965 年建成的广州电视塔，高 200m；1972 年建成的上海电视塔，高 211m；2000 年建成的哈尔滨电视塔，高 336m；2009 年建成的郑州中原福塔，高 388m。电视塔的建设是高耸结构发展的领头羊，但真正量大面广的是输电线路塔和微波、通信塔等。

我国高压及超高压输电线路建设始于 20 世纪 50 年代初，国内第一条 220kV 电压的输电线路在东北地区兴建。目前已运行超高压 500kV 的输电线路，如长江三峡水电站输电线路。普通输电线路塔虽不及电视塔高，但数量是惊人的。这些高耸结构主要承受风荷载，采用钢结构的原因除了自重轻、便于安装施工，还有钢材的强度高、钢构件截面小、受风荷载作用小、经济效益较大等。

自改革开放以来，我国建造了不少高层钢结构建筑。例如，深圳发展中心大厦，有

5 根巨大箱形钢柱，截面尺寸为 1070mm×1070mm，钢板厚度达 130mm；1996 年建成的深圳地王大厦，地下 3 层，地上 81 层，高 383.95m(到旗杆顶)，采用的箱形钢柱最大截面为 2500mm×1500mm，钢板厚度为 70mm，如图 1.8 所示。近年来，钢管混凝土柱的应用也已进入了高层建筑领域。图 1.9 所示为 2019 年建成的北京中信大厦(又名“中国尊”)，其建筑高度为 528m，地下 7 层，地上 108 层，采用了巨型框架-核心筒结构形式。外围矩形框架由多腔式多边形钢管混凝土柱、矩形斜撑、转换桁架组成，其中钢管混凝土柱位于建筑平面四角。

图 1.8 深圳地王大厦

图 1.9 北京中信大厦

4. 受动力荷载作用的结构

由于钢材的动力性能好、韧性好，可用作直接承受较大质量或跨度较大的桥式吊车的吊车梁。一般重级工作制吊车的吊车梁，都应采用钢结构。

5. 可拆卸和移动的结构

流动式展览馆和活动房屋等，最宜采用钢结构。钢结构质量轻，便于搬迁。采用螺栓连接时，又便于装配和拆卸。建筑机械为了减轻结构自重，则必须采用钢结构。

6. 容器和管道

因钢材的强度高，且密闭性好，因而高压气罐和管道、煤气罐和锅炉等都用钢材制成。

7. 轻型钢结构

采用单角钢或冷弯薄壁型钢组成的轻型钢结构及门式刚架结构，具有自重轻、建造快且较省钢材等优点，近年来得到了广泛运用。例如一些轻型屋面的钢屋盖，比普通钢屋盖可节约钢材 25%～50%，自重减轻了 20%～50%，其用钢量和采用钢筋混凝土的屋盖接近，但自重却比后者减轻了 70%～80%。

8. 其他建筑物

运输通廊、栈桥、各种管道支架及高炉和锅炉构架等，通常也都采用钢结构。近年来，在很多大城市中兴建的人行立交桥，也有不少采用了钢结构。

通过以上钢结构应用合理范围可知，是否采用钢结构，应从建筑物或构筑物的使用要求和具体条件出发，考虑综合经济效果来确定。总体来说，钢结构适用于高、大、重型或轻型结构。

1.3　钢结构的设计方法

在进行钢结构设计时，必须在满足使用功能要求的基础上，做到技术先进、经济合理、安全适用和确保质量。

众所周知，结构设计中采用的各种数据常和实际情况有出入。例如，各种荷载值和其设计取值不可能完全一致，钢材强度(屈服点 f_y)和其设计取值也不可能正好相同，构件的截面尺寸、长度和材料的容重等也都和其设计取值会有或多或少的差异。所有这些区别和差异统称为变异性。因而，设计中的数据，如各种荷载值和钢材强度等，都是随机变量，即量的大小有随机性。为了达到设计目标，必须在充分而又合理地考虑实际情况与设计条件之间差别的情况下，使所设计的结构具有一定的可靠性。

结构可靠性是指结构在规定的时间内、规定的条件下(正常设计、正常施工、正常使用和正常维护)，完成预定功能的概率，是结构安全性、适用性和耐久性的统称。用来度量结构可靠性的指标称为结构可靠度，它比安全度的概念更为广泛。

《钢结构设计标准》采用了以概率理论为基础的概率极限状态设计法。它是从结构可靠度设计方法转变而来的，其简要介绍如下。

概率极限状态设计法根据结构或构件和连接能否满足预定功能的要求来确定它们的极限状态。一般规定有两种极限状态：第一种是承载能力极限状态，包括构件和连接的强度破坏、疲劳破坏和因过度变形而不适于继续承载，结构和构件丧失稳定，结构转变为机构体系和结构倾覆等；第二种是正常使用极限状态，包括影响结构、构件(含非结构构件)正常使用或外观的变形，影响正常使用的振动，影响正常使用或耐久性能的局部损坏等。

各种承重结构都应按照上述两种极限状态进行设计。概率极限状态设计法的具体内容如下。

设结构或构件的承载力(又称抗力)为 R，它取决于材料的强度(或构件的稳定临界应力)和构件的截面面积或截面刚度等几何因素。如前所述，这些参数都是独立的随机变量，而非确定值，应根据它们各自的统计数值运用概率法来确定它们的设计取值。这些设计取值确定后，结构或构件的承载力 R 也就确定了。

作用是荷载、温度变化、基础不均匀沉降和地震等对结构或构件产生的效应的统称，同时施加于结构或构件的若干种作用分别引起结构或构件中产生的内力的总和称为作用效应，一般习惯称之为荷载效应，用 S 来表示。当然，各种作用也都是随机变量。同理，也应根据它们各自的统计数值运用概率法来确定它们各自的设计取值。当这些设计取值确定后，荷载效应 S 也就确定了。

根据极限状态的定义，当结构或构件的承载力等于各作用引起的荷载效应时，此结构或构件达极限状态。极限状态方程可写成

$$Z = g(R,S) = R - S = 0 \tag{1-1}$$

其中
$$R = fg\bar{A}$$

式中 R ——构件或连接的承载能力。

$\bar{A}$ ——截面的几何因素。

f ——钢材(或连接材料)的强度设计值或构件的临界应力设计值。例如，钢材的强度设计值是钢材的标准屈服强度除以钢材的分项系数，表示为 $f = f_y/\gamma_R$。钢材的分项系数 γ_R 需经对比分析确定。对 Q235 钢，$\gamma_R = 1.087$，由此得 Q235 钢的强度设计值 $f = (235/1.087)\text{N/mm}^2 \approx 216\text{N/mm}^2$，取 $f = 215\text{N/mm}^2$ (钢材厚度 $t \leqslant 16\text{mm}$)。

S ——荷载效应。荷载效应是荷载的标准值乘以荷载分项系数。

根据式(1-1)，当 $R > S$ 时，结构或构件处于可靠或有效状态；当 $R < S$ 时，结构或构件处于失效状态；当 $R = S$ 时，结构或构件处于极限状态，如图 1.10 所示。

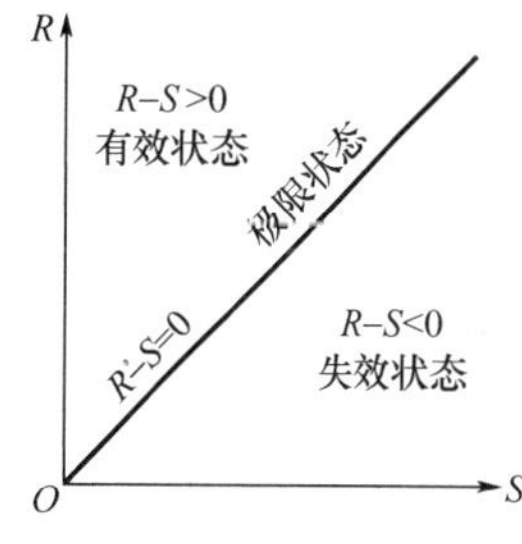

图 1.10　R 和 S 的关系

这种运用了概率理论的概率极限状态设计法，是一种较先进的设计方法。但是，采用概率极限状态设计法时，必须拥有各个随机变量的统计数值，而迄今为止我们掌握的统计数值还不完整。目前，我们主要掌握了钢材的屈服点、风荷载、雪荷载和一些活荷载等，还存在着不足之处，因而现行《钢结构设计标准》采用的设计方法可称为近似概率极限状态设计法。

同时，直接按照结构可靠度进行结构和构件设计时，对很多设计工作者来说还不习惯，也不易掌握。因而现行《钢结构设计标准》将极限状态设计公式等效地转化为大家熟悉的分项系数设计公式。对承载能力极限状态，根据式(1-1)，在保证结构或构件有效可靠时，应满足式(1-2)：

$$\gamma_0 S \leqslant R \tag{1-2}$$

式中 γ_0 ——结构重要性系数。例如，对于使用年限为 50 年的结构，根据结构发生破坏时可能产生后果的严重程度，把建筑结构分成一、二、三级 3 个安全等级，对应规定了不同的结构重要性系数，γ_0 分别取 1.1、1.0 和 0.9。一般工业与民用建筑钢结构的安全等级多为二级；但对跨度等于或大于 60m 的大跨度结构，如大会堂、体育馆和飞机库等的屋盖，其主要承重结构的安全等级宜取为一级。对于使用年限为 25 年的结构构件，γ_0 不应低于 0.95。

1) 承载能力极限状态

结构、构件和连接的承载能力极限状态是指：各种荷载效应可能共同作用时引起的最大内力 $\gamma_0 S$ 不超过结构、构件和连接的承载力 R。各种荷载效应的可能共同作用称为荷载效应组合，分为基本组合和偶然组合。其中后者包括地震作用和爆炸冲击力等。

基本组合的效应设计值按式(1-3)中最不利值确定：

$$S(\text{g}) = S\left(\sum_{i \geqslant 1} \gamma_{G_i} G_{ik} + \gamma_P P + \gamma_{Q_1} \gamma_{L_1} Q_{1k} + \sum_{j>1} \gamma_{Q_j} \psi_{cj} \gamma_{L_j} Q_{jk}\right) \tag{1-3}$$

偶然组合的效应设计值按式(1-4)确定：

$$S(g)=S\left[\sum_{i\geqslant1}G_{ik}+P+A_d+（\psi_{f1}或\psi_{q1}）Q_{1k}+\sum_{j>1}\psi_{qj}Q_{jk}\right] \tag{1-4}$$

式中　$S(g)$——荷载组合的荷载效应函数。

G_{ik}——第 i 个永久荷载的标准值。

P——预应力荷载的有关代表值。

Q_{1k}——第 1 个可变荷载的标准值。

Q_{jk}——第 j 个可变荷载的标准值。

γ_{G_i}——第 i 个永久荷载的分项系数。当荷载效应对承载力不利时，取值为 1.3；当荷载效应对承载力有利时，取值≤1.0。

γ_P——预应力的分项系数，当荷载效应对承载力不利时，取值为 1.3；当荷载效应对承载力有利时，取值≤1.0。

γ_{Q_1}——第 1 个可变荷载的分项系数。当荷载效应对承载力不利时，取值为 1.5；当荷载效应对承载力有利时，取值为 0。

γ_{Q_j}——第 j 个可变荷载的分项系数。当荷载效应对承载力不利时，取值为 1.5；当荷载效应对承载力有利时，取值为 0。

γ_{L_1}、γ_{L_j}——第 1 个和第 j 个考虑结构设计使用年限的荷载调整系数。当结构的设计使用年限为 5 年时，取值为 0.9；当结构的设计使用年限为 50 年时，取值为 1.0；当结构的设计使用年限为 100 年时，取值为 1.1。

ψ_{cj}——第 j 个可变荷载的组合值系数，可按《建筑结构荷载规范》(GB 50009—2012)的规定采用。

A_d——偶然荷载的设计值。

ψ_{f1}——第 1 个可变荷载的频遇值系数，可按《建筑结构荷载规范》的规定采用。

ψ_{q1}、ψ_{qj}——第 1 个和第 j 个可变荷载的准永久值系数，可按《建筑结构荷载规范》的规定采用。

设计时，各种荷载的标准值按现行《建筑结构荷载规范》中的规定采用。

2) 正常使用极限状态

结构或构件的第二种极限状态是正常使用极限状态，即在正常使用荷载(不乘以荷载分项系数)作用下产生的变形值不得超过保证结构或构件满足正常使用要求的规定值。

$$S\leqslant C \tag{1-5}$$

式中　S——荷载组合的荷载效应设计值；

C——设计时对变形值规定的限值。

根据不同的使用要求，分别采用标准组合、频遇组合和准永久组合进行设计，对应的荷载效应设计值如下。

标准组合的荷载效应设计值：

$$S=S\left(\sum_{i\geqslant1}G_{ik}+P+Q_{1k}+\sum_{j>1}\psi_{cj}Q_{jk}\right) \tag{1-6}$$

频遇组合的荷载效应设计值：

$$S = S\left(\sum_{i\geqslant 1} G_{ik} + P + \psi_{f1} Q_{1k} + \sum_{j>1} \psi_{qj} Q_{jk}\right) \tag{1-7}$$

准永久组合的荷载效应设计值：

$$S = S\left(\sum_{i\geqslant 1} G_{ik} + P + \sum_{j>1} \psi_{qj} Q_{jk}\right) \tag{1-8}$$

1.4　钢结构的发展方向

我国承诺在 2030 年前实现碳达峰，2060 年实现碳中和，实现以上目标需要全社会的共同努力，建筑业更是要积极转型升级，实现绿色可持续发展。钢材作为一种低能耗、低排放的绿色建筑材料，具有轻质高强、抗震性能优异、制造简便、施工周期短、工业化程度高、可循环利用等诸多优势，在建筑工程和桥梁工程中占有举足轻重的地位，近年来得到了快速发展。2020 年，我国钢材产量达到了 13.25 亿吨，是名副其实的钢铁大国。钢结构行业的发展前景非常广阔，因此，我们需要不断提高钢结构领域的科学技术水平，重视新型钢结构的推广和应用。

1. 加强高性能钢材的推广

城乡建设领域的绿色发展和“十四五”规划对高性能结构材料、结构构件及结构体系的低碳、节能、环保提出了更高要求。目前高性能结构钢材的发展趋势是：①提高材料强度，大量应用屈服点 f_y 达到或超过 460MPa 的结构钢材；②提高型钢截面效率，采用大尺寸热轧 H 型钢或大尺寸厚壁管材，减少钢结构加工的焊接工作量；③推广具有耐高温、耐腐蚀、延伸率高、屈强比低、抗冲击能力强的高性能结构钢材。

2. 加强钢结构的标准化建设

标准化是实现钢结构智能建造的基础，是钢结构部品化和规模化供应、降低建造成本的必要条件，也是我国和国外钢结构产业存在差距的主要方面之一。

3. 大力推进钢结构智能建造

随着物联网、云计算、大数据、5G、建筑信息模型(BIM)等技术的发展，建筑业正在发生深刻变革，智能建造已是大势所趋。未来应大力推动钢结构制造全流程数字化、关键工序智能化的进程，贯彻落实《关于推动智能建造与建筑工业化协同发展的指导意见》，全面推进建筑业转型升级与高质量发展。

习　题

一、填空题

1．高层建筑采用钢结构主要利用了它的以下特点：(1)__________；(2)__________。

2．钢结构目前采用的设计方法是__________。

3．结构和构件的两种极限状态分别是：(1)__________；(2)__________。

4．承载能力极限状态的设计内容包括__________。

5．正常使用极限状态的设计内容包括__________。

二、简答题

第1章
在线答题

1．钢结构与采用其他材料的结构相比，具有哪些特点？

2．钢结构采用什么设计方法？其设计基本原则是什么？

3．结构的承载能力极限状态包括哪些计算内容？正常使用极限状态包括哪些内容？

4．目前，我国钢结构主要应用在哪些方面？

5．钢结构的应用范围与钢结构的特点有何关系？

第 2 章 建筑结构用钢材及其性能

知识结构图

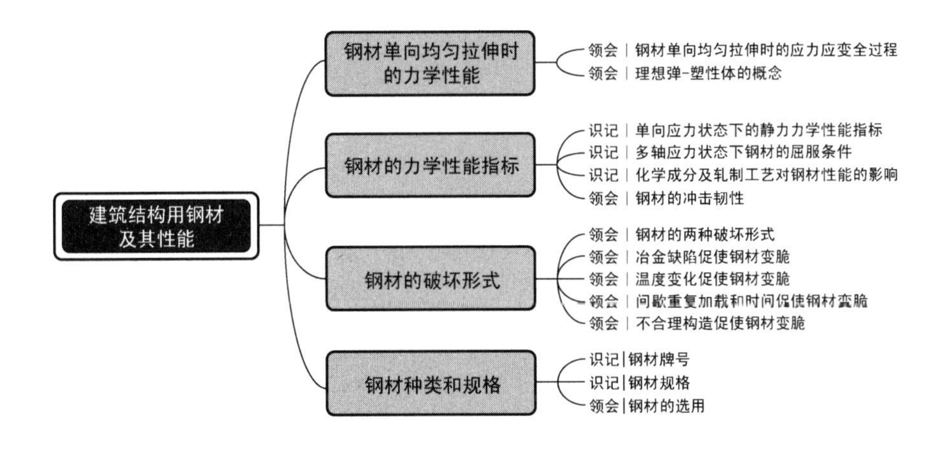

2.1 钢材单向均匀拉伸时的力学性能

目前，我国钢结构建筑主要采用的是 Q235 钢、Q355 钢、Q390 钢、Q420 钢和 Q460 钢。Q235 钢属于碳素结构钢，应符合《碳素结构钢》(GB/T 700—2006)的规定，相当于美国的 A36，俄罗斯的 C235，日本的 SS400、SM400 和 SN400 及欧洲的 S235 等钢材。Q355、Q390、Q420 和 Q460 属于低合金高强度结构钢，应符合《低合金高强度结构钢》(GB/T 1591—2018)的规定，相当于美国的 A242、A441，日本的 SM490、SN490 和欧洲的 S355 等钢材。

为了确定钢材的力学性能，应按《金属材料　拉伸试验　第 1 部分：室温试验方法》(GB/T 228.1—2021)的规定，把钢材加工成标准拉伸试件(图 2.1)，在 20℃室温的条件下，在拉伸试验机上进行单向均匀拉伸试验。将试件拉断，得到 σ–ε 曲线图，如图 2.2(a)所示，它显示结构钢材单向均匀拉伸时的工作性能。图 2.2(b)所示是 σ–ε 曲线的局部放大图。

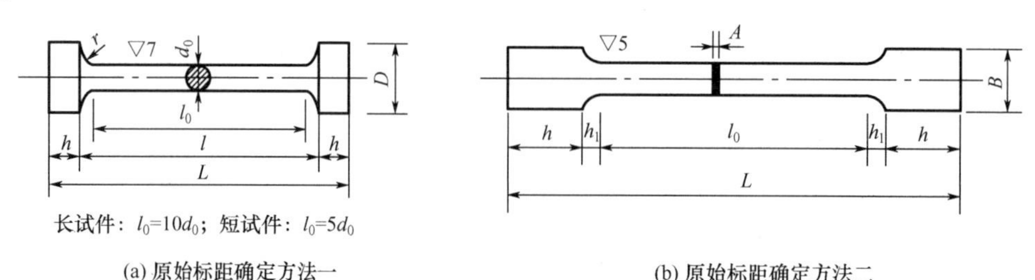

(a) 原始标距确定方法一　　(b) 原始标距确定方法二

图 2.1　标准拉伸试件

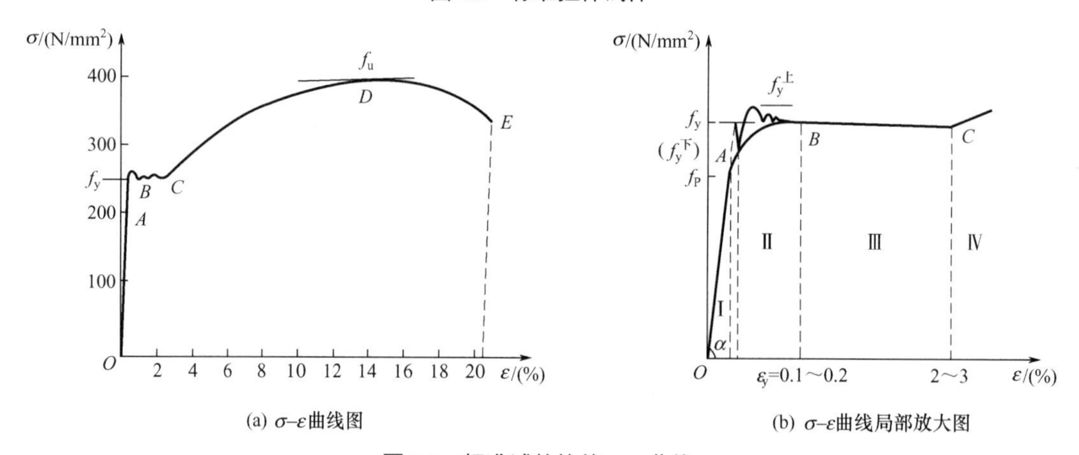

(a) σ–ε曲线图　　(b) σ–ε曲线局部放大图

图 2.2　标准试件拉伸 σ–ε 曲线

由 σ–ε 曲线可知，钢材在单向均匀拉伸试验中，历经了 4 个阶段。

(1) 弹性阶段(OA)。

弹性阶段应力由零到比例极限 f_p(因弹性极限和比例极限很接近，通常以比例极限为弹性阶段的结束点)，应力与应变成正比，二者的比值称为弹性模量，符号为 E，$E=\tan\alpha=\sigma/\varepsilon$ 。α 是直线 OA 与横坐标线的夹角。钢材的弹性模量很大($E=206\times10^3\,\text{N/mm}^2$)，因此，钢材在弹性阶段工作时的变形很小，卸荷后变形完全恢复，符合胡克定律。

(2) 弹塑性阶段(AB)。

弹塑性阶段应力应变呈非线性关系，应力增加时，增加的应变包括弹性应变和塑性应变两部分。在此阶段卸荷时，弹性应变立即恢复，而塑性应变不能恢复，称为残余应变。由 A 点到 B 点，应力和应变是一个波动过程，逐渐地趋于平稳，如图 2.2(b)所示。最高点为上屈服点 $f_y^{上}$，最低点为下屈服点 $f_y^{下}$，波动形状主要和加荷速度有关，加荷速度大时 $f_y^{上}$ 就高，否则就低；但下屈服点较为稳定，因而以 $f_y^{下}$ 为准，记为f_y($f_y = f_y^{下}$)。

(3) 塑性阶段(BC)。

应力达到屈服点后，应力不增加，而应变可继续增大，应力应变关系形成水平线段 BC，通常称为屈服平台，这一阶段为塑性阶段，亦称塑性流动阶段，钢材表现出完全塑性。对于结构钢材，此阶段结束的应变(C 点的应变)可达 2%～3%。

(4) 强化阶段(CD)。

塑性阶段结束后，钢材内部结晶组织得到调整，重新恢复了承载能力，进入强化阶段，此阶段应力应变呈上升的非线性关系。直至应力达抗拉强度f_u时，试件某一截面发生颈缩现象，该处截面迅速缩小，承载能力也随之下降。到 E 点时试件断裂破坏，弹性应变恢复，残余的塑性应变可达 20%～30%[图 2.2(a)中虚线下降线段与弹性阶段线段 OA 平行]。

《建筑结构可靠性设计统一标准》(GB 50068—2018)中关于结构或构件承载能力极限状态的规定是：对应于结构或结构构件达到最大承载力或不适于继续承载的变形的状态。显然，图 2.2 所示的钢材单向均匀拉伸过程中，当应力达到屈服点 f_y 后，钢材的应变已达 2%～3%，这样大的变形，虽然并未破坏，但已十分明显，使结构或构件不适于再继续承受荷载。因此，《钢结构设计标准》规定了应力达到 f_y 时为钢材的强度承载力极限。因此，对钢结构构件进行强度计算时，为了力学分析的简便，经常采用理想弹-塑性体的假设，认为钢材的 σ–ε 曲线由两根直线组成，即弹性阶段线段 OA 和塑性阶段的线段 AB，两线段交于 f_y 点，忽略了范围不大的弹塑性阶段(图 2.3)。

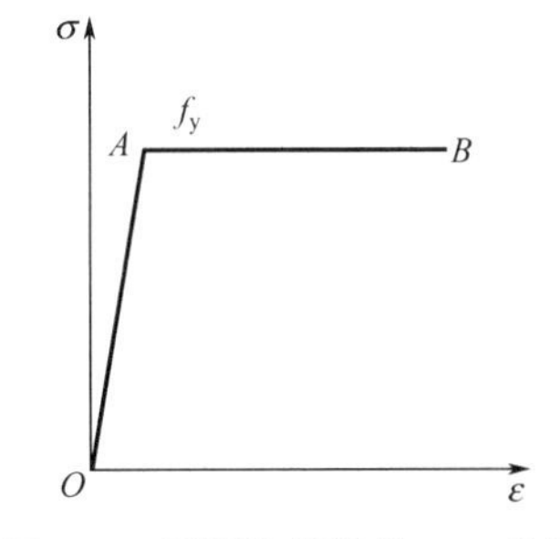

图 2.3　理想弹-塑性体 σ–ε 曲线

2.2　钢材的力学性能指标

2.2.1　单向应力状态下的静力力学性能指标

上一节根据钢材单向均匀拉伸的工作曲线，已经得到了 4 个静力力学性能指标，它们是：屈服点f_y、抗拉强度f_u、伸长率 A 和弹性模量 E。

试验证明，钢材轴心受压短试件在一次压缩时得到的 σ–ε 曲线，和单向均匀拉伸曲线极为相似，无颈缩现象。因而钢材轴心受压时，屈服点和弹性模量与轴心受拉时完全一致，抗压强度稍高于轴心受拉时的抗拉强度，压缩率可认为和轴心受拉时的伸长率一致。

当钢材受弯时，受拉区纤维和受压区纤维的 σ–ε 曲线，分别和轴心受拉及轴心受压时相同。因此，钢材静力力学性能的 4 个指标同样适用于受拉、受压和受弯。

1. 屈服点f_y

正如前面已经提到的，钢材的强度承载力极限是以到达屈服点为标准的，即屈服点 f_y 称为钢材的抗拉(抗压和抗弯)强度标准值，除以材料分项系数 γ_R 后，可得强度设计值 $f=f_y/\gamma_R$。

选择屈服点作为结构钢材静力强度承载力极限的依据如下。

(1) 它是钢材开始塑性工作的特征点，钢材屈服后，塑性变形很大，极易被人们察觉，可及时处理，避免发生破坏。

(2) 钢材从屈服到破坏，有极大的强度储备，使钢结构不会发生真正的塑性破坏，十分安全可靠。

2. 抗拉强度f_u

如前所述，钢材的抗拉强度 f_u 是衡量钢材抵抗拉断的性能指标，直接反映钢材内部结晶组织的优劣，是钢结构的强度储备，因而要求强屈比(f_u/f_y)不应低于 1.2。

3. 伸长率 A

钢材单向均匀拉伸拉断后的最大伸长率为

$$A=\frac{l_1-l_0}{l_0}\times 100\% \tag{2-1}$$

式中 l_0——试件的原标距间的长度，如图 2.4(a)所示；

l_1——试件拉断后标距间的长度，如图 2.4(b)所示。

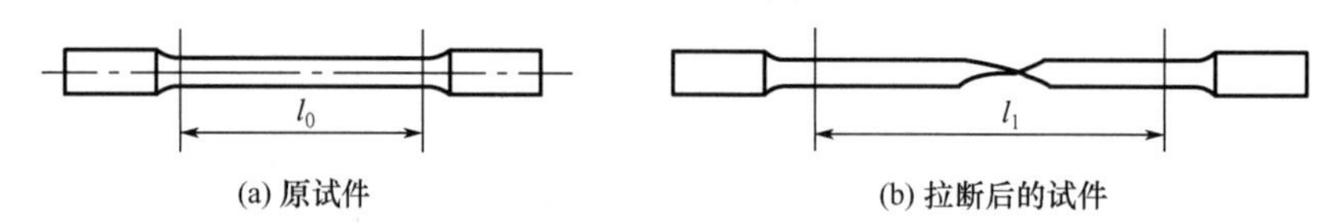

(a) 原试件　　(b) 拉断后的试件

图 2.4　试件拉断示意图

由于试件破坏时颈缩部分的长度在长试件和短试件中是相同的，因此同一钢材试验所得的 A_5 (短试件伸长率)比 A_{10} (长试件伸长率)大。

伸长率是衡量钢材塑性性能的一个指标。它反映钢材产生巨大变形时抵抗断裂的能力。

4. 弹性模量 E

弹性模量是变形计算和超静定结构内力分析时必需的钢材性能指标。由于钢材的 E 值很大，在弹性阶段工作时结构或构件的变形很小，因此可以采用应力叠加原理，分别计算各种荷载引起的构件内力，然后叠加起来，即得构件中的总应力。

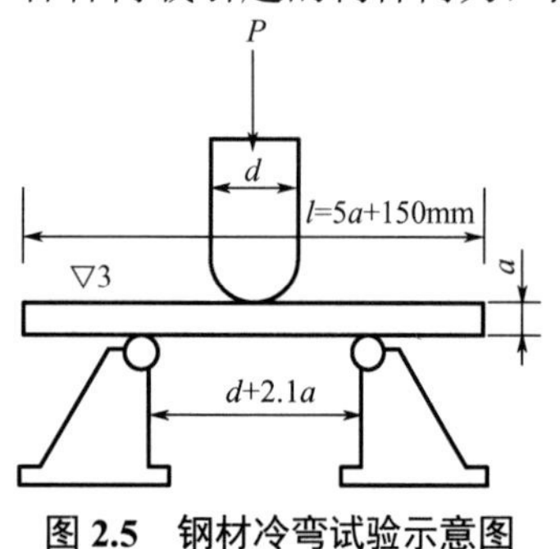

图 2.5　钢材冷弯试验示意图

钢材的静力力学性能指标，除由单向均匀拉伸的 σ-ε 曲线获得的上述 4 个性能指标外，为了充分满足不同结构的使用要求，还有冷弯性能的要求和沿厚度方向断面收缩率的要求，分别介绍如下。

5. 冷弯性能

钢材的冷弯性能试验是按材料的原有厚度经表面加工成板条状，根据试件的厚度 a，按规定的弯心直径 d，在压力机上通过冷弯冲头加压，将试件弯曲成 180°(图 2.5)。检查试件弯曲处的外表和侧面，以不开裂、不起层为合格。弯心直径 d 的规定为：Q235 钢，$d=1.5a$；Q355 钢、Q390 钢、Q420 钢和 Q460 钢，$d=2a$。

冷弯性能试验是严格表示钢材塑性变形能力的综合指标，直接反映材料的优劣，如是否存在金属组织和非金属夹杂物等缺陷。满足此要求比满足抗拉强度、伸长率和屈服点都困难。对重要结构，特别是焊接结构，都应提出冷弯性能试验合格的要求。

6. 断面收缩率

当钢板厚度较大时或承受沿板厚方向的拉力作用时，应附加要求钢材沿板厚方向受拉时，板的断面收缩率为 15%～35%，称为 Z 向钢，分别有 Z15、Z25 和 Z35 钢。满足此要求可以防止钢材在焊接时或承受沿板厚方向的拉力时，发生层状撕裂。

2.2.2 多轴应力状态下钢材的屈服条件

上小节介绍的是钢材在单向应力状态下的静力力学性能指标。其中屈服点标志着钢材由弹性状态转入塑性状态。但在实际结构中，有些构件往往同时承受三向或双向应力的作用，如实腹式梁的腹板。这时，确定钢材屈服点的问题需要用强度理论来解决。对于接近理想弹-塑性体的钢材，最适合的是用材料力学中的能量强度理论(第四强度理论)来确定钢材在多轴应力状态下的屈服条件。

能量强度理论认为材料由弹性状态转入塑性状态时，材料的综合性强度指标要用变形时单位体积中积聚的能量来衡量，同时认为由弹性状态转入塑性状态后，材料的体积不变。

钢材单向均匀拉伸而达到塑性状态时，积聚于单位体积中的应变能为

$$[u_{\varphi}]=\frac{1+\mu}{3E}f_{\mathrm{y}}^{2} \tag{2-2}$$

当钢材单元体处于三向主应力 σ_1、σ_2、σ_3 的作用下，进入塑性状态时[图 2.6(a)]，材料单位体积的应变能为

$$u_{\varphi}=\frac{1+\mu}{3E}[\sigma_1^2+\sigma_2^2+\sigma_3^2-(\sigma_1\sigma_2+\sigma_2\sigma_3+\sigma_3\sigma_1)] \tag{2-3}$$

式中　μ——钢材的泊松比。

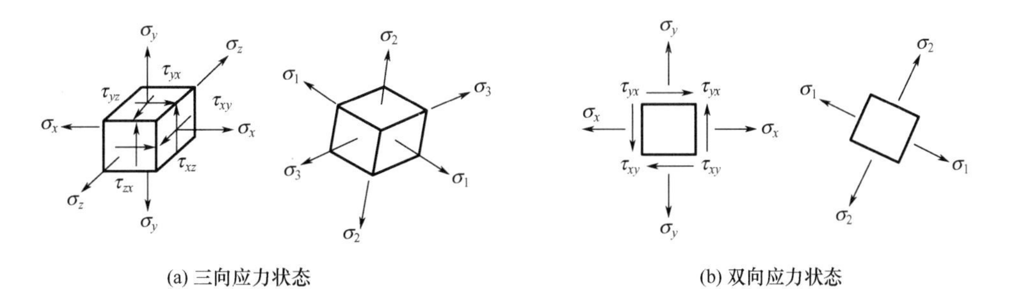

(a) 三向应力状态　　(b) 双向应力状态

图 2.6　钢材的多轴应力状态

能量强度理论认为，三向应力状态下的应变能等于单向均匀拉伸下积聚于单位体积中

的变形能时，即 $\mu_\varphi=[\mu_\varphi]$ 时，钢材由弹性状态转入塑性状态。这样就得到了三向应力状态下钢材转入塑性状态的综合性强度指标，称为折算应力 σ_{eq}

$$\sigma_{eq}=\sqrt{\sigma_1^2+\sigma_2^2+\sigma_3^2-(\sigma_1\sigma_2+\sigma_2\sigma_3+\sigma_3\sigma_1)}=f_y \tag{2-4}$$

也可写成

$$\sigma_{eq}=\sqrt{\frac{1}{2}[(\sigma_1-\sigma_2)^2+(\sigma_2-\sigma_3)^2+(\sigma_3-\sigma_1)^2]}=f_y \tag{2-5}$$

用正应力和剪应力表示时，则为

$$\sigma_{eq}=\sqrt{\sigma_x^2+\sigma_y^2+\sigma_z^2-(\sigma_x\sigma_y+\sigma_y\sigma_z+\sigma_z\sigma_x)+3(\tau_{xy}^2+\tau_{yz}^2+\tau_{zx}^2)}=f_y \tag{2-6}$$

这就是当钢材处于三向应力状态时，应以折算应力达到屈服点作为强度设计的标准。引入材料分项系数，得设计公式

$$\sigma_{eq}=\sqrt{\sigma_x^2+\sigma_y^2+\sigma_z^2-(\sigma_x\sigma_y+\sigma_y\sigma_z+\sigma_z\sigma_x)+3(\tau_{xy}^2+\tau_{yz}^2+\tau_{zx}^2)}\leqslant f \tag{2-7}$$

由式(2-5)可知，当3个主应力同号，它们的绝对值又接近时(σ_1、σ_2、σ_3的绝对值很大，远远超过屈服点，但三者差值不大)折算应力并不大，材料不易进入塑性状态，甚至有可能直至材料破坏还未进入塑性状态。相反，当主应力中有异号应力，而同号的两个应力差又较大时，最大的应力尚未达到 f_y，但折算应力就已达到 f_y 而导致材料进入塑性状态了。

因此，钢材在多轴应力状态下，当处于同号应力场时，钢材易产生脆性破坏；而当处于异号应力场时，钢材易发生塑性破坏。

一般钢结构中，构件的厚度都不大，可忽略沿厚度方向的应力 σ_z，此时为双向应力状态，如图 2.6(b)所示。式(2-7)可改写为

$$\sigma_{eq}=\sqrt{\sigma_x^2+\sigma_y^2-\sigma_x\sigma_y+3\tau_{xy}^2}\leqslant f \tag{2-8}$$

在实腹式梁的腹板中，一般情况下，只存在正应力 σ 和剪应力 τ，式(2-8)变为

$$\sigma_{eq}=\sqrt{\sigma^2+3\tau^2}\leqslant f \tag{2-9}$$

当钢材受纯剪时，$\sigma=0$，极限屈服状态为 $\sigma_{eq}=f_y$，则

$$\tau=f_y/\sqrt{3}\approx 0.58f_y \tag{2-10}$$

得钢材的剪切屈服点为

$$f_{yv}=0.58f_y \tag{2-11}$$

2.2.3 钢材的冲击韧性

钢材承受动力荷载作用时，抵抗脆性破坏的性能用冲击韧性来衡量。

采用带缺口的标准试件进行冲击试验，根据试件破坏时消耗的冲击功，即截面断裂吸收的能量来衡量材料抗冲击的能力，称为冲击韧性，以 A_{KV} 表示，单位是焦耳(J)。图 2.7 所示的冲击试验标准试件，两端简支，跨中受一集中冲击力，被击断后的断口位于带缺口的危险截面处。

由图 2.7(b)可见，危险截面处于双向应力状态，且受拉区的 σ_x 和 σ_y 为同号，皆为拉应力，因而钢材呈现脆性。所以冲击试验实际上是测定钢材抵抗脆性断裂的能力，即钢材的冲击韧性。钢材的材质越好，击断试件所耗的功就越大，说明钢材的冲击韧性越好，不容易发生脆断；反之，表明钢材抵抗脆性断裂的能力差，即冲击韧性差。

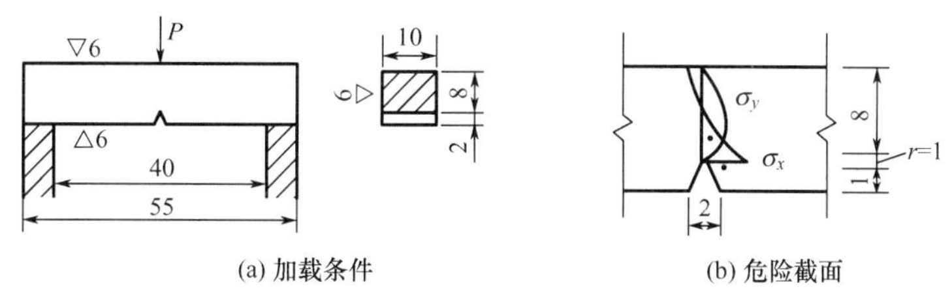

图 2.7 冲击试验

钢材的冲击韧性 A_{KV} 值有常温和负温要求的规定。例如，Q235B 级钢常温 A_{KV} 值不得低于 27J，Q355B 级钢常温 A_{KV} 值不得低于 34J，以及 Q355D 级钢在−20℃时，其 A_{KV} 值不得低于 34J 等。

设计选用钢材时，应根据结构的使用情况和要求，提出相应的冲击韧性指标要求，采用相应等级的钢材。

2.2.4 钢材的疲劳强度

1. 钢材疲劳破坏的特征和原因

在建筑结构中，有一些构件所承受的荷载既不是静荷载，也不是冲击荷载，而是随着时间而变化的循环荷载，如吊车梁和支承振动设备的平台梁等。

由循环荷载引起的构件中应力变化和荷载变化是一致的，因而图 2.8 也表示了循环应力的变化，称为循环荷载作用下的应力谱。

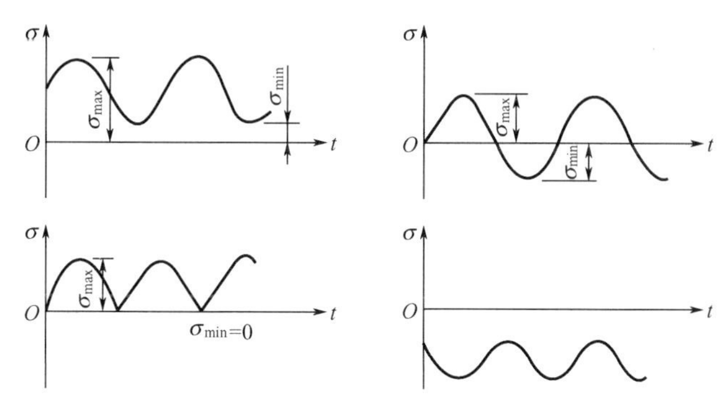

图 2.8 循环荷载作用下的应力谱

每次应力循环中的最大拉应力 σ_{max} 和最小拉应力或压应力 σ_{min}(拉应力取正值，压应力取负值)之差称为应力幅。

$$\Delta\sigma = \sigma_{max} - \sigma_{min} \tag{2-12}$$

当所有应力循环中的应力幅保持常量，此时的循环荷载称为常幅循环荷载。钢材在连续常幅循环荷载作用下，当循环次数达某一定值时，钢材发生破坏的现象，称为钢材的疲劳破坏。破坏的性质属于突然发生的脆性断裂。

钢材发生疲劳破坏的原因是钢材中总存在着一些局部缺陷，如不均匀的杂质，轧制时形成的微裂纹，或加工时造成的刻槽、孔洞和裂纹等。当循环荷载作用时，在这些缺陷处的截面上应力分布不均匀，会产生应力集中现象。应力集中处总是形成双向，甚至三向同号应力场。在交变应力中含有的拉应力的重复作用下，首先在拉应力高峰处出现微裂纹，然后逐渐发展形成宏观裂缝。在循环荷载的继续作用下，裂缝不断发展，有效截面面积相应减小，应力集中现象越来越严重，更促使裂缝发展。由于是同号应力场，钢材的塑性变形受到限制，因此，当循环荷载达到一定的循环次数、危险截面减小到一定程度时，就会在该截面处发生脆性断裂，出现钢材的疲劳破坏。若钢材中存在由于轧制、加工或焊接而形成分布不均匀的残余应力，将会加剧疲劳破坏的倾向。

既然钢材疲劳破坏的过程是裂缝开展的过程，则只受变化压应力而不受拉应力时，钢材一般不会产生疲劳破坏。

钢材发生疲劳破坏的先决条件是形成裂缝，裂缝一旦形成，在荷载作用下钢材获得的弹性应变能就成为裂缝继续发展的驱动力，从而在连续的循环荷载作用下，截面损伤不断累积，直到破坏。

经观察，钢材疲劳破坏后的截面断口，一般都具有光滑的和粗糙的两个区域，光滑部分反映裂缝扩张和闭合的过程，是裂缝逐渐发展引起的，说明疲劳破坏经历了一定的过程；而粗糙部分表明钢材最终断裂一瞬间的脆性破坏性质，和拉伸试件的破坏断口颇为相似。脆性破坏是突然发生的，几乎以 2000m/s 的速度断裂，因而很危险。

钢材的疲劳强度由试验确定。试验证明，影响疲劳强度的主要因素是构造状况(包括应力集中程度和残余应力)、应力幅 $\Delta\sigma$ 及循环荷载循环的次数 n，而与钢材的静力强度并无明显关系。

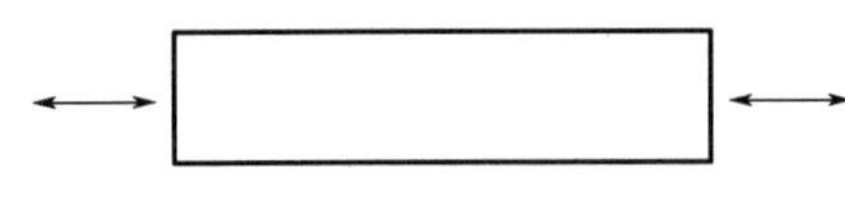

第一类：两侧为轧制边或刨边；
第二类：两侧为自动、半自动火焰切割边

图 2.9　无应力集中的钢板

2. 常幅疲劳计算

如图 2.9 所示，以无应力集中的钢板为例，在疲劳试验机上进行常幅循环荷载试验。当应力幅为 $\Delta\sigma_1$ 时，循环荷载达 n_1 次时试件破坏，说明这类主体金属在循环荷载作用 n_1 次时的极限应力幅是 $\Delta\sigma_1$。或者说，这类主体金属在 $\Delta\sigma_1$ 应力幅的循环荷载的连续作用下，它的使用寿命是 n_1 次。同理，取应力幅 $\Delta\sigma_2$，得到荷载在 n_2 次循环破坏的结果。依次类推，得到在各不同应力幅时一一对应的发生疲劳破坏的荷载循环次数。将大量试验数据统计分析，在双对数($\lg\Delta\sigma-\lg n$)坐标图上可绘出应力幅和循环次数的关系为直线，如图 2.10(a)所示。

$\lg\Delta\sigma-\lg n$ 关系的直线表达式为

$$\beta_Z \lg\Delta\sigma + \lg n - \lg C_Z = 0 \tag{2-13}$$

或写成

$$\lg\Delta\sigma = \frac{1}{\beta_Z}(\lg C_Z - \lg n) = \lg(C_Z/n)^{1/\beta_Z} \tag{2-14}$$

考虑安全系数后，得到对应于 n 次循环的容许应力幅为

$$[\Delta\sigma] = (C_Z/n)^{1/\beta_Z} \tag{2-15}$$

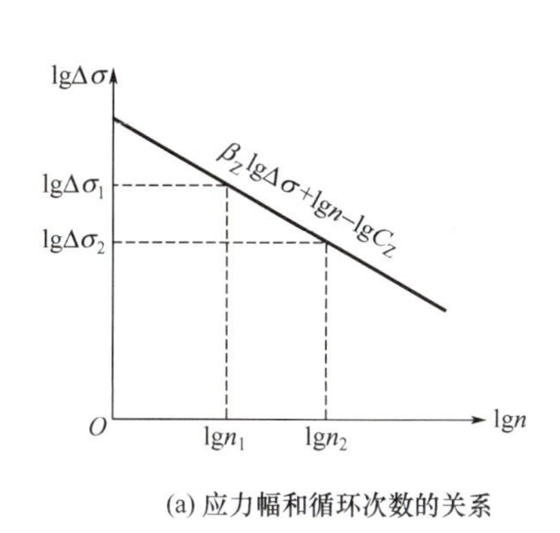

(a) 应力幅和循环次数的关系

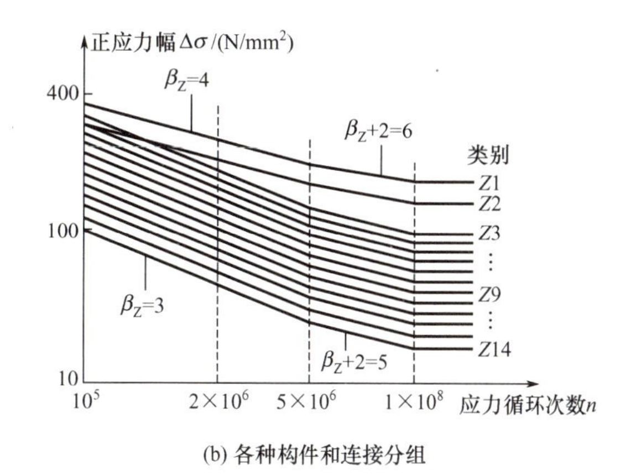

(b) 各种构件和连接分组

图 2.10　应力幅和分组

根据式(2-13)可知，$1/\beta_Z$ 是直线的斜率(绝对值)，$\lg C_Z$ 是直线在横坐标上的截距。

目前的研究表明，对变幅疲劳问题，低应力幅在高周循环阶段的疲劳损伤程度有所降低。为了将常幅疲劳与变幅疲劳计算相协调和合理衔接，在常幅疲劳计算中，对于不同范围的 n，其容许正应力幅 $\Delta\sigma$ 计算时采用的 $\lg\Delta\sigma$−$\lg n$ 关系的直线斜率有所不同。当应力循环次数 $n \leqslant 5\times10^6$ 时，斜率采用 β_Z；当 $5\times10^6 < n \leqslant 1\times10^8$ 时，斜率采用 β_Z+2 。国际焊接学会(IIW)和国际标准化组织(ISO)的有关标准建议，在应力循环次数 $n=1\times10^8$ 处设置疲劳截止限 $[\Delta\sigma_L]_{1\times10^8}$ ，如图 2.10(b)所示。《钢结构设计标准》规定，直接承受动力荷载循环作用的钢结构构件及其连接，当应力变化的循环次数 $n \geqslant 5\times10^4$ 时，应进行疲劳计算。

《钢结构设计标准》针对正应力疲劳计算把构件和连接分成 14 个类别，具体确定方法见附表 1-7。系数 C_Z 和 β_Z 值如表 2-1 所示。例如，两侧为轧制边或刨边的钢板，属于 Z1 类，$C_Z=1920\times10^{12}$ ，$\beta_Z=4$；由式(2-15)得 $n=1\times10^5$ 次时，$[\Delta\sigma]\approx 372\text{N/mm}^2$ 。表 2-1 中的 C_Z 值已考虑了安全系数。

表 2-1　正应力幅的疲劳计算参数

构件和连接类别	构件和连接相关系数		$[\Delta\sigma]_{2\times10^6}$/(N/mm²)	$[\Delta\sigma]_{5\times10^6}$/(N/mm²)	$[\Delta\sigma_L]_{1\times10^8}$/(N/mm²)
	C_Z	β_Z			
Z1	1920×10^{12}	4	176	140	85
Z2	861×10^{12}	4	144	115	70
Z3	3.91×10^{12}	3	125	92	51
Z4	2.81×10^{12}	3	112	83	46
Z5	2.00×10^{12}	3	100	74	41
Z6	1.46×10^{12}	3	90	66	36
Z7	1.02×10^{12}	3	80	59	32
Z8	0.72×10^{12}	3	71	52	29
Z9	0.50×10^{12}	3	63	46	25
Z10	0.35×10^{12}	3	56	41	23
Z11	0.25×10^{12}	3	50	37	20

续表

构件和连接类别	构件和连接相关系数		$[\Delta\sigma]_{2\times10^6}$/(N/mm²)	$[\Delta\sigma]_{5\times10^6}$/(N/mm²)	$[\Delta\sigma_L]_{1\times10^8}$/(N/mm²)
	C_Z	β_Z			
Z12	0.18×10^{12}	3	45	33	18
Z13	0.13×10^{12}	3	40	29	16
Z14	0.09×10^{12}	3	36	26	14

剪应力幅$\Delta\tau$与正应力幅$\Delta\sigma$的计算方法相似，针对剪应力幅疲劳计算有 3 个类别，系数C_J和β_J的值如表 2-2 所示。

表 2-2　剪应力幅的疲劳计算参数

构件和连接类别	构件和连接相关系数		$[\Delta\tau]_{2\times10^6}$/(N/mm²)	$[\Delta\tau_L]_{1\times10^8}$/(N/mm²)
	C_J	β_J		
J1	4.10×10^{11}	3	59	16
J2	2.00×10^{16}	5	100	46
J3	8.61×10^{21}	8	90	55

《钢结构设计标准》规定，在结构使用寿命期间，当常幅疲劳的最大应力幅符合下列公式时，疲劳强度满足要求。

(1) 正应力幅疲劳计算：

$$\Delta\sigma < \gamma_t[\Delta\sigma_L]_{1\times10^8} \tag{2-16}$$

式中　$\Delta\sigma$——对焊接部位为应力幅，$\Delta\sigma=\sigma_{max}-\sigma_{min}$；对非焊接部位为折算应力幅，$\Delta\sigma=\sigma_{max}-0.7\sigma_{min}$。

σ_{max}——计算部位的应力循环中的最大拉应力，拉应力取正值。

σ_{min}——计算部位的应力循环中的最小拉应力或压应力，拉应力取正值，压应力取负值。

$[\Delta\sigma_L]_{1\times10^8}$——正应力幅的疲劳截止限，见表 2-1，构件和连接类别按附表 1-7 确定。

γ_t——板厚或螺栓直径修正系数，按下列规定计算：①对横向角焊缝连接和对接焊缝连接，当连接板厚 $t>25$mm 时，$\gamma_t=\left(\dfrac{25}{t}\right)^{0.25}$；②对螺栓轴向受拉连接，当螺栓的公称直径$d>30$mm 时，$\gamma_t=\left(\dfrac{30}{d}\right)^{0.25}$；③其余情况取$\gamma_t=1.0$。

(2) 剪应力幅疲劳计算：

$$\Delta\tau < [\Delta\tau_L]_{1\times10^8} \tag{2-17}$$

式中　$\Delta\tau$——对焊接部位为应力幅，$\Delta\tau<\tau_{max}-\tau_{min}$；对非焊接部位为折算应力幅，$\Delta\tau<\tau_{max}-0.7\tau_{min}$；

τ_{max}——计算部位的应力循环中的最大剪应力。

τ_{min}——计算部位的应力循环中的最小剪应力。

$[\Delta\tau_L]_{1\times10^8}$ ——剪应力幅的疲劳截止限，见表 2-2，构件和连接类别按附表 1-7 确定。

3. 变幅疲劳计算

对于承受吊车荷载的吊车梁，属于受变幅荷载作用，如图 2.11 所示。这种情况如按其中的最大应力幅 $\Delta\sigma_1$ 用常幅疲劳公式计算则过于保守，应根据 Palmyren-Miner 的线性累积损伤法则，把变幅疲劳折合成常幅疲劳进行计算。

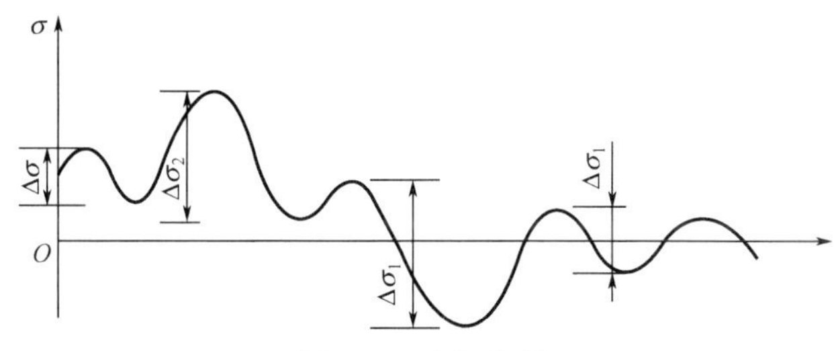

图 2.11 变幅荷载

设想有一常幅荷载作用下的应力幅 $\Delta\sigma_e$，在循环荷载作用次数 $n=2\times10^6$ 时，能使同一构件或连接产生疲劳破坏。根据线性累积损伤法则，可导出 $\Delta\sigma_e$ 为

$$\Delta\sigma_e=\left[\frac{\sum n_i(\Delta\sigma_i)^{\beta_Z}+([\Delta\sigma]_{5\times10^6})^{-2}\sum n_j(\Delta\sigma_j)^{\beta_Z+2}}{2\times10^6}\right]^{1/\beta_Z} \tag{2-18}$$

同理，可得应力循次数 $n=2\times10^6$ 时，常幅疲劳的等效剪应力幅：

$$\Delta\tau_e=\left[\frac{\sum n_i(\Delta\tau_i)^{\beta_J}}{2\times10^6}\right]^{1/\beta_J} \tag{2-19}$$

在结构使用寿命期间，当变幅疲劳的最大应力幅符合下列公式时，疲劳强度满足要求。

(1) 正应力幅疲劳计算：

$$\Delta\sigma_e<\gamma_t[\Delta\sigma_L]_{1\times10^8} \tag{2-20}$$

(2) 剪应力幅疲劳计算：

$$\Delta\tau_e<[\Delta\tau_L]_{1\times10^8} \tag{2-21}$$

式中 $\Delta\sigma_e$ ——由变幅疲劳预期使用寿命折算成循环次数 $n=2\times10^6$ 的等效正应力幅(总循环次数 $n=\sum n_i+\sum n_j$)；

$\Delta\tau_e$ ——由变幅疲劳预期使用寿命折算成循环次数 $n=2\times10^6$ 的等效剪应力幅(总循环次数 $n=\sum n_i$)。

2.2.5 化学成分及轧制工艺对钢材性能的影响

1. 化学成分

碳素结构钢是由多种化学元素组成的，其中以铁的含量为最多，约占 99%。其他元素有碳、硅、锰、硫、磷、氮、氧等，它们的总和约占 1%。在低合金高强度结构钢中，除上述元素外，还增加了一些合金元素以提高钢材强度，但合金元素的含量也不得超过 5%。碳和其他元素尽管含量不大，但对钢材的力学性能却有很大的影响。

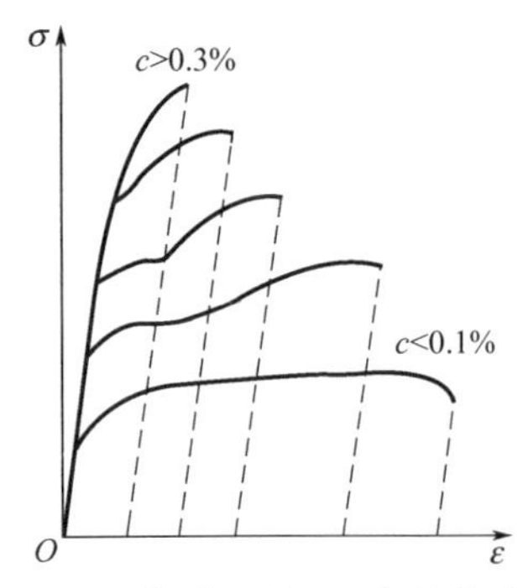

图 2.12　含碳量对σ−ε曲线的影响

1) 碳

碳在钢材中是除铁以外(低合金钢除外)含量最多的元素，它的影响也很大，直接影响着钢材的强度、塑性和韧性。随着含碳量的提高，钢材的强度逐渐增高，而塑性和韧性逐渐下降，且可焊性和抗腐蚀性能等也在变劣。当含碳量超过 0.3%时，钢材的抗拉强度提高很多，却失去了明显的屈服点，且塑性很小。当含碳量小于 0.1%时，钢材的塑性很好而强度却很低，也没有明显的屈服点，如图 2.12 所示。因此，虽然碳是使钢材获得足够强度的主要元素，但在钢结构中，尤其是焊接结构中，并不采用含碳量高的钢材，《钢结构设计标准》推荐的钢材含碳量一般不超过 0.22%，属于低碳钢。

2) 硫

硫在钢材温度达 800～1000℃时将生成硫化铁而熔化，使钢材变脆，因而在进行焊接或热加工时，可能引起热裂纹，这种现象称为钢材的“热脆”。此外，硫还会降低钢材的韧性、疲劳强度、可焊性和抗腐蚀性能等。因而，必须严格控制钢材中的含硫量，使其不得超过 0.05%(Q235 钢)和 0.040%(Q355 钢、Q390 钢、Q420 钢和 Q460 钢)。

3) 磷

磷可提高钢材的强度和抗腐蚀性能，但却会严重地降低钢材的塑性、韧性和可焊性，特别是在温度较低时，会促使钢材变脆，这种现象称为钢材的“冷脆”。因此磷的含量也要严格控制，一般不得超过 0.040%。

4) 锰

锰是一种弱脱氧剂，可提高钢材的强度却并不明显影响其塑性，同时还能消除硫引起的热脆并改善钢材的冷脆倾向，因而锰是一种有益成分。锰也是我国低合金高强度结构钢的主要合金元素，如 Q355 钢、Q390 钢、Q420 钢和 Q460 钢中都含有 1.6%～1.8%的锰。

2. 轧制工作

1) 热处理

图 2.13 所示为碳素结构钢、低合金高强度结构钢和热处理低合金高强度结构钢的单向均匀拉伸时的 σ-ε 曲线，前两种都有明显的屈服点和塑性阶段，但热处理低合金高强度结构钢虽也有较好的塑性性能，却没有明显的屈服点。当采用这种钢材时，以卸荷后试件的残余应变为 0.2%所对应的应力作为屈服点，称为条件屈服点或假想屈服点。图 2.13 中所示条件屈服点 f_y=640N/mm^2，可用于计算构件的强度承载力。

2) 辊轧

钢结构中采用的各种板材和型材，都是经过多次辊轧而轧制成形的，如图 2.14 所示。钢材性能和辊轧次数有很大关系，辊轧次数越多，晶粒就越细，钢材的质量就越好。因此薄钢板的屈服点比厚钢板的高。《碳素结构钢》(GB/T 700—2006)按厚度或直径对碳素结构钢 Q235 进行了分组，见表 2-3。《低合金高强度结构钢》(GB/T 1591—2018)按厚度或直径对低合金高强度结构钢 Q355、Q390、Q420、Q460 等进行了分组，见表 2-4。

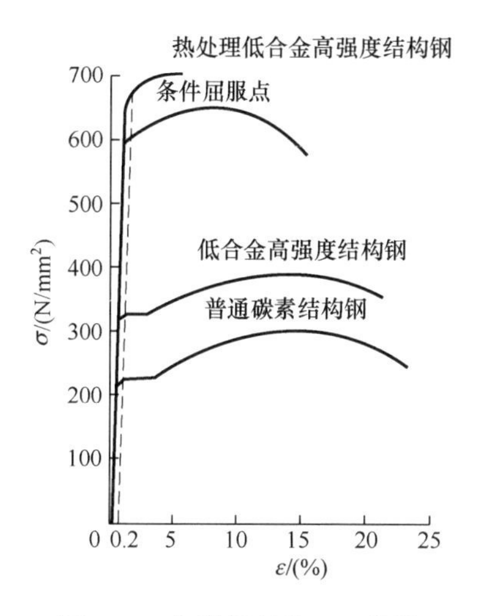

图 2.13 各种钢材的σ-ε曲线

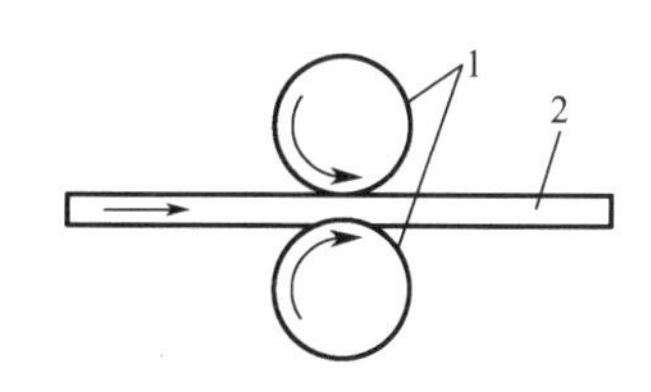

1—辊轧机；2—钢材。

图 2.14 钢材轧制示意图

表 2-3 Q235 钢材按厚度或直径分组表

钢号	屈服点(不小于)/(N/mm²)						伸长率(不小于) δ_5/(%)				
	厚度或直径/mm										
	≤16	>16~40	>40~60	>60~100	>100~150	>150~200	≤40	>40~60	>60~100	>100~150	>150~200
Q235	235	225	215	215	195	185	26	25	24	22	21

表 2-4 Q355、Q390、Q420 和 Q460 钢材按厚度或直径分组表

钢号	屈服点(不小于)/(N/mm²)									伸长率(不小于) δ_5/(%)
	厚度或直径/mm									
	≤16	>16~40	>40~63	>63~80	>80~100	>100~200	>150~200	>200~250	>250~400	不论何组
Q355	355	345	335	325	315	295	285	275	265	17~22
Q390	390	380	360	340	340	320	—	—	—	19~21
Q420	420	410	390	370	370	350	—	—	—	19~20
Q460	460	450	430	410	410	390	—	—	—	17~18

选用钢材时，应根据钢材厚度或直径采用不同的强度设计值f。

2.3 钢材的破坏形式

钢材有两种性质完全不同的破坏形式：塑性破坏和脆性破坏。

塑性破坏的特征是：由于变形过大，超过了构件或材料可能的应变能力；在构件的应力达到了钢材的抗拉强度极限后才发生；破坏前构件产生较大的塑性变形。由于发生了较大的塑性变形，且变形持续的时间较长，因而很容易及时发现并采取措施予以补救，不致引起严重后果。

与塑性破坏相反的是钢材的脆性破坏，它的特征是：破坏前没有明显的变形和征兆；断口平齐，呈有光泽的晶粒状；破坏往往发生在一瞬间，因而危险性很大。钢材产生脆性破坏的原因很多，除化学成分和冶金缺陷外，更重要的是构造不合理、使用不当或环境温度的变化等。设计时应尽可能防止本属于塑性性能的结构钢材发生脆性破坏。

2.3.1 冶金缺陷促使钢材变脆

钢材是历经冶炼、浇铸和轧制而成的，在冶炼和浇铸过程中，不可避免地会产生一些冶金缺陷，常见的冶金缺陷有偏析、非金属夹杂、裂纹和起层。

钢材中杂质化学元素成分分布的不均匀性称为偏析。杂质化学元素主要是硫和磷，当它们在钢材中发生偏析，集中在某些部位，将使偏析区钢材的塑性、韧性和可焊性变差。沸腾钢由于杂质化学元素的含量较多，因而偏析现象比镇静钢严重。

存在于钢材中的非金属夹杂(非金属化合物)，如硫化物和氧化物，都会使钢材变脆。

在成品钢材中，有时还会存在裂纹和分层现象，对钢材的力学性能有严重的影响，甚至造成钢材脆性破坏，选用钢材时，应予以重视。

2.3.2 温度变化促使钢材变脆

温度变化对钢材性能的影响很大。在 100℃以上时，随着温度的升高，钢材的强度降低，而塑性提高。在 250℃左右，钢材的抗拉强度略有提高，塑性却降低，因而呈现脆性，称为“蓝脆”。在这一温度段对钢材进行热加工，钢材可能产生裂缝。当温度超过 250℃时，钢材将产生蠕变。因此，当结构表面经常受较高的辐射热(100℃以上)，以及短时间内可能受到火焰的直接作用时，应采取措施，如设置挡板或在平炉车间的吊车梁周围设循环水套等加以防护。钢材在高温下，强度甚至能下降为零，称为“高温软化”。

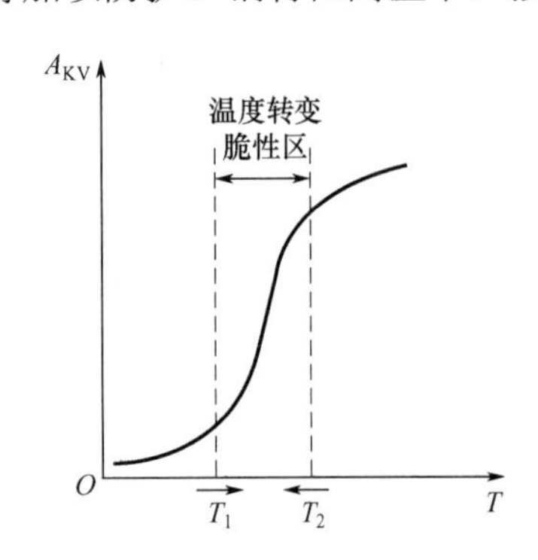

图 2.15 冲击韧性与温度关系示意图

当温度低于常温时，随着温度的降低，钢材的脆性倾向逐渐增加。图 2.15 所示为碳素结构钢的冲击韧性 A_{KV} 与温度 T 的关系。由图可见，T 下降，A_{KV} 也下降，且有一个明显的转变区。在温度 T_2 以上，A_{KV} 值很高，钢材为塑性破坏。T_2 和 T_1 之间，A_{KV} 值急剧下降，且无稳定值，称为温度转变脆性区或温度塑性区。低于 T_1 时，A_{KV} 值很低。不同种类的钢材，转变温度皆不同，需通过试验来确定，它和钢材的材质有关。例如，镇静钢的转变温度低于沸腾钢，普通碳素结构钢则高于低合金高强度结构钢。为了避免钢材发生脆性破坏，保证结构安全，要求结构所处的温度应高于 T_1。因此，对于直接承受动力荷载作用的重要结构，应根据使用温度选择合适的钢材，即按照结构的使用温度，根据《钢结构设计标准》的规定，提出对钢材冲击韧性值的要求。

钢材在负温下发生的脆性断裂的现象称为“低温冷脆”。我国北方地区，冬季寒冷，采用钢结构时，应特别重视钢材低温条件下冲击韧性的要求。同时，在构件的连接和节点处，应采取合理的构造，尽可能减少应力集中。

2.3.3　间歇重复加载和时间促使钢材变脆

1. 间歇重复加载

钢材在弹性阶段，多次间歇重复加载并不影响钢材的性能，因为弹性变形是可以恢复的。但当钢材受荷载作用进入弹塑性阶段及以后的阶段，间歇重复加载将使弹性变形范围扩大，这种现象称为“冷作硬化”。

如图 2.16 所示，当拉伸应力由 O 点到 1 点时，超过了比例极限 f_p，钢材进入弹塑性阶段。这时卸去荷载，变形恢复到 2 点，产生了残余应变 $O2$。当再次受荷载作用时，就由 2 点开始拉伸，弹性范围扩大到 1 点。如果荷载把钢材拉伸到 3 点，钢材则进入了强化阶段，卸载后回到 4 点，残余应变为 $O4$。钢材再受荷载作用时，将由 4 点开始拉伸，弹性范围扩大到 3 点，屈服点也提高到 3 点。如继续拉伸钢材，仍将沿原有的强化阶段曲线到断裂破坏。所以，钢材的冷作硬化虽然提高了屈服点，但却损失了塑性，因而增加了脆性。钢材的这种性能变化，是由于经过塑性变形后，钢材内部产生了内应力的缘故。

冷作硬化现象常在进行冷加工时产生，如对钢材进行冲切和剪切，孔壁和剪切边的边缘就会产生冷作硬化，成为产生裂纹的根源。因此，对于承受动力荷载作用的重要构件，应该把冷作硬化的表面钢材刨削除去。

2. 时间

钢材中经常存在着少量的碳化合物和氮化合物，以固溶体的形式存在于纯铁素体的晶体中，它们在晶体中的存在是不稳定的。随着时间的增长，将逐渐地从晶体中析出，形成自由的碳化合物和氮化合物微粒，散布于晶粒之间。其对纯铁素体的塑性变形起着遏制作用，会使钢材的强度提高，但塑性和韧性大大降低。钢材性能的这种随着时间的变化称为“时效硬化”，属于物理化学现象，如图 2.17 所示。

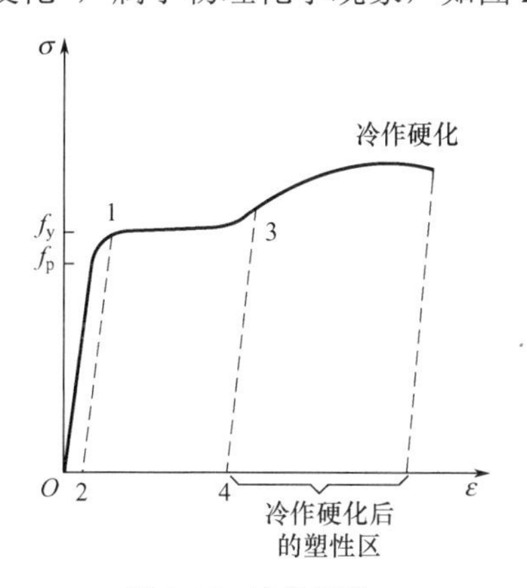

图 2.16　冷作硬化

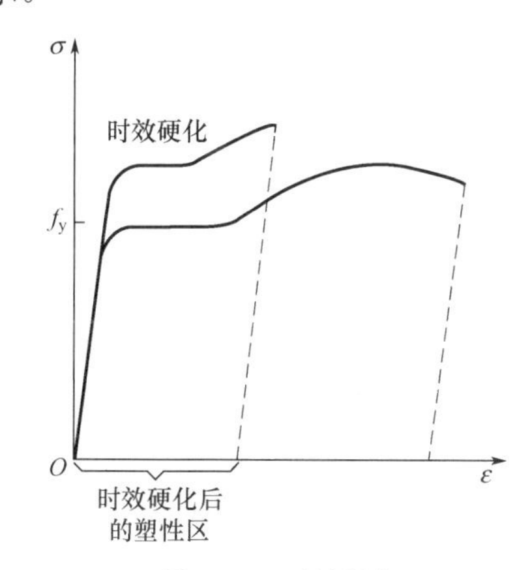

图 2.17　时效硬化

钢材时效硬化的过程一般很长，有时几个月甚至几年后才发生，视钢材所含杂质化合物的多少而异。沸腾钢比镇静钢更易发生时效硬化。钢材在荷载作用下，发生了一定的塑性变形，这时若把钢材加热到 200～300℃，将促使时效硬化迅速产生，一般仅需几小时，这种方法称为“人工时效”。

时效硬化与冷作硬化的相同点是扩大了弹性阶段范围、减小了钢材的阶段范围塑性；不同点是时效硬化在扩大弹性阶段范围的同时，还提高了钢材的抗拉强度。

2.3.4 不合理构造促使钢材变脆——应力集中现象

标准拉伸试件(图 2.1)是经过机械加工的，其表面光滑平整，因此截面上的应力分布均匀，而且是单向受拉应力状态。这样的试件在单向均匀拉伸作用下的应力应变关系如图 2.2 所示。

当试件表面不平整、有缺口存在时，在轴心拉力作用下，截面上应力分布不均匀，缺口附近的应力特别大，这种现象称为应力集中。缺口尖端的最大应力为 σ_{max}，净截面的平均应力为 $\sigma_0 = N/A_n$ (A_n 为净截面面积)，二者之比为应力集中系数 $k = \sigma_{max}/\sigma_0$。

图 2.18(a)所示为钢板上开有一圆孔时，力线绕过圆孔分布的情况。图 2.18(b)为不同截面上应力的分布，沿孔心的危险截面上同时存在着 σ_x 和 σ_y 双向同号应力，且分布很不均匀。离开圆孔后，只有应力 σ_x 不均匀分布。离开圆孔一定距离后，σ_x 才均匀分布。图 2.18(c)为板边带刻槽的情况，危险截面上存在分布不均匀的 σ_x 和 σ_y 应力，且为同号。正如 2.2.2 节中提到的，钢材在同号应力场作用下，将发生脆性破坏。因此，应力集中的结果是导致构件发生脆性破坏。

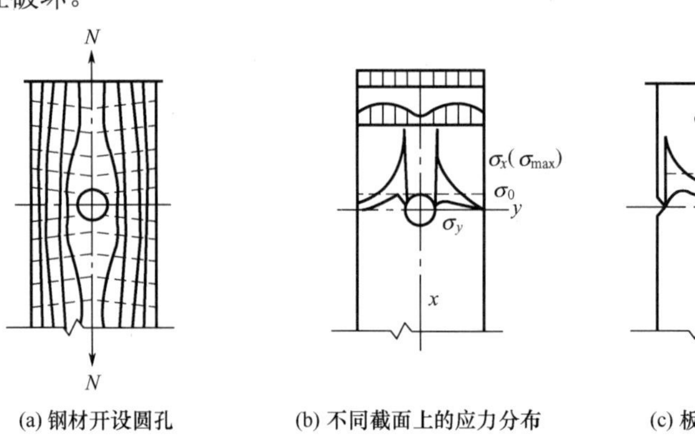

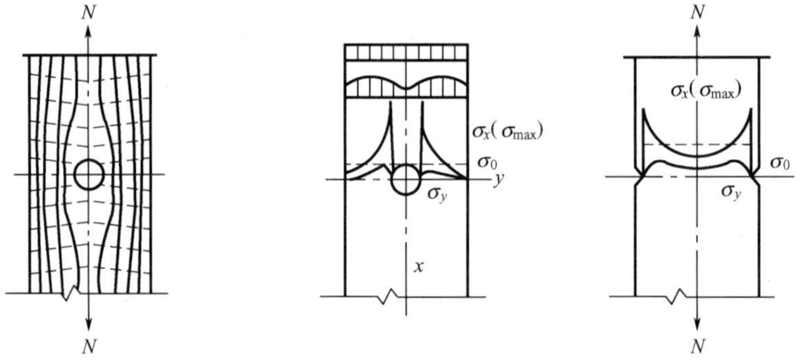

(a) 钢材开设圆孔　　(b) 不同截面上的应力分布　　(c) 板边带刻槽

图 2.18　应力集中

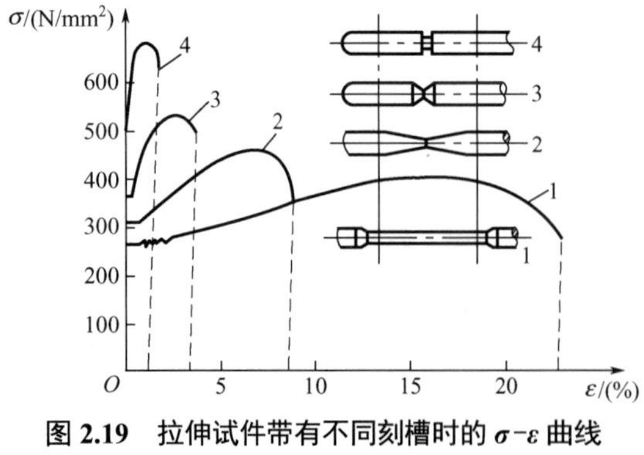

图 2.19　拉伸试件带有不同刻槽时的 σ-ε 曲线

具有应力集中现象的试件，获得的不同 σ-ε 曲线也证明了上述情况。图 2.19 所示为拉伸试件带有不同刻槽时的 σ-ε 曲线。刻槽越尖锐，应力集中现象就越严重，即钢材的强度提高，但无明显的屈服点，且塑性大大降低，钢材越脆。图 2.19 中，曲线与横坐标间所包围的面积表示使试件破坏所做的功。很明显，应力集中现象越严重，使试件破坏所需的功就越小，因而也就越危险。

应力集中是造成构件脆性破坏的主要原因之一，因此设计时应尽量避免截面突变，可以将构件做成圆滑过渡的形式，必要时可采取表面加工等措施。构件制造、运输和安装过程中，也应尽可能采取措施，防止造成刻槽等缺陷。

2.4　钢材种类和规格

2.4.1　钢材牌号

在建筑钢结构中，目前我国采用的钢材有碳素结构钢 Q235，低合金高强度结构钢 Q355、Q390、Q420 和 Q460。

接下来以碳素结构钢 Q235 为例介绍其牌号各部分的意义。Q 为屈服点汉语拼音首字母，数字代表厚度 $t \leqslant 16$mm 钢材的屈服点数值。按性能要求分级，Q235 钢材分为 A、B、C、D 4 个质量等级。不同质量等级的同一种钢材，力学性能指标屈服点 f_y、抗拉强度 f_u 是一样的，但化学成分有所不同，冲击韧性 A_{KV} 也不一样。

建筑结构中，一般采用的钢材冶炼炉有氧气转炉和平炉两种。平炉冶炼的钢材质量高，但成本也高，因此已很少采用。氧气转炉炼钢成本低，质量也不差，近年来已大力发展氧气转炉钢。

按冶炼时钢水脱氧方法的不同，Q235 钢分镇静钢(代表符号 Z)、特殊镇静钢(代表符号 TZ)和沸腾钢(代表符号 F)。沸腾钢采用锰铁作脱氧剂，脱氧不完全，因而钢材所含的杂质较多，偏析也较多，质量较差，但成本低。镇静钢采用锰铁加硅或铝进行脱氧，脱氧较完全，杂质和偏析均较少，因而质量较好，但成本也较高。对于重要构件或工作较繁重的构件，尤其是在负温下工作的焊接结构应采用镇静钢，其他情况可采用沸腾钢。特殊镇静钢对碳、硫和磷的含量限制更严，属于 D 级，一般用于高质量的焊接结构中。

综上所述，碳素结构钢的钢材牌号表示方法由字母 Q、屈服点数值、质量等级符号及脱氧方法符号 4 个部分按顺序组成。例如：Q235AF，表示 $f_y = 235\text{N/mm}^2$ 的 A 级沸腾钢。

对于低合金高强度结构钢，牌号则由碳素结构钢牌号的前 3 个部分组成，因其无脱氧方法，皆为镇静钢。例如：Q390B，表示 $f_y = 390\text{N/mm}^2$ 的 B 级钢材。

钢材还可采用适当的热处理方法(如调质处理)进一步提高强度，同时又不显著降低其塑性和韧性。例如，用于制造高强度螺栓的 40 硼钢(40B)，经热处理后其抗拉强度 f_u 可达到 1040～1240N/mm^2。

表 2-5 列出了 Q235、Q355、Q390、Q420 和 Q460 钢材的力学性能指标，表 2-6 则列出了其化学成分。

表 2-5　钢材的力学性能指标

牌号	质量等级	屈服点 f_y/(N/mm^2)	抗拉强度 f_u/(N/mm^2)	伸长率 A_5/(%)	冲击韧性 A_{KV}(纵向)/J				冷弯试验 180°
					20℃	0℃	−20℃	−40℃	
Q235	A	235	375～500	26	—	—	—	—	纵向试样 $d^{①}=a^{②}$；横向试样 $d=1.5a$
	B				≥27	—	—	—	
	C				—	≥27	—	—	
	D				—	—	≥27	—	

续表

牌号	质量等级	屈服点 f_y/(N/mm²)	抗拉强度 f_u/(N/mm²)	伸长率 A_5/(%)	冲击韧性 A_{KV}(纵向)/J				冷弯试验 180°
					20℃	0℃	-20℃	-40℃	
Q355	B	355	470～630	≥22	≥34	—	—	—	$d=2a$
	C				—	≥34	—	—	
	D				—	—	≥34	—	
Q390	B	390	490～650	≥21	≥34	—	—	—	$d=2a$
	C				—	≥34	—	—	
	D				—	—	≥34	—	
Q420	B	420	520～680	≥20	≥34	—	—	—	$d=2a$
	C				—	≥34	—	—	
Q460	C	460	550～720	≥18	—	≥34	—	—	$d=2a$

注：① d 为弯心直径，单位 mm。
② a 为钢材厚度，单位 mm。

表 2-6　钢材的化学成分

百分率：%

牌号	质量等级	C	Mn	Si	P	S	V	Nb	Ti	Cu	Cr	Ni
Q235	A	0.14～0.22	0.30～0.65	≤0.30	≤0.050	≤0.045	—	—	—	—	—	—
	B	0.12～0.20	0.30～0.70	≤0.30	≤0.045	≤0.045						
	C	≤0.17	0.35～0.80	≤0.30	≤0.040	≤0.040						
	D	≤0.17	0.35～0.80	≤0.30	≤0.035	≤0.035						
Q355	B	≤0.24	≤1.60	≤0.55	≤0.035	≤0.035	—	—	—	≤0.40	≤0.30	≤0.30
	C	≤0.20		≤0.55	≤0.030	≤0.030						
	D	≤0.20		≤0.55	≤0.025	≤0.025						
Q390	B	≤0.20	≤1.70	≤0.55	≤0.035	≤0.035	≤0.13	≤0.05	≤0.05	≤0.40	≤0.30	≤0.50
	C			≤0.55	≤0.030	≤0.030						
	D			≤0.55	≤0.025	≤0.025						
Q420	B	≤0.20	≤1.70	≤0.55	≤0.035	≤0.035	≤0.13	≤0.05	≤0.05	≤0.40	≤0.30	≤0.80
	C			≤0.55	≤0.030	≤0.030						
Q460	C	≤0.20	≤1.80	≤0.55	≤0.030	≤0.030	≤0.13	≤0.05	≤0.05	≤0.40	≤0.30	≤0.80

2.4.2 钢材的选用

在钢结构设计中，如何正确、恰当地选用钢材是一个很重要的问题，涉及结构的使用安全、寿命及经济性。因此，钢材的选择应满足结构安全可靠和使用要求，同时尽可能地节约钢材、降低造价。

承重结构采用的钢材，应具有抗拉强度、伸长率、屈服点和硫、磷含量的合格保证，对焊接结构还应具有碳含量的合格保证。焊接承重结构及重要的非焊接承重结构采用的钢材还应具有冷弯试验的合格保证。需要验算疲劳的非焊接结构的钢材，还应具有常温冲击韧性的合格保证。

钢材的选用应注意以下几种特殊情况。

(1) 下列情况的承重结构和构件不应采用 Q235F：直接承受动力荷载或振动荷载且需要验算疲劳的焊接结构；工作温度低于-20℃的、直接承受动力荷载或振动荷载但可不验算疲劳的焊接结构，以及承受静力荷载的受弯、受拉的重要承重结构；工作温度低于或等于-20℃的、直接承受动力荷载且需验算疲劳的非焊接结构。

(2) Q235A 级钢材的碳含量不作为钢厂供货的保证项目，因而焊接承重结构时不应采用。不得已采用时，应测定其碳含量。

(3) 当焊接承重结构为防止钢材的层状撕裂而采用 Z 向钢时，其材质应符合现行国家标准《厚度方向性能钢板》(GB/T 5313—2023)的规定。

(4) 对耐腐蚀有特殊要求或处于腐蚀性气态和固态介质作用下的承重结构，宜采用耐候钢，其质量要求应符合《耐候结构钢》(GB/T 4171—2008)的规定。

总之，应根据结构的重要性、所受荷载情况、结构形式、应力状态、采用的连接方法、工作温度及钢材厚度等因素，选择合适的钢材牌号和等级。

钢材的力学性能指标有屈服点、抗拉强度、伸长率、冷弯性能、冲击韧性等，应根据使用要求和结构特点，恰当地提出若干项指标要求。要求指标项目多的，钢材价格就高。

2.4.3 钢材规格

轧制成型的钢材有热轧及冷轧两大类。热轧成型的钢材又有钢板和型钢两种。型钢可以直接用作构件，减少制造工作量，但它可能比采用钢板焊接组成的截面耗钢量稍多一些。

除了轧制成型的钢材，在特殊使用环境和条件下，还可能用到不锈钢及钢索和钢拉杆。

1. 钢板

1) 厚钢板

厚钢板厚度范围是 4～100mm，宽度范围是 600～3000mm，长度范围是 4～12m。

2) 薄钢板

薄钢板厚度范围是 0.35～4mm，宽度范围是 500～1500mm，长度范围是 0.5～4m，是制造冷弯薄壁型钢的原材料。

3) 扁钢

扁钢厚度范围是 4～60mm，宽度范围是 12～200mm，长度范围是 3～9m，是制造螺旋焊接钢管的原材料。

4) 花纹钢板

花纹钢板厚度范围是 2.5～8mm，宽度范围是 600～1800mm，长度范围是 0.6～12m，主要用作走道板和梯子踏板。

2. 型钢

建筑钢结构中常用的型钢(图2.20)有角钢、普通工字钢、槽钢、钢管、H 型钢和 T 型钢。

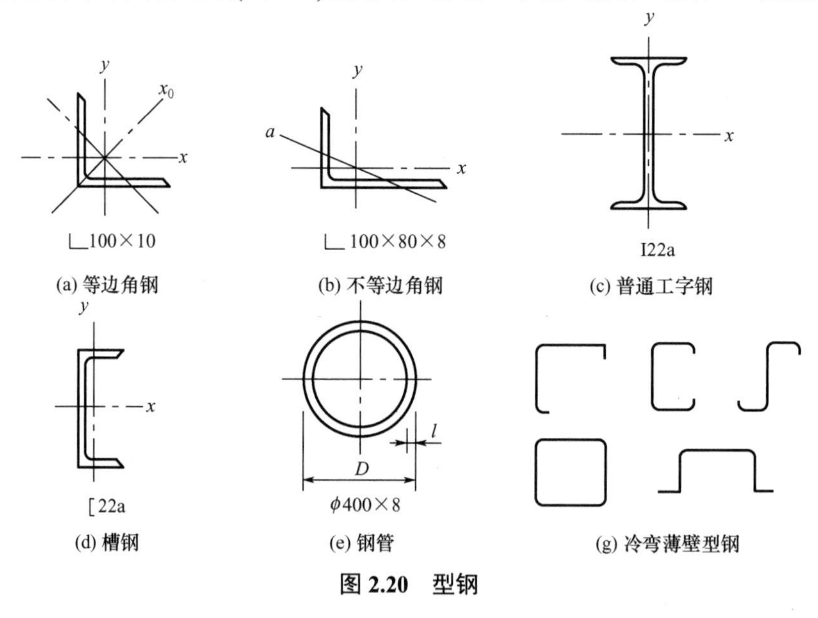

图 2.20　型钢

1) 角钢

角钢分等边和不等边角钢。以边宽和厚度表示规格，例如，∟110×10 是边宽 110mm、厚 10mm 的等边角钢，∟100×80×8 是长边宽 100mm、短边宽 80mm、厚 8mm 的不等边角钢。角钢长度一般为 4～19m。同一型号的角钢有几种不同的厚度，薄肢角钢的截面惯性矩对单位长度质量的比值较大，因而比较经济。我国目前生产的最大等边角钢边宽为 250mm，最大的不等边角钢边宽为 200mm×125mm。

2) 普通工字钢

普通工字钢的型号中截面高度用厘米数表示，如 I20a 表示截面高度为 20cm 的工字钢，a 表示腹板厚度分类。普通工字钢按腹板厚度不同分 a、b 两类或 a、b、c 三类。设计时，应尽量采用 a 类，因 a 类的腹板最薄，最经济。尽量不选 c 类，因 c 类的腹板最厚，不经济，且不能保证供应。我国生产的普通工字钢一般长 5～19m，最大型号是 I63。此外，还有轻型工字钢，其腹板和翼缘都较薄，比较经济，但不经常生产。

3) H 型钢

20 世纪 90 年代，我国从国外引进了一种宽翼缘工字形截面钢，称为 H 型钢，如图 2.21 所示。这种钢材绕两主轴的惯性矩基本相等，用作受压构件比较合理，且构造简单，因而得到了推广和应用。H 型钢除了轧制成型，还可以焊接成型，目前我国已能够生产各种 H 型钢。H 型钢，分宽翼缘 H 型钢(HW)、中翼缘 H 型钢(HM)和窄翼缘 H 型钢(HN)，HW 的截面尺寸范围是 100×100～500×500(高×宽，单位为 mm，下同)，腹板厚度 t_1 为 6～45mm，翼缘厚度 t_2 为 8～70mm。HM 的截面尺寸范围是 150×100～600×300，t_1 为 6～14mm，t_2 为 9～23mm。HN 的截面尺寸范围是 100×50～1000×300，t_1 为 5～21mm，t_2 为 7～40mm。

4) T 型钢

T 型钢是剖分后的半个 H 型钢，也分宽翼缘 T 型钢(TW)、中翼缘 T 型钢(TM)、窄翼缘 T

型钢(TN)3 种，如图 2.22 所示。T 型钢型号基本上和 H 型钢对应，详见《热轧 H 型钢和剖分 T 型钢》(GB/T 11263—2017)。

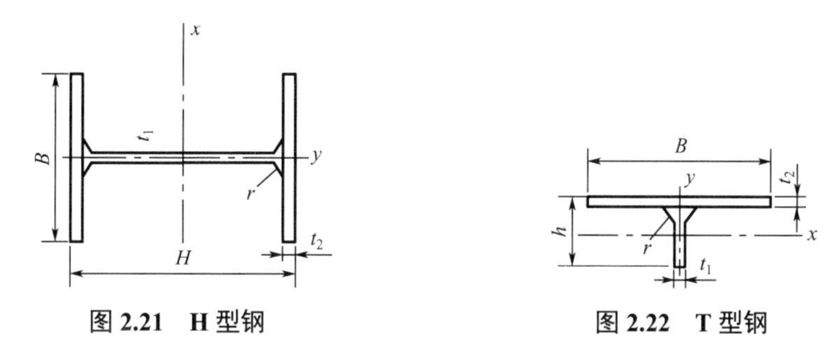

图 2.21　H 型钢　　图 2.22　T 型钢

5) 槽钢

槽钢的型号中截面高度也是用厘米数来表示的，分为 a、b、c 3 类。我国生产的槽钢，长度一般为 5～19m，最大型号是［40。

6) 钢管

钢管有无缝和有缝两种，用直径和厚度表示型号，如 400×8，表示外直径为 400mm，壁厚为 8mm。无缝钢管的外直径尺寸范围是 6～1016mm，壁厚尺寸范围是 0.25～120mm，工程中最常用的是直缝焊接钢管和螺旋焊接钢管。

7) 冷弯薄壁型钢

冷弯薄壁型钢是用薄钢板辊压制成的。由于其壁薄(1.5～5mm)，截面较为开展，因而特别经济，可用有利的截面特性充分发挥材料的强度，多用于轻型钢结构。

3. 不锈钢

不锈钢是指在大气中不容易生锈的钢材，也是在特定的酸、碱、盐条件中比较耐腐蚀的钢材。不锈钢的分类方法比较多，但通常按它的组织特点来进行分类，按这种方法可以将不锈钢分成 5 类：奥氏体不锈钢、铁素体不锈钢、马氏体不锈钢、双相不锈钢和沉淀硬化不锈钢。

现以奥氏体不锈钢和双相不锈钢为例介绍不锈钢的特性和用途。奥氏体不锈钢是指具有奥氏体晶体组织的不锈钢，其具有优良的耐腐蚀性、加工性和焊接性等，广泛应用于石油、化工、制药和食品等领域。而双相不锈钢是指同时拥有奥氏体和铁素体两种晶体组织的不锈钢，具有高强度、优良的耐腐蚀性和耐磨性等特点，适用于海洋工程和化工装备等领域。

4. 钢索和钢拉杆

钢索是建筑中常用的索材料之一，包括锁体、护层、锚具 3 部分，一般由单股高强度钢丝或钢绞线按平行或半平行方式扭绞而成，其优点是强度高、稳定性好、耐久性强，可以承受大荷载，可用于桥梁、高层建筑、体育场馆等场所的悬挂结构。

钢拉杆是以优质合金结构钢棒或不锈钢棒为原材料，经锻造、机械加工、热处理、表面处理等工序制作而成的高强度、高塑性、高冲击韧性的钢结构构件，包括杆身、锚头、调节套筒 3 部分。钢拉杆与钢结构之间采用销轴铰接或螺纹连接，主要受力形式为轴向拉力。钢拉杆的应用可以使钢结构用钢量更低，整体更轻、造型更优美。同时钢拉杆本身具有一定的刚度，便于施工安装，因此其应用十分广泛。

习　题

一、单项选择题

1．结构钢材的伸长率(　　)。

A．$A_5 < A_{10}$　　B．$A_5 > A_{10}$　　C．$A_5 = A_{10}$　　D．$A_5 \leqslant A_{10}$

2．冷弯性能试验是表示钢材(　　)。

A．静力荷载作用下的塑性性能　　B．塑性变形能力的综合性指标

C．冲击荷载作用下的性能指标　　D．抗弯能力

3．钢材的力学性能指标一共有(　　)。

A．4 个　　B．6 个　　C．7 个　　D．8 个

4．钢材的抗剪屈服点f_{yv}(　　)。

A．由试验确定　　B．由能量强度理论确定

C．由计算确定　　D．无法确定

5．以下对于提高钢材的力学性能有利的元素是(　　)。

A．硫　　B．磷　　C．碳　　D．以上都是

二、填空题

1．结构钢材单向均匀拉伸时的σ-ε 曲线分为：____________、____________、____________、____________4 个阶段。

2．钢材承受动力荷载作用时，抵抗脆性破坏的性能用____________指标来衡量。

3．钢材在连续常幅循环荷载作用下，当循环次数达某一定值时，钢材发生破坏的现象，称为钢材的____________。

4．____________是考察厚钢板用于受垂直于厚度方向拉力作用时，是否具有良好的抗层状撕裂能力的指标。

5．当试件表面不平整，有缺口存在时，在轴心拉力作用下，截面上应力分布不均匀，缺口附近的应力特别大，这种现象称为____________。

三、简答题

1．把结构钢材单向均匀拉伸时的σ-ε 曲线假设为理想弹-塑性体曲线的根据是什么？目的是什么？

2．简述钢材塑性破坏的特征和意义。

3. 为什么采用钢材的屈服点f_y为设计强度标准值？无明显屈服点的钢材，其设计强度标准值如何确定？

4．钢材在多轴应力状态下，如何确定它的屈服条件？

5．钢材的剪切模量和弹性模量有什么关系？

第3章 钢结构连接

知识结构图

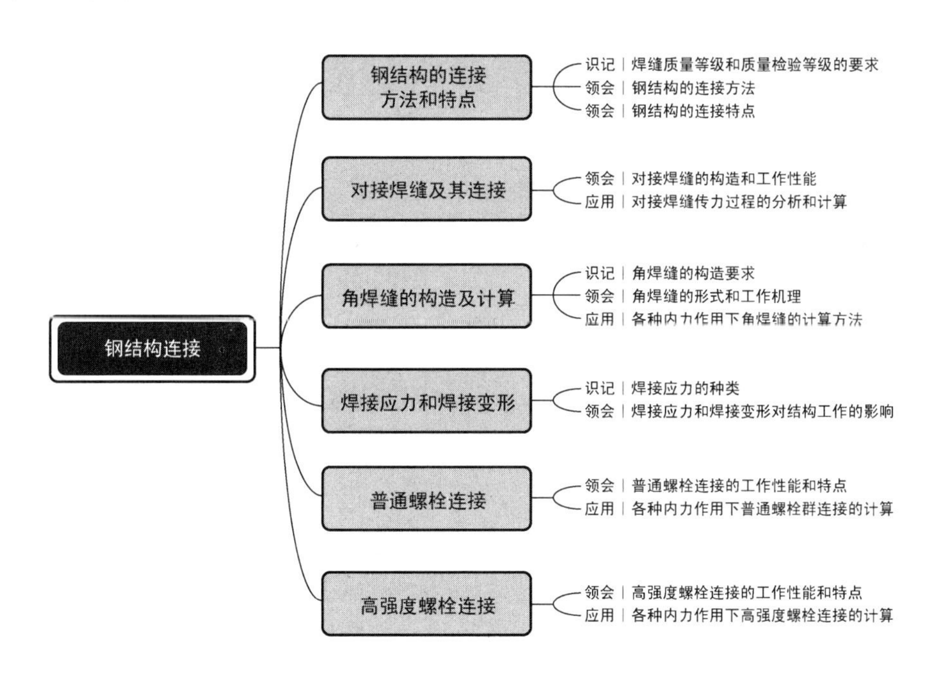

3.1 钢结构的连接方法和特点

3.1.1 钢结构的连接方法

钢结构是由钢板或各种型钢通过一定的连接组成基本构件(如梁、柱等)，再通过安装连接形成的整体结构(如屋盖、厂房框架、桥梁、塔架等)。钢结构设计中要深刻理解“强节点、弱构件”的设计理念，节点的连接设计在钢结构设计中占有非常重要的地位，连接方式及其质量将直接影响钢结构的制造、安装、工程造价和工作性能。钢结构的连接设计应符合安全可靠、传力明确、节约钢材、构造简单和制造安装方便等原则。钢结构的连接方法可分为焊接连接、铆钉连接、螺栓连接等(图 3.1)，其中焊接连接和螺栓连接是钢结构中常用的两种连接形式。

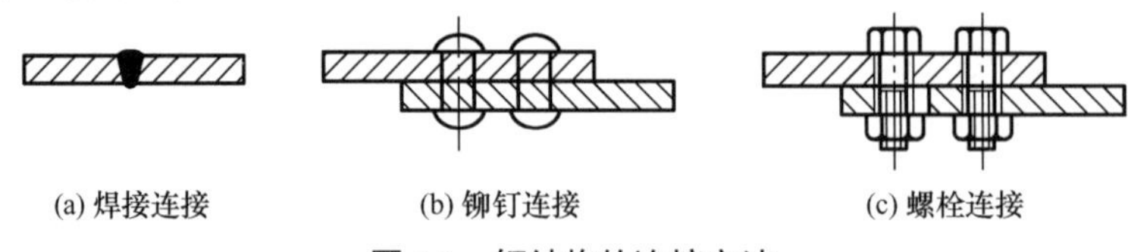

(a) 焊接连接　　(b) 铆钉连接　　(c) 螺栓连接

图 3.1　钢结构的连接方法

3.1.2 焊接连接的特点

1. 焊接连接的优缺点

焊接连接是现代钢结构采用的最主要连接方法。焊接连接的优点是：①不削弱构件截面，节约钢材；②可焊接成任何形状的构件，焊件之间可直接焊接，一般不需要其他连接件，构造简单，制造省工；③连接的密封性好，刚度大；④易于采用自动化作业，生产效率高。

焊接连接的缺点是：①位于焊缝附近热影响区的材质变脆；②在焊件中产生的焊接应力和残余变形，对结构工作有不利影响；③焊接连接对裂纹很敏感，一旦局部出现裂纹便有可能迅速扩展到整个截面，尤其在低温和疲劳荷载作用下易发生脆断。因此，焊接连接对钢材质量要求较高。

2. 钢结构的焊接方法

钢结构常用的焊接方法包括手工电弧焊、自动(或半自动)埋弧焊和气体保护焊等。

1) 手工电弧焊

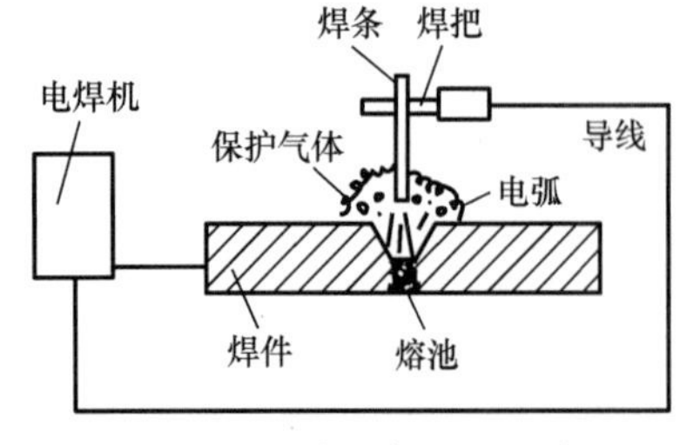

图 3.2　手工电弧焊原理示意图

图 3.2 所示为手工电弧焊原理示意图，焊接过程如下。

(1) 打火引弧后，在涂有焊药的焊条端和焊件的间隙中产生电弧。

(2) 电弧提供热源，使焊件边缘金属熔化，形成熔池。

(3) 同时焊条中的焊丝熔化，熔滴落入焊件熔池中。

(4) 焊药也随焊条熔化，在熔池周围形成保护气体。

(5) 稍冷却后，焊缝熔化的金属表面随即形成熔渣，隔绝熔池中的液体金属和空气中的氧、氮等气体的接触，避免形成脆性易裂的化合物。

(6) 焊缝金属冷却后就会将焊件熔成一体。

手工电弧焊具有设备简单、适应性强的优点，特别适用于短焊缝或曲折焊缝的焊接。在施工现场进行高空焊接时，只能采用手工电弧焊。它是钢结构最常用的焊接方法。但手工电弧焊有如下缺点：①焊缝质量波动性大；②保证焊缝质量的关键是焊工的技术水平，所以要求焊工有较高的技术级别；③劳动条件差；④生产效率低。

2) 自动(或半自动)埋弧焊

图3.3所示为自动(或半自动)埋弧焊原理示意图，电焊机可沿轨道按规定速度移动，焊接过程如下。

(1) 通电引弧后，由于电弧的作用，使埋于焊剂下的焊丝和附近的焊件熔化。

(2) 熔渣浮在熔化的焊缝金属上面，使熔化金属不与空气接触，并供给焊缝金属必要的合金元素。

(3) 随着电焊机的自动移动，颗粒状的焊剂不断地由漏斗流下，电弧完全被埋在焊剂之内，同时焊丝也自动随熔化而下降。

自动埋弧焊的焊缝质量稳定，焊缝内部缺陷很少，因此质量比手工电弧焊好。半自动埋弧焊与自动埋弧焊的差别只在于其靠人工移动电焊机，而焊丝和焊剂的下降方式与自动埋弧焊相同，它的焊缝质量介于自动埋弧焊和手工电弧焊之间。自动埋弧焊或半自动埋弧焊应采用与主体金属强度相适应的焊丝和焊剂。

3) 气体保护焊

气体保护焊是利用二氧化碳或其他惰性气体作为保护气体的一种电弧熔焊方法。图3.4所示为气体保护焊原理示意图，它直接依靠保护气体在电弧周围形成局部保护层，以防止有害气体的侵入并保证焊接过程的稳定性。气体保护焊具有以下优点：焊缝熔化区没有熔渣，焊工能够清楚地看到焊缝成型的过程；由于保护气体是喷射的，有助于熔滴的过渡；由于热量集中，焊接速度快，焊件熔深大，故所形成的焊缝强度比手工电弧焊高，塑性和抗腐蚀性好。气体保护焊适用于全位置的焊接，但不适用于在风较大的地方施焊。

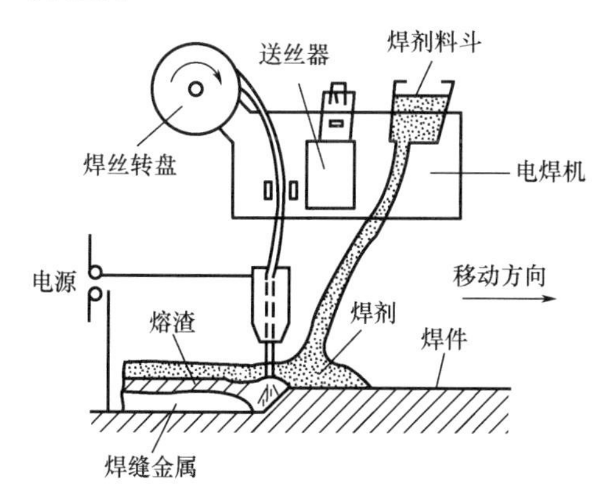

图3.3 自动(或半自动)埋弧焊原理示意图

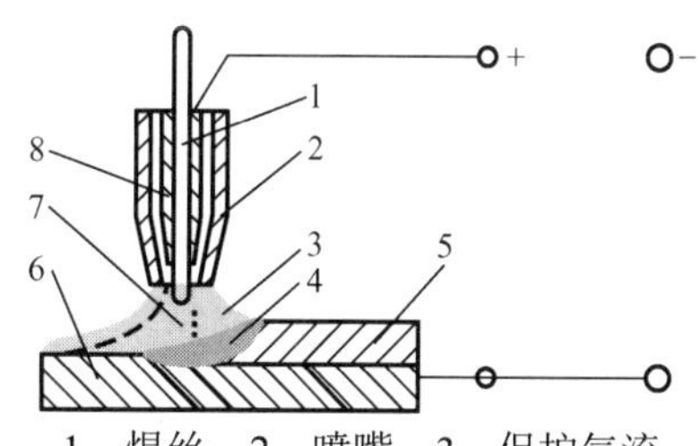

1—焊丝；2—喷嘴；3—保护气流

4—熔池；5—焊缝；6—焊件；7—电弧；8—导电嘴。

图3.4 气体保护焊原理示意图

3. 焊条的种类

我国钢结构建筑常用的焊条为碳钢焊条和低合金钢焊条，碳钢焊条有 E43 和 E50 两个系列；低合金钢焊条有 E50 和 E55 等系列。字母 E 表示焊条，后面的两位数字表示熔敷金属(焊缝金属)抗拉强度的最小值，如 E43 表示最小抗拉强度为 430MPa 的碳钢焊条。

选择手工电弧焊使用的焊条，宜使焊缝金属与主体金属的强度相适应，例如：Q235 钢焊件采用 E43 型焊条，Q355 钢焊件采用 E50 型焊条，Q390 钢和 Q420 钢焊件采用 E55 型焊条。不同强度的钢材连接时，可采用与低强度钢材相适应的焊条，如 Q235 钢与 Q355 钢焊接可采用 E43 型焊条，因为试验表明，这时采用 E50 型焊条，焊缝强度比用 E43 型焊条提高得不多，从经济性考虑，采用 E43 型焊条更好。

4. 焊缝施焊方位

根据施焊时焊工所持焊条与焊件之间的相对位置不同，焊缝施焊方位可分为平焊、立焊、横焊和仰焊 4 种，如图 3.5 所示。

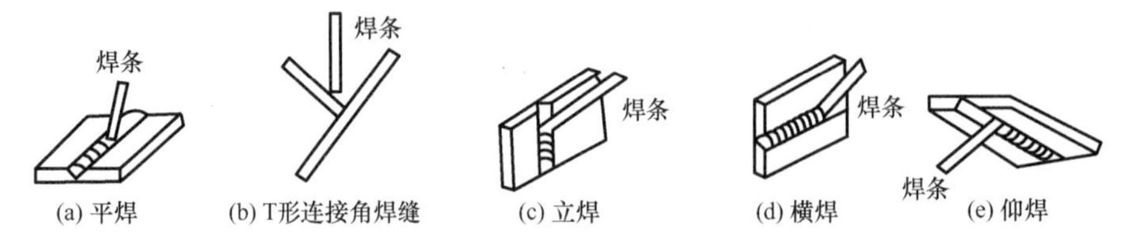

图 3.5 焊缝施焊方位

平焊又称俯焊，施焊质量最易保证。T 形连接角焊缝可以取船形位置施焊，其也是平焊的一种形式。

在现场施焊时，由于焊件常不能翻转，因而会出现一些立焊和横焊的情况，立焊和横焊比平焊难操作，质量较难保证。

仰焊是最难以操作的施焊方位，焊缝质量不易保证，设计时应尽量避免。

设计时，设计者应根据制造工厂和安装现场的实际条件，细致地考虑设计的每条焊缝的位置及焊条和焊缝的相对位置，要便于施焊。

5. 焊缝代号

在钢结构施工图上要用焊缝代号标明焊缝形式、尺寸和辅助要求。焊缝代号主要由图形符号、辅助符号和引出线等部分组成。

(1) 图形符号表示焊缝剖面的基本形式，例如，⊿ 表示角焊缝，V 表示 V 形坡口的对接焊缝。

(2) 辅助符号表示焊缝的辅助要求，例如，⊳ 表示现场施焊。

(3) 引出线由横线、斜线及单边箭头组成。横线的上面和下面用来标注各种符号和焊缝尺寸等，斜线和箭头用来将整个焊缝代号指到图形上的有关焊缝处，当引出线的单边箭头指向焊缝所在的一面时，应将图形符号和焊缝尺寸等标注在水平横线上面。当单边箭头指向对应焊缝所在的另一面时，则应将图形符号和焊缝尺寸标注在水平横线下面，引出线采用细实线。《焊缝符号表示法》(GB/T 324—2008)中规定了常用的焊缝代号标注方法，如表 3-1 所示。

表 3-1 常用的焊缝代号标注方法

焊接形式	角焊缝				对接焊缝	塞焊缝	三面围焊
	单面焊缝	双面焊缝	安装焊缝	相同焊缝			
焊接形式					c α p		
标注方法	h_f	h_f	h_f	h_f	a c p	h_f	$[h_f$

当焊缝分布比较复杂或用上述标注方法不能表达清楚时，在标注焊缝代号的同时，可在图形上加栅线表示，如图 3.6 所示。

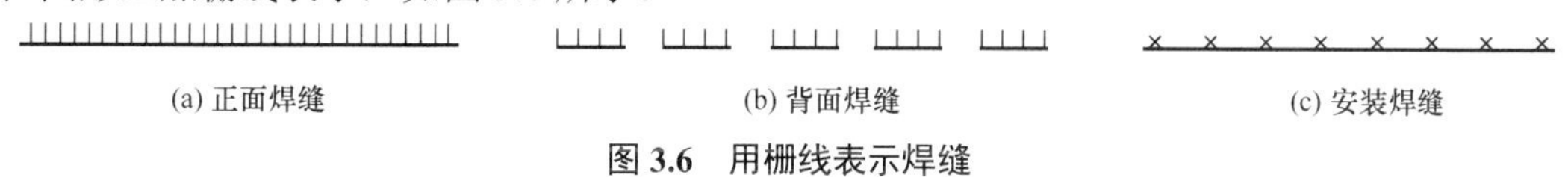

(a) 正面焊缝　(b) 背面焊缝　(c) 安装焊缝

图 3.6 用栅线表示焊缝

6. 焊缝的缺陷

焊缝中可能出现的缺陷有很多种，图 3.7 所示为部分缺陷形式。有些缺陷位于焊缝的外表面，如表面裂纹、弧坑、焊瘤、咬肉等，对这类缺陷可以通过外观检查发现；有些缺陷位于焊缝内部，如内部裂纹、内部气孔、未焊透、夹渣等，对这类缺陷可以用探伤的办法来发现。

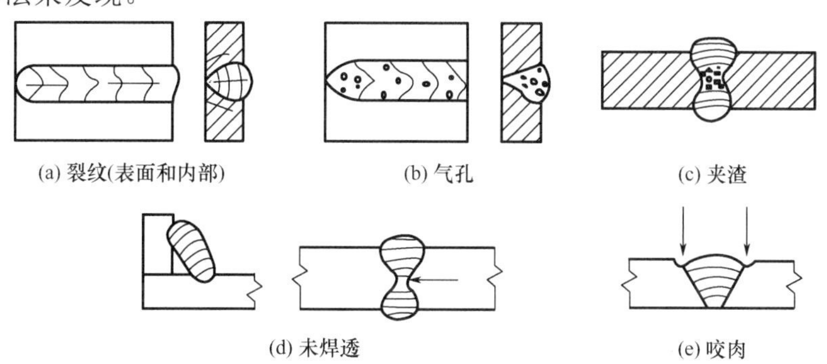

(a) 裂纹(表面和内部)　(b) 气孔　(c) 夹渣

(d) 未焊透　(e) 咬肉

图 3.7 焊缝的部分缺陷形式

1) 裂纹

裂纹是焊缝连接中最危险的缺陷，是施焊过程中或焊后冷却过程中，在焊缝内部及其热影响区(焊缝旁 2～3mm)内所出现的局部开裂现象。由于裂纹尖端存在严重的应力集中现象，承受荷载时，特别是承受动力荷载时会使裂纹扩展，可能由此导致断裂破坏，因此裂纹在焊缝连接中是不容许存在的。产生裂纹的原因很多，如钢材的化学成分不当、未采用合适的焊接工艺(施焊电流和速度不当)、所用焊条和施焊次序不当等。

2) 气孔

气孔是在施焊过程中由于空气侵入，或药皮熔化时产生的气体在焊缝金属冷却前未能逸出而在焊缝金属内部形成的孔洞，它会降低焊缝的密实性和塑性。

3) 夹渣

夹渣是由于焊接工艺不当，或焊接材料(焊条)不符合要求，在焊缝金属内部或与主体金属熔合处存在的非金属夹杂物。它对焊缝的危害性和气孔相似，但夹渣尖角比气孔所引起的应力集中更严重，与裂纹尖端相似。

4) 未焊透

未焊透是指熔化金属各层之间，或主体金属与熔化金属之间局部未熔合的现象，它会降低焊接连接的强度，造成应力集中，容易由此引起断裂。

5) 咬肉

咬肉是在施焊时，在焊缝一侧或两侧与主体金属交界处形成的凹坑，它减弱了主体金属的有效面积，导致连接强度下降，也容易形成应力集中。

7. 焊缝质量检验和焊缝质量等级选用

如上所述，焊缝的缺陷对焊接结构的工作非常不利，它削弱了焊缝的有效面积，而且在缺陷处形成应力集中，由此而产生裂纹，成为焊接连接破坏的根源。因此，焊缝质量检验极为重要。

焊缝质量检验一般包括外观检查及内部无损检验，前者检查外观缺陷和几何尺寸，后者检查内部缺陷。内部无损检验目前广泛采用超声波检验。《钢结构工程施工质量验收标准》(GB 50205—2020)规定，焊缝按其检验方法和质量要求分为一级、二级和三级。三级焊缝只要求对全部焊缝做外观检查，检查其是否符合三级质量标准；一级、二级焊缝要求全部焊透，除外观检查外，还要求用超声波探伤进行内部缺陷的检验，超声波探伤不能对缺陷做出判断时，应采用射线探伤检验，并应符合国家相应质量标准的要求。

《钢结构设计标准》规定，应根据结构的重要性、荷载特性、焊缝形式、工作环境及应力状态等情况，按下述原则选用不同质量等级的焊缝。

(1) 承受动荷载且需要进行疲劳验算的构件，凡要求与母材等强连接的焊缝应焊透，其质量等级应符合下列规定。

① 作用力垂直于焊缝长度方向的横向对接焊缝或 T 形对接与角接组合焊缝，受拉时应为一级，受压时不应低于二级。

② 作用力平行于焊缝长度方向的纵向对接焊缝不应低于二级。

(2) 在工作温度等于或低于-20℃的地区，构件对接焊缝的质量不得低于二级。

(3) 无须疲劳验算的构件，凡要求与母材等强的对接焊缝宜焊透，其质量等级受拉时不应低于二级，受压时不宜低于二级。

(4) 部分焊透的对接焊缝、采用角焊缝或部分焊透的对接与角接组合焊缝的 T 形连接部位，以及搭接连接角焊缝，其质量等级应符合下列规定。

① 直接承受动荷载且需要进行疲劳验算的结构和吊车起重量大于或等于50t的中级工作制吊车梁，以及梁、柱、牛腿等重要节点不应低于二级。

② 其他结构可为三级。

3.1.3 螺栓连接的特点

螺栓连接分为普通螺栓连接和高强度螺栓连接两大类。按国家标准规定，螺栓的性能统一用螺栓性能等级来表示。

1. 普通螺栓连接

普通螺栓分为A、B、C三级。A级与B级为精制螺栓，C级为粗制螺栓。C级螺栓性能等级为4.6级或4.8级。小数点前的数字“4”表示螺栓成品的抗拉强度不小于400N/mm^2，小数点及小数点以后数字“6”或“8”表示其屈强比(屈服点与抗拉强度之比)为0.6或0.8。A级和B级螺栓性能等级则为8.8级，含义与C级相同，表示其抗拉强度不小于800N/mm^2，屈强比为0.8。

C级螺栓由未经加工的圆钢压制而成。由于螺栓表面粗糙，其栓孔一般采用在单个零件上一次冲成或不用钻模钻成的方法得到。孔径d_0较螺栓公称直径d大1.0～1.5mm。对于采用C级螺栓的连接，由于螺杆与栓孔之间有较大的间隙，受剪力作用时，将会产生较大的剪切滑移，连接的变形大。但C级螺栓安装方便，且能有效地传递拉力，故宜用于沿其杆轴受拉的连接。在以下情况C级螺栓可用于受剪连接：承受静力荷载或间接承受动力荷载结构中的次要连接、承受静力荷载的可拆卸结构的连接和临时固定构件用的安装连接。

A、B级普通螺栓是由钢坯在车床上经过切削加工精制而成的。其表面光滑，尺寸准确，螺杆直径与螺栓孔径相同，但螺杆直径仅允许负公差，螺栓孔径仅允许正公差，对成孔质量要求高。B级普通螺栓的孔径d_0较螺栓公称直径d大0.2～0.5mm。A、B级普通螺栓由于有较高的精度，因而受剪性能好，但制作和安装复杂，成本较高，已很少在钢结构中采用。

2. 高强度螺栓连接

高强度螺栓连接的优点是：施工简便、受力好、耐疲劳、可拆卸、工作安全可靠且计算简单，已广泛用于钢结构连接中，尤其适用于承受动力荷载的结构。

高强度螺栓连接传递剪力的机理和普通螺栓连接不同，普通螺栓连接是靠螺栓抗剪和承压来传递剪力，而高强度螺栓连接首先是靠被连接板件间的强大摩擦阻力传递剪力。高强度螺栓的形状、连接构造(如构造原则、连接形式、直径选择及螺栓排列要求等)和普通螺栓基本相同，安装时通过特制的扳手，以较大的扭矩拧紧螺帽，使螺栓杆产生很大的预拉力，把被连接的板件夹紧，使板件间产生摩擦力。为了产生更大的摩擦阻力，高强度螺栓应采用强度较高的钢材制成。所用的材料一般有两种：一种是优质碳素钢，经热处理后抗拉强度不低于830N/mm^2，属于8.8级螺栓：另一种是合金结构钢，经热处理后抗拉强度不低于1040N/mm^2，属于10.9级螺栓。

高强度螺栓性能等级表示方法与普通螺栓相同，如8.8级和10.9级，小数点前的数字“8”和“10”表示螺栓材料经热处理后的最低抗拉强度不低于800N/mm^{2}和1000N/mm^2；小数点及后面的数字“0.8”和“0.9”表示螺栓材料的屈强比，即8.8级的屈服点不低于640N/mm^2，10.9的屈服点不低于900N/mm^2。目前我国普遍采用8.8级和10.9级两种性能等级的高强度螺栓。

高强度螺栓连接有以下两种类型。

(1) 摩擦型连接：只靠被连接板件间的强大摩擦阻力传力，以摩擦阻力刚被克服作为连接承载力的极限状态。因而，这种连接的剪切变形很小，整体性好。

(2) 承压型连接：靠被连接板件间的摩擦阻力和螺杆共同传力，以螺杆被剪力破坏或被压力破坏为连接承载力的极限状态。

高强度螺栓的两种连接形式在抗剪计算时所采用的极限状态不同。高强度螺栓承压型连接充分利用了被连接板件滑移后的螺栓承载力，其承载力比高强度螺栓摩擦型连接高，因此设计时可减少螺栓数量。但是，承压型连接的剪切变形比摩擦型连接的大，所以只适用于承受静力荷载或对连接变形不敏感的结构中。《钢结构设计标准》规定，高强度螺栓承压型连接不得用于直接承受动力荷载的结构。

根据工程需要，高强度螺栓连接可采用标准孔、大圆孔和槽孔，其孔型尺寸可按表 3-2 采用。采用扩大孔连接时，同一连接面只能在盖板和芯板二者之一上采用大圆孔或槽孔。高强度螺栓摩擦型连接盖板按大圆孔、槽孔制孔时，应增大垫圈厚度或采用连续型垫板，其孔径与标准垫圈相同。对 M24 级以下的螺栓，垫圈厚度不宜小于 8mm；对 M24 级以上的螺栓，垫圈厚度不宜小于 10mm。

表 3-2　高强度螺栓连接的孔型尺寸

单位：mm

螺栓公称直径			M12	M16	M20	M22	M24	M27	M30
孔型尺寸	标准孔	直径	13.5	17.5	22	24	26	30	33
	大圆孔	直径	16	20	24	28	30	35	38
	槽孔	短向	13.5	17.5	22	24	26	30	33
		长向	22	30	37	40	45	50	55

特别提示

钢结构连接中目前已很少使用铆钉连接。铆钉连接的受力性能和计算方法原则上与普通螺栓连接相同，可以套用，故本教材不再另作叙述。不同点只是对铆钉连接的抗拉、抗剪和孔壁承压强度有不同的设计值规定，以及计算时螺栓杆径取值等于螺栓孔径等。

3.2　对接焊缝及其连接

3.2.1　对接焊缝的坡口形式和构造要求

1. 对接焊缝的坡口形式

采用对接焊缝时，为保证质量，常常需要将被连接板件边缘开成各种形式的坡口，焊缝金属就填充在坡口内，因而焊缝本身也是被连接板件截面的组成部分。根据焊件厚度，对接焊缝板边的坡口形式有 I 形(垂直坡口)、V 形、单边 V 形、X 形和 K 形等(图 3.8)，根据保证焊缝质量、便于施焊及减小焊缝截面面积的原则选用。

当焊件厚度很小($\delta \leqslant$6mm)时，可采用 I 形坡口；当 $\delta >$6mm 时，就需开坡口，以保证焊透。对于中等厚度的焊件(6mm$< \delta \leqslant$20mm)，宜采用 V 形坡口，图 3.8(b)中的 p 表示钝边长度，其起着托住熔化金属的作用；坡口角度和间隙 c 组成一个焊条能够放置的施焊空间，使焊缝得以焊透，p 和 c 均常取 2mm。坡口角度应按规定取用。p 过大及坡口角度过小，都会导致焊不透；坡口角度过大又会造成焊条和工时的浪费，对此应予以重视。当采

用垂直连接时，可采用单边V形坡口，既省工，又可取得最有利的俯焊方位。当焊件较厚(δ>20mm)时，如采用V形坡口，不但浪费焊条，而且焊件焊后的变形可能很大，所以应采用双面施焊的X形坡口。K形焊缝用于T形连接且需要焊透的对接焊缝。

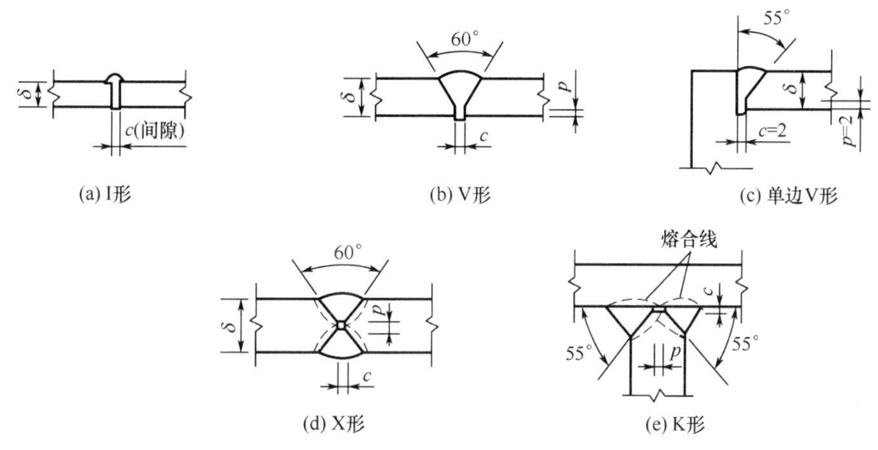

图3.8 坡口形式

当对接焊缝坡口间隙过大时，可采用垫板，作用是防止熔化金属流淌，并使焊缝根部容易焊透，这时坡口的钝边已无意义。施焊完毕，垫板可留在焊件上，也可除去，如图3.9所示。

2. 对接焊缝的构造要求

上面已经提到，为了保证焊缝的质量和便于施焊，应根据焊件厚度不同，将焊件边缘加工成各种不同形式的坡口。

尽管已经采取了措施，施焊时焊缝的起点和终点，仍然常因不易焊透而出现凹陷的焊口。在该处极易产生裂纹和应力集中现象。为了消除焊口的缺陷，施焊时可在对接焊缝两端设置引弧板(图3.10)，这样起弧、灭弧均在引弧板上发生，焊后将引弧板切除，即可消除焊口缺陷。当对接焊缝无法采用引弧板施焊时，设计时每条焊缝的长度应各减去$2t$ (t为较薄焊件的厚度)，以考虑起弧、灭弧处焊缝质量差的不利影响。

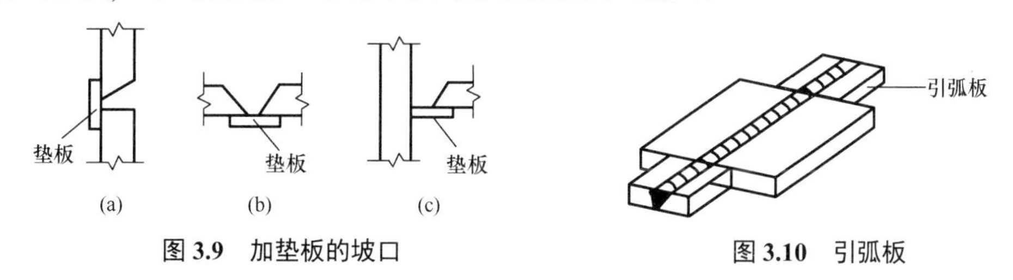

图3.9 加垫板的坡口

图3.10 引弧板

当采用对接焊缝连接不同宽度或不同厚度的钢板(焊件)时，应从钢板的一侧或两侧做成坡度不大于1:2.5的斜坡，形成平缓的过渡(图3.11)，使构件传力比较均匀，但对于需要计算疲劳强度的结构，斜角坡度不应大于1:4。如果两块钢板厚度相差小于4mm，也可不做斜坡，直接用焊缝表面斜坡来找坡[图3.11(c)]。焊缝的计算厚度等于较薄钢板的厚度。

钢板拼接时，若采用对接焊缝，纵、横两方向可采用十字形交叉或T形交叉焊缝(图3.12)。

当为 T 形交叉焊缝时，交叉间距 a 不得小于 200mm。

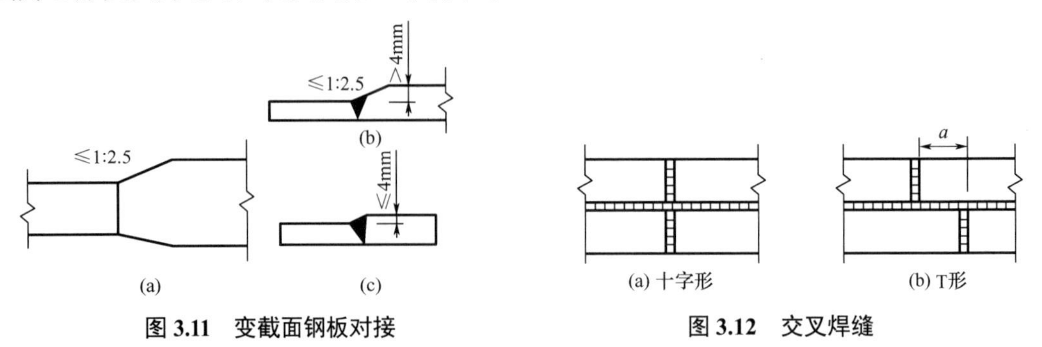

图 3.11　变截面钢板对接

图 3.12　交叉焊缝

3.2.2　对接焊缝的连接

1. 对接焊缝的连接形式

对接焊缝的连接有两种形式：对接连接和 T 形连接。

图 3.13(a)所示是采用坡口的对接焊缝的对接连接，相互连接的两构件在同一平面内，传力简捷，应力集中程度最小，受力性能好，静力和疲劳强度都高，节省材料。施焊时两焊件间要求保持一定的间隙，焊件切割下料精度要求较高。焊件较厚时板边需要加工成各种形式的坡口，制造费工。

图 3.13(b)所示为采用 K 形坡口的、对接与角接组合焊缝的 T 形连接，这种构造可以减小应力集中现象。改善接头的疲劳强度。如把对接与角接组合焊缝表面的加高部分除去，或加工成圆滑的平缓过渡，可以提高连接的疲劳强度。在重级和特重级工作制吊车梁的上翼缘和腹板的连接中，应采用 T 形连接。

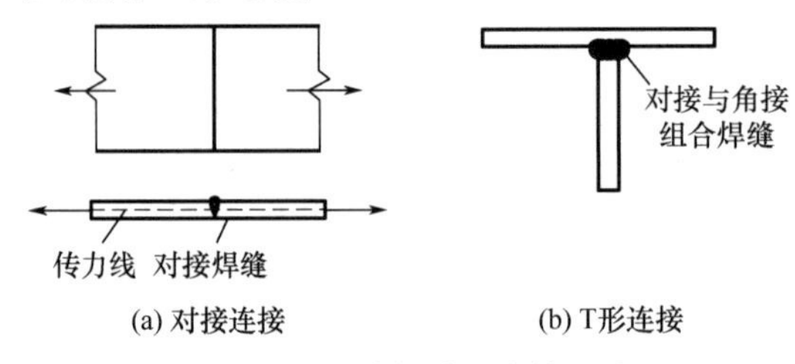

图 3.13　对接焊缝的连接形式

2. 对接连接和 T 形连接的工作和计算

全焊透对接焊缝或对接与角接组合焊缝是被连接板件截面的组成部分，所以希望焊缝的设计强度不低于母材的设计强度。试验结果表明，对接焊缝的设计强度不仅与焊缝中的缺陷有关，还和对接焊缝所受的应力状态有关。焊缝中的缺陷对焊缝的抗压和抗剪设计强度影响不大，但对其抗拉设计强度有一定程度的影响。为了判断缺陷严重的程度，国家制定了焊缝质量检验的标准。《钢结构设计标准》中规定，对接焊缝的抗压设计强度和抗剪设计强度取与焊件钢材相同的强度设计值，抗拉设计强度则按不同质量等级分别做了不同的规定。对接焊缝的质量等级分为一、二、三级，由于三级检验的焊缝允许存在的缺陷较多，故其抗拉强度为母材强度的 85%，而一、二级检验的焊缝抗拉强度可认为与母材强度相等。

由于对接焊缝的截面与被焊构件截面相同，焊缝中的应力情况与被焊构件原来的情况基本相同，故对接焊缝连接的计算方法与构件的强度计算相似。

1) 轴心受力的对接连接计算

当外力作用于焊缝的垂直方向，其合力通过焊缝的重心时(图3.14)，按式(3-1)计算对接焊缝的强度。

$$\sigma=\frac{N}{l_{w}\cdot t}\leqslant f_{t}^{w}\text{或 }f_{c}^{w} \tag{3-1}$$

式中 N——轴心拉力或压力。

l_w——焊缝的计算长度。当采用引弧板时，取焊缝的实际长度；当未采用引弧板时，每条焊缝取实际长度减去 $2t$。

t——在对接连接中为连接板件中的较小厚度，在 T 形连接中为腹板厚度(图 3.13)。

f_t^w——对接焊缝的抗拉强度设计值，由焊缝质量等级的不同而定。

f_c^w——对接焊缝的抗压强度设计值，等于焊接钢材的强度设计值。

只有对未采用引弧板或质量等级为三级的受拉焊缝才需按式(3-2)进行强度验算。

$$\sigma=\frac{N}{l_{w}\cdot t}\leqslant f_{t}^{w} \tag{3-2}$$

如果经过验算焊缝强度不够，应增加焊缝长度，可采用如图 3.15 所示的对接斜焊缝。这时只要使焊缝轴线和轴心力 N 之间的夹角 θ 满足如下条件。

$$\tan\theta=\frac{a}{b}\leqslant 1.5$$

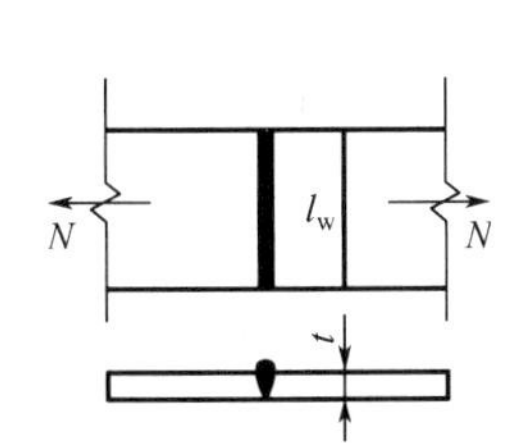

图 3.14 轴心受力的对接焊缝连接

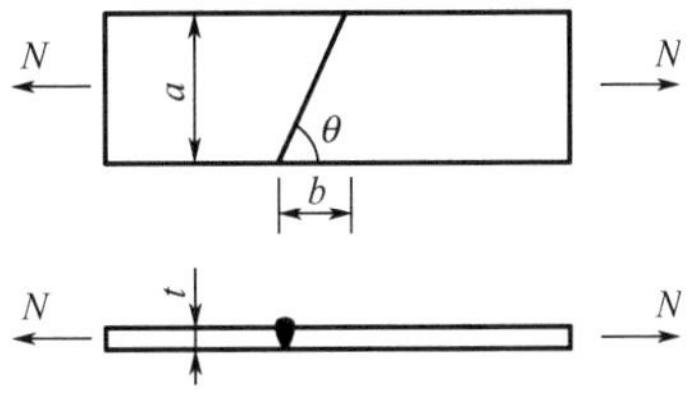

图 3.15 对接斜焊缝承受轴心力

对接斜焊缝的强度不会低于母材的强度，因此不必再进行计算。

2) 弯矩、剪力共同作用下对接连接计算

工字形构件的对接焊缝(图3.16)，焊缝截面也是工字形。焊缝同时承受弯矩和剪力作用，因为最大正应力与最大剪应力不在同一点上，所以应分别验算正应力和剪应力，即按式(3-3)和式(3-4)计算。

$$\sigma=\frac{M}{W_{w}}\leqslant f_{t}^{w}\text{或}f_{c}^{w} \tag{3-3}$$

$$\tau=\frac{V\cdot S_{w}}{I_{w}\cdot t}\leqslant f_{v}^{w} \tag{3-4}$$

式中 M——计算截面的弯矩。

W_w——焊缝的截面模量。工字形构件截面的截面模量 $W_w = I_w/(h/2)$。

V——与焊缝轴线平行的剪力。

S_w——焊缝截面在计算剪应力处(腹板中心)以上(或以下)部分截面对中性轴的面积矩。

I_w——焊缝计算截面对其中性轴的截面惯性矩，即工字形构件截面对中性轴的截面惯性矩。

t——对接焊缝计算厚度，即腹板的厚度。

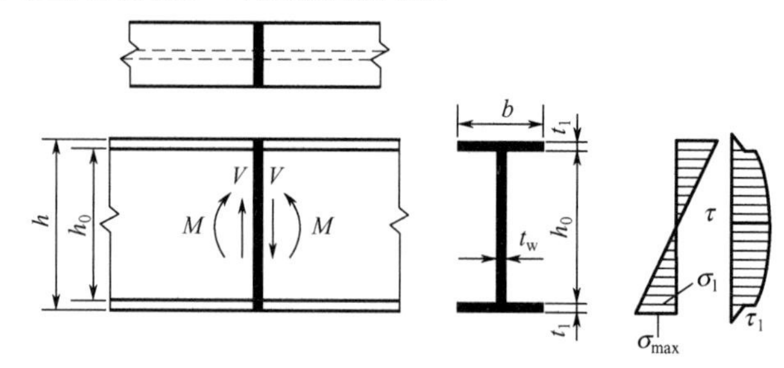

图 3.16　对接焊缝在弯矩和剪力作用下的应力分布模式

在同时受到较大的正应力和剪应力处，如在工字形截面翼缘与腹板的相交处，还应按照式(3-5)验算折算应力。

$$\sqrt{\sigma_1^2+3\tau_1^2}\leqslant 1.1f_t^w \tag{3-5}$$

$$\sigma_1=\sigma_{max}\cdot\frac{h_0}{h}=\frac{M}{W_w}\cdot\frac{h_0}{h},\quad \tau_1=\frac{V\cdot S_1}{I_w\cdot t_w}$$

式中　σ_1——梁腹板对接焊缝端部的正应力；

τ_1——梁腹板对接焊缝端部的剪应力；

1.1——考虑最大折算应力只发生在局部而将设计强度适当提高的系数；

S_1——工字形截面翼缘对中性轴的面积矩；

t_w——对接焊缝的计算厚度，即腹板厚度。

3) 弯矩、剪力和轴心力共同作用下对接连接的计算

构件截面为工字形的对接焊缝在弯矩、剪力和轴心力共同作用下(图3.17)，焊缝的最大正应力为轴心力和弯矩产生的正应力之和，按式(3-6)计算；最大剪应力在中性轴上，按式(3-4)计算，然后分别验算正应力和剪应力。

$$\sigma_{max}=\sigma_N+\sigma_M=\frac{N}{A_w}+\frac{M}{W_w}\leqslant f_t^w \text{ 或 } f_c^w \tag{3-6a}$$

$$\tau_{max}=\frac{V\cdot S_w}{I_w\cdot t}\leqslant f_v^w \tag{3-6b}$$

式中　A_w——焊缝截面的面积。

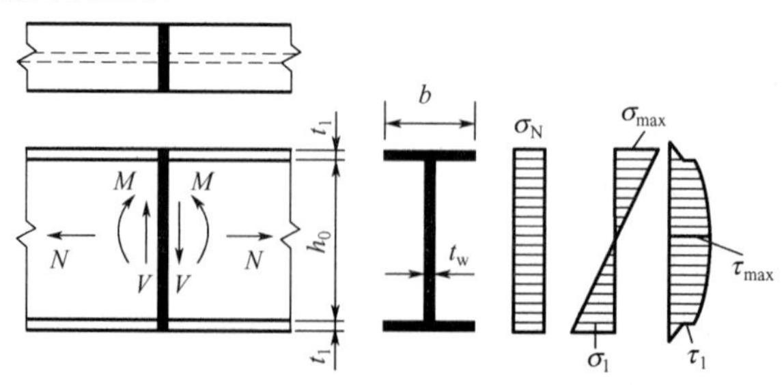

图 3.17　对接焊缝在弯矩、剪力和轴心力共同作用下的应力分布模式

同时，还需按式(3-7)验算翼缘与腹板相交处焊缝的折算应力。

$$\sqrt{(\sigma_{\mathrm{N}}+\sigma_{1})^{2}+3\tau_{1}^{2}} \leqslant 1.1 f_{\mathrm{t}}^{\mathrm{w}} \tag{3-7}$$

在中性轴处，虽然 $\sigma_{\mathrm{M}}=0$，但在该处的剪应力最大，所以中性轴处的折算应力也有可能较大，因而还应按式(3-8)验算折算应力。

$$\sqrt{\sigma_{\mathrm{N}}^{2}+3\tau_{\max}^{2}} \leqslant 1.1 f_{\mathrm{t}}^{\mathrm{w}} \tag{3-8}$$

3. T 形连接的工作和计算

1) 轴心受力的 T 形构件计算

轴心受力的对接与角接组合焊缝的 T 形连接如图 3.18 所示，应按式(3-1)计算焊缝的强度。

2) 轴心力、弯矩和剪力共同作用下 T 形连接(牛腿连接)的计算

轴心力、弯矩和剪力共同作用下的 T 形连接(牛腿连接)如图 3.19 所示，所受作用力 P 分解成 N 和 V，应按式(3-6)及式(3-4)分别验算焊缝的正应力和剪应力，按式(3-8)验算焊缝的折算应力。

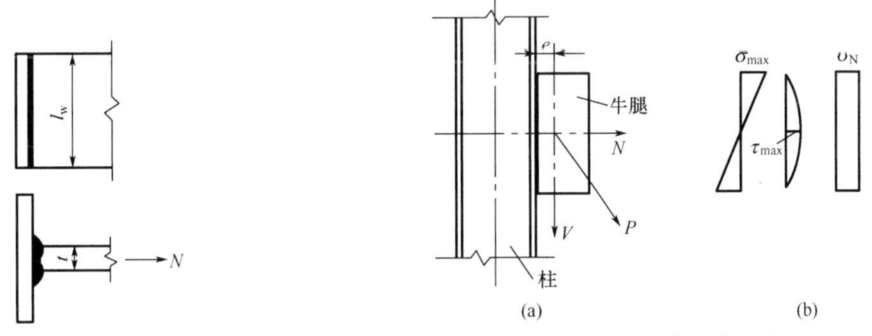

图 3.18 轴心受力的对接与角接组合焊缝的 T 形连接

图 3.19 轴心力、弯矩和剪力共同作用下的 T 形连接(牛腿连接)

例题 3.1 计算如图 3.20 所示的两块钢板的对接焊缝强度。已知截面尺寸为 $B=430\text{mm}$，$t=10\text{mm}$，承受的轴心拉力 $N=930\text{kN}$，钢材为 Q235B，采用手工电弧焊，焊条为 E43 型，施焊时不用引弧板，焊缝质量等级为三级。

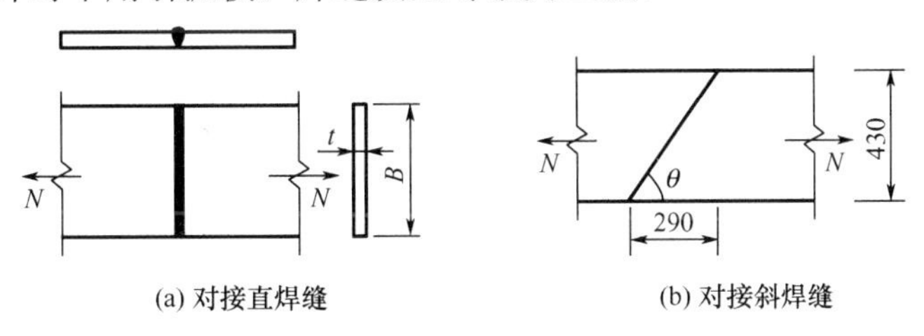

(a) 对接直焊缝　　(b) 对接斜焊缝

图 3.20 例题 3.1 图(单位：mm)

解：根据钢板厚度和焊缝质量等级查附表 1-3，焊缝抗拉强度设计值为 $f_{\mathrm{t}}^{\mathrm{w}}=185\text{N/mm}^2$，焊缝计算长度 $l_{\mathrm{w}}=430-2\times10=410(\text{mm})$，代入式(3-1)，即

$$\sigma=\frac{N}{l_{\mathrm{w}}\cdot t}=\frac{930\times10^{3}}{410\times10}=227(\text{N/mm}^2)>f_{\mathrm{t}}^{\mathrm{w}}=185\text{N/mm}^2$$

由于焊缝应力大于焊缝抗拉强度设计值，说明采用直焊缝不能满足强度要求，因此应

改为如图 3.20(b)所示的斜焊缝来增大焊缝的计算面积，现取 $\tan\theta=1.5$，$a=B/1.5=430/1.5=287(\text{mm})$，取 $a=290\text{mm}$，焊缝能满足要求，无须再验算。

例题 3.2 计算如图 3.21 所示由三块钢板焊成的工字形截面对接焊缝强度。已知截面尺寸为：翼缘宽度 $b=100\text{mm}$，厚度 $t_1=12\text{mm}$；腹板高度 $h_0=200\text{mm}$，厚度 $t_w=8\text{mm}$。构件承受轴心拉力 $N=280\text{kN}$，作用在焊缝上的计算弯矩 $M=50\text{kN}\cdot\text{m}$，承受的剪力 $V=240\text{kN}$，钢材为 Q355，采用手工电弧焊，焊条为 E50 型，采用引弧板，焊缝质量等级为三级。

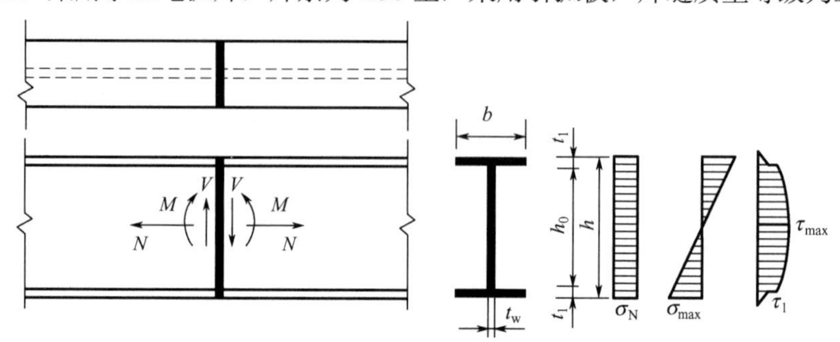

图 3.21　例题 3.2 图

解： 由附表 1-3 查得 $f_t^w=260\text{N/mm}^2$，$f_v^w=175\text{N/mm}^2$。

焊缝计算截面的特征值：

$$A_w=100\times12\times2+200\times8=4000(\text{mm}^2)$$

$$I_w=8\times200^3/12+2\times100\times12\times106^2=3230\times10^4(\text{mm}^4)$$

$$W_w=3230\times10^4/112=288\times10^3(\text{mm}^3)$$

$$S_1=100\times12\times106=127\times10^3(\text{mm}^3)$$

$$S_w=100\times12\times106+100\times8\times50=167\times10^3(\text{mm}^3)$$

计算各应力值：

$$\sigma_N=\frac{N}{A_w}=\frac{280\times10^3}{40\times10^2}=70(\text{N/mm}^2)$$

$$\sigma_M=\frac{M}{W_w}=\frac{50\times10^6}{288\times10^3}=174(\text{N / mm}^2)$$

$$\sigma_1=\sigma_M\cdot\frac{h_0}{h}=174\times\frac{200}{224}=155(\text{N / mm}^2)$$

$$\tau_1=\frac{V\cdot S_1}{I_w\cdot t_w}=\frac{240\times10^3\times127\times10^3}{3230\times10^4\times8}=118(\text{N/mm}^2)$$

$$\tau_{max}=\frac{V\cdot S_w}{I_w\cdot t_w}=\frac{240\times10^3\times167\times10^3}{3230\times10^4\times8}=155(\text{N/mm}^2)$$

代入式(3-6a)验算正应力：

$$\sigma_{max}=\sigma_N+\sigma_M=70+174=244(\text{N/mm}^2)<f_t^w=260\text{N/mm}^2$$

代入式(3-4)验算剪应力：

$$\tau_{max}=155\text{N/mm}^2<f_v^w=175\text{N/mm}^2$$

代入式(3-7)验算翼缘与腹板相交处的折算应力：

$$\sqrt{(\sigma_N+\sigma_1)^2+3\tau_1^2}=\sqrt{(70+155)^2+3\times118^2}=304(\text{N/mm}^2)<1.1f_t^w$$

代入式(3-8)验算中性轴处的折算应力：

$$\sqrt{\sigma_N{}^2+3\tau_{max}^2}=\sqrt{70^2+3\times155^2}$$

$$=277(\text{N/mm}^2)<1.1f_t^w$$

验算表明该焊缝连接安全。

3.3 角焊缝的构造及计算

3.3.1 角焊缝的形式和构造要求

1. 角焊缝的形式

在搭接连接或 T 形连接等形式连接的焊件边缘，焊成截面如图 3.22 所示的焊缝称为角焊缝。角焊缝是沿着被连接焊件之一的边缘施焊而成的，焊件施焊的边缘不必开坡口，焊缝金属直接填充在由被连接板件形成的直角或斜角区域内。

角焊缝分为直角角焊缝[图 3.23(a)～(c)]和斜角角焊缝[图3.23(d)～(i)]。在钢结构中，最常用的是直角角焊缝，尤其是图 3.23(a)所示的直角角焊缝应用最多，斜角角焊缝主要用在钢管构件中。部分焊透的坡口焊缝也相当于角焊缝。

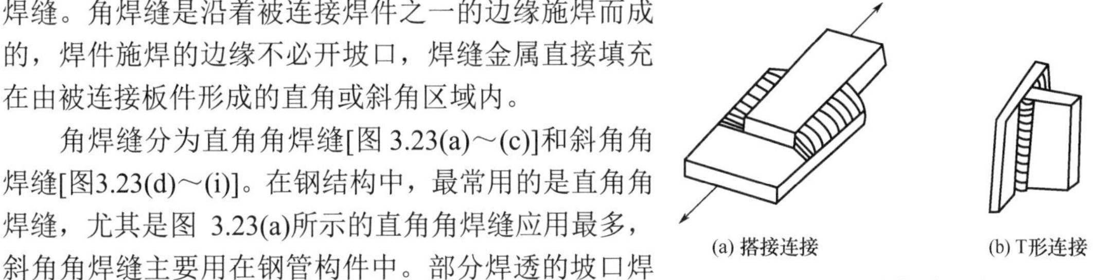

图 3.22 角焊缝连接

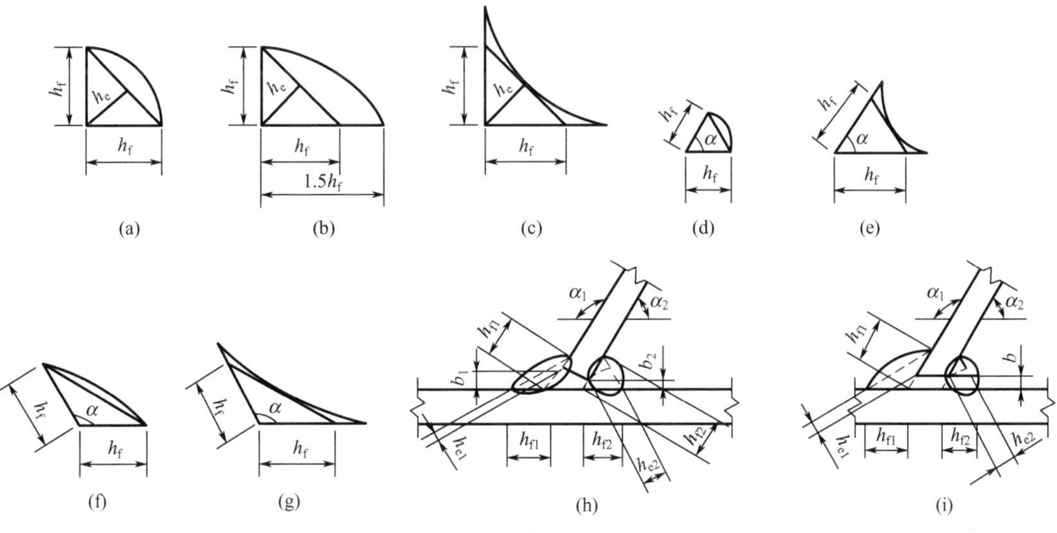

图 3.23 角焊缝的形式

角焊缝按它与力作用方向的关系可分为 3 种，当焊缝轴线平行于力作用方向，称为侧面角焊缝[图 3.24(a)]；当焊缝轴线垂直于力作用方向时，称为正面角焊缝[图3.24(b)]；当焊缝轴线斜交于力作用方向时，称为斜焊缝。图 3.25 所示为由侧面角焊缝、斜焊缝和正面角焊缝组成的混合焊缝，称为围焊缝。

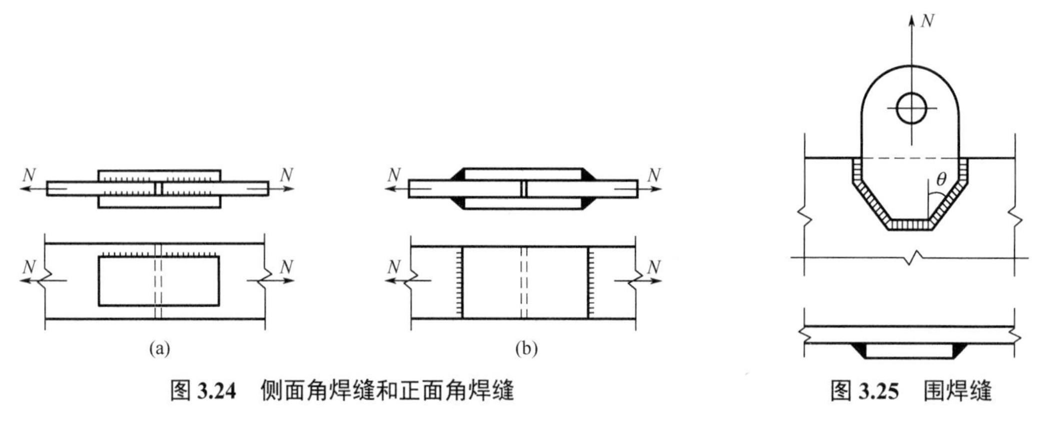

图 3.24 侧面角焊缝和正面角焊缝

图 3.25 围焊缝

直角角焊缝的截面(图3.26)有普通焊缝、平坡焊缝和凹形焊缝。常用的为普通焊缝，其截面为等腰直角三角形，但用于正面角焊缝时这种焊缝受力时力线弯折较大，产生应力集中现象比较严重，在焊缝根部形成高峰应力，使焊缝容易开裂。因此在承受动力荷载的正面角焊缝连接中可改用平坡焊缝或凹形焊缝，这两种焊缝传力都比较平顺，可以改善应力集中现象，提高抗疲劳强度的性能。

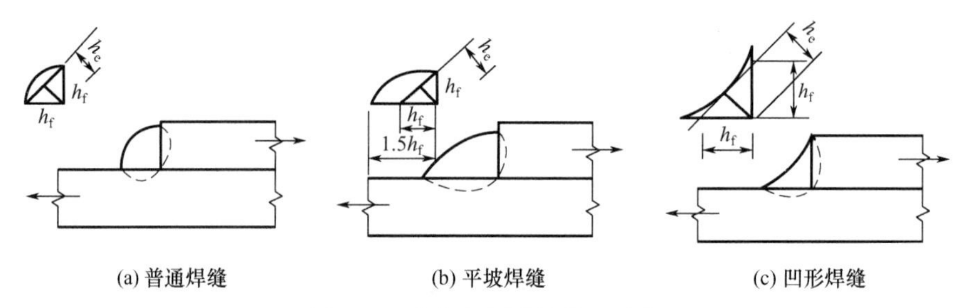

图 3.26 直角角焊缝的截面形式

试验表明，通过角焊缝 A 点的任一辐射面都可能是破坏截面(图3.27)。侧面角焊缝的破坏截面以 45° 方向截面居多，正面角焊缝则多数不在该截面破坏。在角焊缝中，正面角焊缝的破坏强度是侧面角焊缝的 1.35～1.55 倍。据此，偏于安全地假定直角角焊缝的破坏截面在 45° 方向截面处，即图 3.27 中的 AE 截面。计算角焊缝承载力时是以 45° 方向的最小截面为危险截面，此危险截面称为角焊缝的计算截面或有效截面。平坡焊缝和凹形焊缝的有效截面近似取如图 3.26(b)、(c)所示截面，计算偏于安全。

直角角焊缝的有效厚度(图 3.28)为：

$$h_e = h_f \cos 45^\circ \approx 0.7h_f \tag{3-9}$$

式(3-9)中略去了焊缝截面的圆弧形加高部分，式中 h_f 是角焊缝的焊脚尺寸。

斜角角焊缝(图 3.23)两焊边夹角 α 为 $60^\circ \leqslant \alpha \leqslant 135^\circ$ 的 T 形接头，有效厚度 h_e 取值方式如下。

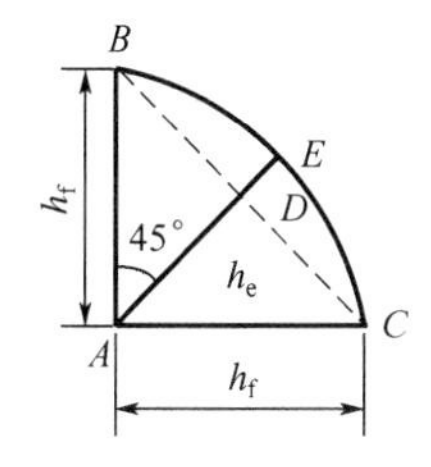

图 3.27 角焊缝截面

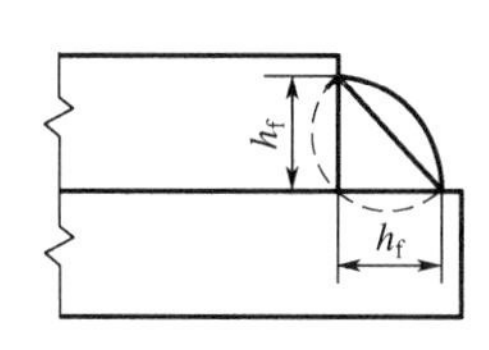

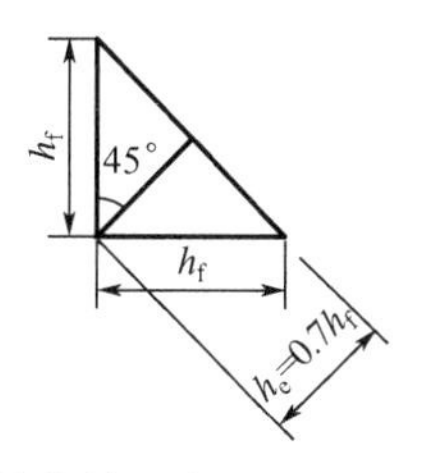

图 3.28 角焊缝的有效厚度

当根部间隙 b、b_1 或 b_2≤1.5mm 时，$h_e = h_f \cos\alpha / 2$；当 b、b_1 或 b_2>1.5mm 但≤5mm 时，$h_e = \left(h_f - \frac{b、b_1 \text{或} b_2}{\sin\alpha} \right) \cos\frac{\alpha}{2}$。

α>135°或 α<60°的斜角角焊缝，除钢管构件外，不宜用作受力焊缝。

2. 角焊缝的构造要求

角焊缝的尺寸包括焊脚尺寸和角焊缝计算长度。在设计角焊缝连接时，除满足强度要求外，还必须满足其构造要求。

1) 焊脚尺寸

为了保证焊缝质量，焊脚尺寸应与焊件的厚度相适应，不宜过大或过小。当焊脚尺寸太小时，焊接时产生的热量较少，焊缝冷却快，特别是焊件越厚，焊缝冷却速度就越快。在焊件刚度较大的情况下，焊缝就容易产生裂纹。同时，焊脚过小时也不易焊透。当焊脚尺寸过大时，施焊时较薄的焊件还容易被烧穿，而且焊缝冷却收缩将产生较大的焊接变形，而热影响区扩大，又容易产生脆裂。为了避免烧穿较薄的焊件，减少焊接残余应力和焊接变形，角焊缝的焊脚尺寸不宜太大。搭接焊缝沿母材棱边的最大焊脚尺寸，当母材厚度不大于 6mm 时，应为母材厚度；当母材厚度大于 6mm 时，应为母材厚度减去 1～2mm，如图 3.29 所示。

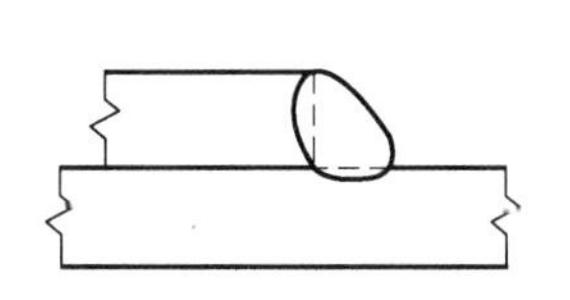

(a) 母材厚度不大于6mm时

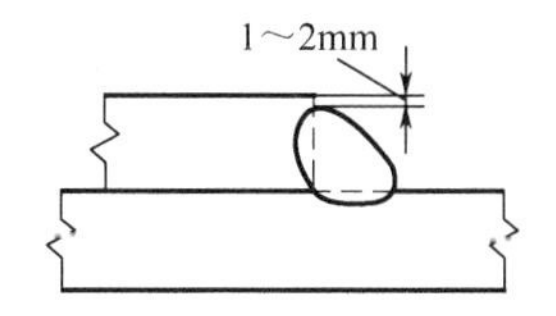

(b) 母材厚度大于6mm时

图 3.29 搭接焊缝沿母材棱边的最大焊脚尺寸

同时，焊脚尺寸不宜太小，以保证焊缝的最小承载能力，并防止焊缝因冷却过快而产生的裂纹。《钢结构设计标准》规定：角焊缝最小焊脚尺寸宜按表 3-3 取值，承受动荷载时角焊缝焊脚尺寸不宜小于 5mm。

表 3-3 角焊缝最小焊脚尺寸

单位：mm

母材厚度 t	角焊缝最小焊脚尺寸 h_f
$t \leqslant 6$	3
$6 < t \leqslant 12$	5
$12 < t \leqslant 20$	6
$t > 20$	8

2) 角焊缝的计算长度

角焊缝的计算长度应取焊缝的实际长度减去 $2h_f$，以考虑施焊时起弧、灭弧点的不利影响。角焊缝的计算长度不宜过小，因为焊缝的厚度大而长度过小时，焊件局部加热严重，会使材质变脆；同时焊缝长度过短时，起弧、灭弧造成的缺陷相距太近，如果再加上一些其他可能的焊接缺陷，就会严重影响焊缝的工作性能。因而，《钢结构设计标准》规定 $l_w \geqslant 8h_f$ 且 $l_w \geqslant 40\text{mm}$。此规定适用于侧面角焊缝和正面角焊缝。

同时侧面角焊缝长度也不宜过长，侧面角焊缝的应力沿其长度分布是不均匀的，两端比中间大，如图 3.30(a)所示。焊缝长度与其厚度之比越大，其不均匀程度就越加严重，因而当侧面角焊缝太长时，其两端应力可能达到极限值而先破坏，而焊缝中部则未能充分发挥其承载能力，这种现象对承受动力荷载的构件更为不利，因而《钢结构设计标准》规定侧面角焊缝的计算长度不宜大于 $60h_f$，即 $l_w \leqslant 60h_f$。当焊缝长度大于 $60h_f$ 时，焊缝的承载力设计值应乘以折减系数 α_f，$\alpha_f = 1.5 - \dfrac{l_w}{120h_f}$，且不小于 0.5。但焊接工字形截面梁的翼缘与腹板相连处，因内力是沿全长分布的，故翼缘与腹板的连接焊缝可采用连续焊缝，计算长度不受此限制，如图 3.30(b)所示。

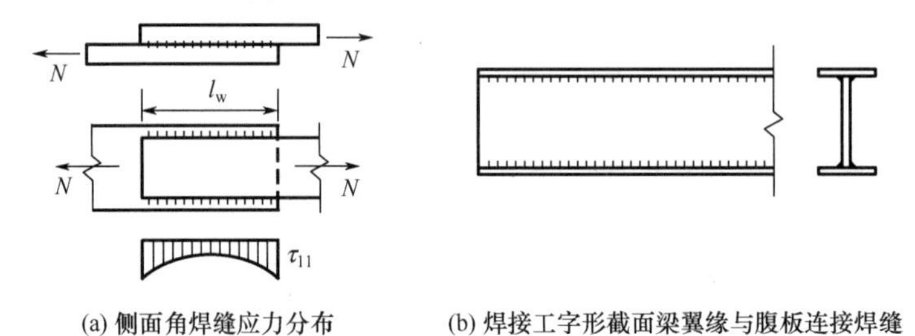

(a) 侧面角焊缝应力分布　　(b) 焊接工字形截面梁翼缘与腹板连接焊缝

图 3.30　角焊缝连接

当角焊缝的端部在构件的转角处时，为了避免起弧、灭弧位于应力集中较大的转角处，应连续地绕过转角加焊一段 $2h_f$ 长度的焊缝[图 3.31(a)、(c)]。杆件与节点板的连接焊缝一般采用两边侧面角焊缝[图3.31(a)]，也可采用三面围焊[图3.31(b)]或 L 形围焊[图 3.31(c)]，所有围焊的转角必须连续施焊。

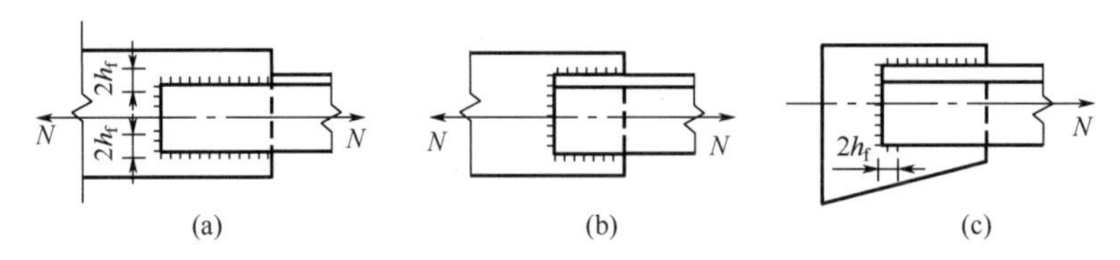

(a)　(b)　(c)

图 3.31　构件与节点板连接的角焊缝

当焊件仅采用两边侧面角焊缝连接时，为了避免应力传递过分弯折而使板件应力过分不均，应使 $l \geqslant b$[图 3.32(a)]；同时，为了避免因焊缝横向收缩引起板件拱曲太大[图 3.32(b)]，应使 $b < 16t$($t > 12\text{mm}$ 时)或 $b < 190\text{mm}$($t \leqslant 12\text{mm}$ 时)，t 为较薄板件厚度。当 b 不满足此规定时，应加焊正面角焊缝将两板贴合。

为了减小连接中偏心弯矩的影响，在用正面角焊缝的搭接连接中，其搭接长度不得小于较薄焊件厚度的 5 倍，同时不得小于 25mm(图 3.33)。

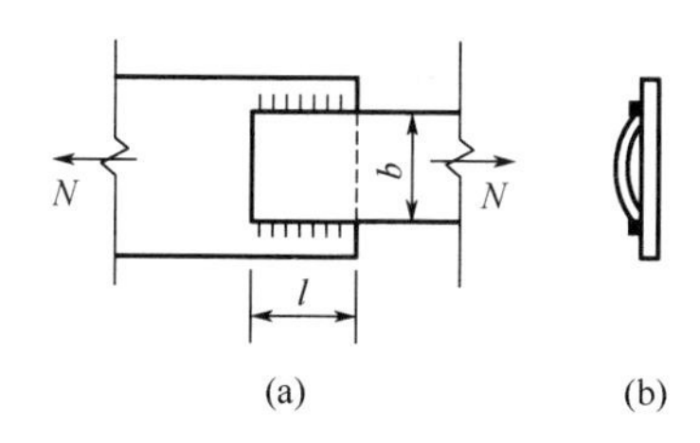

图 3.32　角焊缝的搭接宽度要求

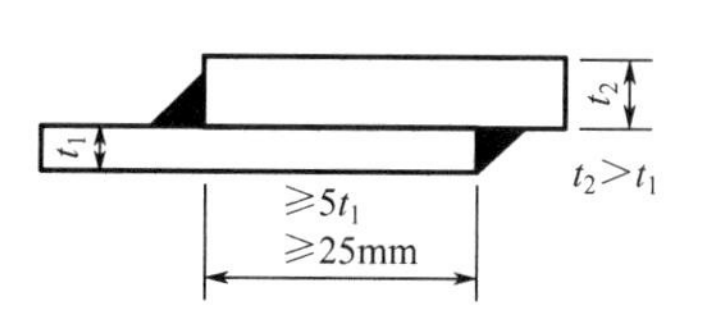

图 3.33　搭接长度要求

3.3.2　角焊缝连接的基本性能

1. 角焊缝的连接形式

角焊缝有 3 种连接形式，即对接连接、搭接连接和 T 形连接。

图 3.34(a)所示为采用双层盖板用角焊缝传力的对接连接。一侧板件的轴心力 N 经角焊缝传给上、下盖板，再经角焊缝由盖板传给另一侧板件。它的特点是：焊件边缘不需要加工，制造省工，但多用了盖板，而且费焊条。传力线经过盖板后弯折，应力集中现象较严重，因而静力强度和疲劳强度都较低。

图 3.34(b)所示为搭接连接。一侧板件的轴心力 N 经角焊缝直接传给另一侧板件，两板件不在同一平面内，由于偏心传力，受力不均匀，也较费焊条，但构造简单、施工简便，便于应用。

图 3.34(c)所示是采用双面角焊缝的 T 形连接。它的优点是省工省料，缺点是焊件截面有突变，应力集中现象较严重，因而疲劳强度较低。这种连接形式广泛应用于不直接承受动力荷载的结构中。

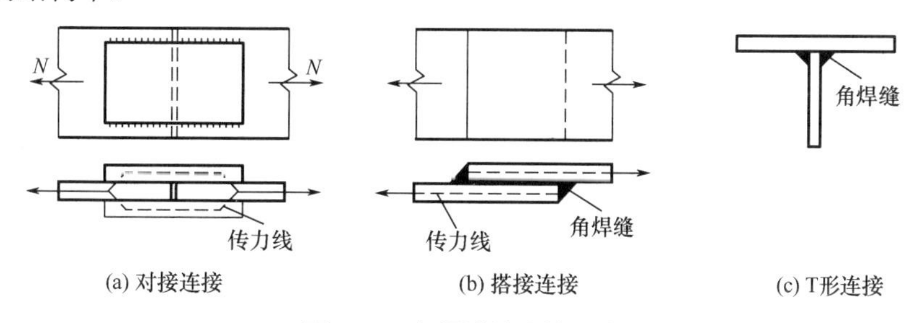

图 3.34　角焊缝的连接形式

2. 角焊缝连接的基本计算公式

1) 角焊缝受力分析

图 3.35 所示为侧面角焊缝，在轴心力 N 的作用下，焊缝有效截面上作用剪力 $V=N$ 及由 N 产生的弯矩 $M=N\cdot e$。剪力使焊缝沿其轴向方向产生剪应力 $\tau_{//}$，弯矩 M 则产生垂直于焊缝轴线方向的正应力 $\sigma_{\perp}$，由于焊缝一般较长，故正应力 $\sigma_{\perp}$ 较小，可以忽略不计。所以侧面角焊缝主要是受剪，承载力和弹性模量($E=70\times10^3\text{N/mm}^2$)均较低。剪应力 $\tau_{//}$沿侧面角焊缝长度方向的分布是不均匀的，两端大，中间部分较小。但侧面角焊缝的塑性变形能力较好，两端出现塑性变形后，产生应力重分布，所以当焊缝的计算长度在《钢结构设计标准》规定的范围内时，可按均匀分布计算。

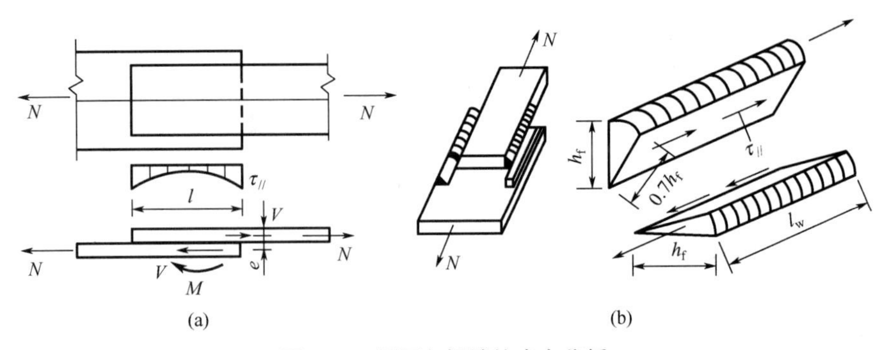

图 3.35　侧面角焊缝的应力分析

图 3.36 所示为正面角焊缝承受轴心力 N 作用的情况，正面角焊缝的应力状态比侧面角焊缝复杂得多。同时传力线通过正面角焊缝时发生弯折，应力集中现象较严重，在焊缝的根角处形成高峰应力[图 3.36(d)]，使焊缝易于开裂。同样，忽略弯矩 M 的影响，则焊缝的计算截面上只有由 N 产生的应力 σ_x($\sigma_x = N/A_e$，其中 $A_e = 0.7h_f \cdot l_w$，是焊缝的有效截面面积)。可将 σ_x 分解成与焊缝计算截面相垂直的正应力 $\sigma_\perp$和剪应力 $\tau_\perp$[图 3.36(c)]，因而正面角焊缝处于多轴受力状态。试验结果表明，正面角焊缝的弹性模量 $E = 147\times10^3\text{N/mm}^2$，比侧面角焊缝高。当焊缝有效截面面积相等时，正面角焊缝的承载力是侧面角焊缝的 1.35～1.55 倍。下面将要介绍的《钢结构设计标准》中规定的角焊缝强度计算公式就反映了正面角焊缝比侧面角焊缝承载力高的特点。同时，正面角焊缝沿焊缝沿长度方向应力分布比较均匀，故计算时应力按均匀分布考虑。

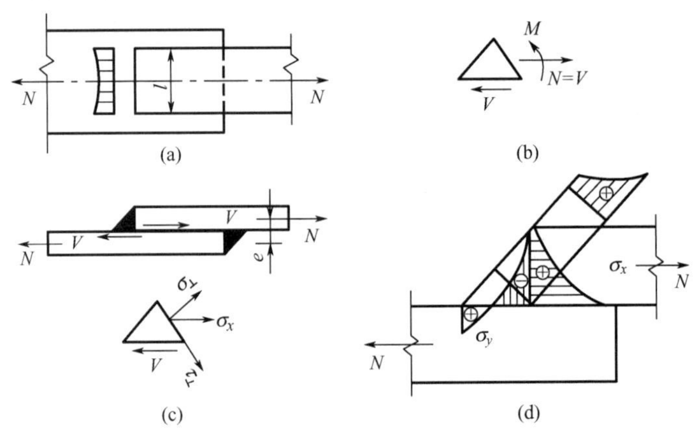

图 3.36　正面角焊缝的应力分析

2) 角焊缝强度计算公式

角焊缝受力后的应力分布很复杂，为便于工程人员设计，需要建立一个比较合理而又简单的设计方法和计算公式。近年来，国内外学者考虑荷载方向对角焊缝承载力的影响，即侧面角焊缝、斜焊缝和正面角焊缝具有不同的承载力，建立了以试验为基础的角焊缝强度计算公式，公式认为在角焊缝最小截面(45°方向的有效截面)上作用着 3 个相互垂直的应力，即沿角焊缝最小截面两个方向的剪应力 $\tau_\perp$和 $\tau_{//}$；垂直于角焊缝方向的正应力 $\sigma_\perp$。角焊缝处于复杂应力状态。图 3.37 表示焊缝破坏截面(图中阴影线截面)上各应力分量与焊缝轴线方向(z 轴)及其直角坐标系的关系。

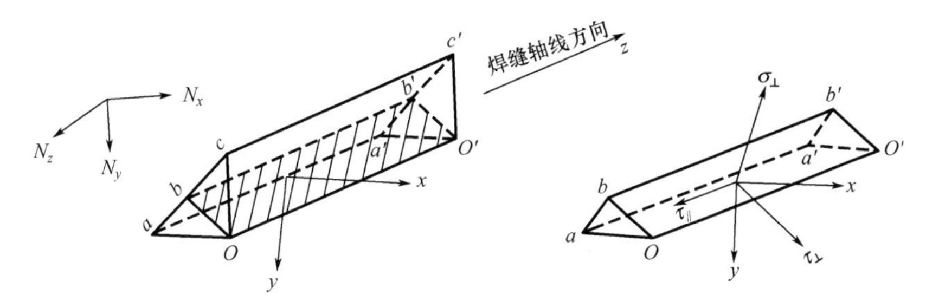

图 3.37 角焊缝破坏截面上的应力

根据试验结果并偏于安全地修正后，角焊缝在复杂应力作用下的强度条件为

$$\sqrt{\sigma_{\perp}^2+3(\tau_{\perp}^2+\tau_{//}^2)}\leqslant\sqrt{3}\cdot f_{\mathrm{f}}^{\mathrm{w}} \tag{3-10}$$

式中 $\sigma_{\perp}$，$\tau_{\perp}$ ——作用于焊缝有效截面上，垂直于焊缝轴线方向的正应力与剪应力；

$\tau_{//}$ ——作用于焊缝有效截面上，平行于焊缝轴线方向的剪应力；

$f_{\mathrm{f}}^{\mathrm{w}}$ ——角焊缝的强度设计值。

式(3-10)在形式上和钢材在复杂应力下的屈服条件是相似的。

作用在焊缝上的外力 N 可分解成 N_x、N_y 和 N_z，x 和 y 轴都垂直于焊缝长度方向并平行于两个直角边(焊脚边)，z 轴沿焊缝长度方向(图 3.37)。大多数情况下，$N_x=0$(或 $N_y=0$)，则破坏截面上沿 x 方向(或 y 方向)的正应力为 σ_{f}，沿 z 方向的剪应力为 τ_{f}，且

$$\sigma_{\mathrm{f}}=\frac{N_x}{h_{\mathrm{e}}\cdot l_{\mathrm{w}}}\left(\text{或 }\sigma_{\mathrm{f}}=\frac{N_y}{h_{\mathrm{e}}\cdot l_{\mathrm{w}}}\right) \tag{3-11}$$

$$\tau_{\mathrm{f}}=\tau_{\perp}=\frac{N_z}{h_{\mathrm{e}}\cdot l_{\mathrm{w}}} \tag{3-12}$$

式中 h_{e}——角焊缝的有效厚度；

l_{w}——角焊缝的计算长度，取实际长度减去 $2h_{\mathrm{f}}$。

从图 3.37 可知，有效截面与焊脚边所在截面呈 45°。因而

$$\sigma_{\perp}=\tau_{\perp}=\frac{\sigma_{\perp}}{\sqrt{2}} \tag{3-13}$$

将式(3-12)、式(3-13)代入式(3-10)，并整理，得

$$\sqrt{\left(\frac{\sigma_{\mathrm{f}}}{1.22}\right)^2+\tau_{\mathrm{f}}^2}\leqslant f_{\mathrm{f}}^{\mathrm{w}} \tag{3-14}$$

当 $N_x=0$ 和 $N_y=0$ 时，$\sigma_{\mathrm{f}}=0$，只有 τ_{f}，属于侧面角焊缝性质，这时

$$\tau_{\mathrm{f}}=\frac{N}{h_{\mathrm{e}}\cdot l_{\mathrm{w}}}\leqslant f_{\mathrm{f}}^{\mathrm{w}} \tag{3-15}$$

式(3-15)为侧面角焊缝的强度计算公式。

当 $N_z=0$，即 $\tau_{\mathrm{f}}=0$ 时，只有 σ_{f}，属于正面角焊缝性质，且

$$\sigma_{\mathrm{f}}=\frac{N}{h_{\mathrm{e}}\cdot l_{\mathrm{w}}}\leqslant 1.22f_{\mathrm{f}}^{\mathrm{w}} \tag{3-16}$$

式(3-16)为正面角焊缝的强度计算公式。从式(3-15)和式(3-16)可知，当角焊缝的有效截面面积相等时，正面角焊缝的承载力是侧面角焊缝的 1.22 倍。比试验得到的 1.35～1.55 倍小。这是因为式(3-10)经过偏于安全的修正。同时，考虑到正面角焊缝的塑性较差，故《钢结构设计标准》规定，直接承受动力荷载的结构中的直角角焊缝，不宜考虑正面角焊缝强度的提高，即式(3-14)和式(3-16)中的系数 1.22 改为 1.0。

因此，《钢结构设计标准》将式(3-14)改写成更一般的形式：

$$\sqrt{\left(\frac{\sigma_f}{\beta_f}\right)^2+\tau_f^2}\leqslant f_f^w \tag{3-17}$$

式中　σ_f ——按焊缝有效截面计算，垂直于焊缝长度方向的正应力。

τ_f ——按焊缝有效截面计算，沿焊缝长度方向的剪应力。

β_f ——正面角焊缝的强度设计值增大系数。对承受静力荷载和间接承受动力荷载的结构，$\beta_f=1.22$；对直接承受动力荷载的结构，$\beta_f=1.0$。

对于斜向轴心力和焊缝轴线呈 θ 角的斜焊缝强度计算(图3.38)，可直接用斜焊缝的强度设计值 β_θ，按式(3-18)进行计算，这时：

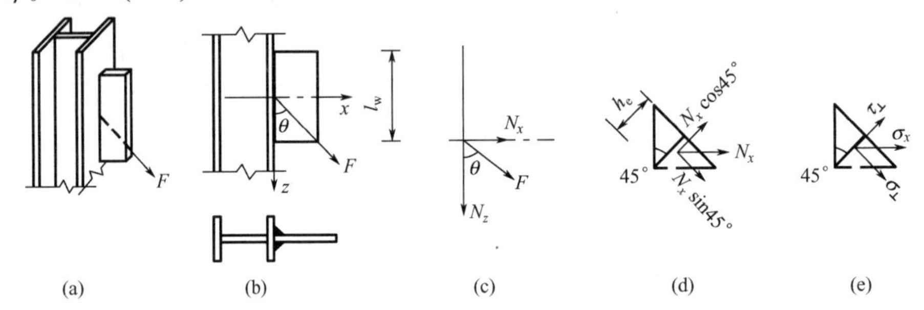

图 3.38　斜焊缝的应力分析

$$N_x=F\cdot\sin\theta$$

$$N_z=F\cdot\cos\theta$$

$$\sigma_\perp=\frac{N_x}{A_f}\sin45^\circ=\frac{F\cdot\sin\theta}{h_e\cdot l_w\cdot\sqrt{2}}$$

$$\tau_\perp=\frac{N_x}{A_f}\cos45^\circ=\frac{F\cdot\sin\theta}{h_e\cdot l_w\cdot\sqrt{2}}$$

$$\tau_{//}=\frac{N_z}{A_f}=\frac{F\cdot\cos\theta}{h_e\cdot l_w}$$

将 σ、$\tau_\perp$ 和 $\tau_{//}$ 带入式(3-10)，整理得

$$\frac{F}{h_e\cdot l_w}\leqslant\beta_\theta\cdot f_f^w \tag{3-18}$$

式中，

$$\beta_\theta = \frac{1}{\sqrt{1-\frac{\sin^2\theta}{3}}} \tag{3-19}$$

为了使用方便，将 θ 角与 β_θ 之间的关系列成表3-4。其中 θ 是斜向轴心力 F 与角焊缝轴线间的夹角($\theta \leqslant 90°$)。

表3-4 θ 角与 β_θ 之间的关系

θ	0°	20°	30°	40°	45°	50°	60°	70°	80°～90°
β_θ	1	1.02	1.04	1.08	1.10	1.11	1.15	1.19	1.22

3. 对接连接的工作计算

图3.39(a)所示为采用侧面角焊缝时用盖板的对接连接。在轴心力 N 作用下，按式(3-20)计算侧面角焊缝的强度。

$$\tau_f = \frac{N}{h_e \times 4(l-2h_f)} \leqslant f_f^w \tag{3-20}$$

图3.39(b)所示为采用正面角焊缝时用盖板的对接连接。在轴心力 N 作用下，按式(3-21)计算焊缝的强度。

$$\sigma_f = \frac{N}{h_e \times 2(b-2h_f)} \leqslant \beta_f \cdot f_f^w \tag{3-21}$$

图3.39(c)所示为采用三面围焊时用盖板的对接连接。对矩形盖板可先按式(3-22)计算正面角焊缝所能承受的内力 N'。

$$N' = \beta_f \cdot h_e \times 2bf_f^w \tag{3-22}$$

再由力 $N-N'$，按式(3-23)计算侧面角焊缝的强度。

$$\tau_f = \frac{N-N'}{h_e \times 4(l-h_f)} \leqslant f_f^w \tag{3-23}$$

式中 $4(l-h_f)$ ——侧面角焊缝的总计算长度；

$2b$ ——正面角焊缝的总计算长度。

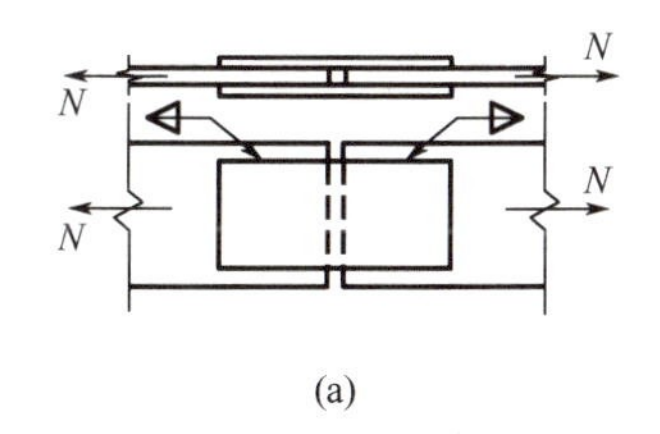

(a)

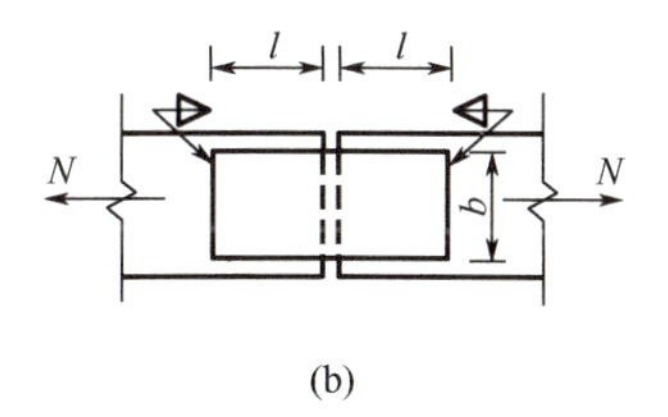

(b)

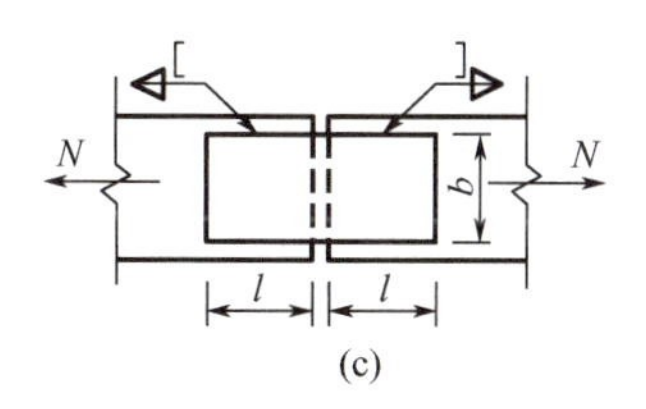

(c)

图3.39 轴心力作用下的角焊缝连接

例题3.3 图3.40所示为一用盖板的对接连接角焊缝。已知钢板宽度 $B=240$mm，厚度 $t_1=16$mm；盖板宽度 $b=190$mm，厚度 $t_2=12$mm。承受的轴心力 $N=800$kN(静力荷载)，钢材为Q235，焊条为E43型，手工电弧焊。试确定角焊缝的焊脚尺寸 h_f 和实际长度 L。

解： 根据钢板和盖板的厚度，角焊缝的焊脚尺寸 h_f 可按下式确定。

$$h_{f,max} = t_2 - (1\sim2) = 12-(1\sim2) = 11\sim10(\text{mm})$$

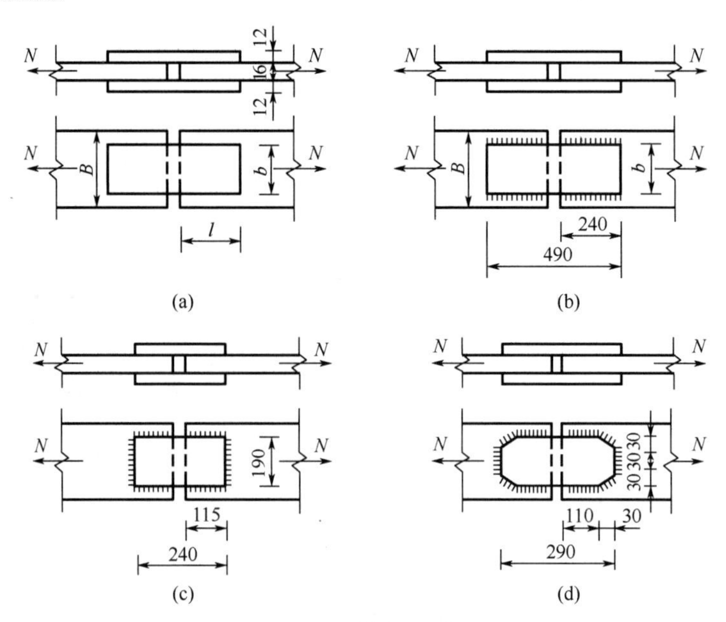

图 3.40　例题 3.3 图

$h_{f,min}=6\text{mm}$，取 $h_f=8\text{mm}$。

由附表 1-3 查得 $f_f^w=160\text{N/mm}^2$。

(1) 采用侧面角焊缝的对接连接[图 3.40(b)]。

在轴心力 N 作用下，连接一侧所需焊缝的总计算长度，可按式(3-20)计算。

$$\sum l_w=\frac{N}{h_e\cdot f_f^w}=\frac{800\times10^3}{0.7\times8\times160}=893(\text{mm})$$

用双层盖板的对接连接，共有 4 条侧面角焊缝，一条焊缝的实际长度为

$$l=\sum l_w/4+2h_f=893/4+16=239.3(\text{mm})$$

取 $l=240\text{mm}$，因为 $l>b$，满足构造要求。

$$l_w=l-2h_f=240-16=224(\text{mm})<60h_f$$

又因为 l_w 大于 $8h_f$，满足构造要求。

所需盖板长度 $L=2l+10=2\times240+10=490(\text{mm})$，式中 10mm 是两块被连接钢板间的间隙。

侧面角焊缝的距离 $b=190\text{mm}<16t_2$，满足构造要求。

(2) 采用三面围焊的角焊缝的对接连接[图 3.40(c)]。

正面角焊缝的长度为拼接盖板的宽度，即 $\sum l'_w=2\times190=380(\text{mm})$，它能承受的内力 N' 为

$$N'=\beta_f\cdot h_e\cdot\sum l'_w\cdot f_f^w=1.22\times0.7\times8\times380\times160=415.4(\text{kN})$$

所需侧面角焊缝的总计算长度为

$$\sum l_w=\frac{N-N'}{h_e\cdot f_f^w}=\frac{(800-415.3)\times10^3}{0.7\times8\times160}=429(\text{mm})$$

一条侧面角焊缝的实际长度为

$$l = \frac{\sum l_w}{4} + h_f = 429/4 + 8 = 115(\text{mm})$$

盖板的长度为

$$L = 2l + 10 = 2 \times 115 + 10 = 240(\text{mm})$$

比只用侧面角焊缝连接时盖板缩短了 490−240 = 250(mm)。

(3) 采用菱形盖板的角焊缝的对接连接[图 3.40(d)]。

为了使传力比较平顺并减小盖板 4 个角处焊缝中的应力集中现象，可将盖板做成菱形。连接焊缝由 3 部分组成：正面角焊缝 l_{w1} = 130mm；侧面角焊缝 l_{w2} =(110−8)= 102mm；斜焊缝 l_{w3} = 42mm。这 3 部分焊缝的承载力分别为

正面角焊缝 $N_1 = \beta_f \cdot h_e \cdot \sum l_w \cdot f_f^w = 1.22 \times 0.7 \times 8 \times 2 \times 130 \times 160 = 284(\text{kN})$ 。

侧面角焊缝 $N_2 = h_e \cdot \sum l_w \cdot f_f^w = 0.7 \times 8 \times 4 \times (110 - 8) \times 160 = 366(\text{kN})$ 。

因 $\theta = 45°$，由表 3-4 查得 $\beta_\theta = 1.1$，斜焊缝 $N_3 = h_e \cdot \sum l_w \cdot \beta_\theta \cdot f_f^w = 0.7 \times 8 \times 4 \times 42 \times 1.1 \times 160 = 166(\text{kN})$ 。

正面角焊缝、侧面角焊缝和斜焊缝能够共同承受的内力 $N_1+N_2+N_3$ = 284+366+166 = 816(kN)＞800kN。即图 3.40(d)所给定的焊缝长度，能安全承担 N = 800kN 的轴心力。需要菱形盖板的长度为 L = 2×(110+30)+10 = 290(mm)，比采用三面围焊的矩形盖板的长度有所增加，但改善了应力集中现象，提高了连接的工作性能。

4. 搭接连接的工作计算

1) 角钢连接的角焊缝计算

承受轴心力作用的角钢采用侧面角焊缝连接[图3.41(a)]，由于角钢截面重心到肢背与肢尖的距离不相等，因而角钢肢背与肢尖焊缝所传递的内力也不相等。设角钢肢背与肢尖焊缝所传递的内力分别为 N_1 和 N_2，由力的平衡条件可得

$$N_1(e_1 + e_2) = N \cdot e_2$$

则

$$N_1 = \frac{e_2}{e_1 + e_2} \cdot N = K_1 N \tag{3-24}$$

同理可得

$$N_2 = \frac{e_1}{e_1 + e_2} \cdot N = K_2 N \tag{3-25}$$

式中 K_1，K_2——角钢肢背焊缝与肢尖焊缝的内力分配系数，$K_1 = \frac{e_2}{e_1 + e_2}$，$K_2 = \frac{e_1}{e_1 + e_2}$，可按表 3-5 查取。

表 3-5 角钢肢背与肢尖焊缝的内力分配系数

角钢类型	连接情况	内力分配系数	
		肢背 K_1	肢尖 K_2
等边角钢		0.7	0.3
不等边角钢(长肢水平)		0.75	0.25
不等边角钢(长肢垂直)		0.65	0.35

算出 N_1、N_2 后，可按式(3-26)、式(3-27)分别计算角钢肢背与肢尖侧面角焊缝的计算长度 $\sum l_{w_1}$ 和 $\sum l_{w_2}$。

$$\sum l_{w_1} = \frac{N_1}{h_e \cdot f_f^w} \tag{3-26}$$

$$\sum l_{w_2} = \frac{N_2}{h_e \cdot f_f^w} \tag{3-27}$$

当采用三面围焊连接时[图 3.41(b)]，可先选定正面角焊缝的焊脚尺寸 h_f，并计算出它所能承担的内力。

$$N_3 = \beta_f \cdot 0.7h_f \cdot \sum l_{w_3} \cdot f_f^w$$

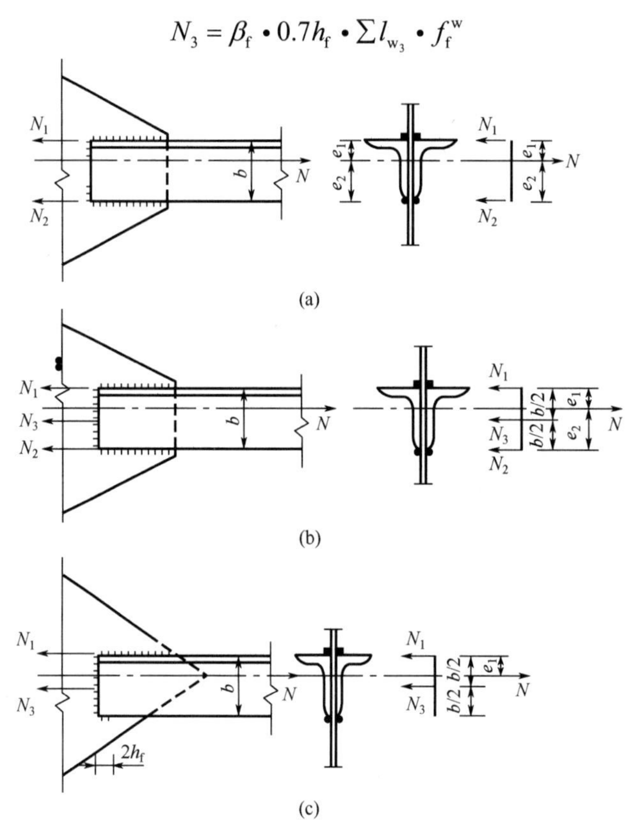

图 3.41　角钢与钢板的角焊缝连接

假定 N_3 作用在 $b/2$ 处，由内力平衡条件可得

$$N_1 = \frac{e_2}{e_1+e_2}N - \frac{N_3}{2} = K_1 \cdot N - \frac{N_3}{2} \tag{3-28}$$

$$N_2 = \frac{e_1}{e_1+e_2}N - \frac{N_3}{2} = K_2 \cdot N - \frac{N_3}{2} \tag{3-29}$$

同样，由 N_1、N_2 利用式(3-26)和式(3-27)可计算出角钢肢背和肢尖侧面角焊缝的计算长度。

受轴心力作用的角钢采用 L 形围焊的连接如图 3.41(c)所示。

当正面角焊缝满焊时，同样可根据平衡条件得

$$N_3 \frac{e_1+e_2}{2} = N \cdot e_1$$

则
$$N_3 = 2K_2 N \tag{3-30}$$

这一公式，也可直接由式(3-29)令 $N_2 = 0$ 导出。求出 N_3 后，则

$$N_1 = N - N_3 = (1 - 2K_2)N \tag{3-31}$$

求出 N_3、N_1 后，按下述方法确定焊脚尺寸 h_f 和肢背焊缝计算长度 $\sum l_{w_1}$。

$$h_f = \frac{N_3}{\beta_f \times 0.7 \times \sum l_{w_3} \cdot f_f^w} = \frac{2K_2 N}{\beta_f \times 0.7 \times \sum l_{w_3} \cdot f_f^w} \tag{3-32}$$

若求出的 h_f 满足构造要求，则

$$\sum l_{w_1} = \frac{N_1}{0.7h_f \cdot f_f^w} = \frac{(1 - 2K_2)N}{0.7h_f \cdot f_f^w} \tag{3-33}$$

若求出的 h_f 不满足构造要求，如 $h_f < h_{f,min}$，可加大 h_f 以满足构造要求；如 $h_f > h_{f,max}$，则应取 $h_f = h_{f,max}$，并采用三面围焊。

例题 3.4 图 3.42 所示为角钢与节点板采用两面侧面角焊缝连接，角钢为 2∟110×10，节点板厚度 $t = 10$mm。钢材为 Q235，焊条为 E43 型，手工电弧焊。连接承受轴心力 $N = 667$kN(静力荷载)，试确定所需角焊缝的焊脚尺寸与长度。

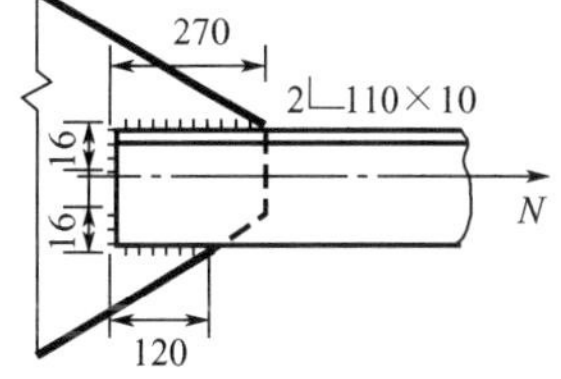

图 3.42 例题 3.4 图

解： 由附表 1-3 查得 $f_f^w = 160\text{N/mm}^2$，查表 3-3 确定焊缝最小焊脚尺寸 $h_{f,min} = 5\text{mm}$，最大焊脚尺寸 $h_{f,max} \leqslant 10 - (1\sim2) = 8\sim9(\text{mm})$，取 $h_f = 8\text{mm}$。

角钢为等边角钢，由表 3-5 查得：$K_1 = 0.7$，$K_2 = 0.3$，则 $N_1 = K_1 N = 0.7N$，$N_2 = K_2 N = 0.3N$，代入式(3-26)和式(3-27)，可求出角钢肢背和肢尖所需的焊缝计算长度为：

$$\sum l_{w_1} = \frac{N_1}{h_e f_f^w} = \frac{0.7 \times 667 \times 10^3}{0.7 \times 8 \times 160} = 521(\text{mm})$$

$$\sum l_{w_2} = \frac{N_2}{h_e f_f^w} = \frac{0.3 \times 667 \times 10^3}{0.7 \times 8 \times 160} = 223(\text{mm})$$

角钢肢背和肢尖的每条侧面角焊缝实际长度为：

$$l_1 = \frac{\sum l_{w_1}}{2} - 2h_f + 2h_f = \frac{521}{2} - 2 \times 8 + 16 = 261(\text{mm})\text{，取 }270\text{mm}$$

$$l_2 = \frac{\sum l_{w_2}}{2} - 2h_f + 2h_f = \frac{223}{2} - 2 \times 8 + 16 = 112(\text{mm})\text{，取 }120\text{mm}$$

角钢肢背和肢尖的焊缝长度均满足构造要求。

2) 搭接连接的角焊缝在扭矩和剪力共同作用下的计算

图 3.43 所示为采用三面围焊的搭接连接。计算时首先确定三面围焊角焊缝计算截面的形心 O 点的位置，然后将力 F 移至通过焊缝计算截面形心的 y 轴上。这样在该处作用竖向剪力 $V = F$ 和扭矩 $T = F \cdot e$。计算角焊缝在扭矩 T 作用下产生的应力时，采用了下列假定：①被连接件是绝对刚性的，而角焊缝是弹性的；②被连接件绕形心 O 点旋转，角焊缝群上任意一点处的应力方向垂直于该点与形心的连线，且应力的大小与连线距离成正比。图中 A 点和 B 点距形心 O 点最远，故 A 点和 B 点由扭矩 T 引起的剪应力 τ^T 最大；而剪力 V 在焊缝中引起的剪应力假定在围焊缝上均匀分布，因而 A、B 两点最危险。

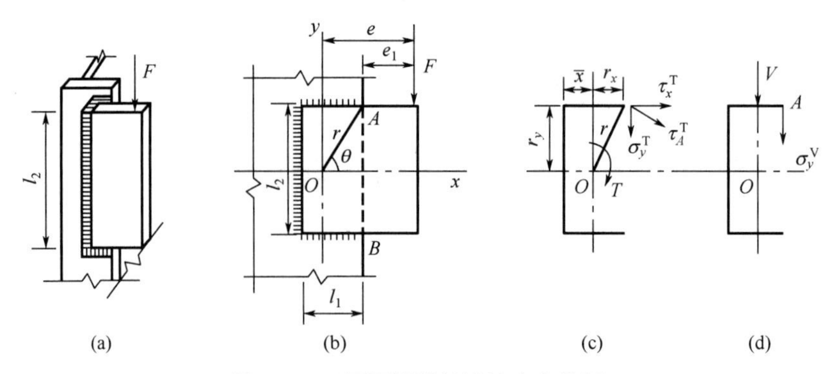

图 3.43　三面围焊搭接连接应力分析

现以 A 点的应力计算为例，在扭矩 T 作用下 A 点的应力为

$$\tau_A^{\mathrm{T}}=\frac{T\bullet r}{I_o}=\frac{T\bullet r}{I_x+I_y} \tag{3-34}$$

式中　I_o ——角焊缝计算截面的极惯性矩，$I_o=I_x+I_y$；

I_x、I_y ——角焊缝计算截面对 x 轴和对 y 轴的惯性矩。

计算时可近似取焊缝的计算长度 $\sum l_{\mathrm{w}}=2l_1+l_2$。为简化计算，这里既未减去起弧、灭弧影响的长度 $2h_{\mathrm{f}}$，也未增加由于焊缝连续而使焊缝长度大于 $2l_1+l_2$ 的部分。

由扭矩 T 引起的 τ_A^{T}，沿 x、y 轴分解得

$$\tau_x^{\mathrm{T}}=\tau_A^{\mathrm{T}}\bullet\sin\theta=\frac{T\bullet r}{I_x+I_y}\bullet\frac{r_y}{r}=\frac{T\bullet r_y}{I_x+I_y} \tag{3-35}$$

$$\sigma_{\mathrm{f}}^{\mathrm{T}}=\tau_A^{\mathrm{T}}\bullet\cos\theta=\frac{T\bullet r}{I_x+I_y}\bullet\frac{r_x}{r}=\frac{T\bullet r_x}{I_x+I_y} \tag{3-36}$$

由剪力 V 引起的应力均匀分布，对 A 点的应力垂直于焊缝长度方向，属正面角焊缝，得

$$\sigma_{\mathrm{f}}^{\mathrm{V}}=\frac{V}{h_{\mathrm{e}}\bullet\sum l_{\mathrm{w}}} \tag{3-37}$$

将式(3-35)、式(3-36)和式(3-37)代入式(3-17)验算得

$$\sqrt{\left(\frac{\sigma_{\mathrm{f}}^{\mathrm{T}}+\sigma_{\mathrm{f}}^{\mathrm{V}}}{1.22}\right)^2+(\tau_x^{\mathrm{T}})^2}\leqslant f_{\mathrm{f}}^{\mathrm{w}} \tag{3-38}$$

如果连接直接承受动力荷载，按下式验算：

$$\sqrt{(\sigma_{\mathrm{f}}^{\mathrm{T}}+\sigma_{\mathrm{f}}^{\mathrm{V}})^2+(\tau_x^{\mathrm{T}})^2}\leqslant f_{\mathrm{f}}^{\mathrm{w}} \tag{3-39}$$

例题 3.5　图 3.43 所示为三面围焊的搭接连接。$l_1=300$mm，$l_2=400$mm，计算的作用力 $F=220$kN(静力荷载)。$e_1=250$mm，被连接的支托板与柱翼缘板的厚度 t 均为 12mm。钢材为 Q235，焊条为 E43 型，手工电弧焊。试设计焊脚尺寸 h_{f} 并验算其强度。

解：由附表 1-3 查得 $f_{\mathrm{f}}^{\mathrm{w}}=160\mathrm{N/mm^2}$。

查表 3-3 得 $h_{\mathrm{f,min}}=5\mathrm{mm}$，$h_{\mathrm{f,max}}=t-(1\sim2)=12-(1\sim2)=10\sim11(\mathrm{mm})$，取 $h_{\mathrm{f}}=8$mm。

首先确定三面围焊角焊缝计算截面的形心 O 点的位置，可按求重心的方法计算由重心

到竖直焊缝中心的距离，即

$$\bar{x}=\frac{2\times0.7\times0.8\times30\times\dfrac{30}{2}}{0.7\times0.8\times(2\times30+40)}=9(\text{cm})$$

由图 3.43 可知，A 点和 B 点距离形心 O 点最远，故该两点的应力最大，现验算 A 点的强度。

$$I_x=0.7\times0.8\times\left(\frac{1}{12}\times40^3+30\times20^2\times2\right)=16427(\text{cm}^4)$$

$$I_y=0.7\times0.8\times\left[40\times9^2+\frac{1}{12}\times30^3\times2+2\times30\times(15-9)^2\right]=5544(\text{cm}^4)$$

$$I_o=I_x+I_y=16427+5544=21971(\text{cm}^4)$$

$$r_x=l_1-\bar{x}=30-9=21(\text{cm})$$

$$r_y=20\text{cm}$$

$$e=e_1+r_x=25+21=46(\text{cm})$$

$$T=F\cdot e=220\times46=10120(\text{kN}\cdot\text{cm})$$

$$\tau_x^{\text{T}}=\frac{T\cdot r_y}{I_o}=\frac{10120\times10^4\times200}{21971\times10^4}=92(\text{N/mm}^2)$$

$$\sigma_{\text{f}}^{\text{T}}=\frac{T\cdot r_x}{I_o}=\frac{10120\times10^4\times210}{21971\times10^4}=97(\text{N/mm}^2)$$

$$\sigma_{\text{f}}^{\text{V}}=\frac{V}{h_{\text{e}}\cdot\sum l_{\text{w}}}=\frac{220\times10^3}{0.7\times8\times(2\times300+400)}=39(\text{N/mm}^2)$$

代入式(3-38)验算焊缝 A 点的强度，得

$$\sqrt{\left(\frac{\sigma_{\text{f}}^{\text{T}}+\sigma_{\text{f}}^{\text{V}}}{1.22}\right)^2+(\tau_x^{\text{T}})^2}=\sqrt{\left(\frac{97+39}{1.22}\right)^2+92^2}$$

$$=145(\text{N/mm}^2)<f_{\text{f}}^{\text{w}}$$

满足要求，焊缝安全。

5. 轴心力、弯矩和剪力共同作用下 T 形连接角焊缝的计算

图 3.44 所示为一 T 形连接的角焊缝，同时承受弯矩 M、剪力 V 和轴心力 N。计算时可先分别计算在 M、V 和 N 作用下所产生的应力，求出可能的最危险点的应力分量，并将同类应力分量代数相加后，代入式(3-17)验算。

当焊缝有效厚度为 h_{e}，有效计算长度为 l_{w} 时，在弯矩 M 作用下，产生垂直于焊缝长度方向的应力，属于正面角焊缝受力性质，应力呈三角形分布，其最大值为

$$\sigma_{\text{f}}^{\text{M}}=\frac{M}{W_{\text{f}}}=\frac{M}{2\times\dfrac{h_{\text{e}}\cdot l_{\text{w}}^2}{6}}=\frac{3M}{h_{\text{e}}l_{\text{w}}^2}\tag{3-40}$$

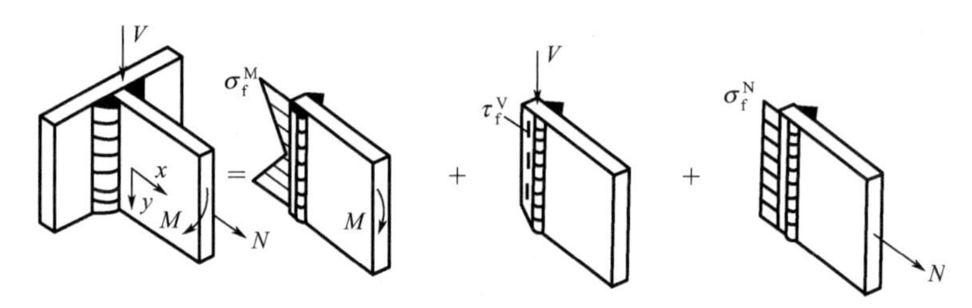

图 3.44　角焊缝连接受弯矩、剪力和轴心力共同作用

在剪力 V 作用下，产生平行于焊缝长度方向的应力，属于侧面角焊缝受力性质，应力呈矩形分布，得

$$\tau_f = \frac{V}{A_f} = \frac{V}{2h_e \cdot l_w} \tag{3-41}$$

在轴心力 N 作用下，产生垂直于焊缝长度方向的应力，属于正面角焊缝受力性质，应力呈矩形分布，得

$$\sigma_f^N = \frac{N}{A_f} = \frac{N}{2h_e \cdot l_w} \tag{3-42}$$

当 M、V 和 N 共同作用时，从图 3.44 可见，焊缝上端点处最危险，求得该点的应力分量 σ_f^M 、τ_f 和 σ_f^N 之后，代入式(3-17)：

$$\sqrt{\left(\frac{\sigma_f^M + \sigma_f^N}{1.22}\right)^2 + \tau_f^2} \leqslant f_f^w \tag{3-43}$$

当 N 和 V 共同作用时，得

$$\sqrt{\left(\frac{\sigma_f^N}{1.22}\right)^2 + \tau_f^2} \leqslant f_f^w \tag{3-44}$$

当 M 和 V 共同作用时，得

$$\sqrt{\left(\frac{\sigma_f^M}{1.22}\right)^2 + \tau_f^2} \leqslant f_f^w \tag{3-45}$$

当 M 和 N 共同作用时，得

$$\sigma_f^M + \sigma_f^N \leqslant 1.22 f_f^w \tag{3-46}$$

当只有 M 作用时，得

$$\sigma_f^M \leqslant 1.22 f_f^w \tag{3-47}$$

当直接承受动力荷载作用时，式(3-43)～式(3-47)中的系数 1.22 应改为 1.0。

在 M、V 和 N 共同作用下 T 形连接角焊缝的计算，一般是已知角焊缝的长度，在满足角焊缝构造要求的前提下，假定适宜的焊脚尺寸 h_f，利用式(3-40)～式(3-42)求出各应力分量后，代入式(3-17)验算焊缝有效截面上受力最大的危险点(可能有几处所受的应力较大，有时要通过验算后才能确定最危险点)的强度。如不满足强度要求或过于富余，可调整 h_f，必要时还应改变焊缝长度 l_w，然后再验算，直到满足要求为止。

例题 3.6 验算图 3.45 所示 T 形连接角焊缝的承载力是否满足要求。已知计算的作用力 F=500kN(静力荷载)，e = 100mm，h_f= 10mm，钢材为 Q235，焊条为 E43 型，f_f^w = 160N/mm^2。

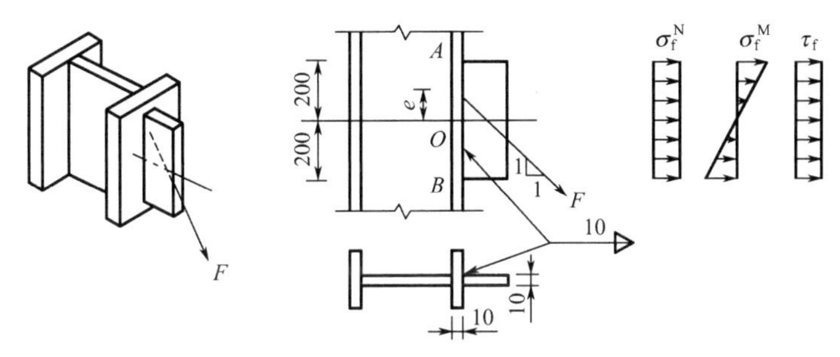

图 3.45 例题 3.6 图

解：将作用力 F 移到焊缝中心 O 点，得轴心力 $N=F/\sqrt{2}$，剪力 $V=F/\sqrt{2}$ 和弯矩 $M=F\bullet e/\sqrt{2}$。由 N 产生 σ_f^N，由 V 产生 τ_f，并假定二者在焊缝有效截面上均匀分布；由 M 产生 σ_f^M，最上端 A 点处最危险，可得

$$\sigma_f^N=\frac{N}{2\times0.7h_f\bullet l_w}=\frac{500\times10^3/\sqrt{2}}{2\times0.7\times10\times(400-20)}=66.5(\text{N/mm}^2)$$

$$\tau_f=\frac{V}{2\times0.7h_f\bullet l_w}=\frac{500\times10^3/\sqrt{2}}{2\times0.7\times10\times(400-20)}=66.5(\text{N/mm}^2)$$

$$\sigma_f^M=\frac{M}{2\times\dfrac{1}{6}\times0.7h_f\bullet l_w^2}=\frac{500\times10^3\times100/\sqrt{2}}{2\times\dfrac{1}{6}\times0.7\times10\times(400-20)^2}=104.9(\text{N/mm}^2)$$

代入式(3-43)，得

$$\sqrt{\left(\frac{\sigma_f^M+\sigma_f^N}{1.22}\right)^2+\tau_f^2}=\sqrt{\left(\frac{104.9+66.5}{1.22}\right)^2+66.5^2}=155.4\,(\text{N}/\text{mm}^2)\leqslant f_f^w$$

满足要求，焊缝安全。

6. 部分焊透的对接焊缝或对接与角接组合焊缝连接的构造要求和计算

本章第 2 节已经介绍了焊透的坡口焊缝连接的构造要求和计算方法。在设计中有时还可能遇到下列情况：①连接焊缝受力很小或不受力，焊缝主要起联系作用，而且要求焊接结构外观齐平、美观，这时就不必做成焊透的对接焊缝，可用部分焊透的对接焊缝或对接与角接组合焊缝；②连接焊缝受力较大，采用焊透的对接焊缝，其强度又不能充分利用，而采用角焊缝时，焊脚尺寸又过大，这时宜采用坡口加强的角焊缝。

其中部分焊透的对接焊缝或对接与角接组合焊缝截面形式如图3.46所示。由于未焊透，在连接处存在着缝隙，应力集中现象严重，可能使这里的焊缝脆断，部分焊透的对接焊缝实际上与角焊缝类似，《钢结构设计标准》规定：部分焊透的对接焊缝或对接与角接组合焊缝的强度按角焊缝强度公式(3-17)计算，在垂直于焊缝长度方向的压力作用下，取 $\beta_f=1.22$；

其他情况取 $\beta_f = 1.0$。

V 形坡口对接焊缝有效厚度 h_e 的取值为

$$\alpha \geqslant 60^\circ \text{时，} h_e = s$$

$$\alpha < 60^\circ \text{时，} h_e = 0.75s$$

单边 V 形和 K 形坡口对接焊缝有效厚度 h_e 的取值为

$$\alpha = 45^\circ \pm 5^\circ \text{时，} h_e = s-3$$

U 形、J 形坡口对接焊缝有效厚度 h_e 的取值为

$$h_e = s$$

式中　s——坡口根部至焊缝表面的最短距离(不考虑焊缝的余高)；

　A ——坡口的角度。

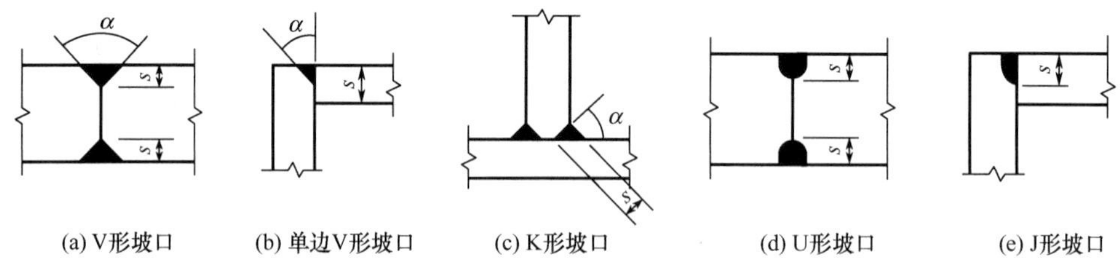

图 3.46　部分焊透的对接焊缝和部分焊透的对接与角接的组合焊缝截面

图 3.47 所示部分焊透的对接焊缝受 M、V 和 N 共同作用。在焊缝计算截面上产生 $\sigma_f = \sigma_f^M + \sigma_f^N$ 和 τ_f(图 3.48)，其中 σ_f^M 、τ_f 和 σ_f^N 分别按式(3-40)～式(3-42)计算，再代入式(3-17)验算。σ_f 为压应力时，$\beta_f = 1.22$；σ_f 为拉应力时，$\beta_f = 1.0$。

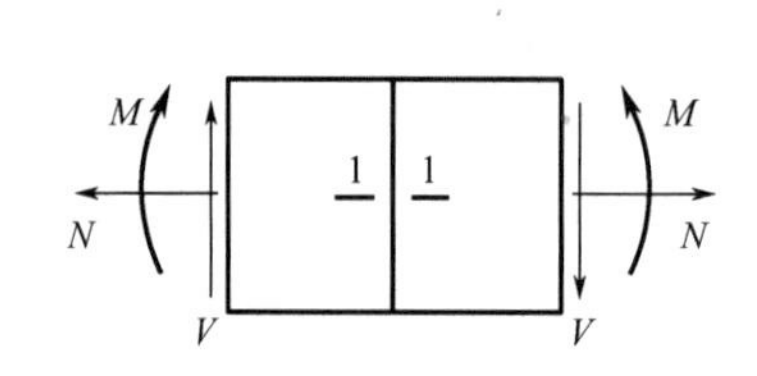

图 3.47　部分焊透对接焊缝受 *M*、*V* 和 *N* 共同作用

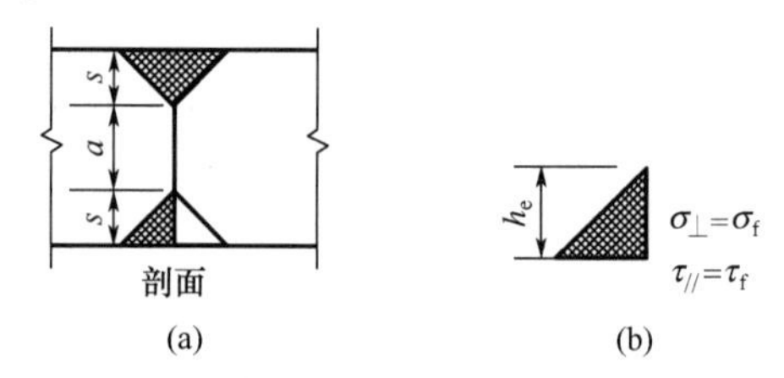

图 3.48　部分焊透的对接焊缝应力分析

3.4　焊接应力和焊接变形

3.4.1　焊接应力的种类

焊接构件在施焊过程中，由于受到不均匀的电弧高温作用，在焊件中将产生变形和应力，称为热变形和热应力。冷却后，焊件中将产生反向的应力和变形，称为焊接应力和焊接变形，或称残余应力和残余变形。焊接应力有纵向(沿焊缝长度方向)和横向(垂直于焊缝长度方向)两种，当焊缝较厚时，还有厚度方向的焊接应力。这些应力都是由收缩变形引起的。

1. 纵向焊接应力

焊接过程是一个不均匀加热和冷却的过程。如图 3.49(a)和图 3.49(b)所示，在施焊时，焊件上产生不均匀的温度梯度和温度场，焊缝及其附近温度最高，可达 1600℃以上，而邻近区域温度则急剧下降。不均匀的温度场产生不均匀的膨胀。温度高的钢材膨胀大，但受到两侧温度较低、膨胀量较小的钢材所限制，产生了热塑性压缩。焊缝冷却时，被压缩的焊缝区趋向于缩短，但受到两侧钢材限制而产生纵向拉应力。在低碳钢和低合金钢中，这种拉应力经常达到钢材的屈服点。焊接应力是一种无荷载作用下的内应力，因此会在焊件内部自相平衡，这就必然在距焊缝稍远区段内产生纵向压应力[图 3.49(c)]。

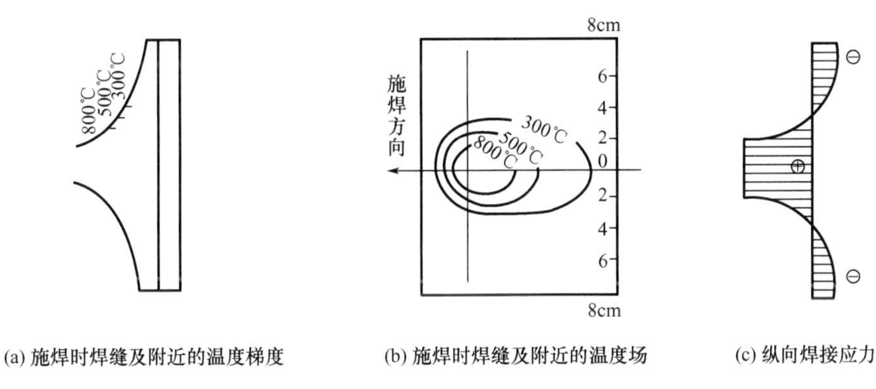

(a) 施焊时焊缝及附近的温度梯度　(b) 施焊时焊缝及附近的温度场　(c) 纵向焊接应力

图 3.49　纵向焊接应力产生原理图

2. 横向焊接应力

横向焊接应力产生的原因有以下两个。

(1) 焊缝冷却后，将沿纵向收缩，使焊件有形成内凹弯曲的趋势[3.50(a)]，但实际上焊缝已将两块钢板连成整体，不能分开，因而在焊缝的中部产生横向拉应力，而两端产生横向压应力[图 3.50(b)]。

(2) 在施焊过程中，不同部分先后冷却的时间不同，先焊部分已经冷却且有一定的强度，会阻止后焊部分的焊缝在横向方向的自由膨胀，使其产生横向的塑性压缩变形；当焊缝冷却时，后焊焊缝的收缩受到已经凝固焊缝的限制，而引起横向拉应力，同时也在先焊部分的焊缝内产生横向压应力[图 3.50(c)]。

最后这两种横向应力叠加而成如图 3.50(d)所示的横向应力分布图。

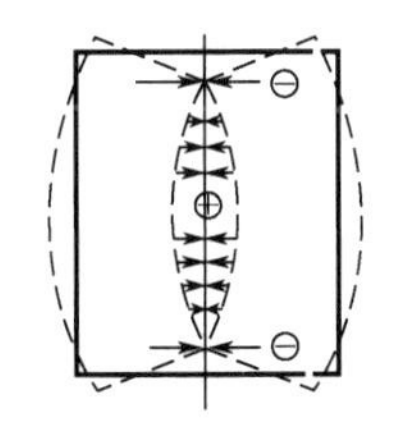

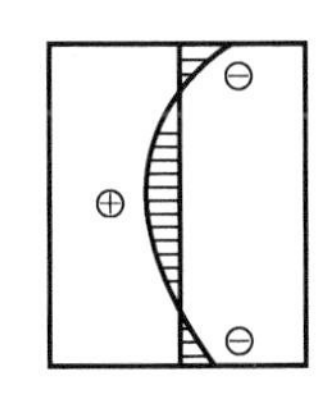

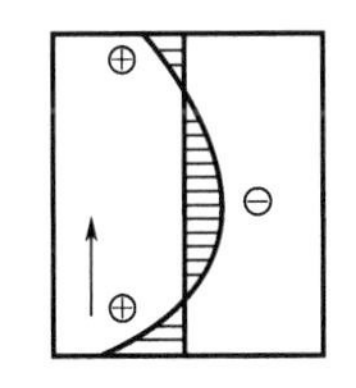

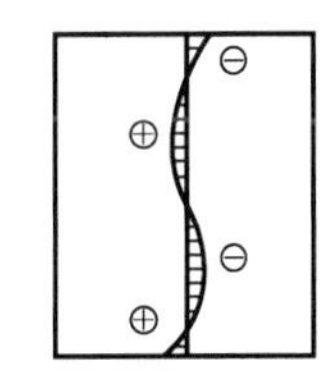

(a) 纵向收缩形成内凹弯曲　(b) 纵向收缩引起的横向应力　(c) 横向收缩引起的横向应力　(d) 叠加后的横向应力分布图

图 3.50　横向焊接应力产生原理图

横向收缩所引起的横向焊接应力与施焊的方向和先后次序有关。同时，由于焊缝冷却的时间不同，因而产生不同的应力分布(图 3.51)。

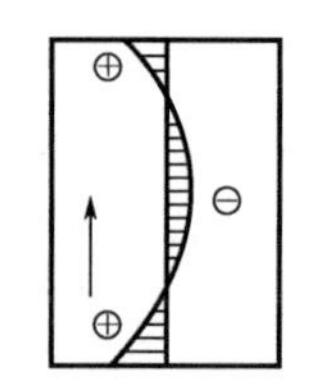
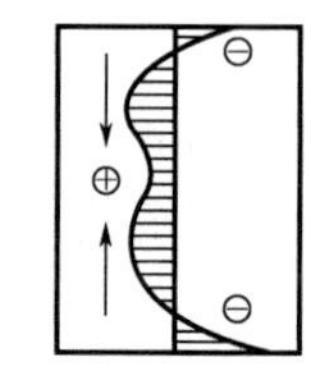
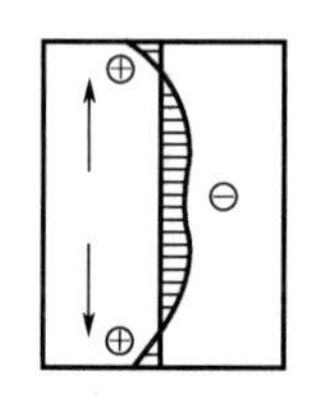
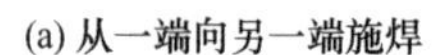

(a) 从一端向另一端施焊　(b) 从两端向中间施焊　(c) 从中间向两端施焊

图 3.51　不同方向施焊引起的横向焊接应力

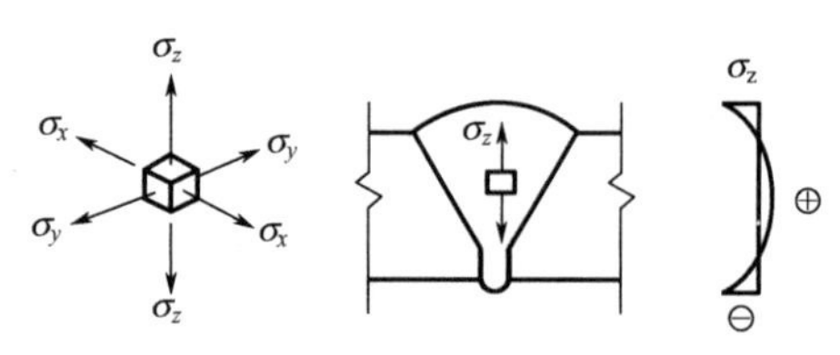

图 3.52　焊件中的三向焊接应力

3. 厚度方向的焊接应力

如果焊件的厚度较大，则焊缝的厚度也大。焊缝成型后，焊缝外层先冷却，并具有一定的强度；而内部的焊缝后冷却，后冷却的焊缝沿垂直于焊件表面方向的收缩，受到外面已冷却的焊缝约束，因而在焊缝内部形成沿 z 方向的拉应力 σ_z，而焊缝外部则为压应力，如图 3.52 所示。这样，在厚板焊件的焊缝中段内部除了有纵向应力 σ_x 和横向应力 σ_y，还有沿厚度方向的焊接应力 σ_z，这 3 种应力在焊缝的某些部位形成三向同号拉应力场，大大降低了焊接连接的塑性性能。

在无外加约束的情况下，焊接应力是自相平衡的内力。以上分析的是焊件在无外加约束情况下的焊接应力和变形。如果焊件在施焊时受到外界约束，焊接变形因受到约束的限制而减小，但会产生更大的焊接应力，这对焊缝的工作不利。

3.4.2　焊接应力和焊接变形对结构工作的影响

1. 焊接应力对结构工作的影响

1) 焊接应力对静力强度的影响

图 3.53(a)所示的无焊接应力轴心受拉构件，在拉力 N 作用下，当截面上的应力均达到屈服点 f_y 时，其承载力为

$$N = B\delta f_y \tag{a}$$

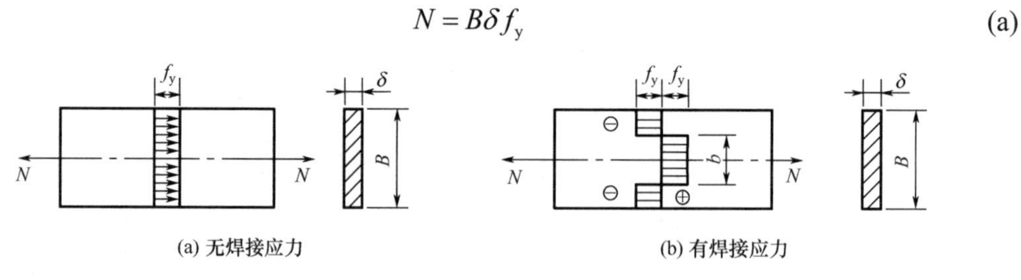

(a) 无焊接应力　(b) 有焊接应力

图 3.53　焊接应力对构件静力强度(屈服点)的影响

图 3.53(b)所示的轴心受拉构件，在未受力前就存在自相平衡的纵向焊接应力，为了便于分析，假定其应力分布如图所示，且焊接应力均达到屈服点 f_y，在外力 N 作用下，截面 $b\delta$ 的应力已经达到屈服点 f_y，因而全部外力 N 只能由截面 $(B-b)\delta$ 承受，这部分截面由原来受压逐渐变为受拉，最后也达到屈服点 f_y，因而这部分截面的承载力为

$$N = (B-b)\delta(f_y + f_y) = 2B\delta f_y - 2b\delta f_y \tag{b}$$

由于焊接应力自相平衡，可得

$$(B-b)\delta f_{y}=b\delta f_{y}$$

即

$$B\delta f_{y}=2b\delta f_{y} \tag{c}$$

将式(c)代入式(b)，得

$$N=2B\delta f_{y}-2b\delta f_{y}=B\delta f_{y}$$

由上面的分析可知，只要钢材能产生塑性变形，有焊接应力的构件的承载力与无焊接应力的完全一样。所以当结构承受静力荷载并在常温下工作、无严重的应力集中现象且钢材具有一定的塑性时，焊接应力不会影响结构的承载力。但对于无屈服点的高强度钢材，由于不能产生塑性变形并使内力重分布，因而焊接应力将有可能使钢材产生脆性破坏。

2) 焊接应力对构件刚度的影响

图 3.53(a)所示的构件，在拉力 N 作用下的伸长率为

$$\varepsilon_{1}=\frac{N}{B\delta E}$$

图 3.53(b)所示的构件，因截面 $b\delta$ 部分的拉应力已达到塑性而刚度为零，因而构件在拉力 N 作用下的伸长率为

$$\varepsilon_{2}=\frac{N}{(B-b)\delta E}$$

当 N 相同时，必然 $\varepsilon_2>\varepsilon_1$；所以焊接应力增大了构件的变形，即降低了刚度。

3) 焊接应力对构件稳定承载力的影响

图 3.53(b)所示的构件，在拉力 N 作用下，焊接压应力区不能承压，焊接拉应力区却恢复弹性工作。也就是说，只有这部分截面抵抗外力作用，构件的有效截面和有效惯性矩减小了，即构件的稳定承载力降低了。

4) 焊接应力对疲劳强度的影响

试验结果表明，焊接拉应力加快了疲劳裂纹发展的速度，从而降低了焊缝及附近结构钢材的疲劳强度。因此，焊接应力对直接承受动力荷载的焊接结构是不利的。

5) 焊接应力对低温冷脆的影响

因为焊接结构中存在着双向或三向同号拉应力场，故钢材塑性变形的发展受到限制，钢材变脆。特别是结构在低温环境下工作时，钢材脆性倾向就更大，所以焊接应力通常是导致焊接结构产生低温冷脆的主要原因，设计时应予以重视。

2. 焊接变形对构件工作的影响

焊接变形有纵向、横向的收缩变形，弯曲变形，角变形和扭曲变形等，如图 3.54 所示。

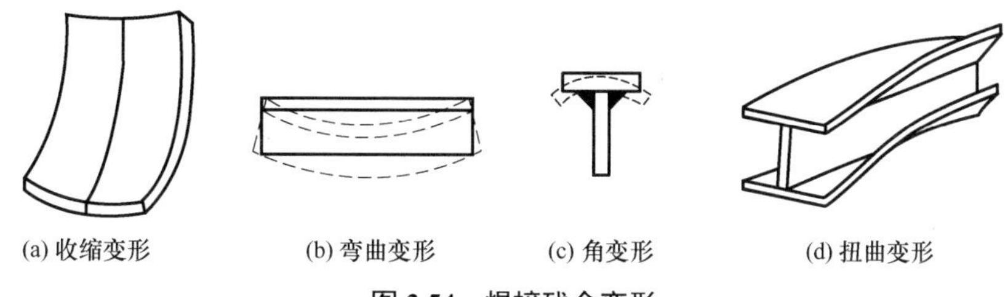

(a) 收缩变形　(b) 弯曲变形　(c) 角变形　(d) 扭曲变形

图 3.54 焊接残余变形

焊接变形对构件的工作产生不利影响，如使构件由原来的轴心受力变成偏心受力，改变了构件的受力状况，对静力强度和稳定承载力有不利影响，变形过大还将使构件安装发生困难等。所以，对于焊接变形要加以限制，如果焊接变形超过《钢结构工程施工质量验收标准》的规定，必须加以校正。

3. 减小焊接应力和焊接变形的方法

(1) 采取合理的施焊次序，如图 3.55 所示。例如，图 3.55(a)是把图 3.55(b)中的厚焊缝分 A、B 和 C3 层施焊，焊 A 层时，分 10 段从中间开始逐段向外退焊；焊 B 层时，分 2 段退焊；焊 C 层时，则分 4 段从中间向外退焊。

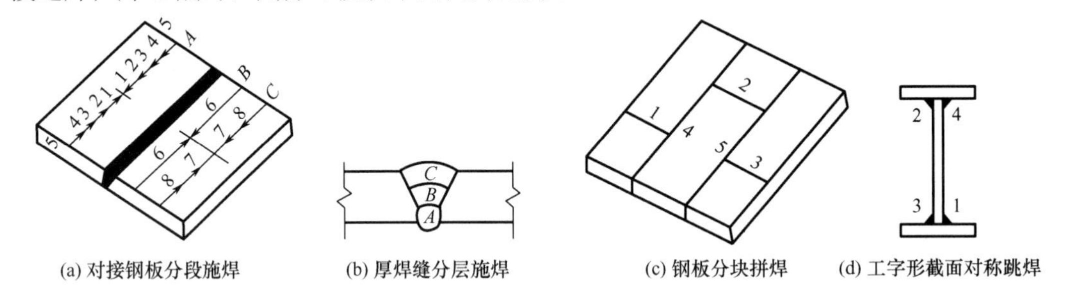

(a) 对接钢板分段施焊　(b) 厚焊缝分层施焊　(c) 钢板分块拼焊　(d) 工字形截面对称跳焊

图 3.55　合理的施焊次序

(2) 尽可能采用对称焊缝，在保证安全可靠的前提下，避免焊缝厚度过大。

(3) 施焊前给构件一个和焊接变形相反的预变形，使构件在焊接后产生的变形正好与之抵消，如图 3.56 所示。

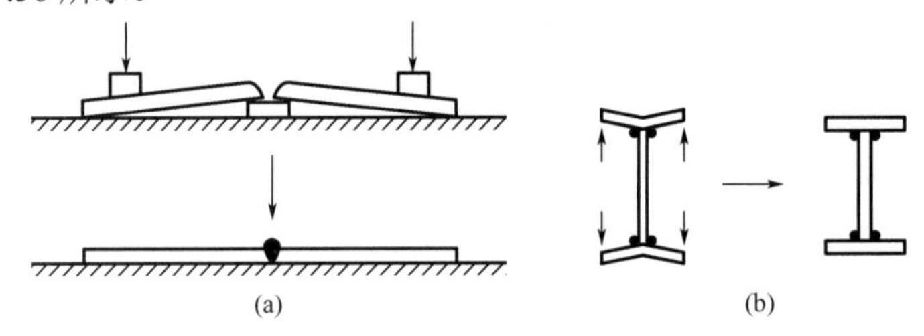
(a)　(b)

图 3.56　用预变形法抵消焊接变形

(4) 对于小尺寸焊件，可在焊前预热或焊后回火加热至 600℃左右，然后慢慢冷却，可消除焊接应力。焊后对构件进行锤打，可减小焊接应力和焊接变形，也可采用机械方法来消除焊接变形。

3.5　普通螺栓连接

3.5.1　普通螺栓

1. 螺栓的排列和构造

螺栓在构件上的排列应力求简单整齐，通常采用并列和错列两种形式[图 3.57(a)和图 3.57(b)]。并列比较简单整齐，连接板件尺寸小，但螺栓孔对构件截面削弱较大。错列可以减小螺栓孔对构件截面的削弱，但螺栓布置比较松散，连接板件尺寸较大。图 3.57(c)～图 3.57(f)所示分为钢板、角钢、工字钢和槽钢的螺栓排列示意图。螺栓(包括高强度螺栓)在构件上的排列应考虑下列要求。

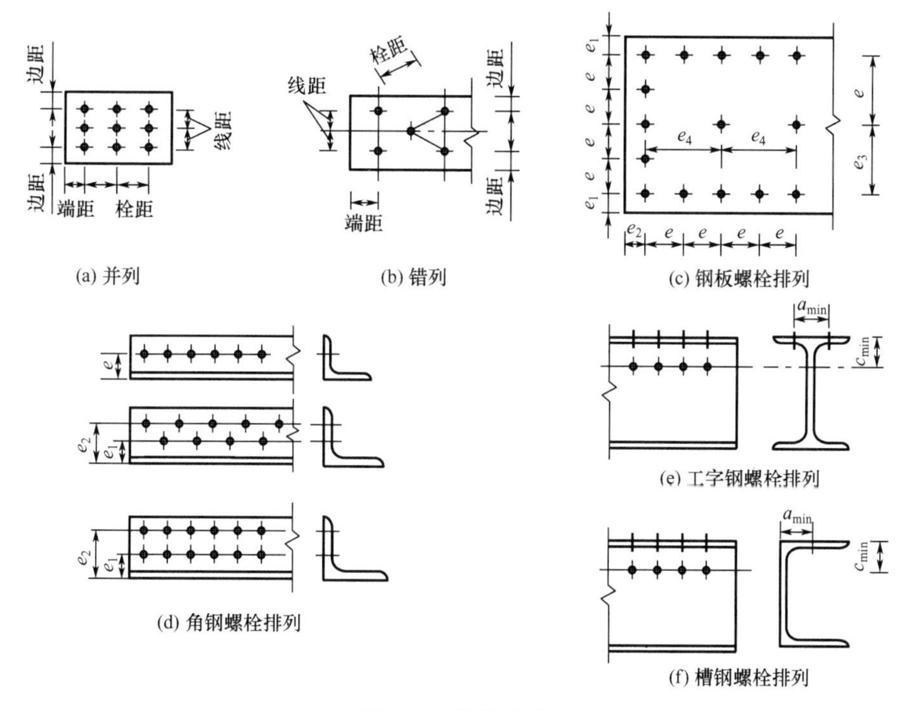

(a) 并列　(b) 错列　(c) 钢板螺栓排列

(d) 角钢螺栓排列　(e) 工字钢螺栓排列　(f) 槽钢螺栓排列

图 3.57　螺栓排列

1) 受力要求

如图 3.58 所示，当螺栓孔中心沿力作用方向的端距小于 $2d_0$(d_0 为螺栓孔直径)时，孔前的钢板有受剪破坏的可能[图3.58(a)]。受压构件在沿力作用方向的栓距过大时，会产生压屈外鼓现象；线距过小时，在错列排列中构件有沿折线破坏的可能性[图 3.57(b)]。因而从受力要求考虑，栓距和线距不能过小或过大。

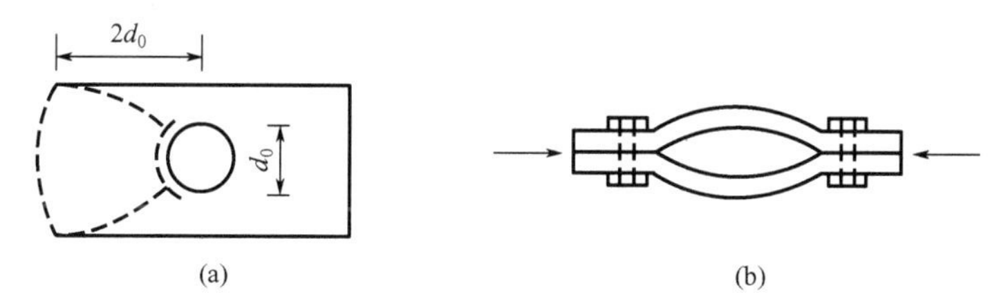

(a)　(b)

图 3.58　螺栓排列不合理的破坏情况

2) 构造要求

当栓距和线距过大时，连接构件间的接触面不紧密，潮气容易侵入缝隙，引起钢板腐蚀，因而栓距和线距都不能过大。

3) 施工要求

螺栓的排列必须考虑保证有一定空间，从而能够用扳手拧螺帽，因而栓距和线距不能过小。

根据上述 3 方面的要求进行螺栓排列时，最大容许间距和最小容许间距有具体规定。例如，最小容许端距为 $2d_0$，最小容许边距为 $1.5d_0$，最小容许线距为 $3d_0$，以及任意方向的最小容许栓距为 $3d_0$ 等。螺栓(或铆钉)最大和最小容许间距的要求详见表 3-6，角钢上的螺栓(或铆钉)线距的要求见附表 3-8，工字钢腹板和翼缘上的螺栓(或铆钉)线距的要求见附表 3-9。

表 3-6　螺栓(或铆钉)最大和最小容许间距

<table>
<tr><th>名称</th><th colspan="3">位置和方向</th><th>最大容许间距
(取两者的较小值)</th><th>最小容许间距</th></tr>
<tr><td rowspan="5">中心间距
(线距、栓距)</td><td colspan="3">外排(垂直内力方向或沿内力方向)</td><td>$8d_0$ 或 $12t$</td><td rowspan="5">$3d_0$</td></tr>
<tr><td rowspan="3">中间排</td><td colspan="2">垂直内力方向</td><td>$16d_0$ 或 $24t$</td></tr>
<tr><td rowspan="2">沿内力方向</td><td>构件受压力</td><td>$12d_0$ 或 $18t$</td></tr>
<tr><td>构件受压力</td><td>$16d_0$ 或 $24t$</td></tr>
<tr><td colspan="3">沿对角线方向</td><td>—</td></tr>
<tr><td rowspan="5">中心至构件边缘距离(端距、边距)</td><td colspan="3">沿内力方向</td><td rowspan="5">$4d_0$ 或 $8t$</td><td rowspan="3">$2d_0$</td></tr>
<tr><td rowspan="4">垂直内力方向</td><td colspan="2">剪切边或手工切割边</td></tr>
<tr><td rowspan="3">轧制边、自动气割或锯割边</td><td>高强度螺栓</td></tr>
<tr><td rowspan="2">其他螺栓或铆钉</td><td>$1.5d_0$</td></tr>
<tr><td>$1.2d_0$</td></tr>
</table>

注：1. d_0 为螺栓(或铆钉)的孔径，对槽孔为短向尺寸，t 为外层较薄板件的厚度。

2. 钢板边缘与刚性构件(如角钢，槽钢等)相连的高强度螺栓的最大容许间距，可按中间排的数值采用。

3. 计算螺栓孔引起的截面削弱时可取 d+4mm 和 d_0 的较大者。

在钢结构施工图上需要将螺栓孔和螺栓的施工要求用图例表示清楚，以免引起混淆。表 3-7 为常用的螺栓孔和螺栓图例。

表 3-7　常用的螺栓孔和螺栓图例

<table>
<tr><th>序号</th><th>名称</th><th>图例</th><th>说明</th></tr>
<tr><td>1</td><td>永久螺栓</td><td></td><td rowspan="5">1. 细“+”线表示定位线
2. 必须标注螺栓孔、螺栓直径</td></tr>
<tr><td>2</td><td>安装螺栓</td><td></td></tr>
<tr><td>3</td><td>高强度螺栓</td><td></td></tr>
<tr><td>4</td><td>螺栓圆孔</td><td></td></tr>
<tr><td>5</td><td>长圆形螺栓孔</td><td></td></tr>
</table>

2. 普通螺栓传递剪力时的工作性能、破坏形式和承载力计算

1) 螺栓受剪时的工作性能

单个螺栓连接中的平均剪应力 τ 和连接的剪切变形 δ 间的关系曲线(τ–δ 曲线)如图 3.59 所示。可以看出单个螺栓连接的工作经历 3 个阶段。

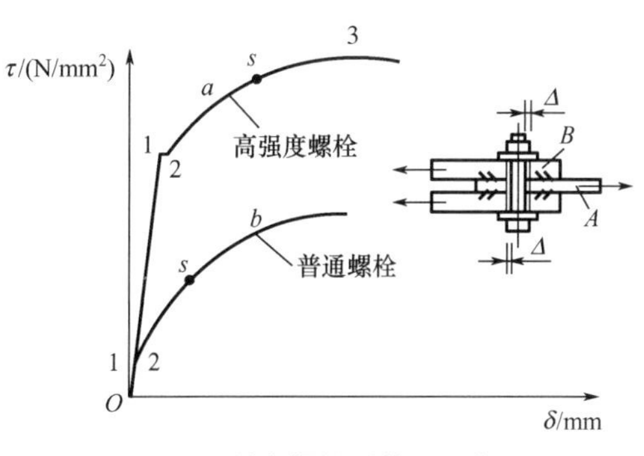

图 3.59 单个螺栓受剪 τ–δ 曲线

(1) 弹性工作阶段。

弹性工作阶段即 $O1$ 直线阶段，在此阶段依靠板件间的摩擦力传力。这时，螺杆和孔壁间的间隙 Δ 保持不变，即被连接板件间的相对位置不变。板件间摩擦力的大小，取决于拧紧螺帽时螺杆中初拉力的大小。普通螺栓的螺杆初拉力很小，所以普通螺栓连接的弹性工作阶段很短，计算时可忽略不计；而高强度螺栓由于拧紧螺帽时，在螺杆中产生了很大的预拉力，将板件挤压得很紧，使连接受力后在接触面上产生很大的摩擦力，抵抗板件间的相对滑移，因而弹性工作阶段很长，计算时不可忽略。

(2) 相对滑移阶段。

相对滑移阶段即 12 水平阶段，由于普通螺栓的摩擦力很小，所以连接受力不大时就产生板件间的相对滑移；而高强度螺栓连接中，板件间的摩擦力非常大，只有当外力相当大时才会出现滑移，进入相对滑移阶段。高强度螺栓摩擦型连接就要考虑此阶段，不过由于其螺栓孔和螺栓之间间隙比普通螺栓小，所以滑移量也小。

(3) 弹塑性工作阶段。

从曲线上的 2 点开始，螺杆和孔壁接触并压紧，外力经孔壁传给螺杆，使螺杆受剪，孔壁受挤压。当超过 2 点时，螺杆不但受剪，而且还受弯和轴向拉伸，此时螺栓进入弹塑性工作阶段。由图 3.60(a)可知，螺杆因弯曲伸长受到螺帽的限制，而使螺杆产生附加拉力，同时在被连接板件间出现附加压力，它们均随螺杆弯曲程度的加大而增大[图 3.60(b)]，因而板件间的摩擦力也随之增大，连接的抗剪承载力也随之提高，即 τ–δ 曲线上升，直到 s 点。过 s 点以后，随着外力的增大，连接的剪切变形 δ 迅速增大，曲线渐趋平缓，直到连接的最终破坏。

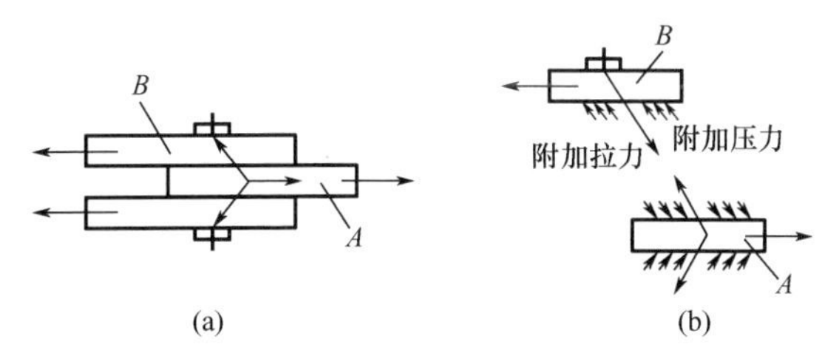

图 3.60 螺栓连接弹塑性阶段的受力状态

高强度螺栓摩擦型连接是靠板件间的强大摩擦力传力，因而以摩擦力被克服、连接板件即将产生相对滑移作为连接抗剪承载力的极限，即图 3.59 中曲线 a 上的 1 点，超过 1 点以后的承载力只作为连接的附加安全储备。

高强度螺栓承压型连接是靠板件间的强大摩擦力及螺杆共同传力，图 3.59 中曲线 a 的最高点是高强度螺栓承压型连接的承载力极限。高强度螺栓承压型连接和高强度螺栓摩擦型连接相比，更充分利用了连接的承载力，只是连接的变形稍大一些。

普通螺栓连接是靠螺杆受剪和受压传力的，以图 3.59 中曲线 b 的最高点作为承载力极限。

2) 螺栓受剪时的破坏形式

抗剪螺栓连接在外力作用下，可能有以下 5 种破坏形式。

(1) 螺杆被剪断。当螺栓直径相对较小而板件较厚时，螺杆是薄弱部位，螺杆有可能被剪断而导致连接破坏[图 3.61(a)]。

(2) 板件被挤压破坏。当螺栓直径相对较大而板件较薄时，板件是薄弱部位，板件孔壁可能被螺杆挤压破坏[图 3.61(b)]。

(3) 板件被拉断破坏。当截面开孔削弱过多时，被连板件可能沿净截面被拉断破坏[图 3.61(c)]。

(4) 板件端部被冲剪破坏。当螺栓孔距板件端部(沿力作用方向)的距离 a_1 太小时，在螺杆的挤压下，孔前部分的板件有可能沿斜截面剪切破坏[图 3.61(d)]。螺栓孔间的距离过小时，也会发生类似情况。

(5) 螺杆受弯破坏。当螺杆长度(被连板件的总厚度)太大时，将会使螺杆产生过大的弯曲变形[图 3.61(e)]，影响连接的正常工作。

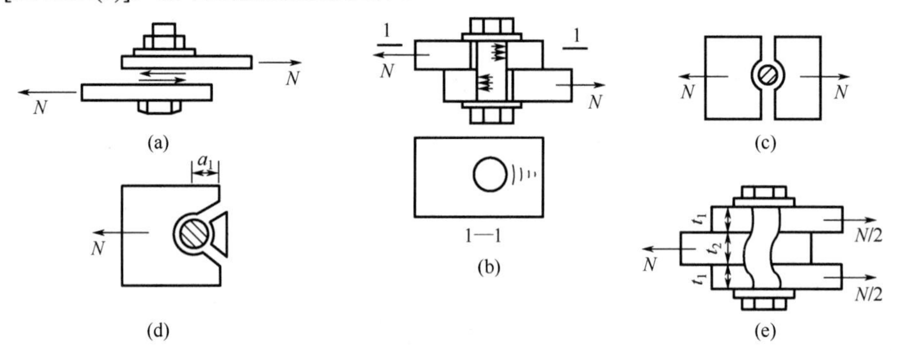

图 3.61 抗剪螺栓连接的破坏形式

上述 5 种破坏形式中的后两种，可通过采取构造措施来防止其发生，包括：端距 $a_1 \geqslant 2d_0$ 及栓距 $a \geqslant 3d_0$，来保证板件不会被冲剪破坏；板件总厚度 $\sum t \leqslant 5d$(d 为螺杆直径)，避免螺杆弯曲过大时被破坏。对前 3 种可能的破坏形式，即螺杆被剪断、板件被挤压破坏和板件被拉断破坏，则必须通过计算来避免。其中，前两种属于连接计算，第 3 种属于构件计算，见第 4 章。

3) 螺栓受剪时的承载力计算

根据以上分析，一个受剪螺栓的承载力设计值应按式(3-48)和式(3-49)计算。

抗剪承载力设计值
$$N_v^b = n_v \frac{\pi d^2}{4} f_v^b \tag{3-48}$$

承压承载力设计值
$$N_c^b = d \cdot \sum t \cdot f_c^b \tag{3-49}$$

式中 n_v——一个螺栓的受剪面数。单剪 $n_v = 1$[图 3.62(a)]；双剪 $n_v = 2$[图 3.62(b)、(c)]。

d ——螺杆直径。

$\sum t$ ——在同一受力方向承压构件总厚度的较小者，如图3.62(b)所示，$\sum t$ 取$2t_1$ 和 t_2 中的较小者。

f_v^b、f_c^b ——分别为螺栓的抗剪和承压强度设计值，按附表 1-4 查取。

受剪螺栓的承载力应取由式(3-48)和式(3-49)算得的较小者。

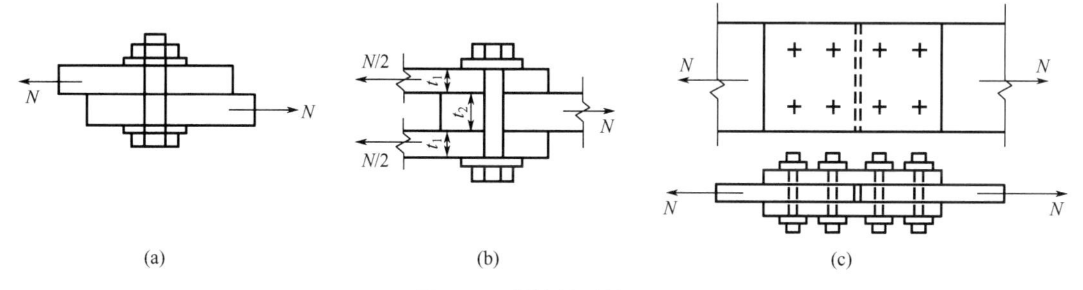

图 3.62 螺栓的受剪面数

3. 普通螺栓传递拉力时的工作性能和承载力计算

1) 螺栓受拉时的工作性能

在受拉的连接接头中，普通螺栓所受拉力的大小与被连接板件的刚度有关。假如被连接板件的刚度较大，连接的竖板受拉力 $2N_1$ 作用，因被连接板件无变形，所以一个螺栓所受拉力 $P_f = N_1$。实际被连板件的刚度通常较小，受拉后和拉力垂直的角钢水平肢发生较大的变形，因而在角钢水平肢的端部因杠杆作用而产生反力 Q，反力 Q 也可称为撬力，工况如图 3.63 所示。根据平衡条件$\sum Y = 0$，即可求得

$$P_f = N_1 + Q$$

可见，由于杠杆作用的存在，使受拉螺栓实际承受的拉力大于外部施加的荷载。

为了简化计算，《钢结构设计标准》中把普通螺栓的抗拉设计强度定得比较低，以考虑螺栓撬力这一不利影响。而且，设计中应设加劲肋等构造措施来提高连接刚度，如图 3.64 所示。

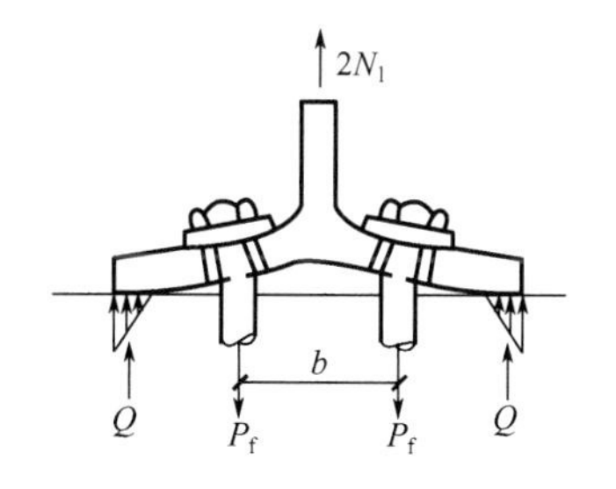

图 3.63 受拉螺栓连接工况

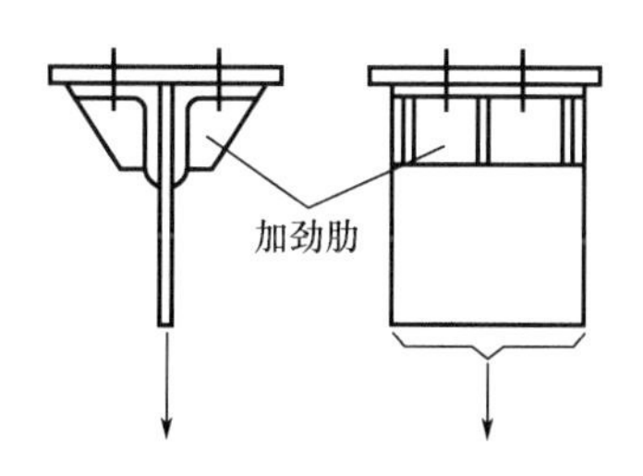

图 3.64 焊接加劲肋提高连接刚度

2) 螺栓受拉时的承载力

一个受拉螺栓的承载力设计值按式(3-50)计算。

$$N_t^b = \frac{\pi d_e^2}{4} f_t^b = A_e f_t^b \tag{3-50}$$

式中　f_t^b——螺栓抗拉强度设计值，按附表 1-4 查取；

d_e、A_e——分别为螺栓螺纹处的有效直径和有效面积，按附表 3-7 查取。

3.5.2　普通螺栓群连接

根据外力作用下变形形式的不同，螺栓连接可分为以下 3 类。

(1) 抗剪螺栓连接。在外力作用下，被连接板件的接触面有产生相对滑移的趋势，如图 3.65(a)所示。

(2) 抗拉螺栓连接。在外力作用下，被连接板件的接触面有产生相互脱离的趋势，如图 3.65(b)所示。

(3) 抗拉、抗剪共同作用的螺栓连接。被连接板件的接触面产生相对滑移和相互脱离的趋势，二者并存，如图 3.65(c)所示。

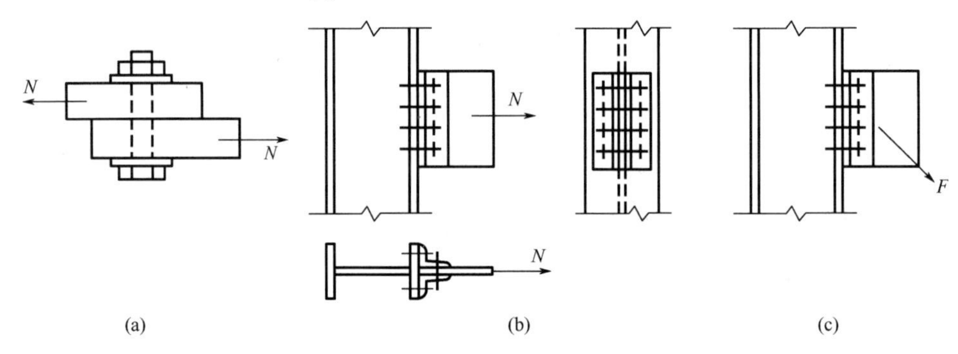

图 3.65　螺栓连接变形形式

抗剪螺栓连接依靠螺杆的承压和受剪来传递垂直于螺杆方向的外力；抗拉螺栓连接依靠螺杆直接受拉来传递平行于螺杆的外力；抗拉、抗剪共同作用的螺栓连接则依靠螺栓杆的承压、受剪和直接受拉来传递外力。上述连接的变形形式不同，其计算方法也不同。

1. *螺栓群连接受剪计算*

1) 螺栓群在剪力作用下受剪时的计算

试验证明，当抗剪螺栓连接受力后[图 3.66(a)]，螺栓群中的各螺栓受力不均，两端的螺栓较中间部分螺栓受力大[图 3.66(b)]，这和侧面角焊缝沿其长度方向剪应力分布不均匀的现象类似。但是，当螺栓群范围 l_1 不太大，且外力增大至连接进入弹塑性阶段时，因内力重新分布将使螺栓群中各螺栓受力逐渐接近，最后趋于相等[图 3.66(c)]，螺栓群的计算可在前述单独的一个螺栓计算的基础上进行。即按式(3-48)和式(3-49)计算出一个螺栓的抗剪承载力设计值和承压承载力设计值，然后按所承受的外力算出连接所需螺栓的数量 n，n 值可由式(3-52)计算，并进行排列。

螺栓群范围 l_1(图 3.67)过大时，连接进入弹塑性阶段后，各螺栓所受内力也不易均匀。为了防止端部螺栓首先被破坏而导致连接破坏，《钢结构设计标准》规定当 $l_1>15d_0$ 时，应将 N_v^b 和 N_c^b 乘以折减系数 β(d_0 为螺栓孔径)，β 按式(3-51)计算。

$$\beta = 1.1 - \frac{l_1}{150d_0} \tag{3-51}$$

当 $l_1>60d_0$ 时，取 $\beta=0.7$；当 $l_1\leqslant 15d_0$ 时，取 $\beta=1.0$。

关于 β 的计算和取值规定，对于高强度螺栓连接也适用。

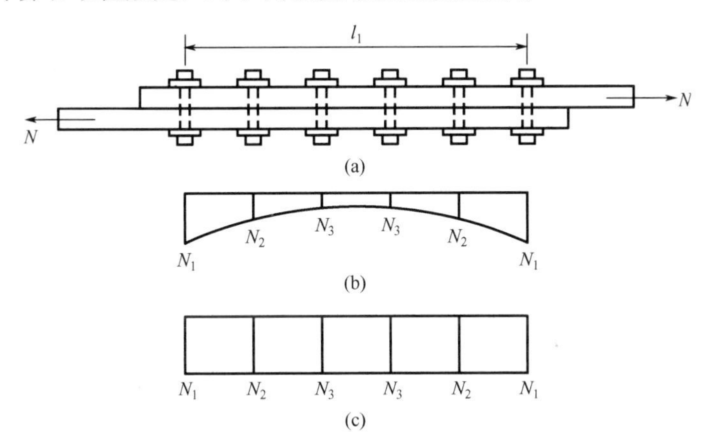

图 3.66　螺栓群受力状态

2) 螺栓群在轴心力作用下受剪时的计算

在轴心力作用下螺栓连接如图 3.68 所示，轴心力通过螺栓群的形心，连接一侧所需螺栓数为

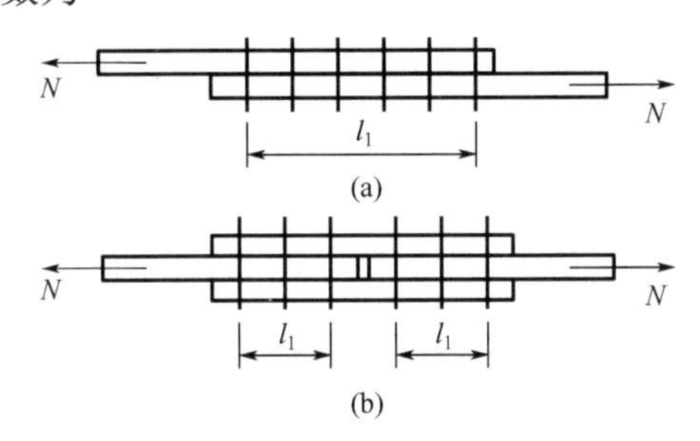

图 3.67　螺栓群范围

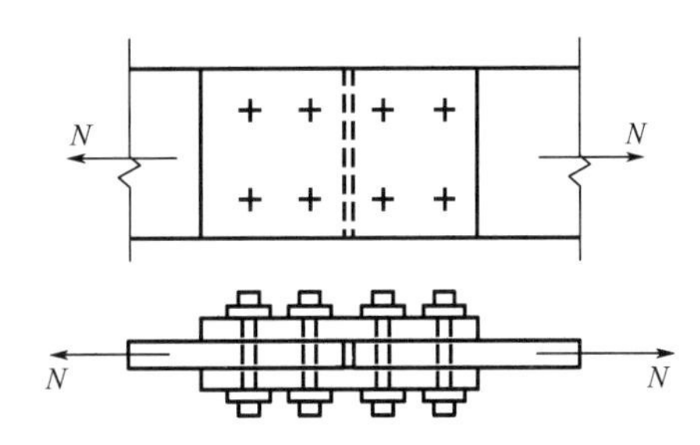

图 3.68　轴心力作用下抗剪螺栓连接

$$n\geqslant\frac{N}{\beta\cdot N_{\min}^{\mathrm{b}}}\tag{3-52}$$

式中　$N_{\min}^{\mathrm{b}}$ ——一个螺栓受剪[按式(3-48)计算]或承压[按式(3-49)计算]承载力设计值($N_{\mathrm{v}}^{\mathrm{b}}$ 或 $N_{\mathrm{c}}^{\mathrm{b}}$)中的较小值。

β ——折减系数，按式(3-51)计算。

例题 3.7　试验算图 3.69 所示采用 4.6 级普通螺栓连接的强度。已知螺栓直径 $d=20\mathrm{mm}$，孔径 $d_0=21.5\mathrm{mm}$，C 级螺栓，板件钢材为 Q235，螺栓排列尺寸如图 3.69 所示，构件计算轴心力 $N=230\mathrm{kN}$，板件的净截面强度满足要求。

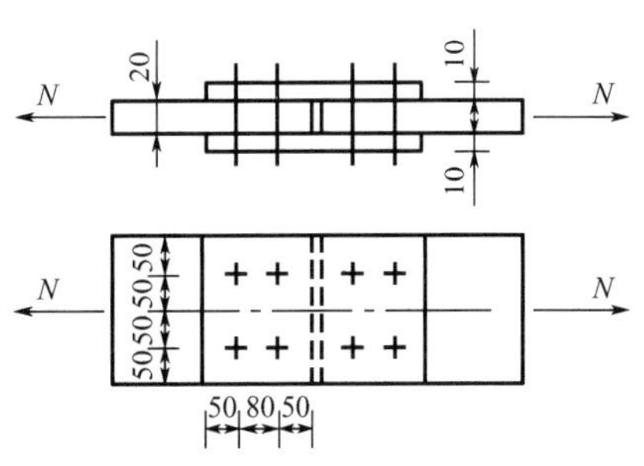

图 3.69　例题 3.7 及例题 3.12 图

解： 查得 $f_{\mathrm{v}}^{\mathrm{b}}=140\mathrm{N/mm^2}$，$f_{\mathrm{c}}^{\mathrm{b}}=305\mathrm{N/mm^2}$。

因为 $l_1=80\mathrm{mm}<15d_0$，故 $\beta=1.0$。

一个螺栓抗剪承载力设计值为

$$N_v^b = n_v \frac{\pi d^2}{4} f_v^b = 2 \times \frac{3.14 \times 20^2}{4} \times 140 = 87.9(\text{kN})$$

一个螺栓承压承载力设计值为

$$N_c^b = d \cdot \sum t \cdot f_c^b = 20 \times 20 \times 305 = 122(\text{kN})$$

要求螺栓数

$$n \geqslant \frac{N}{\beta \cdot N_{\min}^b} = \frac{230}{1.0 \times 87.9} = 2.62$$

选用 4 个螺栓，强度满足要求。

3) 螺栓群在扭矩作用下受剪时的计算

承受扭矩的螺栓连接，可先按构造要求和经济原则布置螺栓群，然后计算受力最大的螺栓所承受的剪力，与一个螺栓的承载力设计值进行比较。

分析螺栓群在扭矩作用下的受剪计算采用了下列假定。

(1) 被连接构件为绝对刚性体，螺栓为弹性体。

(2) 各螺栓绕螺栓群形心 O 旋转，各螺栓受力大小与其至 O 点的距离成正比，力的方向与 O 点的连线相互垂直。

如图 3.70 所示，螺栓群承受扭矩 T，T 使每个螺栓均受剪。设各螺栓至螺栓群形心 O 的距离分别为 r_1，r_2，r_3，⋯，r_n，所承受的剪力分别为 N_1^T，N_2^T，N_3^T，⋯，N_n^T。

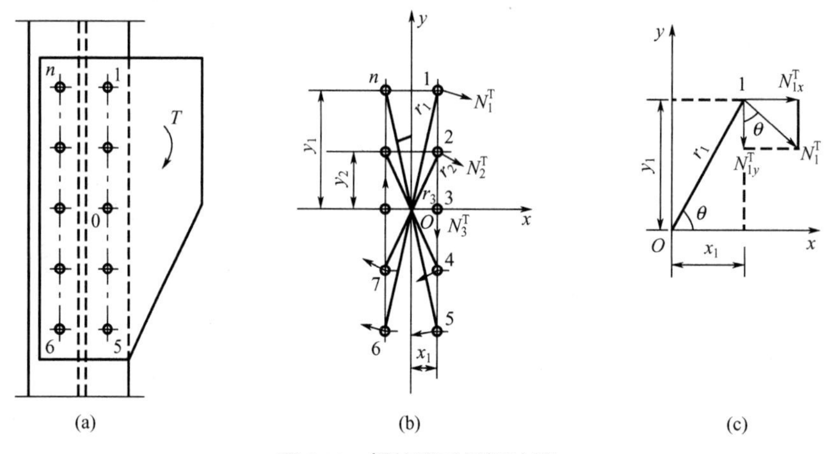

图 3.70 螺栓群受扭矩计算

由力的平衡条件：各螺栓承受的剪力对螺栓群形心 O 的力矩总和等于外扭矩 T，即

$$T = N_1^T r_1 + N_2^T r_2 + N_3^T r_3 + \cdots + N_n^T r_n \tag{3-53}$$

由于各螺栓受剪力的大小与至 O 点的距离成正比，故有

$$\frac{N_1^T}{r_1} = \frac{N_2^T}{r_2} = \frac{N_3^T}{r_3} = \cdots = \frac{N_n^T}{r_n}$$

则

$$N_2^T = \frac{r_2}{r_1} N_1,\ N_3^T = \frac{r_3}{r_1} \cdot N_1^T, \cdots,\ N_n^T = \frac{r_n}{r_1} \cdot N_1^T \tag{3-54}$$

将式(3-54)代入式(3-53)得

$$T=\frac{N_1^{\mathrm{T}}}{r_1}(r_1^2+r_2^2+r_3^2+\cdots+r_n^2)=\frac{N_1^{\mathrm{T}}}{r_1}\sum r_i^2$$

故受剪力最大的 1 号螺栓所受剪力为

$$N_1^{\mathrm{T}}=\frac{T\cdot r_1}{\sum r_i^2}=\frac{T\cdot r_1}{\sum x_i^2+\sum y_i^2} \tag{3-55}$$

按式(3-55)计算出的最大剪力应不超过一个螺栓的承载力设计值，即

$$N_1^{\mathrm{T}}\leqslant N_{\mathrm{v}}^{\mathrm{b}} \text{ 及 } N_1^{\mathrm{T}}\leqslant N_{\mathrm{c}}^{\mathrm{b}} \tag{3-56}$$

如果 N_1^{T} 超过了 $N_{\mathrm{c}}^{\mathrm{b}}$ 或 $N_{\mathrm{v}}^{\mathrm{b}}$，或 N_1^{T} 过小，应调整螺栓群的布置，增加或减少螺栓数；也可改变螺栓直径，重新计算。

有时为了计算方便，将 N_1^T 分解为沿 x 轴方向和沿 y 轴方向的两个分量 N_{1x}^{T} 和 N_{1y}^{T}，即

$$N_{1x}^{\mathrm{T}}=N_1^{\mathrm{T}}\cdot\frac{y_1}{r_1}=\frac{T\cdot y_1}{\sum x_i^2+\sum y_i^2} \tag{3-57}$$

$$N_{1y}^{\mathrm{T}}=N_1^{\mathrm{T}}\cdot\frac{x_1}{r_1}=\frac{T\cdot x_1}{\sum x_i^2+\sum y_i^2} \tag{3-58}$$

当螺栓群布置成一满足 $y_1>3x_1$ 的狭长带时，由于 $\sum x_i^2\ll\sum y_i^2$，这时取 $\sum x_i^2=0$，并以 N_{1x}^{T} 代替 N_1^{T}，得

$$N_1^{\mathrm{T}}=N_{1x}^{\mathrm{T}}=\frac{T\cdot y_1}{\sum y_i^2} \tag{3-59}$$

同理，当 $x_1>3y_1$ 时，取 $\sum y_i^2=0$，并以 N_{1y}^{T} 代替 N_1^{T}，得

$$N_1^{\mathrm{T}}=N_{1\mathrm{y}}^{\mathrm{T}}=\frac{T\cdot x_1}{\sum x_i^2} \tag{3-60}$$

例题 3.8 验算图 3.71 所示采用 4.6 级普通螺栓连接的强度。已知螺栓直径 $d=20\text{mm}$，C 级螺栓，板件钢材为 Q235，扭矩计算值 $T=30\text{kN}\cdot\text{m}$。

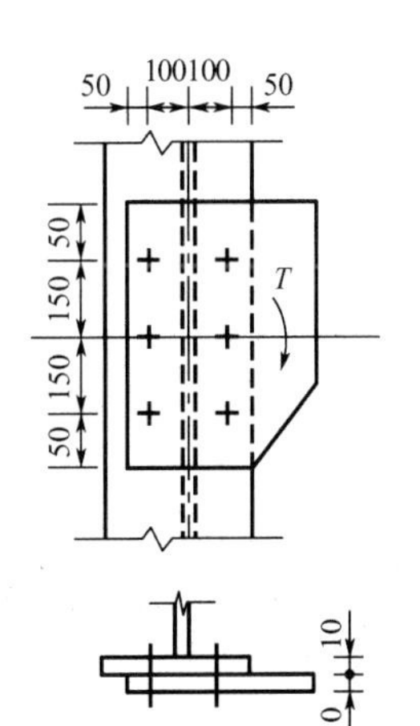

图 3.71 例题 3.8 及例题 3.13 图

解：查得 $f_{\mathrm{c}}^{\mathrm{b}}=140\text{N/mm}^2$，$f_{\mathrm{v}}^{\mathrm{b}}=305\text{N/mm}^2$。

一个螺栓的抗剪承载力设计值为

$$N_{\mathrm{v}}^{\mathrm{b}}=n_{\mathrm{v}}\cdot\frac{\pi}{4}d^2\cdot f_{\mathrm{v}}^{\mathrm{b}}=1\times\frac{\pi}{4}\times20^2\times140=43.96(\text{kN})$$

一个螺栓的承压承载力设计值为

$$N_{\mathrm{c}}^{\mathrm{b}}=d\cdot\sum t\cdot f_{\mathrm{c}}^{\mathrm{b}}=20\times10\times305=61(\text{kN})$$

则 $$N_{\min}^{\mathrm{b}}=N_{\mathrm{v}}^{\mathrm{b}}=43.96\text{kN}$$

受剪力最大的 1 号螺栓的 r_1 及 N_1 为

$$r_1 = \sqrt{x_1^2 + y_1^2} = \sqrt{100^2 + 150^2} = 180.3(\text{mm})$$

$$N_1 = \frac{T \cdot r_1}{\sum x_i^2 + \sum y_i^2} = \frac{30 \times 10^3 \times 180.3}{6 \times 100^2 + 4 \times 150^2} = 36.06(\text{kN}) < N_{\min}^{\text{b}}$$

强度满足要求。

4) 螺栓群在扭矩、剪力和轴心力共同作用下受剪时的计算

图 3.72 所示连接为螺栓群受扭矩、剪力和轴心力共同作用。在剪力 V 与轴心力 N 作用下，假定螺栓均匀受力，当有 n 个螺栓时，每个螺栓(如 1 号螺栓)受力为

$$N_{1y}^{\text{V}} = \frac{V}{n}$$

$$N_{1x}^{\text{N}} = \frac{N}{n}$$

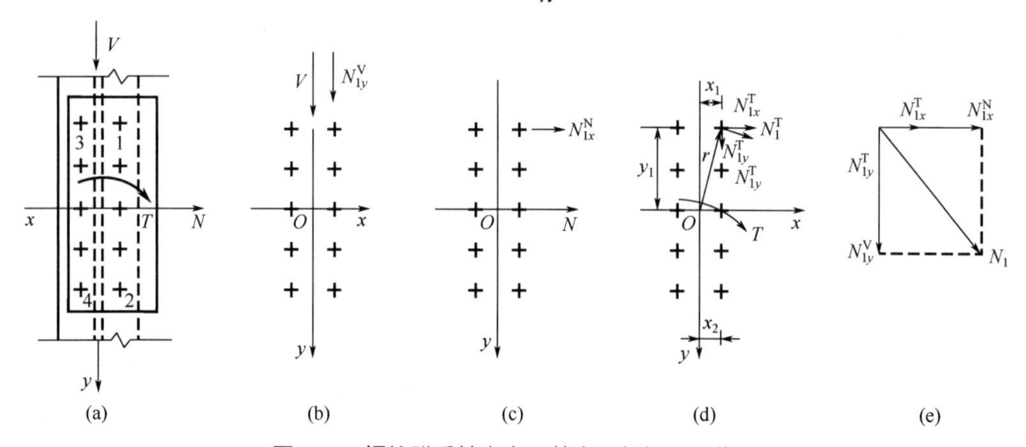

图 3.72　螺栓群受轴心力、剪力和扭矩共同作用

在扭矩 T 作用下，1、2、3、4 号螺栓距离螺栓群形心 O 最远，故受力最大。现以 1 号螺栓的受力进行分析，可由式(3-57)和式(3-58)得 1 号螺栓在 x 轴方向和 y 轴方向的分力 N_{1x}^{T} 和 N_{1y}^{T}：

$$N_{1x}^{\text{T}} = \frac{T \cdot y_1}{\sum x_i^2 + \sum y_i^2}$$

$$N_{1y}^{\text{T}} = \frac{T \cdot x_1}{\sum x_i^2 + \sum y_i^2}$$

上述各力对螺栓来说都是剪力，则 1 号螺栓在剪力、轴心力和扭矩共同作用下，其合力 N_1 应不超过一个螺栓的承载力设计值，即

$$N_1 = \sqrt{(N_{1x}^{\text{T}} + N_{1x}^{\text{N}})^2 + (N_{1y}^{\text{T}} + N_{1y}^{\text{V}})^2} \leqslant N_{\min}^{\text{b}} \tag{3-61}$$

当无轴心力 N 作用时，则式(3-61)中去掉 N_{1x}^{N} 项，得

$$N_1 = \sqrt{(N_{1x}^{\text{T}})^2 + (N_{1y}^{\text{T}} + N_{1y}^{\text{V}})^2} \leqslant N_{\min}^{\text{b}} \tag{3-62}$$

当无剪力 V 作用时，则式(3-61)中去掉 N_{1y}^{V} 项，得

$$N_1=\sqrt{(N_{1x}^{\mathrm{T}}+N_{1x}^{\mathrm{N}})^2+(N_{1y}^{\mathrm{T}})^2}\leqslant N_{\min}^{\mathrm{b}} \tag{3-63}$$

当无扭矩 T 作用时，则式(3-61)中去掉 N_{1x}^{T} 和 N_{1y}^{T} 项，得

$$N_1=\sqrt{(N_{1x}^{\mathrm{N}})^2+(N_{1y}^{\mathrm{V}})^2}\leqslant N_{\min}^{\mathrm{b}} \tag{3-64}$$

例题 3.9 验算图 3.73 所示连接采用 4.6 级普通螺栓连接时的强度。已知螺栓直径 $d=20\text{mm}$，C 级螺栓，螺栓和板件材料为 Q235，外力设计值 $F=100\text{kN}$。

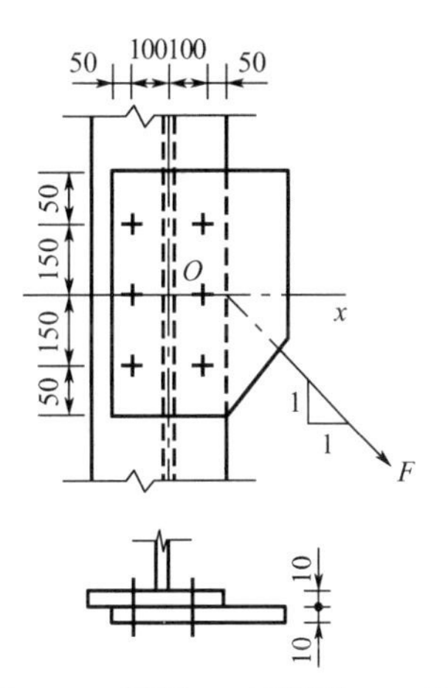

图 3.73 例题 3.9 及例题 3.14 图

解：因螺栓及其排列与例题 3.8 相同，故

$$N_{\mathrm{v}}^{\mathrm{b}}=43.96\text{kN}，\quad N_{\mathrm{c}}^{\mathrm{b}}=61\text{kN}$$

将 F 简化到螺栓群形心 O，得沿 x 轴方向分力 N_x，沿 y 轴方向分力 N_y 及扭矩 T。

$$N_x=F/\sqrt{2}=100/\sqrt{2}=70.7(\text{kN})$$
$$N_y=F/\sqrt{2}=100/\sqrt{2}=70.7(\text{kN})$$
$$T=N_y\cdot e=70.7\times150=10605(\text{kN}\cdot\text{mm})$$

在上述 N_x、N_y 和 T 作用下，1 号螺栓受力最大。

$$N_{1x}^{\mathrm{N}}=N_x/6=70.7/6=11.78(\text{kN})$$
$$N_{1y}^{\mathrm{V}}=\mathrm{N}_y/6=70.7/6=11.78(\text{kN})$$

$$N_{1x}^{\mathrm{T}}=\frac{T\cdot y_1}{\sum x_i^2+\sum y_i^2}=\frac{10605\times150}{6\times100^2+4\times150^2}=10.61(\text{kN})$$

$$N_{1y}^{\mathrm{T}}=\frac{T\cdot x_1}{\sum x_i^2+\sum y_i^2}=\frac{10605\times100}{6\times100^2+4\times150^2}=7.07(\text{kN})$$

代入式(3-61)得

$$N_1=\sqrt{(N_{1x}^{\mathrm{N}}+N_{1x}^{\mathrm{T}})^2+(N_{1y}^{\mathrm{V}}+N_{1y}^{\mathrm{T}})^2}$$
$$=\sqrt{(11.78+10.61)^2+(11.78+7.07)^2}=29.27(\text{kN})<N_{\min}^{\mathrm{b}}$$

强度满足要求。

2. 螺栓群连接受拉计算

1) 螺栓群在轴心力作用下受拉时的计算

图 3.74 所示为柱翼缘与角钢用螺栓的连接在轴心力 N 作用下，螺栓均匀受拉，所需螺栓数 n 按下式计算：

$$n=\frac{N}{N_{\mathrm{t}}^{\mathrm{b}}} \tag{3-65}$$

式中 $N_{\mathrm{t}}^{\mathrm{b}}$ ——一个螺栓的受拉承载力设计值，按式(3-50)计算。

2) 螺栓群在弯矩作用下受拉时的计算

图 3.75 所示为柱的翼缘与牛腿用普通螺栓的连接。螺栓群在弯矩 M 作用下，上部螺栓受拉，因而有使连接上部分离的趋势，使螺栓群的旋转中心下移。假定螺栓群的旋转中

心在弯矩 M 指向的最外一排螺栓轴线上，各排螺栓所受拉力的大小与螺栓群旋转中心 O 的距离成正比，因而最上面一排螺栓(1 号螺栓)所受拉力最大，一列螺栓所受的弯矩为 M/m(m 为螺栓列数，图 3.75 所示连接 $m=2$)，由力的平衡条件入 $\sum M_0=0$ 可得

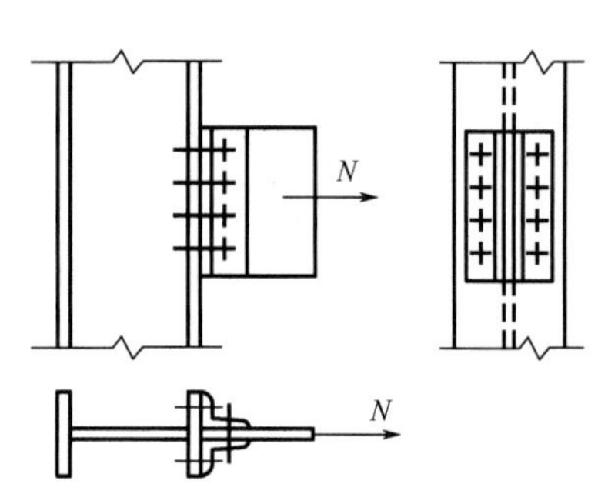

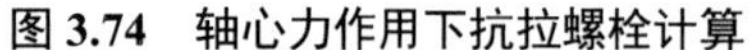

图 3.74　轴心力作用下抗拉螺栓计算

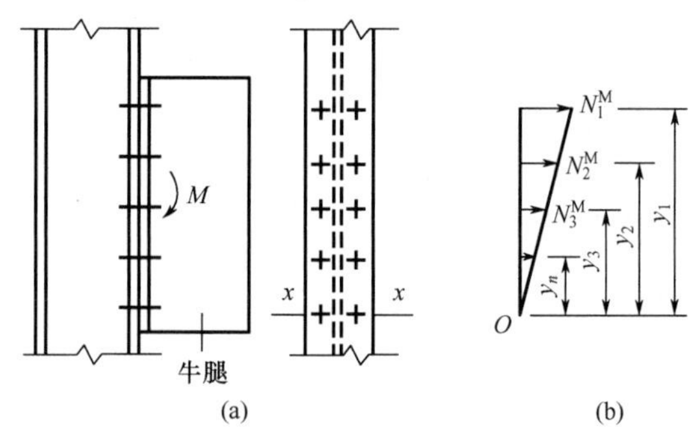

图 3.75　弯矩作用下抗拉螺栓计算

$$\frac{M}{m}=N_1^M y_1+N_2^M y_1+\cdots+N_n^M y_n \tag{3-66}$$

由
$$\frac{N_1^M}{y_1}=\frac{N_2^M}{y_2}=\cdots=\frac{N_n^M}{y_n}$$

得
$$N_2^M=N_1^M\frac{y_2}{y_1},\ N_3^M=N_1^M\frac{y_3}{y_1},\ \cdots,\ N_n^M=N_1^M\frac{y_n}{y_1}$$

将 N_2^M， N_3^M，…， N_n^M 代入(3-66)可得

$$N_1^M=\frac{M\cdot y_1}{m\sum y_i^2} \tag{3-67}$$

受力最大螺栓的拉力 N_1^M 应不超过一个螺栓受拉承载力设计值，即

$$N_1^M=\frac{M\cdot y_1}{m\sum y_i^2}\leqslant N_t^b \tag{3-68}$$

3. 螺栓群连接偏心受拉计算

螺栓群连接偏心受拉相当于连接承受轴心拉力 N 和弯矩 $M=N\cdot e$ 的联合作用。螺栓群连接偏心受拉的分析和计算，按弹性设计法，根据偏心距的大小可能出现小偏心受拉和大偏心受拉两种情况。

1) 小偏心受拉

当偏心距 e 较小时，所有螺栓均承受拉力作用，端板与柱翼缘有分离趋势，在计算时轴心拉力 N 由各螺栓均匀承受。而弯矩 M 则引起以螺栓群形心 O 为中性轴的三角形内力分布[图 3.76(a)、图 3.76(b)]，使上部螺栓受拉，下部螺栓受压；叠加后全部螺栓均受拉。最大、最小受力螺栓的拉力计算公式及其应满足的设计要求如下(y_i 均自 O 点算起)：

$$N_{max}=N/n+Ney_1/\sum y_i^2\leqslant N_t^b \tag{3-69a}$$

$$N_{min}=N/n-Ney_1/\sum y_i^2\geqslant 0 \tag{3-69b}$$

式(3-69b)为公式使用条件，由此式可得 $N_{min}=0$ 时的偏心距 $e_{min}=\sum y_i^2/(ny_1)$。令

$\rho = \dfrac{W_e}{nA_e} = \sum y_i^2/(ny_1)$ 为螺栓有效截面组成的核心距，显然，$\rho = e_{min}$。则当 $e \leqslant \rho$ 时为小偏心受拉。

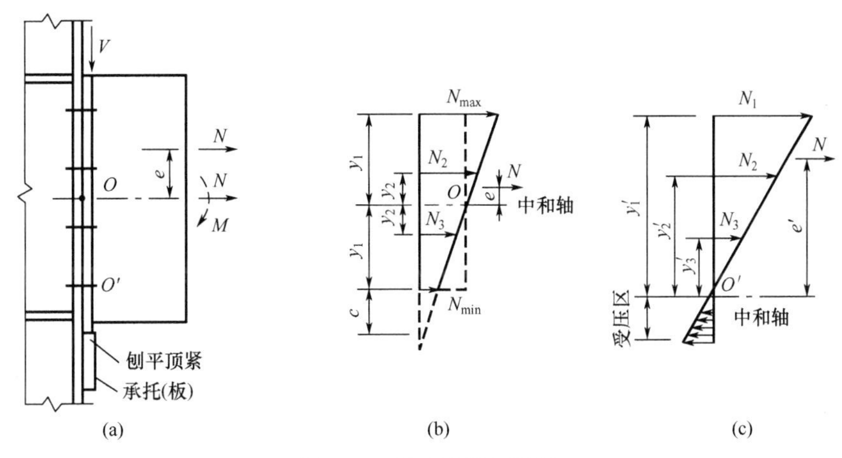

图 3.76 螺栓群偏心受压

2) 大偏心受拉

当 $N_{min} < 0$，即偏心距 e 较大时，在端板底部将出现受压区[图 3.76(c)]。此时与螺栓群受弯情况相似，近似并偏安全取中性轴位于最下排螺栓 O' 处(e' 和 y_i' 自 O' 点算起，最上排 1 号螺栓的拉力最大)。

相似地可得螺栓 i 的拉力为

$$N_i = M'y_i'/\sum y_i'^2 = Ne'y_1'/\sum y_i'^2$$

则螺栓最大拉力为

$$N_1 = M'y_1'/\sum y_i'^2 = Ne'y_1'/\sum y_i'^2 \leqslant N_t^b \quad (3\text{-}70)$$

例题 3.10 验算图 3.77 所示连接采用 4.6 级普通螺栓时的强度。已知螺栓直径 $d=$ 20mm，C 级螺栓，板件材料为 Q235，弯矩设计值 $M=35\text{kN}\cdot\text{m}$。

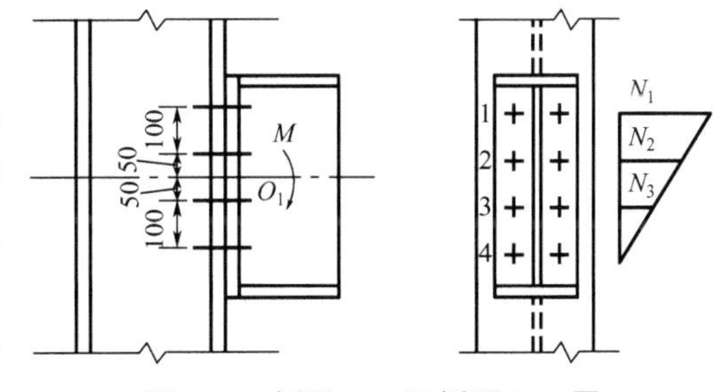

图 3.77 例题 3.10 及例题 3.15 图

解： 由附表 1-4 及附表 3-7 查得 $f_t^b = 170\text{N/mm}^2$，$A = 2.45\text{cm}^2$。一个螺栓的抗拉承载力设计值为

$$N_t^b = Af_t^b = 2.45\times10^2\times170 = 41.65(\text{kN})$$

受力最大的 1 号螺栓所受的拉力 N_1 为

$$N_1 = \frac{M\cdot y_1}{m\sum y_i^2} = \frac{35\times10^3\times300}{2\times(300^2+200^2+100^2)}$$

$$= 37.5(\text{kN}) < N_t^b$$

螺栓连接强度满足要求。

4. 螺栓群连接同时承受拉力和剪力的计算

如图 3.78(a)所示的连接，将作用力移至螺栓群的形心时，螺栓群的受力情况如图 3.78(b)所示。螺栓群同时承受剪力 V 和弯矩 M 作用，$V=F$，$M=F\cdot e$。

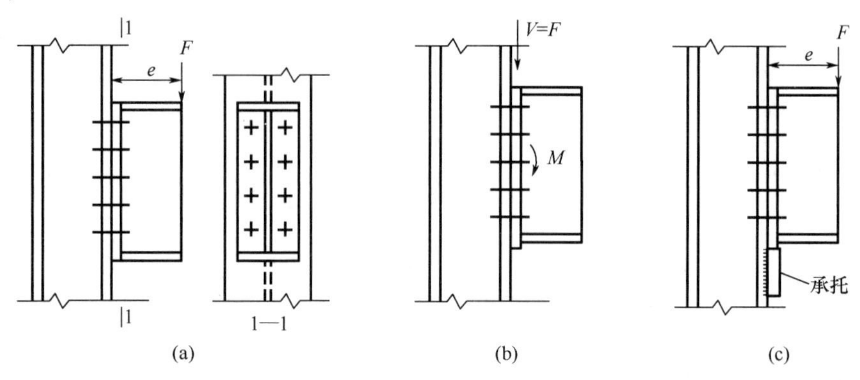

图 3.78　螺栓群受剪力和弯矩及单独受弯矩作用的工况

在剪力 V 作用下，各个螺栓均匀受力，则有 n 个螺栓时，每个螺栓受剪力 $N_{\mathrm{v}}=\dfrac{V}{n}$。在弯矩 M 作用下，螺栓群中受拉力最大的螺栓，可按式(3-67)计算其拉力 N_{t}，即

$$N_{\mathrm{t}}=\frac{M\cdot y_1}{m\sum y_i^2}$$

螺栓群同时承受剪力和拉力作用时，根据试验结果，这种连接的强度条件是连接中受力的螺栓满足式(3-71)和式(3-72)。

$$\sqrt{\left(\frac{N_{\mathrm{v}}}{N_{\mathrm{v}}^{\mathrm{b}}}\right)^2+\left(\frac{N_{\mathrm{t}}}{N_{\mathrm{t}}^{\mathrm{b}}}\right)^2}\leqslant 1 \tag{3-71}$$

$$N_{\mathrm{v}}\leqslant N_{\mathrm{c}}^{\mathrm{b}} \tag{3-72}$$

式中　N_{v}、N_{t} ——连接中一个螺栓所受的剪力和拉力；

$N_{\mathrm{v}}^{\mathrm{b}}$、$N_{\mathrm{t}}^{\mathrm{b}}$、$N_{\mathrm{c}}^{\mathrm{b}}$ ——一个螺栓的受剪、受拉和承压承载力设计值。

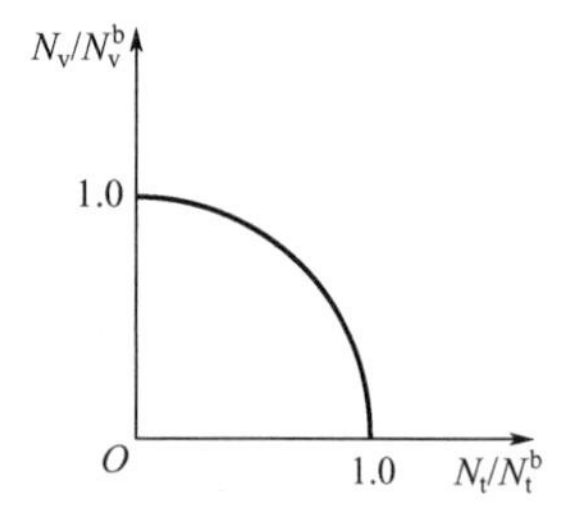

图 3.79　螺栓同时承受剪力和拉力时的相关曲线

式(3-71)是圆的方程，如图 3.79 所示。当 $\dfrac{N_{\mathrm{v}}}{N_{\mathrm{v}}^{\mathrm{b}}}$ 和 $\dfrac{N_{\mathrm{t}}}{N_{\mathrm{t}}^{\mathrm{b}}}$ 确定的点位于圆内时，连接为安全；在圆外时，连接为不安全；位于圆周上时，连接为承载力极限状态。式(3-71)的计算是为了防止螺栓受拉或受剪破坏。式(3-72)的计算是为了防止螺栓承压破坏。

对于C级(4.6级)螺栓，一般不容许受剪(承受静力荷载的次要连接或临时安装连接除外)，此时可设承托承受剪力，螺栓只承受弯矩 M 产生的拉力[图 3.78(c)]。承托与柱翼缘采用角焊缝连接，按式(3-73)计算：

$$\tau_{\mathrm{f}}=\frac{1.25V}{h_{\mathrm{e}}\cdot\Sigma l_{\mathrm{w}}}\leqslant f_{\mathrm{f}}^{\mathrm{w}} \tag{3-73}$$

式中，乘以系数 1.25 是考虑剪力 V 对焊缝的可能偏心影响。

例题 3.11 验算图 3.80 所示连接采用 4.6 级普通螺栓时的强度。已知螺栓直径 $d=20$mm，C 级螺栓，板件材料为 Q235，外力计算值为 $F=100$kN。

解：查附表 1-4 及附表 3-7 得 $f_v^b=140\text{N}/\text{mm}^2$，$f_t^b=170\text{N}/\text{mm}^2$，$f_c^b=305\text{N}/\text{mm}^2$，$A_e=2.45\text{cm}^2$。

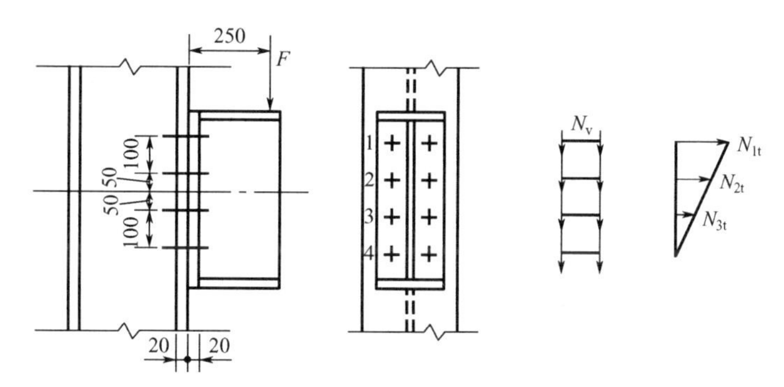

图 3.80 例题 3.11 及例题 3.16 图

一个螺栓受拉、受剪和承压承载力设计值分别为

$$N_t^b=A_e\cdot f_t^b=2.45\times10^2\times170=41.65(\text{kN})$$

$$N_v^b=n_v\cdot\frac{\pi}{4}d^2f_v^b=1\times\frac{\pi}{4}\times20^2\times140=43.96(\text{kN})$$

$$N_c^b=d\cdot\sum t\cdot f_c^b=20\times20\times305=122(\text{kN})$$

受力最大的 1 号螺栓所受的剪力和拉力分别为

$$N_v=\frac{V}{n}=\frac{F}{n}=\frac{100}{8}=12.5(\text{kN})$$

$$N_t=\frac{M\cdot y_1}{m\sum y_i^2}=\frac{100\times250\times300}{2\times(300^2+200^2+100^2)}=26.78(\text{kN})$$

代入式(3-71)、式(3-72)验算得

$$\sqrt{\left(\frac{N_v}{N_v^b}\right)^2+\left(\frac{N_t}{N_t^b}\right)^2}=\sqrt{\left(\frac{12.5}{43.96}\right)^2+\left(\frac{26.78}{41.65}\right)^2}=0.703<1$$

$$N_v=12.5\text{kN}<N_c^b$$

螺栓连接强度满足要求。

3.6 高强度螺栓连接

3.6.1 高强度螺栓连接的工作性能和特点

高强度螺栓连接按受剪力的特性分为高强度螺栓摩擦型连接和高强度螺栓承压型连接。

高强度螺栓摩擦型连接是依靠被连接构件之间的摩擦力传递外力，当剪力等于摩擦力时，即为高强度螺栓摩擦型连接的设计极限荷载(图 3.59 中曲线 a 上的 1 点)。此时连接中的被连接构件之间不发生滑移，螺杆不受剪，螺栓孔壁不承压。

高强度螺栓承压型连接的传力特征与普通螺栓类似。剪力可能超过摩擦力，此时被连接构件之间将发生相对滑移。螺杆与孔壁接触，连接依靠摩擦力和螺杆的剪切、承压共同传力。高强度螺栓承压型连接以螺杆被剪坏或承压破坏作为承载力的极限状态(图 3.59 中曲线 a 的最高点)，可能的破坏形式与普通螺栓连接相同。高强度螺栓承压型连接的承载力比摩擦型连接的高得多，但变形较大，故不适用于直接承受动力荷载结构的连接。高强度螺栓承压型连接和高强度螺栓摩擦型连接在螺栓材质、预拉力大小、构件之间接触面处理等施工操作技术要求上是完全相同的。

1. 高强度螺栓的预拉力

高强度螺栓的预拉力是在安装螺栓时通过拧紧螺帽来实现的。通常采用转角法和扭矩法来控制预拉力。预拉力越大，构件之间接触面上的摩擦力也就越大。

为了使被连接板件接触面上产生较大的压力，可以使高强度螺栓的预拉力尽可能的高一些，以获得较大的经济效果同时保证螺栓不会在拧紧过程中屈服或断裂。高强度螺栓的预拉力设计值与材料强度和螺栓有效截面面积有关。按式(3-74)确定：

$$P=\frac{0.9\times0.9\times0.9}{1.2}\cdot f_{\mathrm{n}}\cdot A_{\mathrm{e}} \tag{3-74}$$

式中　f_{n} ——高强度螺栓经热处理后的抗拉强度；

A_{e}——螺栓的有效截面面积。

式(3-74)中考虑螺栓材料的不均性，引入一个折减系数 0.9；施工时为了补偿螺栓预拉力的松弛，一般超张拉 5%～10%，又引入一个超张拉系数 0.9；计算中以螺栓的抗拉强度为准，为安全起见，再引入一个附加安全系数 0.9；拧紧螺帽除使螺栓产生拉力外，还有扭矩产生的剪力，故还需要除以系数 1.2 以考虑其影响。

各种规格的一个高强度螺栓的预拉力设计值见表 3-8。

表 3-8　一个高强度螺栓的预拉力设计值

螺栓的承载性能等级	螺栓公称直径/mm					
	M16	M20	M22	M24	M27	M30
8.8 级	80	125	150	175	230	280
10.9 级	100	155	190	225	290	355

2. 高强度螺栓连接的摩擦面抗滑移系数

被连接板件之间的摩擦力大小，不仅和螺栓的预拉力有关，还与被连接板件材料及其接触面(摩擦面)处理方法有关，不同的处理方法，所得到的抗滑移系数 μ 也不同。高强度螺栓应严格按照施工规程操作，不得在潮湿、淋雨状态下拼装，不得在摩擦面上涂红丹、油漆等，应保证摩擦面干燥、清洁。《钢结构设计标准》规定摩擦面的抗滑移系数 μ 取值见表 3-9。

表 3-9 摩擦面的抗滑移系数 μ

接触面的处理方法	钢材牌号		
	Q235 钢	Q355 钢或 Q390 钢	Q420 钢或 Q460 钢
喷硬质石英砂或铸钢棱角砂	0.45	0.45	0.45
抛丸(喷砂)	0.40	0.40	0.40
钢丝刷清除浮锈或未经处理的干净轧制面	0.30	0.35	—

注：1．钢丝刷清除浮锈方向应与受力方向垂直；

2．当连接件采用不同钢材牌号时，μ 按相应较低强度者取值；

3．采用其他方法处理时，其处理工艺及 μ 均需经试验确定。

高强度螺栓的构造和排列要求与普通螺栓的构造和排列要求相同。

3.6.2 高强度螺栓连接的计算

1．高强度螺栓连接受剪计算

高强度螺栓连接受剪计算与普通螺栓连接受剪计算方法类似，只是在计算时要用相应的高强度螺栓承载力设计值。

1) 高强度螺栓的抗剪承载力设计值

图 3.81 所示是采用高强度螺栓的连接传递轴心力 N，此时高强度螺栓受剪。

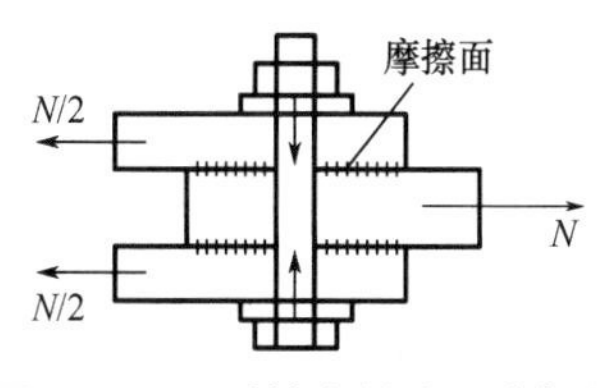

图 3.81 承受剪力的高强度螺栓

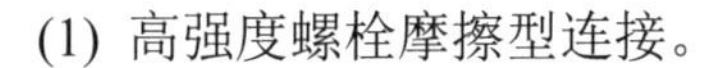

(1) 高强度螺栓摩擦型连接。

高强度螺栓摩擦型连接受剪的设计准则是外力不超过摩擦力。而每个螺栓产生的摩擦力，其大小与摩擦面的抗滑移系数 μ、螺杆中的预拉力 P 及摩擦面数 n_f 成正比。故每个螺栓产生的摩擦力应为 $n_f\mu P$。考虑抗力分项系数 1.111，即得摩擦型连接中一个高强度螺栓的抗剪承载力设计值为

$$N_v^b = \frac{1}{1.111}kn_f\mu P = 0.9kn_f\mu P \tag{3-75}$$

式中 k——孔型系数。标准孔取 1.0；大圆孔取 0.85；内力与槽孔长向垂直时取 0.7；内力与槽孔长向平行时取 0.6。

n_f——一个高强螺栓的传力摩擦面数(图 3.81 所示的连接 $n_f = 2$)。

μ——摩擦面的抗滑移系数，按表 3-9 查取。

P——一个高强度螺栓的预拉力，设计值按表 3-8 查取。

(2) 高强度螺栓承压型连接。

高强度螺栓承压型连接受剪时，极限承载力由螺杆抗剪和孔壁承压决定，其破坏形式与普通螺栓相同，摩擦力仅起延缓滑移的作用。因此，承压型连接中高强度螺栓承载力的计算与普通螺栓相同。一个受剪承压型连接中高强度螺栓的承载力设计值可按式(3-48)和式(3-49)计算。

$$N_v^b = n_v \cdot \frac{\pi d^2}{4} \cdot f_v^b$$

$$N_c^b = d \cdot \sum t \cdot f_c^b$$

取二者的较小值。式中 f_v^b 和 f_c^b 分别是承压型连接高强度螺栓的抗剪和承压强度设计值。

2) 高强度螺栓抗剪连接在轴心力作用下的计算

如图 3.69 所示，连接在轴心力 N 作用下需要的螺栓数为

$$n \geqslant \frac{N}{\beta \cdot N_{min}^b}$$

式中 β——螺栓承载力设计值折减系数，按式(3-51)计算；

N_{min}^b——一个高强度螺栓的承载力设计值。高强度螺栓摩擦型连接按式(3-75)计算；高强度螺栓承压型连接取式(3-48)和式(3-49)中的较小值。

3) 高强度螺栓抗剪连接在扭矩作用下的计算

如图 3.70 所示，计算受扭矩 T 作用的高强度螺栓连接，同样按普通螺栓连接的式(3-55)计算受剪力最大的 1 号螺栓的剪力，再按式(3-76)验算其承载力，即

$$N_1 = \frac{T \cdot r_1}{\sum r_i^2} \leqslant N_{min}^b \tag{3-76}$$

4) 高强度螺栓抗剪连接在扭矩、剪力和轴心力共同作用下的计算

如图 3.72 所示，高强度螺栓连接承受 T、V 和 N 共同作用，按式(3-61)验算其承载力，即

$$N_1 = \sqrt{(N_{1x}^T + N_{1x}^N)^2 + (N_{1y}^T + N_{1y}^V)^2} \leqslant N_{min}^b$$

式中 N_{1x}^T、N_{1x}^N、N_{1y}^T 和 N_{1y}^V 的计算，与相应的普通螺栓连接各剪力值的计算方法相同。

例题 3.12 试验算图 3.69 所示连接采用 8.8 级高强度螺栓摩擦型连接时的强度。已知螺栓为M20高强度螺栓，μ=0.30，螺栓孔为标准孔，构件承受拉力 N=230kN。板件强度满足要求，钢材为 Q235。

解：查得 P=125kN，与例题 3.7 相同，β=1.0。

$$N_{min}^b = N_v^b = 0.9kn_f\mu P = 0.9 \times 1.0 \times 2 \times 0.3 \times 125 = 67.5(\text{kN})$$

需要螺栓数为

$$n \geqslant \frac{N}{\beta \cdot N_{min}^b} = \frac{230}{1 \times 67.5} = 3.41$$

已用 4 个螺栓，满足要求。但与例题 3.7 比较，其承载力并不比普通螺栓连接更高，只是连接的变形小。若改用 10.9 级 M20 高强度螺栓，且 μ=0.45，则 $N_{min}^b = 0.9 \times 2 \times 0.45 \times 155 = 125.5(\text{kN})$ 。这时 $n \geqslant \frac{230}{1 \times 125.5} = 1.83$，取两个高强度螺栓就能满足要求，不仅连接受力后变形小，承载力也大大提高。

若采用高强度螺栓承压型连接可按下列步骤计算。

由附表 1-4 查得 f_v^b=250N/mm^2，f_c^b=470N/mm^2。

一个高强度螺栓的抗剪、承压承载力设计值分别为

$$N_{\mathrm{v}}^{\mathrm{b}}=n_{\mathrm{v}}\cdot\frac{\pi d^2}{4}\cdot f_{\mathrm{v}}^{\mathrm{b}}=2\times\frac{3.14\times 20^2}{4}\times 250=157(\mathrm{kN})$$

$$N_{\mathrm{c}}^{\mathrm{b}}=d\cdot\sum t\cdot f_{\mathrm{c}}^{\mathrm{b}}=20\times 20\times 470=188(\mathrm{kN})$$

故
$$N_{\min}^{\mathrm{b}}=N_{\mathrm{v}}^{\mathrm{b}}=157\mathrm{kN}$$

需要螺栓数为
$$n\geqslant\frac{N}{\beta\cdot N_{\min}^{\mathrm{b}}}=\frac{230}{1\times 157}=1.46$$

已用 4 个螺栓，满足要求。

例题 3.13 试验算图 3.71 所示连接采用 10.9 级高强度螺栓摩擦型连接时的强度。已知螺栓为 M20 高强度螺栓，μ=0.30，螺栓孔为标准孔，其他条件与例题 3.8 相同。

解：查得 P=155kN，n_{f}=1。

$$N_{\mathrm{v}}^{\mathrm{b}}=0.9kn_{\mathrm{f}}\mu P=0.9\times 1.0\times 1\times 0.3\times 155=41.85(\mathrm{kN})$$

仍为 1 号螺栓最危险。

$$N_1=\frac{T\cdot r_1}{\sum x_i^2+\sum y_i^2}=\frac{30\times 10^3\times 180.3}{6\times 100^2+4\times 150^2}=36.06(\mathrm{kN})<N_{\mathrm{v}}^{\mathrm{b}}$$

连接强度满足要求。

例题 3.14 试验算图 3.73 所示连接采用 10.9 级高强度螺栓摩擦型连接时的强度。已知螺栓为 M20 高强度螺栓，μ=0.30，螺栓孔为标准孔，其他条件与例题 3.9 相同。

解：查得 P=155kN，n_{f}=1。

$$N_{\mathrm{v}}^{\mathrm{b}}=0.9kn_{\mathrm{f}}\mu P=0.9\times 1.0\times 1\times 0.3\times 155=41.85(\mathrm{kN})$$

仍为 1 号螺栓最危险，在 N_x，N_y 和 T 作用下，所得剪力各分量，与例题 3.9 相同，即

$$N_{1x}^{\mathrm{N}}=N_{1y}^{\mathrm{V}}=11.78\mathrm{kN}$$

$$N_{1x}^{\mathrm{T}}=10.61\mathrm{kN}$$

$$N_{1y}^{\mathrm{T}}=7.07\mathrm{kN}$$

$$N_1=29.27\mathrm{kN}<N_{\mathrm{v}}^{\mathrm{b}}$$

连接强度满足要求。

2. 高强度螺栓连接受拉计算

1) 高强度螺栓的抗拉性能和承载力

高强度螺栓受拉时的受力状态如图 3.82 所示，图 3.82(a)所示为已施加预拉力的高强度螺栓在承受外拉力作用之前的受力状态。此时螺杆受预拉力 P，摩擦面上作用着压力 C。根据平衡条件$\sum Y$=0，得 C=P，即摩擦面上的压力等于预拉力。

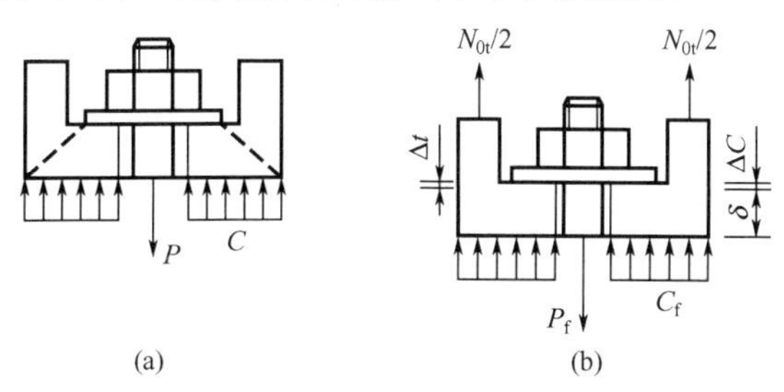

图 3.82 高强度螺栓受拉时的受力状态

图3.82(b)所示为高强度螺栓承受外拉力 N_{0t} 时的受力状态，假设螺栓和被连接板件保持弹性性能。螺栓受外拉力 N_{0t} 后，螺杆中的拉力由原来的 P 增加到 P_f，此时，螺栓杆又被拉长，即螺杆伸长一个增量 Δt，由于螺杆被拉长，使原先被 P 压缩的板件相应地有一个压缩恢复量 ΔC，板件间的压力就由原来的 C 降为 C_f。也就是说，当螺栓受外拉力 N_{0t} 作用后，螺杆中的拉力将增加，而摩擦面间的压力却随之降低。根据平衡条件$\sum Y=0$ 得

$$P_f = N_{0t} + C_f$$

在板厚 δ 范围内螺杆与板件的变形相同：

$$\Delta t = \Delta C$$

即螺杆的伸长增量等于板件压缩的恢复量。

设螺杆的截面面积为 A_b，摩擦面面积为 A_n，螺栓和被连接板件的弹性模量都为 E，则

$$\Delta t = \frac{\sigma_1}{E} \cdot \delta = \frac{P_f - P}{A_b \cdot E}\delta$$

$$\Delta C = \frac{\sigma_c}{E} \cdot \delta = \frac{C - C_f}{A_n \cdot E}\delta$$

故

$$\frac{P_f - P}{A_b} = \frac{C - C_f}{A_n}$$

将 $C=P$，$C_f = P_f - N_{0t}$ 代入上式中，整理后得

$$P_f = P + \frac{N_{0t}}{A_n / A_b + 1}$$

通常 A_n 比 A_b 大很多倍，若取 $A_n/A_b=10$，代入上式，得

$$P_f = P + 0.09N_{0t}$$

将上式中的拉力项 N_{0t} 除以荷载分项系数的平均值 1.3，得到设计外拉力 N_t，即 $N_t = 1.3N_{0t}$。

$$P_f = P + 0.07N_t$$

从上述分析可以看出，当施加于高强度螺栓连接的外拉力不超过 P 时，螺杆内的拉力增加得不多，可以认为螺杆内的原预拉力基本不变。同时，螺栓的超张拉试验表明：当外拉力 N_t 过大($N_t>0.8P$)时，拉力卸除后，螺栓将发生预拉力 P 变小的松弛现象，这对连接的抗剪是不利的；当 $N_t \leqslant 0.8P$ 时，则无松弛现象。为了防止螺栓发生松弛现象，并保证被连接板件间始终处于压紧状态，《钢结构设计标准》规定：作用于螺杆的外拉力 N_t 不得大于 $0.8P$，即高强度螺栓的抗拉承载力设计值按式(3-77)计算：

$$N_t^b = 0.8P \tag{3-77}$$

在高强度螺栓受拉计算中，未考虑连接的杠杆作用使拉力增大的因素，因而应采取构造措施加强被连接板件的刚度，以避免杠杆作用的不利影响。

2) 高强度螺栓抗拉连接在轴心力作用下的计算

如图 3.74 所示，高强度螺栓连接承拉时，连接在轴心力 N 作用下需要的螺栓数为

$$n \geqslant \frac{N}{N_t^b} \tag{3-78}$$

式中 N_t^b ——一个高强度螺栓的抗拉承载力设计值，摩擦型连接按式(3-77)计算，承压型连接按式(3-50)计算。

3) 高强度螺栓抗拉连接在弯矩作用下的计算

如图 3.83 所示，高强度螺栓连接在弯矩 M 作用下，各螺栓将受到不均匀的拉力(和压力)，应验算受力最大的螺栓(1 号螺栓)，其拉力 N_{t1} 不超过高强度螺栓的抗拉承载力设计值，即

$$N_{t1} \leqslant N_t^b = 0.8P \tag{3-79}$$

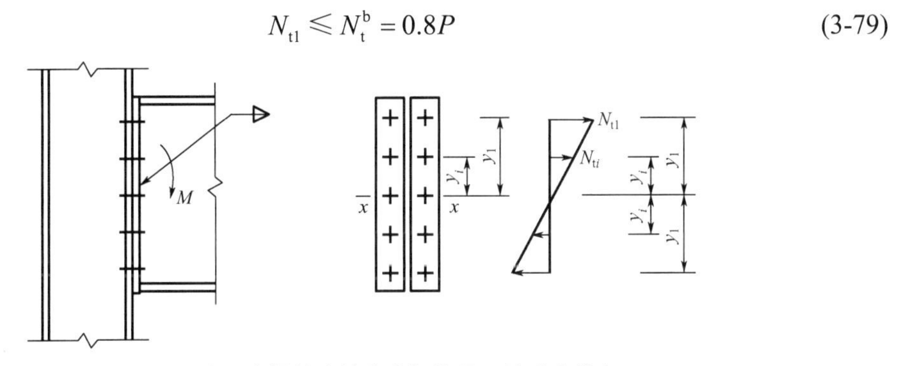

图 3.83 高强度螺栓连接在弯矩作用下的受力状态

式中 N_{t1} ——一个 1 号螺栓由弯矩 M 引起的轴心拉力，按式(3-80)计算。

由于受力最大的 1 号螺栓其拉力 N_{t1} 不会超过 $0.8P$，故被连接构件间的摩擦面始终处于被压紧状态，因而可将摩擦面看作受弯构件的一个截面，变形符合平面假定。连接的旋转中心应在整个摩擦面的形心处。这样，上部的螺栓受拉，下部的螺栓受压，且 1 号螺栓所受的拉力(压力)最大。根据平衡条件 $\sum M=0$，即可求得高强度螺栓连接在弯矩 M 作用下，1 号螺栓所受的拉力。

$$N_{t1} = \frac{M \cdot y_1}{m \cdot \sum y_i^2} \tag{3-80}$$

式中 $\sum y_i^2$ ——各排螺栓到螺栓群形心距离的平方和，$\sum y_i^2 = 2(y_1^2 + y_2^2 + \cdots + y_n^2)$。

式(3-80)的推导方法与普通螺栓连接受弯矩作用时相同。

例题 3.15 试验算图 3.77 所示连接采用 8.8 级高强度螺栓摩擦型连接时的强度。已知螺栓为 M20 高强度螺栓，μ=0.30，其他条件与例题 3.12 相同。

解：查得 P=125kN，则

$$N_t^b = 0.8P = 0.8 \times 125 = 100(\text{kN})$$

仍为 1 号螺栓受力最大，但旋转中心在形心 O_1 处。

$$N_{t1} = \frac{M_1 y_1}{m \cdot \sum y_i^2} = \frac{35 \times 10^3 \times 150}{2 \times (2 \times 150^2 + 2 \times 50^2)} = 52.5(\text{kN}) < N_t^b$$

连接强度满足要求。

3. 高强度螺栓连接同时承受拉力和剪力的计算

图 3.78(a)所示连接采用高强度螺栓时，将作用力移至螺栓群的形心，高强度螺栓连接同时承受剪力 $V=F$ 和弯矩 $M=F\cdot e$。

采用高强度螺栓摩擦型连接时，由弯矩引起螺栓外拉力 N_t 将使被连接板件摩擦面上预压力由 P 减小到 $P-N_t$，摩擦面间的抗滑移系数也因预压力的减小而变小。考虑这些对同时承受剪力和拉力的高强度螺栓摩擦型连接的影响，每个螺栓的承载力按式(3-81)计算，抗滑移系数 μ 仍用原值：

$$\frac{N_v}{N_v^b}+\frac{N_t}{N_t^b}\leqslant 1 \tag{3-81}$$

式中　N_v、N_t ——一个高强度螺栓所承受的剪力和拉力；

N_v^b、N_t^b ——一个高强度螺栓的受剪、受拉承载力设计值，分别按式(3-75)和式(3-77)计算。

式(3-81)可改写为

$$N_v = N_v^b\left(1-\frac{N_t}{N_t^v}\right)$$

将 $N_v^b = 0.9kn_f\mu P$、$N_t^v = 0.8P$ 代入上式得

$$N_v \leqslant 0.9kn_f\mu(P-1.25N_t) \tag{3-82}$$

即式(3-81)和式(3-82)是等价的。式中的 N_v 是同时作用剪力和拉力时，一个螺栓所承受的剪力设计值。

此外，螺栓应满足：

$$N_t \leqslant N_t^b \tag{3-83}$$

应引起重视的是，式(3-81)是当确切知道了一个螺栓所受到的剪力设计值之后才适用的，应用于受拉和受剪作用的螺栓群中时，只有当斜拉力通过螺栓群中心才能适用，此时栓群各个螺栓所受到的拉力和剪力是均匀的。从力学概念角度看，式(3-82)和式(3-83)更适用于高强度螺栓群摩擦型连接在不同的拉力、剪力共同作用下的承载力极限状态。

采用承压型连接高强度螺栓时，该连接应满足的强度条件是

$$\sqrt{\left(\frac{N_v}{N_v^b}\right)^2+\left(\frac{N_t}{N_t^b}\right)^2}\leqslant 1$$

$$N_t \leqslant \frac{N_c^b}{1.2} \tag{3-84}$$

式中　N_v，N_t ——一个承压型连接高强度螺栓所承受的剪力和拉力；

N_v^b ——一个承压型连接高强度螺栓的抗剪承载力设计值，按式(3-48)计算；

N_c^b、N_t^b ——一个承压型连接高强度螺栓的承压、抗拉承载力设计值，分别按式(3-49)和式(3-50)计算。

由于外拉力 N_t 将减小被连接构件间的预压力，因而构件材料的承压强度设计值随之降

低，式(3-84)用除以折减系数 1.2 来考虑这一不利因素。

例题 3.16 试验算图 3.80 所示的连接采用 8.8 级高强度螺栓摩擦型连接时的强度。已知螺栓为 M20 高强度螺栓，μ=0.30，螺栓孔为标准孔，其他条件与例题 3.11 相同。

解：查得 P=125kN，n_f=1。

仍为 1 号螺栓受力最大，故

$$V = F = 100\text{kN}，\ M = F \cdot e = 100 \times 0.25 = 25(\text{kN} \cdot \text{m})$$

1 号螺栓所受的剪力和拉力为

$$N_v = \frac{V}{n} = \frac{100}{8} = 12.5(\text{kN})$$

$$N_t = \frac{M \cdot y_1}{m \cdot \sum y_i^2} = \frac{25 \times 10^3 \times 150}{2 \times (2 \times 150^2 + 2 \times 50^2)} = 37.5(\text{kN})$$

$$N_v^b = 0.9kn_f \mu P = 0.9 \times 1.0 \times 1 \times 0.3 \times 125 = 33.75(\text{kN})$$

$$N_t^b = 0.8P = 0.8 \times 125 = 100(\text{kN})$$

$$\frac{N_v}{N_v^b} + \frac{N_t}{N_t^b} = \frac{12.5}{33.75} + \frac{37.5}{100} = 0.75 < 1$$

连接强度满足要求。

本例若采用高强度螺栓承压型连接，其强度验算可按下列计算。

解：一个高强度螺栓的抗拉承载力设计值为

$$N_t^b = A_e \cdot f_t^b = 245 \times 400 = 98(\text{kN})$$

1 号螺栓所受的剪力和拉力为

$$N_v = \frac{V}{n} = \frac{100}{8} = 12.5(\text{kN})$$

$$N_t = \frac{M \cdot y_1}{m \cdot \sum y_i^2} = \frac{25 \times 10^3 \times 150}{2 \times (2 \times 150^2 + 2 \times 50^2)} = 37.5(\text{kN})$$

一个高强度螺栓的抗剪、承压承载力设计值分别为

$$N_v^b = n_v \cdot \frac{\pi d^2}{4} \cdot f_v^b = 1 \times \frac{3.14 \times 20^2}{4} \times 250 = 78.5(\text{kN})$$

$$N_c^b = d \cdot \sum t \cdot f_c^b = 20 \times 20 \times 470 = 188(\text{kN})$$

拉力和剪力共同作用按下式计算：

$$\sqrt{\left(\frac{N_v}{N_v^b}\right)^2 + \left(\frac{N_t}{N_t^b}\right)^2} = \sqrt{\left(\frac{12.5}{78.5}\right)^2 + \left(\frac{37.5}{98}\right)^2} = 0.41 < 1$$

$$N_v = 12.5\text{kN} < \frac{N_c^b}{1.2} = \frac{188}{1.2} = 156.7(\text{kN})$$

连接强度满足要求。

3.6.3 连接板件强度的计算

当轴心受力构件采用普通螺栓(或铆钉)连接时，若螺栓(或铆钉)为并列布置[图 3.84(a)]，A_n 按最危险的正交截面(Ⅰ—Ⅰ截面)计算。若螺栓错列布置[图 3.84(b)]，构件既可能沿正交截面Ⅰ—Ⅰ破坏，也可能沿齿状截面Ⅱ—Ⅱ或Ⅲ—Ⅲ破坏。截面Ⅱ—Ⅱ或Ⅲ—Ⅲ的毛截面长度较大但孔洞较多，其净截面面积不一定比截面Ⅰ—Ⅰ的净截面面积大。A_n 应取Ⅰ—Ⅰ、Ⅱ—Ⅱ或Ⅲ—Ⅲ截面的较小面积计算，局部开孔处钢材的强度设计值取 $0.7f_u$。对应开孔处板件的承载力为 $N=0.7A_nf_u$。

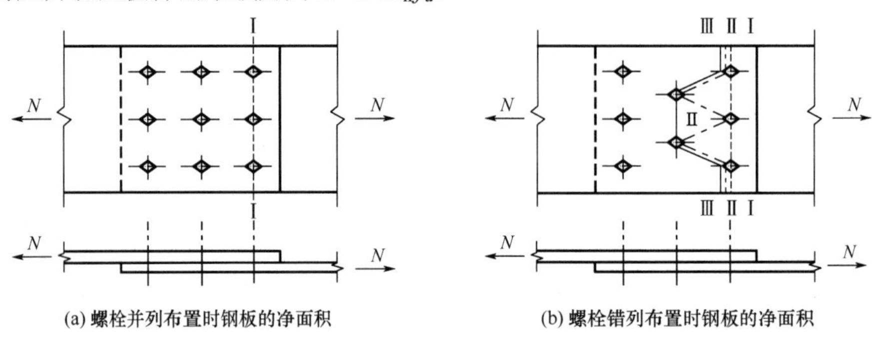

图 3.84　净截面面积的计算

对于轴心力作用下高强度螺栓摩擦型连接的构件，可以认为连接传力所依靠的摩擦力均匀分布于螺孔四周，故在孔前摩擦面已传递一半的力(图3.85)。因此，最外列螺栓处危险截面的净截面强度应按式(3-85)计算：

$$\sigma=\frac{N'}{A_n}\leqslant 0.7f_u \tag{3-85}$$

$$N'=\frac{N(1-0.5n_1)}{n}$$

式中　n ——连接一侧的高强度螺栓总个数；

A_n——构件的净截面面积；

n_1 ——计算截面(最外列螺栓处)上的高强度螺栓个数；

0.5 ——孔前传力系数。

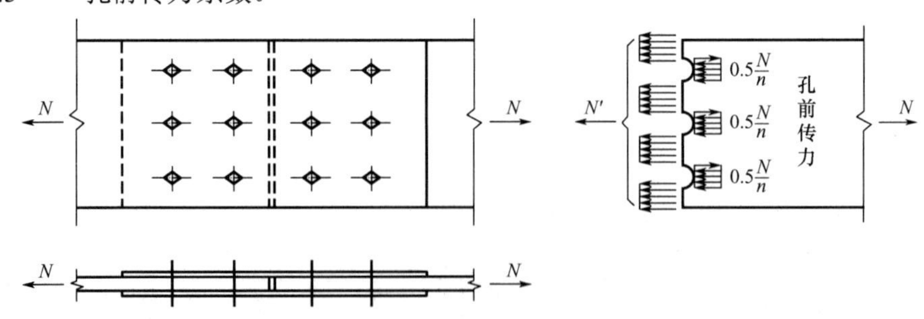

图 3.85　轴心力作用下的高强度螺栓摩擦型连接

对于高强度螺栓摩擦型连接的构件，除按式(3-85)验算净截面强度外，还应按式(3-86)验算毛截面强度。

$$N = fA \tag{3-86}$$

式中 A ——构件的毛截面面积。

对于单面连接的单角钢轴心受力构件，实际处于双向偏心受力状态(图 3.86)。试验表明，其极限承载力约为轴心受力构件极限承载力的 80%～85%。因此，单面连接的单角钢按轴心受力计算强度时，钢材的强度设计值f应乘以折减系数$\eta = 0.85$。

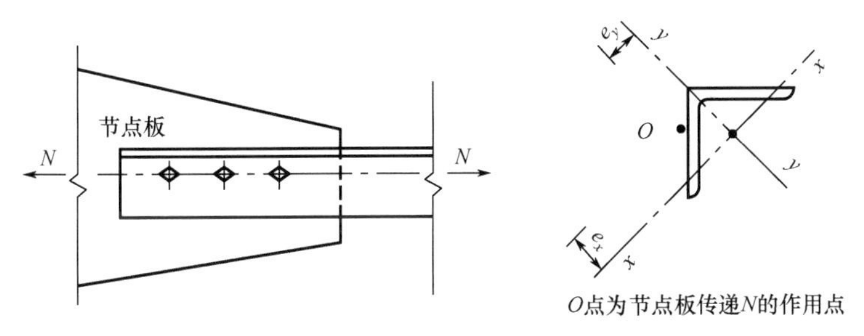

图 3.86 单面连接的单角钢轴心受力构件

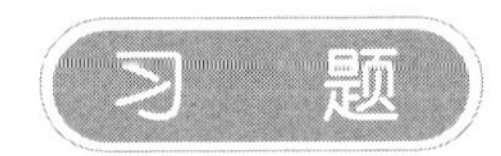

一、单项选择题

1. 在钢结构连接中，常取焊条型号与焊件强度相适应。对于采用 Q390 钢材的钢构件，焊条宜采用(　　)。

A. E43 型　　B. E50 型　　C. E55 型　　D. 前三种均可

2. 普通螺栓连接受剪时，要求端距 e 不小于 2 倍螺栓孔直径，是防止(　　)。

A. 钢板被挤压破坏　　B. 螺杆被剪力破坏

C. 钢板被冲剪破坏　　D. 螺杆产生过大的弯曲变形

3. 产生焊接应力的主要因素之一是(　　)。

A. 钢材的塑性太低　　B. 钢材的弹性模量太高

C. 不均匀的温度场　　D. 焊脚尺寸太小

4. 高强度螺栓摩擦型连接受拉时，螺栓所能承受的最大剪力将(　　)。

A. 提高

B. 降低

C. 不变

D. 按普通螺栓抗剪承载力计算

5. 如图 3.87 所示，采用 C 级普通螺栓连接，最危险螺栓为(　　)。

A. 1　　B. 3

C. 2 或 4　　D. 5

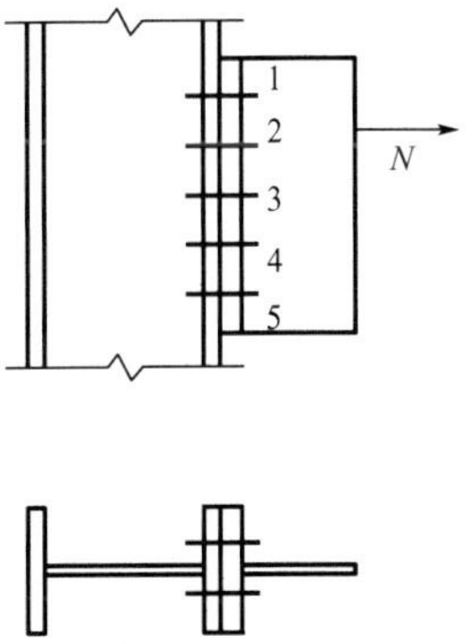

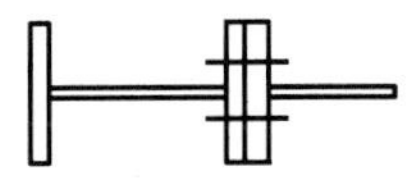

图 3.87 单选题 5 图

二、填空题

1. 在对焊缝进行质量验收时，对于________级焊缝，只进行外观检查即可。

2．侧面角焊缝的计算长度与其焊脚尺寸之比越大，侧面角焊缝的应力沿其长度分布________。

3．一般情况下焊接应力是一个自相平衡的力系。在焊件的横截面上，既有焊接拉应力，也有________。

4．一个普通螺栓承压承载力设计值 $N_c^b = d \cdot \sum t \cdot f_c^b$，式中 $\sum t$ 表示________。

5．两块板厚为 t、宽度为 b 的板件采用直对接焊缝连接，施焊时未设引弧板，则计算长度取________。

三、简答题

1．焊接应力的种类和产生原因是什么？

2．普通螺栓抗剪连接破坏类型有哪几种？采取何种措施避免？

3．普通螺栓连接螺栓群承受偏心拉力时，如何判定是大偏心受拉还是小偏心受拉？

4．焊接应力对构件的受力性能有哪些影响？

5．高强度螺栓承压型连接和摩擦型连接受剪时，工作性能有何不同？

四、计算题

1．图 3.88 所示工字形截面构件与肋板采用角焊缝连接，承受静力荷载 P=100kN，采用 Q235B 钢材，手工电弧焊，采用 E43 型焊条，f_f^w=160N/mm^2，试验算焊缝能否满足承载力要求？

2．试设计如图 3.89 所示的双盖板连接。已知钢板宽度 B=270mm，厚度 t_1=28mm，拼接盖板的厚度 t_2=16mm。该连接承受的轴心拉力设计值 N=1400kN，采用 Q235B 钢材，手工电弧焊，焊条为 E43 型。

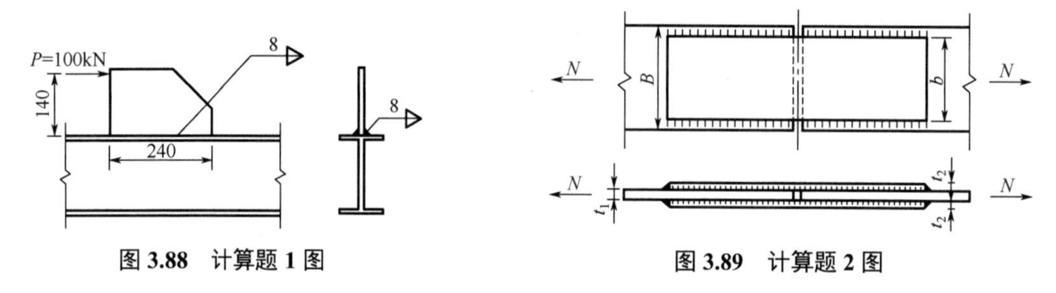

图 3.88　计算题 1 图　　　　图 3.89　计算题 2 图

3．如图 3.90 所示，双面等边角钢 2∟125×10 与厚度为 8mm 的节点板采用角焊缝连接。已知焊脚尺寸 h_f=8mm，钢材为 Q235B，手工电弧焊，采用 E43 型焊条。连接承受轴心拉力 N=575kN，采用两面侧焊缝连接，试确定焊缝的长度。

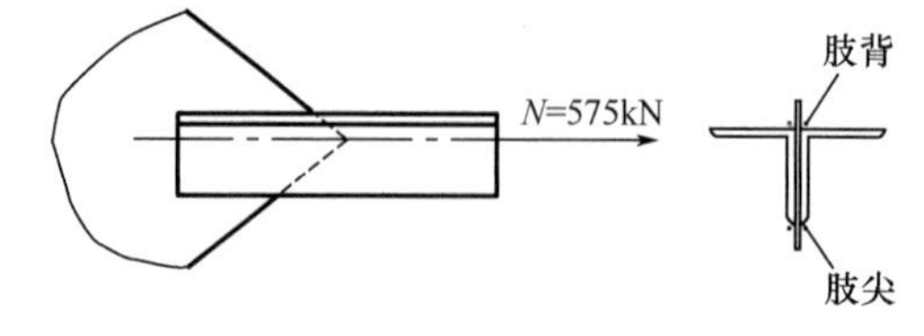

图 3.90　计算题 3 图

4．柱翼缘和端板连接如图 3.91 所示，采用 4.6 级 M22 普通螺栓连接，螺栓孔直径为

23.5mm，连接承受水平拉力 N=245kN，拉力 N 到螺栓群形心的距离为 130mm，采用 Q235B 钢材，试验算连接强度。

5．如图 3.92 所示的连接，承受斜向拉力 P=100kN，采用 M20 普通螺栓，A_e=245mm^2，螺栓孔直径为 21.5mm，采用 Q235B 钢材，被连接板件的厚度均为 20mm，试验算该连接是否满足要求。

6．验算如图 3.93 所示的 8.8 级高强度螺栓连接强度。高强度螺栓为 M20，其孔径为 21.5mm，材料为 Q235。

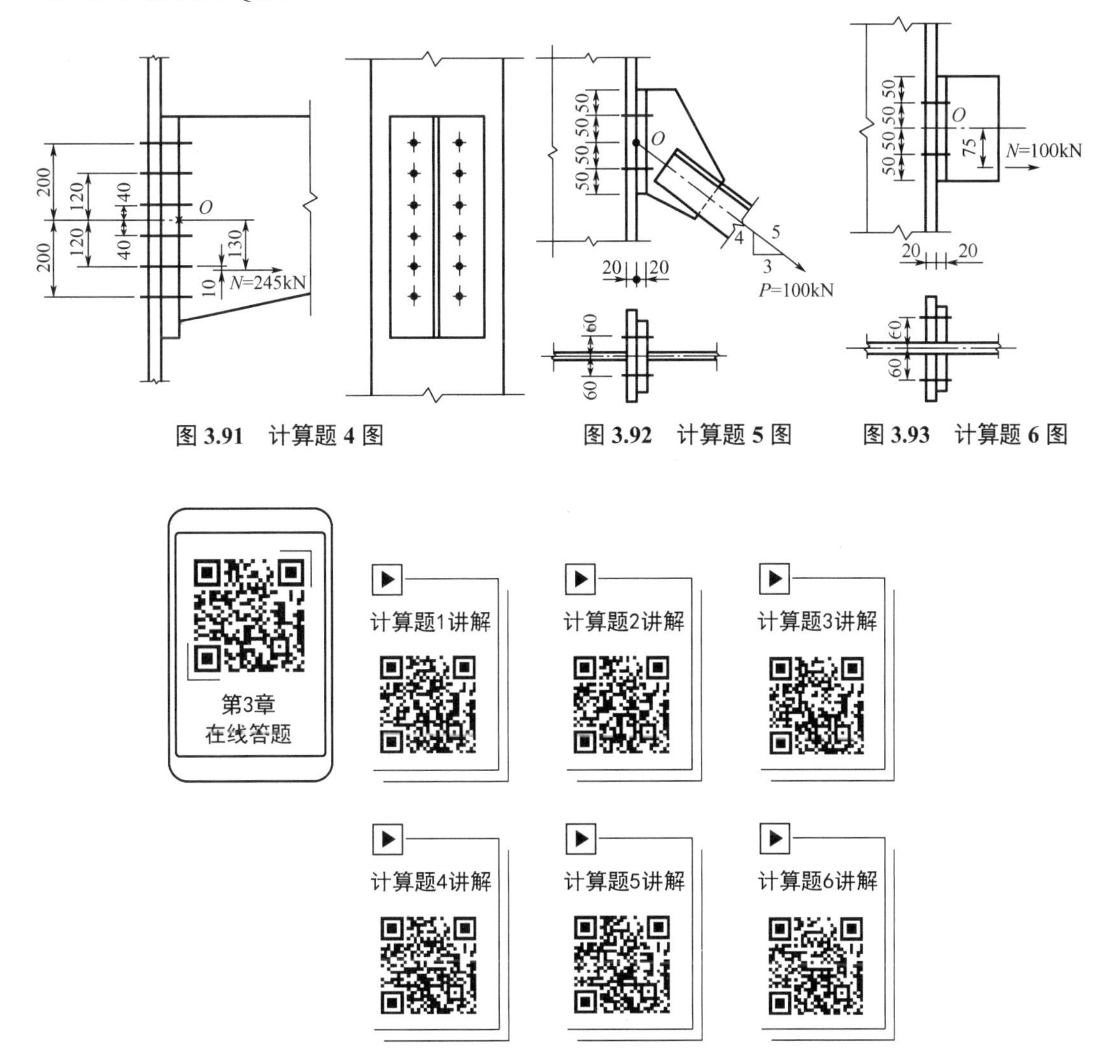

图 3.91　计算题 4 图　　图 3.92　计算题 5 图　　图 3.93　计算题 6 图

第4章 轴心受力构件

知识结构图

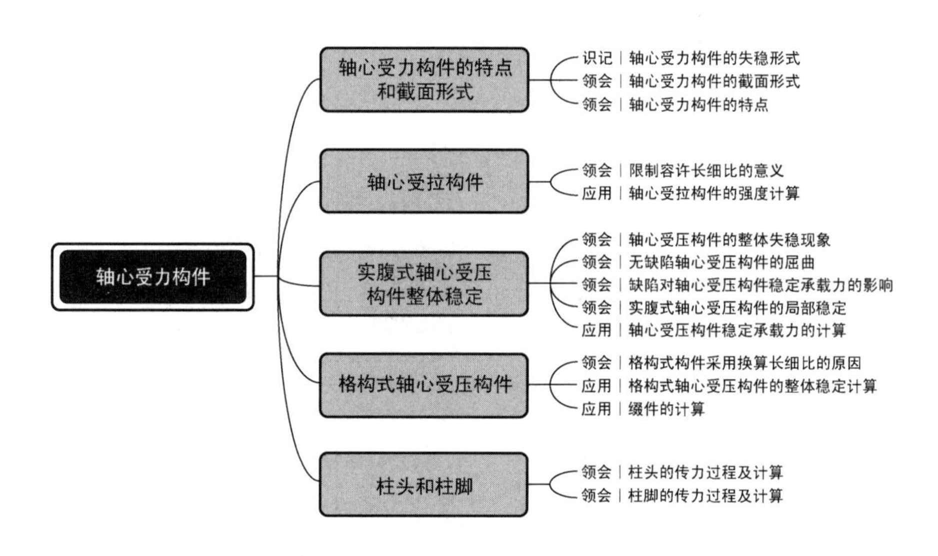

4.1 轴心受力构件的特点和截面形式

4.1.1 轴心受力构件的特点

平面和空间铰接杆件体系都由轴心受拉和轴心受压构(杆)件组成，如屋架[图 4.1(a)]、空间桁架[图 4.1(b)]及网架结构[图 4.1(c)]等。轴心受压构件还广泛用作柱子，用于支承上部结构传来的荷载，如工作平台柱和各种支架柱等。进行轴心受力构件设计时，必须满足承载能力极限状态和正常使用极限状态的要求。

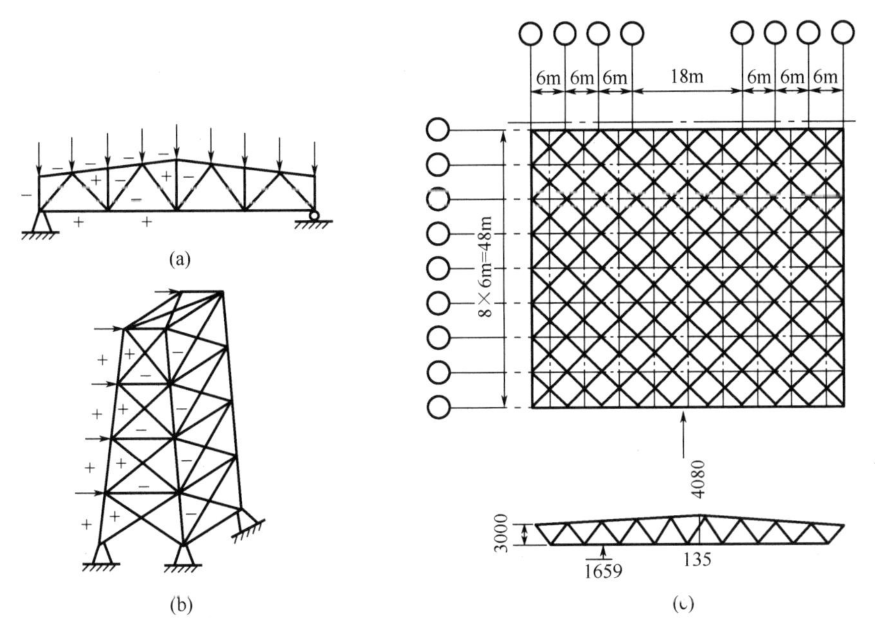

图 4.1 平面和空间铰接杆件体系

4.1.2 轴心受力构件的截面形式

轴心受力构件的毛截面强度承载力决定于截面应力不超过屈服点，而稳定承载力则决定于截面应力不超过临界应力。轴心受压构件的临界应力和截面惯性矩有关。为了提高临界应力，应采用较为开展的截面形式，也就是用尽可能少的钢材，获得尽可能大的截面惯性矩。图 4.2(a)所示为一些常用的实腹式柱截面形式。对于轴心受压构件，宜采用薄壁型材，如薄角钢、薄钢管或冷弯薄壁型钢等。图 4.2(b)所示为一些常用的格构式柱截面形式，其由 2、3 或 4 根柱肢用缀件组成。由于钢材集中于柱肢，因此当用料相同时，格构式截面对虚轴的惯性矩比实腹式截面的惯性矩大，用料要经济得多。但对于一些受力较小或较短的轴心受压构件，从制造和施工方便的角度出发，仍常采用实腹式截面。

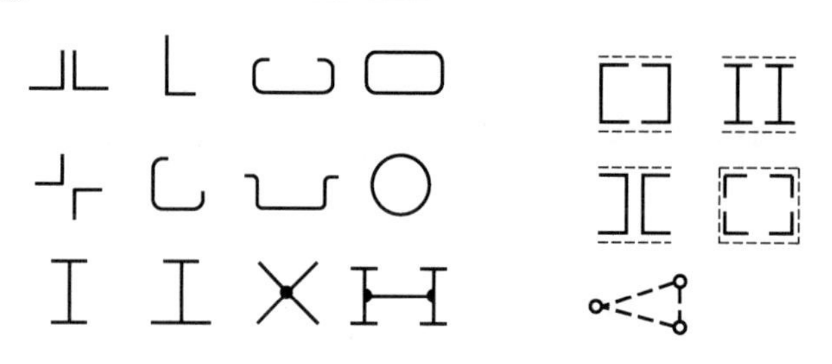

(a) 实腹式柱截面形式　　(b) 格构式柱截面形式

图 4.2　常用的轴心受力构件的截面形式

4.2　轴心受拉构件

4.2.1　轴心受拉构件的强度计算

从钢材的应力应变关系可知，当轴心受拉构件的截面平均应力达到钢材的抗拉强度 f_u 时，构件达到强度极限承载力。但当构件的平均应力达到钢材的抗拉强度 f_u 时，由于构件塑性变形的发展，将使构件的变形过大以致达到不适于继续承载的状态。因此，轴心受力构件是以截面的平均应力达到钢材的屈服强度 f_y 作为强度计算准则的。

对无孔洞等削弱的轴心受力构件，以全截面平均应力达到屈服强度为强度极限状态，应按式(4-1)进行毛截面强度计算。

$$\sigma=\frac{N}{A}\leqslant f \tag{4-1}$$

式中　N ——构件的轴心力设计值；

f ——钢材抗拉强度设计值或抗压强度设计值；

A ——构件的毛截面面积。

对有孔洞等削弱的轴心受力构件(图 4.3)，在孔洞处截面上的应力分布是不均匀的，靠近孔洞边缘处将产生应力集中现象。在弹性阶段，孔洞边缘的最大应力 σ_{max} 可能达到构件毛截面平均应力 σ_0 的 3 倍[图 4.3(a)]。若轴心力继续增加，当孔洞边缘的最大应力达到材料的屈服强度以后，截面内力便会产生应力重分布，最后由于削弱截面上的平均应力达到钢材的抗拉强度 f_u 而破坏[图 4.3(b)]。由于局部削弱的截面在整个构件长度范围内所占比例较小，这些截面屈服后局部变形的发展对构件整体的伸长影响不大，还不属于过度的塑性变形。因此，对于有孔洞削弱的轴心受力构件，除了应按照式(4-1)计算毛截面强度外，还应以其净截面的平均应力达到抗拉强度为强度极限状态，考虑抗力分项系数后，进行净截面强度计算；但当构件沿全长都有排列较密的连接件时，此时出现连续孔洞，应由净截面屈服控制，以免产生过大的塑性变形。相应的计算见式(4-2a)和式(4-2b)。

局部孔洞净截面断裂

$$\sigma=\frac{N}{A_n}\leqslant 0.7f_u \tag{4-2a}$$

连续孔洞净截面屈服

$$\frac{N}{A_n} \leqslant f \qquad (4\text{-}2b)$$

式中 f_u——钢材的抗拉强度最小值；

A_n——构件的净截面面积，对有螺纹的轴心受力构件，A_n 取螺纹处的有效截面面积。

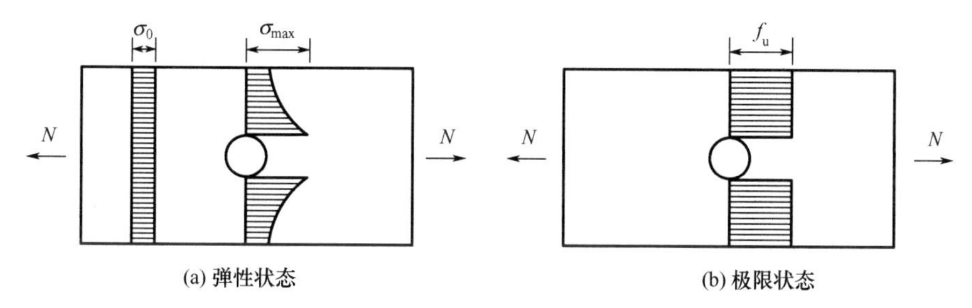

图 4.3　截面削弱处的应力分布

焊接构件和轧制型钢构件均会产生残余应力，但残余应力在构件内是自相平衡的内应力，在轴心力作用下，除了使构件部分截面较早地进入塑性状态外，并不影响构件的极限承载力。所以，在验算轴心受力构件强度时，不必考虑残余应力的影响。

4.2.2 轴心受拉构件的刚度计算

按正常使用极限状态的要求，轴心受力构件均应具有一定的刚度。轴心受力构件的刚度通常用长细比来衡量，长细比越小，表示构件刚度越大，反之则刚度越小。

当轴心受力构件长细比不足时，构件在自重作用下容易产生过大的挠度，在动力荷载作用下容易产生振动，在运输和安装过程中容易产生弯曲。因此，设计时应对轴心受力构件的长细比进行控制。构件的容许长细比[λ]是按构件的受力性质、构件类别和荷载性质确定的。对于受压构件，长细比更为重要。受压构件长细比不足时，一旦发生弯曲变形，因变形而增加的附加弯矩影响远比受拉构件严重；长细比过大时，则会使稳定承载力降低太多，因而其容许长细比[λ]限制应更严。直接承受动力荷载的受拉构件也比承受静力荷载或间接承受动力荷载的受拉构件不利，其容许长细比[λ]限制也较严格。构件的容许长细比[λ]按表 4-1 和表 4-2 采用。轴心受力构件对主轴 x 轴、y 轴的长细比 λ_x 和 λ_y 应满足式(4-3)要求。

$$\lambda_x = \frac{l_{0x}}{i_x} \leqslant [\lambda]，\lambda_y = \frac{l_{0y}}{i_y} \leqslant [\lambda] \qquad (4\text{-}3)$$

式中 l_{0x}，l_{0y}——构件对主轴 x 轴、y 轴的计算长度；

i_{0x}，i_{0y}——截面对主轴 x 轴、y 轴的回转半径。

表 4-1　受压构件的容许长细比

构件名称	容许长细比
轴心受压柱、桁架和天窗架中的压杆	150
柱的缀条、吊车梁或吊车桁架以下的柱间支撑	150
支撑	200
用以减小受压构件计算长度的杆件	200

构件计算长度 l_0(l_{0x} 或 l_{0y})取决于其两端支承情况，桁架和框架构件的计算长度与其两端相连构件的刚度有关。

当截面主轴在倾斜方向时(如单角钢截面和双角钢十字形截面)，其主轴常标为 x_0 轴和 y_0 轴，应计算 $\lambda_{0x}=\frac{l_0}{i_{0x}}$ 和 $\lambda_{0y}=\frac{l_0}{i_{0y}}$，或只计算其中的最大长细比 $\lambda_{max}=\frac{l_0}{i_{min}}$。

设计轴心受拉构件时，应根据结构用途、构件受力大小和材料供应情况选用合理的截面形式，并对所选截面进行强度和刚度计算。设计轴心受压构件时，除使截面满足强度和刚度要求外，尚应满足构件整体稳定和局部稳定要求。实际上，只有长细比很小及有孔洞削弱的轴心受压构件，才可能发生强度破坏。一般情况下，由整体稳定控制其承载力。轴心受压构件丧失整体稳定常常是突发性的，容易造成严重后果，应予以特别重视。

验算受压构件容许长细比时，可不考虑扭转效应。计算单角钢受压构件的长细比时，应采用角钢的最小回转半径，但计算在交叉点相互连接的交叉杆件平面外的长细比时，可采用与角钢肢边平行轴的回转半径。轴心受压构件的容许长细比宜符合下列规定。

(1) 跨度等于或大于 60m 的桁架，其受压弦杆、端压杆和直接承受动力荷载的受压腹杆的长细比不宜大于 120。

(2) 轴心受压构件的长细比不宜超过表 4-1 规定的容许值，但当杆件内力设计值不大于承载能力的 50%时，容许长细比值可取 200。

验算受拉构件容许长细比时，在直接或间接承受动力荷载的结构中，计算单角钢受拉构件的长细比时，应采用角钢的最小回转半径，但计算在交叉点相互连接的交叉杆件平面外的长细比时，可采用与角钢肢边平行轴的回转半径。受拉构件的容许长细比宜符合下列规定。

(1) 除对腹杆提供平面外支点的弦杆外，承受静力荷载的受拉构件，可仅计算竖向平面内的长细比。

(2) 中、重级工作制吊车桁架下弦杆的长细比不宜超过 200。

(3) 在设有夹钳或刚性料耙等硬钩起重机的厂房中，支撑的长细比不宜超过 300。

(4) 受拉构件在永久荷载与风荷载组合作用下受压时，其长细比不宜超过 250。

(5) 跨度等于或大于 60m 的桁架，其受拉弦杆和腹杆的长细比，承受静力荷载或间接承受动力荷载时不宜超过 300；直接承受动力荷载时，不宜超过 250。

(6) 受拉构件的长细比不宜超过表 4-2 规定的容许值。柱间支撑按拉杆设计时，竖向荷载作用下柱的轴心力应按无支撑时考虑。

表 4-2　受拉构件的容许长细比

构件名称	承受静力荷载或间接承受动力荷载的结构			直接承受动力荷载的结构
	一般建筑结构	对腹杆提供平面外支点的弦杆	有重级工作制起重机的厂房	
桁架的构件	350	250	250	250
吊车梁或吊车桁架以下柱间支撑	300	—	200	—
除张紧的圆钢外的其他拉杆、支撑、系杆等	400	—	350	—

4.3 实腹式轴心受压构件整体稳定

4.3.1 轴心受压构件的整体失稳现象

一根理想的两端铰接轴心受压构件，当轴心压力达其临界应力时，可能以 3 种屈曲形式丧失稳定，即弯曲屈曲、扭转屈曲和弯扭屈曲，如图 4.4 所示。以何种形式丧失稳定主要取决于构件的截面形式和长度。

1. 弯曲屈曲

无缺陷的轴心受压构件，当轴心压力 N 较小时，构件只产生轴向压缩变形，保持直线平衡状态。此时如有干扰力使构件产生微小弯曲，当干扰力移去后，构件将恢复到原来的直线平衡状态，这种直线平衡状态下构件的外力和内力间的平衡是稳定的。当轴心压力 N 逐渐增加到一定大小时，如有干扰力使构件发生微弯，但当干扰力移去后，构件仍保持微弯状态而不能恢复到原来的直线平衡状态，这种从直线平衡状态过渡到微弯曲平衡状态的现象称为平衡状态的分支，此时构件的外力和内力间的平衡是随遇的，称为随遇平衡或中性平衡。如轴心压力 N 再稍微增加，则弯曲变形迅速增大而使构件丧失承载能力，这种现象称为构件的弯曲屈曲或弯曲失稳[图 4.4(a)]。

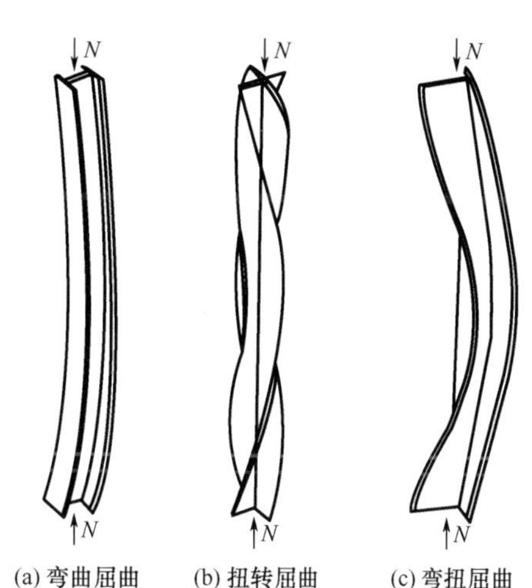

图 4.4 两端铰接轴心受压构件的失稳形式

中性平衡是从稳定平衡过渡到不稳定平衡的临界状态，中性平衡时的轴心压力称为临界力 N_{cr}，相应的截面应力称为临界应力 σ_{cr}。σ_{cr} 常低于钢材屈服应力，即构件在到达强度极限状态前就会丧失整体稳定。

无缺陷的轴心受压构件发生弯曲屈曲时，构件的变形发生了性质上的变化，即构件由直线形式改变为弯曲形式，且这种变化带有突然性。结构丧失稳定时平衡形式发生改变的，称其为丧失第一类稳定性或平衡状态分支失稳。除丧失第一类稳定性外，还有丧失第二类稳定性。丧失第二类稳定性的特征是结构丧失稳定时其弯曲平衡形式不发生改变，只是随着外力的增加，弯曲变形快速增大，直到外力达到某一最大值后，失去稳定的平衡而破坏。丧失第二类稳定性也称为极值点失稳。

2. 扭转屈曲

对某些抗扭刚度较差的轴心受压构件(如十字形截面)，当轴心压力 N 达到临界值时稳定平衡状态不再保持而发生微扭转。当 N 再稍微增加，则扭转变形迅速增大而使构件丧失承载能力，这种现象称为扭转屈曲或扭转失稳[图 4.4(b)]。

3. 弯扭屈曲

截面为单轴对称(如 T 形截面)的轴心受压构件绕对称轴失稳时，由于截面形心与截面剪切中心(或称扭转中心与弯曲中心，即构件弯曲时截面应力合力作用点通过的位置)不重合，在发生弯曲变形的同时必然伴随有扭转变形，故称为弯扭屈曲或弯扭失稳[图 4.4(c)]。同理，截面没有对称轴的轴心受压构件，其屈曲形态也属弯扭屈曲。

钢结构中常用截面的轴心受压构件，由于其板件较厚，构件的抗扭刚度也相对较大，失稳时主要发生弯曲屈曲。单轴对称截面的构件绕对称轴弯扭屈曲时，当采用考虑扭转效应的换算长细比后，也可按弯曲屈曲计算。因此弯曲屈曲是确定轴心受压构件稳定承载力的主要依据，本节将主要讨论弯曲屈曲问题。

4.3.2 无缺陷轴心受压构件的屈曲

对于双轴对称的轴心受压构件，当轴心压力达临界力 N_{cr} 时，杆件将发生微微弯曲，但仍保持平衡，这种状态称为轴心受压杆件的临界状态。这时如果出现一偶然的横向干扰力，杆件将继续发生挠曲，不再能够维持平衡。杆件中部截面所受的轴心压力基本不变，而弯矩不断增加，最后该截面形成偏心塑性铰，发生弯曲屈曲而破坏，如图 4.5 所示。杆件在临界状态前，保持直线平衡状态，在到达临界状态时，又保持弯曲平衡状态。这种具有两种平衡状态的稳定问题，称为第一类稳定问题。杆件在临界状态前后只有一种曲杆平衡状态的稳定问题称为第二类稳定问题，如偏心受压杆件。

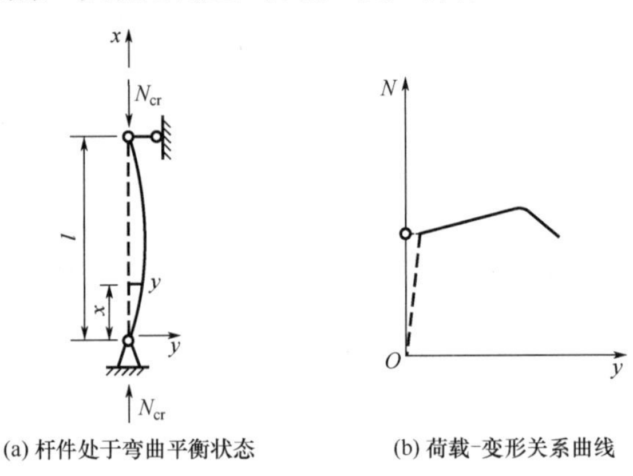

(a) 杆件处于弯曲平衡状态　　(b) 荷载-变形关系曲线

图 4.5　轴心受压杆件的弯曲屈曲

可以根据曲杆的平衡状态，列出平衡微分方程求解其临界力。在求解杆件的临界力时，采用了下列基本假定。

① 杆件为两端铰接的理想实腹式直杆。

② 钢材为理想弹塑性体。

③ 轴心压力作用于杆件两端，杆件发生弯曲时，轴心压力的方向不变。

④ 临界状态时，变形很小，忽略杆件长度的变化。

⑤ 临界状态时，杆件轴线挠曲呈正弦半波曲线，截面保持平面。

⑥ 忽略剪力对变形的影响。

当轴心压力达临界力 N_{cr} 时，杆件发生微微弯曲，而仍保持平衡状态，如图 4.5(a)所示。截面上产生弯矩和剪力，剪力很小，可以忽略，则杆轴挠曲线的微分方程为

$$\frac{\mathrm{d}^2 y}{\mathrm{d}x^2}=-\frac{M(x)}{EI}$$

求解上述微分方程，可得两端铰接实腹式轴心受压杆件的临界力计算公式[式(4-4)]，即欧拉公式。

$$N_{cr}=\frac{\pi^2 EI}{l_0^2} \tag{4-4}$$

式中 EI——杆件截面的抗弯刚度；

I——截面惯性矩；

l_0——杆件计算长度。

到达临界状态后，压力稍有增加，杆轴挠度就会增大，直到截面形成塑性铰而破坏，如图 4.5(b)所示。破坏是突然发生的，因而构件屈曲(或称失稳)破坏前几乎无变形，到达临界状态迅速屈曲而破坏。

由式(4-4)，计算临界应力 σ_{cr}。

$$\sigma_{cr}=\frac{N_{cr}}{A}=\frac{\pi^2 E}{\lambda^2} \tag{4-5}$$

上式只有当 $\sigma_{cr}\leqslant f_p$(比例极限)时才成立(图 4.6)。当 $\sigma_{cr}>f_p$ 时，杆件进入弹塑性阶段，也可采用此公式，但应采用弹塑性阶段的切线模量 E_t 代替式中的弹性模量 E。因而临界应力可按式(4-6)计算。

$$\sigma_{cr}=\frac{\pi^2 E\tau}{\lambda^2} \tag{4-6}$$

式中 τ——模量比，$\tau=\frac{E_t}{E}$。

切线模量按式(4-7)确定。

$$E_t=\frac{(f_y-\sigma)\sigma}{(f_y-f_p)f_p}\bullet E \tag{4-7}$$

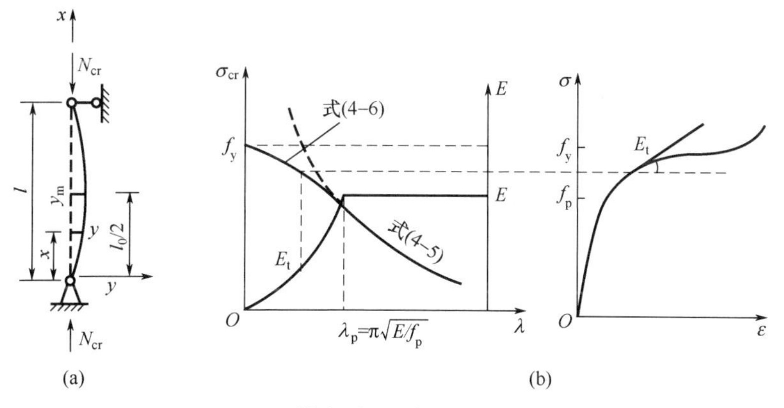

图 4.6 轴心受压杆件的 σ_{cr}-λ 曲线

由式(4-6)可见，临界应力和杆件的长细比 $\left(\lambda=\frac{l_0}{i},\ i=\sqrt{\frac{I}{A}}\right)$ 为双曲线关系，见图 4.6(b)。这里 l_0 是杆件的计算长度，I 是截面惯性矩，A 是截面面积，i 是杆件截面的回转半径。式(4-6)是轴心压杆弯曲屈曲临界应力的通式，模量比 τ 在 0～1 之间变化，当为弹性阶段屈曲时，τ=1；弹塑性阶段屈曲时，τ<1。

杆件截面有两个主轴(x 轴和 y 轴)，对两个主轴的临界应力分别为

$$\sigma_{cr,x}=\frac{\pi^2 E\tau}{\lambda_x^2}，\ \sigma_{cr,y}=\frac{\pi^2 E\tau}{\lambda_y^2} \tag{4-8}$$

$$\lambda_x=\frac{l_{0x}}{i_x}，\ \lambda_y=\frac{l_{0y}}{i_y} \tag{4-9}$$

当对两个主轴的长细比不相等时，长细比较大者其临界应力较小，杆件首先在该方向屈曲破坏，即杆件的承载力决定于 λ_x 和 λ_y 中的较大者。

当 $\lambda_x=\lambda_y$ 时，$\sigma_{cr,x}=\sigma_{cr,y}$，称为杆件在两个主轴方向等稳定。这时，杆件在两个主轴方向的承载力相等，充分发挥了杆件的承载力，这样的设计最为经济合理。对于两个主轴方向的稳定系数不属于同一类的截面，等稳定的条件是 $\varphi_x=\varphi_y$，参见 4.3.4 节。

写成稳定承载力设计公式

$$\sigma_x=\frac{N}{A}\leqslant\varphi_x\cdot f，\ \sigma_y=\frac{N}{A}\leqslant\varphi_y\cdot f \tag{4-10}$$

式中 φ_x ——绕 x 轴的稳定系数，$\varphi_x=\frac{\sigma_{cr,x}}{f_x}$；

φ_y ——绕 y 轴的稳定系数，$\varphi_y=\frac{\sigma_{cr,y}}{f_y}$。

4.3.3 缺陷对轴心受压杆件稳定承载力的影响

前面介绍了轴心受压杆件可能的 3 种屈曲形式，以及这 3 种屈曲临界状态时杆件临界力的确定方法和计算公式。同时还指出了普通钢结构采用的双轴对称截面轴心受压杆件的截面形式，大多产生弯曲屈曲。所以,《钢结构设计标准》按照弯曲屈曲来确定轴心受压杆件的稳定承载力。

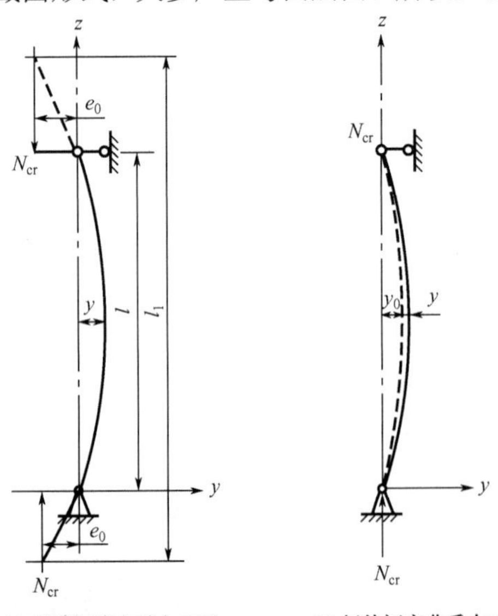

(a) 荷载初偏心受力工况　　(b) 杆件初弯曲受力工况

图 4.7　杆件具有荷载初偏心和初弯曲的屈曲曲线

前面介绍的轴心受压杆件弯曲屈曲临界力的确定方法，是把杆件看作理想直杆，轴心压力准确作用于截面形心处，这只是一种理想情况。在实际工程中不存在这种理想的轴心受压杆件，杆件轴线不可能绝对直，而常带初始弯曲，荷载作用点也不可能绝对地作用于截面形心，而或多或少会有一些偏心，更重要的是杆件中常存在着残余应力。上述因素均会影响杆件的稳定承载力。下面将介绍这些因素对杆件临界力的影响及设计标准中轴心受压杆件稳定承载力的计算方法。

1. 荷载初偏心和杆件初弯曲的影响

图 4.7(a)所示为荷载具有初始偏心 e_0 时杆件的临界状态，这实际上属于偏心受压杆件。

如果把杆轴沿曲线两端向外延长，和压力 N_{cr} 的作用线相交，可得杆长为 l_1 且荷载为轴心作用的压杆，也就是具有初始偏心 e_0 的杆件等同于长度为 l_1 的轴心受压杆件。显然，因 $l_1>l$，具有初始偏心的杆件临界力低于无偏心的轴心受压杆件。且初始偏心越大，临界力下降也越大，如图 4.8(a)所示。图中 N_E 是欧拉临界力，$f_{l/2}$ 为杆件中点的最大挠度。

图 4.7(b)所示为轴心受压杆件具有初始挠度 y_0 时，达临界状态的情况。由于初始挠度的存在，杆件实际上也是偏心受压。结果和具有初始偏心的情况相同，降低了杆件的临界力，初始挠度越大，临界力下降也越多，如图 4.8(b)所示。

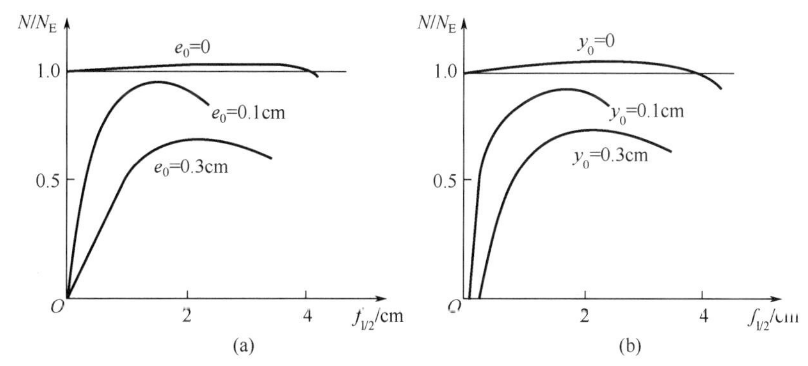

图 4.8 荷载初偏心和杆件初弯曲的影响

2. 残余应力的影响

在第 3 章中已经介绍了构件在焊接后将产生自相平衡的残余应力(焊接应力)。同样，热轧型钢轧制后，由于冷却的不均匀，也将产生残余应力。此外，构件经火焰切割或冷校正等加工后，也都会在构件中产生残余应力。由此可见，在钢构件中普遍存在着残余应力，图 4.9 所示为热轧工字钢残余应力的近似分布情况。

残余应力对构件强度承载力无影响，因为它本身自相平衡，但对构件的刚度和稳定承载力是有影响的，因为残余应力的压应力部分，在外压力作用下提前屈服而发展塑性，会使截面弹性范围减小、全截面的刚度下降。同时，将使轴心受压构件达临界状态。截面由变形模量不同的两部分组成，屈服区 E=0，而弹性区变形模量仍为 E，只有弹性区才能继续承受压力，可以按有效截面的惯性矩 I_e 近似地来计算构件的临界力，即

$$N_{cr}=\frac{\pi^2 EI_e}{i_0^2}=\frac{\pi^2 EI}{i_0^2}\bullet\frac{I_e}{I}=\frac{\pi^2 EI}{i_0^2}\bullet m \tag{4-11}$$

相应的临界应力为

$$\sigma_{cr}=\frac{\pi^2 E}{\lambda^2}\bullet m \tag{4-12}$$

式中 m——残余应力影响系数，$m=\frac{I_e}{I}$。

图 4.10 所示为焊接工字钢残余应力的近似分布情况。翼缘板两端皆为压应力 σ_c，一般可达 $0.3f_y$，翼缘板中部为拉应力。为了简化分析，忽略腹板上的残余应力，当承受轴心压力作用时，受压区首先达到屈服应力 f_y，假设临界状态时，翼缘板中部的弹性范围宽度为 kb，则计算 m 及 σ_{cr} 的方法如下。

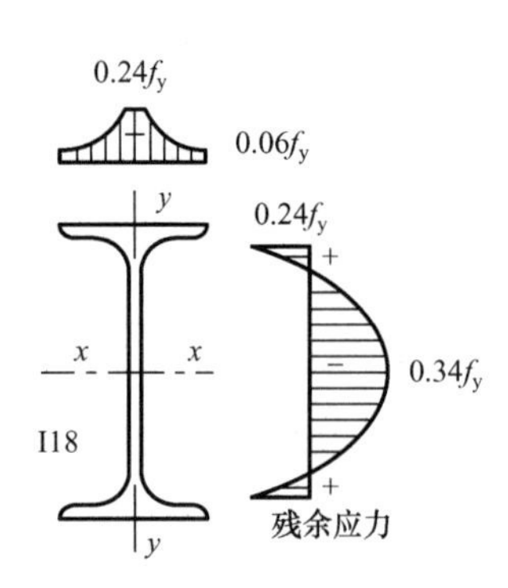

图 4.9　热轧工字钢的残余应力近似分布

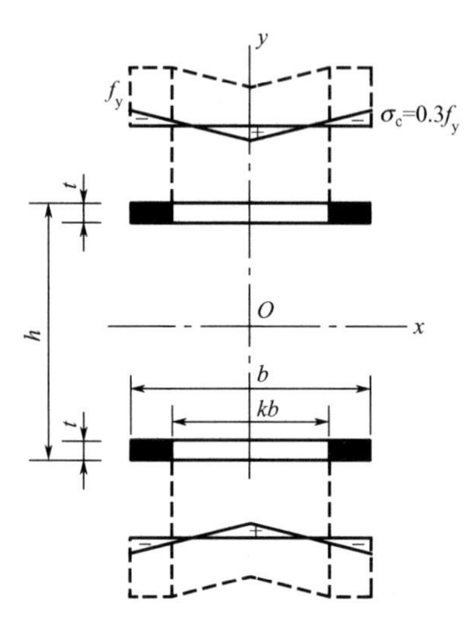

图 4.10　焊接工字钢残余应力的近似分布

对 y—y 轴(弱轴)屈曲时：

$$m=\frac{I_{\mathrm{e}}}{I}=\frac{2t\dfrac{(kb)^3}{12}}{2t\dfrac{b^3}{12}}=k^3$$

$$\sigma_{\mathrm{cr},y}=\frac{\pi^2 E}{\lambda_y^2}k^3 \tag{4-13}$$

对 x—x 轴(强轴)屈曲时：

$$m=\frac{I_{\mathrm{e}}}{I}=\frac{2t\dfrac{kbh^2}{4}}{2t\dfrac{bh^2}{4}}=k$$

$$\sigma_{\mathrm{cr},x}=\frac{\pi^2 E}{\lambda_x^2}\cdot k \tag{4-14}$$

因 $k<1$，得到下列结论。

(1) 残余应力的存在降低了轴心受压构件的临界应力，残余应力的分布不同，影响也不同；

(2) 残余应力对轴心受压构件稳定承载力的影响，对弱轴临界力的影响远大于对强轴临界力的影响。

4.3.4　实际轴心受压构件稳定承载力的计算

根据前面的介绍，真正的轴心受压构件并不存在，实际构件都具有一些初始缺陷，其对构件的稳定承载力有一定的影响，特别是残余应力的影响很大，不能忽视。因此，现行《钢结构设计标准》对轴心受压构件临界应力的计算，考虑了杆长千分之一的初始挠度，忽略初始偏心，并计入残余应力的影响，根据极限承载力理论用有限元法计算了在各种残余应力情况下构件的临界应力。考虑不同形式残余应力的分布情况，确定临界应力后计入材料抗力分项系数，即得轴心受压构件稳定承载力的设计公式：

$$\sigma=\frac{N}{A}\leqslant\frac{\sigma_{\mathrm{cr}}}{\gamma_{\mathrm{R}}}\cdot\frac{f_{\mathrm{y}}}{f_{\mathrm{y}}}=\frac{\sigma_{\mathrm{cr}}}{f_{\mathrm{y}}}\cdot\frac{f_{\mathrm{y}}}{\gamma_{\mathrm{R}}}=\varphi\cdot f \tag{4-15}$$

式中　φ ——轴心受压构件稳定系数，$\varphi=\frac{\sigma_{\mathrm{cr}}}{f_{\mathrm{y}}}$；

A ——构件的毛截面面积。

1. 轴心受压构件稳定系数

轴心受压构件稳定系数 φ 与构件的长细比 λ 和钢材屈服点 f_{y} 有关，应按 $\lambda/\varepsilon_{\mathrm{k}}$ 由附录二查得 φ 值。其中 ε_{k} 为钢号修正系数，$\varepsilon_{\mathrm{k}}=\sqrt{\frac{235}{f_{\mathrm{y}}}}$。

附录二是《钢结构设计标准》通过对各种截面形式的构件，根据不同的加工方法及不同残余应力分布模式，共计算了 200 多条 $\varphi-\lambda/\varepsilon_{\mathrm{k}}$ 关系曲线得到的，最后标准按相近的计算结果将轴心受压构件的截面归纳为 a、b、c、d4 类(见图 4.11 和表 4-3、表 4-4)。

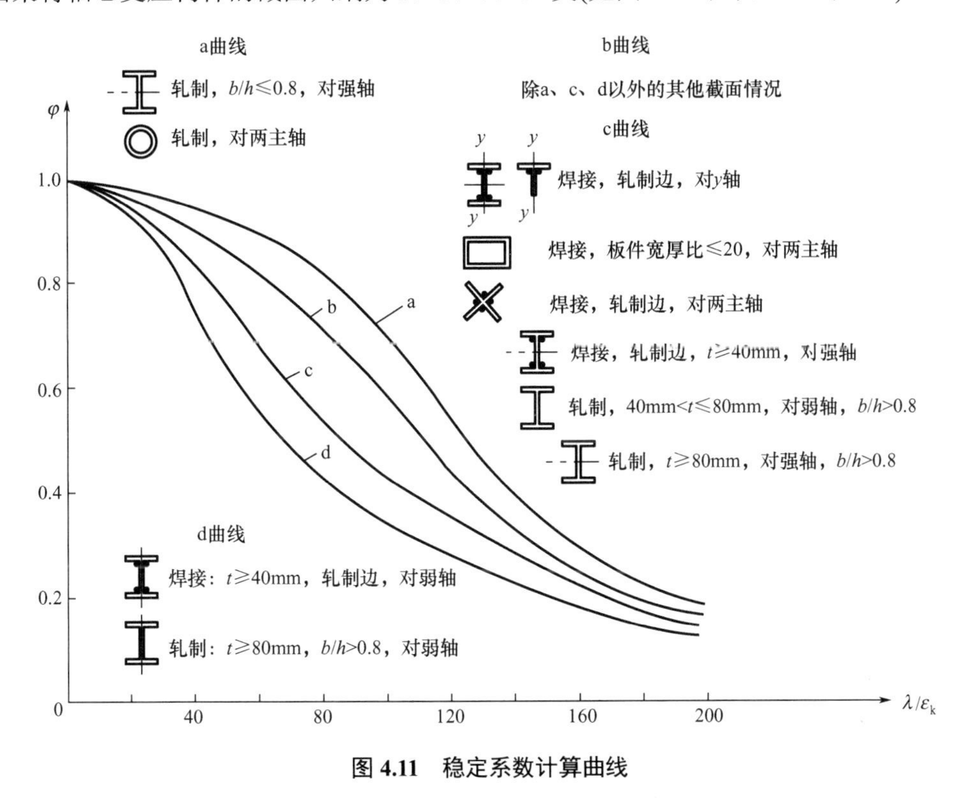

图 4.11　稳定系数计算曲线

近年来，在高层钢结构建筑中，组合柱的钢板厚度 $t\geqslant40\mathrm{mm}$，残余应力对柱的临界应力的影响更大，这类截面属 d 类。

表 4-3　轴心受压构件的截面分类(板厚 $t<40$mm)

<table>
<tr><th colspan="2">截面形式</th><th>对 x 轴</th><th>对 y 轴</th></tr>
<tr><td colspan="2"> 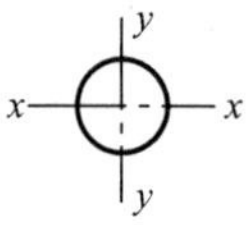轧制</td><td>a 类</td><td>a 类</td></tr>
<tr><td rowspan="2"> 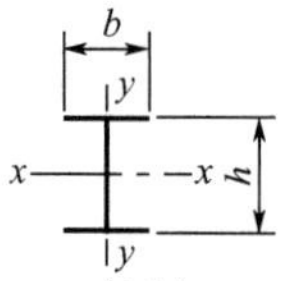轧制</td><td>$b/h \leqslant 0.8$</td><td>a 类</td><td>b 类</td></tr>
<tr><td>$b/h>0.8$</td><td>a*类</td><td>b*类</td></tr>
<tr><td colspan="2"> 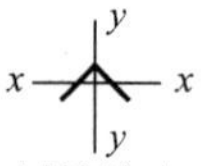轧制等边角钢</td><td>a*类</td><td>a*类</td></tr>
<tr><td> 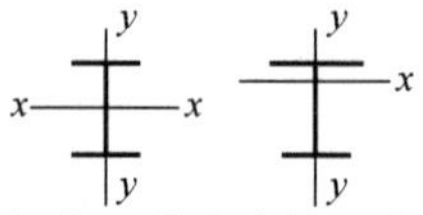焊接、翼缘为焰切边</td><td> 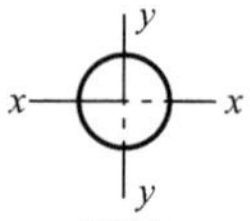焊接</td><td rowspan="5">b 类</td><td rowspan="5">b 类</td></tr>
<tr><td colspan="2"> 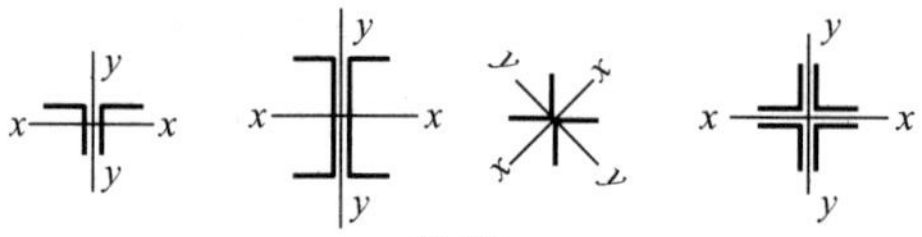轧制</td></tr>
<tr><td> 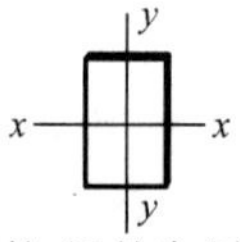轧制、焊接(板件宽厚比 ＞ 20)</td><td> 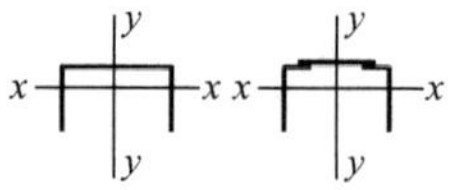轧制或焊接</td></tr>
<tr><td> 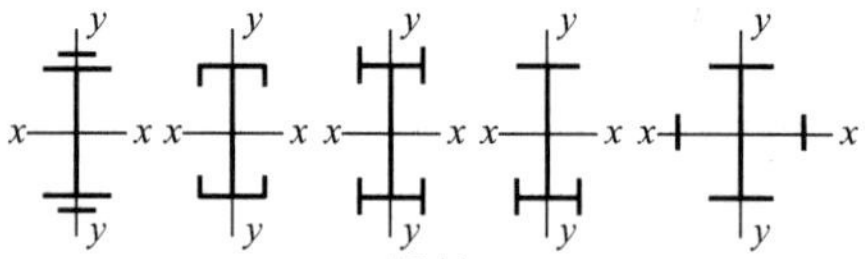焊接</td><td> 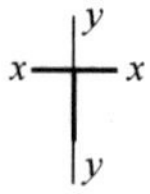轧制截面和翼缘为焰切边的焊接截面</td></tr>
<tr><td> 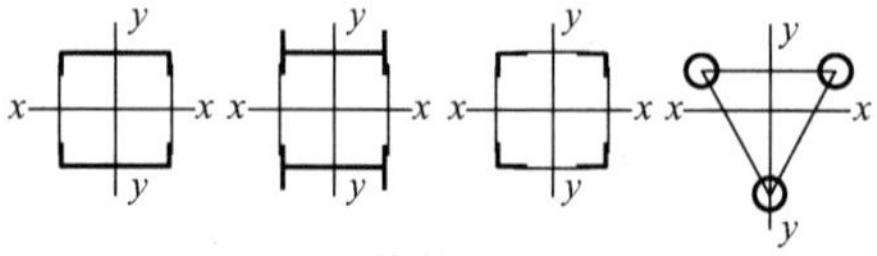格构式</td><td> 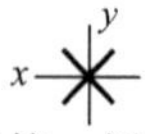焊接、板件边缘焰切</td></tr>
<tr><td colspan="2"> 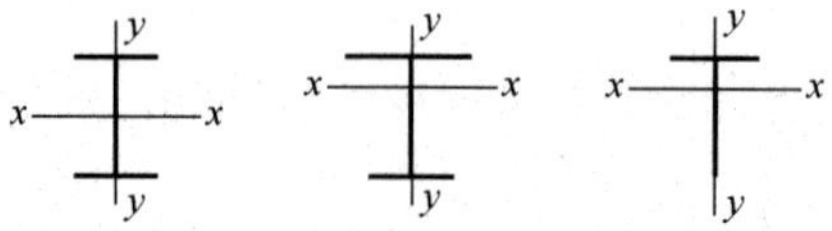焊接、翼缘为轧制或剪切边</td><td>b 类</td><td>c 类</td></tr>
</table>

续表

截面形式		对 x 轴	对 y 轴
焊接，板件边缘轧制或剪切	轧制、焊接(板件宽厚比≤20)	c 类	c 类

注：1. a*类含义为 Q235 钢取 b 类，Q355、Q390、Q420 和 Q460 钢取 a 类；b*类含义为 Q235 钢取 c 类，Q355、Q390、Q420 和 Q460 钢取 b 类。

2. 无对称轴且剪心和形心不重合的截面，其截面分类可按有对称轴的类似截面确定，如不等边角钢采用等边角钢的类别；当无类似截面时，可取 c 类。

表 4-4 轴心受压构件的截面分类(板厚 t≥40mm)

截面形式		对 x 轴	对 y 轴
轧制工字形成 H 形截面	t<80mm	b 类	c 类
	t≥80mm	c 类	d 类
焊接工字形截面	翼缘为焰切边	b 类	b 类
	翼缘为轧制或剪切边	c 类	d 类
焊接箱形截面	板件宽厚比>20	b 类	b 类
	板件宽厚比≤20	c 类	c 类

同时，在《钢结构设计标准》中还给出了稳定系数的计算公式，稳定系数的计算公式如下。

当 $\lambda_n=\dfrac{\lambda}{\pi}\sqrt{\dfrac{f_y}{E}}\leqslant 0.215$ 时

$$\varphi=1-\alpha_1\lambda_n^2 \tag{4-16a}$$

当 $\lambda_n>0.215$ 时

$$\varphi=\frac{1}{2\lambda_n^2}\left[(\alpha_2+\alpha_3\lambda_n+\lambda_n^2)-\sqrt{(\alpha_2+\alpha_3\lambda_n+\lambda_n^2)^2-4\lambda_n^2}\right] \tag{4-16b}$$

式中系数 α_1、α_2、α_3 见表 4-5。对应于 λ/ε_k 的稳定系数见附表 2-1～附表 2-4，可直接查用。

表 4-5　系数 α_1、α_2、α_3

<table>
<tr><th colspan="2">截面类别</th><th>α_1</th><th>α_2</th><th>α_3</th></tr>
<tr><td colspan="2">a 类</td><td>0.41</td><td>0.986</td><td>0.152</td></tr>
<tr><td colspan="2">d 类</td><td>0.65</td><td>0.965</td><td>0.300</td></tr>
<tr><td rowspan="2">c 类</td><td>$\lambda_n \leqslant 1.05$</td><td rowspan="2">0.73</td><td>0.906</td><td>0.595</td></tr>
<tr><td>$\lambda_n > 1.05$</td><td>1.216</td><td>0.302</td></tr>
<tr><td rowspan="2">d 类</td><td>$\lambda_n \leqslant 1.05$</td><td rowspan="2">1.35</td><td>0.868</td><td>0.915</td></tr>
<tr><td>$\lambda_n > 1.05$</td><td>1.375</td><td>0.432</td></tr>
</table>

2. 稳定承载力计算

1) 截面为双轴对称的构件

截面为双轴对称的构件对主轴 x 和 y 的长细比为

$$\lambda_x = \frac{l_{0x}}{i_x},\ \lambda_y = \frac{l_{0y}}{i_y} \tag{4-17}$$

$$i_x = \sqrt{\frac{I_x}{A}},\ i_y = \sqrt{\frac{I_y}{A}} \tag{4-18}$$

式中　l_{0x}，l_{0y}——构件对主轴 x 和 y 的计算长度；

　　i_x，i_y——构件截面对主轴 x 和 y 的回转半径。

设计时，首先应确定截面形式，由表 4-3 及表 4-4 查得截面所属类别，然后按 λ_x/ε_k 和 λ_y/ε_k 由附录二可查得 φ_x 和 φ_y 值；再由 φ_x 和 φ_y 中的较小值进行计算。

为了提高轴心受压构件的稳定承载力，应使长细比 λ_x 和 λ_y 较小。由式(4-17)，即应使计算长度较小或截面回转半径较大。将构件两端由铰接变为嵌固端，或在杆件中间加支撑，都可减小构件的计算长度，这是通过改变轴心受压构件的外部条件来达到提高承载力的目的；从增大截面回转半径的角度出发，则应选择薄板组成的开展截面，即用相同的钢材面积组成惯性矩更大的截面，采用这两种方法还可以节约钢材。

设计轴心受压构件时，除应满足承载能力极限状态的要求外，尚应满足正常使用极限状态的要求。要求构件的长细比不得超过设计标准规定的容许长细比：

$$\lambda_x \leqslant [\lambda] 及 \lambda_y \leqslant [\lambda] \tag{4-19}$$

十字形截面虽属双轴对称截面，但其抗扭能力较差。当构件的长细比不大而组成的板件的宽厚比很大时，将发生扭转屈曲。为了保证十字形截面轴心受压构件的承载力由弯曲屈曲控制，悬伸板件的宽厚比不超过 15 ε_k 时，可不计算扭转屈曲。

2) 截面为单轴对称的构件

如图 4.12 所示的单轴对称截面，y—y 轴为对称轴，x—x 轴为非对称轴。这类轴心受压构件绕非对称轴(x—x)屈曲为弯曲屈曲，由 $\lambda_x = \frac{l_{0x}}{i_x}$ 查稳定系数 φ_x，计算构件的承载力。

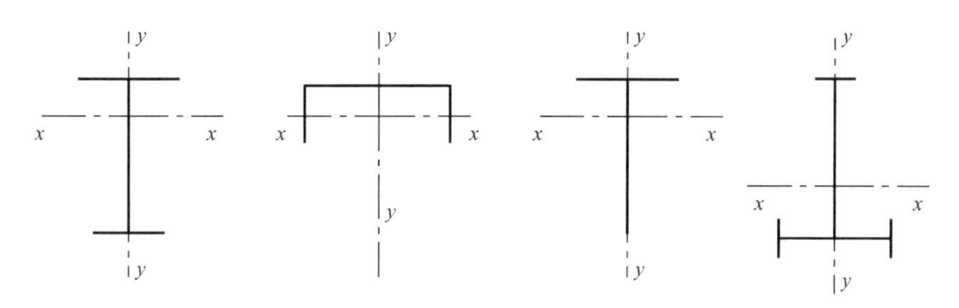

图 4.12 单轴对称截面

当绕对称轴(y—y)屈曲时，因截面的形心与弯曲中心不重合，将以弯扭屈曲失稳。考虑弯扭屈曲时，构件对 y 轴弯曲屈曲临界力的换算长细比为：

$$\lambda_{yz}=\frac{1}{\sqrt{2}}\sqrt{\lambda_y^2+\lambda_z^2+\sqrt{\left(\lambda_y^2+\lambda_z^2\right)^2-4\left(1-\frac{a^2}{i_0^2}\right)\lambda_y^2\lambda_z^2}} \tag{4-20}$$

$$\lambda_z^2=\frac{i_0^2A}{\dfrac{I_t}{25.7}+\dfrac{I_\omega}{l_\omega^2}} \tag{4-21}$$

$$i_0^2=a^2+i_x^2+i_y^2 \tag{4-22}$$

式中 λ_y ——构件对对称轴的长细比；

λ_z ——扭转屈曲的长细比；

i_0 ——截面对剪心的极回转半径；

a ——截面形心至剪心的距离；

I_t ——毛截面抗扭惯性矩，$I_t=\dfrac{K}{3}\sum_{i=1}^{n}b_it_i^3$；

I_ω ——毛截面扇性惯性矩，对 T 形截面(轧制、双板焊接、双角钢组合)、十字形截面和角形截面可近似取 $I_\omega=0$；

A ——毛截面面积；

l_ω ——扭转屈曲的计算长度，对两端铰接、端部截面可自由翘曲的或两端嵌固端、截面的翘曲完全受到约束的构件，取 $l_\omega=l_{0y}$。

设计时，根据换算长细比，按弯曲屈曲查得稳定系数，进行稳定承载力的计算。同时，换算长细比不得超过容许长细比。

对于等边单角钢轴心受压构件，当绕两主轴弯曲的计算长度相等时，可不计算弯扭屈曲。

双角钢组合 T 形组合截面(图 4.13)绕对称轴的换算长细比 λ_{yz} 可按下列简化公式计算。

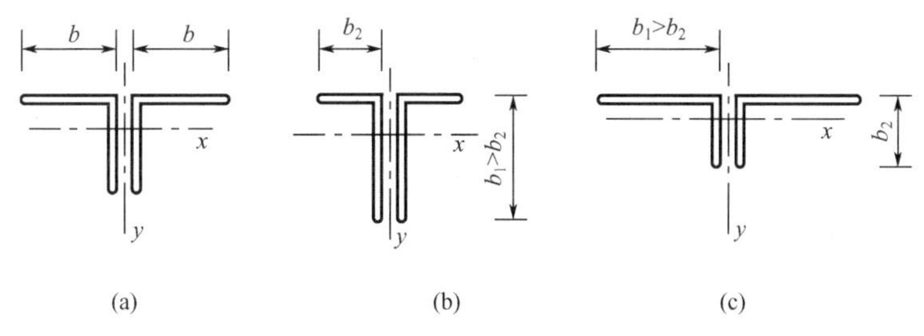

图 4.13 双角钢 T 形组合截面

(1) 等边双角钢截面[图 4.13(a)]。

当 $\lambda_y \geqslant \lambda_z$ 时，为

$$\lambda_{yz} = \lambda_y \left[1 + 0.16 \left(\frac{\lambda_y}{\lambda_z} \right)^2 \right] \tag{4-23}$$

当 $\lambda_y < \lambda_z$ 时，为

$$\lambda_{yz} = \lambda_z \left[1 + 0.16 \left(\frac{\lambda_y}{\lambda_z} \right)^2 \right] \tag{4-24}$$

$$\lambda_z = 3.9 \frac{b}{t} \tag{4-25}$$

(2) 长肢相并的不等边双角钢截面[图 4.13(b)]。

当 $\lambda_y \geqslant \lambda_z$ 时，为

$$\lambda_{yz} = \lambda_y \left[1 + 0.25 \left(\frac{\lambda_z}{\lambda_y} \right)^2 \right] \tag{4-26}$$

当 $\lambda_y < \lambda_z$ 时，为

$$\lambda_{yz} = \lambda_z \left[1 + 0.25 \left(\frac{\lambda_y}{\lambda_z} \right)^2 \right] \tag{4-27}$$

$$\lambda_z = 5.1 \frac{b_2}{t} \tag{4-28}$$

(3) 短肢相并的不等边双角钢截面[图 4.13(c)]。

当 $\lambda_y \geqslant \lambda_z$ 时，为

$$\lambda_{yz} = \lambda_y \left[1 + 0.06 \left(\frac{\lambda_z}{\lambda_y} \right)^2 \right] \tag{4-29}$$

当 $\lambda_y < \lambda_z$ 时，为

$$\lambda_{yz} = \lambda_z \left[1 + 0.06 \left(\frac{\lambda_y}{\lambda_z} \right)^2 \right] \tag{4-30}$$

$$\lambda_z = 3.7 \frac{b_1}{t} \tag{4-31}$$

3) 截面无对称轴的构件

无任何对称轴且非极对称的截面(单面连接的不等边单角钢除外)不宜用作轴心受压构件。如采用时，可按《钢结构设计标准》中式(7.2.2-14)～式(7.2.2-19)计算换算长细比。

对单面连接的单角钢轴心受压构件，考虑强度设计值折减系数 η 后，可不考虑弯扭效应的影响。《钢结构设计标准》规定：计算稳定时，等边角钢取 $\eta = 0.6+0.0015\lambda$；短边相连的不等边角钢取 $\eta = 0.5+0.0025\lambda$；长边相连的不等边角钢取 $\eta = 0.70$。式中 $\lambda=\frac{l_0}{i_0}$，计算长

度 l_0 按相关规定确定，i_0 为角钢的最小回转半径。当 $\lambda<20$ 时，取 $\lambda=20$。当折减系数 η 的计算值大于 1.0 时，取为 1.0。当槽形截面用于格构式构件的分肢，计算分肢绕对称轴(y 轴)的稳定性时，不必考虑扭转效应，直接由 λ_y 查得 φ_y 值。

4.3.5　实腹式轴心受压构件的局部稳定

实腹式轴心受压构件，常采用钢板组成工字形和箱形的组合截面。为了节约钢材，应尽可能采用开展的截面，用尽可能少的材料，获得尽可能大的截面惯性矩，因而，组合截面常用薄钢板组成。但如果这些板件过薄，如图 4.14 所示的实腹式柱在均布压应力作用下，可能先于构件整体屈曲而发生局部屈曲失稳。这种现象称为组合截面的板件丧失稳定，或称局部失稳。虽然局部失稳不像构件整体丧失稳定那样危险，但由于组合截面中某个板件失稳而退出工作后，将使组合截面的有效承载面积减小，同时还使组合截面变得不对称，将促使构件整体发生破坏。因而，实腹式轴心受压构件的局部稳定也必须得到保证，它也属于构件承载能力极限状态的一部分。

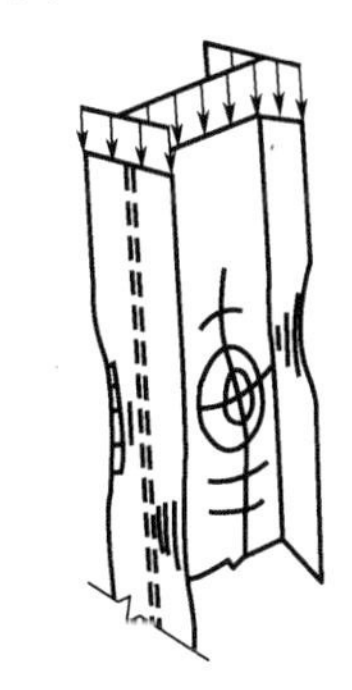
图 4.14　实腹式柱的局部失稳现象

1. 薄板稳定的基本概念

受压构件承载力主要决定于稳定，因而可以认为，稳定问题总是由于受压而引起的。对于板件来说也是如此，当沿着板边有压力作用时，其承载力也常决定于稳定。

图4.15(a)所示四边简支的矩形薄板(图中虚线表示简支边)，薄板上、下边缘受相向的分布压力作用，此分布压力作用于板厚的中面内而处于平衡状态，属于平面稳定平衡状态。当压力达临界值 $N_{cr}=\sigma_{cr}\cdot t$ 时，薄板由平面稳定平衡状态转变为微微挠曲的曲面稳定平衡状态，这就是薄板的临界状态，图中环形曲线代表薄板挠曲后的等高线。

图 4.15(b)是薄板单边受分布压力作用时的临界状态，这时薄板的挠曲部分偏于压力作用一边。图 4.15(c)是薄板四边受剪力作用的情况，主应力沿两对角线方向，一个对角线方向为拉力，另一方向则为压力。当压力到达临界值时，将使薄板发生菱形挠曲而失稳屈曲，这时薄板边缘的剪应力称为临界剪应力 τ_{cr}。

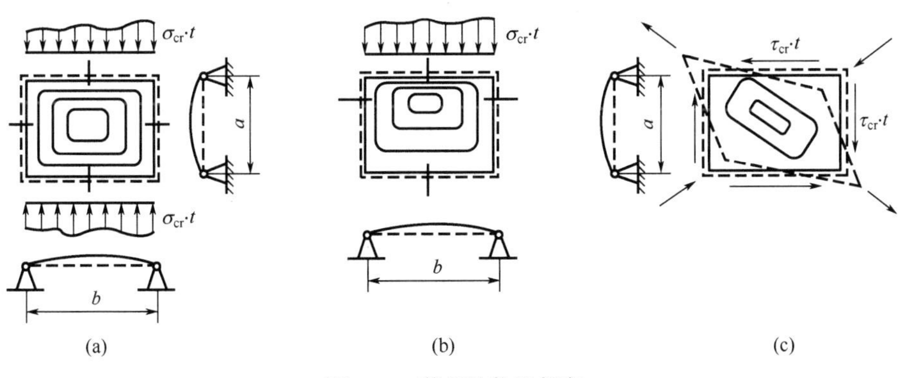

图 4.15　薄板的临界状态

薄板稳定问题和轴心受压杆件类似，存在两种稳定平衡状态：平面稳定平衡状态和曲面稳定平衡状态。薄板的临界状态是指薄板由平面稳定平衡状态转变为曲面稳定平衡状态。和轴心受压杆件一样，只要列出临界状态时薄板的曲面平衡微分方程，就可解出临界力值，也可应用能量法求得近似解。

式(4-32)为简支矩形薄板在各种荷载(受压、受弯和受剪)作用下的临界力的通用表达式为

$$N_{cr}=k\frac{\pi^2 D}{b^2} \tag{4-32}$$

式中 D——薄板的柱面刚度，$D=\dfrac{Et^3}{12(1-\nu^2)}$；

E——钢材的弹性模量；

t——薄板的厚度；

ν——钢材的泊松比；

b——受压时为受压边的边长，受剪时为矩形薄板的短边边长；

k——薄板的屈曲系数，和荷载种类、荷载分布状况以及薄板的边长比例等有关。

式(4-32)和轴心受压杆件的欧拉公式相似。同式(4-4)对比，D 对应于 EI，b 对应于 l_0，这里多一个屈曲系数 k，和薄板的受荷状况等有关。

临界应力为

$$\sigma_{cr}=\frac{N_{cr}}{t}=k\frac{\pi^2 E}{12(1-\nu^2)}\left(\frac{t}{b}\right)^2 \tag{4-33}$$

式(4-32)和式(4-33)适用于工字形截面的轴心受压构件的腹板和翼缘板。

2. 轴心受压构件的局部稳定

1) 工字形(H形)截面

图 4.16 所示为工字形截面的轴心受压构件。翼缘板和腹板互相支承，加劲肋(或两端的盖板)是腹板和翼缘板另一方向边的支承。因而腹板可简化为四边简支的板，半个翼缘板可简化为三边简支、一边自由的板。

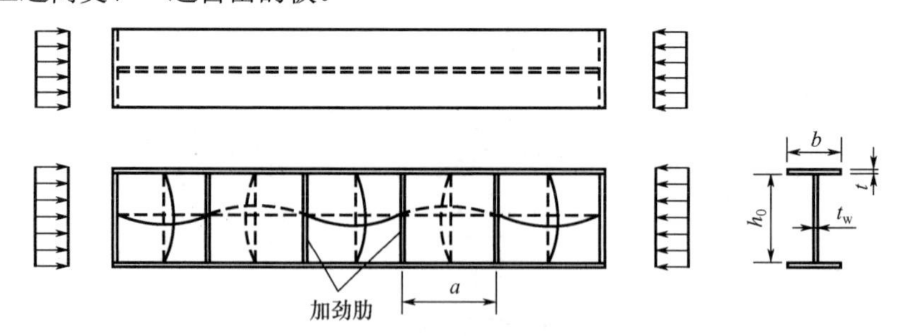

图 4.16 工字形截面轴心受压构件

图 4.17 所示为腹板和翼缘板达到临界状态发生屈曲。如图 4.17(a)所示，腹板是一块四边简支的板，在 x=0 和 x=a 两边受均布压力 $\sigma_{cr}\cdot t_w$ 的作用，这两边是构件端部的加劲肋或盖板，它们的刚度不大，对腹板只起简支边的作用。在 y=0 和 y=b 的两边分别和翼缘板相连，翼缘板在平面外的刚度较大，对腹板有一定的嵌固作用，属于弹性嵌固。

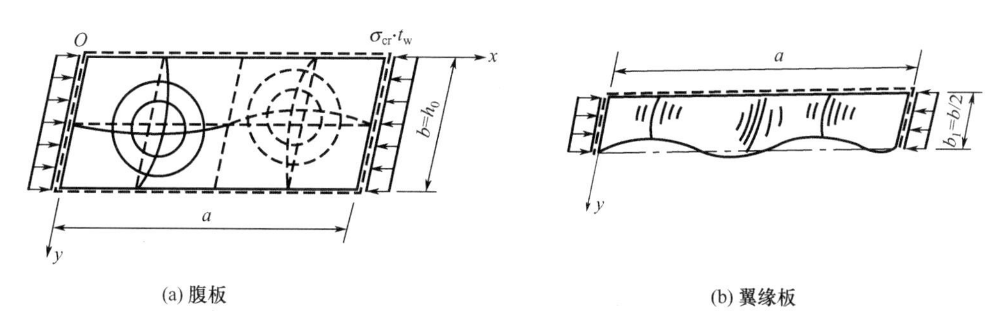

(a) 腹板　(b) 翼缘板

图 4.17　腹板和翼缘板的屈曲

达到临界状态时，腹板沿横向(y 方向)出现一个半波，而在纵向(x 方向)随板长的增加而可能出现若干个半波。不考虑翼缘板对腹板的弹性嵌固作用时，腹板的屈曲系数为

$$k=\left(\frac{bm}{a}+\frac{a}{bm}\right)^2$$

式中　m——沿腹板纵向(顺荷载作用的 x 方向)出现的半波数，应为正整数。

取 m=1, 2, 3, 4, …，屈曲系数 k 和板的边长比 $\frac{a}{b}$ 的关系见图 4.18。图中实线表示对于任意 $\frac{a}{b}$，k 为最小的曲线段，表示当板屈曲时，沿纵向总是有 k 为最小值的半波数。当 $\frac{a}{b}>1$ 时，板虽挠曲为几个半波，但屈曲系数 k 基本为常数 4；当 $\frac{a}{b}<1$ 时，k 值提高，表示板的临界应力提高。要使 $\frac{a}{b}<1$，工字形截面轴心受压构件需设置较多的横向加劲肋，并不经济。通常做法是不设加劲肋，使腹板的 $\frac{a}{b}>1$，因而取 $k_{\min}=4$，同时考虑到翼缘板对腹板的弹性嵌固作用。经理论分析，屈曲系数 k 可提高 30%，这样腹板的临界应力由式(4-34)决定。

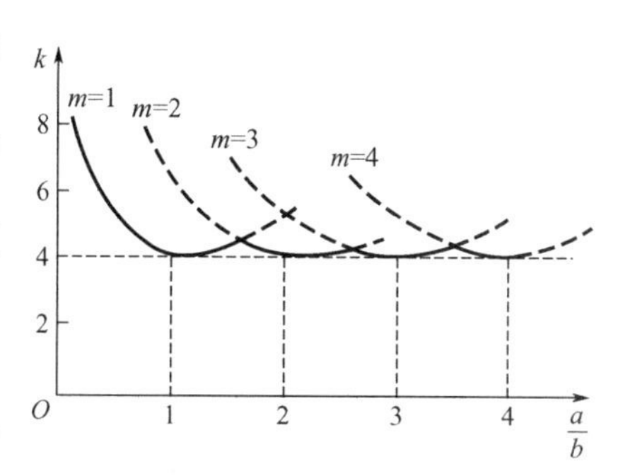

图 4.18　k 和 $\frac{a}{b}$ 的关系

$$\sigma_{cr}=1.3\times4\frac{\pi^2E\sqrt{\eta}}{12(1-\nu^2)}\left(\frac{t_w}{h_0}\right)^2 \tag{4-34}$$

式中　t_w，h_0 ——腹板的厚度和宽度(高度)；

η——进入弹塑性状态的弹性模量折减系数，$\eta=\dfrac{0.1013\lambda^2\left(1-\dfrac{0.0248\lambda^2 f_y}{E}\right)}{E}$。

由式(4-34)可见，要想提高腹板的临界应力只有两种方法：一是增加 t_w，二是减小 h_0。减小 h_0 对提高 σ_{cr} 很有效，方法是在腹板中央设置一道纵向加劲肋，使 h_0 减小为 $\frac{1}{2}$，σ_{cr} 可提高到原来的 4 倍。然而，这样做也不经济，通常做法是采用一定厚度的腹板来提高临界应力，以保证稳定。但究竟要把临界应力提高到什么程度较为合适，《钢结构设计标准》按照等稳定设计的原则，根据腹板局部稳定的临界应力等于轴心受压构件整体稳定临界应力的条件，来确定腹板需要的厚度。令式(4-34)腹板局部屈曲的临界应力等于轴心受压构件整体的临界应力 φf_y，把附录二中的 φ 值代入，可得到 $\frac{h_0}{t_w}$ 与 λ 的关系(式中 ν 取 0.3)。此关系为非线性的，为了使用方便，近似地取为线性关系。

$$\frac{h_0}{t_w} \leqslant (25+0.5\lambda)\varepsilon_k \tag{4-35}$$

式中　λ——构件对两个主轴方向长细比的较大值，$\lambda \leqslant 30$ 时取 30，$\lambda \geqslant 100$ 时取 100；

f_y——构件所用钢材的屈服点；

ε_k——钢号修正系数，$\varepsilon_k = \sqrt{\frac{235}{f_y}}$。

设计时，如构件的实际应力小于临界应力，即 $\sigma < \varphi f_y$，可采用更薄一些的腹板。只需把式(4-35)算得的 $\frac{h_0}{t_w}$ 值乘以 $\sqrt{\frac{\varphi f_y}{\sigma}}$ 即可。

腹板虽是翼缘板的一个支承边，但它在平面外的刚度很小，因而对翼缘板无嵌固作用。可将一半翼缘板的受力状况简化为三边简支、一边自由的均匀受压板，如图 4.17(b)所示。它的屈曲系数为

$$k = 0.425 + \left(\frac{b_1}{a}\right)^2 \tag{4-36}$$

式中　a——纵向边的长度；

b_1——荷载边的宽度，即翼缘的自由外伸宽度。

a 一般大于 b_1，往往就是构件的长度。按最不利情况考虑，取 $\frac{a}{b_1} = \infty$，则 $k = 0.425$。

翼缘板的临界应力为

$$\sigma_{cr} = 0.425\frac{\pi^2 E\sqrt{\eta}}{12(1-\nu^2)}\left(\frac{t}{b_1}\right)^2 \tag{4-37}$$

为了提高翼缘板的临界应力，并充分利用它的承载力，合理的办法是采用一定的厚度来保证它的稳定。和腹板一样，使翼缘板的临界应力等于构件的临界应力，即令式(4-37)等于 φf_y(式中取 ν=0.3)，可导出符合等稳定要求的翼缘板宽厚比。同样，把所得的较复杂的公式简化后得到式(4-38)。

$$\frac{b_1}{t} \leqslant (10+0.1\lambda)\varepsilon_k \tag{4-38}$$

式中　λ——构件对两个主轴方向长细比的较大值，$\lambda \leqslant 30$ 时取 30，$\lambda \geqslant 100$ 时取 100。

2) 箱形截面

箱形截面的轴心受压构件的翼缘和腹板均为四边支承板，但翼缘和腹板一般用单侧焊

缝连接，嵌固程度较低，可取嵌固系数为 1。《钢结构设计标准》采用局部屈曲临界应力不低于屈服应力的准则，得到的宽厚比限值与构件的长细比无关，即

$$\frac{h_0}{t_w} \leqslant 40\varepsilon_k$$

式中 h_0——壁板的净宽度，当箱形截面设有纵向加劲肋时，为壁板与加劲肋之间的净宽度。

3) T 形截面

T 形截面轴心受压构件的翼缘板悬伸部分的宽厚比 $\frac{b_1}{t}$ 限值与工字形截面一样，按式(4-38)计算。

T 形截面的腹板也是三边简支、一边自由的板，但其宽厚比比翼缘大得多，它的屈曲受到翼缘一定程度的嵌固作用，故腹板的宽厚比限值可适当放宽。考虑到焊接 T 形截面几何缺陷和残余压力都比热轧 T 型钢大，因此其采用了相对低一些的限值。二者宽厚比限值为

热轧 T 型钢
$$\frac{h_0}{t_w} \leqslant (15+0.2\lambda)\varepsilon_k \tag{4-39a}$$

焊接 T 形截面
$$\frac{h_0}{t_w} \leqslant (13+0.17\lambda)\varepsilon_k \tag{4-39b}$$

4) 加强局部稳定的措施

上述工字形(H 形)、箱形和 T 形截面，都采用增加板厚的方法来保证其局部稳定(图 4.19)，使其局部稳定临界应力和整体稳定临界应力相等。一些截面高度较大的柱类构件，腹板高度 h_0 较大，根据等稳定条件确定的腹板厚度，有时也比较厚，显得不够经济。遇到这种情况，如经计算认为合理时，可在腹板中央沿腹板全长设置一根纵向加劲肋，这样，式(4-34)和式(4-35)中的 h_0 减小为 $\frac{1}{2}h_0$，σ_{cr} 可大大提高，腹板厚度即可大大减小。

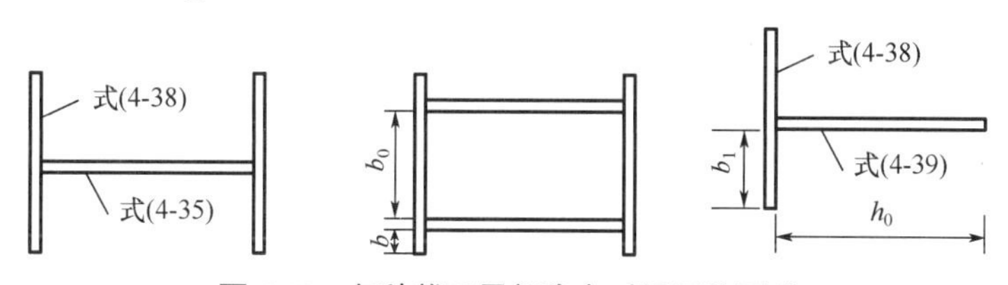

图 4.19 各种截面局部稳定对板厚的要求

4.4 格构式轴心受压构件

当轴心受压构件(一般为柱)的长度较大，或所受的荷载较小时，宜采用格构式截面形式。图 4.20 所示为格构式轴心受压构件常用的截面形式，有双肢、三肢和四肢等。对于这些截面形式的轴心受压构件，只能产生弯曲屈曲。

格构式构件由柱肢和缀件组成。通过柱肢的轴称为实轴，通过缀件平面的轴称为虚轴。三肢和四肢截面的两根主轴都是虚轴。

4.3 节在推导实腹式轴心受压构件的弯曲屈曲临界力时，忽略了临界状态时剪力对变形的影响。这是因为实腹式构件在微微弯曲的临界平衡状态时，产生的剪力由腹板承受，此剪力不大，而腹板的剪切刚度又很大，使腹板产生的剪切变形就很小，因此可以忽略不计。但对于由缀件组成的格构式截面，此剪力将引起缀件产生较大变形，不能忽略。因而在求解临界力时，必须计入剪切变形的影响。考虑临界状态的剪切变形后，构件的临界力降低了，相当于长细比增大了，因此，对格构式轴心受压构件虚轴的临界力，应采用换算长细比来计算其稳定承载力。

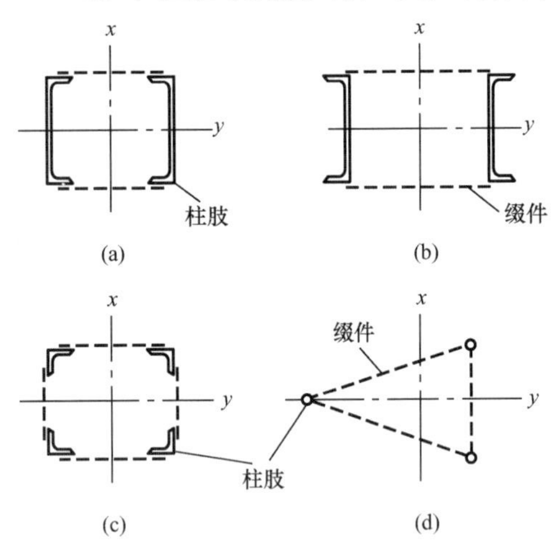

图 4.20　格构式轴心受压构件截面形式

格构式构件绕实轴屈曲时[图 4.20(a)、图 4.20(b)中的 y 轴]和实腹式构件一样，可忽略剪切应变的影响，即

$$N_{\mathrm{cr},y}=\frac{\pi^2 E\tau I_y}{l_{0y}^2} \tag{4-40}$$

$$\sigma_{\mathrm{cr},y}=\frac{\pi^2 E\tau}{\lambda_{0y}^2} \tag{4-41}$$

绕虚轴屈曲时[图 4.20(a)、图 4.20(b)中的 x 轴，图 4.20(c)、图 4.20(d)中的 x 轴和 y 轴]，不能忽略剪切应变的影响，这时有

$$N_{\mathrm{cr},x}=\frac{\pi^2 E\tau I_x}{l_{0x}^2} \tag{4-42}$$

$$\sigma_{\mathrm{cr},x}=\frac{\pi^2 E\tau}{\lambda_{0x}^2} \tag{4-43}$$

式中　λ_{0x}——对虚轴 x 的换算长细比。

$$\mu=\sqrt{1+\frac{\pi^2 E\tau I_x}{l_{0x}^2}\gamma_1} \tag{4-44}$$

式中　μ——格构式轴心受压构件计算长度放大系数，取决于构件弯曲屈曲时的单位剪切角 γ_1，与所用缀件体系有关。

图 4.21 所示为两种常用的缀件体系，图 4.21(a)称为缀条式(也称斜腹杆式)，缀条和柱肢铰接组成平行弦桁架体系；图4.21(b)称为缀板式(也称平腹杆式)，缀板和柱肢固接，和柱肢组成多层刚架体系。接下来以双肢柱为例，介绍计算长度放大系数 μ 的确定方法。

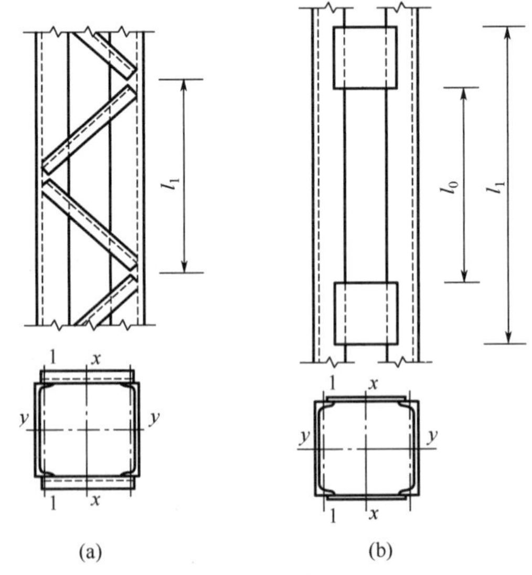

图 4.21　缀件体系

4.4.1 双肢缀条式格构柱

双肢缀条式格构柱常用三角式的缀条体系，图 4.22 所示为其临界状态。图 4.22(a)所示为柱处于临界状态微微弯曲的状态。由于弯曲而产生剪力，图 4.22(b)取一个节间，确定在单位剪力 V=1 作用下产生的剪切角 γ_1。有两个缀条面，每个缀条面受剪力 $V_1=\dfrac{1}{2}$ 作用，产生相对剪切位移 $\varDelta$。

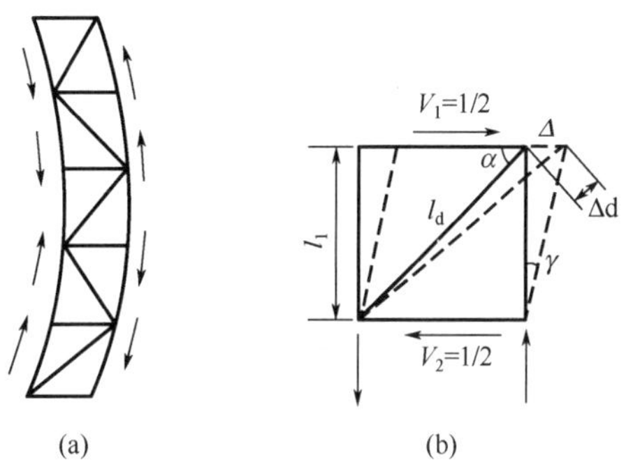

图 4.22 缀条体系的临界状态

由图得 $\tan\gamma_1=\dfrac{\varDelta}{l_1}$，因 γ_1 角很小，可取：

$$\gamma_1=\frac{\varDelta}{l_1}=\frac{\Delta d}{l_1\cos\alpha}$$

缀条在 $V_1=\dfrac{1}{2}$ 作用下产生的拉力为

$$S_d=\frac{1}{2\cos\alpha}$$

缀条伸长 $$\Delta d=\frac{S_d l_d}{EA_d}=\frac{l_1}{2EA_d\sin\alpha\cos\alpha}$$

故 $$\gamma_1=\frac{1}{2EA_d\sin\alpha\cos^2\alpha}$$

式中 A_d——缀条的面积；

l_d——缀条的长度；

α——缀条与水平线的夹角。

将 γ_1 代入式(4-44)，且取 $\tau=1$，得

$$\mu=\sqrt{1+\frac{\pi^2 I_x}{2l_0^2 A_d\sin\alpha\cos^2\alpha}}=\sqrt{1+\frac{\pi^2 A}{2\lambda_x^2 A_d\sin\alpha\cos^2\alpha}}$$

式中 A——两根柱肢的毛截面面积。

通常 α=40°～70°，取 $\sin\alpha\cos^2\alpha$=0.35，代入上式得

$$\mu\approx\sqrt{1+27\frac{A}{A_1\lambda_x^2}}$$

最后得双肢缀条柱对虚轴的换算长细比为

$$\lambda_{0x}=\mu\lambda_x=\sqrt{\lambda_x^2+27\frac{A}{A_1}} \tag{4-45}$$

式中 A_1——双肢缀条的毛截面面积。

构件对虚轴的稳定承载力

$$\sigma=\frac{N}{A}\leqslant\varphi_x f \tag{4-46}$$

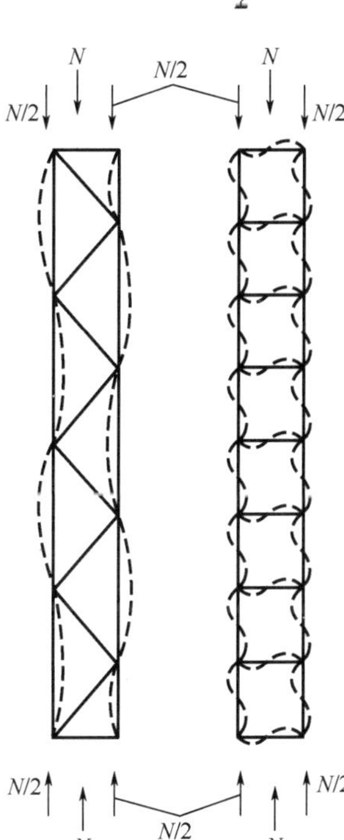

缀件（缀条或缀板）

柱肢

(b)

图 4.23 单肢失稳

格构式轴心受压柱除整体稳定外，还存在单肢稳定问题，

图 4.23 所示为其单肢失稳的情况。如果发生单肢失稳，柱整体也将破坏，所以单肢稳定也必须保证。《钢结构设计标准》规定单肢长细比 $\lambda_1=\frac{l_1}{i_1}$ 小于或等于柱子两个主轴方向中最大长细比的 0.7 倍时($\lambda_1\leqslant 0.7\lambda_{max}$)，认为单肢不会先于整体失去稳定，这时就不必验算单肢稳定。这里单肢的计算长度 l_1 是指一个节间的长度，i_1 是指一个槽钢的回转半径，如图 4.21 所示。

4.4.2 双肢缀板式格构柱

图 4.24 所示为双肢缀板式格构柱的缀板体系的临界状态。缀板是一块钢板，与柱肢固接[图 4.21(b)]，缀板和柱肢组成多层框架体系。通常两肢截面相等，各横杆(缀板)的刚度相同且等距离布置。

当柱达到临界状态，绕虚轴整体弯曲时，缀板体系中的所有杆件都按 S 形弯曲，零弯矩点在缀板中点和柱肢上两缀板间的中点位置[图 4.24(a)]，在零弯矩点只作用因杆件弯曲而产生的剪力。

假设剪力平均分配于两柱肢。在 V=1 时，柱肢的单位剪切角按下式计算。

$$\gamma_1\approx\tan\gamma_1=\frac{l_1^2}{24EI_1}+\frac{al_1}{6EI_b}$$

式中 I_1 ——单肢对本身 1—1 轴的惯性矩，$I_1=\frac{Ai_1^2}{2}$；

A ——两根柱肢的面积；

I_b ——缀板的惯性矩；

l_1 ——节间长，焊接连接时 l_1 是相邻两缀板的净距离，螺栓连接时 l_1 为相邻两缀板边缘螺栓的距离。

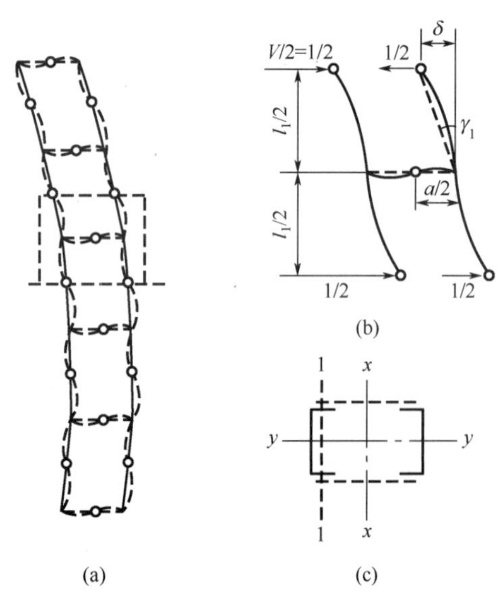

图 4.24　缀板体系的临界状态

上式等号右侧第一项是柱肢变形，第二项是缀板变形。当前后两块缀板的线刚度之和为单肢线刚度的 6 倍时，第二项可忽略。

单肢节间段的长细比为 $\lambda_1=\frac{l_1}{i_1}$，代入式(4-44)，同样取 τ=1。

$$\mu=\sqrt{1+\frac{\pi^2 EI_x}{l_{0x}^2}\cdot\frac{\lambda_1^2}{12EA}}$$

因为 $I_x=Ai_x^2$，$\lambda_x=\frac{l_{0x}}{I_x}$，代入得

$$\mu=\sqrt{1+\frac{\pi^2\lambda_1^2}{12\lambda_x^2}}\approx\sqrt{1+\frac{\lambda_1^2}{\lambda_x^2}}$$

最后，得双肢缀板柱对虚轴的换算长细比为

$$\lambda_{0x} = \mu\lambda_x = \sqrt{\lambda_x^2 + \lambda_1^2} \tag{4-47}$$

由 λ_{0x} 查得稳定系数 φ_x，验算公式同前。

$$\sigma = \frac{N}{A} \leqslant \varphi_x f \tag{4-48}$$

设计时应先假设 λ_1，才能计算换算长细比。为了确实保证单肢不先于整体失稳，《钢结构设计标准》规定：λ_1 不应大于 40 ε_k，并不应大于构件最大长细比 λ_{max} 的 0.5 倍。当 λ_{max} ＜50 时，按 λ_{max}=50 计算。符合以上条件时，可不计算单肢的稳定性。否则，应进行验算。应注意：单肢属于压弯构件，除有轴心压力外，尚有局部弯矩。局部弯矩的确定，将在下面介绍。缀板式格构柱单肢失稳状态如图 4.24(b)所示。

上面推导单位剪切角 γ_1 时，忽略了缀板的变形，但要求两块缀板的线刚度之和不小于单肢线刚度的 6 倍，这一条件必须满足。

三肢柱和四肢柱换算长细比的推导和双肢柱类似，不再逐一推导，换算长细比的计算公式详见《钢结构设计标准》。

4.4.3 缀件计算

1. 剪力值的确定

当轴心受压格构柱达到临界状态，绕虚轴微微弯曲时，轴心压力因挠曲而产生弯矩，从而出现了横向剪力，此剪力将由缀件承受。

图 4.25(a)所示为一轴心受压杆在临界力 N_{cr} 作用下处于弯曲平衡的临界状态。设杆轴线挠曲成正弦半波，$y = y_m \sin\frac{\pi z}{L}$，则

$$M = N_{cr} \cdot y = \frac{N_{cr} y_m \sin \pi z}{L}$$

$$V = \frac{dM}{dz} = \frac{N_{cr}\dfrac{\pi y_m}{L}\cos \pi z}{L}$$

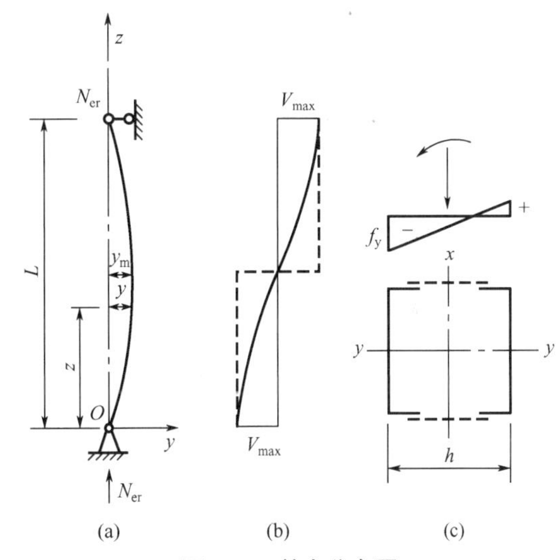

图 4.25 剪力分布图

在 z=0 和 z=L 处，剪力达最大值

$$V_{max} = N_{cr}\frac{\pi y_m}{L} \tag{4-49}$$

剪力沿杆长的分布见图 4.25(b)。根据纤维屈服的条件来确定杆中挠度 y_m。杆件由两槽钢组成，临界状态时，截面受压力 N_{cr} 和弯矩 $N_{cr} \cdot y_m$ 作用，最大纤维压应力[图 4.25(c)]为

$$\sigma_{max} = \frac{N_{cr}}{A} + \frac{N_{cr} y_m}{\dfrac{2I_x}{h}} = f_y$$

因为 $I_x = Ai_x^2$，对常用的槽钢组合截面，$h \approx 2.27 i_x$，(见附录四)，且 $\frac{N_{cr}}{Af_y} = \varphi$，由上式

$$\frac{N_{\text{cr}}}{Af_{\text{y}}}+\frac{\dfrac{N_{\text{cr}}y_{\text{m}}}{f_{\text{y}}}}{\dfrac{Ai_x^2}{1.135i_x}}=1$$

$$\varphi+\frac{1.135\varphi y_{\text{m}}}{i_x}=1$$

解得

$$y_{\text{m}}=0.88i_x\left(\frac{1}{\varphi}-1\right)$$

代入式(4-49)得

$$V_{\max}=\frac{0.88\pi N_{\text{cr}}}{\lambda_x}\left(\frac{1-\varphi}{\varphi}\right)=\frac{N_{\text{cr}}}{K\varphi}$$

式中　K——$K=\dfrac{\lambda_x}{0.88\pi(1-\varphi)}$，常遇到的情况是 λ_x 值为 40～60。经分析，当采用 Q235 钢时，缀板式格构柱的 K 的平均值为 81；采用双肢和四肢缀条式格构柱时，K 的平均值一般为 79～98。为统一起见，对 Q235 钢，统一取 K=85。

由此得最大剪力值为

$$V_{\max}=\frac{Af}{85\varepsilon_{\text{k}}} \tag{4-50}$$

式中　f——Q235 钢的强度设计值；

ε_{k}——钢号修正系数，$\varepsilon_{\text{k}}=\sqrt{\dfrac{235}{f_{\text{y}}}}$。

假设 $V_{\max}$ 沿构件全长不变[图 4.25(b)中虚线所示]，由承受剪力的缀件分担。

2. 缀条计算

图 4.26(a)所示为剪力分配到两个缀件平面内，各为 $V_1=\dfrac{V_{\max}}{2}$。图 4.26(b)所示为缀条体系受剪力的作用，斜缀条受到的轴心力为

$$N_1=\frac{V_1}{\cos\alpha}$$

构件达临界状态弯曲时，绕虚轴可向左弯曲，也可向右弯曲，因而斜缀条可能受拉，也可能受压，故应按压杆设计。

$$\sigma=\frac{N_1}{A}\leqslant\varphi f \tag{4-51}$$

缀条常用单角钢，其中斜缀条实际为偏心受压，将发生弯扭屈曲。为了简化设计，《钢结构设计标准》规定斜缀条仍按轴心受压杆件计算，根据 $\lambda=\dfrac{l_1}{i_1}$ 查稳定系数 φ 值，这里 l_1 是斜缀条的几何长度，i_1 是单角钢的最小回转半径。但应将强度设计值 f 乘以相应折减系数以考虑偏心的不利影响。

斜缀条的最小尺寸不宜小于∟45×4 或∟56×36×4。不承受剪力的横缀条主要用来减少分肢的计算长度，其截面尺寸通常与斜缀条相同。

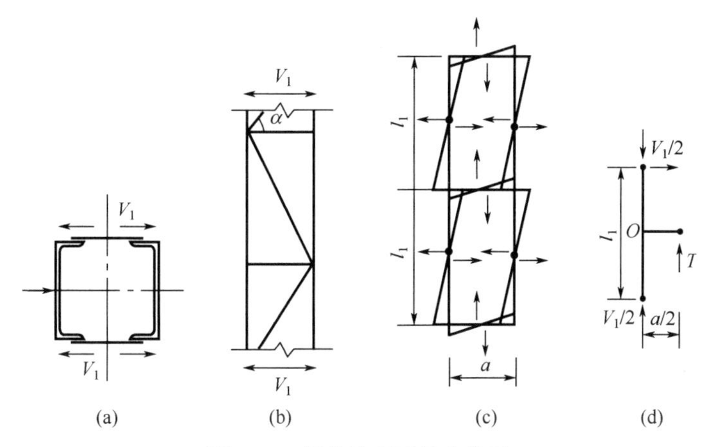

图 4.26　缀件体系受剪力作用

3. 缀板计算

图 4.26(c)所示为缀板体系在剪力作用下的内力分布。由柱肢和缀板的反弯点取出脱离体，如图 4.26(d)所示，脱离体处于平衡状态，水平剪力 $V_1=\dfrac{V_{max}}{2}$ 是作用于一根柱肢上的剪力，一根柱肢连接有两个缀板平面，因而与一块缀板剪力 T 相平衡的剪力是 $\dfrac{V_1}{2}$。对 O 点取矩，得缀板所受剪力为

$$T=\frac{V_1 l_1}{a} \tag{4-52}$$

缀板和柱肢为固接，节点处有剪力 T 和弯矩 M。

$$M=\frac{Ta}{2}=\frac{V_1 l_1}{2} \tag{4-53}$$

缀板用角焊缝和柱肢相连，搭接长度一般为 20～30mm。焊缝按 T 和 M 计算，缀板按 T 和 M 验算强度。通常这些内力都不大，缀板尺寸都按构造要求确定。在前面已经提到，两块缀板的线刚度不得小于柱肢线刚度的 6 倍。通常柱子截面的高宽度大致相等，当 $\lambda_{0x}\approx\lambda_y$ 时，取缀板宽度 $d_s>\dfrac{2a}{3}$，厚度 $t_s\geqslant\dfrac{d_s}{40}$ 及 $t_s>6$mm 时，即可满足上述对缀板刚度的要求。

4. 横隔

为了保证格构柱在运输和吊装过程中具有必要的截面刚度，防止因碰撞而使截面变形，沿柱身每隔 8m 或柱截面较大宽度的 9 倍长度应设置横隔，且每个运输单元横隔不得少于两个。当在柱身某一位置直接受较大的集中力作用时，该处也应设横隔，以免柱肢局部受弯。横隔分隔板和隔材两种，如图 4.27 所示，其作用是使柱截面成为几何不变体系。

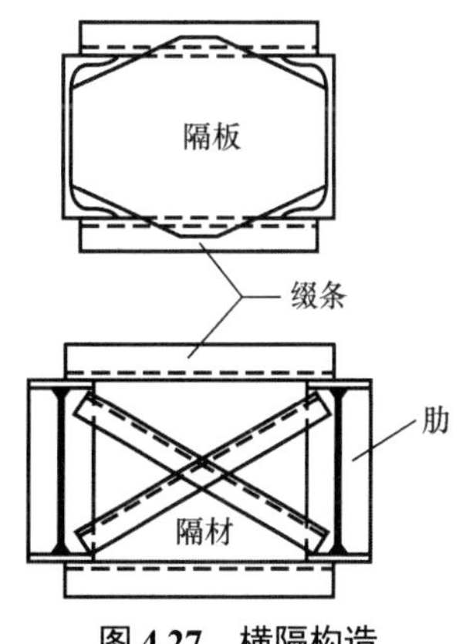

图 4.27　横隔构造

例题 4.1　有一轴心受压柱，已知 $l_{0x}=l_{0y}=6$m，各种荷载产生的设计轴心压力 $N=1700$kN。采用 Q235B 钢，允许平面外设置支撑，焊条为 E43 型。试选柱截面形式：(1)焊接工字形截面柱；(2)双肢缀条式格构柱；(3)双肢缀板式格构柱。

解：

(1) 焊接工字形截面柱。

① 试选截面。

假设长细比 λ=100，属于 b 类截面，查得稳定系数 φ=0.555。需要的截面面积和回转半径：

$A_s=\dfrac{N}{\varphi f}=\dfrac{1700\times10^3}{0.555\times215}$=14247(mm^2)，$i_{xs}=\dfrac{l_{0x}}{\lambda}=\dfrac{600}{100}$=6(cm)，$i_{ys}=\dfrac{l_{0y}}{\lambda}=\dfrac{600}{100}$=6(cm)。

由附录四，i_x=0.43h，i_y=0.24b。需要的截面轮廓尺寸为 $h_s=\dfrac{i_x}{0.43}=14$(cm)，$b_s=\dfrac{i_y}{0.24}=$ 25(cm)。根据 A_s、h_s 和 b_s 组成截面，但 h_s 往往较小，无法施焊翼缘和腹板的焊缝，需进行放大。应保证宽度 b 接近 b_s。组成截面如图 4.28(a)所示，所选截面面积、惯性矩和回转半径：

$$A=2\times1.6\times20+1\times45=109(\text{cm}^2)\text{；}$$

$$I_x=2\times1.6\times20\times23.3^2+\frac{1}{12}\times1\times45^3=42338(\text{cm}^4)\text{，}\ i_x=\sqrt{\frac{I_x}{A}}=19.71(\text{cm})\text{；}$$

$$I_y=\frac{2}{12}\times1.6\times20^3=2133(\text{cm}^4)\text{，}\ i_y=\sqrt{\frac{I_y}{A}}=4.42(\text{cm})\text{。}$$

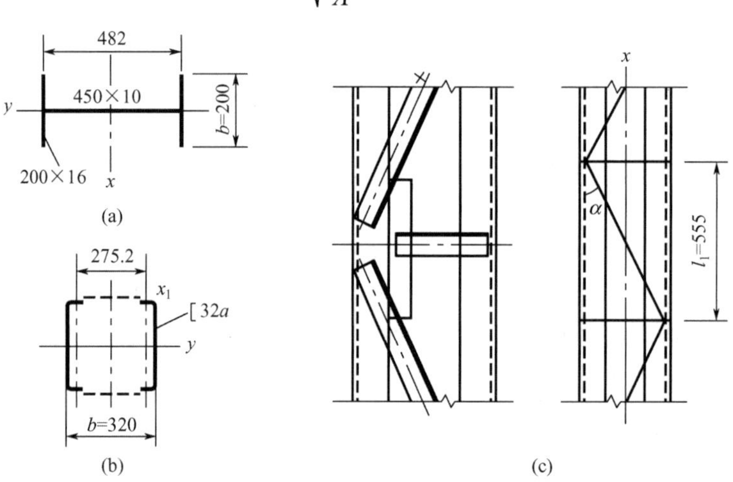

图 4.28　例题 4.1 图 1

② 整体稳定验算。

$\lambda_x=\dfrac{l_{0x}}{i_x}=\dfrac{600}{19.71}=30<[\lambda]=150$，$\lambda_y=\dfrac{l_{0y}}{i_y}=\dfrac{600}{4.42}=136<[\lambda]=150$。

翼缘经火焰切割，属 b 类截面，查得 φ_y=0.361。

$\sigma=\dfrac{N}{A}=\dfrac{1700\times10^3}{10900}=156$(N/mm^2)，$\varphi_y f=0.361\times215=78$(N/mm^2)。$\sigma>\varphi_y f$，不满足要求。

沿 x 轴方向在柱长度中点处设一道支撑，l_{0y} 减为 3m。此时 $\lambda_y=\dfrac{300}{4.42}$=68，查得 φ_y=0.763。

$\varphi_y f=0.763\times215=164(N/mm^2)>\sigma=156$N/mm^2，所选截面满足要求。

③ 局部稳定验算。

腹板 $\dfrac{h_0}{t_w}=\dfrac{450}{10}=45<(25+0.5\lambda_y)$，满足要求。

翼缘板 $\dfrac{b_1}{t}=\dfrac{100}{16}=6.25<(10+0.1\lambda_y)$，满足要求。

(2) 双肢缀条式格构柱。

① 按实轴(y 轴)稳定条件确定分肢截面尺寸。

假设长细比 $\lambda=100$，需要的截面面积和回转半径 $A_s=142.5\text{cm}^2$，$i_{ys}=6\text{cm}$。

根据 A_s 和 i_{ys} 选择截面，无法同时满足。试选 2[32a，$A=2\times48.7=97.4(\text{cm}^2)<A_s$，$i_y=12.5\text{cm}>i_{ys}$。

验算绕实轴稳定。

$\lambda_y=\dfrac{l_{0y}}{i_y}=\dfrac{600}{12.5}=48<[\lambda]=150$，满足要求。查得 $\varphi_y=0.865$。

$\sigma=\dfrac{N}{A}=\dfrac{1700\times10^3}{9740}=174.54(\text{N/mm}^2)$，$\varphi_y f=0.865\times215=186(\text{N/mm}^2)$。$\sigma$ 与 $\varphi_y f$ 间相差 6%，但无更合适的槽钢截面。

② 按虚轴(x 轴)稳定条件确定分肢间距。

缀条所受剪力 $V=\dfrac{Af}{85}=9740\times\dfrac{215}{85}=24636(\text{N})$，暂取∟45×4 作缀条，查得 $A_1'=3.49\text{cm}^2$，$i_1=0.89\text{cm}$。

按双向等稳定的要求计算换算长细比。

$$\lambda_{0x}=\sqrt{\lambda_x^2+27\frac{A}{A_1}}=\sqrt{44^2+27\times\frac{97.4}{2\times3.49}}=48=\lambda_y$$

$$\lambda_x=\sqrt{\lambda_y^2-27\frac{A}{A_1}}=\sqrt{48^2-27\times\frac{97.4}{2\times3.49}}=44$$

需要的绕虚轴(x 轴)的回转半径 $i_{xs}=\dfrac{l_{0x}}{\lambda_x}=\dfrac{600}{44}=13.64(\text{cm})$。

由附录四，$b_s=\dfrac{i_{xs}}{0.44}=\dfrac{13.64}{0.44}=31(\text{cm})$，取 $b=320\text{mm}$，如图 4.28(b)所示。

因为截面回转半径与轮廓尺寸间的关系是近似的，所取 b 值和需要值虽然接近，但仍应进行验算。

按选定截面尺寸计算如下。

$I_x=2\times(305+48.7\times13.76^2)=19051(\text{cm}^4)$，$i_x=\sqrt{\dfrac{I_x}{A}}=\sqrt{\dfrac{19051}{97.4}}=13.99(\text{cm})$，$\lambda_x=\dfrac{l_{0x}}{i_x}=\dfrac{600}{13.99}=43$，

$\lambda_{0x}=\sqrt{\lambda_x^2+27\dfrac{A}{A_1}}=\sqrt{43^2+27\times\dfrac{97.4}{2\times3.49}}=47$，属 b 类截面，查得 $\varphi_x=0.87$，截面应力为

$\sigma=\dfrac{N}{A}=\dfrac{1700\times10^3}{9740}=175\text{N/(mm}^2)$，$\varphi_x f=0.87\times215=187(\text{N/mm}^2)$。$\sigma<\varphi_x f$，满足要求。

单肢长细比 $\lambda_1=\frac{l_1}{i_1}=\frac{555}{25}=22<0.7\lambda_{\max}=0.7\times48=33.6$，满足要求，不必验算单肢稳定。

③ 缀条设计。

验算缀条承载力。

缀条与柱肢夹角 $\tan\alpha=\frac{27.5}{55.5}=0.4955$，$\alpha=26.4°$。

缀条长度 $l_0=\frac{b}{\sin 26.4°}=\frac{27.5}{0.4446}=61.8(\text{cm})$。

缀条长细比 $\lambda_0=\frac{l_0}{i_1}=\frac{61.8}{0.89}=69.4$。

属 b 类截面，查得 φ_1=0.754。缀条为等边单角钢单面连接，应乘折减系数 $k=0.6+0.0015\lambda_0=0.6+0.0015\times69.4=0.704$。

缀条所受剪力引起的轴心压力 $N_\text{d}=\frac{V}{2\sin\alpha}=\frac{Af}{2\times85\sin\alpha}=\frac{9740\times215}{2\times85\times0.4446}=27.7(\text{kN})$。

验算缀条稳定承载力。

$\sigma_1=\frac{N_\text{d}}{A_1'}=\frac{27700}{349}=79(\text{N/mm}^2)$，$\varphi_1kf=0.754\times0.704\times215=114.1(\text{N/mm}^2)$。$\sigma_1<\varphi_1kf$，满足要求且有富余。所选截面已属最小截面。

缀条与柱肢的连接采用角焊缝，$h_\text{f}=4\text{mm}$，需要的焊缝长度为

$$\sum l_\text{w}=\frac{N_\text{d}}{0.7h_\text{f}\times0.85f_\text{f}^\text{w}}=\frac{27700}{0.7\times4\times0.85\times160}=73(\text{mm})$$

式中 0.85——单面连接单角钢按轴心受力计算连接时的强度折减系数。

角钢肢背需要的焊缝长度 $0.7\sum l_\text{w}+8=59.1(\text{mm})$，取 60mm。

角钢肢尖需要的焊缝长度 $0.3\sum l_\text{w}+8=29.9(\text{mm})$，取 40mm。

为了布置焊缝，允许将缀条轴线汇交于槽钢外边缘，如仍布置不下，应增设节点板。图 4.28(c)中所示为横杆加设节点板的情况，节点板与柱肢用对接焊缝对接连接。

(3) 双肢缀板式格构柱。

① 按实轴(y 轴)稳定条件确定分肢截面尺寸。

同(2)，选定 2[32a，如图 4.29 所示。

② 按虚轴(x 轴)稳定条件确定分肢间距。

换算长细比 $\lambda_{0x}=\sqrt{\lambda_x^2+\lambda_1^2}=\lambda_y=48$，假设 $\lambda_1=25$，$\lambda_x=\sqrt{\lambda_y^2-\lambda_1^2}=\sqrt{48^2-25^2}=41$，$i_x=\frac{l_{0x}}{\lambda_x}=\frac{600}{41}=14.6(\text{cm})$，$b_\text{s}=\frac{i_x}{0.44}=\frac{14.6}{0.44}=33.2(\text{cm})$，取 b=370mm，所选 b 比 b_s 大得多，不必验算。

单肢长细比 $\lambda_1=25\approx0.5\lambda_{\max}=0.5\times50=25$，满足要求，不必验算单肢稳定。

③ 缀板设计。

缀板间净距 $l_{01}=i_1\lambda_1=2.5\times25=62.5(\text{cm})$，式中 $i_1=2.5\text{cm}$，是[32a 对自身 1—1 轴的回转半径。柱的两肢相同，且横截面接近正方形时，可按下列方法确定缀板尺寸：

缀板宽度 $d_s=\frac{2}{3}k=\frac{2}{3}\times370=247(\text{mm})$，取 250mm。

缀板厚度 $t_s\geqslant\frac{250}{40}=6.25(\text{mm})$，取 8mm。

缀板规格为－320×250×8，缀板刚度 $I_d=\frac{1}{12}\times8\times250^3\times10^{-4}=1042(\text{cm}^4)$。

柱肢对 1—1 轴的惯性矩，查槽钢表 $I_{x1}=305\text{cm}^4$，$\frac{2I_d}{b}=\frac{2\times1042}{37}=56.3$，$\frac{6I_{x1}}{l_{01}}=\frac{6\times305}{62.5}=29.3(\text{cm}^3)$。$\frac{2I_d}{b}>\frac{6I_{x1}}{l_{01}}$，满足要求。取脱离体如图 4.30 所示。

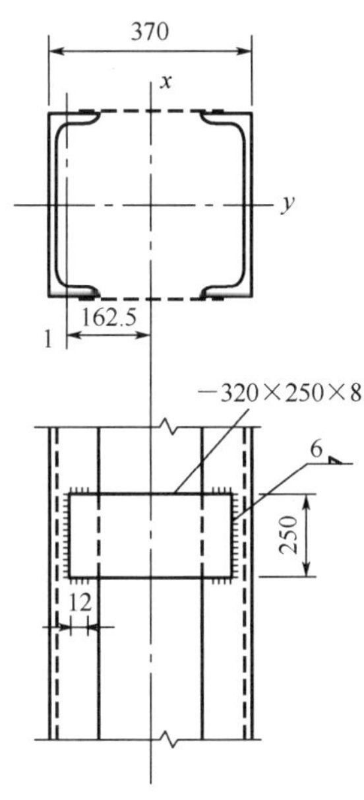

图 4.29 例题 4.1 图 2

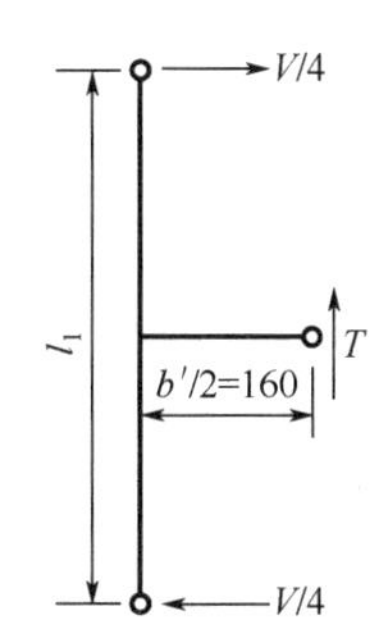

图 4.30 例题 4.1 图 3

满足平衡条件 $T\cdot\frac{b'}{2}=\frac{V}{4}\cdot l_1$。

$l_1=l_{01}+d_s=62.5+25=87.5(\text{cm})$，$T=\frac{Vl_1}{2b'}=24636\times\frac{87.5}{2\times32}=33682(\text{N})$。

缀板和柱肢相连处的弯矩 $M=\frac{Tb'}{2}=33682\times160=5389120(\text{N}\cdot\text{mm})$，

最大弯应力 $\sigma=\frac{6M}{t_s d_s^2}=6\times\frac{5398120}{8\times250^2}=65(\text{N/mm}^2)<f=215(\text{N/mm}^2)$，

最大剪应力 $\tau=\frac{1.5T}{t_s d_s}=1.5\times\frac{33682}{8\times250}=25(\text{N/mm}^2)<f_v=125(\text{N/mm}^2)$，满足要求。

④ 焊缝计算。

采用角焊缝，$h_f=6\text{mm}$，绕角焊，$l_w=d_s=250\text{mm}$，$A_f=0.7h_f d_s=0.7\times6\times250=1050(\text{mm}^2)$，

$W_f=0.7\times\frac{h_f d_s^2}{6}=0.7\times\frac{6\times250^2}{6}=43750(\text{mm}^3)$。

焊缝强度验算：

$$\sigma_{\rm f}=\frac{M}{W_{\rm f}}=\frac{5389120}{43750}=123({\rm N/mm^2})，\quad \tau_{\rm f}=\frac{T}{A_{\rm f}}=\frac{33682}{1050}=32({\rm N/mm^2})，\quad \sqrt{\left(\frac{\sigma_{\rm f}}{1.22}\right)^2+\tau_{\rm f}^2}=$$

$$\sqrt{\left(\frac{123}{1.22}\right)^2+32^2}=106({\rm N/mm^2})<f_{\rm f}^{\rm w}=160{\rm N/mm^2}$$，满足要求。

以上 3 种方案的结果列入表 4-6。由表 4-6 可见，采用格构式柱比实腹式柱经济，做到了两主轴方向等稳定。

表 4-6　轴心受压柱设计方案对比

方案	A/cm^2	λ_x	λ_y	$\sigma=N/A$/(N/mm^2)	φf/(N/mm^2)	构造
焊接工字形截面柱	109	30	68	156	164	加一道支撑
双肢缀条式格构柱	97.4	43	48	175	187	用缀条
双肢缀板式格构柱	97.4	41	48	175	187	用缀板

4.5　柱头和柱脚

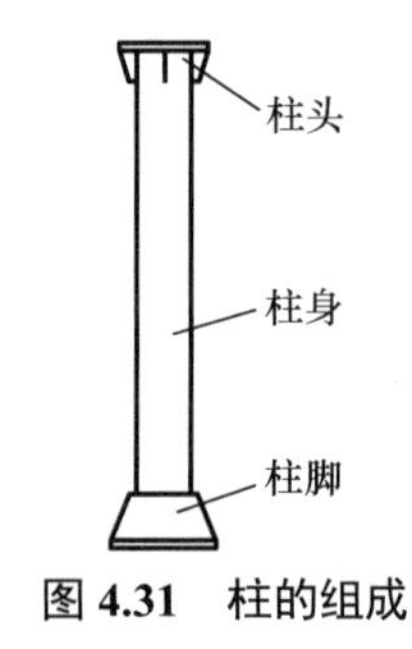

图 4.31　柱的组成

当轴心受压构件用作柱时，它的作用是把上面结构(梁)传来的荷载传给基础。柱上端应设计一个柱头和梁相连，下端设计一个柱脚把荷载可靠地传给基础。因而，柱由柱头、柱身和柱脚 3 部分组成(图 4.31)。

柱头和柱脚的设计内容包括：构造设计、传力过程分析和各零部件连接的计算。设计原则是：应做到传力明确，传力过程简单快捷，安全可靠，经济合理，有足够的刚度而构造又不复杂。

4.5.1　柱头

1. 典型的柱头构造

轴心受压柱和梁的连接都采用铰接，只承受由上部横梁传来的轴心压力 N。图 4.32 所示为典型的柱头构造，图 4.32(a)为实腹式柱柱头构造，图 4.32(b)则为格构式柱柱头构造。

为了安放梁，应在柱头设一块柱顶板，梁的全部压力由梁端突缘压在柱顶板中部，使压力沿柱身轴线下传，以保证柱轴心受压。但是柱顶板下面的支承是柱截面，实腹式柱腹板外的柱顶板悬空，格构式柱则柱顶板中部下方悬空，梁传来的压力分布在一个条形区内，使柱顶板受弯。为了防止柱顶板受弯而挠曲，必须提高柱顶板的抗弯刚度。提高刚度不能依靠加厚柱顶板，这样做很不经济。通常是在柱顶板上加焊一块条形垫板，使梁传来的压力明确地分布在柱顶板这一范围内。然后，对于实腹式工字形截面柱，在柱顶板下垂直于腹板前后各设置一块加劲肋以撑住柱顶板；对于格构式柱，则在柱顶板下的中心位置设置一块中部加劲肋以支撑柱顶板，加劲肋连接在前后两块缀板上。所以柱头构造是由垫板、柱顶板、加劲肋，有时再加上柱端缀板等构成，做到了传力明确，保证了柱轴心受压。

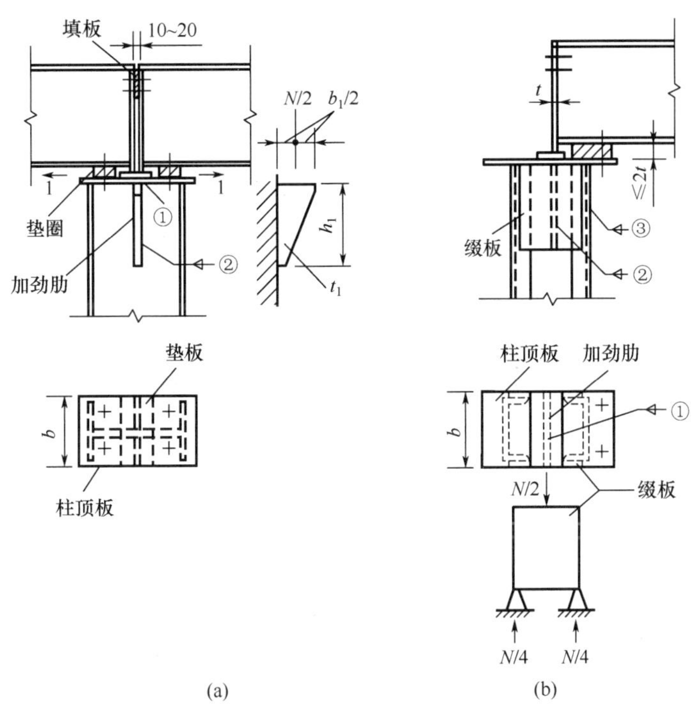

图 4.32　典型的柱头构造

对图 4.32(a)的实腹式柱柱头的构造进行分析，由梁传来的全部压力 N 经梁端突缘和垫板间的端面传给垫板，垫板再把 N 传给柱顶板，垫板只需用一些构造焊缝(h_f=4mm)和柱顶板相焊接，固定其位置即可。柱顶板的大小也决定于构造，以能盖住柱截面为准，宽度比柱截面稍宽 50mm 左右，长度应根据螺栓的布置而定。图 4.32(a)中螺栓布置在柱截面的内侧，故柱顶板高度超过柱截面 50mm 左右即可。柱顶板厚度按构造要求取 $t \geqslant$14mm。螺栓只起固定梁位置的作用，常用 d=16～20mm 的 C 级螺栓。

柱顶板将力分别传给前后两块加劲肋，每块肋传力 $N/2$，可以靠角焊缝传力(当压力不大时)，也可靠加劲肋上端刨平顶紧，柱顶板用端面承压的方式传力。当然，后者费工，通常宜采用焊缝传力。例如，图 4.32 中的焊缝①受均布向下的压力作用；加劲肋用焊缝②和柱身腹板相连，属悬臂受力工况，本身受弯和受剪；焊缝②也受偏心力 $N/2$ 的作用。实腹式柱柱头的传力路径如图 4.33 所示。

$N \xrightarrow{\text{端面(承压)}}$ 垫板 $\xrightarrow{\text{端面(承压)}}$ 顶板 $\xrightarrow{\text{端面(承压)或焊缝①}}$ 加劲肋 $\xrightarrow{\text{焊缝②}}$ 柱身

图 4.33　实腹式柱柱头的传力路径

图 4.32(b)所示为格构式柱柱头构造设计，格构式柱柱头的传力路径如图 4.34 所示。

$N \xrightarrow{\text{端面(承压)}}$ 垫板 $\xrightarrow{\text{端面(承压)}}$ 顶板 $\xrightarrow{\text{端面(承压)或焊缝①}}$ 加劲肋 $\xrightarrow{\text{焊缝②}}$ 柱端缀板 $\xrightarrow{\text{焊缝③}}$ 柱身

图 4.34　格构式柱柱头的传力路径

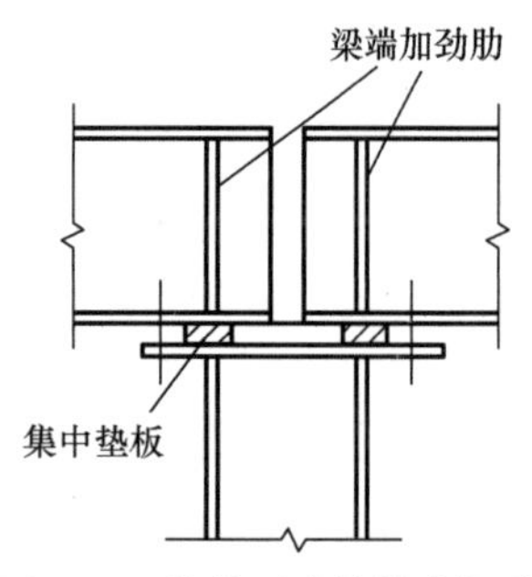

图 4.35 其他形式的柱头构造

2. 其他形式的柱头构造

图 4.35 所示是另一种柱头构造，比较简单。为了使梁支座反力的作用点位置明确，在正对梁端加劲肋处，梁的下翼缘之下贴焊一块集中垫板，使传力位置明确。荷载主要靠柱顶板与柱翼缘之间的角焊缝传递给柱身，没有任何零部件，构造简单，省钢材。其缺点是当左、右梁传来的力不相等时，柱将受偏心力作用。因此，应假设柱一侧的梁无活荷载时，对柱可能产生偏心压力，按偏心受压柱来验算柱的承载力。

图 4.36 所示是梁从柱侧面和柱铰接的构造。当梁传来的支座压力不大时，可采用图 4.36(a)所示的构造，这时支座反力经由承托传给柱，但还应在梁的上翼缘设一短角钢，用螺栓或焊缝和柱身相连，这样既能防止梁端向平面外移动，又能限制梁端发生转角。图 4.36(b)所示的构造适用于梁传来的支座压力较大的情况。

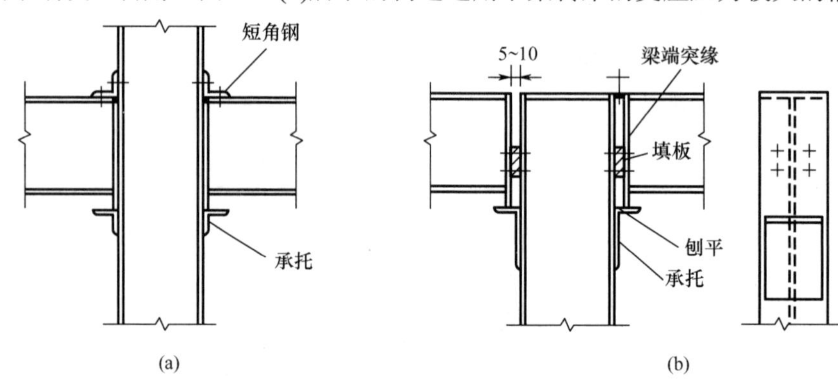

图 4.36 梁从柱侧面和柱铰接的构造

梁和柱侧面连接时，对梁长度的加工精度要求很高。为了简化构造和便于施工，可采用如图 4.36(b)所示的承托，梁端突缘安放在承托上，靠端面承压传力。因承托表面积大于梁端突缘的面积，故无须验算端面承压的强度，但应使承托的宽度比突缘板的宽度宽 10mm。承托可用厚角钢或一块厚钢板，用角焊缝和柱身相连，考虑到传来的支座反力对承托可能有偏心，承托两侧焊缝受力可能不一样，为安全考虑，将支座反力 N 加大 25%来计算此角焊缝。这种侧面相连的梁-柱节点，除按轴心受压构件计算柱身外，还应按柱一侧梁无活荷载时，对柱可能产生的偏心压力来验算柱的承载力。

4.5.2 柱脚

轴心受压柱的柱脚常设计成与混凝土基础铰接，柱脚的作用是把由柱身传来的上部荷载传给混凝土基础。图 4.37 所示为常用的轴心受压柱柱脚的一种构造。和柱头一样，设计内容包括构造设计、传力过程分析和各零部件连接的计算。

1. 构造设计

由于混凝土基础的抗压强度比钢材低很多，因而必须扩大基础的受压面，在柱脚处加一块较大的底板，把柱内力分布到较大面积的混凝土基础上。这样，荷载通过底板均匀地传给基础。根据作用力和反作用力相等的关系，底板承受着来自基础向上的均布荷载作用，而底板的支座是柱身(图 4.37 所示的两根槽钢)，这样的底板四周都有悬臂部分，在基础向上反力的作用下受弯。为了保证底板不发生塑性弯曲变形，满足基础反力始终均布作用于底板，底板需要很大的厚度，不经济。为了节省钢材和满足荷载均布的假设，合理的方法是加设两块靴梁，来加强底板(有时还得再加一些隔板，把底板分成更小的区域)，以改善底板的受力状态。因此，柱脚由一块底板、两块靴梁和两个锚栓构成。

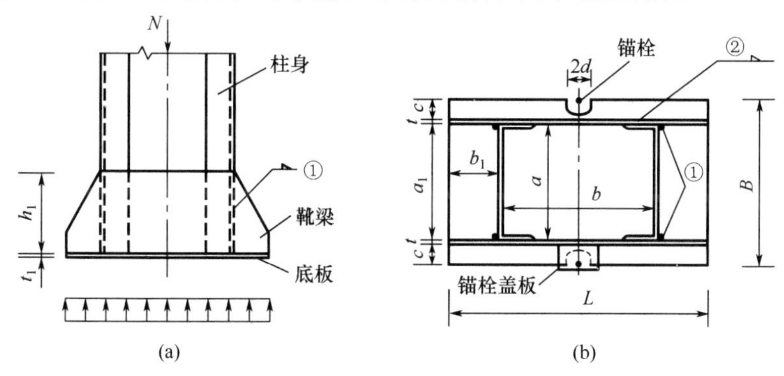

图 4.37 铰接柱脚构造之一

2. 传力过程分析

柱脚的传力路径如图 4.38 所示，柱身内力 N 经靴梁、底板传给基础。但从柱的柱脚来说，所受外力来自基础的反力 N，此反力 N 经底板，再经靴梁，最后传给柱身，传力过程刚好相反，因此柱脚的设计是反向进行的。

N —焊缝①→ 靴梁 —焊缝②→ 底板 —底面(承压)→ 基础

图 4.38 柱脚的传力路径

3. 柱脚的计算

1) 底板尺寸的确定

假设基础的反力是均匀分布的，基础所受的压应力为

$$\sigma_c = \frac{N}{BL} \leqslant f_c \tag{4-54}$$

由此得

$$BL \geqslant \frac{N}{f_c} \tag{4-55}$$

式中 B，L ——底板的宽度和长度；

f_c ——混凝土的抗压强度设计值。

底板宽度 B 由构造要求确定，原则是使底板在靴梁外侧的悬臂部分尽可能小。

$$B = a_1 + 2t + 2c \tag{4-56}$$

式中 a_1 ——柱截面尺寸；

t ——靴梁厚度，通常为 10～14mm；

c ——底部悬臂部分的宽度。

从经济角度出发，式(4-56)中 c 应尽可能小，通常根据锚栓的构造要求确定，取锚栓直

径的 3～4 倍。轴心受压柱的锚栓常取 d=20～24mm。

由此可确定底板长度为

$$L \geqslant \frac{\dfrac{N}{f_c} - A_0}{B} \tag{4-57}$$

式中　A_0——安放锚栓处切除的面积。

底板厚度由其抗弯强度确定，底板受混凝土基础向上的均布反力 q 的作用，柱身和靴梁是它的支承边，这就形成了四边支承板、三边支承板和悬臂板 3 种受力状态的板块区域。近似地按受向上均布反力 q 作用的板块各不相关来进行抗弯计算，得各板块中单位宽度板条的最大弯矩如下。

悬臂板部分

$$M_1 = \frac{qc^2}{2} \tag{4-58}$$

三边支承板部分

$$M_3 = \beta q a_1^2 \tag{4-59}$$

式中　q——基础实际的向上均布反力，$q=\dfrac{N}{BL-A_0}$；

a_1——自由边的长度；

β——影响系数，根据板的边长之比 b_1/a_1 值由表 4-7 查得，b_1 是垂直于自由边的板宽，见图 4.37(b)。

表 4-7　影响系数 β 表

b_1/a_1	0.3	0.4	0.5	0.6	0.7	0.8	0.9	1.0	1.2	≥1.4
β	0.026	0.042	0.058	0.072	0.085	0.092	0.104	0.111	0.120	0.125

β 是考虑第三个支承边对跨度为 a_1 的简支板所受弯矩的影响系数。因此，M_3 小于简支板的弯矩，b_1 越小，β 就越小，即第三个支承边的作用就越大；反之第三个支承边的作用就越小。当 $b_1/a_1 \geqslant 1.4$ 时，此影响接近于零，板所受的最大弯矩为 $0.125qa_1^2$。因此，当 b_1/a_1 过大时，为了减轻底板承压，可再加一块隔板，进一步把此区域划分为较小的一块四边支承板和一块三边支承板。

四边支承板部分

$$M_4 = \alpha q a^2 \tag{4-60}$$

式中　a——较短边的长度；

α——影响系数，根据长边和短边之比 b/a 值由表 4-8 查得。

表 4-8　影响系数 α 值表

b/a	1.0	1.1	1.2	1.3	1.4	1.5	1.6	1.7	1.8	1.9	2.0	3.0	≥4.0
α	0.048	0.055	0.063	0.069	0.075	0.081	0.086	0.091	0.095	0.099	0.101	0.119	0.125

和 β 一样，α 是考虑长边 b 对短边 a 的影响。长边越短，影响越大；反之影响越小。

当 $b/a \geqslant 4.0$ 时，影响几乎接近于零，这时板块变成跨度为 a 的单向简支板，$\alpha=0.125$，最有利的情况是正方形。

图 4.37 中两根槽钢之间的底板属于四边支承板，当长短边边长之比大于 2 时，为了减轻底板承压，可在中间加一块隔板，把它进一步分割成两块较小的四边支承板，这样 M_4 就可大大减小。

求得各板块区域所受的弯矩 M_1、M_3 和 M_4 后，按其中的最大值确定底板的厚度。

$$t_1=\sqrt{\frac{6M_{\max}}{f}} \tag{4-61}$$

这里按 1mm 宽的板条计算，它的截面模量 $W=1\times\frac{t_1^2}{6}$。

显然，合理的设计是使 M_1、M_3 和 M_4 尽可能接近，可通过调整底板尺寸和设置隔板等办法实现。

底板厚度 t_1 一般为 20～40mm，以保证必要的刚度，满足基础反力为均匀分布的假设。对于轻钢结构的柱脚，t_1 可小一些，但不得小于 14mm。

2) 靴梁计算

把靴梁近似地看作支承在柱身焊缝①上的双悬臂梁[图 4.37(a)]，基础反力经底板通过焊缝②作用于靴梁上，每根靴梁承受 $B/2$ 宽度内的基础反力。验算悬臂段支承点处(焊缝①处)靴梁截面的强度，该处的弯矩和剪力为

$$M=\frac{1}{2}\left(q\frac{B}{2}\right)b_1^2,\quad V=\left(q\frac{B}{2}\right)b_1$$

应力为

$$\sigma=\frac{M}{W}=\frac{6M}{th_1^2}\leqslant f \tag{4-62}$$

$$\tau=\frac{1.5V}{A}=\frac{1.5V}{th_1}\leqslant f_{\mathrm{v}} \tag{4-63}$$

若不满足，应调整 h_1 或 t。

以上是验算靴梁悬臂支座处的截面。为什么不验算两支座间的跨中截面呢？是因为大部分计算表明，跨中截面的弯矩都不大，不起控制作用。

有时也可把底板看成是悬臂梁截面的一部分，按双腹板的槽形截面进行强度验算。但为了简化计算，槽形截面的截面模量取靴梁和底板各自的截面模量之和。

$$W=\frac{th_1^2}{3}+\frac{Bt_1^2}{6} \tag{4-64}$$

这时支座弯矩 $M=\frac{1}{2}qBb_1^2$。剪力仍由靴梁承受，不考虑底板。基础反力经焊缝②传给靴梁，已知焊缝长度为

$$\sum l_{\mathrm{w2}}=2L+4b_1-6h_{\mathrm{f}}$$

柱身范围内的靴梁内侧，因不便于施焊，不考虑。由式(4-65)确定焊脚尺寸。

$$h_{\mathrm{f2}}=\frac{N}{0.7\sum l_{\mathrm{w2}}f_{\mathrm{f}}^{\mathrm{w}}} \tag{4-65}$$

3) 焊缝①计算

全部基础反力 N 经由 4 条焊缝①由靴梁传入柱身，因槽钢内侧施焊不方便，不易保证质量，只按外侧 4 条角焊缝计算。通常焊缝长度在验算靴梁时已确定，应由式(4-66)确定焊脚尺寸。

$$h_{f1}=\frac{N}{4\times 0.7(h_1-2h_f)f_f^w} \tag{4-66}$$

4) 锚栓设置

轴心受压柱的锚栓并不传力，只是为了固定柱位置，因而按构造要求设置，一般宜安设在顺靴梁方向的底板中心处。在底板上开缺口，便于安装柱子。最后用垫圈和螺帽直接固定在底板上，这样的锚栓不能抵抗弯矩的作用，但保证了柱脚铰接的要求，见图 4.37(b)。

5) 焊缝②计算

柱脚处的剪力由底板和基础间的摩擦力平衡。摩擦系数取 0.4，一般都能满足，不需要计算；若不满足，可在底板上焊接型钢抗剪键。柱身与底板间应采用最小的构造焊缝连接，柱身成为底板的支承边，但不考虑柱身传递内力。这样，柱长度的精确度要求可以放宽，对加工有利。

图 4.39(a)所示柱脚底板是正方形的，底板上设有互相垂直的支承边，另两边为自由边，近似地按三边支承板计算。取对角线之长为 a_1，由内角顶点到对角线的垂直距离是 b_1，由 b_1/a_1 的值查表 4-7 得 β 值，由式(4-59)即可确定该底板区的弯矩。这种情况下还出现了悬臂肋，承受由底板传来的反力，并传给靴梁，受力范围如图 4.39(a)中阴影所示。按这部分基础反力计算悬臂肋与底板的焊缝，验算悬臂肋的强度，并计算悬臂肋与靴梁间的焊缝。

底板与悬臂肋间的角焊缝，可按肋端的最大反力计算(正面角焊缝)。

$$\sigma_f=\frac{q(c_1+c_2)}{2\times 0.7h_f\times 1}\leqslant 1.22f_f^w \tag{4-67}$$

由此确定焊脚尺寸为

$$h_f\geqslant\frac{q(c_1+c_2)}{1.71f_f^w} \tag{4-68}$$

为了方便设计，悬臂肋的固端弯矩和剪力可按式(4-69)计算。

$$M_1=\frac{1}{2}ql_1^2\left(\frac{c_1}{2}+c_2\right),\quad V_1=ql_1\left(\frac{c_1}{2}+c_2\right) \tag{4-69}$$

式中　q——基础的实际反力；

$q\left(\frac{c_1}{2}+c_2\right)$——均布线荷载；

$q\left(c_1+c_2\right)$——肋端线荷载。

悬臂肋的强度验算。

$$\sigma=\frac{6M_1}{t_1h_1^2}\leqslant f \tag{4-70}$$

$$\tau=\frac{1.5V_1}{t_1h_1}\leqslant f_v \tag{4-71}$$

悬臂肋与靴梁间用两条角焊缝相连，按式(4-72)验算焊缝强度。

$$\sqrt{\left(\frac{M_1}{1.22W_f}\right)^2+\left(\frac{V_1}{A_f}\right)^2}\leqslant f_f^w \tag{4-72}$$

其中

$$W_f=\frac{1}{3}\times 0.7h_f(h_1-2h_f)^2$$

$$A_f=2\times 0.7h_f(h_1-2h_f)$$

如果按式(4-70)、式(4-71)和式(4-72)验算不满足要求，应调整 h_1、h_f 或 t_1。其他部分的计算同前，不再重复。

图 4.39(b)所示的柱脚构造比较简单，沿柱身用角焊缝和底板相连，直接将内力经底板传给基础。主要用于内力很小的钢结构的轻型柱。内力较大时，需要的底板很厚，采用此种柱脚构造就不合理了，而且其对柱长度及柱下端平面加工的精度要求也很高。

例题 4.2 图 4.40 所示为一轴心受压工字形实腹式柱。采用 Q235B 钢，荷载设计值 N=1900kN，焊条为 E43 型，基础混凝土为 C30，f_c=14.3N/mm^2。试设计柱头和柱脚。

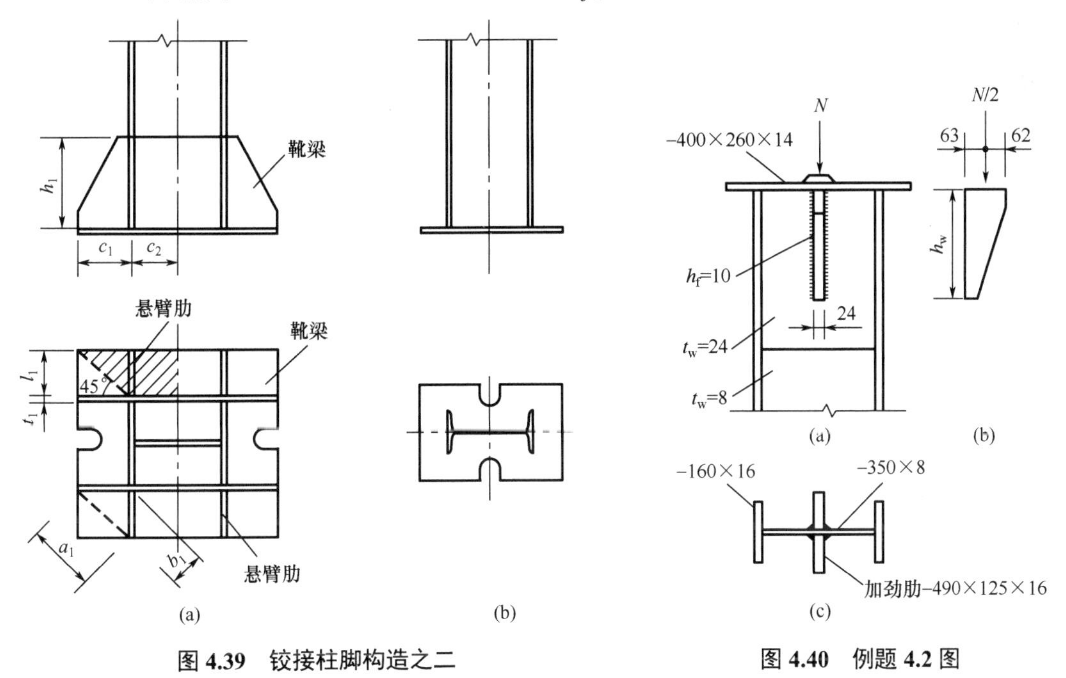

图 4.39 铰接柱脚构造之二

图 4.40 例题 4.2 图

解：

(1) 柱头设计。

① 构造设计。

轴心压力作用于柱轴线位置，柱上端设置一块柱顶板，柱顶板上、下在柱轴线处分别设置集中垫板和加劲肋，如图 4.40(a)所示。传力路径如图 4.41 所示。

N —端面(承压)→ 垫板 —端面(承压)→ 顶板 —端面(承压)→ 加劲肋 —角焊缝→ 柱身

图 4.41 例题 4.2 柱头传力路径

垫板和柱顶板无须计算。柱顶板大小以盖住柱截面全部为标准，并按构造要求适当加大一些。与梁的连接螺栓设在柱截面内侧，柱顶板长度取 350+2×16+2×9 = 400(mm)，两侧超出柱翼缘 9mm，留出构造焊缝的位置。柱顶板的宽度应适当超出柱翼缘的宽度，具体应超出多少，还取决于加劲肋的尺寸要求。

② 加劲肋计算。

根据加劲肋端面承压强度确定加劲肋需要的宽度和厚度。

$A_{ce}=\dfrac{N}{f_{ce}}=\dfrac{1900\times10^3}{320}=5938(\text{mm}^2)\approx59.4(\text{cm}^2)$。宽度 b 视 N 的大小，可适当超过柱翼缘宽度，也可不超过，取 125mm。厚度 $t=\dfrac{A_{ce}}{2\times12.5}=\dfrac{59.4}{25}=2.38(\text{cm})$，取 24mm。

$\dfrac{b}{t}$=5.2＜15，满足局部稳定的要求。

由于加劲肋厚度 t=24mm，柱腹板厚 8mm，二者相差过大，焊接时容易损坏腹板，因此在柱头部分将柱腹板换成 t_w=20mm，如图 4.40(a)所示。这里采用了加劲肋局部承压传力，如采用角焊缝传力会造成焊脚尺寸过大，不合理。

确定了加劲肋的宽度后，选顶板规格为–400×260×14，再确定加劲肋的长度 h，每根加劲肋按悬臂梁工作[图 4.40(b)]，承受的最大弯矩和剪力分别为

$M=\dfrac{N}{2}\cdot\dfrac{b}{2}=\dfrac{1900\times12.5}{4}=5937.5(\text{kN}\cdot\text{cm})$，$V=\dfrac{N}{2}=\dfrac{1900}{2}=950(\text{kN})$。

令 $\sigma=\dfrac{M}{W}=\dfrac{6\times5937.5\times10^4}{20h^2}=f=215\text{N/mm}^2$，得 h=288mm；

令 $\tau=\dfrac{1.5V}{A}=\dfrac{1.5\times950\times10^3}{20h}=f_v=125\text{N/mm}^2$，得 h=570mm。

h 由抗剪强度决定。取 h_w=580mm，则加劲肋规格为–580×125×24，如图 4.40(c)所示。

③ 焊缝(加劲肋与柱腹板连接的角焊缝)计算。

取 h_f= 10mm＞h_{min}= 5mm。此焊缝受上面确定的 M 和 V 作用，把它们由加劲肋传给柱腹板。已知 l_w = 580−2h_f = 560mm，共两条。因 l_w = 560mm＜60h_f，角焊缝全长有效。

$A_f=2\times0.7h_fl_w=2\times0.7\times10\times560=7840(\text{mm}^2)$，

$W_f=\dfrac{2}{6}\times0.7h_fl_w^2=\dfrac{2}{6}\times0.7\times10\times560^2=731733(\text{mm}^3)$。

焊缝强度验算。

$\sigma_f=\dfrac{M}{W_f}=\dfrac{5937.5\times10^4}{731733}=81.14(\text{N/mm}^2)$，$\tau_f=\dfrac{V}{A_f}=\dfrac{950\times10^3}{7840}=121.17(\text{N/mm}^2)$，

$\sqrt{\left(\dfrac{\sigma_f}{1.22}\right)^2+\tau_f^2}=\sqrt{66.51^2+121.17^2}=138(\text{N/mm}^2)<f_f^w=160\text{N/mm}^2$，满足要求且有富余。

将 h_f 减为 8mm，则

$A_f'=2\times0.7h_fl_w=2\times0.7\times8\times560=6272(\text{mm}^2)$，

$W_f'=\dfrac{2}{6}\times0.7h_fl_w^2=\dfrac{2}{6}\times0.7\times8\times560^2=585386(\text{mm}^3)$。

焊缝强度验算。

$$\sigma_f' = \frac{M}{W_f'} = \frac{5937.5\times10^4}{585386} = 101.43(\text{N/mm}^2)，\quad \tau_f' = \frac{V}{A_f'} = \frac{950\times10^3}{6272} = 151.47(\text{N/mm}^2)，$$

$$\sqrt{\left(\frac{\sigma_f'}{1.22}\right)^2 + \tau_f'^2} = \sqrt{83.14^2 + 151.47^2} = 173(\text{N/mm}^2) < f_f^w = 160\text{N/mm}^2，满足要求。$$

经计算，h_f改为 6mm 时，应力超过 f_f^w，不满足要求。

(2) 柱脚设计。

① 构造设计。

柱脚由两块靴梁、一块底板和两个锚栓组成，如图 4.42 所示。传力路径如图 4.43 所示。

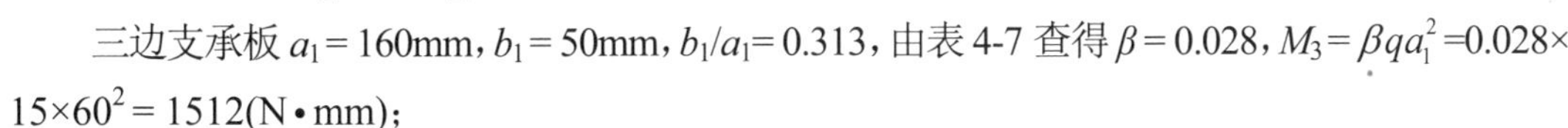

图 4.43　例题 4.2 柱脚传力路径

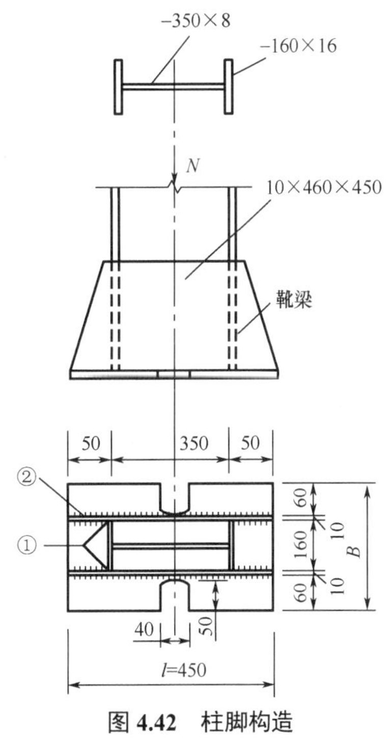

图 4.42　柱脚构造

设计计算应按与上图所示传力路径反向进行。

② 确定底板尺寸。

宽度 B=16+2×(1+6)=30(cm)，长度 $L = \dfrac{N}{Bf_c} = \dfrac{1900\times10^3}{300\times14.3} =$ 443(mm)，取 L=450mm。

扣除锚栓处底板上的缺口，底板的实际面积 A=45×30−2×4×5=1310(cm^2)。

基础实际反力 $q = \dfrac{N}{A} = \dfrac{1900\times10^3}{1310\times10^2} = 14.50(\text{N/mm}^2)$，按 q=15N/mm^2 计算。

各部分弯矩计算。

悬臂板 $M_1 = \dfrac{qc^2}{2} = \dfrac{15\times60^2}{2} = 27000(\text{N}\cdot\text{mm})$；

三边支承板 $a_1 = 160\text{mm}$，$b_1 = 50\text{mm}$，$b_1/a_1 = 0.313$，由表 4-7 查得 $\beta = 0.028$，$M_3 = \beta q a_1^2 = 0.028\times 15\times60^2 = 1512(\text{N}\cdot\text{mm})$；

四边支承板 $a = 76\text{mm}$，$b = 350\text{mm}$，$b/a = 4.605$，由表 4-8 查得 α=0.125，$M_4 = \alpha q a^2 = 0.125\times15\times76^2 = 10830(\text{N}\cdot\text{mm})$。

$\sqrt{\dfrac{6M_{\max}}{f}} = \sqrt{\dfrac{6\times27000}{215}} = 27.4(\text{mm}) > 16\text{mm}$，属第二组钢材。底板厚度 $t = \sqrt{\dfrac{6\times27000}{200}} =$ 28.5(mm)，取 t=30mm。底板厚度决定于悬臂板部分，可见悬挑宽度 c 应尽可能取小些。

③ 验算靴梁强度。

按双悬臂梁计算，每块靴梁的悬臂部分承受的荷载 $q' = \dfrac{B}{2}q = \dfrac{300}{2}\times15 = 2250(\text{N/mm}^2)$，产生的弯矩和剪力：

$M = q'\dfrac{b_1^2}{2} = 2250\times\dfrac{50^2}{2} = 2812500(\text{N}\cdot\text{mm})$，

$V = q'b_1^2 = 2250\times 50 = 112500(\text{N})$。

靴梁为矩形截面。

$A = 10\times 360 = 3600\text{mm}^2$，$W = \dfrac{10}{6}\times 360^2 = 216000\text{mm}^2$，

其承受的最大弯矩和剪力为

$\sigma = \dfrac{M}{W} = \dfrac{2812500}{216000} = 13(\text{N/mm}^2) < f = 215(\text{N/mm}^2)$，

$\tau = \dfrac{1.5V}{A} = \dfrac{1.5\times 112500}{3600} = 47(\text{N/mm}^2) < f_\text{v} = 125(\text{N/mm}^2)$。

靴梁强度很富余，其高度取决于焊缝①。

④ 焊缝计算。

焊缝①计算。

共 4 条焊缝①，取 $h_{\text{f1}} = 10\text{mm}$，则 $l_{\text{w1}} = \dfrac{1900\times 10^3}{4\times 0.7\times 10\times 160} = 424.11(\text{mm}) < 60h_\text{f}$，全长有效，取 $l_{\text{w1}} = 460\text{mm}$，作为靴梁高度。

焊缝②计算。

设 h_f=10mm，已知焊缝长度 $\sum l_\text{w} = 2\times[(45-2)+2\times(5-2)] = 98(\text{cm})$。

焊脚尺寸 $h_{\text{f2}} = \dfrac{N}{0.7\sum l_\text{w}\times 1.22 f_\text{f}^\text{w}} = \dfrac{1900\times 10^3}{0.7\times 980\times 1.22\times 160} = 14.2(\text{mm})$，取 $h_{\text{f2}} = 15\text{mm}$，满足要求。

两个锚栓直径取 24mm，柱脚构造见图 4.42。

习　题

一、单项选择题

1．通常用来衡量轴心受力构件刚度的是(　　)。

A．构件的变形　　B．构件的容许长细比

C．构件的刚度　　D．构件的承载力

2．长细比较大的双轴对称工字形截面轴心受压构件通常出现的破坏形式为(　　)。

A．扭转屈曲　　B．强度　　C．弯曲屈曲　　D．弯扭屈曲

3．保证焊接组合工字型截面轴心受压柱翼缘板局部稳定的宽厚比限值条件，是根据矩形板单向均匀受压时下列哪种边界条件确定的(　　)。

A．两边简支、一边自由、一边弹性嵌固

B．两边简支、一边自由、一边嵌固

C．三边简支、一边自由

D．四边均为简支

4．工字形截面轴心受压构件，翼缘外伸部分的宽厚比 $\frac{b'}{t} \leqslant (10+0.1\lambda)\varepsilon_k$，式中的 λ 是(　　)。

A．构件绕强轴方向的长细比　　B．构件两个方向的长细比平均值

C．构件两个方向的长细比较大值　　D．构件两个方向的长细比较小值

5．对长细比较大的轴心受压构件整体稳定承载力影响较小的因素是(　　)。

A．残余应力　　B．初弯曲

C．初偏心　　D．截面局部削弱

二、填空题

1．轴心受压柱柱脚底板厚度是根据____________确定的。

2．格构式轴心受压构件绕虚轴的稳定计算采用换算长细比是考虑____________的影响。

3．双轴对称十字形截面轴心受压构件，当悬伸板件宽厚比不超过 $15\varepsilon_k$ 时，可以不计算____________屈曲。

4．缀条式格构柱的缀条设计时按____________构件计算。

5．单轴对称的 T 形截面轴心受压构件，绕非对称主轴失稳时易发生____________失稳。

三、简答题

1．轴心受力构件的截面形式和构件的受力状态有何关系？如何正确选择截面？

2．阐述轴心受压构件的等稳定设计方法。

3．焊接应力对轴心受压构件稳定承载力影响很大，为什么对不同截面的影响不同？为什么对同一截面不同主轴的影响也不同？

4．为提高轴心受压构件的稳定承载力，可采取哪些措施？

5．工字形截面的腹板和翼缘板的高(宽)厚比限值是如何确定的？

6．格构式和实腹式轴心受压构件临界力的确定有什么不同？应用双肢缀条式和双肢缀板式格构柱的换算长细比的计算公式时，应满足哪些构造要求？

7．什么是单肢稳定？应满足哪些要求才能保证单肢不先于整体失稳？

四、计算题

1．验算图 4.44 所示轴心拉杆的强度和刚度。轴心拉力设计值为 300kN，长度为 4.5m，螺栓直径为 20mm，钢材为 Q235，计算时可忽略连接偏心和杆件自重的影响。

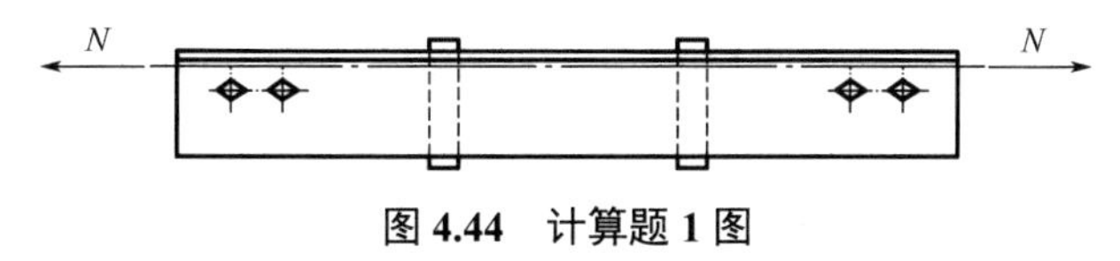

图 4.44　计算题 1 图

2．图 4.45 所示的焊接实腹式轴心受压柱翼缘板为焰切边，钢材为 Q235，$[\lambda]=150$，L_{0x}=6m，L_{0y}=3m，a=30mm，b=160mm，c=50mm，h_w=240mm，t=12mm，t_w=6mm，柱截面两块翼缘板上分别有两个对称布置的孔，孔径为 d=21.5mm。试计算焊接实腹式轴心受压柱的最大承载力。

3．图 4.46 所示为双肢槽钢格构式轴心受压缀条柱，截面 A=45.62×2=91.24cm^2，截面无削弱，钢材为 Q235B，f=215N/mm^2，截面惯性矩 I_x=10260cm^4，I_y=13620cm^4，单肢的 i_1=2.0cm，缀条为∟50×5 的角钢，单角钢截面积 A_1=4.8cm^2，柱计算长度 L_{0x}=L_{0y}=6m。

(1) 试计算格构式缀条柱的最大承载力（仅考虑柱的整体稳定）；(2) 设计并验算格构式缀条柱的缀条。

4．试设计两槽钢组成的缀条柱。柱的轴心压力设计值为 3000kN（包括自重），柱高为 6.0m，柱上端铰接、下端固定，钢材为 Q235。

5．图 4.47 所示为格构式缀板柱（同一截面缀板线刚度之和大于柱肢线刚度的 6 倍）。已知柱截面 A=45.62×2=91.24cm^2，截面无削弱，钢材为 Q235B，f=215N/mm^2，截面惯性矩 I_x=10260cm^4，I_y=13620cm^4，单肢的 i_1=2.0cm，柱计算长度 L_{0x}=L_{0y}=6m。

(1) 试计算格构式缀板柱的最大承载力（仅考虑柱的整体稳定）；(2) 设计并验算格构式缀板柱的缀板。

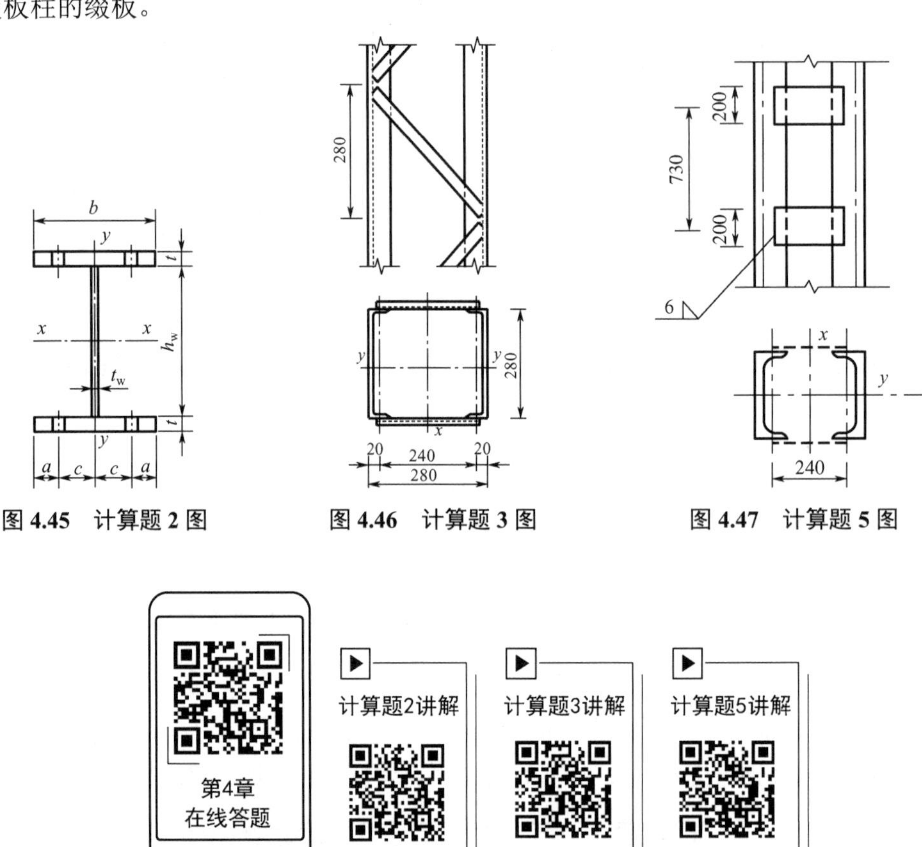

图 4.45　计算题 2 图　　图 4.46　计算题 3 图　　图 4.47　计算题 5 图

第 5 章 受弯构件

知识结构图

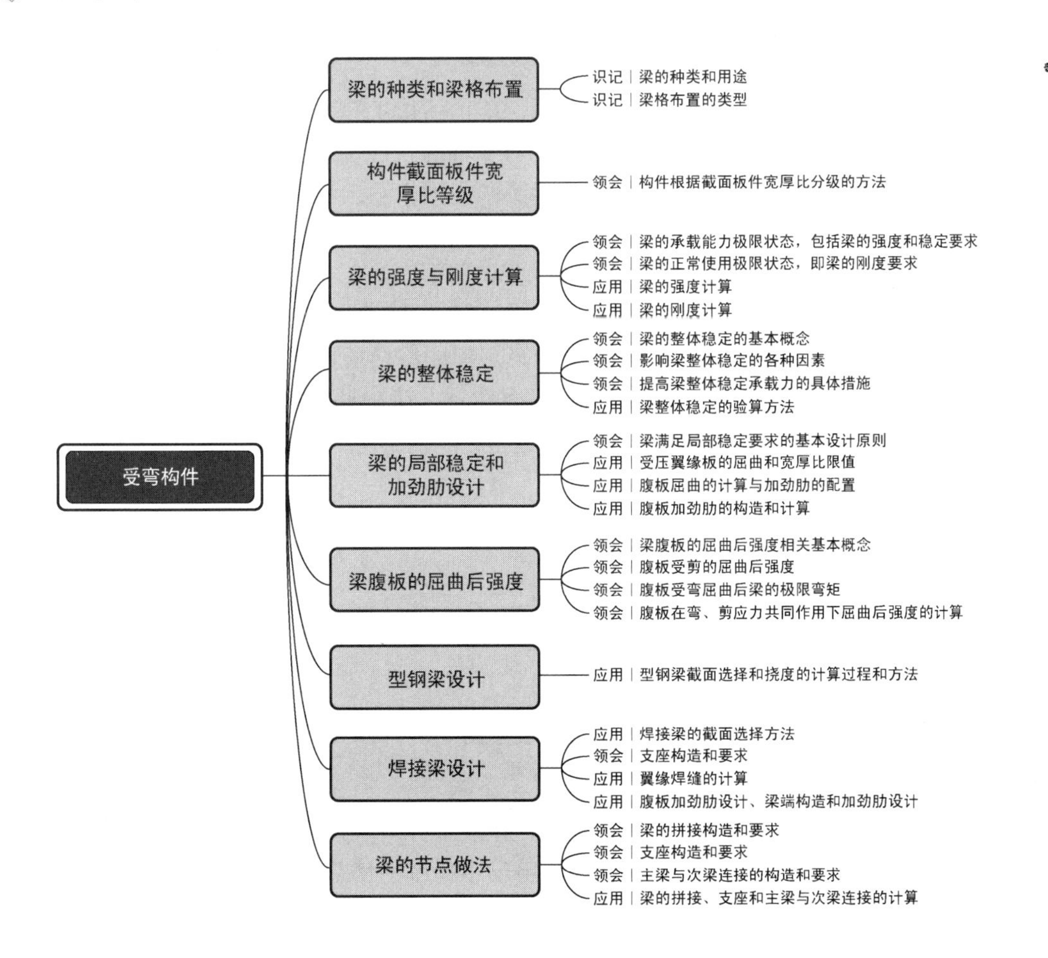

5.1 梁的种类和梁格布置

受弯构件一般指梁，主要用来承受在弱轴(y 轴)平面内的横向荷载。常用的梁的截面形式如图 5.1 所示。

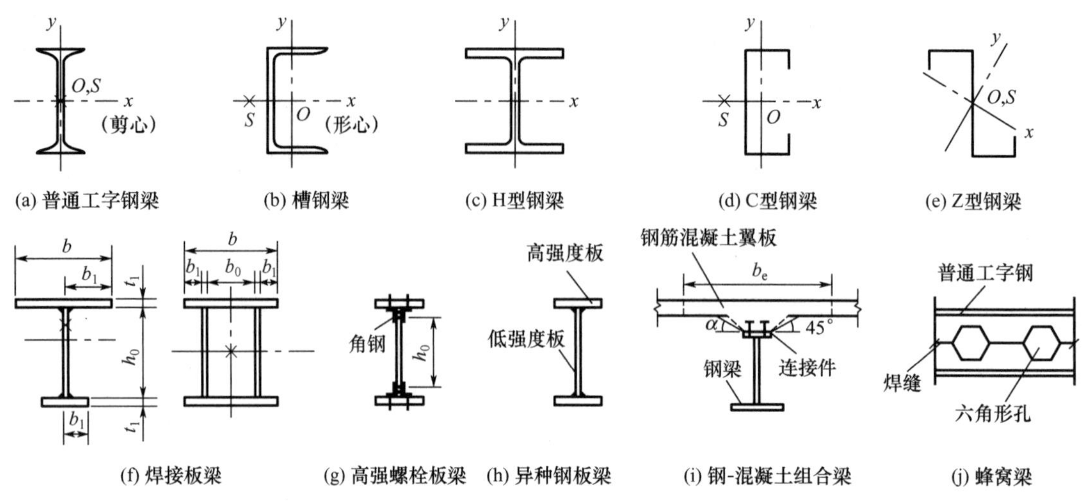

图 5.1 梁的截面形式

当梁的跨度或荷载较小时，可直接采用热轧型钢梁[图 5.l(a)～(c)]或冷弯薄壁型钢梁[图 5.1(d)～(e)]。图 5.l(c)所示是 H 型钢梁，对 y 轴的惯性矩大，用作梁时，能增加平面外刚度，因而提高梁的整体稳定性。采用冷弯薄壁型钢作双向受弯的檩条或墙架横梁时，比较经济，但应注意防腐蚀。一般来说，型钢梁加工方便，成本较低，应优先采用。

当型钢梁不能满足强度和刚度要求时，必须采用组合梁。组合梁有板梁[图 5.l(f)～(h)]、钢-混凝土组合梁[图 5.1(i)]和蜂窝梁[图 5.1(j)]等。当荷载或跨度很大而梁高又受限制，或者要求截面具有较大的抗扭刚度时，可采用箱形截面的焊接板梁[图 5.l(f)右]。

梁格是由纵横交错的主、次梁组成的平面体系。荷载通过板、梁、墙(或柱)，最后传递给基础。如图 5.2 所示，梁格有以下 3 种类型。

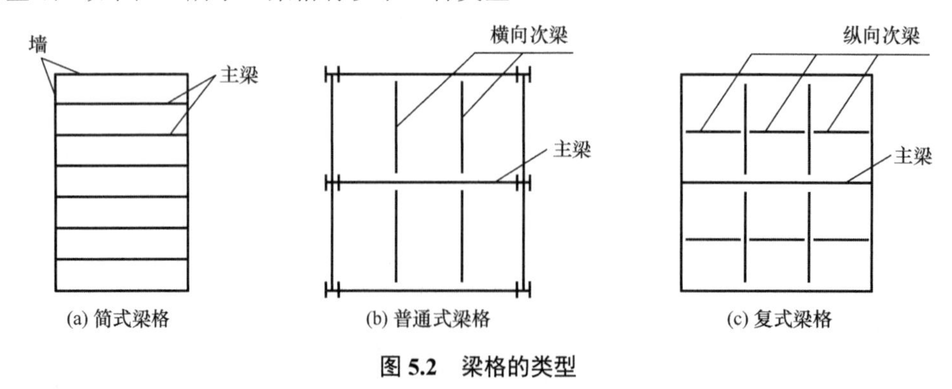

图 5.2 梁格的类型

(1) 简式梁格：板直接放在主梁上，适用于小跨度的楼盖和平台结构。

(2) 普通式梁格：在各主梁之间设置若干横向次梁，将板划分成较小区格，以减小板的跨度。

(3) 复式梁格：在普通式梁格的横向次梁之间，再设置纵向次梁(或称小梁)，使板的区格尺寸与厚度保持在经济合理的范围内。

目前，高层钢结构房屋楼盖常采用钢梁与钢筋混凝土板用连接件相连的钢-混凝土组合梁[图 5.1(i)]。当钢梁上铺钢板时，一般将钢板与钢梁焊牢，但在计算梁的强度时，可不考虑钢板与钢梁的共同工作。

5.2 构件截面板件宽厚比等级

钢结构中，绝大多数构件由板件构成，而板件宽厚比大小直接决定了构件的承载力和受弯及压弯构件的塑性转动变形能力，因此构件截面的分类，是钢结构设计的基础。根据截面承载力和塑性转动变形能力的不同，同时考虑到我国标准在受弯构件设计中采用截面塑性发展系数 γ_x，将截面根据其板件宽厚比分为 5 个等级，如表 5-1 所示。

表 5-1 受弯和压弯构件的截面板件宽厚比等级及限值

构件	截面板件宽厚比等级		S1 级	S2 级	S3 级	S4 级	S5 级
压弯构件(框架柱)	H 形截面	翼缘 b/t	$9\varepsilon_k$	$11\varepsilon_k$	$13\varepsilon_k$	$15\varepsilon_k$	20
		腹板 h_0/t_w	$(33+13a_0^{1.3})\varepsilon_k$	$(38+13a_0^{1.39})\varepsilon_k$	$(40+18a_0^{1.5})\varepsilon_k$	$(45+25a_0^{1.66})\varepsilon_k$	250
	箱形截面	壁板(腹板)间翼缘 b_0/t	$30\varepsilon_k$	$35\varepsilon_k$	$40\varepsilon_k$	$45\varepsilon_k$	—
	圆钢管截面	径厚比 D/t	$50\varepsilon_k^2$	$70\varepsilon_k^2$	$90\varepsilon_k^2$	$100\varepsilon_k^2$	—
受弯构件(梁)	工字形截面	翼缘 b/t	$9\varepsilon_k$	$11\varepsilon_k$	$13\varepsilon_k$	$15\varepsilon_k$	20
		腹板 h_0/t_w	$65\varepsilon_k$	$72\varepsilon_k$	$93\varepsilon_k$	$124\varepsilon_k$	250
	箱形截面	壁板(腹板)间翼缘 b_0/t	$25\varepsilon_k$	$32\varepsilon_k$	$37\varepsilon_k$	$42\varepsilon_k$	—

注：1. ε_k 为钢号修正系数，$\varepsilon_k=\sqrt{235/f_y}$。

2. b 为工字形、H 形截面的翼缘外伸宽度，t、h_0、t_w 分别是翼缘厚度、腹板净高和腹板厚度。对轧制型截面，腹板净高不包括翼缘腹板过渡处贺弧段；对于箱形截面，b_0、t 分别为壁板间的距离和壁板厚度；D 为圆管截面外径。

3. 箱形截面梁及单向受弯的箱形截面柱，其腹板限值可根据 H 形截面腹板采用。

4. 腹板的宽厚比可通过设置加劲肋减小。

5. 当按国家标准《建筑抗震设计标准(2024 年版)》(GB 50011—2010)第 9.2.14 条第 2 款的规定设计，且 S5 级截面的板件宽厚比小于 S4 级、经 ε_σ 修正的板件宽厚比时，可视作 c 类截面。ε_σ 为应力修正因子，$\varepsilon_\sigma=\sqrt{f_y/\sigma_{max}}$。

(1) S1 级截面：可达全截面塑性，保证塑性铰具有塑性设计要求的转动能力，且在转动过程中承载力不降低，称为一级塑性截面，也可称为塑性转动截面；图 5.3 所示的曲线 1 可以表示其弯矩-曲率关系，ϕ_{P2} 也一般要求达到塑性弯矩 M_p 除以弹性初始刚度得到的曲率 ϕ_P 的 8～15 倍。

(2) S2 级截面：可达全截面塑性，但由于局部屈曲，塑性铰转动能力有限，称为二级塑性截面；此时的弯矩-曲率关系见图 5.3 所示的曲线 2，ϕ_{P1} 大约是 ϕ_P 的 2～3 倍。

(3) S3 级截面：翼缘全部屈服，腹板可发展不超过 1/4 截面高度的塑性，称为弹塑性截面；作为梁时，其弯矩-曲率关系如图 5.3 所示的曲线 3。

(4) S4 级截面：边缘纤维可达屈服强度，但由于局部屈曲而不能发展塑性，称为弹性截面；作为梁时，其弯矩-曲率关系如图 5.3 所示的曲线 4。

(5) S5 级截面：在边缘纤维达屈服应力前，腹板可能发生局部屈曲，称为薄壁截面；作为梁时，其弯矩-曲率关系为图 5.3 所示的曲线 5。

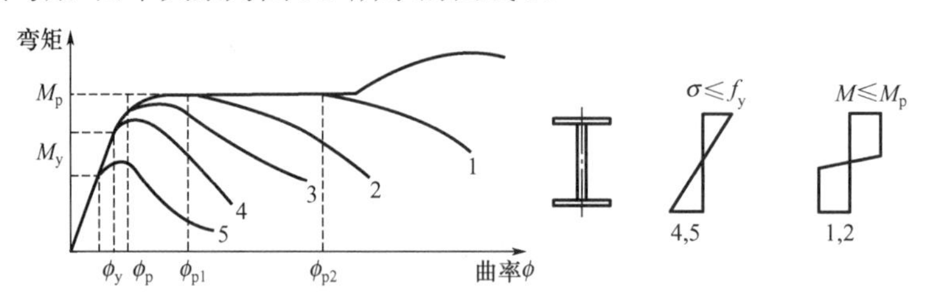

图 5.3　截面的分类及其转动能力

5.3　梁的强度与刚度的计算

5.2.1　梁的强度计算

梁的承载能力极限状态包括强度与稳定两个方面。强度承载力包括截面的抗弯强度、抗剪强度和局部承压处的抗压强度(含疲劳强度)。稳定承载力包括梁的整体稳定和组成板件的局部稳定。

梁在横向荷载作用下，截面上将产生弯矩 M_x 和剪力 V[图 5.4(a)]，前者引起正应力σ，后者引起剪应力τ[图 5.4(b)]。正应力随弯矩的增加而逐渐增大，可分为 3 个阶段：①弹性阶段，最大纤维应力$\sigma \leqslant f_y$，截面为弹性工作，正应力呈三角形分布；②弹塑性阶段，最大纤维应力达屈服点，截面发展塑性，按照理想弹-塑性体σ-ε曲线[(图 5.4(c)]，这时截面部分为塑性，中间部分仍属弹性；③塑性阶段，荷载继续增大，截面的塑性区继续向内发展，直到弹性核心几乎消失，正应力将呈两个矩形分布，形成塑性铰。

梁达塑性状态是梁的强度承载力极限。对于直接承受动力荷载的梁，不能利用塑性，只能按边缘纤维屈服的弹性阶段设计，即以边缘纤维屈服为正应力极限状态，这时梁所承受的弯矩称屈服弯矩 M_y，$M_y = W_{nx}f_y$。间接承受动力荷载和承受静力荷载的梁，虽然塑性阶段是其极限状态，但这时梁的变形太大，《钢结构设计标准》规定以弹塑性阶段为极限状态，梁所承受的弯矩为 M，$M = \gamma_x W_{nx} f_y$。其中γ_x是截面的 x 轴塑性发展系数，大于 1，不同截面的塑性发展系数见表 5-2。所以通常梁的抗弯承载力极限 M 介于屈服弯矩 M_y 和塑性弯矩 $M_p(M_p = W_{nxp}f_y)$之间。这里 W_{nx} 和 W_{nxp} 分别是弹性净截面模量和塑性净截面模量。

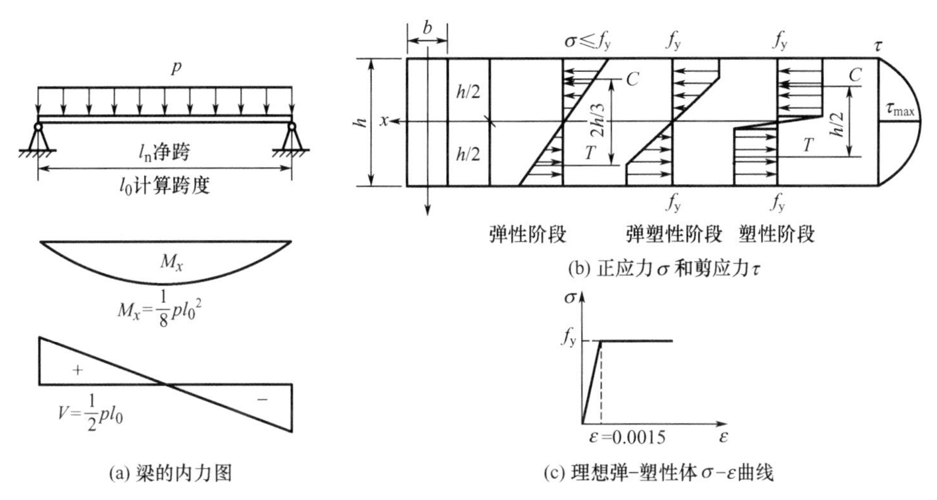

(a) 梁的内力图

(b) 正应力 σ 和剪应力 τ

(c) 理想弹-塑性体 $\sigma-\varepsilon$ 曲线

图 5.4　梁在横向荷载作用下的工作

表 5-2　截面的塑性发展系数

项次	截面形式	γ_x	γ_y
1	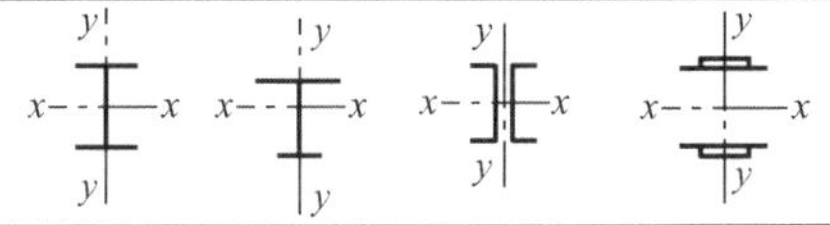 x x y y　x x y y　x x y y　x x y y	1.05	1.2
2	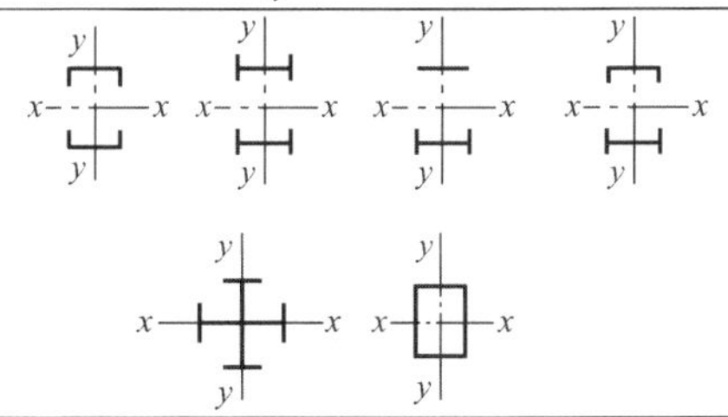 x x y y　x x y y　x x y y　x x y y　x x y y　x x y y		1.05
3	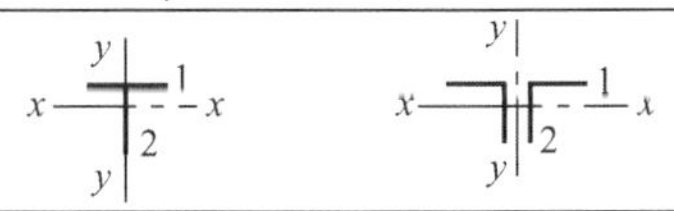 x x y y 1 2　x x y y 1 2	$\gamma_{x1}=1.05$ $\gamma_{x2}=1.2$	1.2
4	 x x y y 1 2　x x y y 1 1 2		1.05
5	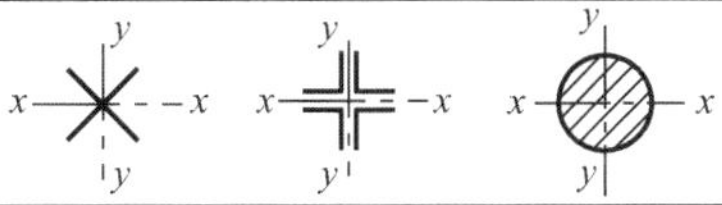 x x y y　x x y y　x x y y	1.2	1.2
6	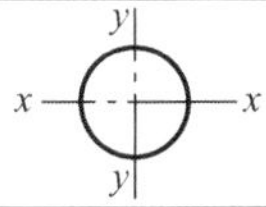 x x y y	1.15	1.15
7	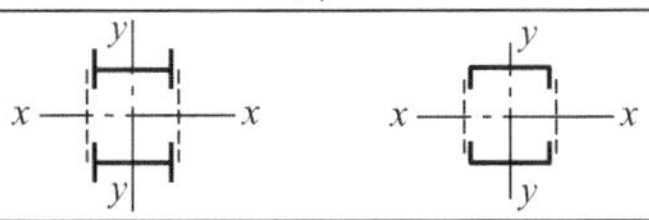 x x y y　x x y y	1.0	1.05
8	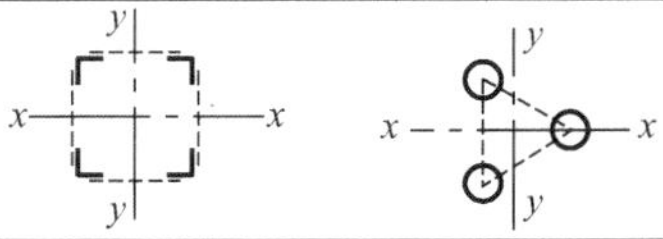 x x y y　x x y y		1.0

1. 弯曲正应力和剪应力

(1) 承受静力荷载或间接承受动力荷载的梁，当梁只在一个主平面内受弯矩 M_x 和剪力 V 作用时，应分别按式(5-1)和式(5-2)验算弯曲正应力和剪应力：

$$\sigma = \frac{M_x}{\gamma_x W_{nx}} \leqslant f \tag{5-1}$$

$$\tau = \frac{VS_x}{I_x t_w} \leqslant f_v \tag{5-2}$$

当梁在两个主平面内受弯(如双向受弯檩条)时，应将两主轴方向的弯矩 M_x 和 M_y 所产生的弯曲正应力叠加，用式(5-3)验算：

$$\sigma = \frac{M_x}{\gamma_x W_{nx}} + \frac{M_y}{\gamma_y W_{ny}} \leqslant f \tag{5-3}$$

式中 M_x、M_y——绕强轴(x 轴)和弱轴(y 轴)的计算弯矩。

W_{nx}、W_{ny}——对 x 轴和 y 轴的净截面模量。当截面板件宽厚比等级为 S1 级、S2 级、S3 级或 S4 级时，应取全截面模量；当截面板件宽厚比等级为 S5 级时，应取有效截面模量。

V——界面承受的计算剪力。

S_x——计算剪应力处以外毛截面对中性轴的面积矩，对称截面为半个截面对中性轴的面积矩。

I_x——净截面对 x 轴的惯性矩。

t_w——梁腹板厚度。

f、f_v——钢材的抗弯、抗剪强度设计值。

γ_x、γ_y——截面塑性发展系数。对工字形和箱形截面，当截面板件宽厚比等级为 S4 或 S5 级时，截面塑性发展系数应取 1.0；当截面板件宽厚比等级为 S1 级、S2 级或 S3 级时，可按表 5-2 采用。。

(2) 对于需要验算疲劳强度的梁同样可采用式(5-1)、式(5-2)和式(5-3)计算，但不考虑塑性发展，取γ_x、$\gamma_y = 1.0$。

必须指出，上述梁的计算只限于产生弯曲(单向或双向)而不产生扭转的情况，即作用在梁上的横向荷载必须通过截面弯曲中心(即剪切中心)。对于截面剪切中心 S 的位置，有以下 3 个一般规律。

① 双轴对称截面，截面剪心 S 与形心 O 重合[图 5.l(a)]；

② 单轴对称截面，截面剪心 S 一定在对称轴上[图 5.1(b)]；

③ 由矩形薄板相交于一点组成的截面，截面剪心 S 必在交点上(图 5.5)。

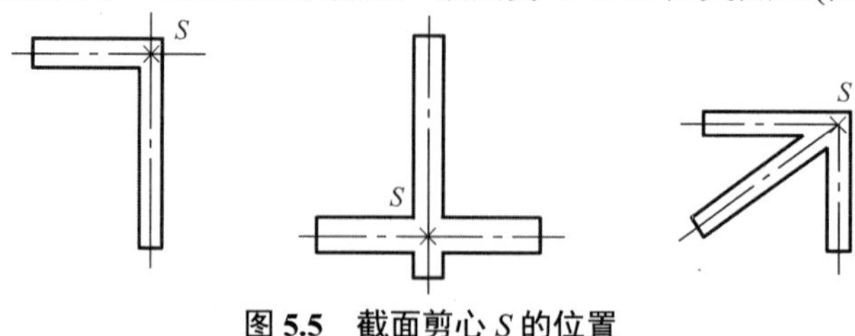

图 5.5　截面剪心 S 的位置

2. 局部压应力

梁在固定集中荷载(包括支座反力)处无支承加劲肋[图 5.6(a)]，或者受到移动的吊车轮荷载作用时[图 5.6(b)]，应验算腹板上边缘处的局部压应力。

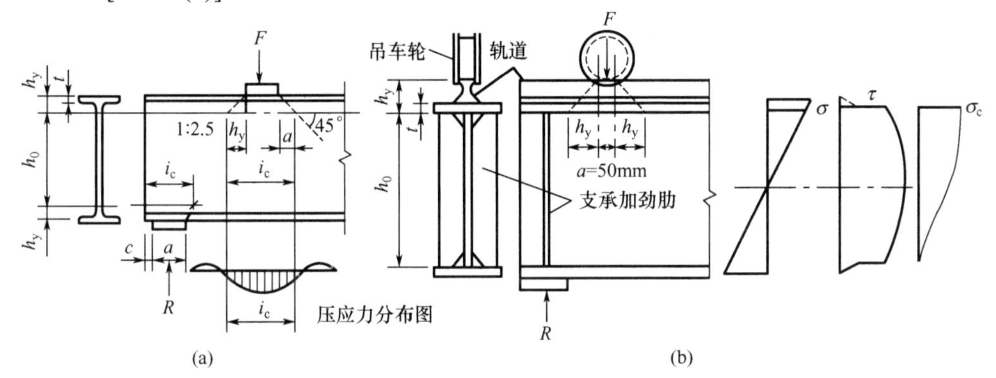

图 5.6 梁局部承压

在集中荷载作用下，翼缘板(在吊车梁中还应包括轨道)类似于支承在腹板边缘上的弹性地基梁。为简化计算，假定集中荷载从作用处吊车梁轨道顶以 45° 角向两侧扩散，而在 h_y 范围以 1:2.5 坡度向两侧扩散，均匀分布于腹板上边缘，其假定分布长度为

在梁中部 $l_c = a+5h_y+2h_R$

在支座处 $l_c = a+c+2.5h_y$

式中 a——集中荷载沿梁跨度方向的实际支承长度，对于吊车轮压，取 $a = 50$mm。

h_R——轨道的高度，对梁顶无轨道的梁，$h_R = 0$。

h_y——由梁的顶面或吊车梁轨顶到腹板计算高度 h_0 边缘处的距离，h_0 按下列规定采用：①热轧型钢取腹板与上、下翼缘相连处两内弧起点间的距离[图 5.6(a)]；②焊接组合梁取腹板高度[图 5.6(b)]；③用高强度螺栓或铆钉连接的组合梁，取腹板与上、下翼缘连接螺栓或铆钉线间的最近距离[图 5.1(g)]。

腹板计算高度上的边缘局部压应力，按式(5-4)验算：

$$\sigma_c = \frac{\psi F}{t_w l_c} \leqslant f \tag{5-4}$$

式中 F——集中荷载，支座处为支座反力 R[图 5.6(a)]，对动力荷载应考虑动力系数。

ψ——集中荷载增大系数，对重级工作制吊车梁，$\psi = 1.35$；对其他梁，$\psi = 1.0$；支座处，$\psi = 1.0$。

3. 折算应力

在焊接梁的腹板计算高度 h_0 边缘某点处，同时受到较大的正应力σ、剪应力τ和局部压应力σ_c，或同时受到较大的σ和τ(如连续梁支座处或梁的翼缘截面改变处等)，都应按多轴应力状态下钢材的屈服准则(能量强度理论)验算折算应力：

$$\sigma_{eq} = \sqrt{\sigma^2 + \sigma_c^2 - \sigma\sigma_c + 3\tau^2} \leqslant \beta_1 f \tag{5-5}$$

式中σ和σ_c以拉应力为正值，压应力为负值。

考虑到折算应力σ_{eq}的最大值只发生在特定截面中特定纤维的局部点，故式(5-5)中引入了强度设计值增大系数β_1。由于σ、σ_c异号时的塑性变形能力比同号时的高，故《钢结构

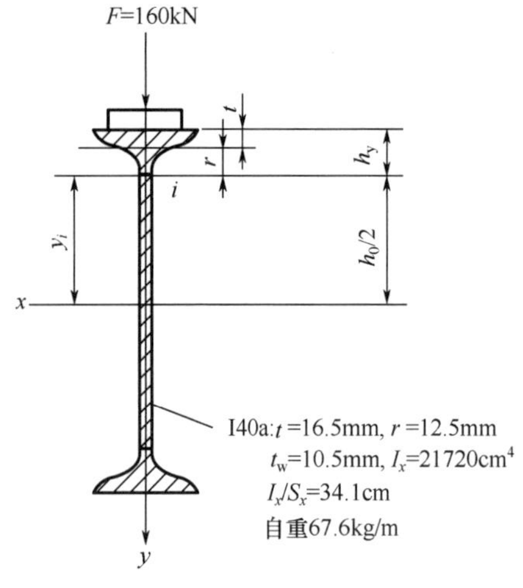

图 5.7　例题 5.1 图

设计标准》规定：当σ与σ_c异号时，取$\beta_1=1.20$；当σ与σ_c同号或$\sigma_c=0$时，取$\beta_1=1.10$。

例题 5.1　已知某楼盖次梁 I40a(Q235B)，跨中受集中荷载$F=\gamma_G G_k+\gamma_Q Q_k=1.2\times40+1.4\times80=160(\text{kN})$，如图 5.7 所示试验算：梁腹板计算高度$h_0$；边缘$i$点处的折算应力$\sigma_{eq}$。已知：集中荷载分布长度$a=90\text{mm}$；计算跨度$l=6\text{m}$。

解：

$$h_y=t+r=16.5+12.5=29(\text{mm})$$

$$l_c=a+5h_y=90+5\times29=235(\text{mm})$$

$$h_0=h-2h_y=400-2\times29=342(\text{mm})$$

$y_i=h_0/2=171\text{mm}$，$R=F/2=80\text{kN}$(支座反力)

跨中$M_x=R(l/2)+\gamma_G G_k l^2/8=80\times3+1.2\times0.0676\times9.8\times6^2/8=243.581(\text{kN}\cdot\text{m})$

$V=80\text{kN}$

边缘i点处应力为

$$\sigma_i=\frac{M_x}{I_x/y_i}=\frac{243.581\times10^6\times171}{21720\times10^4}=191.8(\text{N/mm}^2)$$

$$\tau_i=\frac{VS_x}{I_x t_w}=\frac{80\times10^3}{34.1\times10\times10.5}=22.3(\text{N/mm}^2)$$

$$\sigma_c=\frac{\psi F}{t_w l_c}=\frac{1\times160\times10^3}{10.5\times235}=64.8(\text{N/mm}^2)$$

代入式(5-5)，得

$$\begin{aligned}\sigma_{eq}&=\sqrt{\sigma_i^2+\sigma_c^2-\sigma_i\sigma_c+3\tau_i^2}\\&=\sqrt{191.8^2+64.8^2-191.8\times64.8+3\times22.3^2}\\&=173.3(\text{N/mm}^2)\end{aligned}$$

$$\beta_1 f=1.1\times215=236.5(\text{N/mm}^2)>\sigma_{eq}$$

5.2.2　梁的刚度计算

梁的正常使用极限状态是控制梁的最大挠度不超过容许挠度。梁的刚度不足，就不能保证梁的正常使用。例如，楼盖梁的挠度过大，就会给人一种不安全的感觉，而且还会使天花板抹灰等脱落，影响整个结构的使用功能；而吊车梁的挠度过大，还会加剧吊车运行的冲击和震动，甚至使吊车不能运行等。因此，限制梁在使用时的最大挠度，就显得十分必要了。验算梁的刚度，属于正常使用极限状态。

梁的刚度要求为

$$v\leqslant[v_T]\text{或}[v_Q] \tag{5-6}$$

式中　$[v_T]$——同时考虑永久荷载和可变荷载标准值产生的挠度容许值，见表 5-3；

$[v_Q]$ ——仅考虑可变荷载标准值产生的挠度容许值，见表 5-3。

表 5-3 受弯构件挠度容许值

项次	构件类别			挠度容许值	
				$[v_T]$	$[v_Q]$
1	吊车梁和吊车桁架(按自重和起重量最大的一台吊车计算挠度)	手动吊车和单梁吊车(含悬挂吊车)		$l/500$	—
2		轻级工作制桥式吊车		$l/750$	—
3		中级工作制桥式吊车		$l/900$	—
4		重级工作制桥式吊车		$l/1000$	—
5	手动或电动葫芦的轨道梁			$l/400$	—
6	有重轨(质量等于或大于 38kg/m)轨道的工作平台梁			$l/600$	—
	有轻轨(质量等于或小于 24kg/m)轨道的工作平台梁			$l/400$	—
7	楼(屋)盖梁或桁架、工作平台梁(第 3 项除外)和平台板	主梁或桁架(包括设有悬挂起重设备的梁和桁架)		$l/400$	$l/500$
8		仅支撑压型金属板屋面和冷弯型钢檩条		$l/800$	
9		除支撑压型金属板屋面和冷弯型钢檩条外，尚有吊顶		$l/240$	
10	楼(屋)盖梁或桁架、工作平台梁(第 3 项除外)和平台板	抹灰顶棚的次梁		$l/250$	$l/350$
11		除第 4 项外的其他梁(包括楼梯梁)		$l/250$	$l/300$
12		屋盖檩条	支撑压型金属板屋面者	$l/150$	—
13			支撑其他屋面材料者	$l/200$	—
14			有吊顶	$l/240$	—
15		平台板		$l/150$	—
16	墙架构件(风荷载不考虑阵风系数)	支柱		—	$l/400$
17		抗风桁架(作为连续支柱的支承时)		—	$l/1000$
18		砌体墙的横梁(水平方向)		—	$l/300$
19		支撑压型金属板的横梁(水平方向)		—	$l/100$
20		支撑其他墙面材料的横梁(水平方向)		—	$l/200$
21		带有玻璃窗的横梁(竖直和水平方向)		$l/200$	$l/200$

注：1. l 为受弯构件的跨度(对悬臂梁和伸臂梁为悬伸长度的 2 倍)；

2. 当吊车梁或吊车桁架跨度大于 12m 时，其挠度容许值 $[v_T]$ 应乘以 0.9 的系数；

3. 当墙面采用延性材料或与结构采用柔性连接时，墙架构件的支柱水平位移容许值可采用 $l/300$，抗风桁架(作为连续支柱的支撑时)水平位移容许值可采用 $l/800$。

对于均布线荷载标准值 p_k 作用下的对称简支梁，梁的最大挠度可按式(5-7)近似计算。

$$v = \frac{5p_k l^4}{384EI_x}(1+k\alpha) \tag{5-7}$$

式中 α ——$\alpha=(I_x-I'_x)/I'_x$，其中 I_x、I'_x 分别表示梁的跨中、支座的毛截面惯性矩。

k——系数，随截面改变方式和位置(详见 5.8.4 节)而定，取值见表 5-4。对于等截面梁，$k=0$。

表 5-4　k 值

截面改变方式	截面改变位置			
	$l/6$	$l/5$	$l/4$	$l/2$
改变翼缘宽度	0.0519	0.0870	0.1625	
改变腹板高度	0.0054	0.0092	0.0175	0.1200

对于集中荷载标准值 P_k 作用下的等截面简支梁，挠度公式见表 5-5。

表 5-5　P_k 作用下等截面简支梁的挠度公式

P_k 作用位置	二等分梁处	三等分梁处	四等分梁处
挠度公式	$v=\dfrac{P_k l^3}{48EI_x}$	$v=\dfrac{23P_k l^3}{648EI_x}$	$v=\dfrac{19P_k l^3}{348EI_x}$

例题 5.2　验算例题 5.1 次梁 I40a 的刚度。

解：由表 5-3 查得$[v_T]=6000/250=24(\text{mm})$，$[v_Q]=6000/350\approx 17(\text{mm})$。

永久荷载与可变荷载：跨中集中力 $P_G=40\text{kN}$，次梁 I40a 自重 $G_k=0.0676\times 9.8=0.66(\text{N/m})$。

$$v_T=\frac{P_G l^3}{48EI_x}+\frac{5G_k l^4}{384EI_x}=\frac{1}{EI_x}\left(\frac{(40+80)\times 10^3\times 6^3\times 10^9}{48}+\frac{5\times 0.00066\times 6^4\times 10^{12}}{384}\right)$$

$$=(540000+11.1375)/(2.06\times 21720)=12.1(\text{mm})<24\text{mm}$$

可变荷载：跨中集中力 $Q_k=80\text{kN}$。

$$v_Q=\frac{Q_k l^3}{48EI_x}=\frac{80\times 10^3\times 6^3\times 10^9}{48\times 2.06\times 21720\times 10^9}=8(\text{mm})<17\text{mm}$$

5.4　梁的整体稳定

5.4.1　基本概念

两端为“叉”形简支座的简支梁，在跨中有横向荷载作用时，跨中弯矩 M_x 和跨中挠度 v 的关系曲线如图 5.8 所示。如果梁的承载力只取决于强度，弯矩随荷载的增加应按曲线 a 经弹性阶段、弹塑性阶段，最后达到塑性阶段，即达到塑性弯矩 M_{px}，形成塑性铰而破坏。如果截面的侧向抗弯刚度和抗扭刚度不足，如窄而高的工字形截面(开口薄壁截面)，则会在截面形成塑性铰以前，甚至在弹性阶段，梁就有可能发生绕弱轴(y 轴)的侧向弯曲，且同时伴随扭转变形而破坏。这时梁的承载力低于按强度计算的承载能力，如图 5.8 中曲线 b 或 c 所示。梁的这种破坏形式，称为梁的弯

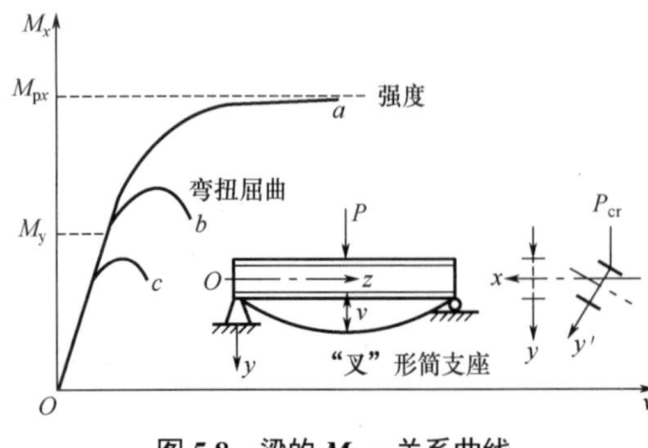

图 5.8　梁的 M_x-v 关系曲线

扭屈曲或梁丧失整体稳定。当梁的两端只有弯矩 M_x 作用时，同样也会发生这种破坏现象，如图 5.9 所示。这种使梁丧失整体稳定的外荷载或外弯矩，称为临界荷载或临界弯矩。

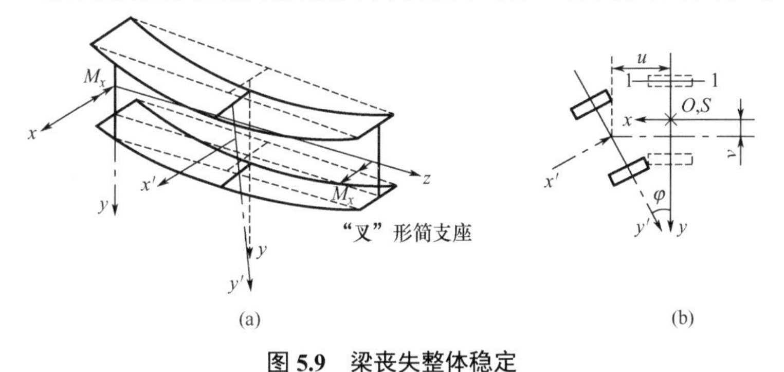

图 5.9 梁丧失整体稳定

对于平面内弯曲的梁会发生平面外的侧向弯扭屈曲，可以这样来解释：从性质的近似性出发，可以把梁的受压翼缘视为一轴心受压杆件。如第 4 章所述，达临界状态时，受压翼缘将向其刚度较小的方向[图 5.9(b)中绕 1—1 轴]弯曲屈曲。但是，由于梁的腹板对该翼缘提供了连续的支撑作用，使此屈曲不可能发生。因此，当压力增大到一定数值时，受压的上翼缘就只能绕 y 轴侧向弯曲，而梁截面的受拉部分又对其侧向弯曲产生约束，因而必将带动梁的整个截面一起发生侧向位移并伴随扭转，即梁发生弯扭屈曲，这就是梁丧失整体稳定的原因和实质。

5.4.2 双轴对称工字形截面简支梁在纯弯矩作用下的临界弯矩 $M_{cr,x}$

作为一种基本情况，先研究一根受纯弯矩 M_x 作用的双轴对称工字形截面简支梁的弯扭屈曲(图 5.10)。

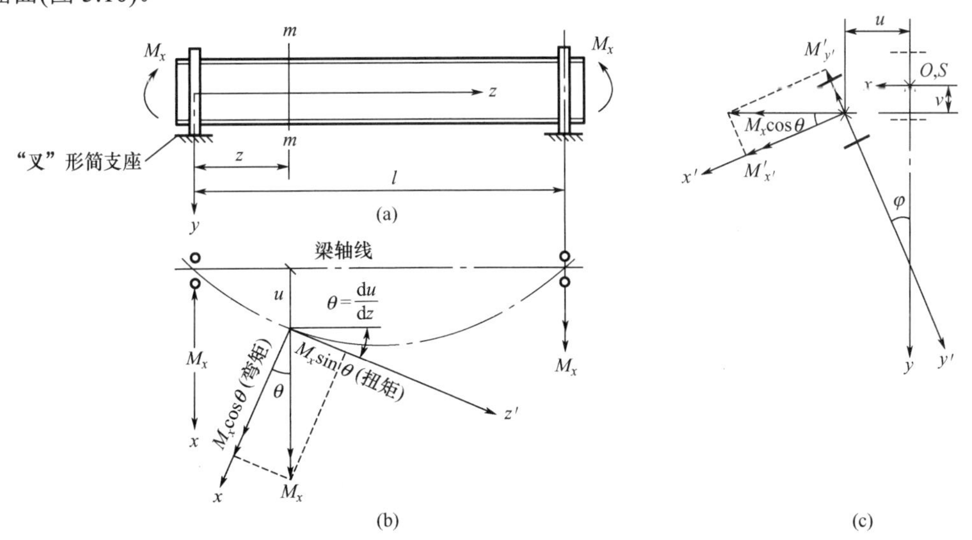

图 5.10 纯弯曲时双轴对称工字形截面的弯扭屈曲

推导临界弯矩时采用 5 点假定：①两端为铰接的“叉”形简支座。这种支座只能绕 x 轴或 y 轴转动，而不能绕 z 轴转动，即受压翼缘不能侧向水平移动，相当于有一个侧向支承点；②为理想直梁；③荷载作用在梁的最大刚度平面内，弯扭屈曲前只发生平面内弯曲；④为理想弹性体；⑤临界状态时属小变形。

在图 5.10(a)中取 xyz 为固定坐标系(右手法则)，截面发生位移后的活动坐标相应取为 $x'y'z'$。假定截面剪心 S 沿 x、y 轴方向的位移分别为 u、v，沿坐标轴的正向为正；截面的扭转角为 φ，图示旋转方向为正；由于小变形，xz 和 yz 平面内的曲率分别为 $\frac{\mathrm{d}^2u}{\mathrm{d}z^2}$ 和 $\frac{\mathrm{d}^2v}{\mathrm{d}z^2}$，并认为在 $x'z'$ 和 $y'z'$ 平面内的曲率分别与之相等，在角度关系方面可取 $\sin\theta\approx\theta=\frac{\mathrm{d}u}{\mathrm{d}z}$，$\sin\varphi\approx\varphi$，$\cos\theta\approx1$，$\cos\varphi\approx1$。从而，由图 5.10(b)、(c)可得

绕 x' 轴的弯矩 $\quad M'_{x'}=(M_x\cos\theta)\cos\varphi\approx M_x$

绕 y' 轴的弯矩 $\quad M'_{y'}=(M_x\cos\theta)\sin\varphi\approx M_x\varphi$

绕 z' 轴的弯矩(扭矩) $\quad M'_{z'}=M_x\sin\theta\approx M_x\frac{\mathrm{d}u}{\mathrm{d}z}$

根据材料力学中弯矩与曲率之关系，得

$$EI_x\frac{\mathrm{d}^2v}{\mathrm{d}z^2}=-M'_{x'}=-M_x \tag{5-8}$$

$$EI_y\frac{\mathrm{d}^2u}{\mathrm{d}z^2}=-M'_{y'}=-M_x\varphi \tag{5-9}$$

根据开口薄壁杆件扭转屈曲的平衡微分方程，这时的外扭矩是 $M'_{x'}$，得

$$EI_\omega\varphi'''-GI_1\varphi'=M'_{z'}=M_x\frac{\mathrm{d}u}{\mathrm{d}z} \tag{5-10}$$

式(5-8)只是位移 v 的函数，可以独立求解，而式(5-9)和式(5-10)均为 u 和 φ 的函数，必须联立求解。将式(5-10)对 z 求导，并利用式(5-9)消去 $\frac{\mathrm{d}^2u}{\mathrm{d}z^2}$，可得关于扭转角 φ 的四阶线性齐次常微分方程，即纯弯曲梁达临界状态时的弯扭屈曲平衡微分方程。

$$EI_\omega\varphi'''-GI_t\varphi''-\frac{M_x^2}{EI_y}\varphi=0 \tag{5-11}$$

四阶方程的通解包含的 4 个积分常数，可由梁支座的 4 个边界条件——当 $z=0$ 或 $z=l$ 时，$u=v=\varphi=0$ 和 $\varphi''=0$ 来解决，第 4 个边界条件 $\varphi''=0$ 表示梁支座截面翘曲不受约束，绕 x、y 轴能自由转动，从而可解得临界弯矩如下。

$$M_{\mathrm{cr},x}=\frac{\pi^2EI_y}{l^2}\sqrt{\frac{I_\omega}{I_y}\left(1-\frac{l^2}{\pi^2}\frac{GI_1}{EI_\omega}\right)} \tag{5-12}$$

或

$$M_{\mathrm{cr},x}=\frac{\pi}{l}\sqrt{EI_yGI_t}\sqrt{1+\frac{\pi^2EI_\omega}{l^2GI_t}} \tag{5-13}$$

式中 l——应理解为侧向支承点之间的距离 l_1。

令 $\psi=\frac{EI_\omega}{l^2GI_1}$，$k=\pi\sqrt{1+\pi^2\psi}$，则式(5-13)变成

$$M_{cr,x} = \frac{k}{l}\sqrt{EI_y GI_t} \tag{5-14}$$

式中 I_t——自由扭转常数；

k——梁整体稳定屈曲系数，随不同的荷载种类和荷载作用位置而异，取值见表 5-6。

表 5-6 k 值

荷载作用位置	荷载种类		
	M_x M_x l	p l	P l
截面形心上	$\pi\sqrt{1+\pi^2\psi}$	$3.54\sqrt{1+11.9\psi}$	$4.23\sqrt{1+12.9\psi}$
上翼缘上		$3.54(\sqrt{1+11.9\psi}-1.44\sqrt{\psi})$	$4.23(\sqrt{1+12.9\psi}-1.74\sqrt{\psi})$
下翼缘上		$3.54(\sqrt{1+11.9\psi}+1.44\sqrt{\psi})$	$4.23(\sqrt{1+12.9\psi}+1.74\sqrt{\psi})$

由表 5-6 可见：①纯弯曲(作用在形心)时 k 值最低，因纯弯曲时[图 5.11(a)]梁的弯矩沿梁跨不变，所有截面上的弯矩均一样大，即受压翼缘所受的压力沿梁跨不变，而其余两种荷载情况[图 5.11(b)、(c)]，梁的弯矩仅在跨中最大，而其他截面上的弯矩值均较小，即受压翼缘的压力沿梁跨变化。②荷载作用在上翼缘比荷载作用在下翼缘的 k 值低，这是因为：梁一旦发生弯扭，作用在上翼缘的荷载 p 或 P[图 5.12(a)]对剪心 S 将产生不利的附加扭矩 pe 或 Pe，使梁的扭转加剧，助长屈曲，从而降低梁的临界值，而荷载作用在下翼缘时[图 5.12(b)]，附加扭矩会减小梁的扭转，从而可提高梁的整体稳定性。

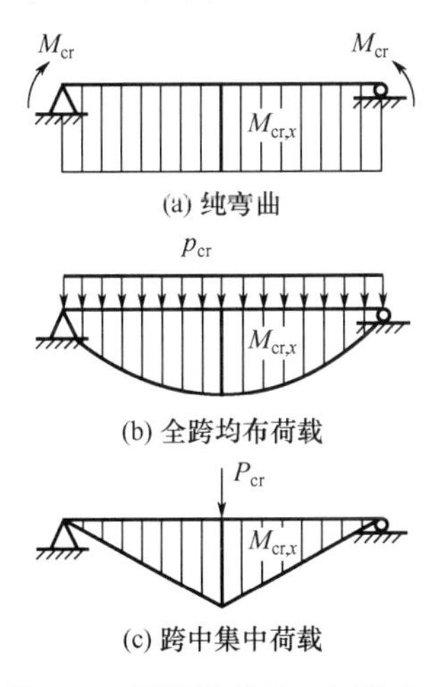

(a) 纯弯曲

(b) 全跨均布荷载

(c) 跨中集中荷载

图 5.11 不同荷载的弯矩分布

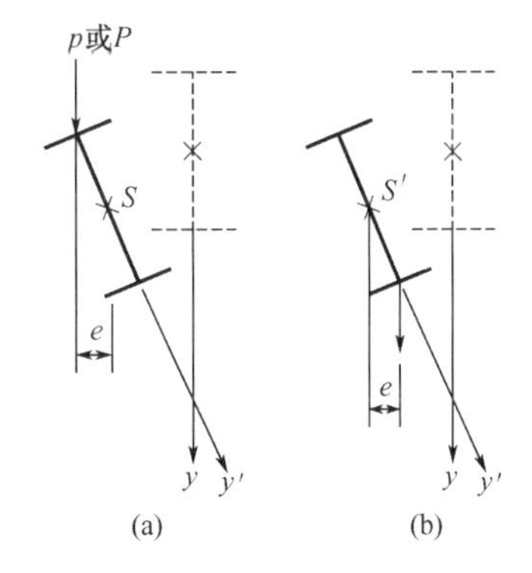

(a) (b)

图 5.12 荷载作用位置的影响

5.4.3 单轴对称工字形截面简支梁在横向荷载作用下的临界弯矩 $M_{cr,x}$

单轴对称工字形截面[图 5.13(b)、(c)]的剪力中心 S 与形心 O 不重合时，可用能量法求临界弯矩的近似值：

$$M_{\mathrm{cr},x}=C_1\frac{\pi^2 EI_y}{l^2}\left[C_2a+C_3\beta_y+\sqrt{(C_2a+C_3\beta_y)^2+\frac{I_\omega}{I_y}\left(1+\frac{l^2GI_t}{\pi^2EI_\omega}\right)}\right] \tag{5-15}$$

其中

$$\beta_y=\frac{1}{2I_x}\int_A y(x^2+y^2)\mathrm{d}A-y_0 \tag{5-16}$$

式中 I_ω ——扇形惯性矩，$I_\omega=\frac{I_1I_2}{I_y}h^2=\alpha_b(1-\alpha_b)I_yh^2$，其中 $\alpha_b=\frac{I_1}{I_1+I_2}=\frac{I_1}{I_y}$，$I_1$、$I_2$分别表示受压、受拉翼缘对 y 轴的惯性矩。

β_y ——反映截面单轴对称特性的系数。双轴对称时，$\beta_y=0$。单轴对称、受压翼缘加强时，$\beta_y>0$ [图 5.13(b)]；单轴对称、受拉翼缘加强时，$\beta_y<0$ [图 5.13(c)]。

y_0 ——剪心 S 的纵坐标，$y_0\approx-\frac{I_1h_1-I_2h_2}{I_y}$。

a ——荷载作用点至剪心 S 的距离，作用点位于剪心 S 下方时，a 为正值。

C_i ——随荷载类型和支座约束情况而异的系数，表 5-7 仅列出 3 种荷载作用下，支座绕 x、y 轴能自由转动的 C_i 值($i=1$，2，3)。

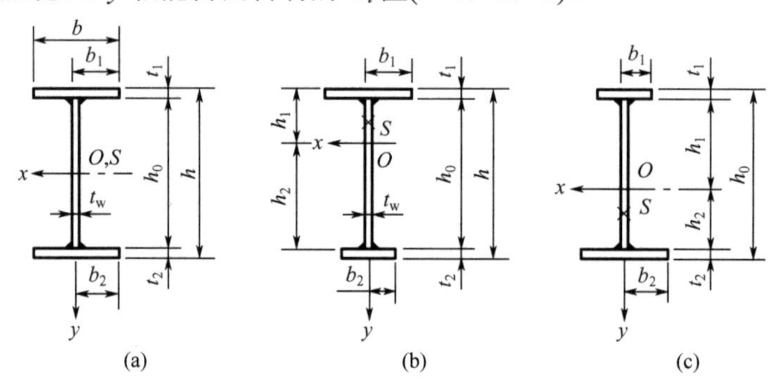

图 5.13 单轴对称工字形截面

表 5-7 C_i值

荷载类型	系数		
	C_1	C_2	C_3
纯弯曲	1.0	0.0	1.0
全跨均布荷载	1.13	0.46	0.53
跨中集中荷载	1.35	0.55	0.40

5.4.4 梁的整体稳定系数 φ_b

式(5-15)已为国内外许多试验所证实，并为许多国家制定设计标准时采用，为了便于应用，我国《钢结构设计标准》对此做了以下两点简化假定。

(1) 经计算分析，式(5-16)中的积分项小于 y_0，可取

$$\beta_y=-y_0=+\frac{I_1h_1-I_2h_2}{I_y}\bigg|_{h_1=h_2\approx h/2}=\frac{h}{2}\left(\frac{I_1-I_2}{I_y}\right)=\frac{h}{2}(2\alpha_b-1) \tag{5-17}$$

(2) 对图 5.13(b)、(c)，求扭转常数：

$$\begin{aligned} I_1 &= \frac{1}{3}(2b_1t_1^3 + 2b_2t_2^3 + h_0t_w^3) \\ &\approx \frac{1}{3}(2b_1t_1 + 2b_2t_2 + h_0t_w)t_1^2 = \frac{1}{3}At_1^2 \end{aligned} \tag{5-18}$$

式中 A——梁的截面面积。

对双轴对称工字形截面简支梁[图 5.13(a)]，由式(5-17)，纯弯矩作用在剪心，$a=0$。由表 5-7，$C_1=1.0$，$C_3=1.0$。从而式(5-15)变成

$$M_{cr,x} = \frac{\pi^2 EI_y}{l^2}\sqrt{\frac{I_\omega}{I_y}\left(1+\frac{l^2}{\pi^2}\cdot\frac{GI_t}{EI_\omega}\right)} \tag{5-19}$$

相应的临界应力为

$$\sigma_{cr,x} = \frac{M_{cr,x}}{W_x} \tag{5-20}$$

保证整体稳定的条件为

$$\frac{M_x}{W_x} \leqslant \frac{\sigma_{cr,x}}{\gamma_R} = \frac{\sigma_{cr,x}}{f_y}\cdot\frac{f_y}{\gamma_R} = \varphi_b f \tag{5-21}$$

或

$$\frac{M_x}{\varphi_b W_x} \leqslant f \tag{5-22}$$

式中 φ_b——梁的整体稳定系数。

$$\varphi_b = \frac{\sigma_{cr,x}}{f_y} = \frac{M_{cr,x}/W_x}{f_y} = \frac{\pi^2 EI_y}{l^2 W_x f_y}\sqrt{\frac{I_\omega}{I_y}\left(1+\frac{l^2 GI_t}{\pi^2 EI_\omega}\right)}$$

将 $I_t = \frac{1}{3}At_1^2$，$I_\omega = \frac{Ih^2}{4}$，$f_y = 235\text{N/mm}^2$，$E = 206\times10^3\text{N/mm}^2$ 和 $G = 79\times10^3\text{N/mm}^2$ 代入上式，可得纯弯矩作用下双轴对称焊接工字形截面简支梁(Q235 钢材)的整体稳定系数。

$$\varphi_b = \frac{4320}{\lambda_y^2}\cdot\frac{Ah}{W_{1x}}\sqrt{1+\left(\frac{\lambda_y t_1}{4.4h}\right)^2} \tag{5-23}$$

式中 W_{1x}——按受压翼缘确定的梁毛截面模量，$W_{1x} = I_x/y_1$(y_1 即图 5.12 中的 h_1)。

λ_y——梁在侧向支承点间对截面 y 轴的长细比，$\lambda_y = l_1/i_y$。其中，l_1 为梁受压翼缘的自由长度，即梁侧向支承点间的距离，图 5.10 中，$l_1 = l$；i_y 为梁的毛截面对 y 轴的回转半径，$i_y = \sqrt{I_y/A}$。

对于单轴对称工字形截面[图 5.13(b)、(c)]，应考虑：①截面形心 O 与剪心 S 不重合的影响系数 η_b；②荷载种类和荷载作用位置不同的系数 β_b；③不同钢号的修正系数 $\varepsilon_k = \sqrt{235/f_y}$。从而，可写出焊接工字形截面简支梁整体稳定系数的通式为

$$\varphi_b = \beta_b\cdot\frac{4320}{\lambda_y^2}\cdot\frac{Ah}{W_{1x}}\left[\sqrt{1+\left(\frac{\lambda_y t_1}{4.4h}\right)^2}+\eta_b\right]\varepsilon_k \tag{5-24}$$

式中　η_b——系数，对图 5.13(a)，$\eta_b = 0$；对图 5.13(b)；$\eta_b = 0.8(2\alpha_b - 1)$；对图 5.13(c)，$\eta_b = 2\alpha_b - 1$，其中 $\alpha_b = I_1/I_y$。

β_b——系数，见附表 2-5。

式(5-24)也适用于 H 型钢和等截面高强度螺栓连接(或铆接)简支梁，后者的受压翼缘厚度 t_1 包括翼缘角钢厚度在内。

对于双轴对称焊接工字形截面悬臂梁，φ_b 值仍可按式(5-24)计算，但式中系数β_b 应按附表 2-6 查得。$\lambda_y = l_1/i_y$ 中的 l_1 为悬臂梁的悬伸长度。

热轧普通工字钢简支梁，由于翼缘有斜坡，翼缘与腹板交接处有圆角，其截面特性与 3 块钢板组合而成的焊接板梁不同。《钢结构设计标准》根据型钢的不同规格和 l_1，计算出不同荷载下的稳定系数 φ_b，设计时可直接从附表 2-7 中查出。

对于热轧槽钢简支梁受纯弯矩时的临界弯矩 $M_{cr,x}$，可近似地用式(5-13)计算，从而临界应力为

$$\sigma_{cr,x} = \frac{M_{cr,x}}{W_{1x}} = \frac{\pi\sqrt{EI_yGI_t}}{lW_{1x}}\sqrt{1+\frac{\pi^2 EI_\omega}{l^2 GI_t}}$$

式中第二个根号内的 $\frac{\pi^2 EI_\omega}{l^2 GI_t} \ll 1$，可略去不计。从而上式变成

$$\sigma_{cr,x} = \frac{\pi\sqrt{EI_yGI_t}}{l_1 W_{1x}} \tag{5-25}$$

由图 5.14 可近似取：$I_y \approx 2(tb^3/12) = tb^3/6$，$I_x \approx 2bt(h/2)^2 = bth^2/2$，$W_{1x} \approx bth$，$I_t \approx 2bt^3/3$，以及 $E = 206\times10^3\,\text{N/mm}^2$，$G = 79\times10^3\,\text{N/mm}^2$ 等，代入(5-25)，得

$$\varphi_b = \frac{\sigma_{cr,x}}{f_y} = \frac{570bt}{l_1 h}\cdot\varepsilon_k \tag{5-26}$$

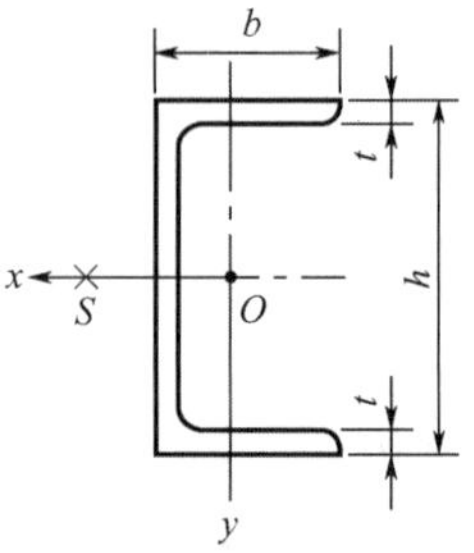

图 5.14　热轧槽钢截面

《钢结构设计标准》规定，对于热轧槽钢简支梁的 φ_b 值，不论荷载的形式和荷载作用点在截面高度上的位置如何，均可按式(5-26)计算。

以上是按弹性阶段确定梁的整体稳定系数。但很多情况下，梁是在弹塑性阶段丧失整体稳定的。考虑到钢梁的弹塑性性能，并计入残余应力的影响，对焊接的和热轧的工字形截面梁受纯弯曲时的临界弯矩进行回归分析，最后可得稳定系数 φ_b' 与弹塑性阶段的临界弯矩 $M_{cr,x}'$ 的关系为：

$$\varphi_b' = \frac{M_{cr,x}'}{M_y} = 1.07 - \frac{0.282}{\varphi_b} \leqslant 1.0 \tag{5-27}$$

式中　M_y——屈服弯矩，$M_y = W_{nx}f_y$。

φ_b 与 φ_b' 的对应关系见表 5-8。《钢结构设计标准》规定，当求得的 $\varphi_b > 0.6$ 时，说明梁在弹塑性阶段失稳，应用 φ_b' 代替 φ_b 作为梁的整体稳定系数。

表 5-8 φ_b 与 φ_b' 的对应关系

φ_b	0.6	0.7	0.8	0.9	1.0	1.1	1.2	1.3	1.4	1.5	1.6
φ_b'	0.600	0.667	0.718	0.759	0.788	0.814	0.835	0.853	0.869	0.882	0.894
φ_b	1.7	1.8	1.9	2.0	2.25	2.5	2.75	3.0	3.25	3.5	≥4.0
φ_b'	0.904	0.913	0.922	0.929	0.945	0.957	0.967	0.976	0.983	0.989	1.000

φ_b 值主要用于梁的整体稳定计算，但也用于压弯构件在弯矩作用平面外的稳定计算[见式(6-16)]，对于后者，《钢结构设计标准》给出了 φ_b 值的近似计算公式。

5.4.5 梁的整体稳定的验算

简支梁符合下列条件之一者，就不必验算梁的整体稳定性。

(1) 有铺板(各种钢筋混凝土板或钢板)密铺在梁的受压翼缘上并与其牢固相连，能阻止梁受压翼缘的侧向位移时。

(2) H 型钢或等截面工字形简支梁受压翼缘的自由长度 l_1 与其宽度 b_1 之比不超过表 5-9 所规定的数值(参见图 5.13)。

表 5-9 H 型钢或等截面工字形简支梁无须验算整体稳定性的最大 l_1/b_1 值

钢材牌号	跨中无侧向支承点的梁		跨中受压翼缘有侧向支承点的梁，不论荷载作用于何处
	荷载作用在上翼缘	荷载作用在下翼缘	
Q235	13.0	20.0	16.0
Q355	10.5	16.5	13.0
Q390	10.0	15.5	12.5
Q420	9.5	15.0	12.0

对跨中无侧向支承点的梁，l_1 为其跨度；对跨中有侧向支承点的梁，l_1 为受压翼缘侧向支承点间的距离(梁的支座处视为侧向支承)。

符合上述条件(1)的箱形截面简支梁，可不验算整体稳定性。不符合上述条件(1)的箱形截面简支梁(见图 5.15)，满足下式条件，可不计算整体稳定性。

$$h/b_0 \leqslant 6；\ l_1/b_0 \leqslant 95\varepsilon_k^2$$

当简支梁不满足上述两条件中的任一条件时，应进行梁的整体稳定验算。

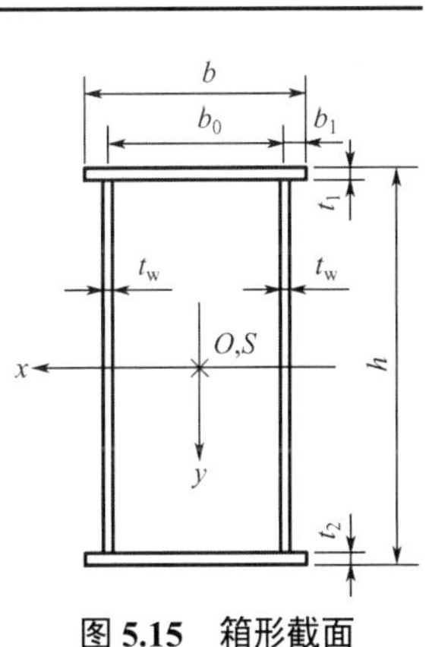

图 5.15 箱形截面

在最大刚度平面内弯曲时

$$\frac{M_x}{\varphi_b W_{1x} f} \leqslant 1.0 \tag{5-28}$$

在两个主平面内弯曲时

$$\frac{M_x}{\varphi_b W_{1x} f} + \frac{M_y}{\gamma_y W_y f} \leqslant 1.0 \tag{5-29}$$

式中　W_{1x}、W_y ——按受压纤维确定的对 x、y 轴的毛截面模量；

M_x、M_y ——绕 x、y 轴的弯矩；

φ_b ——绕强轴(x 轴)弯曲所确定的梁的整体稳定系数。

式(5-29)是一个经验公式，式中左边第二项分母中引进绕弱轴(y 轴)的截面塑性发展系数γ_y(表 5-2)，并不意味着绕 y 轴弯曲时会出现塑性，而是适当降低第二项的影响，并使该公式与压弯构件的公式在形式上相协调。

例题 5.3　已知次梁传给焊接板梁(Q235 钢，密度$\gamma = 77$kN/m)的集中荷载$P = 200$kN(图 5.16)，试验算板梁的整体稳定性。

解：因为$l_1/b_1 = 5\times10^3/280 = 17.9 > 13$(表 5-9)，故必须验算梁的整体稳定性。

板梁自重 $G = \gamma_G G_k = 1.2\times[2(0.28\times0.01)+1.4\times0.01]\times77 = 1.811(\text{kN/m})$

最大弯矩 $M_x = 200\times5+1.811\times15^2/8 = 1050.934(\text{kN}\cdot\text{m})$

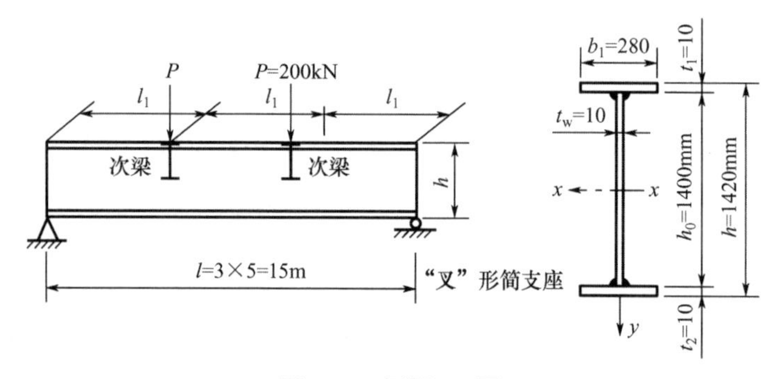

图 5.16　例题 5.3 图

截面几何参数为 $A = 2\times(28\times1)+140\times1 = 196(\text{cm}^3)$

$$I_x = \frac{28\times142^3 - 27\times140^3}{12} = 507005(\text{cm}^4)$$

$$W_x = I_x/y_1 = 507005/71 = 7141(\text{cm}^3)$$

$$I_y = 2\times(1\times28^3/12) = 3659(\text{cm}^4)$$

$$i_y = \sqrt{I_y/A} = 4.32(\text{cm})$$

$$\lambda_y = l_1/i_y = 5\times10^2/4.32 = 115.7$$

由附表 2-5，$\beta_b = 1.2$。

由式(5-24)，$\varphi_b = 1.2\times\dfrac{4320}{115.7^2}\times\dfrac{196\times142}{7141}\left[\sqrt{1+\left(\dfrac{115.7}{4.4\times142}\right)^2}+0\right]\times\dfrac{235}{235} = 1.54 > 0.6$，说明梁已进入弹塑性工作阶段。

由式(5-27)，得 $\varphi_b' = 1.07-0.282/1.54 = 0.887$ 。

由式(5-21)，$\sigma = \dfrac{1050.934\times10^6}{7141\times10^3} = 147.2(\text{N/mm}^2) < \varphi_b' f = 191\text{N/mm}^2$，因此梁的整体稳定有保证。

若将本例钢梁材料改为 Q355，即 $f_y = 355\text{N/mm}^2$，梁的整体稳定系数将变成 $\varphi_b = 1.54\times\dfrac{235}{355} = 1.02$，故 $\varphi_b' = 1.07 - 0.282/1.02 = 0.794$。

从而 $\sigma = 147.2\text{N}/\text{mm}^2$，$\varphi_b' f = 0.794\times 305 = 242(\text{N/mm}^2)$，因为 $\sigma/(\varphi_b' f) > 1.0$，所以梁的整体稳定也能保证。

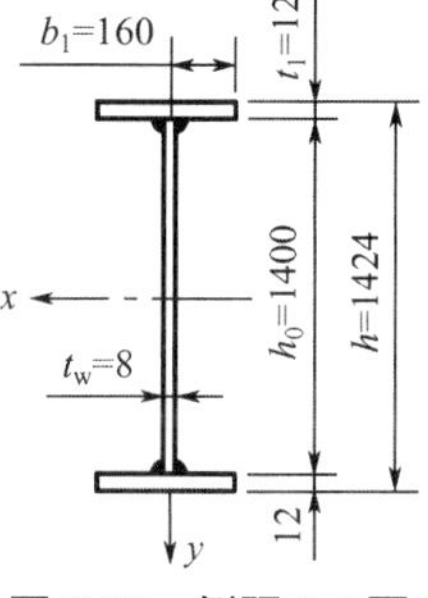

图 5.17 例题 5.4 图

例题 5.4 某焊接简支板梁(钢材为 Q235B)，$l = 4\text{m}$，均布荷载作用在上翼缘上所产生的最大计算弯矩 $M_x = 1128\text{kN}\cdot\text{m}$。通过满应力强度设计，所选截面如图 5.17 所示。试验算该梁的整体稳定性。

解：由图 5.17 算得：$A = 150.4\text{cm}^2$，$I_x = 374333\text{cm}^4$，$W_{1x} = 5257\text{cm}^3$，$I_y = 819.2\text{cm}^4$，$i_y = 2.334\text{cm}$，$\lambda_y = l_1/i_y = 4\times 10^2/2.334 = 171$。

因为 $\xi = \dfrac{l_1 t_1}{2b_1 h} = \dfrac{4\times 10^2\times 1.2}{2\times 16\times 142.4} = 0.105 < 2.0$，故由附表 2-5，得

$$\beta_b = 0.69 + 0.13\xi = 0.69 + 0.13\times 0.105 = 0.7037$$

由式(5-24)得

$$\varphi_b = 0.7037\times\frac{4320}{171^2}\times\frac{150.4\times 142.4}{5257}\times\left[\sqrt{1+\left(\frac{171\times 1.2}{4.4\times 142.4}\right)^2}+0\right]\times\frac{235}{235} = 0.395 < 1.0$$

说明梁的承载力取决于整体稳定，该梁只能承受按强度设计的荷载的 0.395 倍，显然很不经济。为了提高梁的整体稳定承载力，可在跨中设置一个可靠的侧向支承点，这时 $l_1 = l/2 = 4/2 = 2.0(\text{m})$，$\lambda_y = 171/2 = 86$，由附表 2-5 查出，$\beta_b = 1.15$，从而由式(5-24)可算得 $\varphi_b = 2.43 > 0.6$。再由式(5-27)得

$$\varphi_b' = 1.07 - 0.282/2.43 = 0.954 \approx 1.0$$

这样，梁的抗弯强度不但能充分利用(满应力)，而且整体稳定性也正好能保证。

5.5 梁的局部稳定和加劲肋设计

5.5.1 基本设计原则

为了提高焊接梁的强度和刚度，腹板宜选得高一些；而为了提高梁的整体稳定性，翼缘板宜选得宽一些。然而，若所选板件过于宽薄，矛盾就会转化，常会在梁发生强度破坏或丧失整体稳定性之前，梁的组成板件就偏离原来的平面位置而发生波形鼓曲(图5.18)，这种现象称为梁丧失局部稳定性或称板屈曲。梁的翼缘或腹板屈曲后，使梁的工作性能恶化，由于板屈曲部位退出工作，截面变得不对称，就有可能导致梁的过早破坏。

对于热轧型钢梁，翼缘和腹板都较厚，一般不需要进行局部稳定性验算。对于冷弯薄壁型钢梁，按照《冷弯薄壁型钢结构技术规范》(GB 50018—2002)的规定，常按有效截面进行设计，用以考虑局部截面因屈曲退出工作对梁承载能力的影响，故也不验算局部稳定性。通常只有焊接梁需要验算局部稳定性。

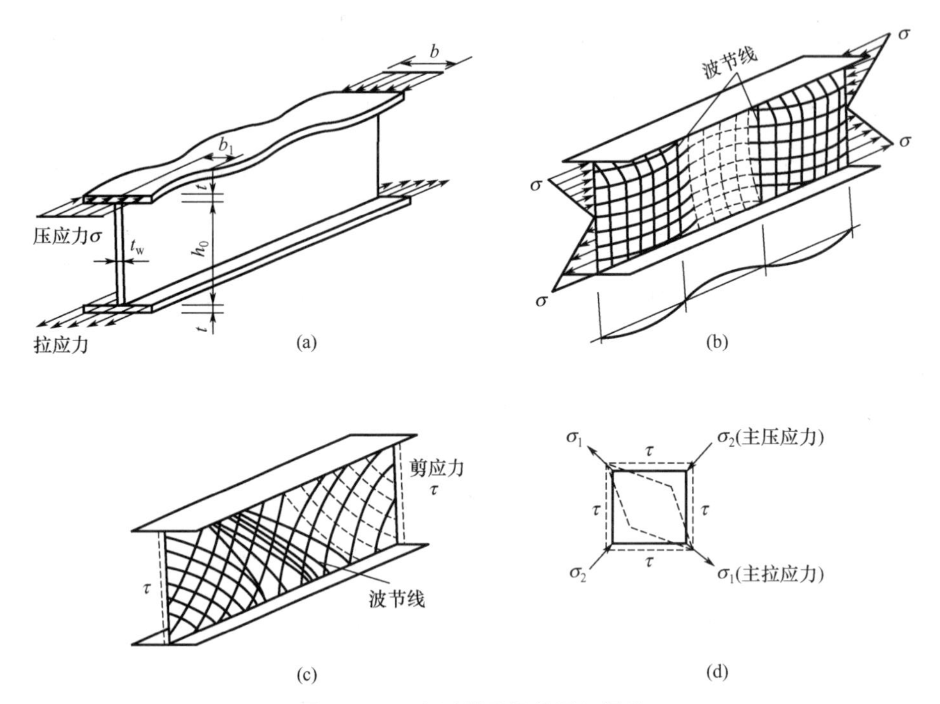

图 5.18　工字形截面梁的局部屈曲

第 4 章中已经导出板受压时的临界应力公式[式(4-33)]。

$$\sigma_{cr}=\frac{N_{cr}}{t}=k\frac{\pi^2E}{12(1-\nu^2)}\left(\frac{t}{b}\right)^2$$

将 $E=206\times10^3\text{N/mm}^2$ 和泊松比 $\nu=0.3$ 代入上式，得

$$\sigma_{cr}=18.6k\left(\frac{t}{b}\right)^2\times10^4 \tag{5-30}$$

式中　b、t——分别是板加载边的宽度和厚度；

k——板的屈曲系数，与荷载种类、分布状态和板的边长比$\beta=a/b$有关，其中 b 为短边长。

上式不仅适用于中面力(指力作用于板厚度中心的平面内)作用下的四边简支板，也适用于其他支承情况的板。

5.5.2　受压翼缘板的屈曲和宽厚比限值

工字形截面梁的受压翼缘板与轴心受压柱的翼缘板相似，为三边简支一边自由(注意：一对加载边视为简支边)，所受的压应力基本上均匀分布，其局部屈曲形态如图 5.18(a)所示。

由式(4-37)，翼缘板的临界应力(屈曲系数 $k=0.425$)为

$$\sigma_{cr}=0.425\frac{\pi^2E\sqrt{\eta}}{12(1-\nu^2)}\left(\frac{t}{b_1}\right)^2$$

对于梁的翼缘板，要求充分发挥其强度承载力，故令 $\sigma_{cr}=0.95f_y$，并取弹塑性模量比 $\sqrt{\eta}=0.63$，$\nu=0.3$，代入式(4-37)并整理后，可得梁受压翼缘板保证稳定要求的宽厚比：

$$\frac{b_1}{t}\leqslant 15\varepsilon_k \tag{5-31}$$

当梁截面发展部分为塑性时，比值应取

$$\frac{b_1}{t}\leqslant 13\varepsilon_k \tag{5-32}$$

对于箱形截面(图 5.15)，受压翼缘的悬伸部分保证稳定的宽厚比与工字形截面的相同[式(5-31)或式(5-32)]，受压翼缘的中间部分 b_0 属于均匀受压的四边简支板，第 4 章中已导得为

$$\frac{b_0}{t_w}\leqslant 40\varepsilon_k$$

翼缘板自由外伸宽度 b_1 的取值为：对焊接构件，取腹板边至翼缘板边的距离；对轧制构件，取内圆弧起点至翼缘板边的距离。

5.5.3 腹板屈曲的计算与加劲肋的配置

对于梁的腹板，采用加厚板的办法来防止板局部屈曲显然不经济，通常采用配置加劲肋的办法。加劲肋有横向加劲肋、纵向加劲肋和短加劲肋等几种(图 5.19)，通过加劲肋，把腹板划分成较小的区格。加劲肋就是每个区格的边支承。

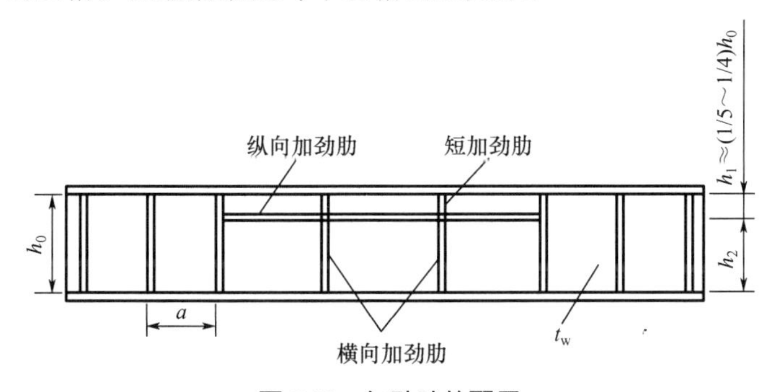

图 5.19 加劲肋的配置

1. 在纯弯曲正应力作用下

图 5.20 所示为一块四边简支矩形板，在竖向边上作用弯曲正应力σ，上半部的压应力可能使板屈曲。沿竖向形成一个半波，沿水平方向则为若干个长度相等的半波，并形成竖向的波节线。这种情况下由式(5-30)得临界应力σ_{cr}为

$$\sigma_{cr}=18.6k\left(\frac{t_w}{h_0}\right)^2\times 10^4 \tag{5-33}$$

式中 k——屈曲系数，k 取值见表 5-10。

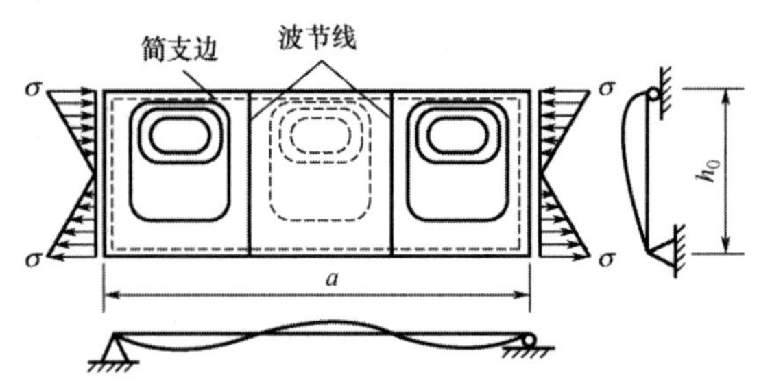

图 5.20　弯曲正应力作用下板的屈曲

表 5-10　屈曲系数 k 值

a/h_0	0.4	0.5	0.6	0.667	0.75	0.8	1.0	1.33	1.5
k	29.1	25.6	24.1	23.9	24.1	24.4	25.6	23.9	24.1

对于梁的腹板，a 是横向加劲肋的间距，沿计算高度 h_0 方向为加载边(简支)，腹板厚度为 t_w。

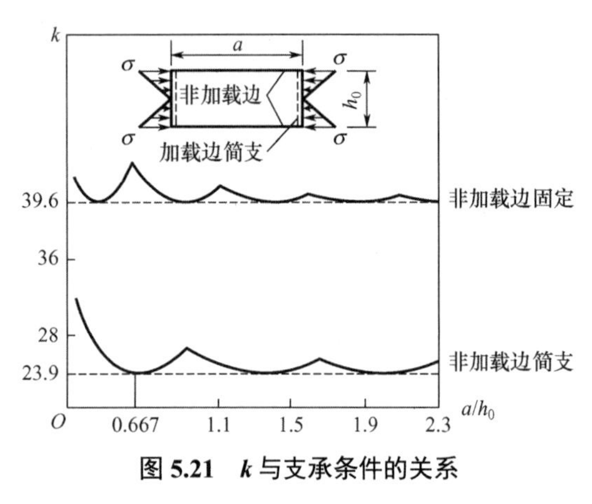

图 5.21　k 与支承条件的关系

k值还与板四边的支承条件有关(图 5.21)。当非加载边简支时，$k_{min} = 23.9$；当非加载边固定时，$k_{min} = 39.6$。

区格板段的加载边支承在横向加劲肋上，从加劲肋和腹板的相对刚度来看，可认为腹板简支在加劲肋上。翼缘板截面则有一定的抗扭刚度，当受压翼缘扭转受到约束，如连有刚性铺板、制动板或焊有钢轨时，对腹板屈曲时沿非加载边的转动有约束作用，属于弹性嵌固。根据试验结果分析，当翼缘与腹板的连接采用角焊缝满焊或采用 K 形对接焊缝时，可采取弹性嵌固系数 $\chi = 1.66$，即考虑翼缘弹性嵌固的影响时，$k = 23.9 \times 1.66 = 39.67$。把 k 值代入式(5-33)，得

$$\sigma_{cr} = 18.6 \times 39.67\left(\frac{100t_w}{h_0}\right)^2 = 737.8\left(\frac{100t_w}{h_0}\right)^2$$

取

$$\sigma_{cr} = 735\left(\frac{100t_w}{h_0}\right)^2$$

根据腹板的受弯屈曲不先于屈服破坏的原则，即 $\sigma_{cr} \geqslant f_y$，得 $h_0/t_w \leqslant 177\varepsilon_k$，取

$$\frac{h_0}{t_w} \leqslant 170\varepsilon_k \tag{5-34}$$

可见，当 $h_0/t_w \leqslant 170\varepsilon_k$ 时，腹板抗弯属于强度破坏；当 $h_0/t_w > 170\varepsilon_k$ 时，则为受弯屈曲破坏，应设置纵向加劲肋。由于减小式(5-34)中的 h_0，可以大大提高腹板的临界应力，故纵向加劲肋应设置在受压区内，取 h_1=(1/5～1/4)h_0，如图 5.19 所示。因弯曲应力在跨中较

大，故纵向加劲肋只需布置在梁的跨度中间段。

当受压翼缘扭转未受到约束时，翼缘板对腹板的弹性嵌固系数 $\chi = 1.23$，则 $k = 23.9\times 1.23 = 29.4$。由此导得 $h_0/t_w = 152$，取 150。因此，当 $h_0/t_w > 150\varepsilon_k$ 时，应设置纵向加劲肋。

以上导得的在弯矩作用下腹板的临界应力是按弹性稳定理论导出的，即在临界应力公式中把 $E = 206\times10^3\,\text{N/mm}^2$ 代入，得式(5-30)。这只适用于弹性阶段。为了求得弹塑性阶段的临界应力，采用了通用宽厚比。

临界应力公式用于计算腹板弯曲临界应力时写成式(5-35)。

$$\sigma_{cr} = k\frac{\pi^2 E\sqrt{\eta}}{12(1-\nu^2)}\left(\frac{t_w}{h_0}\right)^2 \tag{5-35}$$

式中引入了弹塑性模量比 $\sqrt{\eta} = E_t/E$，可用来计算弹塑性阶段的临界应力。

引入通用宽厚比 $\lambda_b = \sqrt{f_y/\sigma_{cr}}$。当 $\lambda_b = 1.25$ 时，$\sigma_{cr} = 0.64f_y$；当 $\lambda_b > 1.25$ 时，腹板为弹性阶段屈曲；当 $\lambda_b = 1.0$ 时，$\sigma_{cr} = f_y$，腹板为强度破坏。不过设计是以强度设计值为标准的，即要求 $\sigma_{cr} = f_y/\gamma_R$，也就是 $\lambda_b = 1/\gamma_R$ 时，$\sigma_{cr} = f$，为强度破坏。而 $1/\gamma_R < \lambda_b < 1.25$ 为弹塑性阶段屈曲，如图 5.22 所示(γ_R 是钢材的材料分项系数)。

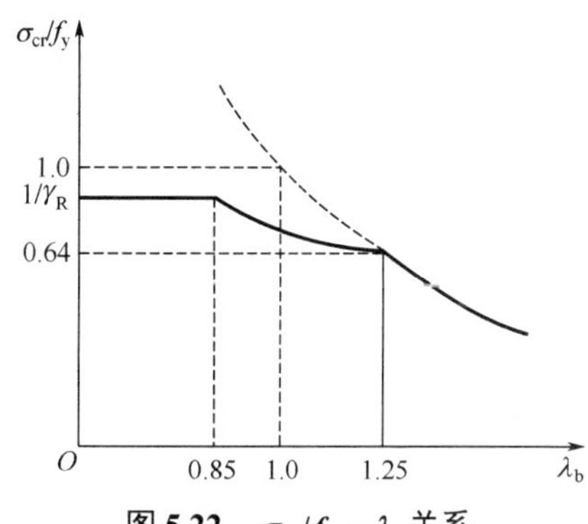

图 5.22 $\sigma_{cr}/f_y - \lambda_b$ 关系

由此，腹板的弯应力临界应力可分为 3 段。

$\lambda_b \leqslant 0.85$ 时

$$\sigma_{cr} = f \tag{5-36a}$$

$0.85 < \lambda_b \leqslant 1.25$ 时

$$\sigma_{cr} = [1 - 0.75(\lambda_b - 0.85)]\,f \tag{5-36b}$$

$\lambda_b > 1.25$ 时

$$\sigma_{cr} = 1.1f/\lambda_b^2 \tag{5-36c}$$

式中 1.1——安全系数，考虑腹板在弹性阶段屈曲时存在着较大的屈曲后强度，安全系数可取小一些。

当梁受压翼缘扭转受到约束时，有

$$\lambda_b = \frac{2h_c/t_w}{177\varepsilon_k} \tag{5-37a}$$

当梁受压翼缘扭转未受到约束时，有

$$\lambda_b = \frac{2h_c/t_w}{153\varepsilon_k} \tag{5-37b}$$

式中 h_c——梁腹板弯曲受压区高度，对双轴对称截面，$2h_c = h_0$。

2. 在纯剪切作用下

图 5.23(a)所示的腹板板段为四边简支，且受均布剪应力 τ 作用，属于纯剪切状态。板中的主应力与剪应力大小相等并互成 45° 角，主压应力 σ_2 能引起板呈大约 45° 倾斜的波形

凹凸，如图 5.23(b)所示。

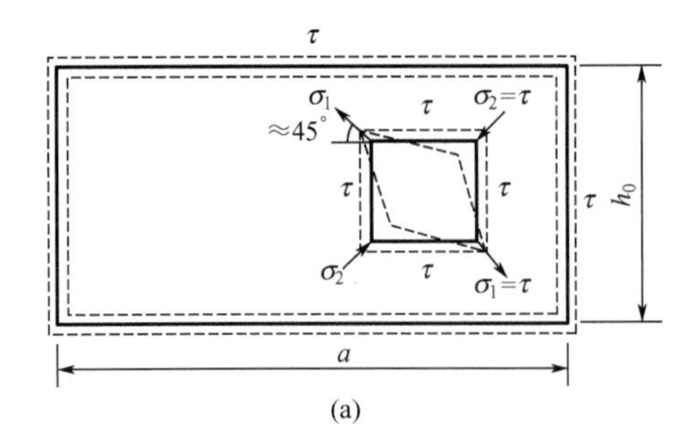

(a)

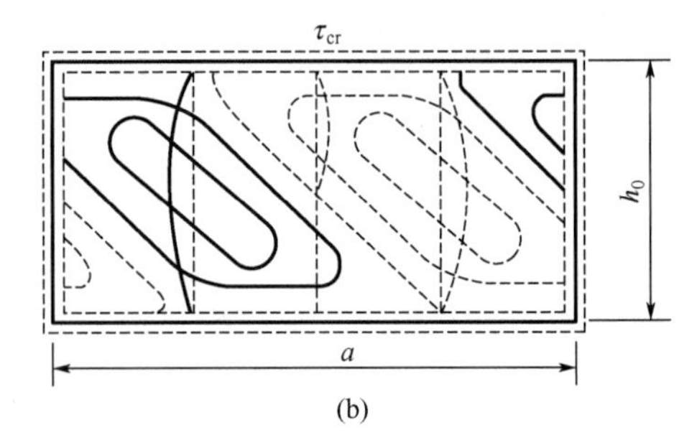

(b)

图 5.23　腹板纯剪切作用时的屈曲

(1) 当 $a/h_0>1$ 时(h_0 是短边)，参照式(5-30)，可得弹性阶段的剪切临界应力。

$$\tau_{cr}=18.6k\left(\frac{100t_w}{h_0}\right)^2 \tag{5-38}$$

式中的 k 值只与板的边长比 a/h_0 有关，一般可用相当精确的经验公式表达。

$$k=5.34+\frac{4}{(a/h_0)^2} \tag{5-39}$$

由于翼缘对腹板的弹性嵌固作用，一般可使 τ_{cr} 提高 24%。将式(5-39)代入式(5-38)，并考虑 $\chi=1.24$，得

$$\begin{aligned}\tau_{cr}&=18.6\left[5.34+\frac{4}{(a/h_0)^2}\right]\times1.24\left(\frac{100t_w}{h_0}\right)^2\\&=\left[123+\frac{92}{(a/h_0)^2}\right]\left(\frac{100t_w}{h_0}\right)^2\\&=k_\tau\left(\frac{100t_w}{h_0}\right)^2\end{aligned} \tag{5-40}$$

(2) 当 $a/h_0\leqslant1$ 时(a 是短边)，同样可按上述步骤，由经验公式 $k=4+5.34/(a/h_0)^2$ 得

$$\tau_{cr}=\left[\frac{123}{(a/h_0)^2}+92\right]\left(\frac{100t_w}{h_0}\right)^2 \tag{5-41}$$

其中

$$k_\tau=123/(a/h_0)^2+92$$

由式(5-41)可见，当 $a/h_0>2$ 时，τ_{cr} 值变化不大，即横向加劲肋的作用不大，故《钢结构设计标准》规定，横向加劲肋的最大间距取 $2h_0$。

式(5-40)和式(5-41)也是按弹性稳定理论导得的。和前文所述相同，引入通用宽厚比 $\lambda_s=\sqrt{f_y^v/\tau_{cr}}$，$\tau_{cr}/f_y^v-\lambda_s$ 关系与图 5.22 所示 $\sigma_{cr}/f_y-\lambda_b$ 相似，只是弹塑性阶段的界限稍有区别。同理，把腹板的临界剪应力也分成 3 段。

$\lambda_s\leqslant0.8$ 时

$$\tau_{cr}=f_v \tag{5-42a}$$

$0.8<\lambda_s\leqslant1.2$ 时

$$\tau_{cr}=[1-0.59\times(\lambda_s-0.8)]f_v \tag{5-42b}$$

$\lambda_s>1.2$ 时

$$\tau_{cr}=1.1f_v/\lambda_s^2 \tag{5-42c}$$

式中 λ_s——腹板受剪时的通用宽厚比。

当 $a/h_0\leqslant 1.0$ 时

$$\lambda_s=\frac{h_0/t_w}{41\varepsilon_k\sqrt{4+5.34(h_0/a)^2}} \tag{5-43a}$$

当 $a/h_0>1.0$ 时

$$\lambda_s=\frac{h_0/t_w}{41\varepsilon_k\sqrt{5.34+4(h_0/a)^2}} \tag{5-43b}$$

当腹板不设横向加劲肋时，$a/h_0\to\infty$，由式(5-40)，得 $\tau_{cr}=123\left(\frac{100t_w}{h_0}\right)^2$。

根据对试验结果的分析，腹板非弹性屈曲的剪切临界应力为

$$\tau'_{cr}=\sqrt{f_p^v\tau_{cr}}$$

式中 f_p^v——剪切比例极限，$f_p^v=0.8f_y^v=0.8f_y/\sqrt{3}=0.462f_y$。其中 f_y^v 是剪切屈服点。

将 $\tau_{cr}=123\left(\frac{100t_w}{h_0}\right)^2$ 代入，得

$$\tau'_{cr}=\sqrt{0.462f_y\times123}\times\frac{100t_w}{h_0}=\sqrt{568260f_y}\,(t_w/h_0) \tag{5-44}$$

按照腹板的受纯剪屈曲不先于屈服破坏的原则，由式(5-42a)，得

$$\tau'_{cr}=\sqrt{568260f_y}\,(t_w/h_0)=f_y^v=f_y/\sqrt{3} \tag{5-45}$$

可解得

$$\frac{h_0}{t_w}\leqslant\frac{\sqrt{3}\times\sqrt{568260f_y}}{f_y}=85.2\varepsilon_k$$

考虑到实际的腹板中还有一定的弯曲应力，有时还可能有局部压应力，《钢结构设计标准》将上式界限比取为

$$\frac{h_0}{t_w}\leqslant 80\varepsilon_k \tag{5-46}$$

即当 $h_0/t_w\leqslant 80\varepsilon_k$ 时，腹板属于剪切强度破坏；而当 $h_0/t_w>80\varepsilon_k$ 时，腹板将发生纯剪屈曲。为了提高腹板的剪切临界应力，可设置横向加劲肋以减小板段长度 a。

3. 在横向压应力作用下

在横向集中荷载(图 5.6)或均布荷载(图 5.24)作用下，若腹板太薄，可能引起腹板发生横向屈曲。图 5.24 两侧是横向压应力沿腹板高度衰减变化的示意。

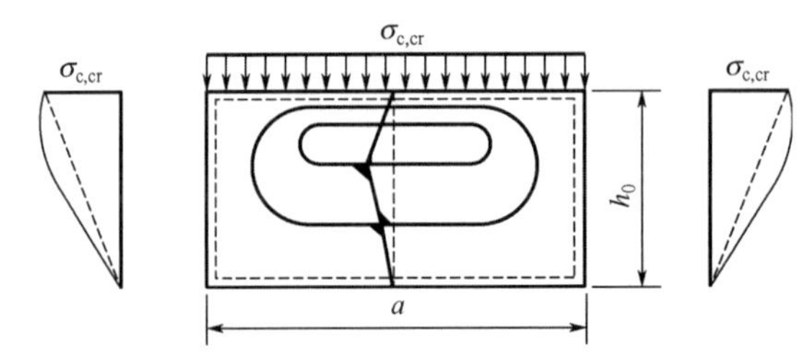

图 5.24　横向压应力作用下腹板的屈曲

四边简支矩形板均匀受压时的临界应力仍可参照式(5-30)求得

$$\sigma_{c,cr}=18.6k\chi\left(\frac{100t_w}{a}\right)^2 \tag{5-47a}$$

改写为

$$\sigma_{c,cr}=18.6k\chi\left(\frac{h_0}{a}\right)^2\left(\frac{100t_w}{h_0}\right)^2 \tag{5-47b}$$

式中　χ——翼缘板对腹板的嵌固影响系数，$\chi=1.81-0.255h_0/a$。

屈曲系数 k 与板的边长比有关。

当$0.5\leqslant\dfrac{a}{h_0}\leqslant1.5$时

$$k=\frac{7.4}{a/h_0}+\frac{4.5}{(a/h_0)^2} \tag{5-48a}$$

当$1.5<\dfrac{a}{h_0}\leqslant2.0$时

$$k=\frac{11}{a/h_0}-\frac{0.9}{(a/h_0)^2} \tag{5-48b}$$

同理，引入通用宽厚比 $\lambda_c=\sqrt{f_y/\sigma_{c,cr}}$ 。同样，可把临界应力分成 3 段。

当 $\lambda_c\leqslant0.9$ 时

$$\sigma_{c,cr}=f \tag{5-49a}$$

当 $0.9<\lambda_c\leqslant1.2$ 时

$$\sigma_{c,cr}=\left[1-0.79\left(\lambda_c-0.9\right)\right]f \tag{5-49b}$$

当 $\lambda_c>1.2$ 时

$$\sigma_{c,cr}=1.1f/\lambda_c^2 \tag{5-49c}$$

通用宽厚比为

当 $0.5\leqslant\dfrac{a}{h_0}\leqslant1.5$ 时

$$\lambda_c=\frac{h_0/t_w}{28\varepsilon_k\sqrt{10.9+13.4\left(1.83-a/h_0\right)^3}} \tag{5-50a}$$

当 $1.5 < \dfrac{a}{h_0} \leqslant 2.0$ 时

$$\lambda_c = \frac{h_0/t_w}{28\varepsilon_k\sqrt{18.9-5a/h_0}} \tag{5-50b}$$

根据临界应力不小于屈服应力的原则，按 $a/h_0 = 2$ 考虑，由式(5-50b)得

$$\lambda_c = \frac{h_0/t_w}{28\sqrt{18.9-5a/h_0}} = \sqrt{\frac{f_y}{\sigma_{c,cr}}} = 1$$

导得

$$h_0/t_w \leqslant 83.5\varepsilon_k\text{，取}80\varepsilon_k \tag{5-51}$$

如不满足此条件，说明局部压应力作用下的临界应力低于强度承载力。为了提高局部压应力的临界应力，应把横向加劲肋的间距减小，或设置短加劲肋。

4. 腹板加劲肋的配置

在焊接板梁的设计中，翼缘板的屈曲常用限制宽厚比的办法来保证，而腹板的屈曲则采用配置加劲肋(图 5.19)的办法来解决。

加劲肋作为腹板的支承，将腹板分成尺寸较小的板段，以提高临界应力。横向加劲肋对提高梁支承附近剪力较大板段的临界应力是有效的；而纵向加劲肋对提高梁跨中附近弯矩较大板段的稳定性特别有利；短加劲肋则常用于局部压应力σ_c较大的情况(如在吊车梁中)。

为了保证焊接板梁腹板的局部稳定性，应根据腹板高厚比 h_0/t_w 的不同情况配置加劲肋。

此处 h_0 为腹板的计算高度(对单轴对称梁，当确定是否要配置纵向加劲肋时，h_0 应取腹板受压区高度 h_c 的 2 倍)，t_w 是腹板的厚度。

(1) 当 $h_0/t_w \leqslant 80\varepsilon_k$ 时，对无局部压应力的梁，即$\sigma_c = 0$ 的梁，无须配置加劲肋；对$\sigma_c \neq 0$ 的梁(如吊车梁)，宜按构造配置横向加劲肋，其横肋间距 a 应满足 $0.5h_0 \leqslant a \leqslant 2h_0$，如图 5.25(a)所示。

(2) 当 $h_0/t_w > 80\varepsilon_k$ 时，应配置横向加劲肋。其中，当 $h_0/t_w > 170\varepsilon_k$ (受压翼缘扭转受到约束，如连有刚性铺板、制动板或焊有钢轨)时或 $h_0/t_w > 150\varepsilon_k$ (受压翼缘扭转未受到约束)时，按计算需要，应在弯应力较大区格的受压区配置纵向加劲肋。局部压应力很大的梁，必要时尚应在受压区配置短加劲肋。任何情况下，h_0/t_w 均不应超过 250，以免焊接时腹板产生翘曲变形。

(3) 梁的支座处或上翼缘受到较大固定集中荷载的地方，还应设置支承加劲肋(横向加劲肋)并按轴心压杆计算，详见 5.5.4 节支承加劲肋(图 5.29、图 5.31)。

5. 在几种应力共同作用下

1) 只用横向加劲肋加强的腹板[图 5.25(a)]

图 5.26 所示为两横向加劲肋之间的腹板段同时受到弯曲正应力σ、均布剪应力τ和局部压应力σ_c的作用。当这些应力分别达到某种组合的一定值时，腹板将达到屈曲的临界状态。保证腹板不屈曲的相关方程为

$$\left(\frac{\sigma}{\sigma_{cr}}\right)^2 + \left(\frac{\tau}{\tau_{cr}}\right)^2 + \frac{\sigma_c}{\sigma_{c,cr}} \leqslant 1 \tag{5-52}$$

式中　σ——腹板上边缘的最大弯曲压应力，按腹板段范围内的平均弯矩计算；

τ——腹板的平均剪应力，$\tau = \dfrac{V}{h_0/t_w}$，$V$是腹板段范围内的平均剪力；

σ_c——腹板上边缘的局部压应力，按式(5-4)计算，系数$\psi = 1.0$；

σ_{cr}、τ_{cr}和$\sigma_{c,cr}$——各种应力单独作用时的临界应力。

上式各项的分母应除以抗力分项系数，对腹板屈曲的计算，可近似取分项系数为1。

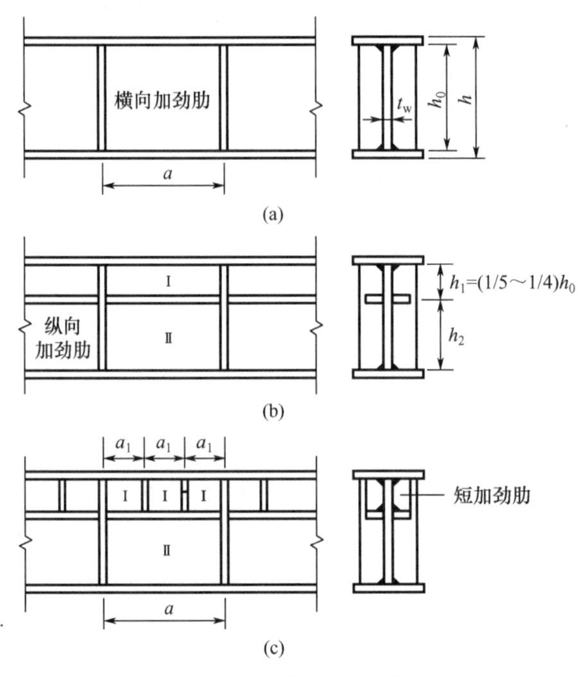

图 5.25　加劲肋配置

2) 同时用横向加劲肋和纵向加劲肋加强的腹板[图 5.25(b)]

纵向加劲肋将腹板板段分隔成区格Ⅰ和区格Ⅱ(图 5.27)。下面分别计算各区格的屈曲。

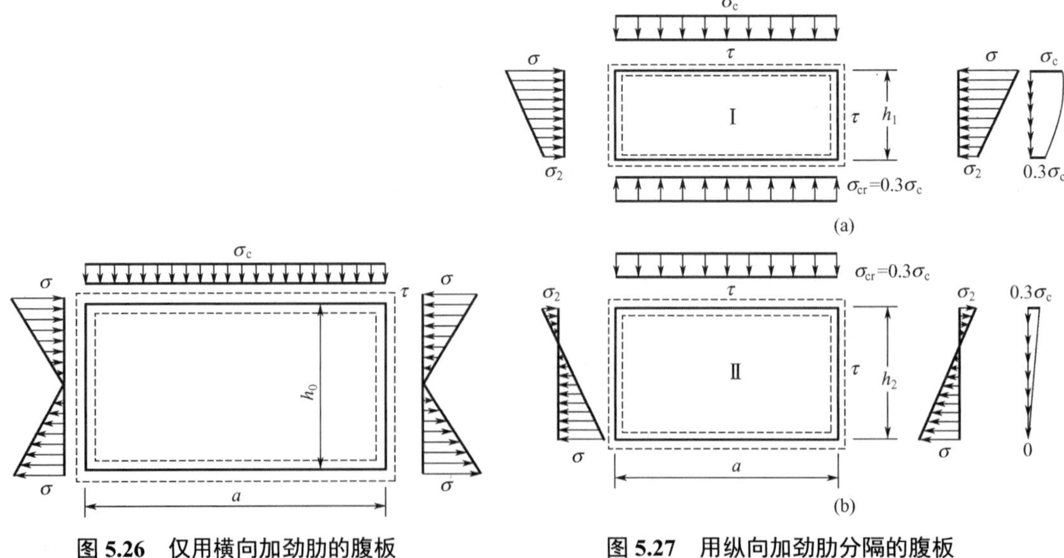

图 5.26　仅用横向加劲肋的腹板

图 5.27　用纵向加劲肋分隔的腹板

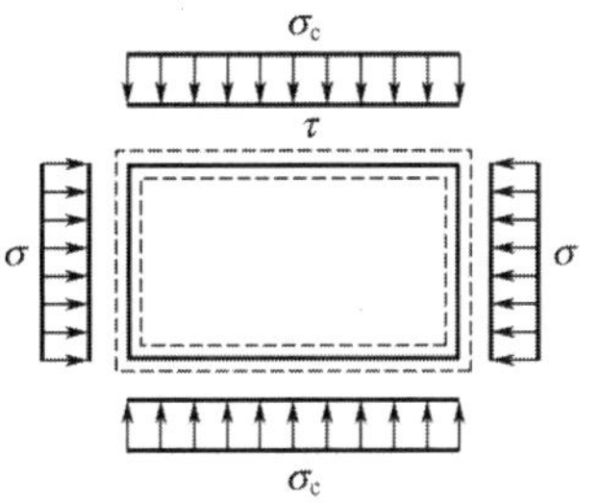

(1) 受压翼缘与纵向加劲肋之间的区格Ⅰ。

区格Ⅰ的受力情况[图5.27(a)]与图5.28接近，而后者的临界条件是

$$\frac{\sigma}{\sigma_{cr}}+\left(\frac{\sigma_c}{\sigma_{c,cr}}\right)^2+\left(\frac{\tau}{\tau_{cr}}\right)^2\leqslant 1$$

图5.28 受均匀σ、τ和σ_c的薄板

从而，可以近似地按下式计算区格的屈曲：

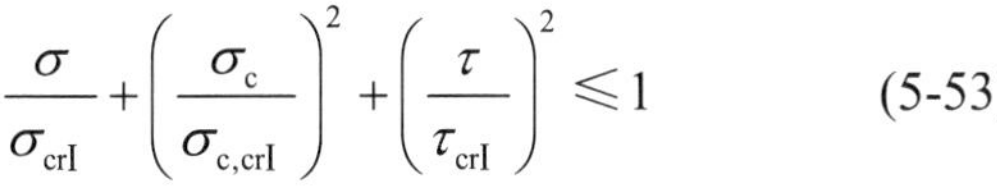

$$\frac{\sigma}{\sigma_{crI}}+\left(\frac{\sigma_c}{\sigma_{c,crI}}\right)^2+\left(\frac{\tau}{\tau_{crI}}\right)^2\leqslant 1 \tag{5-53}$$

式中σ_{crI}、$\sigma_{c,crI}$和τ_{crI}分别按下列方法计算。

① σ_{crI}按公式(5-36)计算，但式中的λ_b改用λ_{bI}。

当梁受压翼缘扭转受到约束时

$$\lambda_{bI}=\frac{h_1/t_w}{75\varepsilon_k} \tag{5-54a}$$

当梁受压翼缘扭转未受到约束时

$$\lambda_{bI}=\frac{h_1/t_w}{64\varepsilon_k} \tag{5-54b}$$

式中 h_1——纵向加劲肋至腹板计算高度受压边缘的距离。

② τ_{crI}按式(5-42)、式(5-43)计算，将式中的h_0改为h_1。

③ $\sigma_{c,crI}$按式(5-49)、式(5-50)计算，将式中的λ_c改为λ_{cI}。

当梁受压翼缘扭转受到约束时

$$\lambda_{cI}=\frac{h_1/t_w}{56\varepsilon_k} \tag{5-55a}$$

当梁受压翼缘扭转未受到约束时

$$\lambda_{cI}=\frac{h_1/t_w}{40\varepsilon_k} \tag{5-55b}$$

(2) 纵向加劲肋与受拉翼缘之间的区格Ⅱ。

区格Ⅱ的受力状态如图5.27(b)所示。板为纵向偏心受拉，最大压应力是σ_{II}，上边缘受局部压应力$\sigma_{cII}=0.3\sigma_c$，下边缘$\sigma_c=0$，同时还有剪应力τ作用。区格Ⅱ的稳定条件可近似地按式(5-56)写出

$$\left(\frac{\sigma_{II}}{\sigma_{crII}}\right)^2+\left(\frac{\tau}{\tau_{crII}}\right)^2+\frac{\sigma_{cII}}{\sigma_{c,crII}}\leqslant 1.0 \tag{5-56}$$

式中 σ_{II}——所计算区格内由平均弯矩产生的腹板在纵向加劲肋处的弯曲压应力；

σ_{cII}——腹板在纵向加劲肋处的横向压应力，取$0.3\sigma_c$。

① σ_{crII}按式(5-36)、式(5-37)计算，但式中的λ_b用λ_{bII}代替。

$$\lambda_{bII}=\frac{h_{II}/t_w}{194\varepsilon_k}$$

② τ_{crII}按式(5-42)、式(5-43)计算，但式中的 h_0 应改为 h_{II}，$h_{\text{II}}=h_0-h_{\text{I}}$。

③ $\sigma_{\text{c, crII}}$按式(5-49)、式(5-50)计算，但式中的 h_0 应改为 h_{II}。当 $a/h_{\text{II}}>2$ 时，取 $a/h_{\text{II}}=2$。

3) 同时用横向加劲肋、纵向加劲肋和短加劲肋加强的腹板[图 5.25(c)]

区格 I 腹板的局部稳定按式(5-53)验算。

$$\frac{\sigma}{\sigma_{\text{crI}}}+\left(\frac{\sigma_{\text{c}}}{\sigma_{\text{c,crI}}}\right)+\left(\frac{\tau}{\tau_{\text{crI}}}\right)^2\leqslant 1$$

这时，σ_{crI}仍按式(5-36)、式(5-54)计算；τ_{crI}仍按式(5-42)、式(5-43)计算，但将 h_0 和 a 改为 h_{I} 和 a_{I}；$\sigma_{\text{c, crI}}$仍按式(5-36)、式(5-37)计算，但式中的 λ_{b} 用 λ_{cI} 代替。

当梁受压翼缘扭转受到约束时

$$\lambda_{\text{cI}}=\frac{a_{\text{I}}/t_{\text{w}}}{87\varepsilon_{\text{k}}} \tag{5-57a}$$

当梁受压翼缘扭转未受到约束时

$$\lambda_{\text{cI}}=\frac{a_{\text{I}}/t_{\text{w}}}{73\varepsilon_{\text{k}}} \tag{5-57b}$$

如果 $a_{\text{I}}/h_{\text{I}}>1.2$，则式(5-57)的等号后应乘以 $1/\left(0.4+0.5\dfrac{a_{\text{I}}}{h_{\text{I}}}\right)^{1/2}$。

按上述计算梁腹板局部屈曲时，必须先假定横向加劲肋的间距 a，然后才能对每个板段进行验算。如果某板段不能满足稳定条件，则应调整横向加劲肋的间距 a，重新进行计算。

5.5.4 腹板加劲肋的构造和计算

1. 加劲肋构造

加劲肋按其作用可分为两种：一种是把腹板分割成几个板段，以提高腹板的稳定性的加劲肋，称为间隔加劲肋；另一种主要是传递固定集中荷载或支座反力的加劲肋，称为支承加劲肋[图 5.29(a)]。

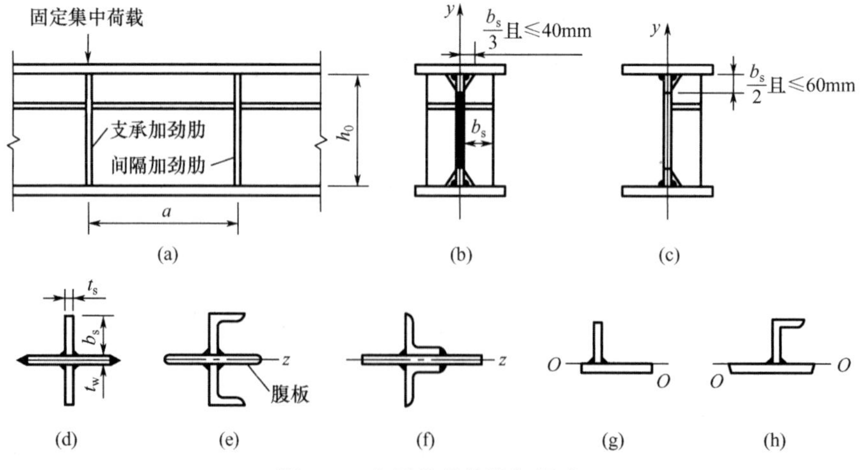

图 5.29 加劲肋的构造与尺寸

加劲肋宜在腹板两侧成对配置[图 5.29(b)、(d)、(e)、(f)]，也可单侧配置[图 5.29(c)、(g)、(h)]，但支承加劲肋和重级工作制吊车梁的加劲肋不应单侧配置。

横向加劲肋的最小间距应为 $0.5h_0$，最大间距应为 $2h_0$。对无局部压应力的梁，当 $h_0/t_w \leqslant 100$ 时，最大间距可为 $2.5h_0$。

加劲肋应有足够的刚度，使其成为腹板的不动支撑边，为此要求如下

(1) 两侧成对配置钢板横向加劲肋时[图 5.29(b)、(d)]。

肋宽

$$b_s \geqslant \frac{h_0}{30} + 40\text{mm} \tag{5-58}$$

肋厚

$$t_s \geqslant \frac{b_s}{15}\left(\text{不受力加劲肋，}\ t_s \geqslant \frac{b_s}{19}\right) \tag{5-59}$$

(2) 单侧配置钢板横向加劲肋时[图 5.29(c)、(g)]，肋宽应大于按式(5-58)算得值的 1.2 倍，厚度不小于本身宽度的 1/15。

(3) 在同时采用横向加劲肋、纵向加劲肋加强的腹板中，应在二者相交处将纵向加劲肋断开，横向加劲肋保持连续[图 5.29(a)]。这时横向加劲肋兼起纵向加劲肋支座的作用，横向加劲肋截面尺寸除应满足式(5-58)、式(5-59)要求外，其截面绕 z 轴[图 5.29(d)]的惯性矩还应满足式(5-60)的要求。

$$I_z = \frac{t_s(2b_s + t_w)^3}{12} \geqslant 3h_0 t_w^3 \tag{5-60}$$

纵向加劲肋截面绕 y 轴的惯性矩[图 5.29(b)、(c)]为

当 $a/h_0 \leqslant 0.85$ 时

$$I_y \geqslant 1.5h_0 t_w^3 \tag{5-61}$$

当 $a/h_0 > 0.85$ 时

$$I_y \geqslant (2.5 - 0.45a/h_0)\left(\frac{a}{h_0}\right)^2 h_0 t_w^3 \tag{5-62}$$

(4) 短横向加劲肋的最小间距为 $0.75h_1$，钢板短横向加劲肋的肋宽取 0.7～1.0 倍，厚度不应小于短横向加劲肋肋宽的 1/15。

(5) 用型钢(H 型钢、工字钢、槽钢或角钢)做成的加劲肋，截面惯性矩不得小于相应钢板加劲肋的惯性矩。

注意，在腹板单侧配置的加劲肋，截面惯性矩应按与加劲肋相连的腹板边缘为轴线 $O—O$ 进行计算[图 5.29(g)、(h)]。

为了避免焊缝的集中和交叉，减少焊接应力，横向加劲肋的端部应切去宽 $b_s/3$(且≤40mm)、高 $b_s/2$(且≤60mm)的斜角[图 5.29(b)、(c)]，以利于梁的翼缘焊缝连续通过。在纵向加劲肋与横向加劲肋相交处，应将纵向加劲肋两端切去相应的斜角，使横向加劲肋与腹板连接的焊缝连续通过。

横向加劲肋与上、下翼缘焊牢能增加梁的抗扭刚度，但会降低疲劳强度。在吊车梁中，加劲肋的下端不应与受拉翼缘焊接，一般在距离受拉翼缘 50～100mm 处断开[图 5.30(a)]，

以免受拉翼缘由于焊接处的应力集中与焊接应力而产生脆性疲劳破坏。为了提高梁的抗扭刚度，也可另加短角钢，其与加劲肋下端焊牢，但与受拉翼缘顶紧不焊[图 5.30(b)]。

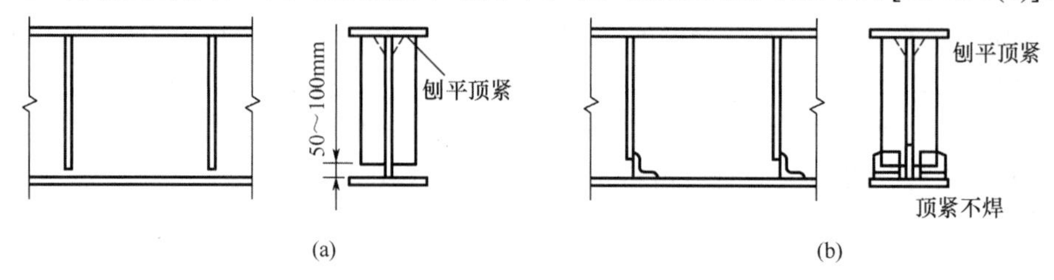

图 5.30　吊车梁横向加劲肋构造

2. 支承加劲肋的计算

支承加劲肋除应满足上述刚度要求外，还需进行如下的验算。

(1) 稳定性验算。

在支座反力或固定集中荷载作用下，支承加劲肋连同其附近的腹板，可能在腹板平面外(图 5.31)绕 z 轴屈曲失稳。因此，应按轴心压杆验算稳定性，即

$$\sigma=\frac{N}{A}\leqslant\varphi f \tag{5-63}$$

式中　N——支座反力和固定集中荷载；

A——包括加劲肋和肋两侧 $15t_{\mathrm{w}}\varepsilon_{\mathrm{k}}$ 范围内的腹板面积(图 5.31 中用斜线表示)；

φ——轴心受压构件稳定系数，由 $\lambda_z=h_0/i_z$ 和截面类型由附表 2-1～附表 2-4 查出。

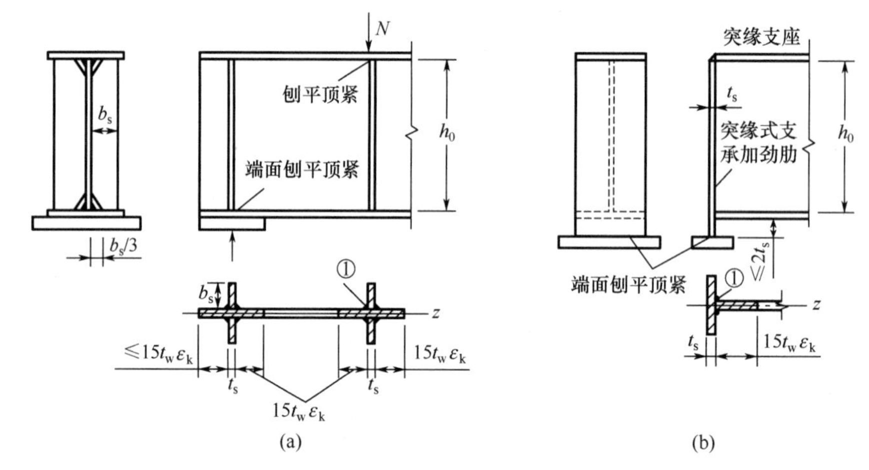

图 5.31　支承加劲肋

(2) 端面承压验算。

当支承加劲肋端部刨平顶紧时，其端面承压应力按式(5-64)验算。

$$\sigma_{\mathrm{ce}}=\frac{N}{A_{\mathrm{ce}}}\leqslant f_{\mathrm{ce}} \tag{5-64}$$

式中　A_{ce}——端面承压(刨平顶紧)面积，即支承加劲肋与翼缘接触[图 5.31(a)]或与垫块接触[图 5.31(b)]的净面积，$A_{\mathrm{ce}}=2(b_{\mathrm{s}}-b_{\mathrm{s}}/3)t_{\mathrm{s}}$；

f_{ce}——钢材端面承压强度设计值，由附表 1-1 查得。

(3) 支承加劲肋与腹板的角焊缝验算。

如图 5.31 所示，支承加劲肋条与腹板的角焊缝①所受的 N 可视为沿焊缝全长均匀分布，故

$$\tau_f^w = \frac{N}{0.7h_f \sum l_w} \leqslant f_f^w \tag{5-65}$$

式中 $\sum l_w$——焊缝总长，对于图 5.31(a)，$\sum l_w = 4(h_0 - 2h_f)$，应再减去切角。

例题 5.5 设计图 5.32 所示工字形焊接板梁的间隔加劲肋和支承加劲肋。已知：支座反力计算值 $R = 501\text{kN}$，材料为 Q235，焊条为 E43 型，$h_0 = 1000\text{mm}$。

解：(1) 间隔加劲肋。

由式(5-58)和式(5-59)得

$$b_s = \frac{1000}{30} + 40 = 73.3(\text{mm})，取 b_s = 80\text{mm}$$

$$t_s = \frac{80}{15} = 5.3(\text{mm})，取 t_s = 6\text{mm}$$

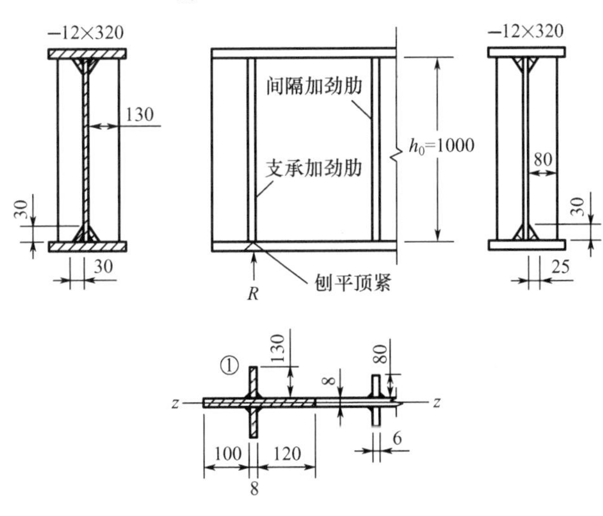

图 5.32 例题 5.5 图

(2) 支承加劲肋。

① 由附表 1-1 查得 $f_{ce} = 325\text{N/mm}^2$，所需的端面承压面积：

$$A_{ce} = \frac{R}{f_{ce}} = \frac{501 \times 10^3}{325} = 1541.5(\text{mm}^2)$$

采用钢板加劲肋−8×130，实际承压面积：

$$2 \times (130 - 30) \times 8 = 1600(\text{mm}^2) > 1541.5\text{mm}^2$$

② 支承加劲肋与腹板的角焊缝①验算，设 $h_f = 6\text{mm}$，则由式(5-65)得

$$\tau_f^w = \frac{R}{0.7h_f \times 4 \times (h_0 - 72)} = \frac{501 \times 10^3}{4.2 \times 4 \times (1000 - 72)} = 32(\text{N/mm}^2)$$

由附表 1-3 查得 $f_f^w=160$，故 $\tau_f^w < f_f^w$。

③ 验算十字形截面[图 5.32(a)]对 z 轴的整体稳定性。由表 4-3 可知，十字形截面属于 b 类截面。其截面的特性为：

$$A=2\times(0.8\times13)+0.8\times(10+0.8+12)=39.04(\text{cm}^2)$$

$$I_z\approx\frac{0.8\times(13+0.8+13)^3}{12}=1283.26(\text{cm}^4)$$

$$i_z=\sqrt{I_z/A}=5.73(\text{cm})$$

$$\lambda_z=h_0/i_z=100/5.73=17.45$$

由附表 2-2 得 $\varphi_z=0.978-\dfrac{0.978-0.976}{10}\times0.45=0.977$

由式(5-63)得

$$\sigma=\frac{R}{A}=\frac{501\times10^3}{39.04\times10^2}=128(\text{N/mm}^2)，\quad \varphi_z f=0.977\times215=210(\text{N}/\text{mm}^2)$$

所以 $\sigma<\varphi_z f$，满足稳定要求。

5.6 梁腹板的屈曲后强度

5.6.1 基本概念

上节介绍了梁的腹板在弯曲压应力、剪应力及横向局部压应力作用下，如果腹板厚度较薄，将会局部屈曲而产生平面外的挠曲变形，根据稳定理论确定了腹板微微挠曲平衡状态的相应临界应力。为了保证腹板不发生局部屈曲，应设置加劲肋和适当加厚腹板的厚度。

理论分析和试验证明，梁的腹板在弯曲压应力和剪应力的作用下，只要横向加劲肋和受压翼缘板保持一定的刚度不变，则腹板即使屈曲，全梁的承载力仍可增大。这说明腹板局部屈曲后仍可继续承受增加的荷载，这部分增加的承载力称为腹板屈曲后强度，可以加以利用，以节省钢材。

从理论方面，上节介绍的腹板局部屈曲是在假设小变形的基础上导出的相应的临界应力。研究和利用腹板的屈曲后强度则属于大变形问题。只要腹板区格的边缘保持不变，随着板的挠度的增加，在板的中面将产生薄膜张力，使整个区格出现张力场而能继续承受增加的荷载。

5.6.2 腹板受剪的屈曲后强度

腹板在剪应力作用下其主应力的分布如图 5.23 所示，主应力 σ_1 为沿对角线方向的拉应力，σ_2 为沿对角线方向的压应力。当剪应力达临界应力时，区格将斜向(45°)屈曲，称为腹板因剪应力而失稳，这时腹板承受的剪力为 V_{cr}。前面已经导得

$$V_{cr}=\tau_{cr}t_w h_0$$

如果$\tau_{cr} < f_y^v$，腹板虽然屈曲，但拉应力尚未到达屈服点，因而仍可增加剪力。最终各腹板区格只有斜向张力场在起作用，尤如一个平面桁架，如图5.33所示。随着荷载的继续增加，张力场的张力也不断增大，直到腹板屈服为止。显然，考虑了腹板受剪屈曲后张力场的效果，梁的抗剪承载力将大大提高。极限剪力为

$$V_u = V_{cr} + V_u$$

图5.34(a)是相邻两个区格在V_t作用下形成张力场的内力平衡图。取出中间加劲肋左右各半个区格的平衡体，如图5.34(b)所示。

斜向拉应力σ_t的作用力总和为$\sigma_t(h_0\cos\theta - a\sin\theta)t_w$，竖向分力为

$$V_1' = \sigma_t t_w (h_0\cos\theta - a\sin\theta)\sin\theta = \sigma_t t_w\left(\frac{h_0}{2}\sin 2\theta - a\sin^2\theta\right)$$

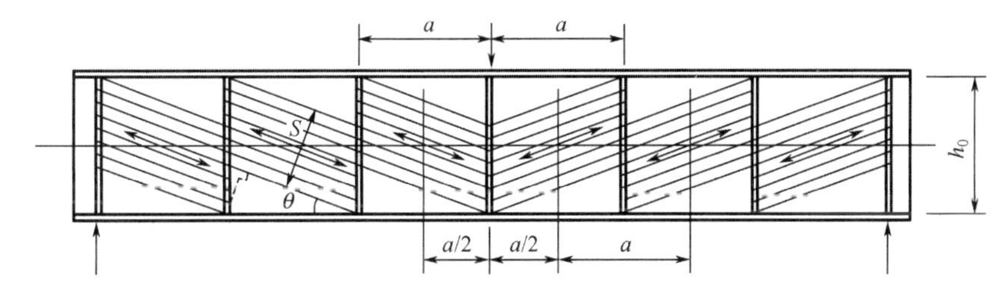

图5.33　屈曲后腹板形成张力场

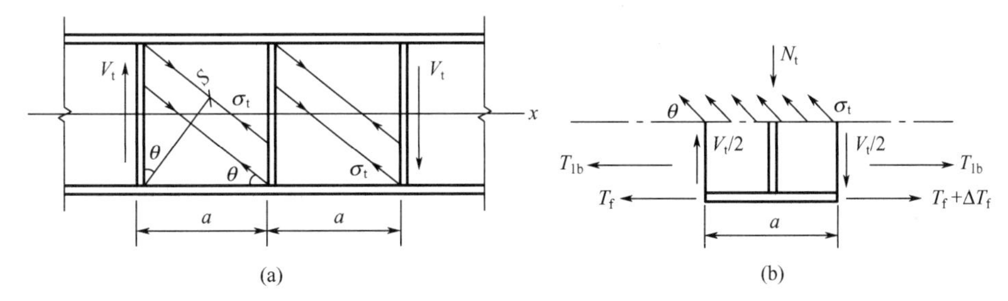

图5.34　剪切屈曲后腹板强度的计算

对θ取导数，得最大的张力的倾斜角θ

$$\tan 2\theta = h_0/a \tag{5-66}$$

则$\sin 2\theta = \dfrac{1}{\sqrt{1+(a/h_0)^2}} = \dfrac{h_0}{\sqrt{h_0^2+a^2}}$，如图5.35所示。

如图5.34所示，由弯矩产生的水平剪力主要由翼缘承受，即图中的T_f和$T_f+\Delta T_f$，可认为腹板中的水平力T_w不变。

由$\sum X = 0$的平衡条件，得

$$\Delta T_f = (\sigma_t t_w a\sin\theta)\cos\theta = \frac{1}{2}\sigma_t t_w a\sin 2\theta$$

对O点取矩，$\sum M_O = 0$，得

$$\Delta T_f(h_0/2) = V_t \cdot a/2$$

代入上式，得

$$V_{\mathrm{t}}=\sigma_{\mathrm{t}}t_{\mathrm{w}}\frac{h_0}{2}\sin 2\theta=\frac{1}{2}\sigma_{\mathrm{t}}t_{\mathrm{w}}h_0\frac{1}{\sqrt{1+(a/h_0)^2}} \tag{5-67}$$

腹板屈曲时，腹板的应力状态如图 5.36 所示。可见，屈曲后增加的拉力 σ_1 和屈曲时的 τ_{cr} 引起的主应力方向并不一致。为简化计算，假设二者是一致的，即可把二者叠加，则腹板的屈服条件为

$$\tau_{\mathrm{cr}}+\sigma_{\mathrm{t}}/\sqrt{3}=f_{\mathrm{y}}^{\mathrm{v}}$$

$$\sigma_{\mathrm{t}}=(f_{\mathrm{y}}^{\mathrm{v}}-\tau_{\mathrm{cr}})\sqrt{3}$$

代入式(5-67)，得

$$V_{\mathrm{t}}=\frac{\sqrt{3}}{2}t_{\mathrm{w}}h_0\frac{f_{\mathrm{y}}^{\mathrm{v}}-\tau_{\mathrm{cr}}}{\sqrt{1+(a/h_0)^2}} \tag{5-68}$$

这样，考虑腹板受剪屈曲后强度时，腹板承受的总剪力由式(5-69)计算。

$$\begin{aligned}V_{\mathrm{u}}&=\tau_{\mathrm{cr}}t_{\mathrm{w}}h_0+\frac{\sqrt{3}}{2}t_{\mathrm{w}}h_0\frac{f_{\mathrm{y}}^{\mathrm{v}}-\tau_{\mathrm{cr}}}{\sqrt{1+(a/h_0)^2}}\\&=\left(\tau_{\mathrm{cr}}+\frac{f_{\mathrm{y}}^{\mathrm{v}}-\tau_{\mathrm{cr}}}{1.15\sqrt{1+(a/h_0)^2}}\right)t_{\mathrm{w}}h_0\end{aligned} \tag{5-69}$$

腹板越薄，τ_{cr} 越低，考虑了屈曲强度后，抗剪承载力提高越多，如图 5.37 所示。当临界剪应力已达 $f_{\mathrm{y}}^{\mathrm{v}}$ 时，屈曲后强度即为 0。

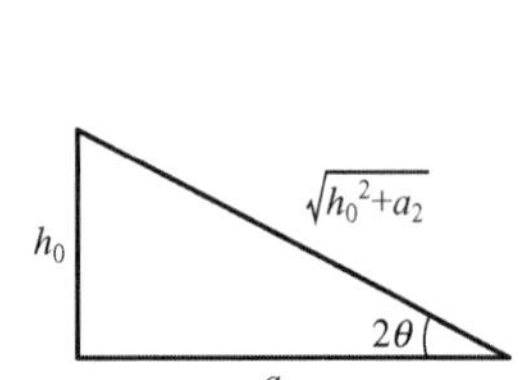

图 5.35　倾角 2θ 关系

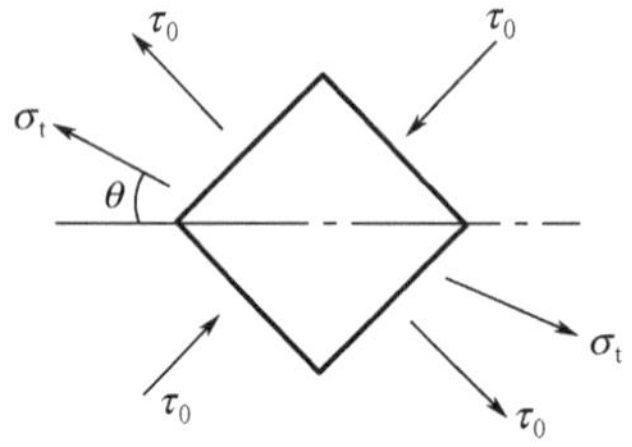

图 5.36　屈曲后腹板的应力状态

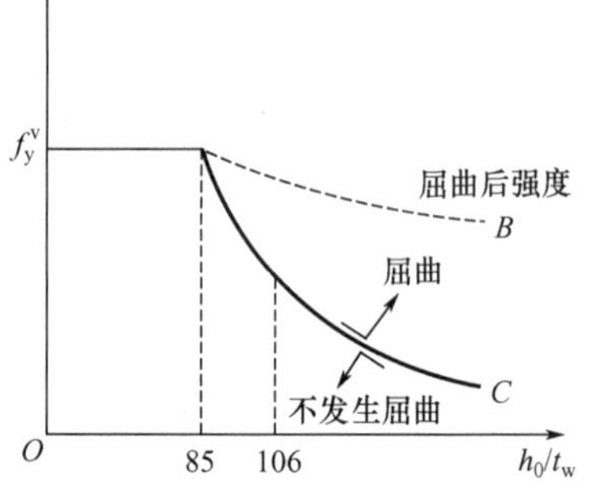

图 5.37　剪应力作用下的屈曲后强度

式(5-69)比较复杂，现行《钢结构设计标准》采用了下列简化公式。

当 $\lambda_{\mathrm{s}}\leqslant 0.8$ 时

$$V_{\mathrm{u}}=h_0t_{\mathrm{w}}f_{\mathrm{v}} \tag{5-70a}$$

当 $0.8<\lambda_{\mathrm{s}}\leqslant 1.2$ 时

$$V_{\mathrm{u}}=h_0t_{\mathrm{w}}f_{\mathrm{v}}[1-0.5(\lambda_{\mathrm{s}}-0.8)] \tag{5-70b}$$

当 $\lambda_{\mathrm{s}}>1.2$ 时

$$V_{\mathrm{u}}=h_0t_{\mathrm{w}}f_{\mathrm{v}}/\lambda_{\mathrm{s}}^{1.2} \tag{5-70c}$$

式中 λ_{s} 是用于抗剪计算的腹板通用高厚比，按式(5-43)计算。当腹板只设支座加劲肋

而不设中间加劲肋时，式(5-43b)中的 h_0/a 取 0。

考虑腹板受剪时的屈曲后强度，腹板中的斜向张力场将对横向加劲肋产生一个垂直压力 N_t，按张力场拉力的垂直分力计算：

$$N_t = \sigma_t t_w a \sin\theta \sin\theta = \sigma_t t_w a \sin^2\theta$$

把 $\sigma_t = (f_y^v - \tau_{cr})\sqrt{3}$ 和 $\sin^2\theta$ 代入，得

$$N_t = \frac{a t_w}{1.15}(f_y^v - \tau_{cr})\left[1 - \frac{a/h_0}{\sqrt{1+(a/h_0)^2}}\right] \tag{5-71}$$

为了简化计算，取

$$N_t = V_u - \tau_{cr} h_0 t_w \tag{5-72}$$

式中 V_u 按式(5-70)计算，τ_{cr} 按式(5-42)计算。

当横向加劲肋同时还承受集中力 F 作用时，如中间加劲肋上端有集中压力，支座加劲肋有支座反力的情况，应加入式(5-72)中，然后验算加劲肋在腹板平面外的稳定。

$$N_t = V_u - \tau_{cr} h_0 t_w + F \tag{5-73}$$

加劲肋的验算截面中应计入其左、右 $15t_w$ 的腹板部分，组成十字形截面(这时加劲肋必须在腹板前后成对布置)。

同时，张力场拉力对加劲肋产生一水平分力 H，水平分力 H 可认为作用于 $h_0/4$ 处。

$$H = \sigma_t t_w a \sin\theta \cos\theta$$

为了简化计算，取近似值为

$$H = (V_u - \tau_{cr} h_0 t_w)\sqrt{1+(a/h_0)^2} \tag{5-74}$$

式中的 a 取值方法如下：当有中间加劲肋时，a 取支座处腹板区格的加劲肋间距；当不设中间加劲肋时，a 取梁支座至跨内剪力为零点的距离。

此水平分力对中间加劲肋可认为两相邻区格的水平力相互抵消。但对支座加劲肋来说，必须考虑此水平力的作用，按压弯构件验算支座加劲肋在腹板平面外的稳定。这时，为了加强支座加劲肋抵抗水平分力的刚度，梁端应设封头肋板，如图 5.38 所示。设封头肋板后，支座加劲肋可只按受支座反力的轴心受压杆件验算腹板平面外稳定。封头肋板的截面面积不小于式(5-75)的要求。

$$A_c = \frac{3h_0 H}{16ef} \tag{5-75}$$

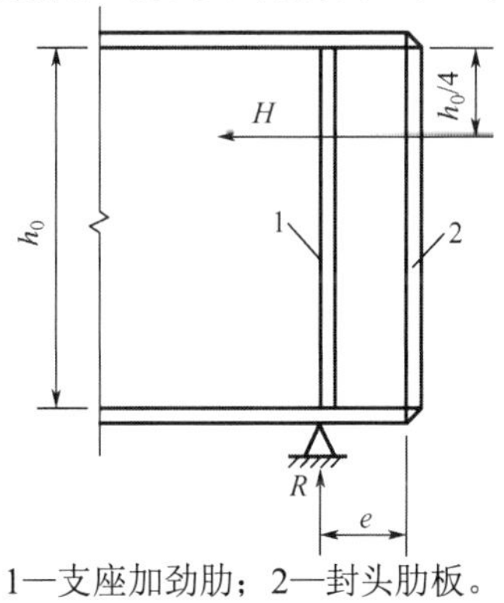

H $h_0/4$ h_0 1 2 R e

1—支座加劲肋；2—封头肋板。

图 5.38　设封头肋板的梁端构造

5.6.3 腹板受弯屈曲后梁的极限弯矩

对工字形截面的焊接组合梁，当梁的腹板在弯曲应力作用下受压边缘的最大压应力达到σ_{cr}，而$\sigma_{cr} < f_y$时，腹板虽发生局部屈曲，但由于产生了薄膜张力，仍能承受增加的弯矩，一直到边缘压应力到达屈服点。不过增加的弯曲应力不再按线性分布，如图 5.39 所示。

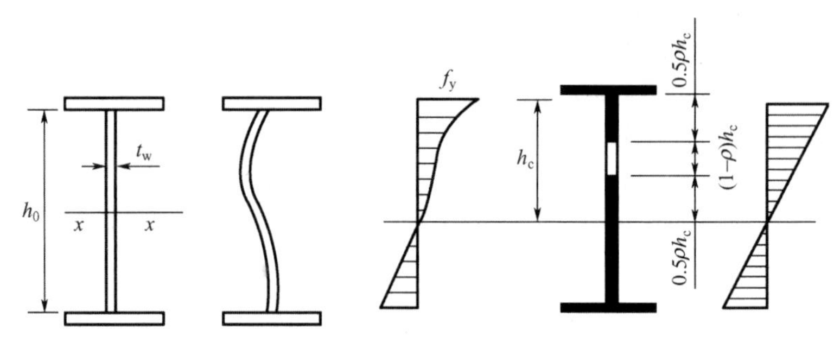

图 5.39　梁腹板受弯屈曲后的有效截面

受压区弯应力分布不均匀，故中性轴下移。此时引入有效截面概念，认为腹板受压区的上、下两部分有效、中间部分退出工作，受拉部分全有效。按有效截面的计算梁利用腹板屈曲后强度的极限弯矩，可按下列公式近似计算。

$$M_{eu} = \gamma_x \alpha_e W_x f \tag{5-76}$$

式中　α_e——考虑腹板有效高度时，截面模量的折减系数；

γ_x——梁截面塑性发展系数。

$$\alpha_e = 1 - \frac{(1-\rho)h_c^3 t_w}{2I_x} \tag{5-77}$$

式中　I_x——按梁截面全部有效算得的绕 x 轴的惯性矩；

h_c——按梁截面全部有效算得的腹板受压区高度；

ρ——腹板受压区有效高度系数。

当 $\lambda_b \leqslant 0.85$ 时

$$\rho = 1.0 \tag{5-78a}$$

当 $0.85 < \lambda_b \leqslant 1.25$ 时

$$\rho = 1 - 0.82(\lambda_b - 0.85) \tag{5-78b}$$

当 $\lambda_b > 1.25$ 时

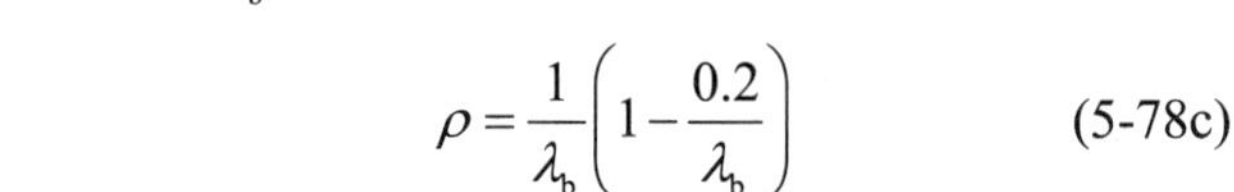

$$\rho = \frac{1}{\lambda_b}\left(1 - \frac{0.2}{\lambda_b}\right) \tag{5-78c}$$

式中，λ_b 按式(5-37)计算。

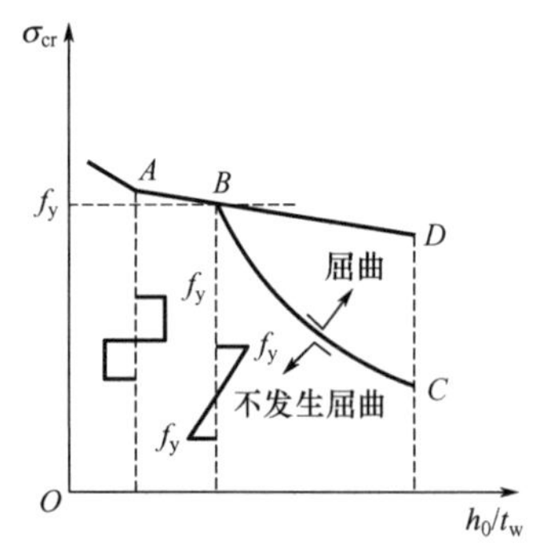

图 5.40　梁考虑屈曲后强度时承载力的提高

图 5.40 所示为梁腹板在弯矩压应力作用下，临界应力 σ_{cr} 与 h_0/t_w 的关系曲线。当在弹性阶段发生局部屈曲时，利用屈曲后强度可把临界应力提高到 B—D 线。σ_{cr} 越低，考虑屈曲后强度时，梁承载力提高得越大。

5.6.4　焊接梁腹板考虑屈曲后强度的计算

在焊接梁的腹板中，通常都同时存在着弯矩和剪力。对直接承受动力荷载的梁，不能考虑腹板的屈曲后强度，一律按前文介绍的强度、整体稳定和局部稳定的设计公式进行设计。对于非直接承受动力荷载的焊接梁，则可考虑腹板的屈曲后强度，设计方法如下。

(1) 当剪力 $V \leqslant 0.5V_u$ 时，梁的极限弯矩取

$$M_{eu} = \gamma_x \alpha_e W_x f \tag{5-79}$$

(2) 当梁所受的弯矩 $M \leqslant M_f$ (两个翼缘的抗弯承载力)时，有

$$M_f = \left(A_{f1} \frac{h_1^2}{h_2} + A_{f2} h_2 \right) f \tag{5-80}$$

式中 A_{f1}、h_1——较大翼缘截面面积及其形心至梁中性轴的距离；

A_{f2}、h_2——较小翼缘截面面积及其形心至梁中性轴的距离。

可认为腹板所受弯矩很小，不参与承担弯矩，梁的抗剪能力为 V_u，V_u 按式(5-70)计算。

(3) 当 $V > 0.5V_u$ 或 $M > M_f$ 时，按式(5-81)验算腹板的抗弯和抗剪承载能力。

$$\left(\frac{V}{0.5V_u} - 1 \right)^2 + \frac{M - M_f}{M_{eu} - M_f} \leqslant 1 \tag{5-81}$$

式中 M 和 V——分别是所计算区格内，同一截面的弯矩和剪力设计值。计算时，当 $V <$ $0.5V_u$；当 $M > M_f$ 时，取 $M = M_f$。

当只设置梁端支承加劲肋不能满足式(5-81)时，应加设两侧成对配置的中间横向加劲肋。

5.7 型钢梁设计

5.7.1 单向弯曲型钢梁

在工程中应用最多的热轧型钢梁是普通工字钢梁和 H 型钢梁[图 5.l(a)、(c)]。型钢梁的设计应满足强度、刚度和整体稳定性要求。由于型钢梁受轧制条件限制，腹板和翼缘的宽厚比都不太大，不必进行局部稳定验算。型钢梁设计包括单向弯曲型钢梁设计和双向弯曲型钢梁设计两种情况。

单向弯曲型钢梁设计步骤如下。

(1) 根据梁的跨度、支座情况和荷载，计算梁的最大内力 M_x 和 V。

(2) 由式(5-1)求所需的净截面模量 W_x，$W_x \geqslant \dfrac{M_x}{\gamma_x f}$，然后由 W_x 查附表 3-1 或附表 3-6，选出适当型号的型钢。

(3) 分别按式(5-l)、式(5-2)、式(5-7)和式(5-22)验算梁的抗弯强度、刚度和整体稳定性。

例题 5.6 某车间工作平台的梁格布置如图 5.41 所示。平台上无直接动力荷载，其静力荷载的标准值 $g_k = 3\text{kN/m}^2$(包括钢板的自重)，活荷载标准值 $q_k = 4.5\text{kN/m}^2$。假定次梁上的铺板能保证次梁的整体稳定性，试选择中间次梁 A 的型钢型号(钢材为 Q235B)。

解：(1) 次梁 A 所受的线荷载。

$$p = (\gamma_G g_k + \gamma_Q q_k)a = (1.2 \times 3 + 1.4 \times 4.5) \times 3 = 29.7(\text{kN/m})$$

弯矩：$M_x = \frac{1}{8}pl^2 = \frac{1}{8}\times 29.7\times 6^2 = 133.65(\text{kN}\cdot\text{m})$。

剪力：$V = \frac{1}{2}pl = \frac{1}{2}\times 29.7\times 6 = 89.1(\text{kN})$。

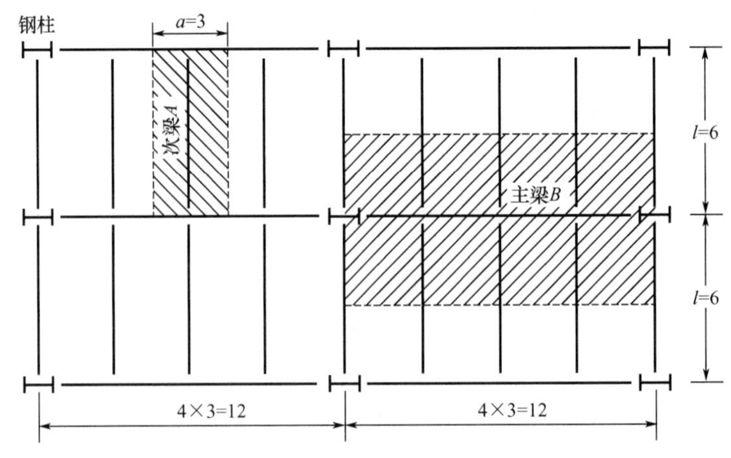

图 5.41　例题 5.6 图(单位：m)

(2) 所需净截面模量。

$$W_{nx} = \frac{M_x}{\gamma_x f} = \frac{133.65\times 10^6}{1.05\times 215}\times 10^{-3} = 592(\text{cm}^3)$$

由附表 3-1 选用 I32a：$W_x = 692\text{cm}^3 > 592\text{cm}^3$；$I_x = 11080\text{cm}^4$；$I_x/S_x = 27.5\text{cm}$；$t_w = 9.5\text{mm}$。

次梁 A 单位长度自重为 0.517kN/m。

(3) 验算。

考虑梁的自重后，荷载在梁内产生的总弯矩和总剪力为

$$M_x = 133.65 + \frac{1}{8}\times 1.2\times 0.517\times 6^2 = 136.442(\text{kN}\cdot\text{m})$$

$$V = 89.1 + 1.2\times 0.517\times 3 = 90.961(\text{kN})$$

由式(5-1)得

$$\sigma = \frac{M_x}{\gamma_x W_x} = \frac{136.442\times 10^6}{1.05\times 692\times 10^3} = 187.8(\text{N/mm}^2) < f = 215\text{N/mm}^2$$

由式(5-2)得

$$\tau = \frac{VS_x}{I_x t_w} = \frac{90.961\times 10^3}{27.5\times 10\times 9.5} = 34.8(\text{N/mm}^2) \ll f_v = 125\text{N/mm}^2$$

可见，由于型钢梁腹板较厚，剪力不起控制作用。

已知 $q_k = 4.5\text{kN/m}^2$，则 $Q_k = 4.5\times 3 = 13.5(\text{kN/m}) = 13.5(\text{N/mm})$。验算活荷载产生的挠度。

$$v_Q = \frac{5Q_k l^4}{384EI_x} = \frac{5\times 13.5\times 6^4\times 10^{12}}{384\times 2.06\times 11080\times 10^9} = 9.98(\text{mm}) < [v_Q] = l/300 = 20\text{mm}$$

所造型钢型号满足要求。

例题 5.7 条件同例题 5.6，但平台铺板不能保证次梁的整体稳定，试重选次梁 A 型钢型号。

解：对于热轧普通工字钢简支梁的整体稳定系数，可由附表 2-7 查得。根据普通工字钢型号在 I22～I40 之间、均布荷载作用在上翼缘及梁的自由长度 $l_1 = l = 6\text{m}$，可查得 $\varphi_b = 0.6$，因而，可由式(5-22)求出所需净截面模量。

$$W_x = \frac{M_x}{\varphi_b f} = \frac{133.65 \times 10^6}{0.6 \times 215} \times 10^{-3} = 1036(\text{cm}^3)$$

由附表 3-1 选用 I40a，$W_x = 1090\text{cm}^3 > 1036\ \text{cm}^3$。次梁 A 单位长度质量为 67.6kg/m。

考虑梁的自重 $g_{kb} = 67.6 \times 9.8 = 662.5(\text{N/m})$ 后，总弯矩为

$$M_x = 133.65 + \frac{1}{8} \times 1.2 \times 0.6625 \times 6^2 = 137.231(\text{kN} \cdot \text{m})$$

由式(5-22)得

$$\sigma = \frac{M_x}{W_x} = \frac{137.231 \times 10^6}{1090 \times 10^3} = 125.9(\text{N/mm}^2)$$

因 $\varphi_b f = 0.6 \times 215 = 129(\text{N/mm}^2)$，所以 $\sigma < \varphi_b f$

从以上计算可见，由强度条件选用普通工字钢为 I32a，由整体稳定条件需增大其型号为 I40a，用钢量增加 $\dfrac{67.6 - 52.7}{52.7} \times 100\% = 28.3\%$。因此，应尽可能将平台板设计成刚性，并使之与梁有可靠的连接，以保证梁的整体稳定性。

5.7.2 双向弯曲型钢梁

当荷载作用线通过截面的剪心 S 而又不与截面的主轴(x 轴和 y 轴)平行时，该梁将产生双向弯曲而不扭转，也叫斜向弯曲，如图 5.42 所示。选择双向弯曲梁的型钢型号步骤基本上与单向弯曲梁的相同，不同点如下。

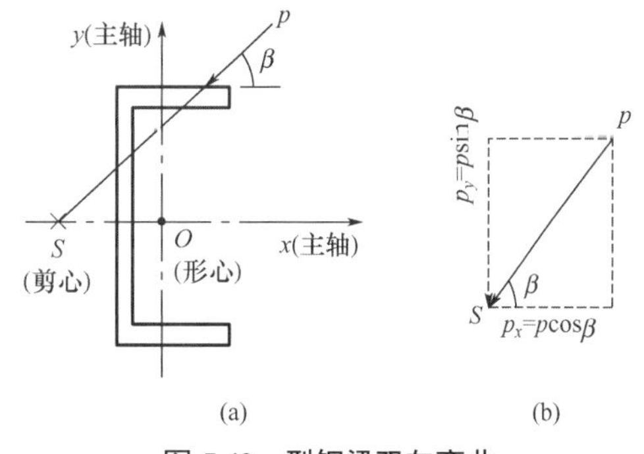

图 5.42 型钢梁双向弯曲

(1) 仍用式(5-1)计算 W_x，考虑到 M_y 的作用，可适当加大 W_x 值来选用型钢型号，一般用 1.1～1.2W_x。

(2) 用式(5-3)和式(5-2)验算强度，而整体稳定应按式(5-82)验算。

$$\frac{M_x}{\varphi_b W_x f} + \frac{M_y}{\gamma_y W_y f} \leqslant 1.0 \tag{5-82}$$

式中 W_x、W_y ——按受压纤维确定的对 x 轴和 y 轴净截面的弹性截面模量；

φ_b ——绕强轴(x 轴)弯曲所确定的整体稳定系数，槽钢梁按式(5-26)计算。

(3) 刚度验算按式(5-83)验算。

$$v = \sqrt{v_x^2 + v_y^2} \leqslant [v_T] \text{和} [v_Q] \tag{5-83}$$

式中　v_x、v_y——沿两个主轴(x 轴和 y 轴)方向的分挠度，它们分别由荷载的标准值 p_{xk} 和 p_{yk} 计算而得。

5.8　焊接梁设计

5.8.1　焊接梁的高度

当型钢梁不能满足受力和使用要求时，一般采用工字形焊接板梁。在选择梁截面尺寸时，要同时考虑安全和经济两个因素。梁的用钢量与截面面积 A 成正比，梁的承载力则与截面的截面模量 W 成正比。因而，可用 $\rho = W/A$ 作为衡量梁截面是否经济的指标，即梁的截面面积一定时，ρ 值越大越经济。这就是钢梁截面采用工字形而不采用实心矩形的原因。

设计焊接梁的截面时，先确定梁高 h(或腹板高度 h_0)，然后决定其他尺寸，如腹板厚度 t_w、翼缘宽度 b 和厚度 t 等。梁的高度应由建筑高度、刚度要求和经济条件三者来确定。建筑高度是指梁格底面最低表面到楼板顶面之间的高度，它的限制决定了梁的最大可能高度 h_{max}，一般由建筑师提出；刚度要求是要求梁的挠度 $v \leqslant [v_T]$，它决定了梁的最小高度 h_{min}；由经济条件可定出梁的经济高度 h_e，其一般以梁的用钢量为最小来确定。

1. 最小高度 h_{min}

现以均布荷载 p 作用下的对称等截面简支梁为例，说明求 h_{min} 的方法。

计算梁的挠度采用荷载标准值，假定荷载分项系数平均值$(\gamma_G+\gamma_Q)/2=(1.2+1.4)/2=1.3$，则荷载标准值 $p_k=p/1.3$。

等截面简支梁的跨中最大挠度由式(5-7)计算：

$$v=\frac{5p_kl^4}{384EI_x}=\frac{5(p/1.3)l^4}{384EI_x}=\frac{1\times 5pl^2}{1.3\times 48\times 8}\times\frac{I_xl^2}{W_cEI_x\frac{h}{2}}=\frac{0.08M}{W_x}\times\frac{2l^2}{hE}=0.16\sigma\frac{l^2}{hE} \tag{5-84}$$

为了使梁充分发挥强度，令$\sigma=f$，由刚度条件 $v=[v_T]$，并代入式(5-84)，可得

$$h_{min}=0.16\frac{fl^2}{[v_T]E} \tag{5-85a}$$

式(5-85a)也可近似用于几个集中荷载作用下的单向受弯简支梁；也可适当地把 f 取为$(0.6\sim0.8)f$，而用于双向受弯简支梁。

参考式(5-85a)和式(5-7)，可得对称截面简支梁的最小高度公式：

$$h_{min}=0.16\frac{fl^2}{[v_T]E}(1+k\alpha) \tag{5-85b}$$

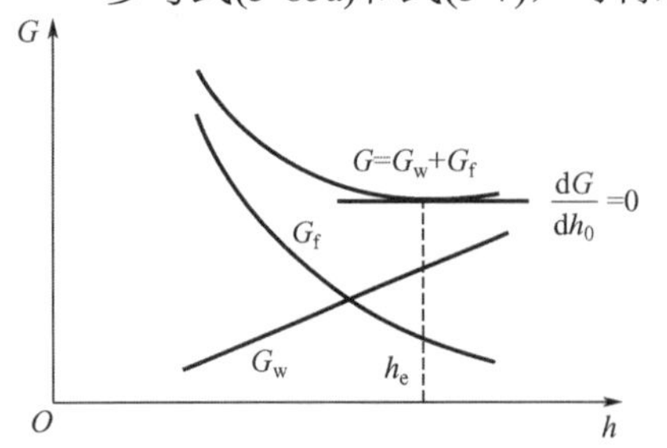

图 5.43　工字形截面梁的 G-h 关系

式中 α、k 的意义见式(5-7)。

2. 经济高度 h_e

从用钢量最小的条件出发，可以得到梁的经济高度。如以相同的抗弯承载力选择梁高，梁越高，腹板用钢量 G_w 则越多，而翼缘用钢量 G_f 越少，如图5.43 所示。

由图可见，梁的高度大于或小于经济高度 h_e 时，都会使梁的单位长度用钢量 G 增加。

设钢材的密度为γ(单位为 kg/m^3)，由图 5.43 可得

$$G = G_f + G_w = (2A_f + \beta t_w h_0) \times 1 \times \gamma \tag{5-86}$$

式中 A_f——一个翼缘的面积。

β——构造系数，视加劲肋的情况而定。只有横向加劲肋时，$\beta = 1.2$；有纵、横向加劲肋时，$\beta = 1.3$。

因为$I = I_f + I_w = 2A_1\left(\dfrac{h_1}{2}\right)^2 + \dfrac{t_w h_0^3}{12}$，并近似取 $h_i \approx h \approx h_0$，从而有

$$A_f = \frac{2I}{h_0^2} - \frac{t_w h_0}{6} = \frac{W_x}{h_0} - \frac{t_w h_0}{6} \tag{5-87}$$

将式(5-87)代入式(5-86)得 $G = \left(\dfrac{2W_r}{h_0} - \dfrac{t_w h_0}{3} + \beta t_w h_0\right)\gamma$

欲使 G 为最小，取$\dfrac{dG}{dh_0} = 0$ (图 5.42 中的水平线)，即$\left(-\dfrac{2W_x}{h_0^2} - \dfrac{t_w}{3} + \beta t_w\right)\gamma = 0$。

解出

$$h_e = \sqrt{\frac{2W_x}{t_w(\beta - 1/3)}} = K\sqrt{\frac{W_{nx}}{t_w}} \tag{5-88}$$

式中 K——系数，$K = \sqrt{\dfrac{2}{(\beta - 1/3)}}$。对只有横向加劲肋的梁，$K = 1.52$；对有纵、横向加劲肋的梁，$K = 1.44$。

W_{nx}——由梁的最大弯矩算得的净截面模量。

腹板厚度与高度有关，可取经验公式 $t_w = \sqrt{h}/11$，并代入式(5-88)，得

$$h_e = (11K^2 W_{nx})^{2/3} - 4.95(K^2 W_{nx})^{2/3} \tag{5-89}$$

如嫌式(5-89)不便使用，也可改用式(5-90)所示经验公式。

$$h_e = 7\sqrt[3]{W_{nx}} - 30 \tag{5-90}$$

式(5-90)中 h_e 单位为 cm。

前面已经提到过，若采用的梁高大于或小于经济高度 h_e，都会增加梁的用钢量。在实际设计中，一般宜选择 $h \approx h_e$，根据钢板规格可在 $h_{max} > h > h_{min}$ 范围内调整。通常腹板的高度取 50mm 的倍数(符合钢板规格)。

一般来说，梁的腹板质量与翼缘质量接近时，梁的质量最轻。

5.8.2 腹板和翼缘尺寸

梁腹板的用料占比较大，宜采用薄一些的钢板，但它应满足抗剪强度和局部稳定的要求。腹板的经济厚度 $t_w = (1/260 \sim 1/110)h_0$ 之间，并可按下列经验公式估算。

$$t_w = 7 + \frac{3h_0}{1000}(\text{求得}t_w\text{单位为mm}) \tag{5-91a}$$

或 $$t_w = \sqrt{h_0}/11 \quad (\text{求得}t_w\text{单位为cm}) \tag{5-91b}$$

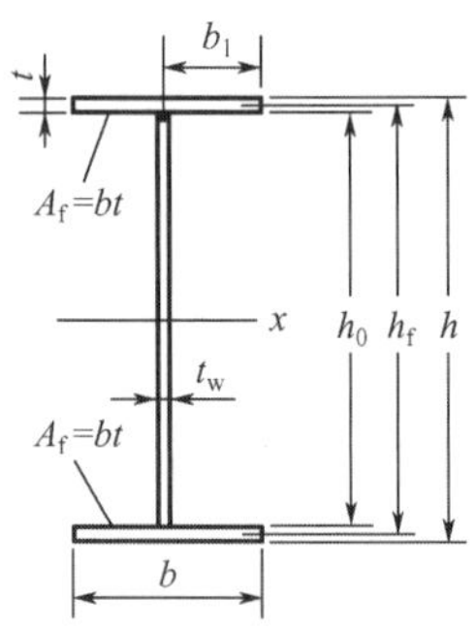

图 5.44　工字形截面

式(5-91b)中 h_0 的单位为 cm，其余均为 mm；腹板厚度宜为 $t_w = 6$～22mm。

在箱形截面的简支梁中，两腹板的间距 b_0(图 5.15)通常取 $b_0 \geqslant l/60$ 或 $b_0 \geqslant h/3.5$。

在已知腹板的尺寸后，可由式(5-87)求出需要的一个翼缘面积 A_f(图 5.44)，然后选定翼缘宽度 b 和厚度 t 中任一值，即可求得另一数值。一般取 $b = (1/5～1/3)h$，即可求得 $t = A_f/b$。根据局部稳定的要求，翼缘外伸宽厚比应满足：$b_1/t \leqslant 15\varepsilon_k$。若能使 $b_1/t \leqslant 13\varepsilon_k$，则利用截面的部分塑性性能，往往可以取得较好的经济效果。翼缘板的规格一般宽度取 100mm 的倍数，厚度取 2mm 的倍数。

初步选定梁截面后，要进行强度和稳定(整体和局部)的验算，而不必进行刚度验算。

5.8.3　翼缘焊缝的计算

焊接梁的翼缘和腹板之间必须用焊缝连接，使截面组合成一个整体。否则，在梁受弯曲时，翼缘和腹板就会相对滑移[图 5.45(a)]。因此，翼缘焊缝的主要作用就是阻止这种滑移而承受接缝处的水平剪力 V_h[图 5.45(b)]，以保证梁截面成为整体而共同工作。沿梁单位长度的水平剪力为

$$V_h = \tau t_w = \frac{VS_x}{I_x t_w} \cdot t_w = \frac{VS_x}{I_x} \tag{5-92}$$

式中　S_x——一个翼缘面积 A_f 对梁的中性轴的面积矩；

V——梁的最大剪力；

I_x——梁截面的惯性矩。

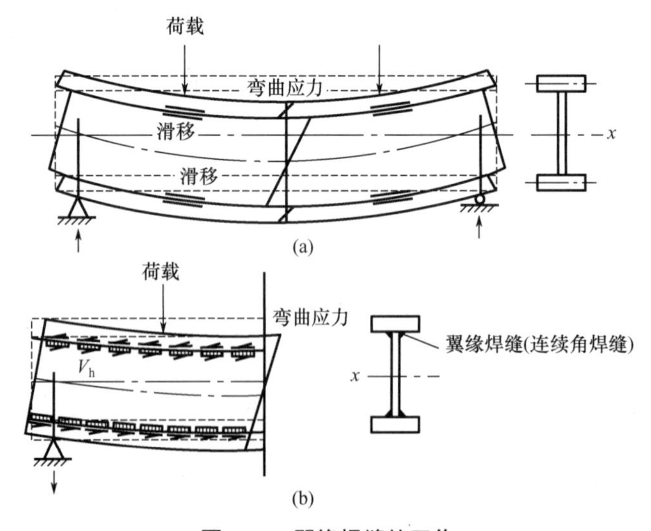

图 5.45　翼缘焊缝的工作

梁的翼缘焊缝一般采用焊在腹板两侧的连续角焊缝[图 5.46(a)]。单位长度(1mm)焊缝的

强度条件为

$$\frac{VS_x}{I_x} \leqslant 2(0.7h_f \times 1 \times f_f^w)$$

可得角焊缝的焊脚尺寸为

$$h_f \geqslant \frac{VS_x}{1.4f_f^w I_x} \tag{5-93}$$

式中 f_f^w——角焊缝的强度设计值，由附表 1-3 查得。

为了便于施工，全梁采用统一的焊脚尺寸 h_f。

当梁的上翼缘上有固定集中荷载而又未设置支承加劲肋，或者有移动集中荷载(如吊车轮压)时，上翼缘和腹板之间的连续角焊缝不仅承受水平剪力 V_h，同时还承受由集中荷载引起的竖向剪力 V_v。焊缝单位长度上的竖向剪力为

$$V_v = \sigma_c t_w \times 1 = \frac{\psi F}{t_w l_c} \times t_w = \frac{\psi F}{l_c} \tag{5-94a}$$

式中 σ_c——局部压应力，由式(5-4)确定。

V_h 和 V_v 的合力应满足：$\sqrt{V_h^2 + V_v^2} \leqslant 2(0.7h_f \times 1 \times f_f^w)$，从而有

$$h_f \geqslant \frac{\sqrt{V_h^2 + V_v^2}}{1.4f_f^w} = \frac{1}{1.4f_f^w}\sqrt{\left(\frac{V_{max}S_x}{I_x}\right)^2 + \left(\frac{\psi F}{l_c}\right)^2} \tag{5-94b}$$

对于直接承受很大集中动力荷载的梁(如重级工作制吊车梁，或透平机支承梁等)，上翼缘与腹板的连续角焊缝容易产生疲劳破坏，应改用 K 形坡口焊缝[图 5.46，对接与角接组合焊缝]。可以认为这种焊缝与腹板等强度，不必进行验算。

例题 5.8 根据例题 5.6 的条件和结果，设计焊缝剖面形式如图 5.47 所示的主梁 B。

解：(1) 初选截面。

主梁 B 的计算简图如图 5.46 所示。

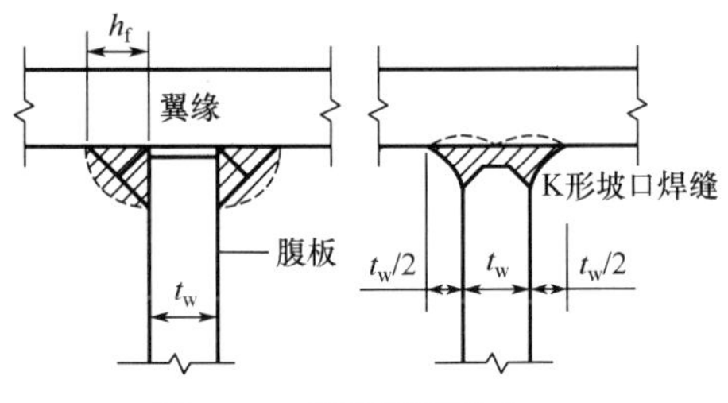

图 5.46 焊缝剖面形式

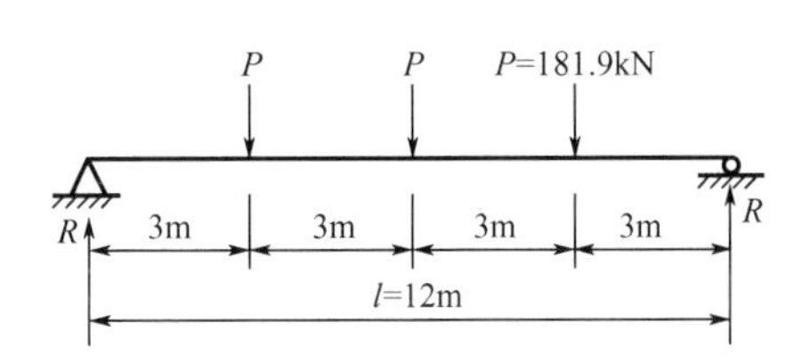

图 5.47 主梁 B 的计算简图

两侧次梁 A 对主梁 B 产生的计算压力 $P = 2\times 89.1 + 1.2\times 0.517\times 6 = 181.9(\text{kN})$。

主梁的支座反力(不包括主梁自重) $R = 1.5\times 181.9 = 272.85(\text{kN})$。

梁跨中最大弯矩 $M_x = 272.85\times 6 - 181.9\times 3 = 1091.4(\text{kN}\cdot\text{m})$。

所需的梁净截面模量 $W_{nx} = \dfrac{M_x}{\gamma_x f} = \dfrac{1091.4\times 10^6}{1.05\times 215}\times 10^{-3} = 4834.6(\text{cm}^3)$。

梁的高度可参考下列两值取用。

由式(5-85)，得 $h_{\min}=0.16\dfrac{f^2}{[v_{\mathrm{T}}]E}=0.16\dfrac{215l\times12\times10^3}{(l/400)\times206\times10^3}=802(\mathrm{mm})$。

由式(5-90)，得 $h_{\mathrm{e}}=7\sqrt[3]{W_{\mathrm{n}x}}-30=7\sqrt[3]{4834.6}-30=88.4(\mathrm{cm})$，取 $h_0=100\mathrm{cm}$。

腹板厚度参考下列两值取用。

由式(5-91)，得 $t_{\mathrm{w}}=7+\dfrac{3\times100}{1000}=7.3(\mathrm{mm})$，$t_{\mathrm{w}}=\sqrt{100}/11=0.91(\mathrm{cm})$，取 $t_{\mathrm{w}}=8\mathrm{mm}$。

翼缘面积由式(5-87)计算，$A_{\mathrm{f}}=\dfrac{4834.6}{100}-\dfrac{0.8\times100}{6}=35(\mathrm{cm}^2)$。

由 $b=(1/5\sim1/3)\times100=20\sim33.3(\mathrm{cm})$，取 $b=28\mathrm{cm}$，从而 $t=\dfrac{A_{\mathrm{f}}}{b}=\dfrac{35}{28}=1.25(\mathrm{cm})$，采用 $t=1.4\mathrm{cm}$。

验算翼缘外伸宽厚比，$\dfrac{b_1}{t}=\dfrac{28/2}{1.4}=10<13\times\sqrt{\dfrac{235}{235}}$ (可考虑截面发展塑性)。

(2) 强度验算。

截面几何特性[图 5.48(a)]为

$$A=2(28\times1.4)+100\times0.8=158.4(\mathrm{cm}^2)$$

$$I_x=\frac{28\times102.8^3-27.2\times100^3}{12}=268205.9(\mathrm{cm}^4)$$

$$W_x=\frac{268205.9}{51.4}=5218(\mathrm{cm}^3)$$

主梁自重 $g_{\mathrm{k}}=158.4\times10^{-4}\times77\times1.2=1.464(\mathrm{kN/m})$。

式中　1.2——构造系数；

77——钢材的密度 γ，$\gamma=7850\times9.8\approx77(\mathrm{kN/m^3})$。

梁跨中最大弯矩和支座最大剪力分别为

$$M_x=1091.4+\frac{1}{8}\times1.2\times1.464\times12^2=1123.022(\mathrm{kN\cdot m})$$

$$V=272.85+1.2\times1.464\times6=283.391(\mathrm{kN})$$

式中　1.2——恒荷载的分项系数，即 $\gamma_{\mathrm{G}}=1.2$。

$$\sigma=\frac{M_x}{\gamma_xW_x}=\frac{1123.022\times10^6}{1.05\times5218\times10^3}=205(\mathrm{N/mm^2})<f\,(f=215\mathrm{N/mm^2})$$

$$\tau=\frac{1.5V}{h_0t_{\mathrm{w}}}=\frac{1.5\times283.391\times10^3}{1000\times8}=53.1(\mathrm{N/mm^2})<f_{\mathrm{v}}\,(f_{\mathrm{v}}=125\mathrm{N/mm^2})$$

次梁作用处应设置支承加劲肋，故不必验算主梁的腹板局部压应力。

次梁可以作为主梁的侧向支承点，因此，主梁受压翼缘自由长度 $l_1=3\mathrm{m}$，从而 $\dfrac{l_1}{b}=\dfrac{3\times10^3}{280}=10.7<16$ (见表 5-8)，因此无须验算主梁的整体稳定性。

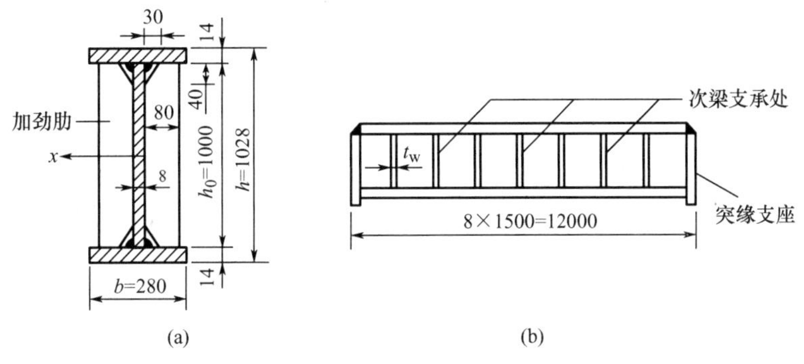

图 5.48 梁截面和横向加劲肋截面

(3) 刚度验算。

验算活荷载引起的挠度。$P_k = 4.5 \times 3 \times 6 = 81(\text{kN})$，分别作用于梁的二分点和四分点处。

由表 5-5，$v_Q = \dfrac{P_k l^3}{48EI_x} + \dfrac{19P_k l^3}{384EI_x} = \dfrac{P_k l^3}{EI_x}\left(\dfrac{1}{48} + \dfrac{19}{384}\right) = \dfrac{81 \times 10^3 \times 12^3 \times 10^9}{2.06 \times 268205.9 \times 10^4} \times 0.07 = 17.7(\text{mm}) <$ $[v_Q] = l/500 = 24\text{mm}$。

(4) 翼缘焊缝的验算。

采用 E43 型焊条，由图 5.48(a)，$S_x = (28 \times 1.4) \times \left(\dfrac{100 + 1.4}{2}\right) = 1987.44(\text{cm}^3)$。

由式(5-93)，$h_f \geqslant \dfrac{VS_x}{1.4 f_f^w I_x} = \dfrac{283.391 \times 10^3 \times 1987.44 \times 10^3}{1.4 \times 160 \times 268205.9 \times 10^4} = 0.94(\text{mm})$。

所需焊脚尺寸 h_f 很小，按《钢结构设计标准》规定，取 $h_f = 6\text{mm}$，沿梁全长满焊。

(5) 腹板的加劲肋设计(图 5.48)。

腹板的高厚比 $\dfrac{h_0}{t_w} = \dfrac{1000}{8} = 125$。因为 $80\sqrt{235/235} < h_0/t_w < 170$，所以横向加劲肋的间距 a 应通过计算确定。

加劲肋布置首先应和次梁位置配合，次梁间距 3m。如按 $a = 3\text{m}$ 布置，则 $a/h_0 = 3 > 2$。因而再增加一个，布置如图 5.48(b)所示，然后进行接近支座处的第一板格(剪应力最大)和接近跨中的第四板格(弯应力最大)的验算。

按式(5-52)，取 $\sigma_c = 0$，故

$$\left(\frac{\sigma}{\sigma_{cr}}\right)^2 + \left(\frac{\tau}{\tau_{cr}}\right)^2 \leqslant 1 \tag{5-95}$$

第一板格：

$$M_1 = 283.391 \times 0.75 - 1.464 \times 0.75 \times (0.75/2) = 212.13(\text{kN} \cdot \text{m})$$
$$V_1 = 283.391 - 1.464 \times 0.75 = 282.293(\text{kN})$$

$$\sigma = \frac{M_1}{W_x} \cdot \frac{h_0}{h} = 212.13 \times 1000 \times 10^6 / (5218 \times 1028 \times 10^3) = 39.5(\text{N/mm}^2)$$

$$S_x = 14 \times 280 \times 507 = 1987440(\text{mm}^3)$$

得 $\tau=\dfrac{V_1S_x}{I_xt_w}=282293\times1987440/(268205.9\times10^4\times8)=26.1(\text{N/mm}^2)$。

由式(5-37a)，$\lambda_b=\dfrac{2h_c/t_w}{177}=(2\times500/8)/177=0.706<0.85$。

由式(5-36a)，$\sigma_{cr}=f=215\text{N/mm}^2$。

因为 $a/h_0=1.5$，由式(5-43b)，得

$$\lambda_s=\frac{h_0/t_w}{41\sqrt{5.34+4(h_0/a)^2}}=\frac{1000/8}{41\sqrt{5.34+4(1/1.5)^2}}=\frac{125}{109.385}=1.14$$

由式(5-42b)，得

$$\tau_{cr}=[1-0.59(\lambda_s-0.8)]f_v=[1-0.59\times(1.14-0.8)]\times125=100(\text{N/mm}^2)$$

代入式(5-95)，得

$$(39.5/215)^2+(26.1/100)^2=0.1837^2+0.261^2=0.1<1$$

局部稳定保证。

第四板格：

$$M_1=283.391\times5.25-2.25P=283.391\times5.25-2.25\times181.9=1078.5(\text{kN}\cdot\text{m})$$

$$V_1=283.391-P-1.464\times5.25=283.391-181.9-7.686=93.8(\text{kN})$$

$$\sigma=\frac{M_1}{W_x}\cdot\frac{h_0}{h}=1078.5\times1000\times10^6/(5218\times1028\times10^3)=201(\text{N/mm}^2)$$

$$\tau=\frac{V_1S_x}{I_xt_w}=93.8\times10^3\times1987440/(268205.9\times10^4\times8)=8.7(\text{N/mm}^2)$$

由式(5-37a)，得 $\lambda_b=\dfrac{2h_c/t_w}{177}=\dfrac{1000/8}{177}=0.706<0.85$。

由式(5-36a)，得 $\sigma_{cr}=f=215\text{N/mm}^2$。

由式(5-43b)，得 $\lambda_s=1.14$。

由式(5-42b)，得 $\tau_{cr}=[1-0.59(\lambda_s-0.8)]f_v=100(\text{N/mm}^2)$。

代入式(5-95)，得

$$\left(\frac{201}{215}\right)^2+\left(\frac{8.7}{100}\right)^2=0.874+0.00757=0.88<1$$

腹板能保证局部稳定。

横向加劲肋尺寸分别按式(5-58)、式(5-59)计算。

$$b_s\geqslant\frac{h_0}{30}+40=\frac{1000}{30}+40=73.3(\text{mm})，取 b_s=80\text{mm}$$

$$t_s\geqslant\frac{b_s}{15}=\frac{80}{15}=5.3(\text{mm})，取 t_s=6\text{mm}$$

梁端突缘支座设计见图 5.48(b)。

支座传递反力 $R=283.391\text{kN}$。读者可参看例题 5.5 和图 5.31(b)，自行设计。

5.8.4 焊接梁的截面改变

为了节约钢材，焊接梁的截面可随弯矩图的变化而加以改变。但对跨度较小的梁，变更截面的经济效益并不显著，反而增加加工制造的工作量，因此，除构造上需要外，一般只对跨度较大的梁采用变截面。

改变梁截面的方法有两种：①改变梁的翼缘宽度[图 5.49(a)]、层数(厚度，图 5.50)；②改变梁的腹板高度、厚度[图 5.49(b)]。不论如何改变，都要使截面的变化比较平缓，以防止截面突变而引起严重的应力集中。截面改变处均应按式(5-5)验算折算应力。

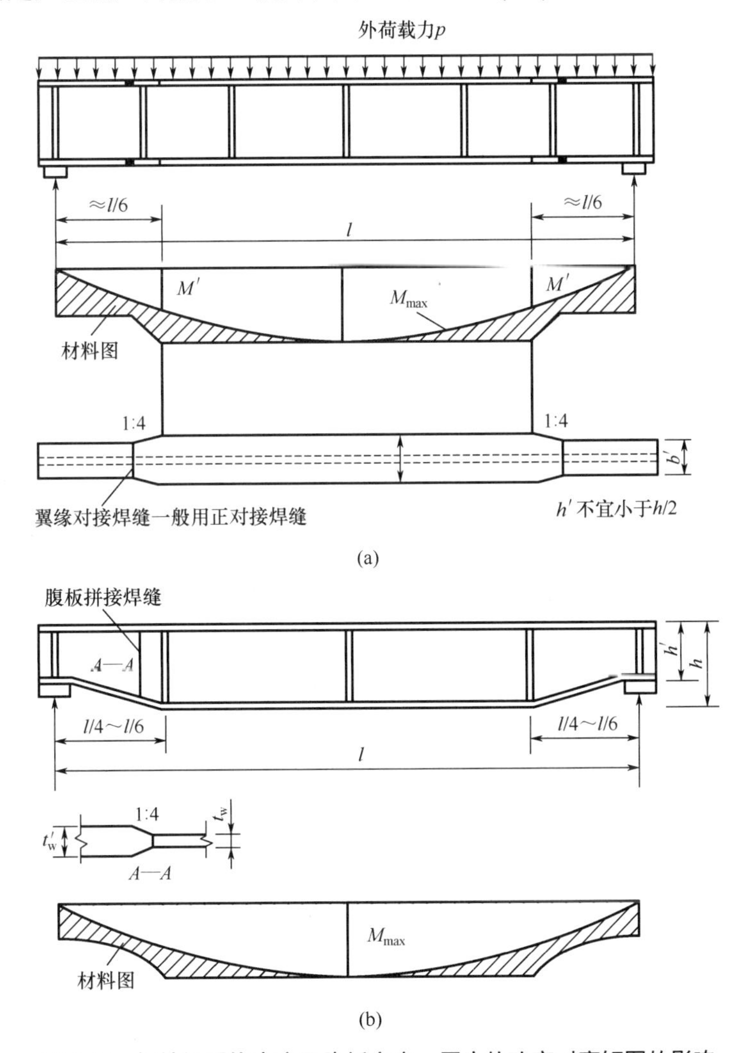

图 5.49 焊接梁翼缘宽度及腹板高度、厚度的改变对弯矩图的影响

图 5.49(a)所示为简支梁改变翼缘宽度的情况，对称改变一次可节约钢材 10%～20%，如做两次改变，效果就不显著，最多只能再节约 4%。对于承受均布荷载或多个集中荷载的简支梁，在距离支座 $l/6$ 处改变截面较为经济。改变后的翼缘宽度 b'应由截面改变处的弯矩 M'确定。为了减轻应力集中，宽板应从变截面处的两边向弯矩减小的一方斜切，斜

切坡度为 1:4，然后与窄板对接。对接焊缝一般用正对接焊缝，只有在三级焊缝质量时，才采用对接斜焊缝[图 5.51(a)]。翼缘板也可连续改变[图 5.51(b)]，靠近两端的翼缘板是由一整块钢板斜向切割而成的，中间的翼缘板端部需要做相应的斜切，以便布置对接斜焊缝。

简支梁腹板高度改变的起点，一般取在离支座 $l/6$～$l/4$ 处[图 5.49(b)]。支座处的梁高，由受剪条件决定。

$$\tau = 1.5\frac{V_{\max}}{t'_{\mathrm{w}}h'_0} \leqslant f_{\mathrm{v}} \tag{5-96}$$

式中　h'_0、t'_{w}——分别代表简支梁支座处的腹板高度和厚度。

如果梁的支承端的剪力很大，在梁高改小后，按原来腹板的厚度难以满足剪切条件，可将靠近支承端的一段腹板，改用较厚的钢板[图 5.49(b)的 A—A 截面]；若 $t'_{\mathrm{w}} - t_{\mathrm{w}} > 4\mathrm{mm}$，则应将较厚腹板在拼接处的边缘按 1:4 的坡度切成与较薄腹板等厚，再进行对接，以减轻焊缝附近的应力集中。

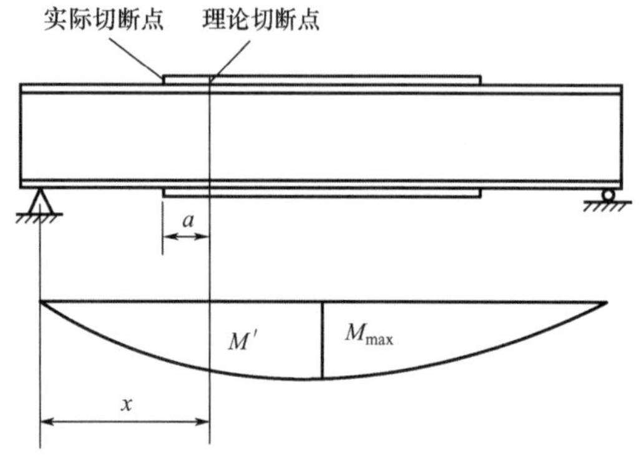

图 5.50　焊接梁翼缘层数的改变对弯矩图的影响

当改变翼缘板层数时(图5.50)，外层板与内层板的厚度之比宜为 0.5～1.0，外层板理论切断点由弯矩 M' 计算。为了保证被切断翼缘板在理论切断点处参加受力，被切断的钢板应向弯矩较小的一方延伸一定距离，此距离 a 的翼缘焊缝按被切断钢板的一半强度，即 $Af/2$ 进行计算，这里 A 是被切断钢板的面积。

翼缘变宽处的对接斜焊缝如图 5.51 所示。焊接吊车梁的外层翼缘板不宜切断，否则不利于铺设钢轨。

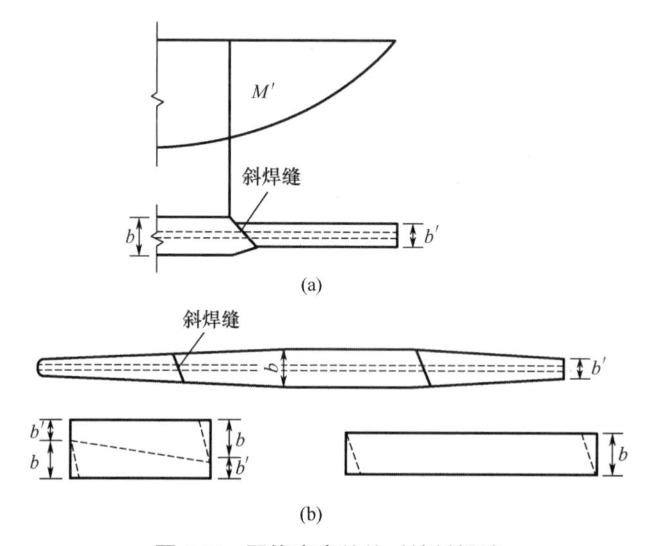

图 5.51　翼缘变宽处的对接斜焊缝

5.9 梁的节点做法

5.9.1 梁的拼接

梁的拼接有工厂拼接和工地拼接两种。前者受钢板规格的限制，需将钢材拼大或接长，这种拼接是在工厂中进行的；后者受运输和安装条件的限制，将梁在工厂加工成几段(运输单元或安装单元)，运至工地后进行拼接。

1. 工厂拼接

在梁的工厂拼接中，翼缘和腹板的拼接位置最好错开，并避免与加劲肋或次梁的连接位置重合，以防止焊缝密集。腹板的拼接焊缝和邻近的加劲肋的距离至少为 $10t_w$(图 5.52)。

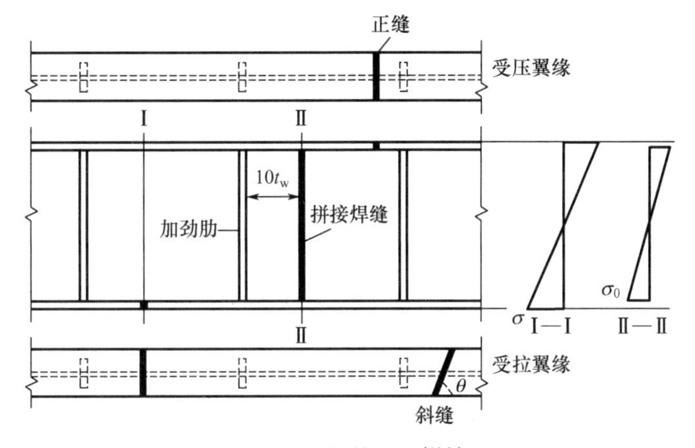

图 5.52 梁的工厂拼接

翼缘或腹板的拼接焊缝一般采用正对接焊缝，且在施焊时使用引弧板。这时，只有三级焊缝质量的受拉焊缝才需进行计算。计算应保证受拉翼缘拼接处的应力σ或腹板拼接处受拉边缘应力σ_0小于对接焊缝抗拉强度设计值f_t^w。当正对接焊缝强度不足时，可采用对接斜焊缝。如果对接斜焊缝与正应力方向的夹角 $\theta \leqslant \arctan 1.5$，则强度一定能满足，不必验算。但是，对接斜焊缝费料费工，应尽量避免采用。

当腹板采用正对接焊缝不能满足强度要求时，宜将其拼接位置调整到弯曲正应力较低处。

采用正对接焊缝并同时用拼接板加强的做法如图 5.53 所示，但是这种做法在用料(钢板和焊缝)、加工(铲平焊缝表面)和受力(应力集中)等方面都不合理，一般不宜采用。

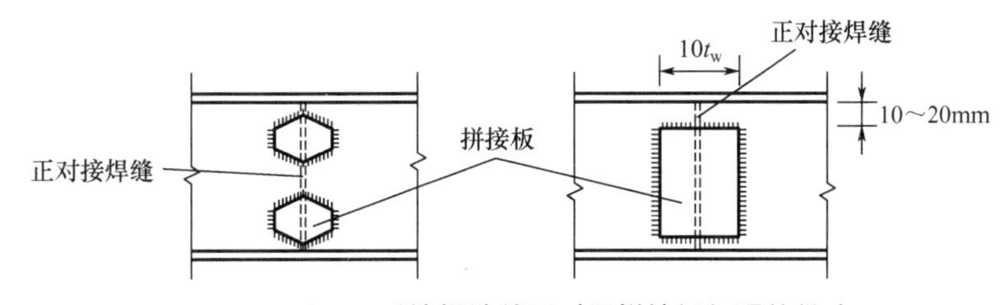

图 5.53 采用正对接焊缝并同时用拼接板加强的做法

2. 工地拼接

工地拼接的位置由运输和安装条件确定。梁的翼缘和腹板一般在同一截面处断开[图5.54(a)]，以减少运输时受损伤，但不足之处是对接焊缝全部在同一截面上，形成薄弱环节。图 5.54(b)所示的翼缘和腹板的对接接头略错开一些，受力情况较好，但运输单元端部的突出部分，要特别加以保护。以上两种工地拼接位置均应布置在弯矩较小处。

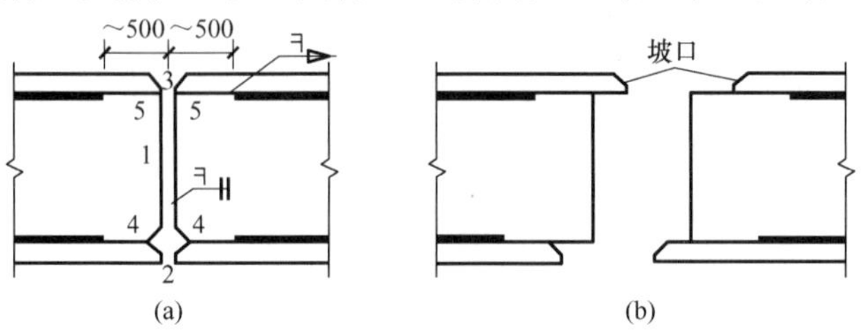

图 5.54　梁的工地拼接

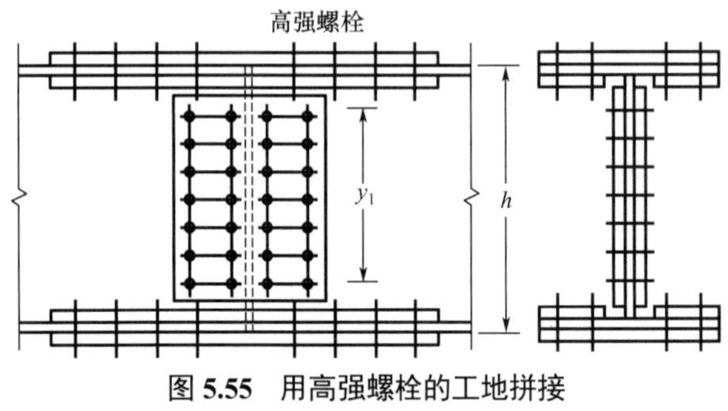

图 5.55　用高强螺栓的工地拼接

大型钢梁拼接接头在工地施焊时不便翻身，应将上、下翼缘断开处的边缘做成向上的 V 形坡口，以便俯焊。另外，为了使焊缝收缩得比较自由，以减小焊接应力，应将翼缘焊缝预留一段不在工厂焊接，待工地拼接完成后再焊，并采用合适的施焊顺序。图 5.54(a)中的编号即为施焊顺序的一种实例。

由于工地施焊条件往往比工厂施焊条件差，焊接质量难以保证，在工程实践中，曾经发生过由于梁的工地拼接时焊接质量很差，而引起整个结构破坏的严重事故。所以，对较重要的或受直接动力荷载的大型钢梁，工地拼接宜采用高强螺栓，如图 5.55 所示。

5.9.2　支座

为了能有效地把梁上的荷载传给柱或墙，梁需设置支座。支座有 3 种形式：平板支座、弧形支座和辊轴支座，如图 5.56 所示。

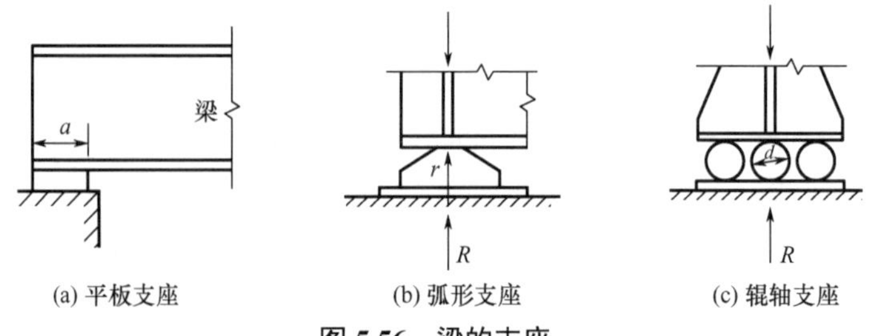

图 5.56　梁的支座

平板支座转动不灵活，一般用于跨度 $l < 20\text{m}$ 的梁；弧形支座比较接近于铰支计算图示，常用于 $l = 20 \sim 40\text{m}$ 的梁；辊轴支座是以滚动摩擦代替滑动摩擦、能自由移动和转动的支座，接近于可动铰支计算图示，其可消除梁由于挠度或温度变化引起的附加应力，用于 $l > 40\text{m}$ 的梁。

平板支座应有足够面积将支座压力传给砌体或混凝土，厚度应根据支座反力对底板产生的弯矩进行计算，详见第 4 章中有关柱脚底板的设计。

弧形支座和辊轴支座中圆柱形弧面与平板为线接触，其支座反力 R 应满足式(5-97)要求。

$$R \leqslant 40ndlf^2/E \tag{5-97}$$

式中 d——辊轴支座时为辊轴直径，弧形支座时为弧形表面接触点曲率半径 r 的 2 倍；

n——辊轴数目，对弧形支座 $n=1$；

l——弧形表面或辊轴与平板的接触长度；

f——弧形支座或辊轴支座材料的抗拉强度设计值。

应注意的是：在梁的支座处应采取措施，以防止梁端截面产生扭转。

5.9.3 主梁与次梁的连接

主梁与次梁间的相互连接，除了必须确保传力安全可靠，还应充分考虑用料经济、制造简易和安装方便等因素。

次梁一般与主梁铰接连接，也有把次梁设计成连续梁的形式。按连接的相对位置分类，主、次梁间的铰接形式可分为叠接[图 5.57(a)]和平接[图 5.57(b)、(c)]两种形式。叠接是把次梁直接放在主梁上，用焊缝或螺栓相连。这种连接构造简单，但结构所占空间大。平接可降低结构所占高度，次梁顶面一般与主梁顶面同高，也可略高于或略低于主梁顶面。次梁可侧向连接在主梁的横向加劲肋上[图 5.57(b)]。而当次梁的支座反力较大时，通常应设置承托[图 5.57(c)]。

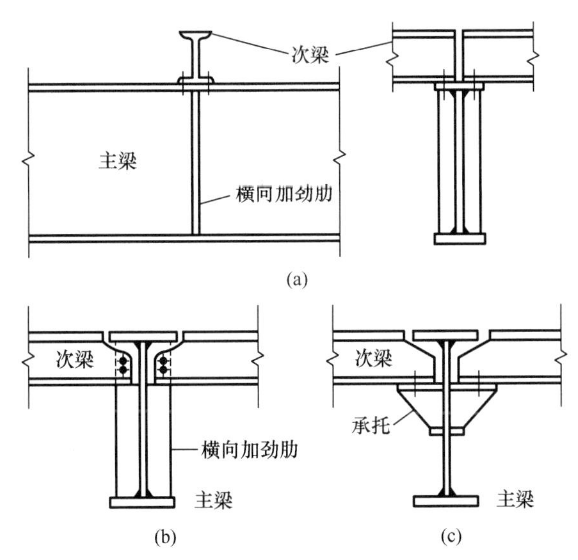

图 5.57 主、次梁间的铰接形式

连续次梁一般采用平接的连接形式，主要是在次梁上翼缘设置连接盖板，在次梁下面的承托上也设有水平承托板(图 5.58)，以便传递弯矩。为了避免仰焊，连接盖板的宽度比次梁上翼缘板稍窄，而承托板的宽度则应比次梁的下翼缘稍宽。连接盖板的截面及其连接焊缝按轴心力 $N=M/h$ 计算(M 为支座弯矩，h 为次梁高度)。连接盖板与主梁的连接焊缝不受力，可采用构造焊缝；承托板与主梁腹板之间的连接焊缝也按轴心力 N 计算。

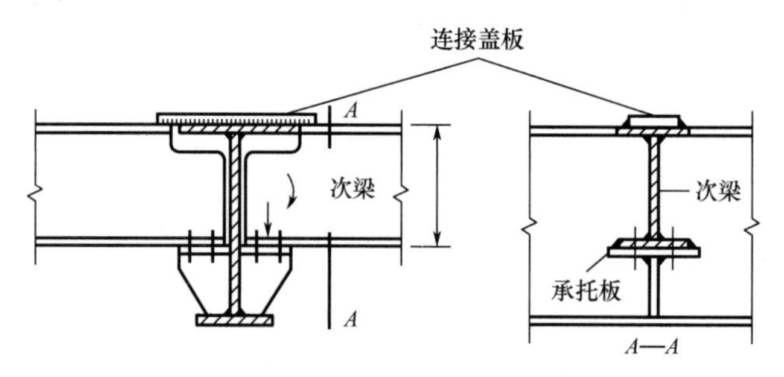

图 5.58　采用平接的连续次梁

一、单项选择题

1．当焊接工字形板梁的腹板高厚比 $h_0/t_w>170\varepsilon_k$ 时，为了保证腹板的稳定性(　　)。

A．应设置横向加劲肋　　B．应设置纵向加劲肋

C．应同时设置横向加劲肋和纵向加劲肋　　D．应同时设置纵向加劲肋和短加劲肋

2．图 5.59 所示的槽钢檩条(跨中设一道拉条)，按式(5-3)进行强度验算时，计算的位置是(　　)

A．a 点　　B．b 点　　C．c 点　　D．d 点

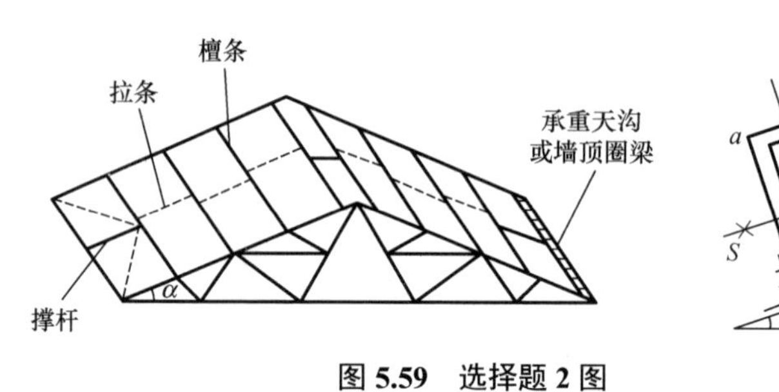

图 5.59　选择题 2 图

二、简答题

1．梁有哪些类型？梁格有几种布置形式？

2．试描述工字形热轧型钢梁和焊接板梁的设计步骤。

3．梁在对称轴平面内的弯矩作用下，截面中的弯曲正应力的发展分几个阶段？采用的截面塑性发展系数何时 $\gamma_x>1$？何时 $\gamma_x=1$？

4．截面形状系数 S_f 的含义是什么？矩形截面 S_f 等于多少？工字形截面 S_f 的大致范围是什么？

5．为何梁截面的翼缘厚度应大于腹板厚度？

6．间隔加劲肋和支承加劲肋的含义是什么？后者的设计要计算哪些内容？

7. 为了提高简支梁的整体稳定性，侧向支承点应设在受拉翼缘还是受压翼缘？试用公式说明。

8. 如何提高梁的整体稳定性？梁的整体稳定性属于第几类稳定？

9. 焊接板梁的最大高度 h_{max} 和最小高度 h_{min} 的含义是什么？梁的经济高度的范围是什么？腹板太厚或太薄会出现什么问题？

10. 焊接梁翼缘与腹板间的角焊缝如何计算？它的计算长度是否受 $60h_f$ 的限制？原因是什么？

11. 梁的腹板在纯剪应力、纯弯曲应力或局部压应力分别作用下的屈曲波形如何？请绘图说明。

12. 验算梁的截面是否安全可靠时，要验算哪几项后才能得出结论？

13. 板梁腹板 h_0/t_w 小于何值时，不会丧失局部稳定性？

14. 当板梁的腹板高厚比范围为 $80\varepsilon_k < h_0/t_w \leqslant 170\varepsilon_k$ 时，应配何种加劲肋？

15. 有哪几种应力会引起梁腹板局部屈曲？有哪些措施可提高腹板的稳定性？

16. 什么叫腹板的屈曲后强度？利用屈曲后强度有何好处？什么情况下可以利用？

17. 次梁与主梁的连接形式有哪几种？各有哪些优缺点？

三、计算题

1. 某平台梁格布置如图 5.60 所示，次梁 A 叠接在主梁 B 上，支承在主梁上的长度 a = 180mm，主梁两端采用突缘肋传力。次梁上铺预制钢筋混凝土板，并与次梁连接牢固(焊接或螺栓)。平台上无直接动力荷载作用，其静力荷载标准值是：永久荷载(不包括梁的自重)为 10kN/m^2，可变荷载为 20kN/m^2。钢材型号为 Q355，焊条为 E50 型，手工电弧焊。设计要求如下。

(1) 选用热轧普通工字钢梁 A，包括：①选择型钢型号；②验算抗弯、抗剪、支座处局部压应力σ_c和挠度。

(2) 设计工字形变截面焊接板梁 B，包括：①梁跨中的截面设计；②验算抗弯和整体稳定性；③改变翼缘宽度的截面尺寸；④验算截面改变处的抗弯和折算应力；⑤支座处的抗剪验算；⑥翼缘焊缝设计；⑦刚度验算；⑧腹板稳定验算及加劲肋设计。

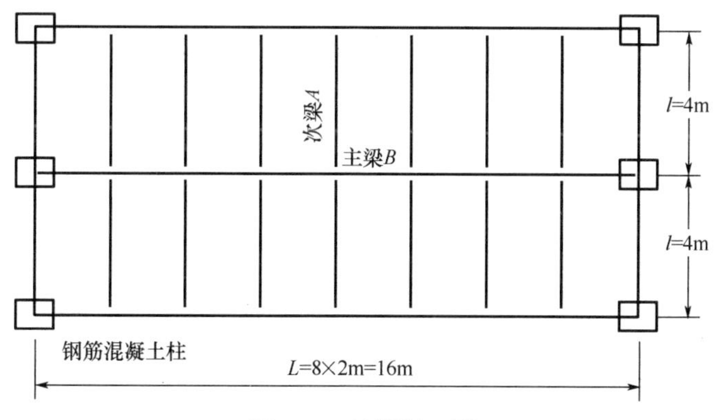

图 5.60 计算题 1 图

2. 设计某简支焊接板梁(Q355 钢，密度γ=77kN/m^3)，荷载和尺寸如图 5.61 所示。其中

荷载标准值为 P_k：永久荷载 G_k 占 30%；可变荷载 Q_k 占 70%。计算梁能承受的 P_k 为多少？

要求：①写出梁截面的几何特性；②计算 C 截面处有侧向支撑时梁的整体稳定性和抗弯强度；③计算 C 截面处无侧向支撑时梁的整体稳定性和抗弯强度；④讨论设计结果。

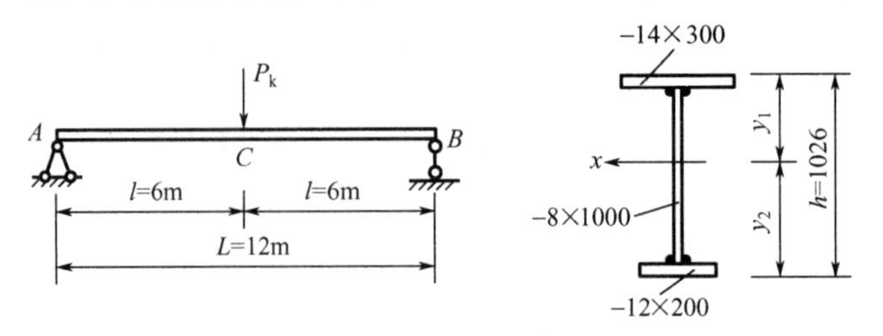

图 5.61　计算题 2 图

第6章 拉弯和压弯构件

知识结构图

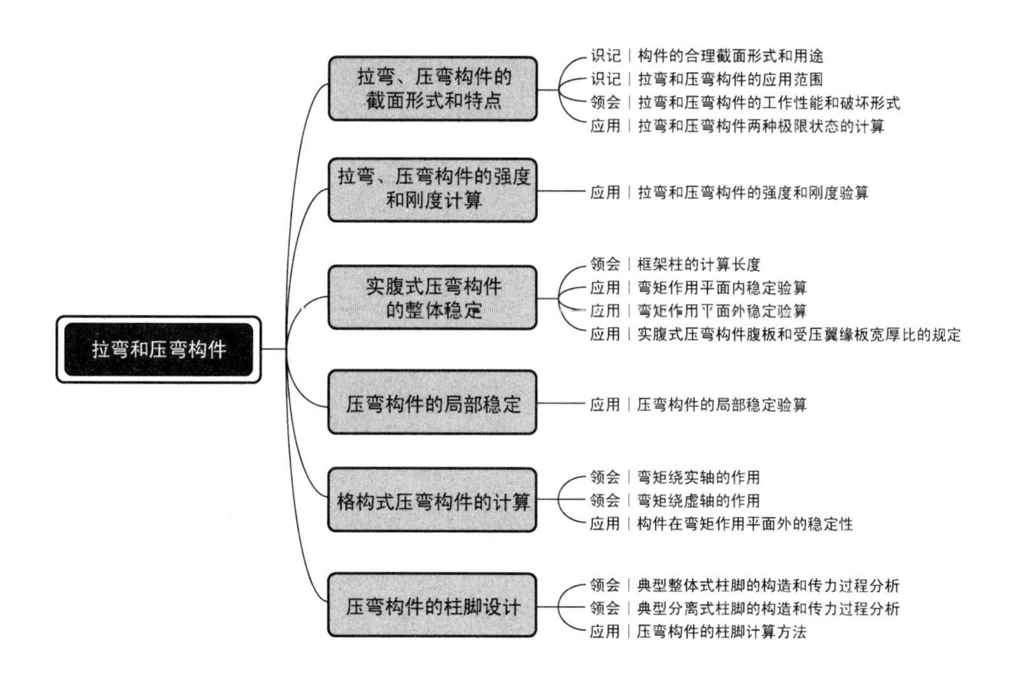

6.1 拉弯、压弯构件的截面形式和特点

同时承受拉力或压力及弯矩的构件，称拉弯或压弯构件，后者又叫做梁-柱构件，统称为偏心受力构件。它们所受的弯矩 M 可以是由轴向荷载的偏心作用引起的，也可以是由杆端弯矩作用或杆中横向荷载作用引起的。

拉弯和压弯构件广泛用于各种结构中，如框架柱和有集中荷载作用于节间的桁架弦杆，以及承受风荷载作用的墙架柱等。

和其他受力构件一样，设计偏心受力构件时，应同时满足承载能力极限状态和正常使用极限状态。前者包括强度和稳定，对于拉弯构件通常只有强度问题，而对于压弯构件应同时满足强度和稳定的要求。此外，对于实腹式截面必须保证组成截面板件的局部稳定；对于格构式截面必须保证单肢稳定。正常使用极限状态是通过构件的长细比不超过容许长细比来保证的。

偏心受力构件的截面正应力是不均匀分布的，当采用双轴对称截面时并不经济，因而通常都采用单轴对称截面，且使弯矩 M 作用于弱轴(y 轴)平面内，使构件绕 x 轴受弯。若采用格构式截面使弯矩变成力偶，截面各肢只受轴心力作用，则更为经济合理。常用的拉弯、压弯构件的截面形式如图 6.1 所示。但对弯矩很小的压弯构件，仍常用双轴对称截面。

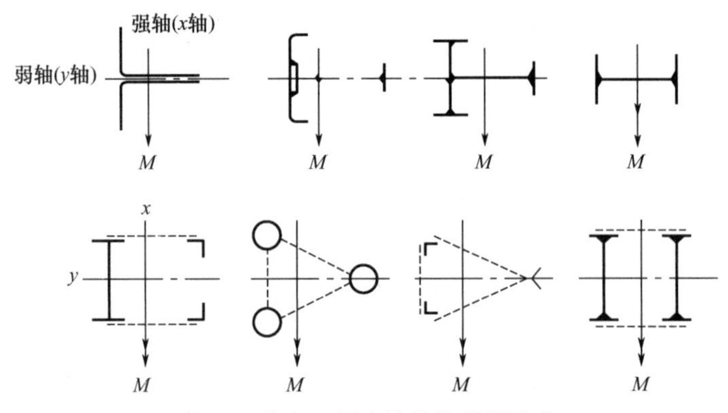

图 6.1 拉弯、压弯构件的截面形式

6.2 拉弯、压弯构件的强度和刚度

6.2.1 拉弯、压弯构件的破坏形式

在钢结构中，拉弯构件比较少见，而压弯构件则用得较多。图 6.2(a)所示为偏心受拉杆(两端偏心距 e 相等)，它的等效受力形式如图 6.2(b)所示。这种杆件受到轴心拉力 N 和杆端弯矩 M 的共同作用，故叫拉弯构件或拉弯杆。同理，偏心受压杆[图 6.3(a)]的等效受力形式如图 6.3(b)所示，称为压弯构件或压弯杆。图 6.3(c)～(e)所示的杆件也是压弯杆，前两者的弯矩由横向荷载 p 或 P 引起，而图 6.3(e)所示的构件受到不相等杆端弯矩的作用。

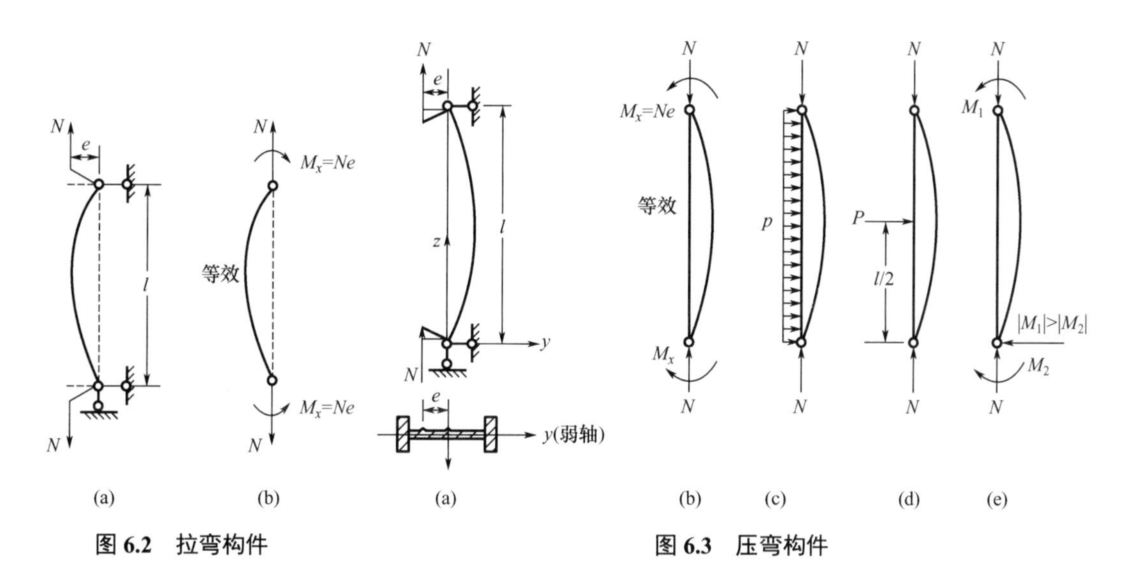

图 6.2 拉弯构件

图 6.3 压弯构件

实腹式拉弯杆的截面出现塑性铰是构件承载能力的极限状态，但对于格构式拉弯杆或冷弯薄壁型钢拉弯杆，常把截面边缘开始屈服视为构件的承载能力极限状态，以上都属于强度的破坏形式。对于轴心拉力很小而弯矩很大的拉弯杆也可能存在和梁类似的弯扭失稳破坏形式。

压弯杆的破坏过程复杂得多。它不仅取决于构件的受力条件，而且还取决于构件的长度、支承条件、截面的形式和尺寸等。粗短杆或截面有严重削弱的构件还可能产生强度破坏。但钢结构中的大多数压弯杆总是整体失稳破坏。组成压弯杆的板件，还有局部稳定问题，板件屈曲将促使构件提前丧失稳定性。

6.2.2 拉弯、压弯构件的强度和刚度计算

拉弯、压弯杆的强度承载能力极限状态是截面上出现塑性铰。图 6.4 所示为压弯杆随 N 和 M 逐渐增加时的受力状态。图 6.4(b)～(e)分别是弹性状态、受压区部分塑性状态、受拉及受压区部分塑性状态和整个截面进入塑性状态，即出现塑性铰。

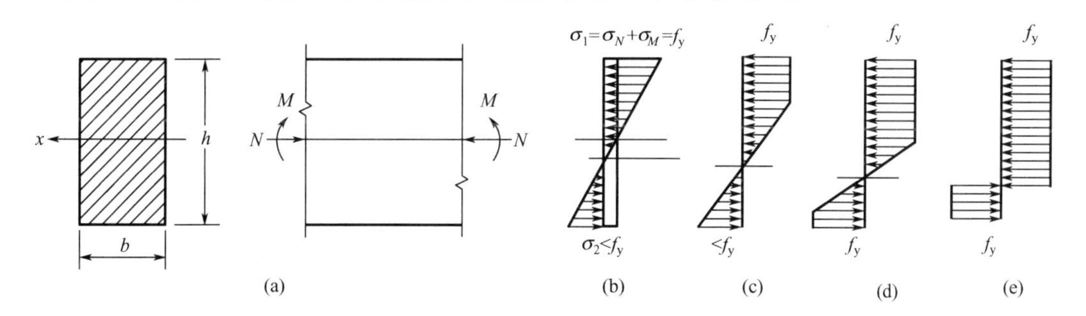

图 6.4 压弯杆随 N 和 M 逐渐增加时的受力状态

按照图 6.5 所示矩形截面塑性状态的分解，分别可得轴心压力和弯矩为

$$N = (2y_0)bf_y \tag{6-1}$$

$$M=\left(\frac{h-2y_0}{2}\right)bf_y\left(\frac{h+2y_0}{2}\right)=\left(\frac{h^2-4y_0^2}{4}\right)bf_y$$
$$=\frac{bh^2}{4}f_y\left(1-\frac{4y_0^2}{h^2}\right)=M_p\left(1-\frac{4y_0^2}{h^2}\right) \tag{6-2}$$

式中　M_p——塑性弯矩，$M_p=W_pf_y$，即 $N=0$ 时，截面所能承受的最大弯矩；
　　　W_p——截面塑性模量。

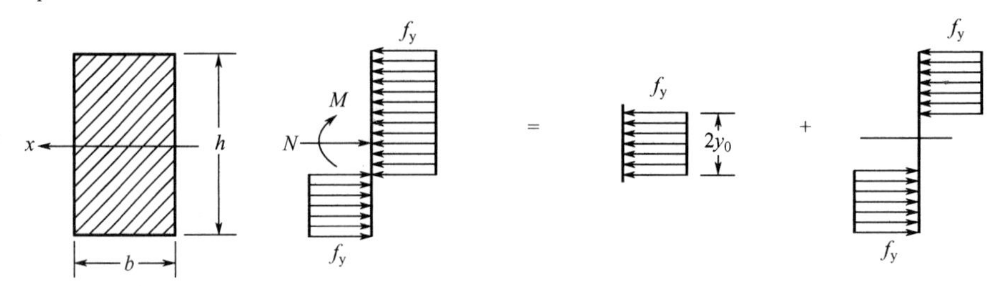

图 6.5　矩形截面塑性状态的分解

由式(6-1)解出 y_0，并代入式(6-2)，可得 N 与 M 的相关计算式如下。

$$M=M_p\left(1-\frac{N^2}{N_p^2}\right)$$

即

$$\left(\frac{N}{N_p}\right)^2+\frac{M}{M_p}=1\ (\text{矩形截面}) \tag{6-3}$$

式中　N_p——$M=0$ 时，截面所能承受的最大轴心力，$N_p=hbf_y$。

由式(6-3)绘出的关系曲线(无量纲)如图 6.6 所示。对于工字形截面压弯杆的相关公式，可用同样的方法导出。由于工字形截面翼缘和腹板尺寸的变化，N 和 M 的相关曲线会在一定范围内变动，图 6.6 中表明了工字形截面对强轴(x 轴)和弱轴(y 轴)相关曲线的影响。《钢结构设计标准》偏于采用安全的直线关系。

$$\frac{N}{N_p}+\frac{M}{M_p}=1 \tag{6-4}$$

将 $N_p=A_nf_y$ 和 $M_p=\gamma_xW_{nx}f_y$(考虑截面塑性发展)代入式(6-4)，并考虑截面只是部分发展塑性，可得单向拉弯和压弯杆的强度验算公式为

$$\frac{N}{A_n}\pm\frac{M_x}{\gamma_xW_{nx}}\leqslant f \tag{6-5a}$$

因拉力作用使弯曲变形减小，因此，用式(6-5a)验算拉弯杆的强度时，更偏于安全。式中弯曲正应力一项带有正负号，应对两项应力代数和之绝对值为最大的点进行验算。

将式(6-5a)推广到双向拉弯、压弯杆，则

$$\frac{N}{A_n}\pm\frac{M_x}{\gamma_xW_{nx}}\pm\frac{M_y}{\gamma_yW_{ny}}\leqslant f \tag{6-5b}$$

式中　γ_x、γ_y——截面塑性发展系数。根据其受压板件的内力分布情况确定其截面板件宽厚比等级，当截面板件宽厚比等级不满足 S3 级要求时，取 1.0；满足 S3 级要

求时，可按表 5-2 采用；需要验算疲劳强度的拉弯、压弯构件，宜取 1.0。

A_n、W_n ——截面的净截面面积和净截面模量。

拉弯和压弯杆都应满足正常使用极限状态，而且构件的长细比不超过《钢结构设计标准》规定的容许长细比。

$$\lambda \leqslant [\lambda] \tag{6-6}$$

例题 6.1　验算如图 6.7 所示的拉弯杆，用 Q235B 钢材，构件自重不计，$[\lambda]=300$，受静力荷载。

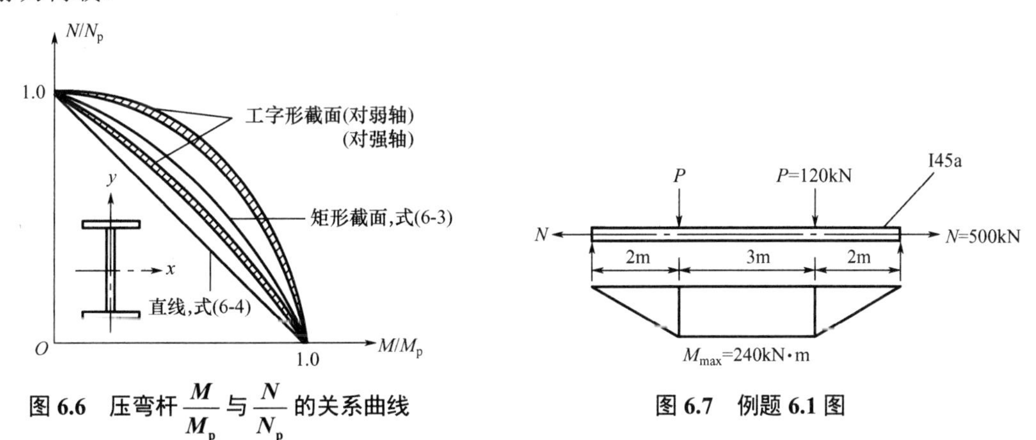

图 6.6　压弯杆 $\dfrac{M}{M_p}$ 与 $\dfrac{N}{N_p}$ 的关系曲线

图 6.7　例题 6.1 图

解：由附表 3-1 查得 I45a 的 $A=102\text{cm}^2$，$W_x=1430\text{cm}^3$，$i_y=2.89\text{cm}$，并由表 5-1 查得 $\gamma_x=1.05$。

由式(6-5a)，得

$$\frac{500\times10^3}{102\times10^2}+\frac{240\times10^6}{1.05\times1430\times10^3}=209(\text{N/mm}^2)<f=215\text{N/mm}^2$$

刚度验算：$\lambda_{max}=\lambda_y=\dfrac{l_{0y}}{i_y}=\dfrac{7\times10^2}{2.89}=242<[\lambda]$。

6.3　实腹式压弯构件的整体稳定

6.3.1　弯矩作用平面内的稳定验算

通常，压弯杆的弯矩 M 作用在 y 轴平面内，使构件截面绕 x 轴受弯(图 6.1)。这样，构件可能在弯矩作用平面内弯曲屈曲，也可能在弯矩作用平面外弯扭屈曲。失稳的可能形式与构件的抗扭刚度和侧向支承的布置等情况有关。必须指出，若弯矩作用在 x 轴平面内，压弯构件就不可能产生弯矩作用平面外的弯扭屈曲。这时，只需验算弯矩作用下平面内的稳定性即可。

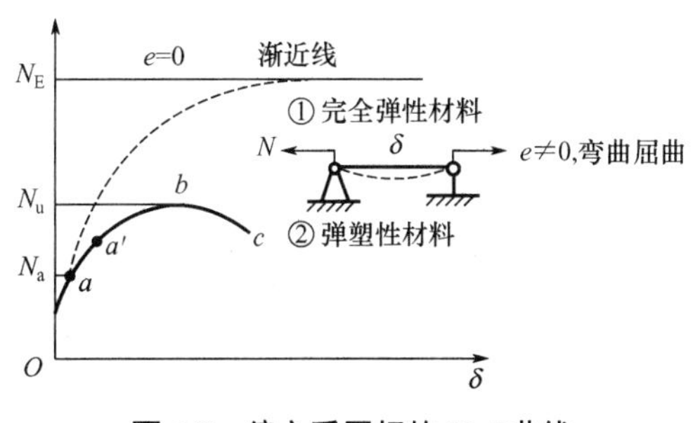

图 6.8　偏心受压杆的 N-δ 曲线

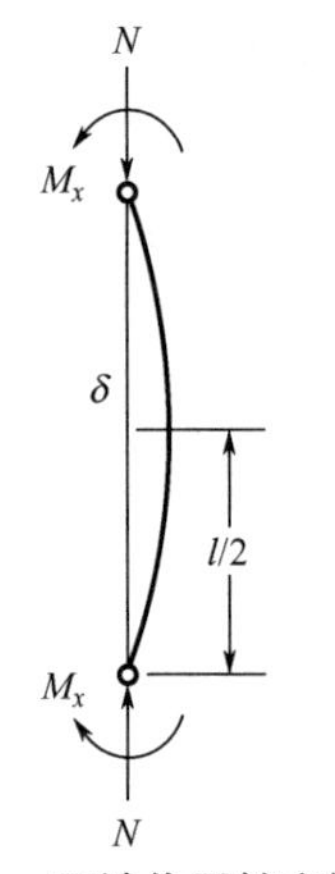

图 6.9　两端作用等弯矩的等截面偏心受压杆

对于偏心受压的压弯杆，可以绘出压力 N 与构件中点挠度δ的关系曲线(图 6.8)。图中虚线是把压弯杆视为完全弹性体时的 N-δ关系曲线，以 $N=N_E$(欧拉力)时的水平线为渐近线。实曲线 $Oabc$ 则代表弹塑性杆的 N-δ关系曲线，曲线的上升段 Oab 表示构件处于稳定平衡状态，下降段 bc 则为不稳定状态。这种只有一种稳定平衡状态的问题属于第二类稳定问题。曲线的 b 点表示压弯杆达到了承载能力的极限状态，N_u为极限荷载(或称压溃荷载)，构件在这点丧失稳定(屈曲)，变形发展很快。失稳时构件截面可能边缘屈服(绕 y 轴的格构式截面或冷弯薄壁截面)，也可能发展部分塑性(实腹式截面)，具体取决于构件的截面形状和尺寸、构件的长细比和缺陷的大小等。

图 6.9 表示两端作用等弯矩的等截面偏心受压杆。在 N 和 M_x 的共同作用下，构件中点($z=l/2$)挠度δ可由式(6-7)计算。

$$\delta=\frac{M}{N}\left[\sec\left(\frac{\pi}{2}\sqrt{N/N_E}\right)-1\right] \tag{6-7}$$

式中

$$\sec\left(\frac{\pi}{2}\sqrt{N/N_E}\right)\approx\frac{1}{1-N/N_E}$$

构件中点所在截面的最大弯矩为

$$M_{x,\max}=M_x+N\delta=M_x+N\bullet\frac{M_x}{N}\left[\sec\left(\frac{\pi}{2}\sqrt{N/N_E}\right)-1\right]\approx\frac{M_x}{1-N/N_E}=M_x\eta_1 \tag{6-8}$$

式中　η_1 ——偏心受压杆的挠度增大系数，$\eta_1=\dfrac{1}{1-N/N_E}M_x$，其中欧拉力 $N_E=\dfrac{\pi^2EI}{l_0^2}=\dfrac{\pi^2EI}{l_0^2}\times\dfrac{A}{A}=\dfrac{\pi^2E}{\lambda^2}A$；

M_x ——端弯矩，$M_x=Ne$。

式(6-8)可用图 6.10 表示。

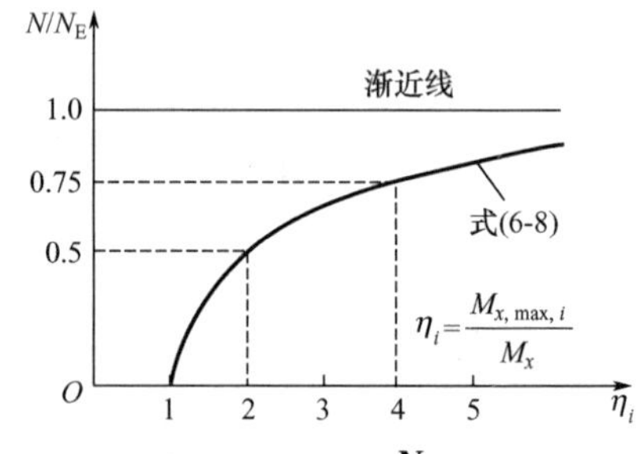

图 6.10　偏心受压杆的 $\dfrac{N}{N_E}-\eta_1$ 关系曲线

由图 6.10 可见，N 与 $M_{x,\max}$ 不成线性关系，这是偏心受压杆的一个重要特点。

图 6.3 中的其他几种常见荷载作用下的压弯杆，其最大弯矩 $M_{x,\max,i}=\eta_i M_x$ 的近似值列于表 6-1 中。等效弯矩系数β_{mi}可按式(6-9)计算：

$$\beta_{mi}=\frac{M_{x,\max,i}}{M_{x,\max,1}} \tag{6-9}$$

表 6-1　等效弯矩系数β_{mi}计算表

i	荷载作用简图	$M_{x,\max,i}=\eta_i M_x$	β_{mi}
1	M_x　M_x　N　z　N　l　y	$\left(\dfrac{1}{1-N/N_E}\right)M_x$	1

续表

i	荷载作用简图	$M_{x,\max,i}=\eta_i M_x$	β_{mi}
2	p; N; N	$\left(\dfrac{1}{1-N/N_E}\right)M_x$ 其中：$M_x=pl^2/8$	1
3	P; z=l/2; N; N	$\left(\dfrac{k_1}{1-N/N_E}\right)M_x$ 其中：$k_1=1-0.2N/N_E$ $M_x=Pl/4$	k_1
4	M_1; M_2; N; N; $\lvert M_1\rvert>\lvert M_2\rvert$	$\left(\dfrac{k_2}{1-N/N_E}\right)M_x$ 其中：$k_2=0.65+0.35M_2/M_1$ 且$k_2\geqslant 0.4$	k_2

可见，表 6-1 所列的后 3 种荷载，等效弯矩系数分别是：$\beta_{m2}=1.0$、$\beta_{m3}=1-0.2N/N_E$ 和$\beta_{m4}=0.65+0.35M_2/M_1$。对于弹性的压弯杆，若以截面的边缘纤维应力开始屈服(见图 6.8 中 a 点，N_a被称为边缘纤维屈服荷载)作为失稳准则，可得

$$\frac{N}{A}+\frac{\beta_m M_x+Ne}{(1-N/N_E')W_x}=f_y \tag{6-10}$$

$$N_E'=\frac{\pi^2 EI_x}{1.1l_0^2 x}=\frac{\pi^2 EA}{1.1\lambda_x^2}$$

式中 Ne——引入的缺陷偏心弯矩。

当 $M_x=0$ 时，构件实际上就是带有缺陷偏心弯矩的轴心受压杆件，此时构件的临界力 $N=N_x=\varphi_y Af_y$。由式(6-10)得

$$\frac{N}{A}+\frac{Ne}{\left(\dfrac{N_E'-N}{N_E'}\right)W_x}=f_y$$

可得

$$e=\frac{(Af_y-N_x)(N_E'-N_x)}{N_xN_E'}\times\frac{W_x}{A} \tag{6-11}$$

将式(6-11)代入式(6-10)，整理后得

$$\frac{N}{\varphi_x A}+\frac{\beta_{mx}M_x}{W_{1x}\left(1-\varphi_x\dfrac{N}{N_E'}\right)}=f_y \tag{6-12}$$

式(6-12)由边缘纤维失稳准则导出，可用来验算格构式或冷弯薄壁型钢压弯杆的稳定性。对实腹式压弯杆，《钢结构设计标准》采用极限承载力理论确定其临界力。为了限制偏心或长细比较大的构件的变形，只允许截面塑性发展总深度 ≤ $h/4$(h 为截面高度)，临界力取图 6.8 中的 a' 点。根据对常见截面形式进行的计算比较，《钢结构设计标准》对式(6-12)

做了修正，用式(6-13)来验算实腹式压弯杆在弯矩作用下平面内的稳定性。

$$\frac{N}{\varphi_x A}+\frac{\beta_{mx}M_x}{\gamma_{x1}W_{1x}\left(1-0.8N/N'_{Ex}\right)}\leqslant\frac{f_y}{\gamma_R}=f$$
$$\frac{N}{\varphi_x Af}+\frac{\beta_{mx}M_x}{\gamma_{x1}W_{1x}\left(1-0.8N/N'_{Ex}\right)f}\leqslant 1.0 \tag{6-13}$$

式中 N——构件所受的压力；

φ_x——在弯矩作用下平面内的轴心受压杆件的稳定系数，由附录二查得；

M_x——构件对 x 轴的最大弯矩；

N'_{Ex}——参数，$N'_{Ex}=\dfrac{\pi^2 EI_x}{1.1l_{0x}^2}=\dfrac{\pi^2 EA}{1.1\lambda_x^2}$；

W_{1x}——在弯矩作用下平面内较大受压边缘纤维的毛截面模量，$W_{1x}=I_x/y_1$；

γ_{x1}——截面塑性发展系数，见表 5-2；

β_{mx}——计算弯矩作用下平面内稳定时的等效弯矩系数。

β_{mx} 按下列规定采用。

(1) 无侧移框架柱和两端支承的构件。

① 无横向荷载作用时

$$\beta_{mx}=0.6+0.4\frac{M_2}{M_1}$$

式中 M_1 和 M_2 是端弯矩，其使构件产生同向曲率(无反弯点)时取同号，产生反向曲率(有反弯点)时取异号，$|M_1|\geqslant|M_2|$。

② 无端弯矩但有横向荷载作用时，β_{mx} 应按下式计算。

跨中单个集中荷载

$$\beta_{mx}=1-0.36N/N_{cr}$$

全跨均布荷载

$$\beta_{mx}=1-0.18N/N_{cr}$$

式中 N_{cr}——弹性临界力，$N_{cr}=\pi^2 EA/(\mu l)^2$；

μ——构件的计算长度系数。

③ 有端弯矩和横向荷载作用时

$$\beta_{mx}M_x=\beta_{mqx}M_{qx}+\beta_{m1x}M_1$$

式中 M_{qx}——横向均布荷载产生的弯矩最大值；

M_1——跨中单个横向集中荷载产生的弯矩。

(2) 有侧移框架柱和悬臂构件。

① 有横向荷载的柱脚铰接的单层框架柱和多层框架的底层柱，$\beta_{mx}=1.0$。

② 除①中规定之外的框架柱，β_{mx} 应按下式计算。

$$\beta_{mx}=1-0.36N/N_{cr}$$

③ 自由端作用有弯矩的悬臂柱，β_{mx}应按下式计算。

$$\beta_{mx}=1-0.36(1-m)N/N_{cr}$$

式中 m——自由端弯矩与固定端弯矩之比，当弯矩图无反弯点时取正号，有反弯点时取负号。

式(6-13)计算所得某工字形截面压弯杆的 N/N_P 与 M/M_P 的关系曲线见图 6.11。由图知在常用长细比$\lambda\approx200$ 时，式(6-13)与用数值积分法求出的理论值能较好地符合。

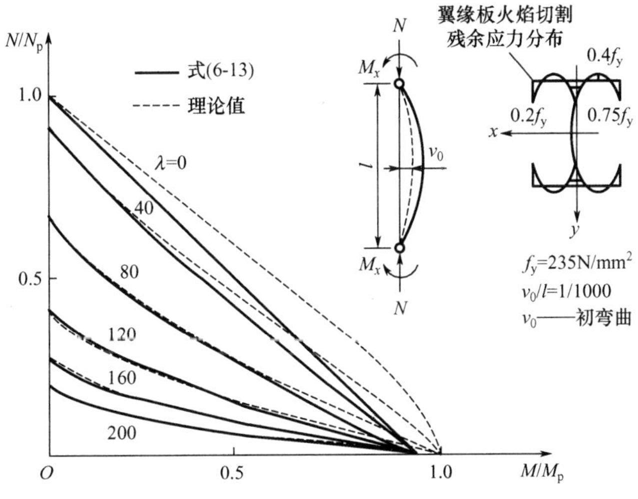

图 6.11 压弯杆的 N/N_P 与 M_x/M_p 关系曲线

例题 6.2 分别验算图 6.12 所示两种端弯矩(计算值)作用情况下压弯杆(热轧普通工字钢 I10，Q235)的承载力(假定图示侧向支承保证不发生弯扭屈曲)。

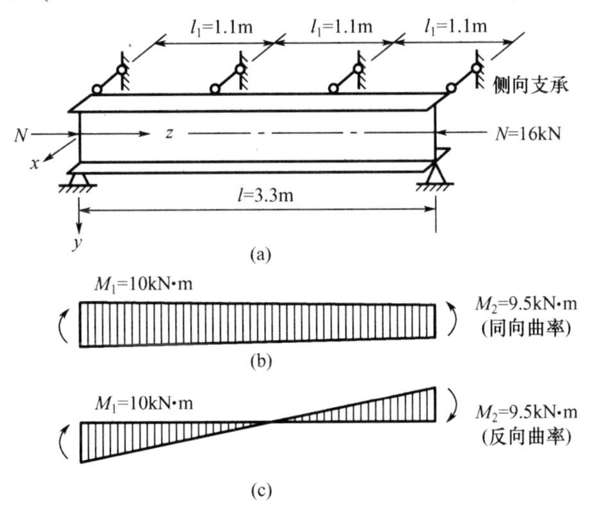

图 6.12 例题 6.2 图

解：由附表 3-1 查得 I10 的截面几何特性为 $A=14.3\text{cm}^2$，$W_x=49\text{cm}^3$，$i_x=4.14\text{cm}$。

查表 4-3 可知，普通工字钢对 x 轴属于 a 类截面。当 $\lambda_x=l_{0x}/i_x=3.3\times10/4.14=80$ 时，由附表 2-1 得 $\varphi_x=0.783$，由表 5-1 得 $\gamma_x=1.05$。

第一种端弯矩作用情况，$\beta_{mx}=0.6+0.4\times\left(\dfrac{9.5}{10}\right)=0.98$，$N'_{Ex}=\dfrac{\pi^2E}{1.1\lambda_x^2}A=\dfrac{\pi^2\times206\times10^3}{1.1\times80^2}\times14.3\times10^2\approx413(\text{kN})$。

由式(6-13)验算稳定性。

$$\frac{16\times10^3}{0.783\times14.3\times10^2}+\frac{0.98\times10\times10^6}{1.05\times49\times10^3\times(1-0.8\times16/413)}=14.3+197=211.3(\text{N/mm}^2)<f=215\text{N/mm}^2$$

由式(6-5a)验算杆端截面强度。

$$\frac{16\times10^3}{14.3\times10^2}+\frac{10\times10^6}{1.05\times49\times10^3}=11.2+194.4=205.6(\text{N/mm}^2)<f$$

第二种端弯矩作用情况，$\beta_{mx}=0.6+0.4\times\left(\dfrac{-9.5}{10}\right)=0.22<0.4$，取$\beta_{mx}=0.4$(见表6-1)。

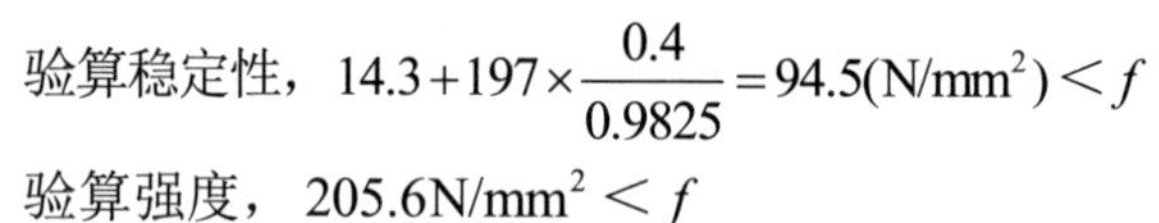

验算稳定性，$14.3+197\times\dfrac{0.4}{0.9825}=94.5(\text{N/mm}^2)<f$

验算强度，$205.6\text{N/mm}^2<f$

由上述计算可见，当同向曲率的弯矩作用时，由稳定承载力控制杆的截面设计；当反向曲率的弯矩作用时，则由强度控制。

对于单轴对称截面[图6.13(a)]的压弯杆，当弯矩作用在对称轴平面内，且使较大翼缘受压时，构件达到临界状态的应力分布可能在拉、压两侧都出现塑性[图6.13(b)]，也可能只在受拉一侧出现塑性[图6.13(c)]。对于前者，平面内的稳定仍按式(6-13)验算；对于后者，因受拉区的塑性发展会导致构件失稳。因此，对图6.13(c)所示的情况，除应按式(6-13)验算外，还应按式(6-14)进行补充验算。

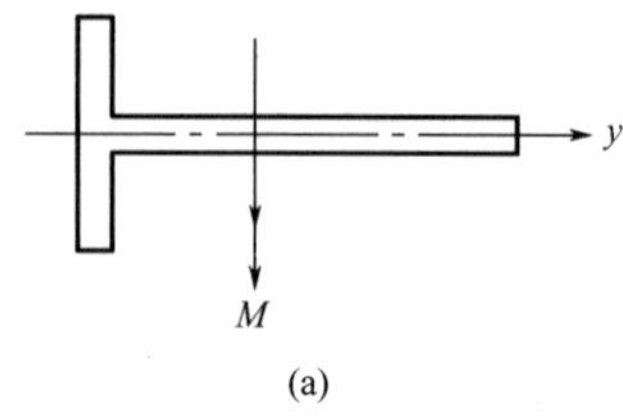

(a)

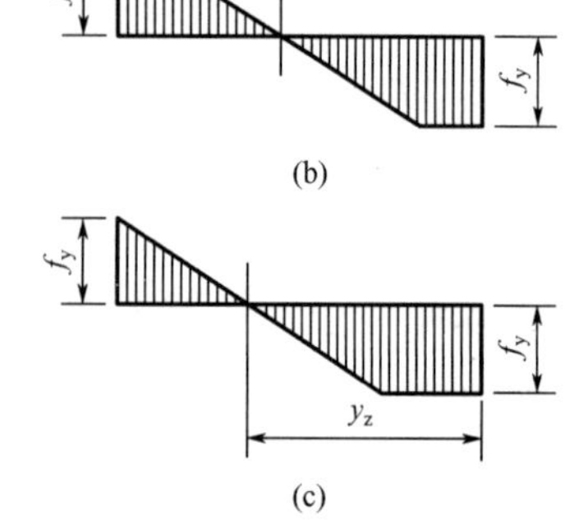

(b)

(c)

图6.13　单轴对称截面构件应力分布

$$\left|\frac{N}{Af}-\frac{\beta_{mx}M_x}{\gamma_{x2}W_{2x}(1-1.25N/N'_{Ex})f}\right|\leqslant1.0 \qquad (6\text{-}14)$$

式中　W_{2x}——受拉一侧的边缘纤维毛截面模量，即$W_{2x}=I_x/y_2$。

1.25——通过对常用截面形式的计算比较而引入的一个最优修正值。

例题6.3　验算图6.14所示压弯杆(钢材为Q235BF，密度$\gamma=77\text{kN/m}^3$)在弯矩作用平面内的稳定性。

解：截面几何特性为$A=1\times8+1\times12=20(\text{cm}^2)=0.002\text{m}^2$，$y_1=\dfrac{1\times8\times0.5+1\times12\times7}{20}=4.4(\text{cm})$，$y_2=h-y_1=13-4.4=8.6(\text{cm})$，$I_x=1\times8\times3.9^2+\dfrac{1}{12}\times1\times12^3+1\times12\times2.6^2=346.8(\text{cm}^4)$。

$$i_x=\sqrt{\frac{I_x}{A}}=4.16\text{cm},\quad W_{1x}=\frac{I_x}{y_1}=78.82\text{cm}^3,\quad W_{2x}=\frac{I_x}{y_2}=40.3\text{cm}^3$$

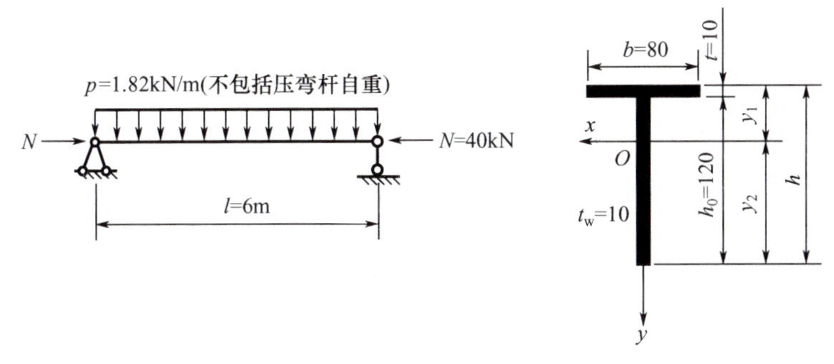

图 6.14　例题 6.3 图

由表 4-3 查得构件对 x 轴的截面类型为 b 类，由 $\lambda_x=\dfrac{l_{0x}}{i_x}=\dfrac{6\times10^2}{4.16}=144$，查附表 2-2 得 $\varphi_x=0.329$。

$$M_x=\frac{1}{8}\times(1.82+1.2\times0.002\times77)\times6^2=9(\mathrm{kN\cdot m})$$

$$N'_{\mathrm{E}x}=\frac{\pi^2EA}{1.1\lambda_x^2}=\frac{\pi^2\times206\times10^3\times20\times10^2}{1.1\times144^2}=178.3(\mathrm{kN})$$

由式(6-13)知$\beta_{\mathrm{m}x}=0.97$，由表 5-1 查得$\gamma_{x1}=1.05$，$\gamma_{x2}=1.20$。

由式(6-13)、式(6-14)验算弯矩作用平面内的稳定性。

$$\frac{N}{\varphi_xA}+\frac{\beta_{\mathrm{m}x}M_x}{\gamma_{x1}W_{1x}\left(1-0.8\dfrac{N}{N'_{\mathrm{E}x}}\right)}=\frac{40\times10^3}{0.329\times20\times10^2}+\frac{0.97\times9\times10^6}{1.05\times78.82\times10^3\times\left(1-0.8\times\dfrac{40}{178.3}\right)}$$

$$=60.8+128.5=189(\mathrm{N/mm^2})<f=215\mathrm{N/mm^2}$$

$$\left|\frac{N}{A}-\frac{\beta_{\mathrm{m}x}M_x}{\gamma_{x2}W_{2x}(1-1.25N/N'_{\mathrm{E}x})}\right|=\left|\frac{40\times10^3}{20\times10^2}-\frac{0.97\times9\times10^6}{1.2\times40.3\times10^3\times(1-1.25\times40/178.3)}\right|$$

$$=|20-251|=231(\mathrm{N/mm^2})>f$$

不满足稳定性要求，应修改截面，减小 y_2，增大 W_{2x}。

6.3.2 弯矩作用平面外的稳定验算

当压弯杆的抗扭能力差，或垂直于弯矩作用平面内 (绕 y 轴)的抗弯刚度也不大，且侧向又没有设置足够多的支承来阻止构件的受压翼缘侧移时，压弯构件就可能因弯扭屈曲而在弯矩作用平面外失稳。

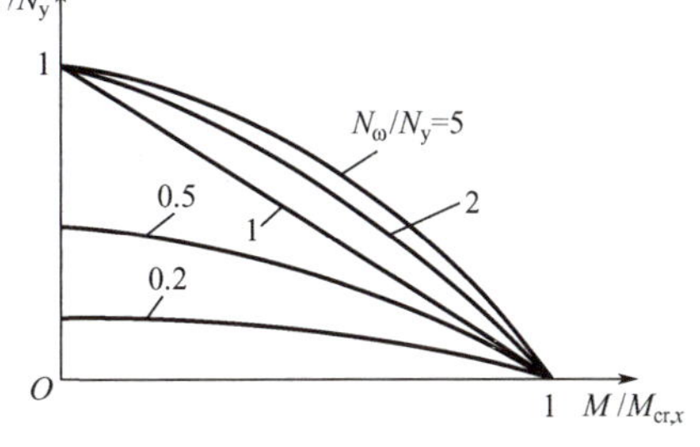

图 6.15　N/N_y 与 $M/M_{\mathrm{cr},x}$ 的关系曲线

由第 4 章中介绍的弯扭屈曲的临界力计算公式[式(4-20)]，可导得 N/N_y 和 $M_x/M_{\mathrm{cr},x}$ 的关系曲线，如图 6.15 所示。由图可见，N_ω/N_y 越大，压弯构件弯扭屈曲的承载力越高。一般情况下，双轴对称工字形截面的 N_ω/N_y 恒大于 1，偏于安全地取 $N_\omega/N_y=1$，

关系曲线为直线式：

$$\frac{N}{N_y}+\frac{M_x}{M_{cr,x}}=1 \tag{6-15}$$

只有冷弯开口薄壁型钢构件的 $N_\omega/N_y<1$，它的关系曲线在直线之下(N_ω是约束扭转临界力，N_y是对 y 轴的弯曲屈曲临界力)。

虽然式(6-15)来源于弹性杆的弯扭屈曲，但经计算可知，它也可用于弹塑性压弯杆的弯扭屈曲计算。把 $N_y=\varphi_y f_y A$，$M_{cr,x}=\varphi_b f_y W_{1x}$ 代入式(6-15)，并引入等效弯矩系数β_{tx}和抗力分项系数γ_R，可得压弯杆在弯矩作用平面外的稳定计算式：

$$\frac{N}{\varphi_y Af}+\eta\frac{\beta_{tx}M_x}{\varphi_b W_{1x}f}\leqslant 1.0 \tag{6-16}$$

式中 φ_y ——弯矩作用平面外的轴心受压构件稳定系数，如果是单轴对称截面，应考虑弯扭屈曲。

φ_b ——只考虑弯矩作用时压弯杆的整体稳定系数，对工字形和 T 形截面的非悬臂构件可按附表 2-8 的计算；对闭口截面，$\varphi_b=1.0$。

η ——截面影响系数，闭口截面$\eta=0.7$，其他截面$\eta=1.0$。

β_{tx} ——计算弯矩作用平面外稳定时的等效弯矩系数。

β_{tx}应按下列规定采用。

(1) 在弯矩作用平面外有支承的构件，应根据两相邻支承点间构件段内的荷载和内力情况确定。

① 所考虑构件段无横向荷载作用时

$$\beta_{tx}=0.65+0.35M_2/M_1$$

式中 M_1 和 M_2 是端弯矩，使构件产生同向曲率时取同号，产生反向曲率时取异号，$|M_1|\geqslant|M_2|$。

② 所考虑构件段内有端弯矩和横向荷载同时作用，使构件段产生同向曲率时，$\beta_{tx}=1.0$；产生反向曲率时，$\beta_{tx}=0.85$。

③ 所考虑构件段内无端弯矩但有横向荷载作用时，$\beta_{tx}=1.0$。

(2) 弯矩作用平面外为悬臂的构件$\beta_{tx}=1.0$。

式(6-16)对单轴对称构件也可近似采用，多数偏于安全。

例题 6.4 验算例题 6.3 中图 6.14 所示压弯杆在弯矩作用平面外的稳定性(假定构件三分点处有侧向支承，即 $l_{0y}=l_1=2\text{m}$)。

解： $I_y=\dfrac{1\times8^3+12\times1^3}{12}=43.67(\text{cm}^4)$，$i_y=\sqrt{I_y/A}=\sqrt{43.67/20}=1.48(\text{cm})$，$\lambda_y=l_{0y}/i_y=2\times10^2/1.48=135.14$。

由表 4-3 查得构件对 y 轴的截面类型为 c 类，查附表 2-3 得

$$\varphi_y=0.325-\frac{0.325-0.322}{10}\times1.4=0.324$$

由附表 2-8 查得

$$\varphi_b=1-0.0022\times135.14\times\sqrt{235/235}=0.703$$

由式(6-16)得

$$\frac{40\times10^3}{0.324\times20\times10^2}+1\times\frac{1\times9\times10^6}{0.703\times78.82\times10^3}=224.1(\text{N/mm}^2)>f=215\text{N/mm}^2$$

二者相差4.5%，可认为满足要求。

例题6.5 验算图6.16所示构件(Q235B)的稳定性。

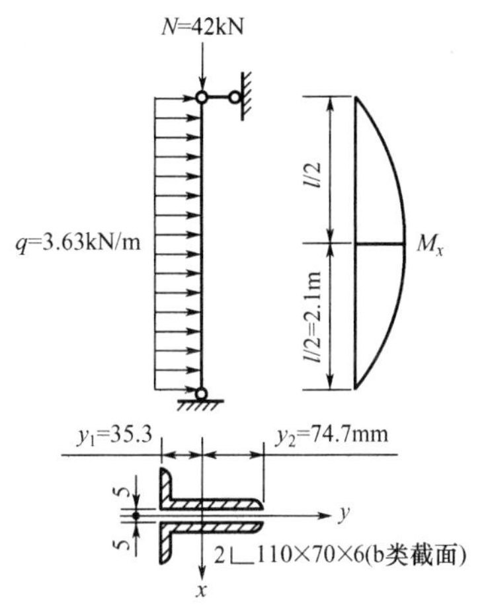

图6.16 例题6.5图

解： $l_{0x}=l_{0y}=4.2\text{m}$，取2∟110×70×6，由附表3-5查得截面参数为 $A=21.27\text{cm}^2$，$I_x=267\text{cm}^4$，$i_x=3.54\text{cm}$，$i_y=2.88\text{cm}$。

$\lambda_x=\dfrac{l_{0x}}{i_x}=\dfrac{4.2\times10^2}{3.54}=119$，已知其为b类截面，查附表2-2得 $\varphi_x=0.442$。

$\lambda_y=\dfrac{l_{0y}}{i_y}=\dfrac{4.2\times10^2}{2.88}=146<[\lambda]=150$，已知其为b类截面，查得 $\varphi_y=0.322$。

$W_{1x}=\dfrac{I_x}{y_1}=\dfrac{267}{3.53}=75.6(\text{cm}^3)$，$W_{2x}=\dfrac{I_x}{y_2}=\dfrac{267}{7.47}=35.7(\text{cm}^3)$，

$M_x=\dfrac{1}{8}ql^2=\dfrac{1}{8}\times3.63\times4.2^2=8.004(\text{kN}\cdot\text{m})$，$N'_{\text{Ex}}=\dfrac{\pi^2EA}{1.1\lambda_x^2}=\dfrac{\pi^2\times206\times10^3\times21.27\times10^2}{1.1\times119^2}\times10^{-3}=277.6(\text{kN})$。

(1) 验算弯矩作用平面内的稳定性($f=215\text{N/mm}^2$)。

$$\frac{42\times10^3}{0.442\times21.27\times10^2}+\frac{1\times8.004\times10^6}{1.05\times75.6\times10^3(1-0.8\times42/277.6)}=159(\text{N/mm}^2)<f$$

$$\left|\frac{42\times10^3}{21.27\times10^2}-\frac{1\times8.004\times10^6}{1.20\times35.7\times10^3(1-1.25\times42/277.6)}\right|=250(\text{N/mm}^2)>f$$

(2) 验算弯矩作用平面外的稳定性。

$$\varphi_\text{b}=1-0.0017\times146\times\sqrt{\frac{235}{235}}=0.7518$$

$$\frac{42\times10^3}{0.322\times21.27\times10^2}+\frac{1\times1\times8.004\times10^6}{0.7518\times75.6\times10^3}=201.9(\text{N/mm}^2)<f$$

弯矩作用平面内的稳定性不足，应适当增大截面。

6.3.3 框架柱的计算长度

上一节介绍的压弯构件稳定承载力计算中，构件在平面内的计算长度都是按两端为理想固定条件下的嵌固端和铰接端来确定的。在实际工程中，构件两端的边界条件要复杂得多。

1. *单层和多层框架中的等截面柱*

单层和多层框架中的等截面柱在框架平面内的计算长度与支撑情况有关，计算长度等于该层柱的高度 l 乘以计算长度系数 μ。

$$l_0 = \mu l \tag{6-17}$$

无支撑的纯框架采用一阶弹性分析方法计算内力时，柱的计算长度按有侧移框架计算。计算长度系数μ值和K_1、K_2有关：K_1是柱上端相连的各横梁的线刚度之和与柱线刚度之比，K_2是柱下端相连的各横梁的线刚度之和与柱线刚度之比。当柱上端与横梁铰接时，取横梁的线刚度为零，则$K_1 = 0$；柱下端与基础铰接时$K_2 = 0$，刚接时$K_2 = 10$。根据K_1与K_2值，可由《钢结构设计标准》附录E查得柱的计算长度系数μ值。

框架中设置支撑时，μ值决定于支撑的抗侧移刚度，分为强支撑框架和弱支撑框架两种情况。

当支撑框架的侧移刚度产生单位侧倾角的水平力S_b满足下式要求时为强支撑框架。

$$S_b \geqslant 3(1.2\sum N_{bi} - \sum N_{0i})$$

式中　$\sum N_{bi}$和$\sum N_{0i}$——第i层层间所有框架柱用无侧移框架柱和有侧移框架柱计算长度系数算得的轴心受压构件稳定承载力之和。

这时，有侧移框架柱的计算长度系数μ按无侧移框架柱的计算长度系数确定(《钢结构设计标准》附录E表E. O. 1)。

当支撑结构的侧移刚度S_b不满足上式时，为弱支撑框架，框架柱的轴心受压构件稳定系数φ按下式计算。

$$\varphi = \varphi_0 + (\varphi_1 - \varphi_0)\frac{S_b}{3(1.2\sum N_{bi} - \sum N_{0i})}$$

式中　φ_1和φ_0——分别使用《钢结构设计标准》附录E中无侧移框架柱和有侧移框架柱计算长度系数算得的框架柱轴心压杆稳定系数。

2. 单阶柱

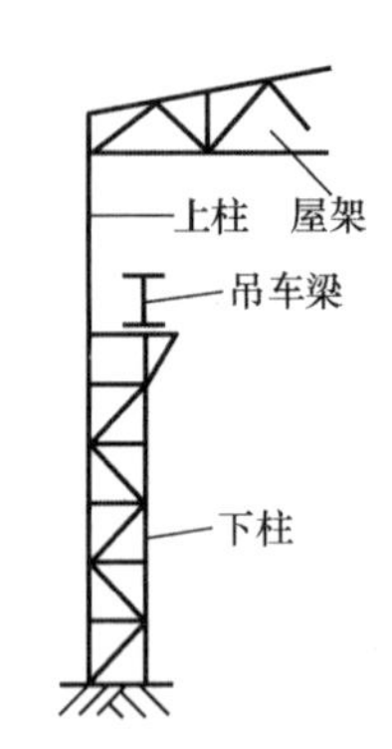

图6.17　厂房单阶柱

在单层工业厂房中，常设有起重设备，因而框架柱常采用变截面柱，如单阶柱。单阶柱分上、下两柱段，上柱段较窄，上端与屋架相连，下端和下柱段固接；在支承吊车部位把柱加宽以支承吊车梁，如图6.17所示。单阶柱的计算长度不但和横梁及基础的连接有关，而且还和上、下柱段轴心力大小有关。经分析，《钢结构设计标准》给出了下柱段计算长度系数μ_2的值，它主要和下列参数有关：①上、下柱段的线刚度比K_1；②与上、下柱段的轴向力及线刚度比有关的系数η_1。此外，μ_2也和上柱段柱端是否自由或可移动但不能转动的嵌固情况有关。

设计时可算出K_1和η_1的值，直接由《钢结构设计标准》附录E中查得系数μ_2的值。可得下柱段计算长度为

$$l_{下} = \mu_2 l_2 \tag{6-18}$$

而上柱段的计算长度为

$$l_{上} = \frac{\mu_2}{\eta_1} l_1 \tag{6-19}$$

式中　l_1和l_2——上柱段和下柱段的实际长度。考虑到厂房框架的空间工作，下柱段计算长度系数μ_2可适当折减，参见《钢结构设计标准》中的有关规定。

框架柱(不论定截面柱和变截面柱)的平面外计算长度都决定于平面外的支撑构件，支撑构件与框架柱的连接按铰接考虑。

6.4　压弯构件的局部稳定

实腹式压弯构件的受压翼缘和腹板在弯曲压应力和剪应力作用下，也将发生局部屈曲。为了保证其稳定性，也都采用限制板件的宽厚比的方法。

压弯构件在弯矩作用平面内稳定性的验算公式(6-13)和式(6-14)都考虑了截面发展部分的塑性，因而工字形或 H 形截面受压翼缘板的外伸板的宽厚比[图 6.18(a)]限制为

$$\frac{b_1}{t_1} \leqslant 13\varepsilon_k \tag{6-20a}$$

箱形截面受压翼缘板中间部分的宽厚比[图 6.18(b)]为

$$\frac{b_0}{t_1} \leqslant 40\varepsilon_k \tag{6-20b}$$

工字形和 H 形截面的压弯构件中的腹板，同时承受着非均匀分布的弯应力以及剪应力的作用，弯应力的分布如图 6.18(c)所示。正应力分布梯度为

$$\alpha_0 = \frac{\sigma_{max} - \sigma_{min}}{\sigma_{max}} \tag{6-21}$$

式中　σ_{max}——腹板计算高度边缘的最大压应力；

σ_{min}——腹板计算高度另一边缘的应力，皆以压应力为正，拉应力为负。

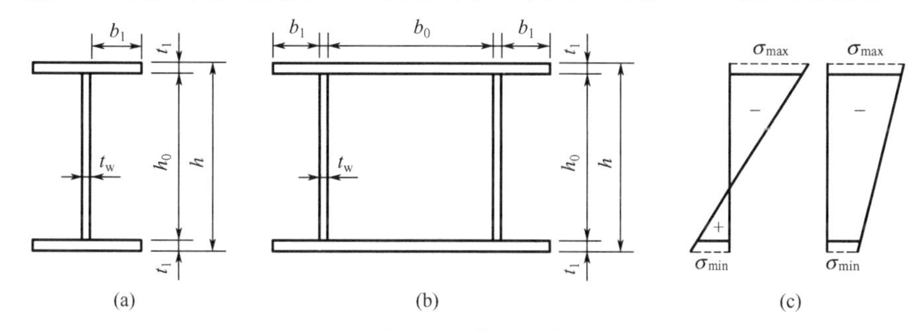

图 6.18　截面尺寸

由式(6-21)可见，$\alpha_0 = 0$ 时，腹板所受为均布压应力；$\alpha_0 = 2$ 时，腹板为受弯；$0 < \alpha_0 < 2$ 时，腹板为偏心受压。

分析证明，压弯构件腹板的局部稳定与剪应力的关系不大，主要决定于压应力分布梯度 α_0 值。根据弹塑性稳定理论，临界压应力为

$$\sigma_{cr} = k\frac{\pi^2 E t_w^2}{12(1-v^2)h_0^2} \tag{6-22}$$

式中　k——塑性屈曲系数，与 α_0 及受压区的塑性发展有关。

由上式计算得到的 h_0/t_w 比值列入表 6-2。

表 6-2　压弯构件腹板的 k 和 h_0/t_w 限值

α_0	0	0.2	0.4	0.6	0.8	1.0	1.2	1.4	1.6	1.8	2.0
k	4	3.914	3.874	4.242	4.681	5.214	5.886	6.678	7.576	9.738	11.301
h_0/t_w	56.24	55.64	55.35	57.92	60.84	64.21	68.23	72.67	77.40	87.76	94.54

《钢结构设计标准》采用了以下高厚比限值来避免实腹式压弯构件出现局部失稳的情况。

(1) 工字形或 H 形截面腹板高厚比限值应满足：

$$h_0/t_w \leqslant (45+25\alpha_0^{1.66})\varepsilon_k \tag{6-23}$$

(2) 箱形截面壁板(腹板)间翼缘应满足：

$$b_0/t_w \leqslant 45\varepsilon_k \tag{6-24}$$

(3) T 形截面的腹板分为以下情况。

① 弯矩作用使腹板自由边受拉时，腹板的局部稳定比轴心受压时有利，为安全考虑，《钢结构设计标准》采用和轴心受压构件腹板相同的公式。

热轧 T 型钢：

$$h_0/t_w \leqslant 15\varepsilon_k \tag{6-25a}$$

焊接 T 形截面构件：

$$h_0/t_w \leqslant 13\varepsilon_k \tag{6-25b}$$

② 弯矩作用使腹板自由边受压时，T 形截面腹板的受力状态，比受弯构件中受压翼缘的受力状态有利些，特别是当 $\alpha_0>1$ 时。因而《钢结构设计标准》规定如下。

当 $\alpha_0 \leqslant 1$ 时

$$\frac{h_0}{t} \leqslant 15\varepsilon_k \tag{6-26a}$$

当 $\alpha_0>1$ 时

$$\frac{h_0}{t} \leqslant 18\varepsilon_k \tag{6-26b}$$

在以上各种情况下，当截面组成板件的宽(高)厚比不满足要求时，应调整宽厚比。对工字形和箱形截面的腹板也可设纵向加劲肋，或任其不满足稳定要求，只计算腹板两端各 $20t_w\varepsilon_k$ 的高度范围参加工作(计算构件的稳定系数时，仍按全部截面面积计算)。

例题 6.6　某压弯构件(Q355 钢)受力和截面尺寸如图 6.19 所示，$N=800\text{kN}$，$M_x=400\text{kN}\cdot\text{m}$，$\lambda_x=95$，验算其翼缘和腹板的宽厚比限值。

解：由图 6.19 得

$$A=2\times(25\times1.2)+76\times1.2=151.2(\text{cm}^2)，I_x=\frac{25\times78.4^3-23.8\times76^3}{12}=133302.4(\text{cm}^4)$$

(1) 翼缘板验算。

由式(6-20)得 $\frac{b_1}{t}=\frac{125}{12}=10.4<13\times\sqrt{\frac{235}{355}}$

(2) 腹板验算。

腹板边缘应力 $\sigma_{\max}=\frac{N}{A}+\frac{M_x y_{01}}{I_x}=\frac{800\times10^3}{151.2\times10^2}+\frac{400\times10^6\times380}{133302.4\times10^4}=167(\text{N/mm}^2)$；$\sigma_{\min}=\frac{N}{A}-$

$\dfrac{M_x y_{01}}{I_x} = -61\text{N/mm}^2$。

$$\alpha_0 = \frac{167-61}{167} = 0.63$$

$$h_0/t_w = \frac{760}{12} = 63.3 > (25\alpha_0^{1.66}+45)\times\sqrt{\frac{235}{355}} = 47.4$$

例题 6.7 某压弯构件(Q235 钢)受力和截面尺寸如图 6.20 所示，$N = 3000\text{kN}$，$M_x = 400\text{kN}\cdot\text{m}$，$\lambda_x = 38$，验算构件的局部稳定性。

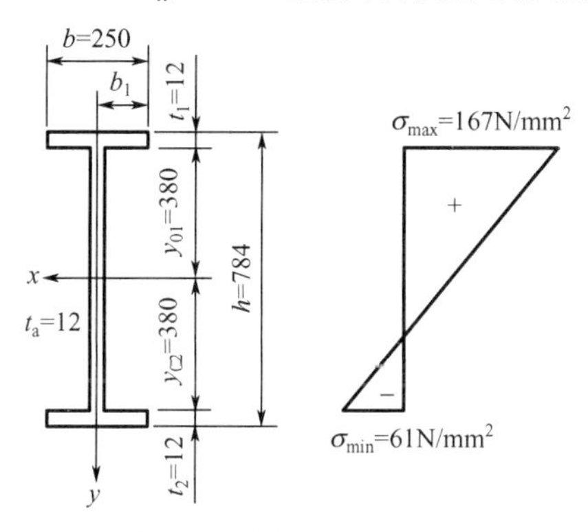

图 6.19 例题 6.6 图

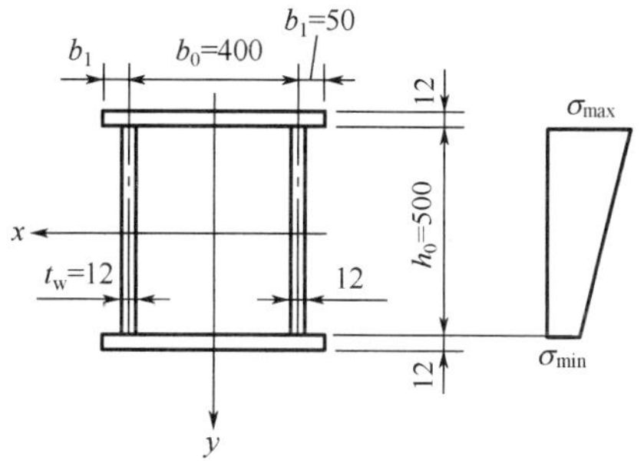

图 6.20 例题 6.7 图

解： 由图 6.20，得

$$A = 2\times(50\times1.2+50\times1.2) = 240(\text{cm}^2),\quad I_x = \frac{50\times52.4^3-47.6\times50^3}{12} = 103657.6(\text{cm}^4),$$

$$W_{1x} = I_x/25 = 4146.3(\text{cm}^3)$$

$$\sigma_{\max} = \frac{N}{A}+\frac{M_x}{W_{1x}} = \frac{3000\times10^3}{240\times10^2}+\frac{400\times10^6}{4146.3\times10^3} = 125+96.5 = 221.5(\text{N/mm}^2)$$

$$\sigma_{\min} = 125-96.5 = 28.5(\text{N/mm}^2)$$

$$\alpha_0 = \frac{221.5-28.5}{221.5} = 0.87 < 1.6$$

由式(6-25a)，得

$$\frac{h_0}{t_w} = \frac{500}{12} = 41.7 < 45\times\sqrt{\frac{235}{235}}$$

$$\frac{b_0}{t} = \frac{400}{12} = 33.3 < 40\times\sqrt{\frac{235}{235}}$$

由式(6-20a)，得

$$\frac{b_0}{t} = \frac{50}{12} = 4.2 < 13\times\sqrt{\frac{235}{235}}$$

6.5 格构式压弯构件的计算

6.5.1 弯矩绕实轴的作用

格构式压弯构件广泛地用于厂房的框架柱和高大的独立支柱。构件的截面可以设计成双轴对称的或单轴对称的(图 6.1)。由于在弯矩作用平面内的截面宽度较大，故肢件之间的联系缀材常采用缀条，较少用缀板。

当弯矩作用在实轴(y 轴)平面内时，受力性能和实腹式压弯构件完全相同[图 6.21(a)]。因此，应采用式(6-13)验算弯矩作用平面内的稳定性。

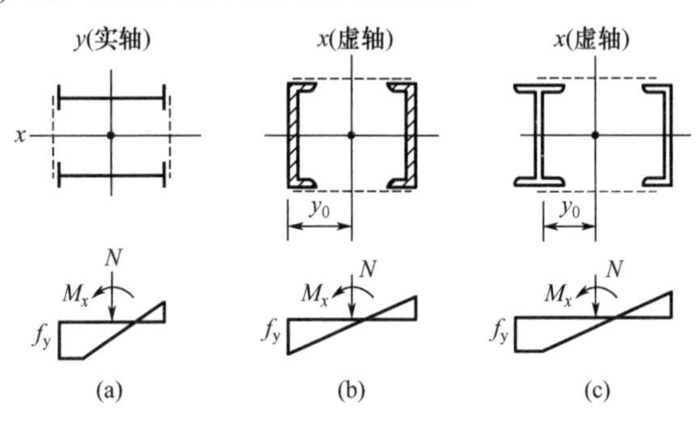

图 6.21 格构式压弯构件的计算简图

6.5.2 弯矩绕虚轴的作用

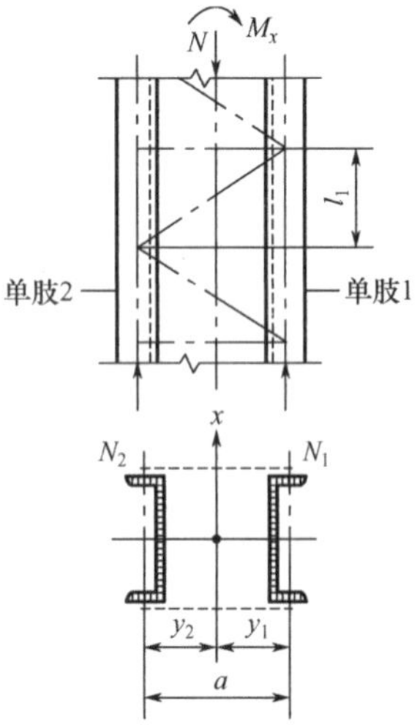

1. 在弯矩作用平面内的稳定

格构式压弯构件绕虚轴(x 轴)受弯时，产生弯曲屈曲[图 6.21(b)、(c)]，以截面边缘纤维屈服为设计准则，可按式(6-12)写出验算条件

$$
\frac{N}{\varphi_x A}+\frac{\beta_{mx}M_x}{W_{1x}(1-N/N'_{Ex})}\leqslant\frac{f_y}{\gamma_R}=f
$$

$$
\frac{N}{\varphi_x Af}+\frac{\beta_{mx}M_x}{W_{1x}(1-N/N'_{Ex})f}\leqslant 1.0 \tag{6-27}
$$

式中 W_{1x}——毛截面对 x 轴[图 6.21(b)、(c)]的截面模量，$W_{1x}=I_x/y_0$；

φ_x——由换算长细比 λ_{0x} 和截面类型确定的轴心受压构件的稳定系数。

图 6.22 单肢计算简图

2. 单肢计算

弯矩绕虚轴作用时，除了用式(6-27)做整体稳定计算外，还要对缀条式压弯构件的单肢像桁架弦杆一样验算稳定性。单肢的轴心压力按图 6.22 所示的简图确定。

单肢 1

$$N_1 = \frac{M_x + Ny_2}{a} \tag{6-28}$$

单肢 2

$$N_2 = N - N_1 \tag{6-29}$$

单肢按轴心受压构件设计，它在缀条平面内的计算长度，取缀条体系的节间长度 l_1，而在缀条平面外，则取侧向固定点之间的距离。

当采用缀板式压弯构件时，单肢除受 N_1 和 N_2 压力外，还有剪力引起的局部弯矩。计算中视缀板式压弯构件为刚架，反弯点在缀板间距的中央，剪力 V 取值可按实际荷载或按第 4 章中的相应公式计算得到的较大值。

格构式压弯构件的缀材计算方法与格构式轴心受压柱的缀材计算相同。

6.5.3 构件在弯矩作用平面外的稳定性

对于弯矩绕虚轴作用的压弯构件[图 6.21(b)、(c)]，肢件在弯矩作用平面外的稳定性已经在计算中得到了保证，因此，不必再计算整个构件在弯矩作用平面外的稳定性。

如果弯矩绕实轴作用[图 6.2l(a)]，弯矩作用平面外的稳定性验算与实腹式闭合箱形截面压弯构件一样按式(6-16)进行，但式中的 φ_y 值应按换算长细比 λ_{0x} 确定，且取 $\varphi_b = 1.0$。

例题 6.8 某压弯构件(Q235 钢)在 y 方向的上端自由，下端固定(见图 6.23(a))。在 x 方向的上、下端均有不动铰支承。缀条布置见图 6.23(b)。试按稳定条件确定该压弯构件能承受的 M_x 的大小。

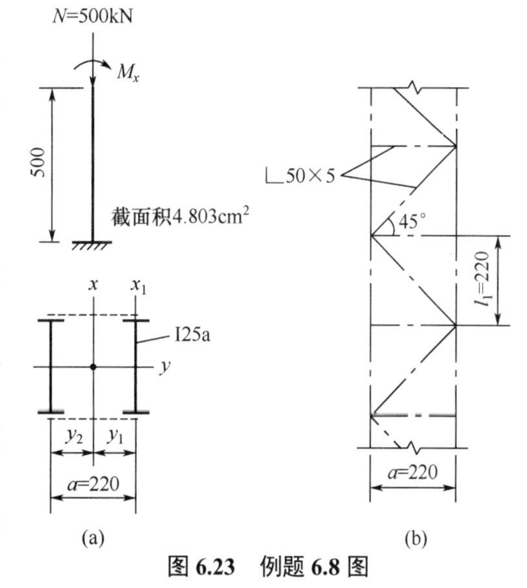

图 6.23 例题 6.8 图

解：肢件截面(2I25a)的几何特性为 $A = 2\times48.5 = 97(\text{cm}^2)$，$I_{x1} = 280\text{cm}^4$，$I_x = 2\times(280 + 48.5\times11^2) = 12297(\text{cm}^4)$，$i_x = \sqrt{\dfrac{I_x}{A}} = 11.3(\text{cm})$，$W_{1x} = \dfrac{I_x}{y_1} = 1117.9(\text{cm}^3)$。

(1) 整体稳定性验算。

$\lambda_x = \dfrac{l_{0x}}{i_x} = \dfrac{2\times5\times10^2}{11.3} = 88.5$，缀条用∟50×5，$A_1 = 2\times4.803 = 9.606(\text{cm}^2)$。

由式(4-55)，得 $\lambda_{0x} = \sqrt{\lambda_x^2 + 27\dfrac{A}{A_1}} = \sqrt{88.5^2 + 27\times\dfrac{97}{9.606}} = 90$。

$\lambda_{0x} = \sqrt{\lambda_x^2 + 27\dfrac{A}{A_1}} = \sqrt{88.5^2 + 27\times\dfrac{97}{9.606}} = 90$(由 b 类截面查附表 2-2 得 $\varphi_x = 0.621$)。

$$N'_{Ex}=\frac{\pi^2EA}{1.1\lambda_{0x}^2}=\frac{\pi^2\times206\times10^3\times97\times10^2}{1.1\times90^2}\times10^{-3}=2213.4(\text{kN})。$$

由式(6-27)，得

$$\frac{N}{\varphi_xA}+\frac{\beta_{mx}M_x}{W_{1x}(1-N/N'_{Ex})}=\frac{500\times10^3}{0.621\times97\times10^2}+\frac{1\times M_x\times10^6}{1117.9\times10^3\times(1-500/2213.4)}$$

即 $83+1.15M_x\leqslant215\text{N/mm}^2$，解得 $M_x\leqslant114.8\text{kN}\cdot\text{m}$

(2) 单肢稳定性验算。

由附表 3-1 查得单肢 $i_{x1}=2.4\text{cm}$，$i_{y1}=10.18\text{cm}$，从而

$\lambda_{x1}=\dfrac{l_{x1}}{i_{x1}}=\dfrac{22}{2.4}=9.17$，$\lambda_{y1}=\dfrac{l_{y1}}{i_{y1}}=\dfrac{5\times10^2}{10.18}=49.12$，取较大值。

轧制普通工字钢，对 y 轴属 a 类截面。由$\lambda_{y1}=49.12$ 和 a 类截面查附表 2-1，得 $\varphi_{y1}=0.919$ 。

单肢轴心力由式(6-28)计算

$$N_1=\frac{M_x+Ny_2}{a}=\frac{M_x\times10^2+500\times11}{22}=\frac{50M_x}{11}+250$$

由式(4-10)，得 $\dfrac{N_1}{\varphi_{y1}(A/2)}=\dfrac{\left(\dfrac{50M_x}{11}+250\right)\times10^3}{0.919\times48.5\times10^2}\leqslant215\text{N/mm}^2$

解出 $M_x\leqslant155.823\text{kN}\cdot\text{m}$ 。由上述计算可见，此压弯构件能承受的计算弯矩为 $M_x=114.8\text{kN}\cdot\text{m}$。

6.6 压弯构件的柱脚设计

压弯构件(偏心受压柱)的柱脚可做成铰接或刚接(一般是刚接)。铰接柱脚的构造和计算方法与第 4 章轴心受压柱的柱脚相同。刚接柱脚的构造要求能同时传递轴心力 N 和弯矩 M_x，保证传力明确，与基础的连接要牢固，且便于制造和安装。

当 N 与 M_x 都较小且底板与基础之间只承受压应力时，压弯构件的柱脚可采用如图 6.24(a)或(b)所示的构造方案。图 6.24(a)和轴心受压柱的柱脚类似。图 6.24(b)中底板的宽度 B 根据构造要求确定，其中板的悬伸部分长度 c 不宜超过 20～30mm。B 确定后，底板的长度 L 可根据底板应力不超过基础混凝土抗压强度设计值 f_c 的要求算出，即

$$\sigma_{max}=\frac{N}{BL}+\frac{6M_x}{BL^2}\leqslant f_c \tag{6-30}$$

式中　N、M_x——使底板产生最大压应力的最不利的内力组合。

当 N 与 M_x 都较大时，为使传到基础上的力分布开来和加强底板的抗弯能力，可以采用如图 6.24(c)或(d)所示实腹式或格构式压弯构件整体式柱脚的带靴梁的构造方案。虽然因弯矩作用，柱身左、右翼缘与靴梁连接的侧焊缝的受力是不相等的，但是对于像图 6.24(c)所示的构造方案，左、右两侧焊缝的尺寸应设计成一样的，都按受力最大的右端焊缝确定，目的是便于制作。

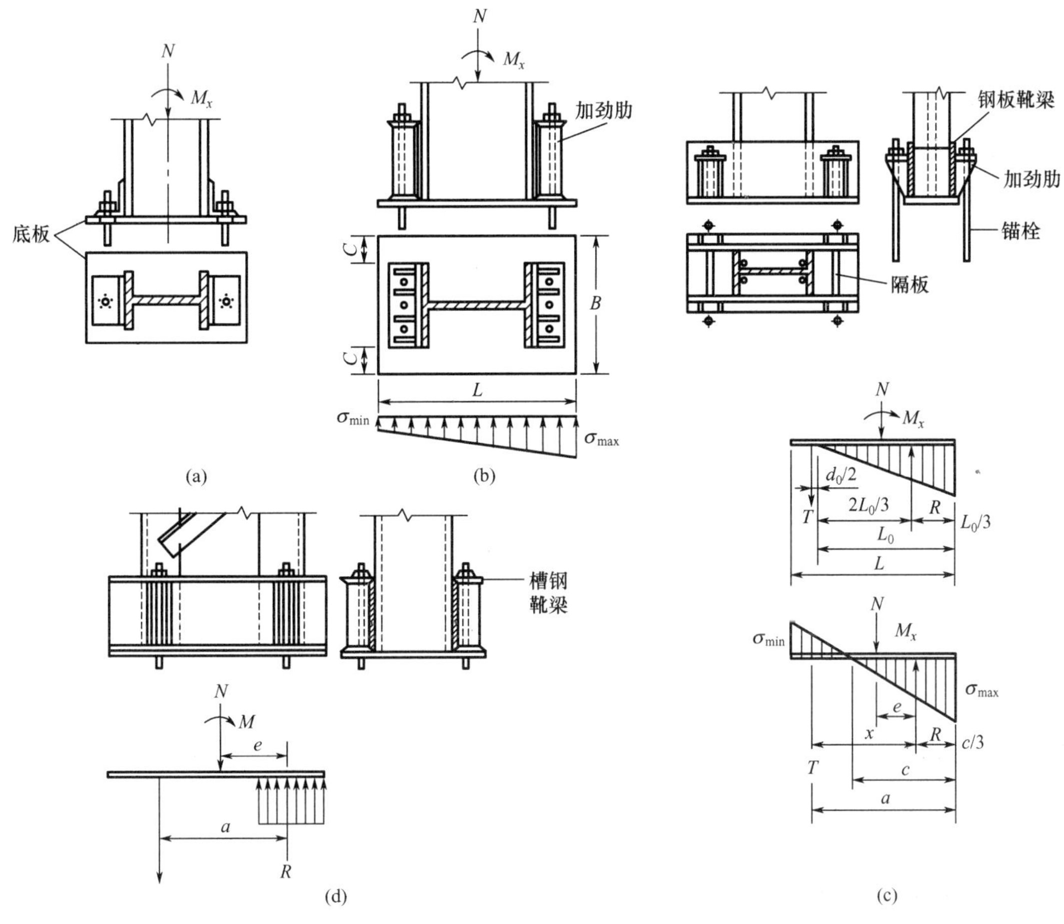

图 6.24　压弯构件的柱脚

由于底板与基础间不能承担拉应力，因此，当最小应力出现负值，即$\sigma_{min}<0$ 时，认为拉应力的合力由锚栓承担。为了保证柱脚嵌固于基础，锚栓的零件应有足够的刚度。

当锚栓的拉力 T 不是很大时，可根据图 6.24(c)中所示的应力分布图来确定 T 值，对基础受压区的合力点取矩，得

$$T=\frac{M_x-Ne}{\left(\frac{2}{3}L_0+\frac{d_0}{2}\right)} \tag{6-31}$$

式中　e——柱脚底板中心到受压区合力 R 的距离；

d_0——锚栓孔的直径；

L_0——底板边缘至锚栓孔边缘的距离。

底板的长度 L 要根据最大压应力$\sigma_{max}\leqslant f_c$来确定。

另一种近似计算方法是先将柱脚与基础之间看做是能承受压应力和拉应力的弹性体，算出在弯矩 M_x 和压力 N 共同作用下的最大压应力σ_{max}，而后找出压应力区的合力点，该点至柱截面形心轴之间的距离为 e，至锚栓的距离为 x，根据力矩平衡条件[见图 6.24(c)中的第二个应力分布图]，对合力 R 点取矩：

$$T = \frac{M_x - Ne}{x} \tag{6-32}$$

式中 $e = \frac{L}{2} - \frac{c}{3}$，$x = a - \frac{c}{3}$，$c = \frac{\sigma_{max}}{\sigma_{max} + |\sigma_{min}|} \cdot L$。

以上两种计算方法得到的锚栓拉力都偏大，算得的最大压应力σ_{max}都偏小。而后一种计算方法在轴线方向的力是不平衡的。

如果锚栓的拉力过大，则所需直径太大。当锚栓直径 $d > 60$mm 时，可根据底板受力的实际情况，如图 6.24(d)中所示的应力分布图，像计算钢筋混凝土偏压构件中的钢筋一样来确定锚栓直径。锚栓的尺寸及其零件应符合锚栓规格的要求。

底板的厚度原则上和轴心受压柱的柱脚底板一样确定。偏心受压柱底板各区格所承受的压应力虽然不均匀，但在计算各区格底板的弯矩时，可以偏于安全地取该区格的最大压应力来计算。

对于柱肢轴线距离大于 1.5m 的格构式偏心受压柱，可以在每个肢的端部设置如图 6.25 所示的独立柱脚，称为分离式柱脚。每个独立柱脚都根据分肢可能产生的最大压力按轴心受压柱脚设计，而锚栓的直径则根据分肢可能产生的最大拉力确定。采用分离式柱脚，可以节约钢材，且使制造简便。此外，为了保证运输和安装时柱脚的整体刚性，可在分离式柱脚的底板之间设置如图 6.25 所示的联系杆。

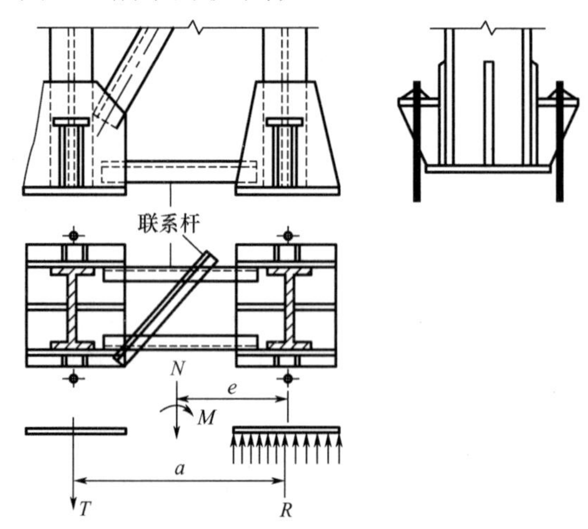

图 6.25　格构式偏心受压柱的分离式柱脚

例题 6.9　设计图 6.26(a)所示偏心受压柱的柱脚。已知作用在基础面上的计算轴心压力 $N = 500$kN，弯矩 $M_x = 130$kN•m，混凝土强度等级为 C20，锚栓为 Q235 钢，焊条为 E43 型。

解： 考虑混凝土局部抗压强度的提高，取 $f_c = 11$N/mm^2。为了提高柱下端的刚度，靴梁采用两根热轧槽钢 2［20a，在锚栓处加肋板，锚栓孔直径 $d_0 = 60$mm。

(1) 底板尺寸 $B \times L$。

按构造要求确定底板宽度，由式(6-30)，$\sigma_{max} = \frac{500 \times 10^3}{44L \times 10^2} + \frac{6 \times 130 \times 10^6}{44L^2 \times 10^3} \leqslant 11$N/mm^2，

解出 $L = 45.6$cm，取 $L = 50$cm，从而 $\sigma_{max} = \frac{500 \times 10^3}{44 \times 50 \times 10^2} + \frac{6 \times 130 \times 10^6}{44 \times 50^2 \times 10^3} = 2.3 + 7.1 =$

9.4(N/mm^2)，$\sigma_{\min}=2.3-7.1=-4.8(\text{N/mm}^2)$，因$\sigma_{\min}$为负值，说明需要由锚栓承担拉力。

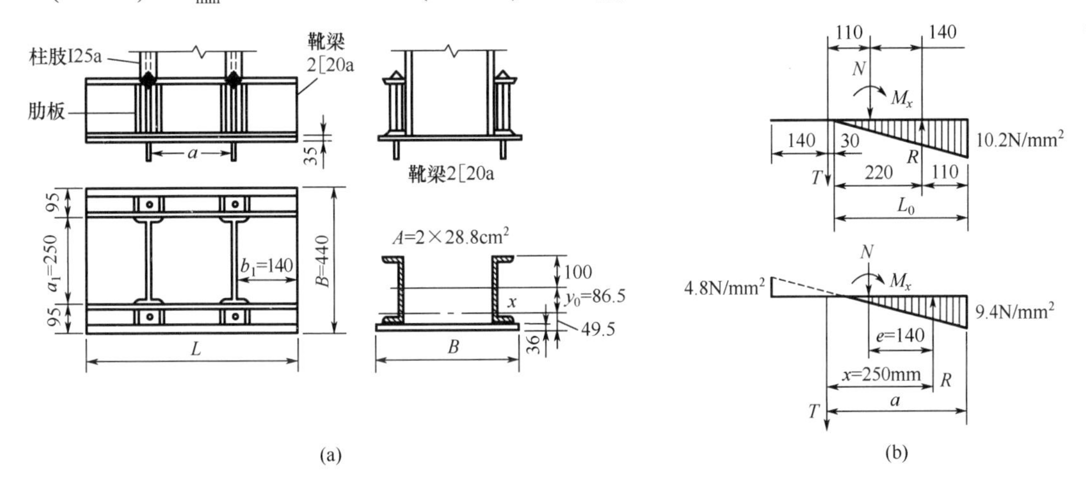

(a) (b)

图 6.26 例题 6.9 图

(2) 锚栓直径 d。

由式(6-31)，得 $T=\dfrac{M_{\infty}-Ne}{\dfrac{2}{3}L_0+\dfrac{d_0}{2}}=\dfrac{130-500\times 0.14}{\dfrac{2}{3}\times 0.33+\dfrac{0.06}{2}}=240(\text{kN})$;

或由式(6-32)，得 $T=\dfrac{M_{\infty}-Ne}{x}=\dfrac{130-500\times 0.14}{0.25}=240(\text{kN})$。

式中 $x=a-c/3=360-330/3=250(\text{mm})$， $e=L/2-c/3=500/2-330/3=140(\text{mm})$，

$c=\dfrac{\sigma_{\max}}{\sigma_{\max}+|\sigma_{\min}|}\bullet L=\dfrac{9.4}{9.4+4.8}\times 500=330(\text{mm})$($c$在图6.26中为$L_0$)。

所需锚栓净截面面积 $A_n=\dfrac{T}{f_t^b}=\dfrac{240\times 10^3}{140}=1714(\text{mm}^2)=17.14(\text{cm}^2)$。

查附表 3-7，得 $d=56\text{mm}$， $A_n=26.3\text{cm}^2>17.14\text{cm}^2$ 。

(3) 底板厚度 t。

基础反力 $R=N+T=500+240=740(kN)$。

基础面最大压应力 $\sigma_{\max}=\dfrac{R}{0.5BL_0}=\dfrac{740\times 10^3}{0.5\times 440\times 330}=10.2(\text{N/mm}^2)<f_c$。

因此，底板厚度用$\sigma_{\max}=10.2\text{N/mm}^2$计算，比 9.4N/mm^{2}安全。

图 6.26 中，三边支承板 $b_1=140\text{mm}$，$a_1=250\text{mm}$，查表 4-7 得$\beta=0.066$，由式(4-59)求板的最大弯矩 $M_3=\beta q a_1^2=0.066\times 10.2\times 250^2=42075(\text{N}\bullet\text{mm})$。

由式(4-61)计算底板厚度，$t=\sqrt{\dfrac{6M_3}{f}}=\sqrt{\dfrac{6\times 42075}{205}}=35.0(\text{mm})$，取$t=36\text{mm}$。

因钢板厚度 $t=36\text{mm}$，在 16～40mm 之间，属于第二组钢材(附表 1-1)，$f=205\text{N/mm}^2$，四边支承板受力很小，不起控制作用。

(4) 靴梁验算。

靴梁截面考虑槽钢和底板共同工作。

先确定截面形心轴线(x 轴)的位置，$y_0=\dfrac{44\times3.6\times(10+1.8)}{2\times28.8+44\times3.6}=8.65(\text{cm})$。

截面惯性矩 $I_x=2\times(1780+28.8\times8.65^2)+44\times3.6\times(1.35+1.8)^2=9441.5(\text{cm}^4)$。

靴梁承受基础反力，按双悬臂梁考虑，在和柱肢相连处的内里最大。靴梁承受的剪力 $V=10.2\times140\times440\times10^{-3}=628.32(\text{kN})$、弯矩 $M=628.32\times\dfrac{0.14}{2}=43.982(\text{kN}\cdot\text{m})$ (偏于安全地按最大压应力均布计算)。

弯曲应力 $\sigma=\dfrac{M}{I_x/186.5}=\dfrac{43.982\times10^6\times186.5}{9441.5\times10^4}=86.9(\text{N/mm}^2)<f=215\text{N/mm}^2$。

(5) 焊缝。

由式(6-28)求右侧柱肢承受的最大压力 $N_1=\dfrac{M_x+Ny_2}{a}=\dfrac{130+500\times0.11}{0.22}=840.909(\text{kN})$。

柱肢普通工字钢与靴梁间的竖向焊缝的焊脚尺寸 $h_f=\dfrac{N_1}{0.7f_w^f\sum l_w}=\dfrac{840.909\times10^3}{0.7\times160\times4\times(200-20)}=10.4\text{mm}$，取 $h_f=10\text{mm}$。

因剪力不大，槽钢与底板的连接焊缝的焊脚尺寸采用 $h_f=8\text{mm}$。

近年来，实际工程中多采用插入式柱脚，做法是把钢柱插入混凝土基础杯口中，构造简单，节省钢材。

习　题

一、单项选择题

1．两根几何尺寸完全相同的压弯构件，一根端弯矩使之产生反向曲率，一根产生同向曲率，则前者的稳定性比后者的(　　)。

A．好　　B．差　　C．无法确定　　D．相同

2．一根 T 形截面压弯构件受轴心压力 N 和 M 作用，当 M 作用于腹板平面内且使翼缘板受压，或 M 作用于腹板平面内而使翼缘板受拉，则前者的稳定性比后者的(　　)。

A．差　　B．相同　　C．好　　D．无法确定

二、简答题

1．为什么压弯构件又叫梁-柱构件？

2．为什么在压弯构件的稳定计算中，要引入等效弯矩系数 β 和挠度增大系数 η_1？

3．当弯矩作用在实腹式截面的弱轴平面内时，为什么要分别进行在弯矩作用平面内、外的两类稳定验算？它们分别属于第几类稳定问题？

4．当弯矩绕格构式柱的虚轴作用时，为什么不验算弯矩作用平面外的稳定性？

5．对于弯矩作用在对称轴内的 T 形截面，在验算弯矩作用平面内的稳定性时，除了应按式(6-13)验算外，还需用式(6-14)进行补充验算，这是为什么？

6．拉弯构件和压弯构件是以什么样的极限状态为根据的？

7．压弯构件在弯矩作用平面内的整体稳定公式 $\dfrac{N}{\varphi_x A}+\dfrac{\beta_{mx}M_x}{\gamma_{x1}W_{1x}(1-0.8N/N'_{Ex})}\leqslant f$ 中，各符号的意义是什么？

8．分析对比压弯构件和轴心受压构件腹板、翼缘宽厚比限值有何区别。

9．分析对比压弯构件和轴心受压构件与梁的连接及柱脚设计有何区别。

10．格构式压弯构件和格构式轴心受压构件缀条计算有何异同？

11．试述偏心受压柱的整体式柱脚的设计步骤。

12．试述偏心受压柱的分离式柱脚的设计步骤。

三、计算题

1．求图 6.27 所示拉弯构件 ab(热轧普通工字钢 I25a，Q235 钢)的最大荷载 N。

2．验算图 6.28 所示两端铰接压弯构件(Q355 钢，构件三分点处设侧向支撑点)的稳定承载力。

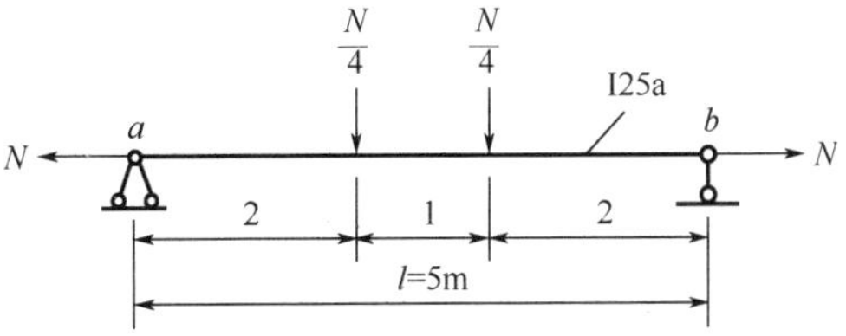

3．已知如图 6.29 所示某压弯构件 ab(Q235 钢)，$l_{0y}=l=10.8\text{m}$，$l_{0x}=28\text{m}$。试验算构件的整体稳定、局部稳定(设计加劲肋)和刚度。

$\frac{N}{4}$　$\frac{N}{4}$　I25a　a　b　N　N　2　1　2　l=5m

图 6.27　计算题 1 图

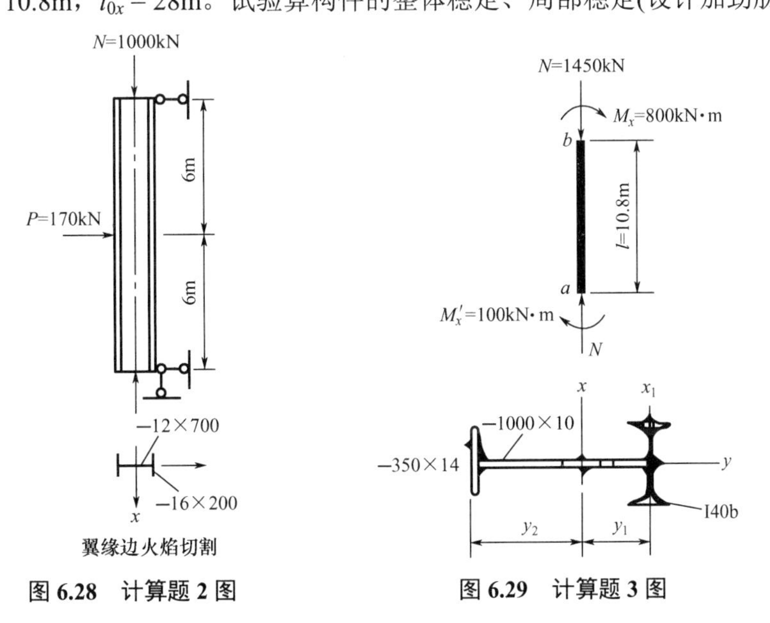

图 6.28　计算题 2 图

图 6.29　计算题 3 图

第 7 章 屋盖结构

知识结构图

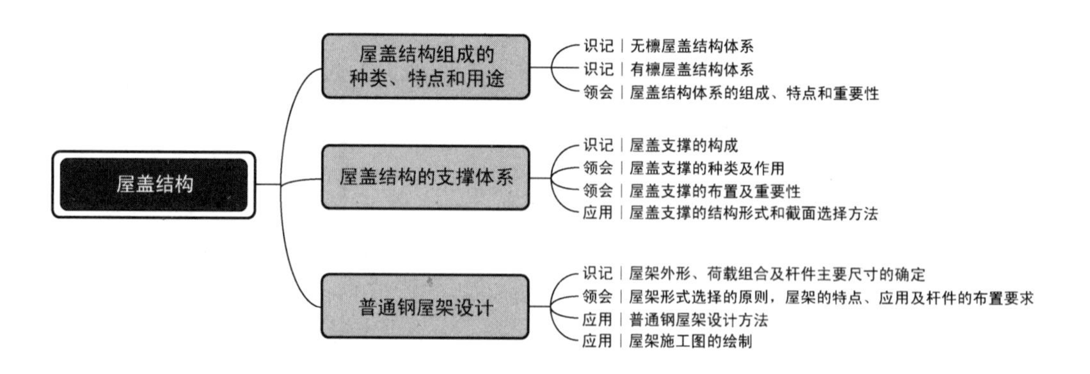

7.1 屋盖结构组成的种类、特点和用途

钢屋盖结构通常由屋面、檩条、屋架、托架和天窗架等构件组成。根据屋面构件和屋面结构布置情况的不同，可分为无檩屋盖结构体系[图 7.1(a)]和有檩屋盖结构体系[图 7.1(b)]。

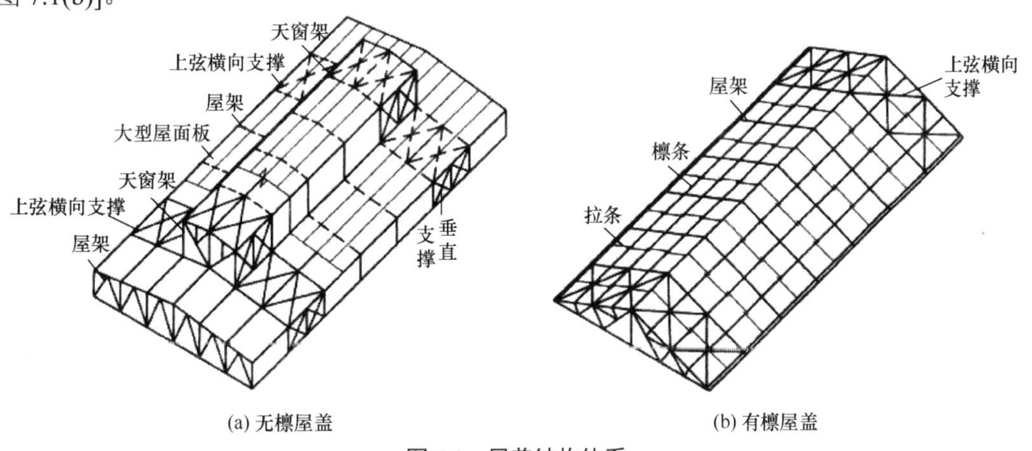

(a) 无檩屋盖　　(b) 有檩屋盖

图 7.1　屋盖结构体系

7.1.1 无檩屋盖结构体系

1. 无檩屋盖结构体系的组成

无檩屋盖结构体系中屋面板通常采用钢筋混凝土大型屋面板、钢筋加气混凝土板等。屋架的间距应与屋面板的长度配合一致，通常为 6m。这种屋面板上一般采用卷材防水，通常适用于较小屋面坡度，常用坡度为 1/12～1/8，因此常采用梯形屋架作为主要承重构件。

2. 无檩屋盖结构体系的特点

无檩屋盖结构体系中屋面构件的种类和数量少，构造简单，安装方便，施工速度快，且屋盖刚度大，整体性能好；但屋面板自重大，常需要增大屋架杆件和下部结构的截面，对抗震也不利。

3. 无檩屋盖的应用

无檩屋盖常用于刚度要求较高的工业厂房及采用轻屋面的建筑中。

7.1.2 有檩屋盖结构体系

1. 有檩屋盖结构体系的组成

有檩屋盖结构体系常用于采用轻型屋面材料的情况。如压型钢板、压型铝合金板、石棉瓦、瓦楞铁皮等。屋架间距通常为 6m；当柱距大于或等于 12m 时，则用托架支撑中间屋架，一般适用于较陡的屋面坡度以便排水，常用坡度为 1/3～1/2，因此常采用三角形屋架作为主要承重构件。当采用较好的防水措施且用压型钢板作屋面时，屋面坡度也可做到 1/12 或更小，此时可用 H 型钢梁作为主要承重构件。

2. 有檩屋盖结构体系的特点

有檩屋盖结构体系可供选用的屋面材料种类较多，屋架间距和屋面结构布置较灵活，自重轻，用料省，运输和安装较简便；但构件的种类和数量多，构造较复杂。在选用屋盖结构体系时，应全面考虑房屋的使用要求、受力特点、材料供应情况及施工和运输条件等，以确定最佳方案。

3. 有檩屋盖的应用

有檩屋盖常用在对刚度要求不高，特别是不需要保暖的中小型厂房和民用建筑。不过近年来，采用压型金属板的有檩屋盖已逐渐应用于大型的工业厂房和公共建筑中，且应用实例日益增多。

7.2 屋盖结构的支撑体系

7.2.1 屋盖支撑的种类、构成和作用

1. 屋盖支撑的种类

根据屋盖支撑所在位置的不同，屋盖支撑可分为上弦横向水平支撑、下弦横向水平支撑、下弦纵向水平支撑、垂直支撑和系杆 5 种构件，如图 7.2 所示。

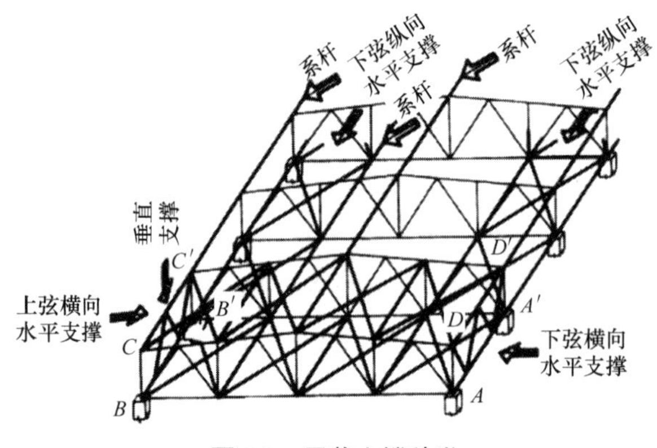

图 7.2　屋盖支撑种类

2. 屋盖支撑的构成

上弦横向水平支撑是在两相邻屋架上弦平面内沿屋架全跨(房屋横向)设置的平行弦屋架。其弦杆由两相邻屋架的上弦杆兼任，腹杆由十字交叉斜杆和横杆组成。节间长度常取屋架上弦节间的 2～4 倍，高度就是屋架间距。它在屋架上弦平面内的刚度很大，在屋盖纵向水平力(如风荷载等)作用下产生的弯曲变形很小，故其各节点可视为是屋架上弦沿房屋纵向的不动点。

下弦横向水平支撑是在两相邻屋架下弦平面内沿屋架全跨(房屋横向)设置的平行弦屋架。其弦杆由相邻屋架的下弦杆兼任，腹杆的构成、节间长度等均与上弦横向水平支撑相同。它的各节点也可视为屋架下弦沿房屋纵向的不动点。

下弦纵向水平支撑是位于屋架下弦端节间沿房屋纵向通长设置的平行弦屋架，其腹杆

就是屋架下弦端节间弦杆，弦杆和十字交叉斜杆是另加的。通常它与下弦横向水平支撑组成封闭的环框。

垂直支撑是以两相邻屋架的相应竖杆(或斜杆)为竖杆，上、下弦横向水平支撑的相应横杆为弦杆，另加腹杆组成的垂直(或倾斜)放置的平行弦屋架。垂直支撑的腹杆形式应根据其宽度和高度的比例分别采用十字交叉形、V 形或 W 形，如图 7.3 所示。

系杆是从上、下弦横向水平支撑的节点出发，连接其他未设支撑的屋架相应节点的纵向杆件。

3. 屋盖支撑的作用

从前述屋盖支撑的构成不难理解，屋盖支撑虽不是主要承重构件，但它对保证主要承重构件——屋架正常工作起着重要作用，具体地说，包括以下方面。

(1) 保证屋盖形成空间几何不变结构体系。

仅由屋架(无论其与柱铰接还是刚接)及檩条或大型屋面板所组成的屋盖结构，沿屋盖的纵向是几何可变体系，在纵向水平荷载作用下(甚至在安装时)，所有屋架就可能向一侧倾倒，如图 7.4 所示。但在两个屋架之间设置了上、下弦横向水平支撑和垂直支撑，就在屋盖结构中组成了一个空间的几何不变六面体，如图 7.2 中的 *ABCDA'B'C'D'*所示。再用系杆将六面体的节点与其他屋架的对应节点相连接，这样整个屋盖结构就形成了空间几何不变的稳定结构。当不设下弦横向水平支撑时，*ABCDA'B'C'D'*仍可组成空间几何不变体，只是此时必须把设于下弦平面的系杆与垂直支撑的下部节点相连接。

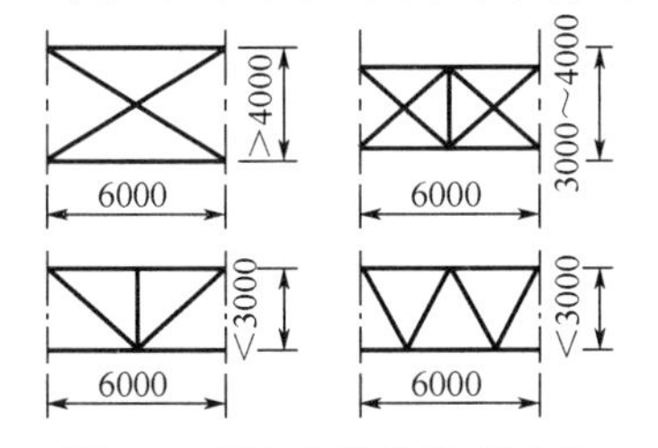

图 7.3 垂直支撑的腹杆形式

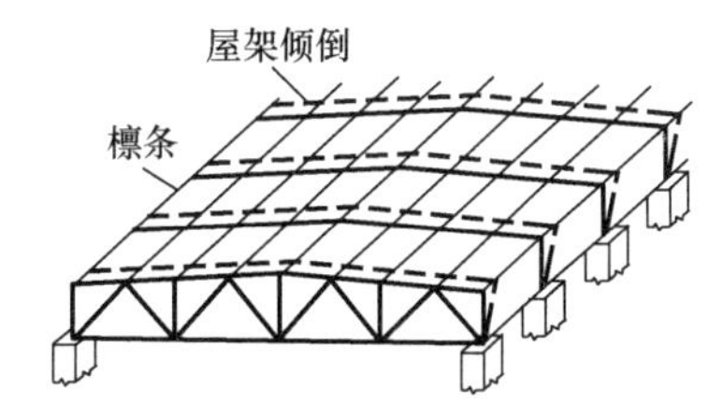

图 7.4 无支撑屋盖屋架倾倒示意图

(2) 增大屋盖的空间刚度。

上、下弦水平支撑和垂直支撑在各自的平面内都具有很大的抗弯刚度，使屋盖无论在垂直荷载还是在纵向、横向水平荷载作用下，仅产生较小的弹性变形，保证了屋盖必要的刚度。

承受屋盖各种纵向、横向水平荷载(如风荷载、吊车水平制动力、地震作用等)，并将其传至屋架支座。作用于山墙的风荷载、屋架下弦悬挂吊车的水平制动力、地震作用等都将通过支撑体系传递到屋盖的下部结构，从而减小直接承受荷载框架的内力和变形，这就是框架的空间整体工作。

(3) 提高屋盖的侧向刚度和稳定性。

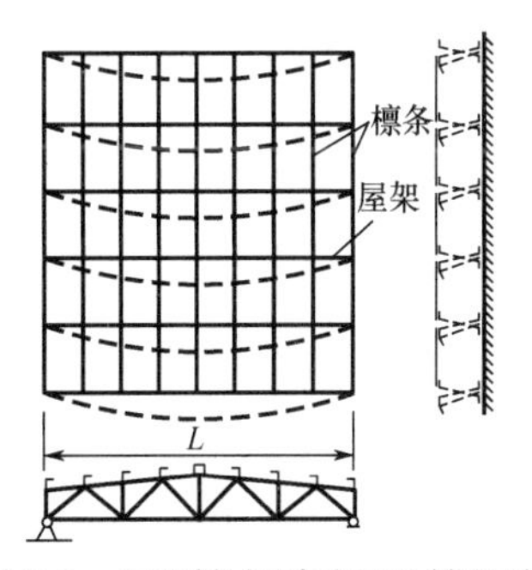

图 7.5 无支撑点时弦杆计算长度

屋盖结构中未设支撑体系时，屋架弦杆在侧向无支承点，弦杆在屋架平面外的计算长度应取屋架跨度 L(图 7.5)；当设有支撑体系时，由于系杆与上、下弦横向水平支撑的节点(纵向不动点)相连接，可为上、下弦杆提供侧向支承点，从而使弦杆在平面外的计算长度减小到为系杆之间的距离。提高了受压弦杆平面外的稳定承载力，增大了受拉下弦杆的侧向刚度，减小其在动力荷载作用下产生的侧向振动。

(4) 屋盖支撑还能保证屋盖结构安装时的便利和稳定。

下面概括总结一下各种支撑的主要作用。

(1) 上弦横向水平支撑是组成几何不变六面体的必要构件，将两相邻屋架上弦的侧向自由长度减小到支撑节间长度，为系杆提供纵向的不动点，传递屋盖的纵向水平力，提高屋盖的刚度。

(2) 下弦横向水平支撑的作用与上弦横向水平支撑相同，有时可以不设此支撑。

(3) 下弦纵向水平支撑与下弦横向水平支撑构成封闭的环框，能显著提高屋盖的空间刚度和整体性，还能使结构起到空间工作的作用。

(4) 垂直支撑是保证屋盖结构几何稳定性必不可少的构件，还是上弦横向水平支撑在端部的支座。

(5) 系杆能保证未设横向支撑的所有屋架的几何稳定性，减小弦杆平面外的计算长度，承受并传递纵向水平力。结构两端柱间的刚性系杆能把山墙抗风柱的风荷载传到横向支撑上。

7.2.2 屋盖支撑的布置

1. 上弦横向水平支撑的布置

上弦横向水平支撑一般布置在屋盖两端(或每个温度区段的两端)的两榀相邻屋架的上弦杆之间，位于屋架上弦平面沿屋架全跨布置，形成一平行弦屋架，其节间长度为屋架节间距的2～4倍。它的弦杆即屋架的上弦杆，腹杆由交叉的斜杆及竖杆组成。交叉的斜杆一般用单角钢或圆钢制成(按拉杆计算)，竖杆常用双角钢组成的T形截面。当屋架有檩条时，竖杆由檩条兼任。

2. 下弦横向水平支撑的布置

下弦横向水平支撑布置在与上弦横向水平支撑同一开间，它也形成一个平行弦屋架，位于屋架下弦平面。其弦杆即屋架的下弦，腹杆也是由交叉的斜杆及竖杆组成，其形式和构造与上弦横向水平支撑相同。

3. 下弦纵向水平支撑的布置

下弦纵向水平支撑位于屋架下弦两端节间处，位于屋架下弦平面，沿房屋全长布置，也组成一个具有交叉斜杆及竖杆的平行弦屋架，它的端竖杆就是屋架端节间的下弦。下弦纵向水平支撑与下弦横向水平支撑共同构成一个封闭的支撑框架，以保证屋盖结构有足够的水平刚度。对于三角形屋盖或某些特殊情况，纵向水平支撑也可设在屋架上弦平面。

一般情况下，屋架可以不设置下弦纵向水平支撑，仅在房屋有较大起重量的桥式吊车、壁行吊车或锻锤等较大振动设备，以及房屋高度或跨度较大或空间刚度要求较大时，才设置下弦纵向水平支撑。此外，在房屋设有托架处，为保证托架的侧向稳定，在托架范围及两端各延伸一个柱间应设置下弦纵向水平支撑。

4. 垂直支撑的布置

垂直支撑位于上、下弦横向水平支撑同一开间内，形成一个跨长为屋架间距的平行弦屋架。它的上、下弦杆分别为上、下弦横向水平支撑的竖杆，它的端竖杆就是屋架的竖杆(或斜腹杆)。垂直支撑中央腹杆的形式由支撑屋架的高跨比决定，一般常采用W形或双节间交叉斜杆等形式。腹杆可采用单角钢或双角钢T形截面。

跨度小于30m的梯形屋架通常在屋架两端和跨度中央各设置一道垂直支撑。当跨度大于30m时，则在两端和跨度的两个三等分点处共设四道。一般情况下，跨度小于18m的三角形屋架只需在跨度中央设一道垂直支撑，大于18m时则在跨度三等分点处共设两道。沿厂房纵向每间隔4～6榀屋架应设置垂直支撑，以保证屋架安装时的稳定性。

5. 系杆的布置

在未设横向支撑的开间，相邻平面屋架由系杆连接。系杆通常在屋架两端，有垂直支撑位置的上、下弦节点以及屋脊和天窗侧柱位置，沿房屋纵向通长布置。系杆对屋架上、下弦杆提供侧向支承，因此必要时，还应根据控制这些弦杆长细比的要求按一定距离增设中间系杆。对于有檩屋盖，檩条可兼作系杆。

系杆中只能承受拉力的称为柔性系杆，设计时可按容许长细比$[\lambda]=400$(有重级工作制吊车的厂房为350)控制，常采用单角钢或张拉紧的圆钢拉条(此时不控制长细比)；能承受压力的称刚性系杆，设计时可按$[\lambda]=200$控制，常用双角钢T形或十字形截面。一般在屋架下弦端部及上弦屋脊处需设置刚性系杆，其他处可设柔性系杆。

当房屋两端为山墙时，上、下弦横向水平支撑及垂直支撑可设在两端第一开间，这时第一开间的所有系杆均设为刚性系杆。当房屋长度大于60m时，应在中间增设一道(或几道)上、下弦横向水平支撑及垂直支撑。

图7.6所示为屋盖支撑布置示意图。

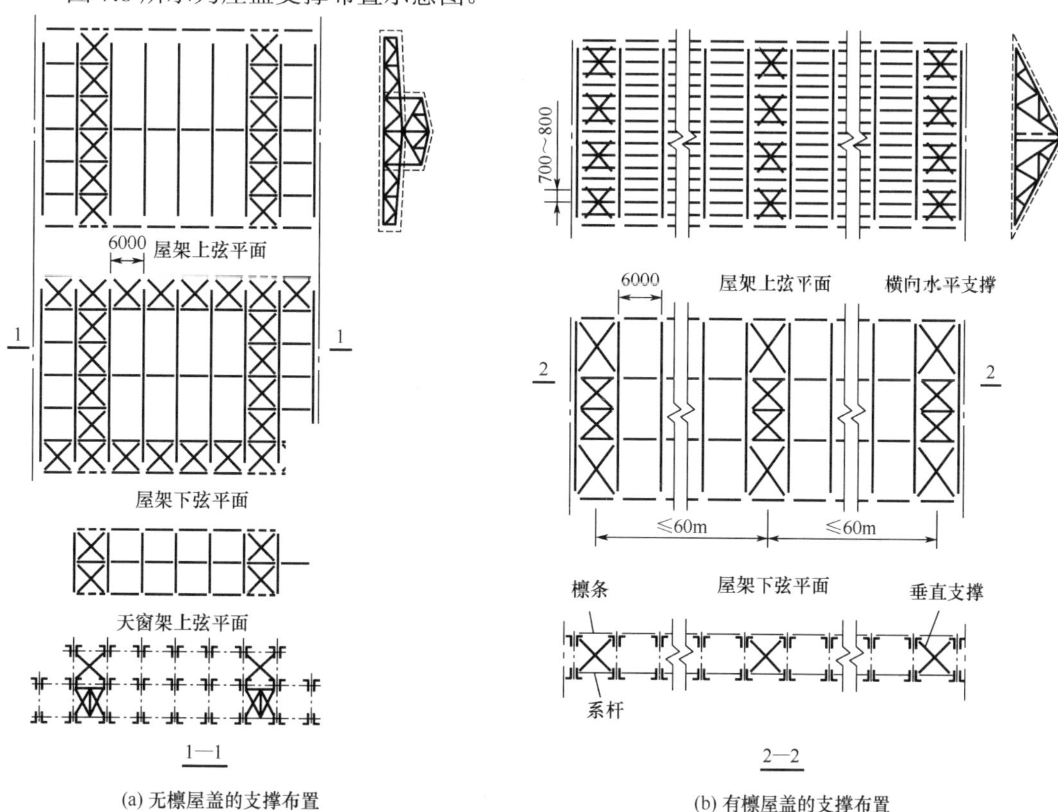

图7.6 屋盖支撑布置示意图

7.2.3 屋盖支撑的计算与构造

如前文所述，屋盖支撑除系杆外都是平行弦屋架，承受纵向或横向水平荷载，如风荷载，吊车水平制动力、地震作用等。

屋盖支撑受力较小，一般不进行内力计算，而根据构造要求和容许长细比来确定杆件截面。支撑屋架中的十字交叉斜杆，通常都设计成柔性杆件(只能受拉，受压时视为屈曲退出工作)。所以，十字交叉斜杆和柔性系杆按拉杆设计(容许长细比为 400，有重级工作制吊车的厂房为 350)，常采用单角钢；非十字交叉斜杆、横杆、纵向和垂直支撑的弦杆以及刚性系杆，按压杆设计(容许长细比为 200)，采用双角钢组成的 T 形或十字形截面。

当支撑受力较大，如横向水平支撑传递较大的山墙风荷载时，或者厂房结构按空间工作计算时，以及纵向水平支撑需作为柱子的弹性支座等情况时，支撑杆件除需满足容许长细比要求之外，还应按屋架体系计算内力，并据以选择截面。具有交叉斜杆的支撑屋架是超静定结构，在节点荷载作用下，可近似地按图 7.7 所示的简图分析杆件内力。此时，只考虑图中实线所示的斜腹杆受拉，而认为虚线所示斜腹杆因受压屈曲退出工作，这样就简化成为静定屋架。在反向荷载作用时，实线和虚线所示斜腹杆的拉、压性质互易。于是，全部斜腹杆都按拉杆设计。

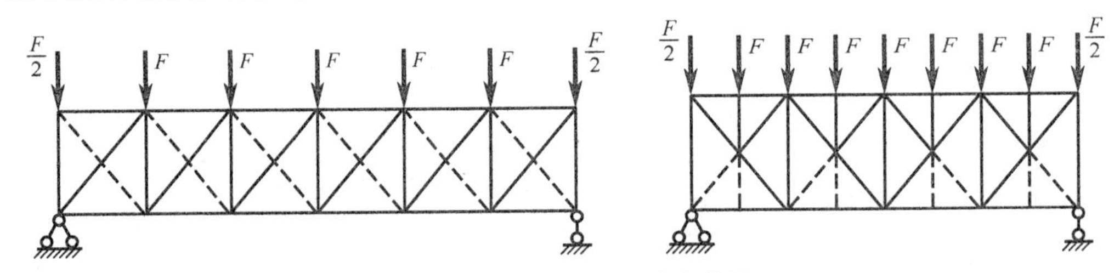

图 7.7 具有交叉斜杆的内力简图

为避免上弦横向水平支撑与檩条或大型屋面板相冲突，其交叉斜杆的角钢应肢尖向下，且与上弦的连接位置应离开屋架节点中心适当距离(这样受力上稍有偏心)，如图 7.8 所示。斜杆在交叉点处将其中一杆切断，另设节点板用焊缝或螺栓连接(图 7.8 中节点①)。在有檩屋盖中，支撑横杆可用相应位置的檩条(其长细比应符合刚性系杆的要求)代替。

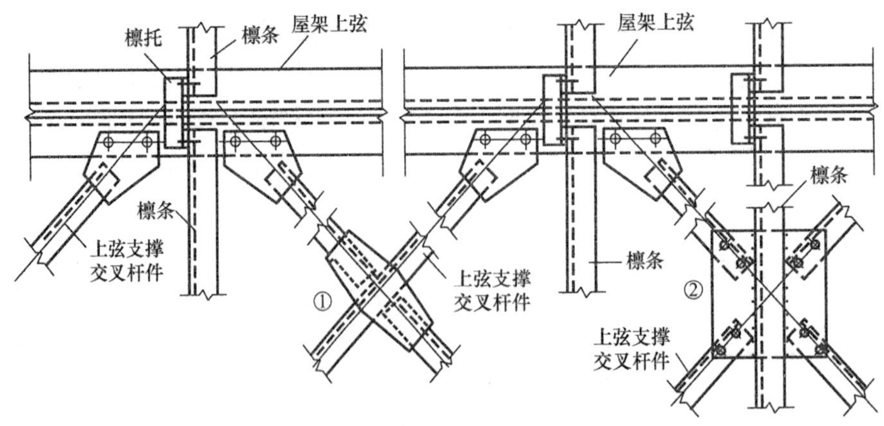

图 7.8 有檩屋盖的上弦横向水平支撑连接

通过交叉点的檩条与交叉点连接时(图 7.8 中节点②)，可作为上弦平面外的支承点。在无檩屋盖中，支撑横杆和系杆应连于预先焊在上弦下方的竖直连接板上，以免这些杆件突出上弦表面与屋面板相冲突。

下弦横向和纵向水平支撑的斜杆在连接处应紧靠节点，以减小偏心。通常斜杆连接在下弦杆上，横杆和系杆连接在预先焊在下弦上部的连接板上，如图 7.9 所示。交叉斜杆中一根角钢肢尖向上，另一根角钢肢尖向下，交叉处不切断而各自直通，用小填板连接(图 7.9 中节点①)。

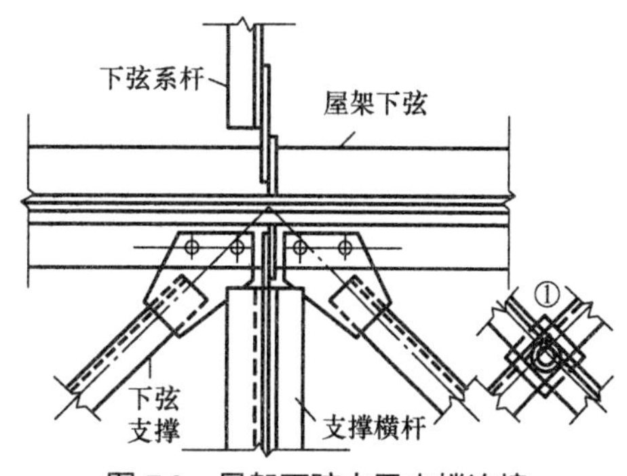

图 7.9 屋架下弦水平支撑连接

垂直支撑可只与屋架竖杆相连[图 7.10(a)]，但竖杆角钢需有较大的肢宽，以满足螺栓的线距要求。垂直支撑也可通过竖向小钢板与屋架弦杆及屋架竖杆同时相连[图 7.10(b)]。

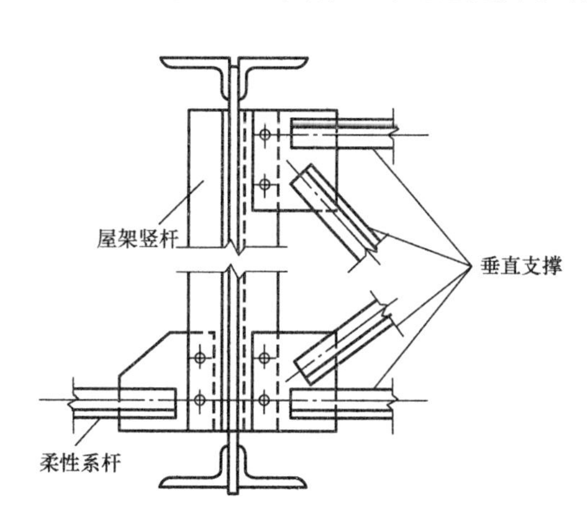

(a) 垂直支撑与屋架竖杆直接连接

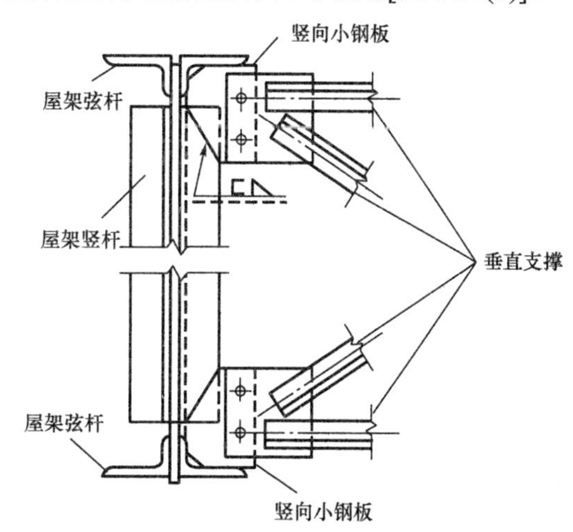

(b) 垂直支撑与屋架弦杆及屋架竖杆连接

图 7.10 垂直支撑与屋架的连接

为安装方便，支撑杆件和系杆端部一般都焊有连接板，常以 C 级螺栓 M20 与屋架连接，与天窗架连接的螺栓可减小至 M16。每块连接板上的螺栓数不宜少于两个，螺栓间距一般取(3.5～4.0) d_0 (d_0 为螺栓孔直径)。当厂房中吊车起重量大，或工作繁重，或有较大振动设备时，支撑杆件和系杆与屋架下弦的连接宜采用高强度螺栓摩擦型连接，或采用 C 级螺栓后另加焊接，此时螺栓起安装定位作用。仅用 C 级螺栓连接而不加焊接时，在构件定位后，可将螺纹处打毛或将螺杆与螺母焊接，以防松动。

轻钢屋架支撑的交叉斜杆可采用圆钢，但应采用花篮螺栓或将圆钢端部螺帽张拉紧。

7.3 普通钢屋架设计

普通钢屋架一般由双角钢作杆件，借助于节点板用焊缝连接而成。所用角钢不应小于∟45×4 或∟56×36×4。这种结构受力性能好、取材容易、构造简单、施工方便，广泛应用于工业和民用房屋建筑的屋盖结构中。

7.3.1 屋架外形、腹杆布置及主要尺寸确定

1. 屋架外形

屋架的外形主要有三角形、梯形和平行弦等。选择屋架外形时应考虑房屋用途、屋面坡度、与柱的连接方式及运输和施工方便等因素。此外，若简支屋架的外形与均布荷载作用下的抛物线形弯矩图相一致，则用料更经济。这是因为屋架弦杆一般都采用一根通长的型钢制成，只有各节间弦杆内力较均匀时，材料才能充分发挥作用，当屋架外形与抛物线形弯矩图一致时，能够满足以上条件且腹杆内力也较小。

屋面坡度 i 根据所采用的屋面材料可按以下规定取值。

卷材防水屋面 $i = 1/12$～$1/8$；

长尺压型钢板和夹芯板屋面 $i = 1/20$～$1/8$；

波形石棉瓦屋面 $i = 1/4$～$1/2.5$；

瓦楞铁、短尺压型钢板和夹芯板屋面 $i = 1/6$～$1/3$。

三角形屋架[图 7.11(a)～(d)]可用于坡度较陡(≥1/3)、跨度较小(≤18m)的中、小型厂房有檩屋盖结构中。当屋面材料采用瓦楞铁、波形石棉瓦等时，坡度一般在 1/6～1/2.5。三角形屋架因端部高度很小，与柱多做成铰接，故房屋的横向刚度较小。又因其外形与抛物线差别较大，使各节间弦杆内力很不均匀，支座处内力最大，跨中处最小，弦杆截面不能充分利用。当屋面坡度不很陡时，支座处杆件夹角较小，使节点构造复杂，一般只宜用于中、小跨度的轻屋面结构。

图 7.11(e)、(f)是将三角形屋架弦杆端节间上下移动一定距离而形成的折线式下弦或折线式上弦的陡坡梯形屋架。这些屋架能减小支座处弦杆的内力，使弦杆内力稍趋均匀，同时又增大了支座处杆件的夹角，改善了节点构造，但在弦杆弯折处应设有屋架平面外的支撑。

梯形屋架[图 7.11(g)～(i)]适用于坡度较为平缓(1/20～1/8)、跨度在 15～36m 的中、大型厂房屋盖结构。屋面多采用卷材防水，坡度一般在 1/12～1/8；当采用压型钢板顺坡铺设屋面时，坡度可减缓到 1/20。梯形屋架的外形与抛物线形弯矩图比较接近，弦杆内力沿跨度分布比较均匀，用料较少。且其端部有一定高度，既可与柱铰接又可与柱刚接。因此广泛应用于工业厂房的屋盖结构中。

当屋架跨度较大(≥30m)时，为了减小屋架跨中高度，可将跨中部分上弦(天窗位置)做成水平杆[图 7.11(k)]，也可将下弦做成折线形[图 7.11(p)、(q)]，称为人字形屋架。其中图 7.11(p)所示的屋架形式有较大的水平推力。

平行弦屋架[图 7.11(m)、(n)]可做成不同的坡度，与柱既可铰接也可刚接。常用于单坡屋盖[图 7.11(m)]，或用作托架[图 7.11(n)]，支撑体系也属此类型。其特点是腹杆长度一致，节点构造统一，便于制造，但弦杆内力分布不均匀。近年来国内外在一些大跨度(≥30m)工业厂房中采用平行弦双坡屋架[图 7.11(o)，亦称为人字形屋架]，由于其构造简单，制作方便，又可增加房屋净空，故效果较好。

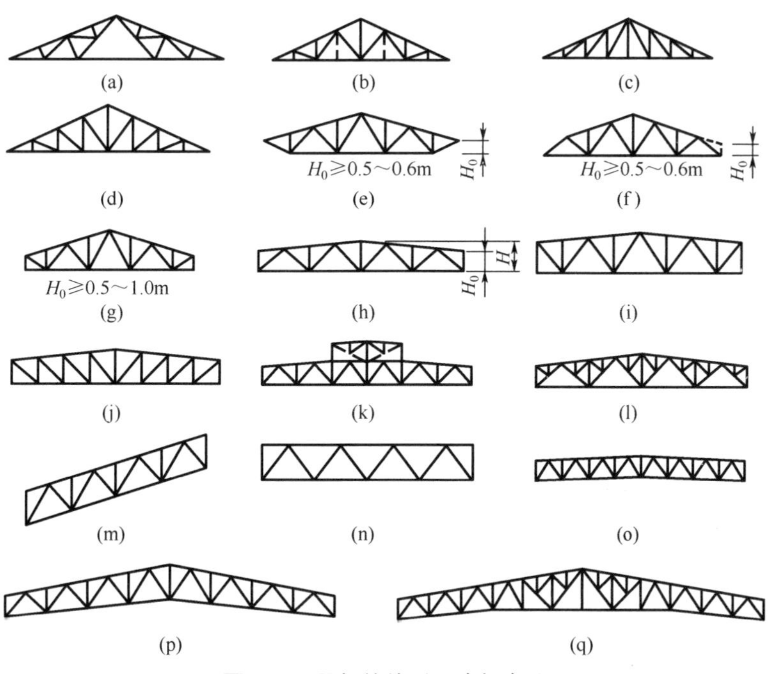

图 7.11 屋架的外形和腹杆布置

2. 屋架腹杆布置

腹杆布置应使屋架各杆件受力合理，用料少，节点构造简单，便于制造。通常要求短腹杆受压，长腹杆受拉，腹杆及节点数量都少，腹杆总长度小。杆件夹角宜在 30°～60°之间，夹角过小会使节点构造困难。同时应尽量使弦杆承受节点荷载，以避免弦杆产生局部弯矩。

屋架常见的腹杆体系有人字式、单斜式和再分式等。

人字式体系[图 7.11(n)]的腹杆和节点数都最少，腹杆总长度也最小。为避免上弦承受节间荷载或减小受压弦杆的计算长度，可增设竖杆[图 7.11(e)～(h)]，因此应用较广。

单斜式体系[图 7.11(c)、(d)、(j)]的腹杆和节点数量均较多，且有的布置方式会使斜腹杆受压[图 7.11(c)]；有的虽使斜腹杆受拉，但斜腹杆与弦杆夹角过小[图 7.11(d)]。单斜式腹杆体系多用于下弦吊有天棚或设备的情况。

再分式体系[图 7.11(l)]的优点是可以减小屋架上弦的节间尺寸，使屋架只承受节点荷载，同时还能减小受压杆件的计算长度并能使大尺寸屋架的斜腹杆保持合适的夹角。虽然其腹杆和节点数量都较多，但仍是一种经常采用的腹杆形式。

三角形屋架腹杆采用人字式体系[图 7.11(b)]时，因受压腹杆较长，可用于较小跨度(<18m)的情况。当下弦吊有天棚或设备时，应增设图中虚线所示的竖杆，或采用图 7.11(d)所示形式。图 7.11(a)所示屋架称为芬克式屋架，其腹杆数量虽多，但短杆受压、长杆受拉，受力合理，且可分成两榀小屋架运输，是三角形屋架中应用最广泛的一种形式。

梯形和平行弦屋架(支撑屋架除外)腹杆通常采用人字式[图 7.11(n)]或人字式加竖杆[图 7.11(h)、(k)、(m)]的体系。当下弦吊有天棚或设备时也可采用图 7.11(j)的形式，此时斜腹杆受拉。当屋架端部第一根斜腹杆(端斜腹杆)与上弦组成支承节点时[图 7.11(j)、(i)]，称为上承式；与下弦组成支承节点时[图 7.11(k)～(o)]，称为下承式。屋架与柱刚接，常采用下承式；与柱铰接时，两种支承方式均可采用。

腹杆的再分式体系常用于采用 1.5m×6m 大型钢筋混凝土屋面板的情况，将屋架上弦划分成长度为 1.5m 的节间，以便屋架只承受节点荷载，避免上弦产生局部弯矩。有时可只在屋架跨中上弦内力较大处附近采用 1.5m 节间的再分式腹杆，而在其他部位仍保持节间为 3m 的人字式腹杆布置[图 7.11(q)]。此时因支座附近上弦杆件的轴心力较小，使其承受局部弯矩有利于充分发挥材料的承载潜力。

3. *屋架主要尺寸确定*

屋架的主要尺寸是指屋架的跨度 L 和高度 H[包括梯形屋架的端部高度 H_0，见图 7.11(g)]。

1) 跨度

屋架的跨度取决于房屋的柱网尺寸，而柱网尺寸是综合考虑房屋的工艺和使用要求、结构形式、经济效果等因素确定的。柱网纵向轴线之间的距离是屋架的跨度 L(即标志跨度)，一般以 3m 为模数。屋架两端支座反力之间的距离称为计算跨度 L_0，用于屋架的内力分析。当屋架简支于钢筋混凝土柱(或砖柱)上且柱网采用封闭结合时，屋架支座处需考虑一定的构造尺寸，此时 $L_0 = L-(300\sim400)$mm[图 7.12(a)]。当屋架支承于钢筋混凝土柱上且柱网采用非封闭结合时，取 $L_0 = L$[图 7.12(b)]。当屋架与柱刚接且柱网为封闭结合时，取 L_0 为 L 减去上柱宽度；非封闭结合时，取 L_0 为 L 减去两侧内移尺寸[图 7.12(c)所示为第二种情况]。

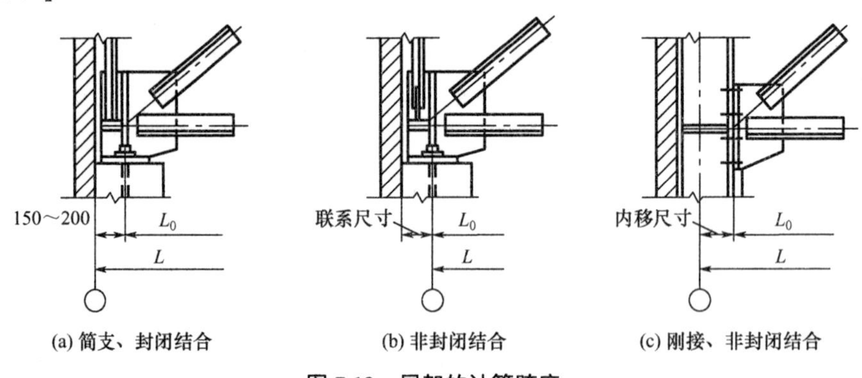

图 7.12　屋架的计算跨度

2) 高度

屋架高度 H 是指跨中最大高度。由经济条件(屋架杆件总重量最小)、刚度条件(屋架最大挠度≤L/500)、运输界线(铁路运输界线为 3.85m)及屋面坡度等因素来确定。有时建筑设计也可能对屋架高度提出某种限制。

一般情况下，设计梯形屋架时，首先根据屋架的形式和设计经验确定屋架的端部高度 H_0，然后按照屋面坡度 i 计算出跨中的高度 H：

$$H = H_0 + \frac{1}{2}Li \tag{7-1}$$

式中　H_0 ——梯形屋架端部高度，与柱刚接的梯形屋架，端部高度一般为(1/16～1/12)L，通常取 2.0～2.5m；与柱铰接的梯形屋架，端部高度通常取 1.5～2.0m，此时，跨中高度可根据端部高度和上弦坡度确定。三角形屋架可认为端部高度 H_0 为零。

一般屋架高度可在下列范围内采用。

梯形和平行弦屋架 $H=\left(\frac{1}{10}\sim\frac{1}{8}\right)L$;

三角形屋架 $H=\left(\frac{1}{6}\sim\frac{1}{4}\right)L$。

屋架跨度大或屋面荷载小时取较小值，反之取较大值。

跨度较大的屋架，在荷载作用下将产生较大的挠度，会有损建筑物的外观和影响正常使用。因此对两端铰支且跨度 $L\geqslant 15$m 的三角形屋架和跨度 $L\geqslant 24$m 的梯形屋架，当下弦无曲折时宜起拱。起拱高度一般为 $L/500$。起拱的方法一般是使下弦直线弯折，从而将整个屋架抬高，如图 7.13 所示。在分析屋架内力时，可不考虑起拱高度的影响。当屋面荷载很小时，可视情况不起拱。

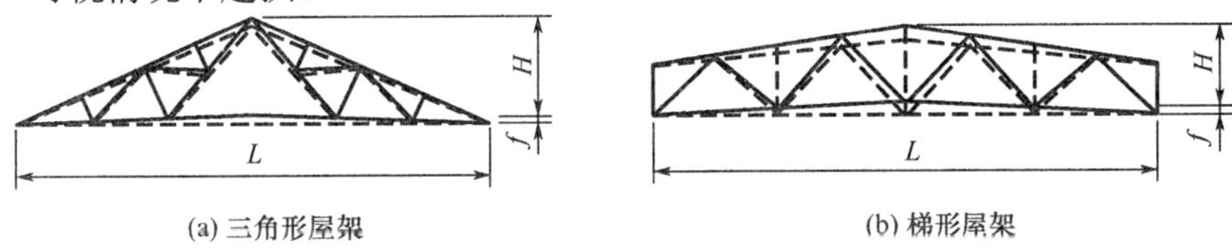

(a) 三角形屋架　　(b) 梯形屋架

图 7.13　屋架起拱

跨度大于 36m 两端铰支的屋架，在竖向荷载作用下，如下弦弹性伸长对支撑构件产生水平推力，设计支撑构件时，应考虑其影响。

7.3.2 屋架的杆件设计

1. *屋架荷载及节点荷载组合*

1) 屋架荷载

屋架上的荷载有永久荷载和可变荷载两大类。永久荷载包括屋面材料(保温层、防水层、屋面板等)和檩条、屋架、天窗架、支撑及天棚等结构的自重。可变荷载包括屋面活荷载、风荷载、积灰荷载、雪荷载及悬挂吊车荷载等。永久荷载和可变荷载值可由现行《建筑结构荷载规范》查得或根据材料的规格计算。

风荷载一般可不予考虑。但对瓦楞铁等轻型屋面、开敞式房屋或风荷载标准值大于 0.49kN/m^2 的情况，应根据房屋体形、坡度情况及封闭状况等，按《建筑结构荷载规范》的规定计算风荷载的作用。

永久荷载中主要的屋架和支撑的自重可按下面经验公式进行估算，即

$$q_{\mathrm{wk}}=0.12+0.011l \tag{7-2}$$

式中　l——屋架的标志跨度，单位 m。

q_{wk}——屋架和支撑的自重按屋面的水平投影面分布的荷载，单位 kN/m^2。当屋架的下弦不设吊顶时，可近似地假定 q_{wk} 全部作用于屋架的上弦节点；设有吊顶时，则假定 q_{wk} 由上弦和下弦节点平均分配。

屋面的均布永久荷载通常按屋面水平投影面上分布的荷载 q_{k} 计算，故凡沿屋面斜面分布的永久荷载 $q_{\alpha\mathrm{k}}$ 均应换算为水平投影面上分布的荷载，即 $q_{\mathrm{k}}=q_{\alpha\mathrm{k}}/\cos\alpha$ (α 为屋面倾角)。

对于屋面坡度较小的缓坡梯形屋架结构的屋面，可将沿斜面上分布的荷载近似地视为水平投影面上分布的荷载，即近似地取$q_k \approx q_{\alpha k}$(当α较小时，$\cos\alpha \approx 1$)。

《建筑结构荷载规范》给出的屋面均布活荷载、雪荷载均为水平投影面上的荷载，故实际计算时不再做上述换算。

2) 节点荷载组合

屋架所受的荷载一般通过檩条或大型屋面板连接肋板以集中力的方式作用于屋架的节点上。对于有节间荷载作用的屋架弦杆，可先将各节间荷载分配在相邻的两个节点上，与该节点原有节点荷载叠加，解得屋架各杆轴力，然后在计算弦杆时再按实际节间荷载作用情况计算弦杆的局部弯矩。作用于屋架上弦节点的设计集中荷载F可按各种均布荷载的不同组合对节点汇集进行计算(图 7.14 中阴影面积)：

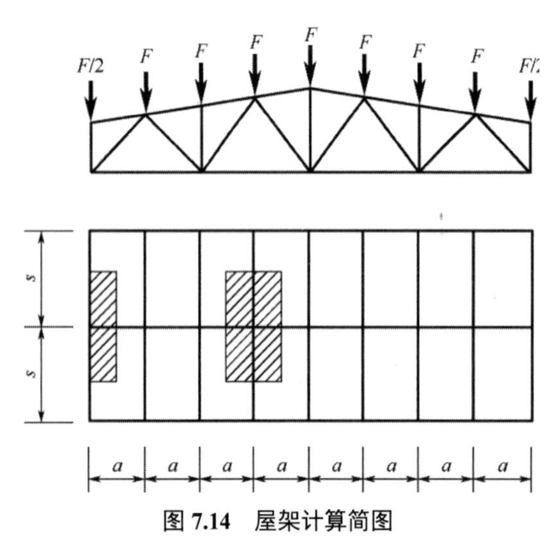

图 7.14　屋架计算简图

$$F = (\sum \gamma_{Gi} \cdot q_{Gik} + \sum \gamma_{Qj} \cdot \gamma_{Lj} \cdot \psi_{cj} \cdot q_{Qjk}) \cdot a \cdot s \tag{7-3}$$

式中　γ_{Gi}、γ_{Qj}——分别为永久荷载和可变荷载分项系数。

γ_{Lj}——考虑结构设计使用年限的荷载调整系数。

ψ_{cj}——可变荷载的组合系数。但当可变荷载效应控制的组合时，式(7-3)中起控制作用的第一个可变荷载标准值q_{Q1k}的组合系数ψ_{c1}应取 1.0。

q_{Gik}、q_{Qjk}——分别为按屋面水平投影面分布的永久荷载和可变荷载标准值。

a——上弦节间的水平投影长度。

s——屋架的间距。

2. 荷载组合和杆件内力计算

1) 荷载组合

设计屋架时，应根据使用和施工过程中可能出现的最不利荷载组合计算屋架杆件的内力。一般情况下，对平行弦、梯形等屋架应考虑以下 3 种荷载组合。

(1) 全跨永久荷载+全跨可变荷载。

(2) 全跨永久荷载+半跨可变荷载。

(3) 全跨屋架、天窗架和支撑自重+半跨屋面板自重+半跨屋面活荷载。

在考虑荷载组合时，屋面的活荷载和雪荷载不考虑其同时作用，可取两者中的较大值计算。

用第一种荷载组合计算的屋架杆件内力在多数情况下为最不利内力。但在后两种荷载组合下，梯形屋架在跨中部分的斜腹杆内力可能变号，由拉变为压，而且可能为最大，故须给予考虑。如果在安装过程中，两侧屋面板对称均匀铺设，则可不考虑第三种荷载组合。对于屋面坡度较大和自重较轻的屋架，还应考虑风荷载吸力作用的组合。

2) 屋架杆件内力计算

计算屋架杆件内力时，通常可近似地采用以下假定。

(1) 屋架的各节点均视为铰接。

(2) 屋架的所有杆件的轴线都在同一平面内且在节点处交汇。

(3) 荷载均在屋架平面内作用于节点上。

屋架的杆件内力可根据假定的屋架计算简图(图 7.14)采用数解法、图解法，或借助电算等求得。对三角形和梯形屋架用图解法较为简便。对一些常用形式的屋架，各种建筑结构设计手册中均有单位节点荷载作用下的杆件内力计算系数表。设计时，只要将屋架节点荷载值乘以相应杆件的内力系数，即可求得该杆件的内力(轴向力)。

荷载组合时，既需要在半跨单位荷载作用下的杆力系数，也需要在全跨单位荷载作用下的杆力系数。对于对称于跨中的屋架，只要解出在左半跨单位荷载作用下的杆力系数[见图7.15(a)，图中仅标出部分杆件的杆力系数，负号表示受压，$|m|>|n|$]，利用对称性，可直接得到在右半跨单位荷载作用下的杆力系数[图 7.15(b)]，两者叠加，即得全跨单位荷载作用下的杆力系数[图 7.15(c)]。

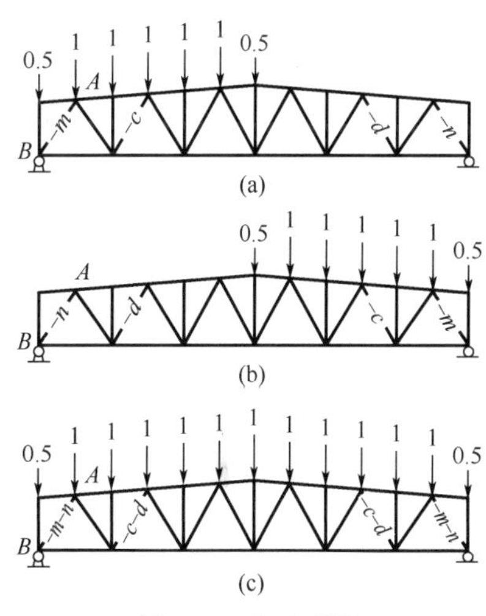

图 7.15　杆力系数

对称的屋架仅需对其半跨杆件进行内力组合，求出杆件的最不利杆力。现就“全跨永久荷载+全跨屋面活荷载”和“全跨永久荷载+半跨屋面活荷载”两种荷载组合，计算图 7.15 中端斜杆 AB 的最不利内力。设永久荷载和屋面活荷载引起的节点荷载设计值分别为 P_G 和 P_Q，杆 AB 在“全跨永久荷载+全跨屋面活荷载”作用下的设计杆力 N_1 为[图 7.15(c)]

$$N_1=-(m+n)P_G-(m+n)P_Q$$

在“全跨永久荷载+半跨屋面活荷载”作用下，当屋面活荷载作用于左半跨时，设计杆力 N_2 为[图 7.15(a)和(c)]

$$N_2=-(m+n)P_G-mP_Q$$

当屋面活荷载作用于右半跨时，设计杆力 N_3 为[图 7.15(c)和(b)]

$$N_3=-(m+n)P_G-nP_Q$$

比较 N_1、N_2、N_3，显然$|N_1|>|N_2|>|N_3|$。因此，N_1 就是在上述两种荷载组合情况下杆 AB 的最不利杆力。它使杆 AB 受压，并将决定其截面尺寸。利用上述寻找杆 AB 最不利杆力的原理，就可以求出在多种荷载组合的情况下，任一杆件的最不利内力。

屋架上弦有节间荷载时，除整体分析求得的轴向力外还有节间荷载引起的杆件局部弯矩，如图 7.16 所示。在理论上局部弯矩应将弦杆视为支承于节点上的弹性支座连续梁计算，其计算过于繁琐。一般可近似地按简支梁计算出弯矩 M_0，然后再乘以调整系数作为有节间荷载作用的屋架上弦的局部弯矩。端节间正弯矩可取 $M_1=0.8M_0$；其他节间的正弯矩和节点(包括屋脊节点)负弯矩取 $M_2=\pm0.6M_0$。M_0 为相应节间按简支梁算得的最大弯矩。当只有一个节间荷载 F 作用于节间中点时，$M_0=Fa/4$[图 7.16(c)]。

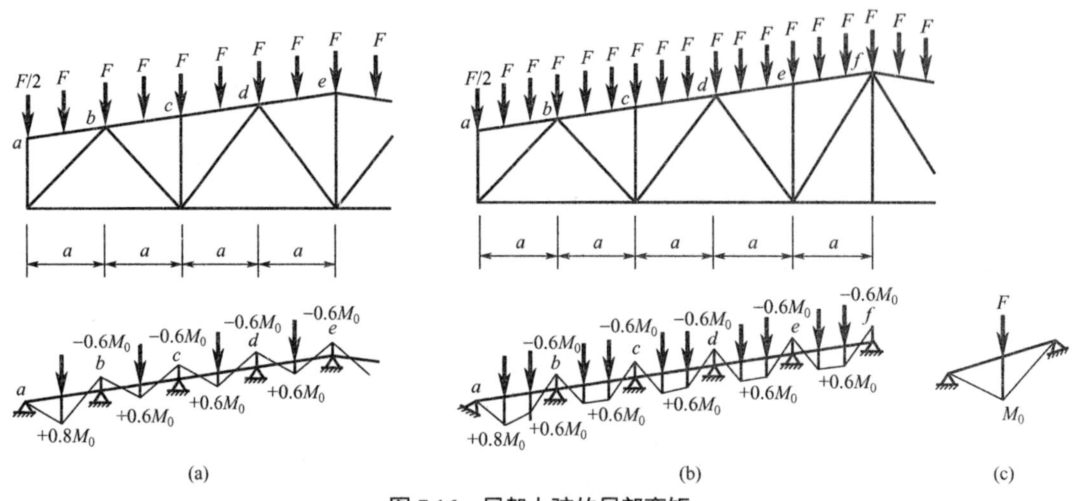

图 7.16　屋架上弦的局部弯矩

3. 杆件的计算长度和容许长细比

图 7.17(a)所示为一屋架的计算简图及其部分杆件截面。由图可见，各杆件截面的主形心 x 轴均垂直于屋架平面，主形心 y 轴位于屋架平面内。当杆件在屋架平面内弯曲变形时[图 7.17(a)中虚线所示]，其截面将绕 x 轴转动，故将杆件在屋架平面内的计算长度用 l_{0x} 表示)。同理，杆件在屋架平面外的计算长度用 l_{0y} 表示[见图 7.17(b)，图中虚线所示为上弦杆件在屋架平面外弯曲屈曲的形式]。x、y 为杆件弯曲时截面转动所绕轴的代号。

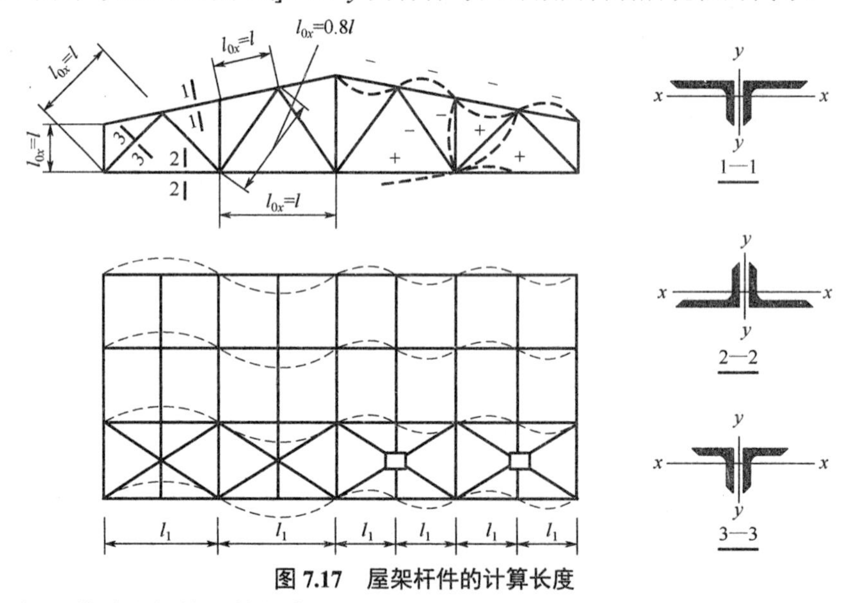

图 7.17　屋架杆件的计算长度

1) 弦杆和单系腹杆的计算长度

单系腹杆是指仅上、下端与其他杆件相连接，中部不与任何杆件相连接的腹杆。

在理想铰接屋架中，压杆在屋架平面内的计算长度 l_{0x} 应是节点中心之间的距离。但在实际屋架中，由于各杆件用焊缝与节点板相连接，当某一压杆屈曲，其端部要带动节点发生转动时，节点转动会受到同一节点板上其他杆件的阻碍。因此，压杆的端部是弹性嵌固的，其计算长度应小于节点为理想铰接的情况。阻碍节点转动的主要因素是拉杆，因为节点转动时必然迫使节点上的各杆件受弯，而拉杆的拉力则力图使拉杆变直阻止弯曲。所以，在压杆的端部汇交的拉杆数量越多，拉杆的线刚度越大，压杆的线刚度越小，压杆所受的节点约束就越强，其计算长度也就越小。压杆阻碍节点转动的能力是很弱的，可以忽略，这是因为压杆在压力作用下也有屈曲受弯的趋势。根据上述原则即可确定各杆件在屋架平面内的计算长度。

屋架的受压弦杆、支座竖杆和支座斜杆，两端节点上的压杆数量多，拉杆少，且杆件本身的线刚度又大，故所受的节点约束较弱，可偏于安全地视为两端铰接，计算长度取杆件的几何长度，即 $l_{0x}=l$(l 为杆件几何长度，即节点中心的间距)。对于其他腹杆，虽然在上弦节点处拉杆数量少，可视为铰接。但在下弦节点处拉杆数量多，且下弦杆件线刚度大，约束能力较强，故取计算长度 $l_{0x}=0.8l$。至于受拉弦杆，其所受节点的约束作用要比受压弦杆稍强，但为简化计算，取其计算长度与受压弦杆相同。

屋架弦杆在屋架平面外的计算长度 l_{0y} 取弦杆侧向支承点之间的距离 l_1，即 $l_{0y}=l_1$。对于上弦杆件，在有檩屋盖中，当檩条与上弦横向支撑的斜杆交叉点可靠连接时，l_1 取檩条的间距；否则 l_1 取上弦支撑的节间长度。在无檩屋盖中，若能保证每块大型屋面板与屋架三点焊接，考虑到屋面板能起到支撑作用，l_1 可取两块大型屋面板的宽度，但不应大于 3m；若不能保证每块屋面板与屋架有三点焊接，为安全考虑，l_1 仍取上弦支撑的节间长度。对下弦杆件，l_1 应取纵向水平支撑与系杆或系杆与系杆之间的距离。所有的腹杆在屋架平面外的计算长度均取其几何长度，即 $l_{0y}=l$。这是因为节点板较薄，在垂直于屋架平面方向的刚度很小，当腹杆在屋架平面外屈曲时只起铰接的作用。

对双角钢组成的十字形截面杆件和单角钢杆件，其截面主轴(x_0 轴和 y_0 轴)不在屋架平面内(图 7.18)，有可能绕主轴中的弱轴(y_0 轴)发生屈曲，屈曲平面与屋架平面斜交，故称为斜平面失稳。此时，屋架的下弦节点板对其下端仍有一定的嵌固作用，因此，当这些杆件不是支座竖杆和支座斜杆时，计算长度取 $l_0=0.9l$。

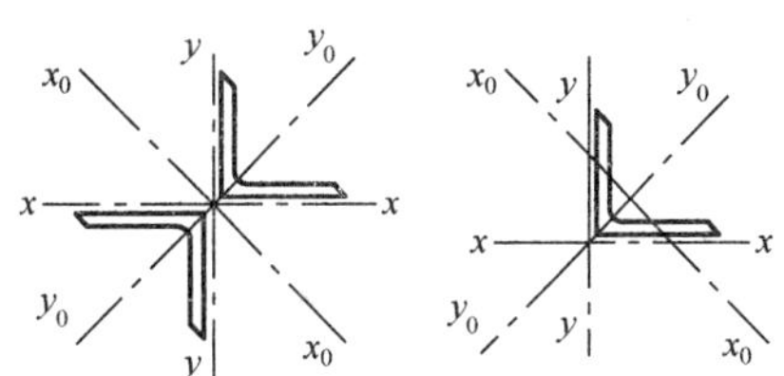

图 7.18 十字形截面和单角钢截面的主轴

《钢结构设计标准》对屋架弦杆和单系腹杆的计算长度规定见表 7-1。

表 7-1 屋架弦杆和单系腹杆的计算长度

方向	屋架弦杆	单系腹杆	
		端斜杆和端竖杆	其他腹杆
在屋架平面内(l_{0x})	L	l	$0.8l$
在屋架平面外(l_{0y})	l_1	l	l
斜平面(l_0)	—	—	$0.9l$

注：1. l 为构件几何长度(节点中心间距)，l_1 为屋架弦杆侧向支承点之间的距离。

2. 斜平面是指与屋架平面斜交的平面，适用于构件截面两主轴均不在屋架平面内的单角钢腹杆和双角钢十字形截面腹杆。

3. 无节点板的腹杆计算长度在任意平面内均取其几何长度。

2) 变内力杆件的计算长度

图 7.19(a)所示的人字式腹杆体系中，当受压弦杆的侧向支承点间距 l_1 为 2 倍弦杆节间

长度，且两节间弦杆的内力 N_1 和 N_2 不相等时(设$|N_1|>|N_2|$)，仍用 N_1 验算弦杆在屋架平面外的稳定性；但若采用 l_1 作为计算长度，显然偏于保守，此时按式(7-4)确定弦杆平面外的计算长度：

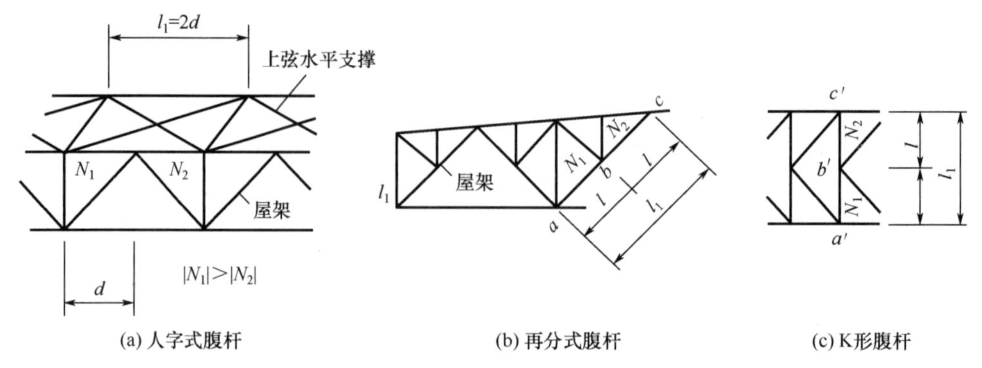

图 7.19　变内力杆件的计算长度

$$l_0 = l_1\left(0.75 + 0.25\frac{N_2}{N_1}\right) \tag{7-4}$$

式中　N_1——较大的压力，计算时取正值；

　　N_2——较小的压力或拉力，计算时压力取正值，拉力取负值。

当算得 $l_0<0.5l_1$ 时，取 $l_0 = 0.5l_1$。

再分式腹杆体系的主受压斜杆 abc[图 7.19(b)]和 K 形腹杆体系的竖杆 $a'b'c'$[图 7.19(c)]，在屋架平面外的计算长度也应按公式(7-4)确定。在屋架平面内的计算长度则取节点中心间的距离。因为这种杆件的上段(即 bc 和 $b'c'$)，一端与受压弦杆相连，另一端与其他腹杆相连，屋架平面内节点约束作用很小。受拉主斜杆在屋架平面外的计算长度仍取 l_1。

3) 交叉腹杆的计算长度

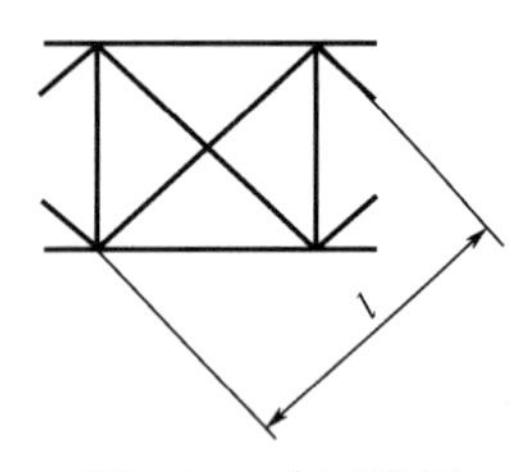

图 7.20　交叉腹杆

图 7.20 所示为交叉腹杆，斜杆的几何长度为 l。在交叉点处无论斜杆是否断开，两斜杆总是用螺栓或焊缝连接的。

在屋架平面内，认为斜杆在交叉点处及与弦杆的连接节点处均为铰接，故其计算长度取节点中心到交点间的距离，即 $l_{0x} = 0.5l$。

在屋架平面外，需考虑一根斜杆作为另一根斜杆的平面外支承点，因此斜杆的计算长度与其受力性质及在交叉点的连接构造有关。

(1) 压杆的计算长度。

① 与压杆相交的另一杆受压，两杆截面相同并在交叉点均不中断时，压杆的计算长度为

$$l_0 = l\sqrt{\frac{1}{2}\left(1+\frac{N_0}{N}\right)} \tag{7-5}$$

② 与压杆相交的另一杆受压，另一杆在交叉点中断但以节点板搭接时，压杆的计算长度为

$$l_0 = l\sqrt{1+\frac{\pi^2}{12}\cdot\frac{N_0}{N}} \tag{7-6}$$

③ 与压杆相交的另一杆受拉，两杆截面相同并在交叉点均不中断时，压杆的计算长度为

$$l_0 = l\sqrt{\frac{1}{2}\left(1 - \frac{3}{4} \cdot \frac{N_0}{N}\right)} \geqslant 0.5l \tag{7-7}$$

④ 与压杆相交的另一杆受拉，此拉杆在交叉点中断但以节点板搭接时，压杆的计算长度为

$$l_0 = l\sqrt{1 - \frac{3}{4} \cdot \frac{N_0}{N}} \geqslant 0.5l \tag{7-8}$$

当此拉杆连续而压杆在交叉点中断但以节点板搭接，若 $N_0 \geqslant N$ 或拉杆在屋架平面外的抗弯刚度 $EI_y \geqslant \frac{3N_0 l^2}{4\pi^2}\left(\frac{N}{N_0} - 1\right)$ 时，取 $l_0 = 0.5l$。

式中 l——见图 7.20；

N——所计算压杆的内力；

N_0——与压杆相交的另一杆的内力，取绝对值；两杆均受压时，取 $N_0 \leqslant N$，两杆截面应相同。

(2) B 拉杆的计算长度。拉杆的计算长度应取 $l_0 = l$。

当确定交叉腹杆中单角钢杆件斜平面内的长细比时，计算长度应取节点中心至交叉点的距离。

4) 杆件的容许长细比

为避免屋架杆件因刚度不足在运输和安装过程中产生弯曲，或使用期间在自重作用下产生明显挠度和在动力荷载作用下振幅过大，《钢结构设计标准》对屋架杆件规定了容许长细比。设计中应使各杆件的实际长细比不超过容许长细比，以保证杆件必要的刚度。屋架杆件的容许长细比见表 7-2。

表 7-2 屋架杆件的容许长细比

杆件名称	压杆	拉杆		
		承受静力荷载或间接承受动力荷载的结构		直接承受动力荷载的结构
		无吊车和有轻中级工作制吊车的厂房	有重级工作制吊车的厂房	
普通钢屋架的杆件	150	350	250	250
轻钢屋架的主要杆件			—	—
天窗构件				—
屋盖支撑杆件	200	400	350	—
轻钢屋架的其他杆件		350		

注：1. 承受静力荷载的结构中，可只计算受拉杆件在竖向平面内的长细比。

2. 在直接或间接承受动力荷载的结构中，计算单角钢受拉杆件的长细比时，应采用角钢的最小回转半径，但在计算单角钢交叉受拉杆件平面外的长细比时，应采用与角钢肢边平行轴的回转半径。

3. 受拉杆件在永久荷载与风荷载组合作用下受压时，长细比不宜超过 250。

4. 张紧的圆钢拉杆和张紧的圆钢支撑，长细比不受限制。

5. 在屋架(包括中间屋架)结构中，单角钢的受压腹杆，当其内力小于或等于承载能力的 50%时，容许长细比可取为 200。

4. 杆件的截面选择

1) 合理的截面形式

屋架杆件的截面形式，应保证杆件具有较大的承载能力、必要的刚度、用料经济和连

接构造简便。表 7-3 所示的用双角钢组成的 T 形和十字形截面，壁薄且较为开展，外表面平整，易使杆件获得需要的刚度且便于连接。恰当地选用表 7-3 中第 1～3 项的截面形式，可以使压杆对截面两个主轴的稳定性接近或相等，即 $\varphi_x=\varphi_y$，有利于节约钢材。所以双角钢杆件在屋架中得到广泛的应用。

表 7-3　屋架杆件截面形式

项次	杆件截面组合方式	截面形式	回转半径的比值	用途
1	两不等边角钢短肢相连		$\frac{i_y}{i_x}\approx 2.6\sim2.9$	计算长度 l_{0y} 较大的上、下弦杆件
2	两不等边角钢长肢相连		$\frac{i_y}{i_x}\approx 0.75\sim1.0$	端斜杆、端竖杆、受较大弯矩作用的张杆
3	两等边角钢相连		$\frac{i_y}{i_x}\approx 1.3\sim1.5$	其余腹杆、下弦杆件
4	两等边角钢组成的十字形截面		$\frac{i_y}{i_x}\approx 1.0$	与竖向支撑相连的屋架竖杆
5	单角钢		—	轻型钢屋架中内力较小的杆件
6	钢管		各方向都相等	轻型钢屋架中的杆件

屋架中的杆件，除受节间荷载作用的上弦杆件为压弯杆件外，其他杆件均是轴心受力构件。

对于屋架的上弦杆件，当无节间荷载时，在一般支撑情况下，常为 $l_{0y}=2l_{0x}$，为使 $\lambda_x=\lambda_y$，则应有 $i_y/i_x=2$。为此，应采用表 7-3 中两不等边角钢以短边相连的 T 形截面，其 $i_y/i_x=2\sim2.5$，与 2 最接近，杆件更接近等稳定。

当上弦有节间荷载作用时，上弦杆件将在屋架平面内受弯矩作用，为提高在屋架平面内的抗弯刚度，可采用两等边角钢组成的 T 形截面。当弯矩较大时，也可采用两不等边角钢以长边相连的 T 形截面。

对于梯形屋架的支座斜杆和支座竖杆，因 $l_{0x}=l_{0y}$，为使 $\lambda_x=\lambda_y$，需要 $i_y/i_x=1$(推导方法

同上)，由表 7-3 可知，采用两不等边角钢以长肢相连的 T 形截面，杆件最接近等稳定。

对于其他腹杆，因 $l_{0y}=1.25l_{0x}$，为使 $\lambda_x=\lambda_y$，需要 $i_y/i_x=1.25$，采用表 7-3 中两等边角钢组成的 T 形截面，杆件最接近等稳定。

连接垂直支撑的屋架中央竖杆和端竖杆(实际上也是垂直支撑的竖杆)，常采用两等边角钢组成的十字形截面，如表 7-3 中的第 4 项所示。这种截面可避免在垂直支撑传力时竖杆受力的偏心，并便于屋架的吊装(吊装时无须区分正、反面，不会影响垂直支撑的安装)。

对受力很小的腹杆，可采用单角钢截面，如表 7-3 中第 5 项所示。连接偏心时，强度设计值应予以降低(见第 4 章轴压格构柱单角钢缀条计算)；连接无偏心时，但角钢端部需开槽插入节点板中，施工量大。

至于下弦杆件，通常为轴心受拉构件。因其在屋架平面外的计算长度 l_{0y} 往往很大，宜采用两不等边角钢以短肢相连的 T 形截面。此时长肢水平放置，既有利于增加杆件在屋架平面外的刚度，亦便于设置下弦水平支撑。

2) 填板的设置

双角钢组成的屋架杆件，除两端焊于节点板两侧外，还应在中部相连肢之间设置垫板(图 7.21)，只有这样，两角钢在平面外方向才能整体共同受力。垫板厚度与节点板厚度相同，宽度一般取 50～80mm，长度对 T 形截面应伸出角钢 10～15mm，对十字形截面应从角钢肢尖缩进 10～15mm。垫板间距 l_d 对压杆≤40i，对拉杆≤80i。[在 T 形截面中，i 为一个角钢对平行于垫板的形心轴的回转半径，即图 7.21(a)中对 1—1 轴的 i；在十字形截面中，i 为一个角钢的最小回转半径，即图 7.21(b)中对 2—2 轴的 i]。十字形截面中垫板是一横一竖交替放置的。在压杆的平面外计算长度范围内，垫板数不得少于两个。

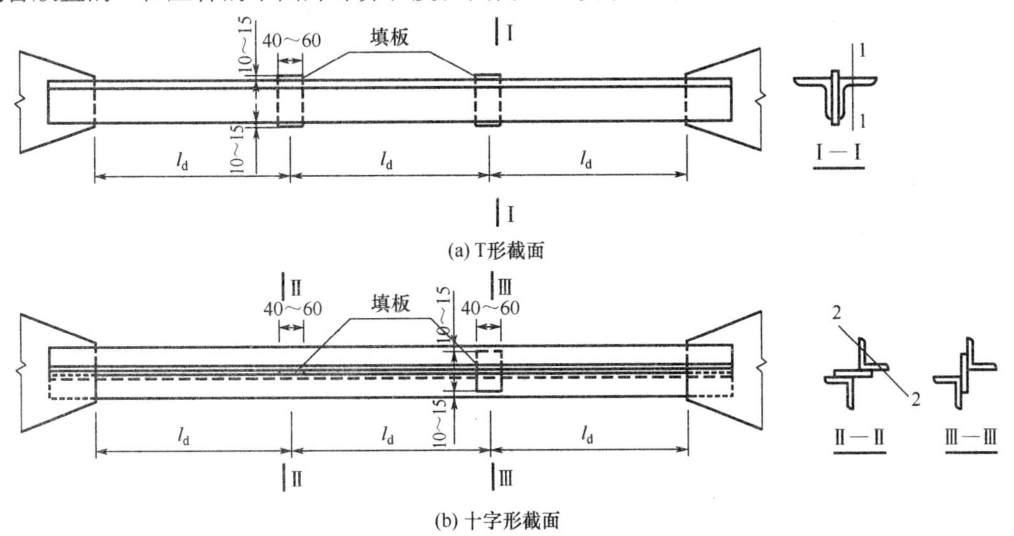

(a) T形截面

(b) 十字形截面

图 7.21　屋架杆件的填板

近年来有些工程的钢屋架杆件采用 T 形钢。T 形钢有轧制的(剖分 T 形钢)，有用工字钢(包括 H 形钢)沿腹板纵向切割而成的，也有用两块钢板焊接而成的。这种截面的杆件受力更合理，由于不存在双角钢之间的间隙，不用垫板，耐腐蚀性好，节点板用料也省。但焊接 T 形钢制造费工，焊后易产生翘曲变形，使用不广。随着剖分 T 形钢产量的增加，钢屋架杆件有用 T 形钢取代双角钢的趋势。

3) 节点板厚度的确定

在选定杆件截面的形状之后，需要确定节点板的厚度，以便计算截面平面外回转半径。节点板内的应力分布比较复杂，普通钢屋架一般不用计算。节点板厚度可根据腹杆(梯形屋架)或弦杆(三角形屋架)的最大内力按表 7-4 选用，但厚度不得小于 6mm。由于中间节点板受力比支座节点板小，所以厚度可减小 2mm。

表 7-4 单节点板屋架的节点板厚度

梯形屋架腹杆最大内力或三角形屋架弦杆最大内力/kN	<180	181～300	301～500	501～700	701～950	951～1200	1201～1550	1551～2000
中间节点板厚度/mm	6	8	10	12	14	16	18	20
支座节点板厚度/mm	8	10	12	14	16	18	20	22

注：1．表中所列厚度是按钢材为 Q235 钢考虑得到的，当节点板为 Q355 钢时，其厚度可较表列数值适当减小 1～2mm，但板厚不得小于 6mm。
2．节点板边缘与腹杆轴线间的夹角应不小于 30°。
3．节点板与腹杆用侧焊缝连接，当采用围焊时，节点板厚度应通过计算确定。
4．无竖腹杆相连且无加劲肋加强的节点板，可将受压腹杆的内力乘以 1.25 后再查表。

4) 杆件截面选择

(1) 截面选择的一般要求。

杆件应尽量采用肢宽而薄的角钢，以增大截面的回转半径。角钢规格不宜小于∟45×4 或∟56×36×4。同一榀屋架中所用角钢规格不应超过 5～6 种，以方便订货和制造工作。若初选的角钢规格过多，应将相近规格予以统一。同时应避免采用肢宽相同而厚度相差小于 2mm 的角钢，以免制造中混淆。上、下弦杆件以采用等截面为宜，并按最大内力选择截面。对跨度大于 24m 的三角形屋架和跨度大于 30m 的梯形屋架，可根据内力变化在适当的节点处改变弦杆截面，但半跨内只宜改变一次。为简化拼接构造，一般都保持角钢的厚度不变而改变肢宽。

(2) 截面选择步骤。

屋架杆件除上、下弦可能是压弯和拉弯构件外，所有腹杆都是轴心受力构件。杆件截面选择可按下述方法进行。

① 轴心受拉构件。

轴心受拉构件截面选择时应考虑强度和刚度两个方面。

强度应满足

$$\sigma = \frac{N}{A_n} \leqslant f \tag{7-9}$$

由式(7-9)得需要的净截面面积

$$A_{ns} = \frac{N}{f} \tag{7-10}$$

式中 N——杆件的设计内力；

f——钢材强度设计值，当采用单角钢单面连接时，应乘以折减系数 0.85。

由角钢规格表选用回转半径大、质量最轻且截面面积≥A_{ns}的角钢。

用所选角钢，按式(7-11)验算杆件的长细比，在承受静力荷载的屋架中，拉杆可仅验算屋架平面内的长细比 λ_x 。

$$\lambda_x \leqslant [\lambda],\ \lambda_y \leqslant [\lambda] \tag{7-11}$$

当屋架下弦最大内力的杆件的节间有安装支撑的螺栓孔削弱截面时，按净截面强度确定下弦杆件截面不够经济。此时可将螺栓孔设在节点板范围内并使最外侧的螺栓中心到节点板边缘的距离 $c\geqslant$100mm(必要时可加大节点板尺寸)，如图 7.22 所示。这样处理后，可使部分下弦杆件内力经 c 范围内的焊缝先传给节点板，于是下弦可不考虑螺栓孔削弱影响，而按毛截面强度条件 $N/A\leqslant f$ 确定其需要的面积 $A_s = N/f$，并依此选取合适的角钢规格。

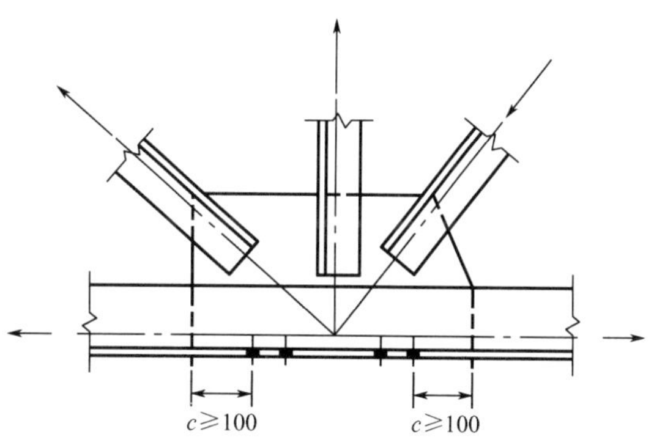

图 7.22　无须考虑下弦截面削弱的栓孔位置

② 轴心受压构件。

轴心受压构件截面选择时应考虑强度、整体稳定及刚度 3 个方面。因截面尺寸常常由整体稳定控制，所以先按整体稳定要求确定截面，计算式为

$$\frac{N}{\varphi A_s} \leqslant f \tag{7-12}$$

由于式(7-12)中 A_s、φ 都是未知数，故不能直接算出需要的截面面积。可先假定长细比 λ (一般可假定弦杆 $\lambda = 80\sim100$，腹杆 $\lambda = 100\sim120$)，查出相应的 φ，代入式(7-12)求得需要的截面面积 A_s，同时计算需要的回转半径 i_{xs}、i_{ys}。根据 A_s、i_{xs}、i_{ys}，由角钢表中选择合适的角钢。如果没有同时满足 A_s、i_{xs}、i_{ys} 的角钢规格，说明假定的 λ 不恰当。此时可选用截面面积稍大于需要值、回转半径稍小于需要值的角钢，反之亦可。再按所选角钢的 A_s、i_{xs}、i_{ys} 验算稳定性。不合适时再调整截面，一般反复几次即可满足要求。有经验后，可直接假定角钢规格进行验算。

长细比验算[式(7-11)]应与整体稳定验算同时进行。当截面有削弱时还应按式(7-9)验算强度。应注意，双角钢组成的轴心受压构件，对对称轴(屋架平面外)的稳定承载力应按换算长细比计算。对内力较小的腹杆(包括支撑杆件)，常由容许长细比控制截面。可直接根据需要的 $i_{xs} = l_{0x}/[\lambda]$，$i_{ys} = l_{0y}/[\lambda]$，由角钢表选择角钢。

③ 拉弯和压弯构件(下弦和上弦)。

下弦和上弦有节间荷载时，它们分别是拉弯和压弯构件。对这两种受力性质的构件，通常是先假定截面，然后进行验算。

拉弯构件一般仅需按式(7-11)验算长细比，按式(7-13)验算强度：

$$\frac{N}{A_n} \pm \frac{M_x}{\gamma_x W_{nx}} \leqslant f \tag{7-13}$$

压弯构件除应按式(7-11)和式(7-13)验算长细比和强度外，还应按式(7-14)、式(7-15)验算整体稳定(式中符号意义见第 6 章)：

$$\frac{N}{\varphi_x A}+\frac{\beta_{mx}M_x}{\gamma_x W_{1x}\left(1-0.8\frac{N}{N'_{Ex}}\right)}\leqslant f \tag{7-14}$$

及

$$\left|\frac{N}{A}-\frac{\beta_{mx}M_x}{\gamma_x W_{2x}\left(1-1.25\frac{N}{N'_{Ex}}\right)}\right|\leqslant f \tag{7-15}$$

7.3.3 节点设计

普通钢屋架在杆件的交会处设置节点板，杆件一般焊接在节点板上，组成屋架节点。作用在节点的集中荷载和交会于节点的各杆件内力在节点板上实现平衡。所以节点设计的方法是：确定节点的构造、设计所需焊缝和决定节点板的形状及尺寸。

1. 节点设计的基本要求

在理论上，各杆件的重心线应与屋架的几何轴线重合，并交会于节点中心，以避免引起附加弯矩。但为了制造方便，焊接屋架通常取角钢肢背到屋架几何轴线的距离为 5mm 的倍数，如∟70×5 的肢背到重心的距离为 19.1mm，肢背到屋架几何轴线的距离应取 20mm。由此而引起的传力偏心无须考虑。当弦杆截面有改变时，截面改变位置应设在节点处。为方便拼接和安放屋面构件，应使角钢肢背平齐，并取拼接两侧角钢重心线之间的中线作为屋架的几何轴线[图 7.23(a)]。这时如偏心距 e 不超过较大杆件截面高度的 5.0%，可以不考虑偏心的影响。否则，应将节点偏心弯矩按式(7-16)分配给交会于节点的各杆件 [图 7.23(b)]：

$$M_i=\frac{K_i}{\sum K_i}M \tag{7-16}$$

式中 M——节点偏心弯矩，$M=(N_1+N_2)e$；

M_i——分配给杆件 i 的弯矩；

K_i——杆件 i 的线刚度，$K_i=EI_i/l_i$；

I_i、l_i——杆件 i 的惯性矩和长度。

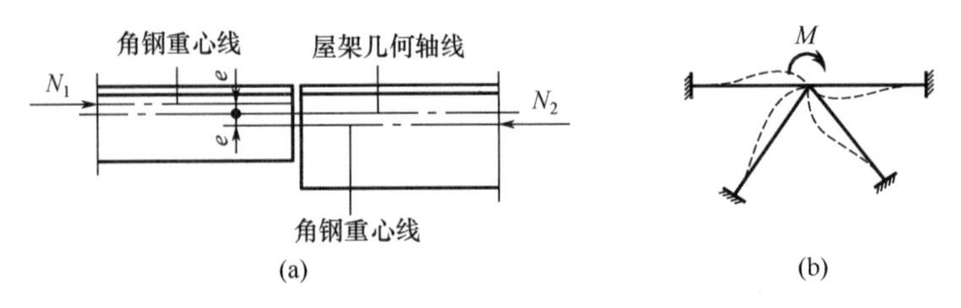

图 7.23 弦杆截面改变时轴线位置和节点弯矩分配

节点上各杆件端部边缘之间应留有空隙 a[图 7.24(a)]，以便于拼装和施焊，且避免焊缝过分密集致使钢材局部变脆。在承受静力荷载时，取 $a\geqslant$20mm；承受动力荷时，

取 $a \geqslant 50$mm，但也不宜过大，以免增大节点板尺寸和不利于节点的平面外刚度。相邻角焊缝焊趾间净距不应小于 5mm。节点板通常伸出角钢肢背 10～15mm，以便布置焊缝[图 7.24(b)]。

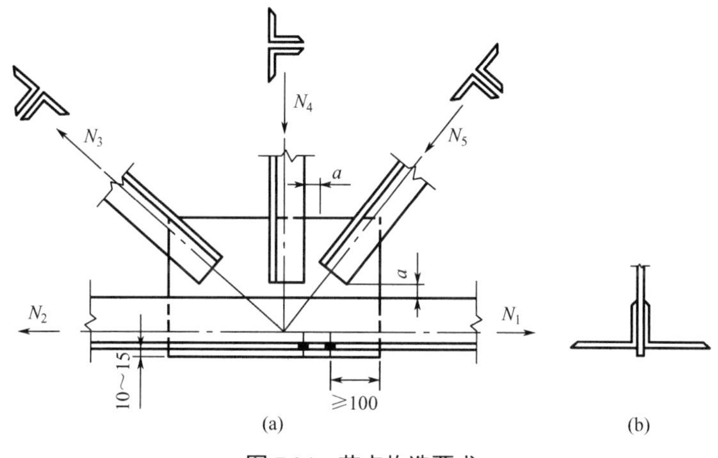

图 7.24　节点构造要求

在有檩屋盖中，为便于在上弦节点安放檩条和檩托，可将节点板缩进角钢肢背，上弦与节点板采用塞焊缝连接。节点板缩进角钢肢背的距离不宜小于 $0.5t$+2mm，也不宜大于 t(t 为节点板厚度)。

角钢端部一般应垂直于它的轴线切割[图 7.25(a)]。当角钢较宽时，为减小节点板尺寸时，允许切去一肢的部分[图 7.25(b)、(c)]，但不允许将一肢完全切去并将另一肢伸出的部分斜切[图 7.25(d)]，因这种切割角钢截面削弱过大，且用于施焊焊缝分布也不合理。

节点板的形状和尺寸主要取决于所连斜腹杆需要的焊缝长度。在满足焊缝布置的前提下，应力求尺寸紧凑、外形规整，如矩形、直角梯形、平行四边形等，如图 7.26 所示。一般至少有两条边平行，以便套裁、节约钢材和减小切割次数。节点板的外形应有利于均匀传力，其边缘与杆件边线间的夹角 α 不应小于 15°～20°，以便腹杆端部与弦杆之间有足够的节点板宽度[图 7.27(a)]。单斜杆与弦杆的连接还应避免连接缝的偏心受力。图 7.27(b)所示连接在节点板左侧边缘应力可能过大，且焊缝偏心受力，是不正确的。

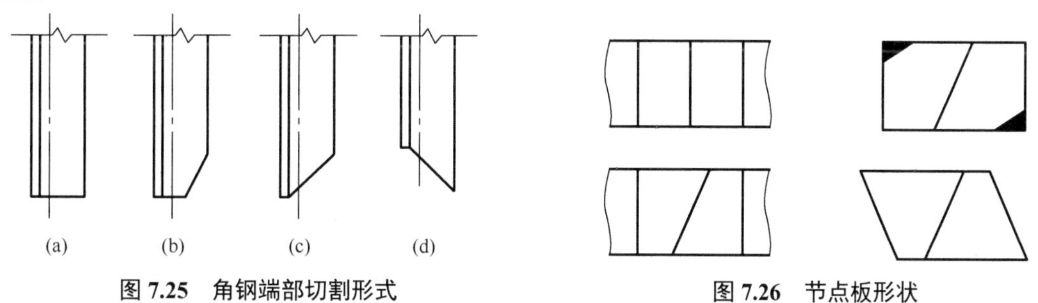

图 7.25　角钢端部切割形式

图 7.26　节点板形状

支撑混凝土屋面板的上弦杆件，当屋面节点荷载较大而角钢肢厚较薄(不满足表 7-5 的要求)时，应对角钢的水平肢予以加强，如图 7.28 所示。

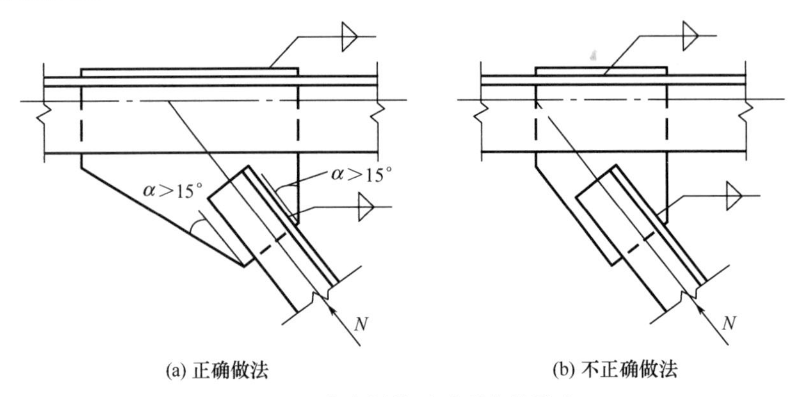

图 7.27　节点板外形对受力的影响

表 7-5　弦杆不加强的每侧最大节点荷载

单位：kN

钢材类型		角钢厚度/mm								
		5	6	7	8	10	12	14	16	18
Q235	加劲肋支承宽度为 65mm	6.3	8.4	11.0	14.0	20.5	28.8	39.9	—	—
	加劲肋支承宽度为 130mm	—	10.5	13.6	17.0	24.0	33.3	46.2	61.6	79.6
Q355	加劲肋支承宽度为 65mm	8.4	11.0	14.0	20.5	28.8	39.9	—	—	—
	加劲肋支承宽度为 130mm	10.5	13.6	17.0	24.0	33.3	46.2	61.6	79.6	116.6

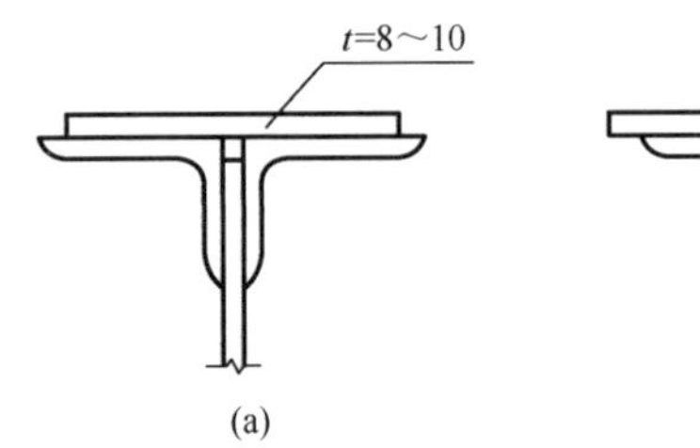

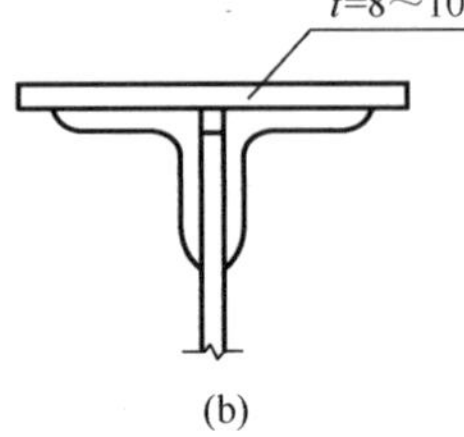

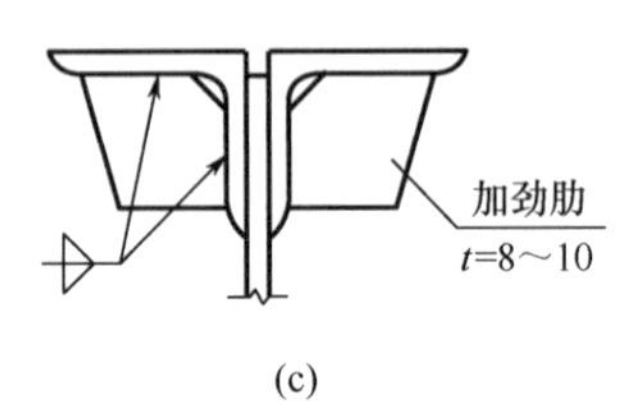

图 7.28　角钢水平肢加强

2. 节点的设计方法

节点设计时，先根据各腹杆的杆力计算其所需的焊缝长度，再依腹杆所需焊缝长度并结合构造要求及施工误差等确定节点板的形状和尺寸。这时，弦杆与节点板的焊缝长度已由节点板的尺寸给定。最后计算弦杆与节点板的焊脚尺寸和设计弦杆的拼接等。节点上的角焊缝尺寸也应满足第 3 章的构造要求。

节点设计一般和屋架施工图的绘制结合进行。下面介绍几类典型节点的设计方法。

1) 一般节点

一般节点是指在节点处弦杆连续直通且无集中荷载作用的节点。当腹杆由双角钢组成并仅用侧焊缝与节点板连接时，腹杆每个角钢肢背和肢尖所需焊缝长度 l_1、l_2 为

角钢肢背
$$l_1 = \frac{K_1 N_i}{2 \times 0.7 h_{f1} f_f^w} + 2h_f \tag{7-17}$$

角钢肢尖
$$l_2 = \frac{K_2 N_i}{2 \times 0.7 h_{f2} f_f^w} + 2h_f \tag{7-18}$$

式中 N_i——交会于节点的第 i 根腹杆的轴心力设计值；

K_1、K_2——角钢肢背和肢尖的角焊缝内力分配系数；

h_{f1}、h_{f2} ——角钢肢背和肢尖的角焊缝焊脚尺寸，计算时应先设定，通常取值等于或小于角钢壁厚。

设节点两侧弦杆杆力 $N_1>N_2$，由于弦杆在节点处连续直通，N_2 与 N_1 中的相应部分在弦杆内直接平衡，仅杆力差 $\Delta N=N_2-N_1$ 需经与节点板的焊缝传入节点板，在节点板上与腹板传来的内力平衡。因此，弦杆与节点板的焊缝仅承受 ΔN，按式(7-19)、式(7-20)验算角钢强度：

角钢肢背
$$\tau_{f1} = \frac{K_1 \Delta N}{2 \times 0.7 h_{f1} l_{w1}} \leqslant f_f^w \tag{7-19}$$

角钢肢尖
$$\tau_{f2} = \frac{K_2 \Delta N}{2 \times 0.7 h_{f2} l_{w2}} \leqslant f_f^w \tag{7-20}$$

式中 h_{f1}、h_{f2} ——角钢肢背和肢尖的角焊缝焊脚尺寸，设计中常取相同值；

l_{w1}、l_{w2} ——角钢肢背和肢尖的焊缝计算长度，取焊缝实际长度 l 减 $2h_f$；

l——焊缝的实际长度，可在施工图或节点大样图中，根据由腹杆焊缝长度确定的节点板形状按比例量出。

通常 ΔN 很小，焊缝中应力很低，按构造决定焊脚尺寸或沿节点板满焊均能满足要求。

2) 有集中荷载的节点

图 7.29(a)所示为有檩屋盖中的屋架上弦节点。其主要特点是上弦杆件与节点板间的焊缝除承受弦杆节点相邻节间的内力差外，还需承受由檩条传给上弦杆件的竖向节点荷载 F。构造上需要注意的是，由于檩托的存在，节点板无法伸出角钢背面，图 7.29(a)中的做法是将节点板缩进(0.6～1.0)t(t 为节点板厚度)，并在此进行槽焊。图 7.29(b)为有檩屋盖中上弦节点的另一形式，在节点板上边缘处开一凹口以容纳檩托和槽钢檩条，凹口处节点板缩进角钢背面，凹口以外仍伸出角钢背面 10～15mm，在该处可设角焊缝。

在计算上弦与节点板的连接焊缝时，应考虑上弦杆件内力与集中荷载的共同作用。因集中荷载垂直于地面，可将其分解为沿上弦轴线和垂直于轴线的两个分力 $F\sin\alpha$ 和 $F\cos\alpha$。为简化计算，假设 $F\cos\alpha$ 由肢背和肢尖焊缝平均分担，则角钢肢背焊缝的验算公式为

$$\frac{\sqrt{\left[K_1(\Delta N + F \cdot \sin\alpha)\right]^2 + \left(\frac{F \cdot \cos\alpha/2}{1.22}\right)^2}}{2 \times 0.7 h_f' l_w'} \leqslant f_f^w \tag{7-21}$$

角钢肢尖焊缝的验算公式为

$$\frac{\sqrt{\left[K_2(\Delta N + F \cdot \sin\alpha)\right]^2 + \left(\frac{F \cdot \cos\alpha/2}{1.22}\right)^2}}{2 \times 0.7 h_f'' l_w''} \leqslant f_f^w \tag{7-22}$$

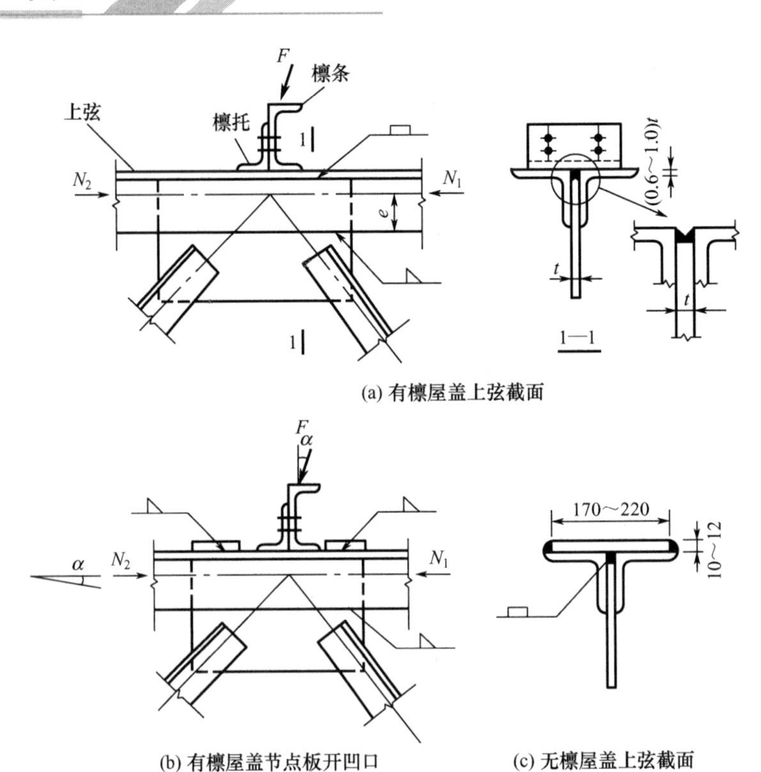

(a) 有檩屋盖上弦截面

(b) 有檩屋盖节点板开凹口　　(c) 无檩屋盖上弦截面

图 7.29　上弦节点的构造

当梯形屋架屋面坡度小于 1/10 时，可近似认为 $\Delta N \perp F$，$\cos\alpha \approx 1.0$，$\sin\alpha \approx 0$，则式(7-21)和式(7-22)简化为

肢背焊缝
$$\frac{\sqrt{(K_1\Delta N)^2+\left(\dfrac{F/2}{1.22}\right)^2}}{2\times 0.7h_f' l_w'} \leqslant f_f^w \tag{7-23}$$

肢尖焊缝
$$\frac{\sqrt{(K_2\Delta N)^2+\left(\dfrac{F/2}{1.22}\right)^2}}{2\times 0.7h_f'' l_w''} \leqslant f_f^w \tag{7-24}$$

式中　h_f'、l_w' ——角钢肢背焊缝的焊脚尺寸和每条焊缝的计算长度；

　　　h_f''、l_w'' ——角钢肢尖焊缝的焊脚尺寸和每条焊缝的计算长度。

当节点集中荷载较小时，对采用图 7.29(a)所示构造的上弦节点，也可假设肢背槽焊缝仅承受集中荷载 F，因 F 很小，槽焊缝按构造满焊，无须验算。

弦杆角钢肢尖的两条角焊缝承担ΔN和由于ΔN与肢尖焊缝的偏心距e产生的$\Delta M = \Delta Ne$。由此可先假定肢尖焊缝的焊脚尺寸 h_f''，按式(7-25)进行验算：

$$\tau_f = \frac{\Delta N}{2\times 0.7h_f'' l_w''}$$

$$\tau_f = \frac{\Delta N}{2\times 0.7h_f'' l_w''} \tag{7-25}$$

$$\tau_f = \frac{\Delta N}{2 \times 0.7 h_f'' l_w''}$$

图 7.29(c)所示为无檩屋盖中上弦杆件在节点处的截面，由于钢筋混凝土大型屋面板的纵向加劲肋直接支承在节点处弦杆角钢外伸边上，为避免角钢外伸边弯曲变形过大，通常在角钢背面加焊一垫板(厚 10～12mm)，以局部加强上弦角钢的外伸边。因而节点板也需如图 7.29(a)所示的做法缩进，并于缩进处施以槽焊。焊缝计算方法同上。

3) 弦杆拼接节点

弦杆拼接节点采用工地拼接和工厂拼接两种接头。前者是为屋架分段运输在工地进行安装的接头，通常设在屋脊节点[图 7.30(a)、(b)]和下弦中央节点[图 7.30(c)]；后者是因角钢长度不足在工厂制造的接头，常设在杆力较小的节间内[图 7.30(d)]。

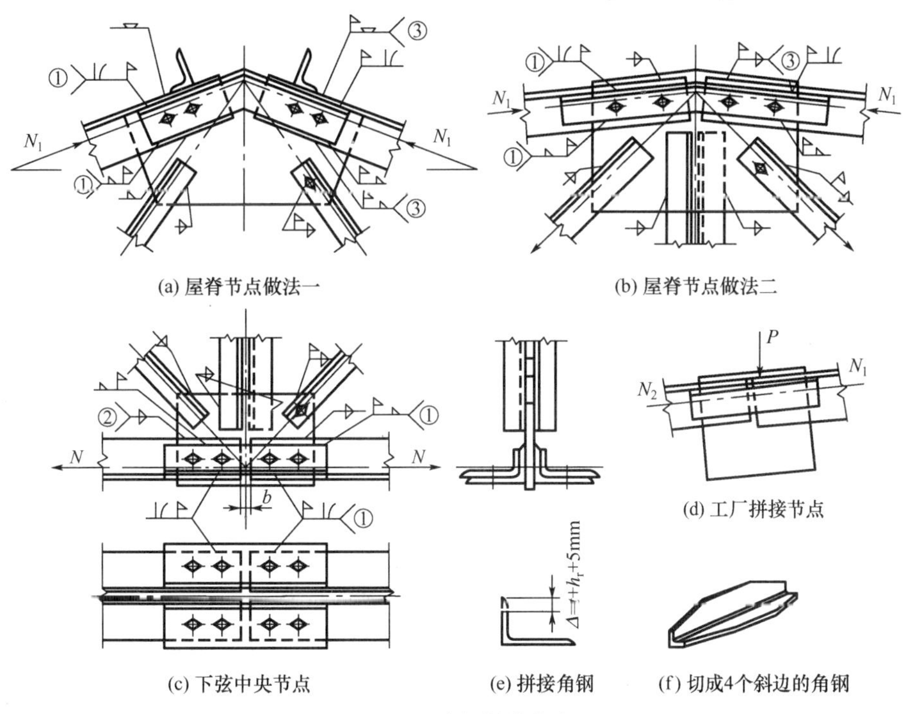

图 7.30 弦杆拼接节点

为传递断开弦杆的内力和保证拼接节点的平面外刚度，弦杆拼接应采用拼接角钢，其截面与弦杆相同(位于节间的接头还应在弦杆两角钢间衬以垫板)。拼接角钢应切去肢背处的棱角，以便与弦杆贴紧。为便于施焊，还应将拼接角钢的竖直肢切去 $\Delta = t + h_f + 5\text{mm}$($t$ 为拼接角钢壁厚，h_f 为角焊缝焊脚尺寸，5mm 是为避开弦杆肢尖圆角而多出的切割量)，如图 7.30(e)所示。当角钢肢宽≥130mm 时，最好切成 4 个斜边，以便传力平顺，如图 7.30(f)所示。由切棱、切肢引起的截面削弱(一般不超过原截面的 15%)可由节点板或垫板来补偿。屋脊节点的拼接角钢，一般采用热弯成型。当屋面坡度较陡且角钢肢宽较大而不易弯折时，宜将竖直肢切去 Δ 后热弯对焊。

工地拼接时，屋架的中央节点板和竖杆均在工厂焊于左半跨，右半跨杆件与中央节点板、拼接角钢与弦杆的焊缝则在工地施焊(拼接角钢作为单独零件运输)。右半跨跨中腹杆端部、拼接角钢及弦杆的相应位置均应设螺栓孔，以便屋架拼装时用安装螺栓定位，并将杆件夹紧施焊。

图7.30所示的拼接节点一侧拼接角钢与弦杆的焊缝①通常按被连弦杆的较大杆力N_{max}计算。考虑到肢背和肢尖焊缝与角钢形心的距离几乎相等，故N_{max}由拼接角钢的4条焊缝均匀传递。于是每条焊缝所需的计算长度为

$$l_{w}=\frac{N_{max}}{4\times0.7h_{f}f_{f}^{w}} \tag{7-26}$$

由此可算得拼接角钢所需长度为

$$L=2(l_{w}+2h_{f})+b \tag{7-27}$$

式中　b——弦杆端头的间隙，下弦取10～20mm，上弦取30～50mm。考虑到拼接节点的刚度，拼接角钢的长度不应小于400～600mm，跨度大的屋架取较大值。

对于下弦拼接节点，内力较大一侧弦杆与节点板间的焊缝②，应能传递相邻节间弦杆的内力差$\Delta N=N_{2}-N_{1}$和较大杆力的15%(因拼接角钢截面最大有15%的削弱)故设计时取二者中的较大值计算。内力较小一侧弦杆与节点板间的焊缝并不传力，但仍将其依照传力一侧施焊。如果拼接角钢的截面削弱超过原截面的15%，应选用比受拉弦杆件厚一级的角钢。

对于屋脊节点，拼接角钢的截面削弱不会影响节点的承载力，因为上弦杆件截面是由稳定计算确定的。上弦杆件与节点板间的连接焊缝，应取上弦内力与节点荷载的合力计算。在图7.30(b)的节点中，上弦杆件与节点板间的连接焊缝③共8条，当肢背和肢尖的h_{f}相同时，每条焊缝的长度按下式计算：

$$l=\frac{P-2N_{1}\sin\alpha}{8\times0.7h_{f}f_{f}^{w}}+2h_{f} \tag{7-28}$$

式中　α——上弦与水平方向的夹角。当上弦肢背与节点板间采用塞焊缝时，考虑到塞焊缝的质量不易保证，宜将f_{f}^{w}乘以0.8，以保证安全。

4) 支座节点

屋架可以简支于混凝柱和砖柱柱顶，也可以与钢柱刚接组成刚架。这里仅介绍简支屋架支座节点的构造和计算，这种支座节点的设计与轴心受压柱脚基本相同。图7.31和图7.32所示为梯形和三角形简支屋架的支座节点，由节点板、加劲肋、支座底板及锚栓等组成。支座底板是为了扩大节点与混凝土柱柱顶的接触面积，以避免将比钢材强度低的混凝土压坏。底板通常采用正方形或矩形，其形心即是屋架支座反力的作用点。加劲肋垂直于节点板放置，且厚度的中线应与支座反力作用线重合。加劲肋高度和厚度一般与节点板相同。但在三角形屋架中，加劲肋顶部应紧靠上弦角钢水平肢并与之焊接(图7.32)。加劲肋的作用是加强底板的竖向刚度，使底板下压力分布均匀，并减小底板的弯矩，同时增加节点板的侧向刚度。为便于施焊，下弦杆件和支座底板间的距离应不小于下弦角钢水平肢的宽度，也不小于130mm。锚栓预埋在钢筋混凝土中(或混凝土垫块中)，其直径一般取$d=20$～25mm。为便于屋架吊装时调整位置，底板上的锚栓孔直径应比锚栓直径大1～1.5倍，且在外侧开口。待屋架就位并调整后，用孔径比锚栓直径大1～2mm、厚度与底板相同的垫板套住锚栓并与底板焊牢，以固定屋架位置。锚栓孔可设在底板中线两侧加劲肋端部(图7.31)，也可设在底板的两个外侧区格内(图7.32)。

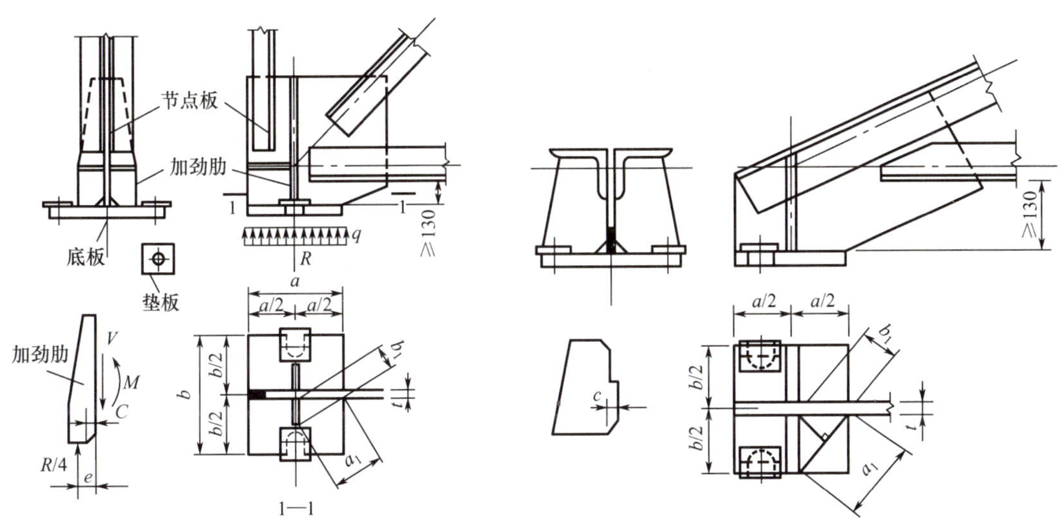

图 7.31　梯形屋架支座　　　　图 7.32　三角形屋架支座

支座节点的传力路线是：屋架交会于此节点各杆的内力通过杆端焊缝传给节点板，其水平分量在节点板上相互平衡，垂直分量的合力经节点板和加劲肋传给底板，再传给柱。节点设计的步骤和方法如下。

支座底板需要的净面积 A_n 按下式计算：

$$A_n \geqslant \frac{R}{f_c} \tag{7-29}$$

式中　R——屋架支座反力设计值；

f_c——混凝土轴心抗压强度设计值。

底板所需要的净面积 A 为

$$A = A_n + \text{锚栓孔面积} \tag{7-30}$$

正方形底板的边长为 $a=\sqrt{A}$，矩形底板可假定一边长度，即可求得另一边长度。但通常按式(7-30)计算所得的 A 较小，底板长度和宽度主要由设置锚栓孔的构造要求确定，一般要求底板的短边尺寸不小于 200mm。

底板厚度 t 按式(7-31)计算：

$$t \geqslant \sqrt{\frac{6M}{f}} \tag{7-31}$$

其中

$$M = \beta q a_1^2$$

式中　M——两相邻边支承板单位宽度的最大弯矩，按三边支承板计算；

β——系数，由表 4-7 查得，与 b_1/a_1 有关，见图 7.31 和图 7.32；

a_1——两相邻边支承板的对角线长度，见图 7.31 和图 7.32；

q——底板下压力的平均值，$q=R/A_n$。

为使混凝土均匀受压，底板不宜太薄，一般取 $t \geqslant 16$mm。

每块加劲肋与节点板的焊缝近似地按传递屋架支座反力 R 的 1/4 计算，$R/4$ 的作用点到焊缝的距离为 e(图 7.31)。因此焊缝承受剪力($V=R/4$)和弯矩($M=Re/4$)。焊缝的长度就是加劲肋的高度，假定 h_f 后按式(7-32)验算强度：

$$\sqrt{\left(\frac{\sigma_f}{\beta_f}\right)^2+\tau_f^2}\leqslant f_f^w \tag{7-32}$$

其中
$$\sigma_f=\frac{6M}{2\times0.7h_f l_w^{\ 2}},\quad \tau_f=\frac{V}{2\times0.7h_f l_w}$$

同时应按悬臂梁验算加劲肋固定端截面的强度。

节点板、加劲肋与底板的水平焊缝可按均匀承受支座反力 R 计算。因节点板与底板的焊缝是连续的，为此加劲肋在与节点板接触边的下端需切角。所以在计算水平焊缝的计算长度时，除每条焊缝应减去 $2h_f$(考虑焊口影响)，对加劲肋的焊缝还应减去切角宽度 c 和节点板厚度 t。图 7.32 所示的 6 条水平焊缝的总计算长度 $\sum l_w$ 为

$$\sum l_w=2a+2(b-t-2c)-6\times2h_f \tag{7-33}$$

按式(7-34)计算水平焊缝的焊脚尺寸：

$$h_f\geqslant\frac{R}{0.7\times\beta_f f_f^w\sum l_w} \tag{7-34}$$

7.3.4 节点板验算

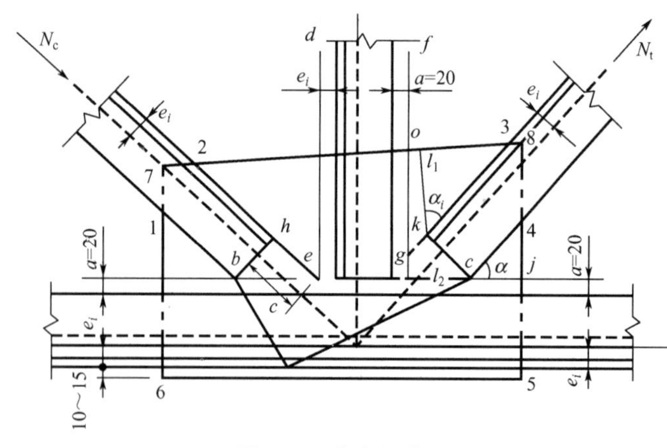

图 7.33　节点板详图

1. 节点板在拉力 N_t 作用下的强度验算

图 7.33 所示节点板右侧腹杆受拉。由于连接并非真正铰接，产生的弯矩和剪力都很小，可忽略不计。试验证明，在 N_t 作用下，当 N_t 很大、节点板又过薄时，节点板将沿折线 $okcj$ 撕裂，应按式(7-35)验算强度：

$$\frac{N_t}{\sum\eta_i A_i}\leqslant f \tag{7-35}$$

$$\eta_i=\frac{1}{\sqrt{1+2\cos^2\alpha_i}}$$

式中　A_i——第 i 段破坏面的截面面积，$A_i=tl_i$，l_i 为第 i 破坏段的长度，即图 7.33 中的 l_1、l_2 和 kc 段；

α_i——第 i 段破坏线与拉力轴线的夹角；

η_i——第 i 段的折算应力系数。

2. 节点板在压力 N_c 作用下的稳定验算

图 7.33 所示节点板左侧腹杆受压。当压杆端中点沿腹杆轴线方向至弦杆的净距离 c 过大时，节点板将屈曲。为了防止节点板屈曲破坏，要求满足：

$$c/t \leqslant 15\varepsilon_k \tag{7-36}$$

当节点中无竖杆，只有压杆和拉杆时，要求满足：

$$c/t \leqslant 10\varepsilon_k \tag{7-37}$$

不满足式(7-36)、式(7-37)的要求时，应按《钢结构设计标准》规定进行稳定验算。

普通钢屋架的节点板均能满足上述要求，只在屋架为大跨度屋架时，需要按以上公式验算节点板强度。当不满足式(7-36)、式(7-37)的要求时，应按《钢结构设计标准》附录 G 提供的公式验算节点板的稳定。

7.3.5 屋架施工图的绘制

屋架各杆件截面和腹杆所需焊缝尺寸确定后，即可绘制施工图。屋架的施工图包括屋架简图，屋架正面图，上、下弦平面图，必要的侧面图和剖面图，某些安装节点或特殊零件的详图及说明(图 7.34，附在最后)。对称屋架可只画左半榀，但需将上、下弦中央拼接节点画完全，以便表明右半榀因工地拼接引起的少量差异(如安装螺栓，某些工地焊缝等)，大型屋架应按运输单元绘制。

1. 屋架简图

在图纸左上角，视图纸空隙大小用适当比例绘制的屋架杆件轴线图，称为屋架简图，一半标出各杆件的轴线尺寸，一半标出各杆件的设计内力。当屋架需要起拱时，应标出起拱高度。

2. 屋架正面图及上、下弦平面图等的绘制

屋架正面图及上、下弦平面图等占据屋架施工图主要图面，杆件轴线长度一般均用 1:30～1:20 的比例绘制，以免图幅过大。为突出杆件和节点的细部构造，杆件截面、节点板以及节点板范围内的所有尺寸都用扩大 1 倍的比例，即 1:15～1:10 的比例绘制(重要节点详图，比例还可大些)。

现就图 7.33 所示的节点板详图对详图的绘制进行介绍。

首先画出屋架所有杆件的轴线，在此基础上画出各杆的角钢(角钢肢背到轴线的距离 e_i 应调整为 5mm 的倍数，见图 7.33)，然后按下述方法确定各腹杆在节点处的杆端位置。

在距下弦角钢肢尖和竖腹杆角钢两侧边缘各为 $a = 20\text{mm}$ 处，分别作下弦和竖腹杆的平行线 bc、de、fg。直线 bc 与两斜腹杆角钢肢尖边线交于 b、c 两点，直线 de、fg 分别与两斜腹杆角钢肢背边线交于 e、g 两点。显然，两斜腹杆应分别在 b、c 两点切断，因为这样可以保证各杆端边缘之间空隙不小于 $a = 20\text{mm}$。分别过 b、c 点作左、右斜腹杆的垂线，得线段 bh、ck，线段 bh、ck 即左、右斜腹杆在节点处杆端的边线。由点 b、h、c、k 开始向上量出斜腹杆肢背、肢尖所需焊缝长度，分别得焊缝末端 1、2、3、4 点，过 1、4 点分别作下弦的垂线并伸出下弦角钢肢背 10～15mm，得 5、6 两点。再连接 5、6 两点和 2、3 两点，得线段 56 和 23。将线段 16 和 45 均向上延长与线段 23 的延长线分别交于 7、8 两点。于是四边形 5678 即是节点板的最小尺寸。节点板的 7、8 两点只要在斜腹杆的肢宽范围内即可，不必追求位于杆件轴线上，否则会增大节点板尺寸。竖腹杆与节点板间仅需很短的焊缝就能满足传力要求，但竖腹杆不应过早切断，而

需将其延伸到距下弦肢尖为 a 处并与节点板满焊，以便利用其伸出肢加强节点的侧向刚度。

在图 7.33 中，因杆件轴线和节点板采用不同的比例绘制，所以在确定腹杆长度时，应取节点中心距离(用 1:20 比例量出或计算出)减去节点中心至杆端距离(用 1:10 比例量出)。垫板所需数量按节点中心间距计算，绘图时将其大致等间距布置在节点板之间。

图中要注明全部零件(角钢和板件)的编号、规格和尺寸(包括定位尺寸和加工尺寸)螺栓孔位置、螺栓孔和螺栓直径，焊缝尺寸，以及对工厂加工和工地施工的要求。

(1) 零件编号按主次、左右、上下、型钢或钢板及零件用途等顺序进行。完全相同的零件给予相同的编号；否则，给予不同的编号。如两个零件的形状和尺寸完全相同，但开孔位置镜面对称(弦杆常是这样)，亦采用同一编号，但应在材料表中注明“正”“反”字样，以示区别。此外，连接支撑和不连接支撑的屋架虽有不同，也可只画一张施工图表示。

(2) 零件的定位尺寸主要有：弦杆节点中心间距，轴线至角钢肢背的距离(不等边角钢应同时注明图面上的肢宽)，节点中心到腹杆近端的距离，节点中心到节点板上、下、左、右边缘的距离。按 1:10 比例绘制的节点所确定的各加工尺寸常有一定的误差，各零件按此加工尺寸下料、切割、加工、钻孔、安装时常会遇到问题。因此在标注尺寸时，一般应根据用较大比例(1:5～1:1)绘制的节点图所量得的尺寸标注。钢板和角钢的斜切应按坐标尺寸标注。简单的尺寸可由计算确定。

(3) 螺栓孔位置应从节点中心、轴线或角钢肢背开始标注。

3. 材料表

材料表中应列出屋架各构件的全部零件的编号、截面规格、长度、数量及质量，以配合详图进一步表明各零件的规格和尺寸，并为备料、零件加工和保管及统计技术指标等提供方便。

4. 说明

说明中应包括选用钢材的牌号和保证项目、焊条型号、焊接方法和质量要求、图中未注明的焊缝和螺栓孔尺寸、油漆、运输要求，以及其他施工图中不易表达或为简化图面而宜用文字说明的内容。

7.3.6 普通钢屋架设计实例

1. 设计资料

某采暖车间跨度为 30m，柱距为 6m，厂房总长度为 90m。车间内设有一台 50t、一台 20t 中级工作制软钩桥式吊车，吊车轨顶标高为 9.000m。冬季最低温度为−20℃。设计使用年限为 50 年。

屋面采用 1.5m×6.0m 预应力大型屋面板，屋面坡度为 $i=1:10$，上铺 80mm 厚泡沫混凝土保温层和二毡三油防水层。

屋面活荷载标准值为 $0.7kN/m^2$，雪荷载标准值为 $0.5kN/m^2$，因紧靠锰、铬、铁合金车间，其积灰荷载标准值为 $0.75kN/m^2$。普通钢屋架采用梯形屋架，其两端铰支于混凝土柱上，上柱截面尺寸为 450mm×450mm，混凝土强度等级为 C25。

钢材采用 Q235B 级，焊条采用 E43 型，手工电弧焊。

屋架计算跨度：$l_0 = 30\text{m} - 2\times0.15\text{m} = 29.7\text{m}$。

跨中及端部高度：屋架的中间高度 $h = 3.490\text{m}$，计算距度的两端高度 $h_0 = 2.005\text{m}$，30m 轴线处的端部高度 $h_0 = 1.990\text{m}$。

屋架跨中起拱 60mm(≈L/500)。

2. 屋架结构

屋架形式及几何尺寸如图 7.35 所示。屋架支撑布置如图 7.36 所示。

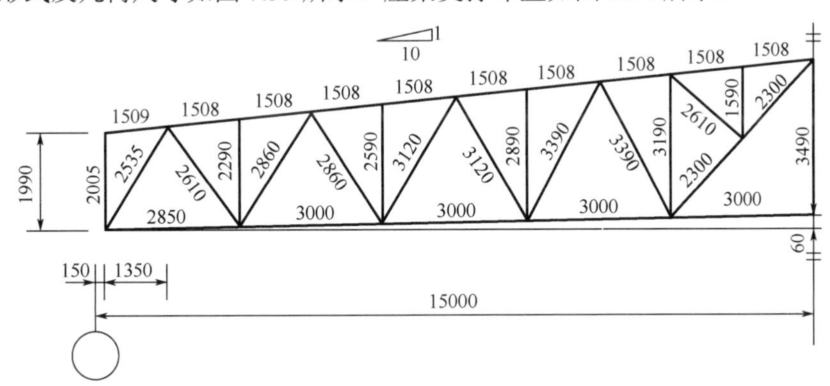

图 7.35 屋架形式及几何尺寸(图中杆件尺寸为未起拱前的尺寸，单位：mm)

3. 荷载计算

屋面活荷载与雪荷载不会同时出现，从设计资料可知屋面活荷载大于雪荷载，故取屋面活荷载计算。沿屋面斜面分布的永久荷载应乘以 $1/\cos\alpha = \sqrt{10^2+1}/10 = 1.005$ 换算为沿水平投影面分布的荷载。屋架沿水平投影面积分布的自重(包括支撑)按经验公式(7-2)计算，因设计使用年限为 50 年，γ_{Lj} 取值为 10。

标准永久荷载。

预应力混凝土人型屋面板	$1.005\times1.4 = 1.407(\text{kN/m}^2)$
二毡三油防水层	$1.005\times0.35 = 0.352(\text{kN/m}^2)$
找平层(厚 20mm)	$1.005\times0.02\times20 = 0.402(\text{kN/m}^2)$
80mm 厚泡沫混凝土保温层	$1.005\times0.08\times6 = 0.482(\text{kN/m}^2)$
屋架和支撑自重	$0.12 + 0.011\times30 = 0.45(\text{kN/m}^2)$
管道荷载	0.182kN/m^2
	共 3.275kN/m^2

标准可变荷载。

屋面活荷载	0.7kN/m^2
积灰荷载	0.75kN/m^2

设计屋架时，应考虑以下三种荷载组合。

(1) 全跨永久荷载+全跨可变荷载(以永久荷载为主的组合)。

全跨节点荷载设计值为

$$F = (1.35\times3.275 + 1.5\times0.7\times0.7 + 1.5\times0.9\times0.75)\times1.5\times6 = 55.52(\text{kN})$$

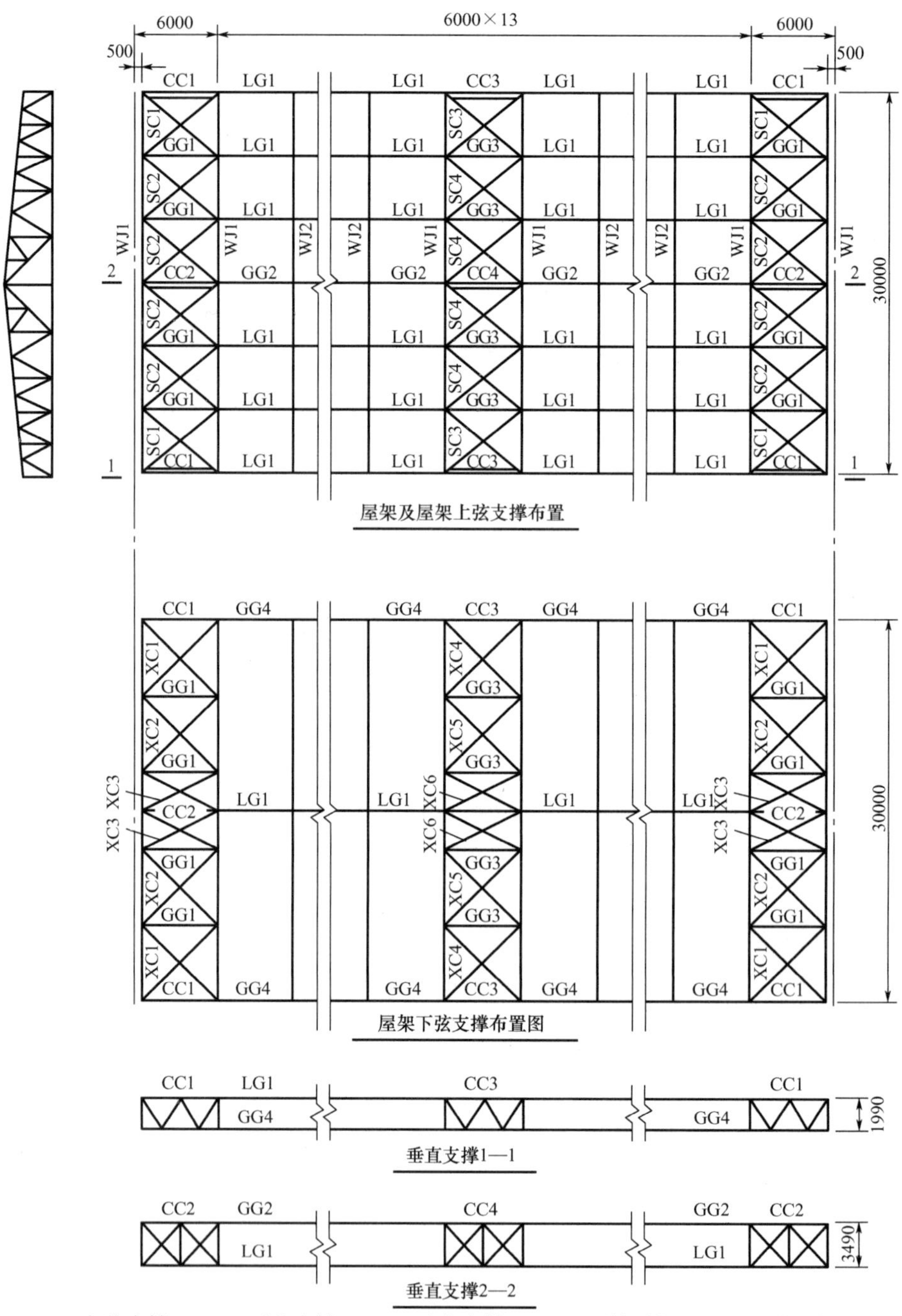

SC—上弦支撑；XC—下弦支撑；CC—垂直支撑；GG—刚性系杆；LG—柔性系杆。

图 7.36　屋架支撑布置(单位：mm)

(2) 全跨永久荷载+半跨可变荷载。

全跨节点永久荷载设计值为

对结构不利时

$F_{1,1}=1.35\times3.275\times1.5\times6=39.79(\text{kN})$ (以永久荷载为主的组合)

$F_{1,2}=1.3\times3.275\times1.5\times6=38.32(\text{kN})$ (以可变荷载为主的组合)

对结构有利时

$F_{1,3}=1.0\times3.275\times1.5\times6=29.48(\text{kN})$

半跨节点可变荷载设计值为

$F_{2,1}=1.5\times(0.7\times0.7+0.9\times0.75)\times1.5\times6=15.73(\text{kN})$ (以永久荷载为主的组合)

$F_{2,2}=1.5\times(0.7+0.9\times0.75)\times1.5\times6=18.56(\text{kN})$ (以可变荷载为主的组合)

(3) 全跨屋架自重(包括支撑)+半跨屋面板自重+半跨屋面活荷载(以可变荷载为主的组合)。

全跨节点屋架自重设计值为

对结构不利时

$F_{3,1}=1.3\times0.45\times1.5\times6=5.27(\text{kN})$

对结构有利时

$F_{3,2}=1.0\times0.45\times1.5\times6=4.05(\text{kN})$

半跨节点屋面板自重及活荷载设计值为

$F_4=(1.3\times1.4+1.5\times0.77)\times1.5\times6=26.78(\text{kN})$

(1)、(2)为使用阶段荷载情况，(3)为施工阶段荷载情况。屋架计算详图见图 7.37。

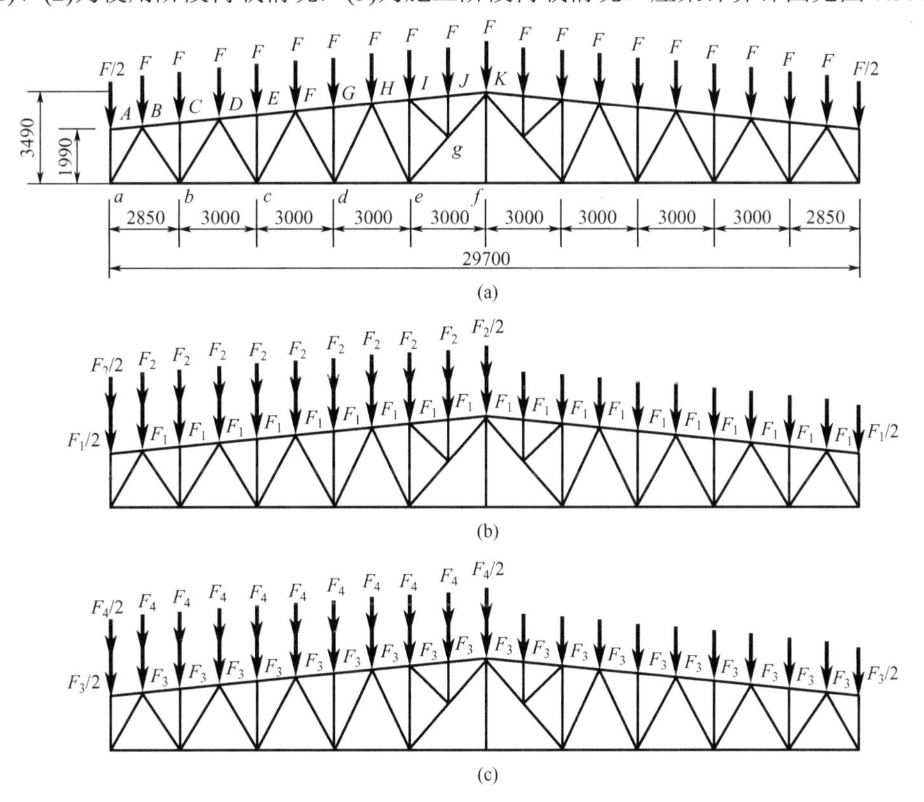

图 7.37 屋架计算详图

4. 内力计算

由电算先解得 $F=1$ 的屋架各杆件的内力系数($F=1$ 作用于全跨、 左半跨和右半跨)。然后求出各种荷载情况下的内力进行组合，计算结果见表 7-6。

表 7-6　屋架杆件内力组合表

杆件名称		内力系数(F=1)			第一种组合 F×①	第二种组合		第三种组合		计算杆件内力/kN
		全跨①	左半跨②	右半跨③		$F_{1,i}$×①+$F_{2,i}$×②	$F_{1,i}$×①+$F_{2,i}$×③	$F_{3,i}$×①+F_4×②	$F_{3,i}$×①+F_4×③	
上弦杆件	*AB*	0	0	0	0	0	0	0	0	0
	BC、*CD*	−11.45	−8.30	−3.15	−635.70					−635.70
	DE、*EF*	−18.34	−12.60	−5.74	−1018.24					−1018.24
	FG、*GH*	−21.70	−13.90	−7.80	−1204.78					−1204.78
	HI	−22.46	−13.06	−9.40	−1246.98					−1246.98
	IJ、*JK*	−22.95	−13.55	−9.40	−1274.18					−1274.18
下弦杆件	*ab*	6.05	4.45	1.60	335.90					335.90
	bc	15.20	10.70	4.50	843.90					843.90
	cd	20.26	13.46	6.80	1124.84					1124.84
	de	22.22	13.62	8.60	1233.65					1233.65
	ef	21.32	10.66	10.66	1183.69					1183.69
斜腹杆	*aB*	−11.30	−8.35	−2.95	−627.38					−627.38
	Bb	9.15	6.50	2.65	508.01					508.01
	bD	−7.45	−4.85	−2.60	−413.62					−413.62
	Dc	5.50	3.25	2.25	305.36					305.36
	cF	−4.20	−2.00	−2.20	−233.18					−233.18
	Fd	2.60	0.70	1.90	144.35					144.35
	dH	−1.50	0.40	−1.90	−83.28	−53.39 $(F_{1,1}, F_{2,1})$	−89.57 $(F_{1,1}, F_{2,1})$	4.64 $(F_{3,2}, F_4)$	−58.79 $(F_{3,1}, F_4)$	{−89.57 4.64
	He	0.30	−1.40	1.70	16.66	−17.14 $(F_{1,3}, F_{2,2})$	38.68 $(F_{1,1}, F_{2,1})$	−36.28 $(F_{3,2}, F_4)$	47.11 $(F_{3,1}, F_4)$	{−36.28 47.11
	eg	1.65	3.65	−2.00	91.61	130.97 $(F_{1,2}, F_{2,2})$	34.19 $(F_{1,1}, F_{2,1})$	106.44 $(F_{3,1}, F_4)$	−46.88 $(F_{3,2}, F_4)$	{−46.88 130.97
	gK	2.22	4.22	−2.00	123.25	154.71 $(F_{1,1}, F_{2,1})$	56.87 $(F_{1,1}, F_{2,1})$	124.71 $(F_{3,1}, F_4)$	−44.57 $(F_{3,2}, F_4)$	{−44.57 154.71
	gI	0.60	0.60	0	33.31	33.31				33.31
竖腹杆	*Aa*	−0.50	−0.50	0	−27.76					−27.76
	Cb、*Ec*	−1.00	−1.00	0	−55.52					−55.52
	Gd、*Jg*	−1.00	−1.00	0	−55.52					−55.52
	Ie	−1.50	−1.50	0	−83.28					−83.28
	Kf	0	0	0	0					0

5. 杆件设计

(1) 上弦杆件。

整个上弦采用等截面杆件，按杆 IJ、JK 的最大设计内力设计。

$$N = 1274.18\text{kN} = 1274180\text{N}$$

上弦杆件计算长度：在屋架平面内，为节间轴线长度，$l_{0x} = 150.8\text{cm}$；在屋架平面外，根据支撑布置和内力变化情况，取 $l_{0y} = 3 \times 150.8\text{cm} = 452.4\text{cm}$。

因为 $l_{0y} = 3l_{0x}$，故截面宜选用两个不等肢角钢，短肢相连(图 7.38)。

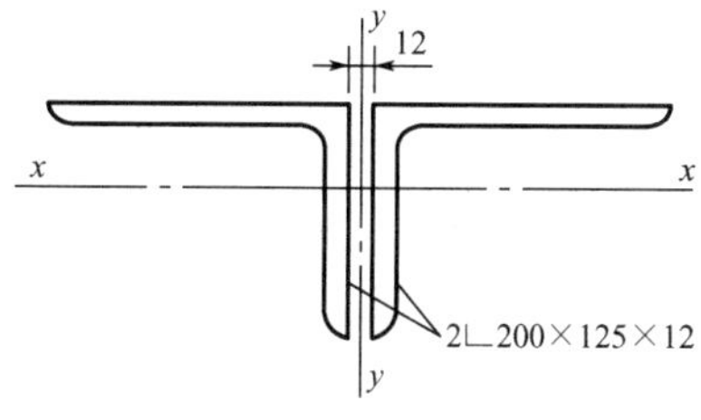

图 7.38 上弦截面(单位：mm)

腹杆最大内力 $N = 627.38$ kN，查表 7-4，节点板厚度选用 12mm，支座节点板厚度选用 14mm。设 $\lambda = 60$，查附录二得 $\varphi = 0.807$。

需要截面积 $A = \dfrac{N}{\varphi f} = \dfrac{1274180}{0.807 \times 215} = 7343.77(\text{mm}^2)$。

需要的回转半径 $i_x = \dfrac{l_{0x}}{\lambda} = \dfrac{150.8}{60} = 2.51(\text{cm})$，$i_y = \dfrac{l_{0y}}{\lambda} = \dfrac{452.4}{60} = 7.54(\text{cm})$。

根据需要的 A、i_x、i_y 查角钢规格表(附录三)，选用 2∟200×125×12。此时 $A = 75.824\text{cm}^2$，$i_x = 3.57\text{cm}$，$i_y = 9.61\text{cm}$，$b_1/t = 200/12 = 16.67$，按所选角钢进行验算。

$$\lambda_x = \frac{l_{0x}}{i_x} = \frac{150.8}{3.57} = 42.24，\quad \lambda_y = \frac{l_{0y}}{i_y} = \frac{452.4\text{cm}}{9.62\text{cm}} = 47.03$$

由于是短肢相连的不等边角钢，$\lambda_z = 3.7\dfrac{b_1}{t} = 3.7 \times 16.67 = 61.68$。

由于 $\lambda_y < \lambda_z$，则 $\lambda_{yz} = \lambda_z\left[1 + 0.06\left(\dfrac{\lambda_y}{\lambda_z}\right)^2\right] = 61.68 \times \left[1 + 0.06 \times \left(\dfrac{47.08}{61.68}\right)^2\right] = 63.84$。

满足长细比的要求。

截面在 x 和 y 平面皆属 b 类截面，由于 $\lambda_{yz} > \lambda_x$，只需求 φ_y。查附录二得 $\varphi_y = 0.787$。

$$\frac{N}{\varphi_y Af} = \frac{1274180}{0.787 \times 7582.4 \times 215} = 0.993 < 1.0$$

所选截面满足要求。

(2) 下弦杆件。

整个下弦采用同一截面，按最大内力在的 de 杆计算。

$$N = 1233.65\text{kN} = 1233650\text{N}$$

下弦杆件计算长度：$l_{0x} = 300\text{cm}$，$l_{0y} = 1485\text{cm}$ (因跨中有通长系杆)。

所需截面积 $A_n = \dfrac{N}{f} = \dfrac{1233650\text{N}}{215} = 5737.91(\text{mm}^2) = 57.38\text{cm}^2$。

选用 2∟180×110×12，因 $l_{0y} \geqslant l_{0x}$，故选用不等肢角钢，短肢相连。查附录三得 $A = 67.424\text{cm}^2 > 57.38\text{cm}^2$，$i_x = 3.10\text{cm}$，$i_y = 8.76\text{cm}$。

$$\lambda_{0y}=\frac{l_{0y}}{i_y}=\frac{1485}{8.76}=169.5<[\lambda]=350$$

考虑下弦有2ϕ21.5mm的螺栓孔削弱，下弦净截面面积为

$$A_n=6742.4-2\times21.5\times15=6097(\text{mm}^2)$$

$$\sigma=\frac{N}{A_n}=\frac{1233650}{6226.4}=198.1(\text{N/mm}^2)<215\text{N/mm}^2$$

(3) 端杆 aB。

轴心力 $N=-627.38\text{kN}=-627380\text{N}$。

计算长度 $l_{0x}=l_{0y}=253.5\text{cm}$。因 $l_{0x}=l_{0y}$，故采用不等肢角钢，长肢相连，使 $i_x\approx i_y$。选用 2∟140×90×10，查附录三得 $A=44.52\text{cm}^2$，$i_x=4.47\text{cm}$，$i_y=3.73\text{cm}$，$b_1/t=90/10=9$。

$$\lambda_x=\frac{l_{0x}}{i_x}=\frac{253.5}{4.47}=56.71$$

$$\lambda_y=\frac{l_{0y}}{i_y}=\frac{253.5}{3.73}=67.96$$

由于是长肢相连的不等边角钢，$\lambda_z=5.1\dfrac{b_1}{t}=5.1\times9=45.9$。

由于 $\lambda_y>\lambda_z$，则

$$\lambda_{yz}=\lambda_y\left[1+0.25\left(\frac{\lambda_z}{\lambda_y}\right)^2\right]=67.96\times\left[1+0.25\times\left(\frac{45.9}{67.96}\right)^2\right]=75.71<[\lambda]=150$$

满足长细比的要求。

截面在 x 和 y 平面皆属 b 类截面，由于 $\lambda_{yz}>\lambda_x$，只需求 φ_y。查附录二得 $\varphi_y=0.715$。

$$\frac{N}{\varphi_y Af}=\frac{627380\text{ N}}{0.715\times4452\times215}=0.917<1.0$$

所选截面满足要求。

(4) 腹杆 eg–gk。

腹杆在 g 节点处不断开，采用通长杆件。

最大拉力 $N_{gk}=154.71\text{kN}$，另一段 $N_{eg}=130.97\text{kN}$。

最大压力 $N_{eg}=-46.88\text{kN}$，另一段 $N_{gk}=-44.57\text{kN}$。

再分式屋架中的斜腹杆在屋架平面内的计算长度取节点中心间距 $l_{0x}=230.1\text{cm}$。

在屋架平面外的计算长度 l_{0y}，按式(7-3)计算。

$$l_{0y}=l_1\left(0.75+0.25\frac{N_2}{N_1}\right)=460.2\times\left(0.75+0.25\times\frac{44.57}{46.88}\right)=454.97(\text{cm})$$

选用 2∟70×5，由附录三查得 $A=13.75\text{cm}^2$，$i_x=2.16\text{cm}$，$i_y=3.31\text{cm}$，$b/t=70/5=14$。

$$\lambda_x=\frac{l_{0x}}{i_x}=\frac{230.1}{2.16}=106.5<150$$

$$\lambda_y = \frac{l_{0y}}{i_y} = \frac{454.97}{3.31} = 137.5 < 150$$

由于是等边双角钢，$\lambda_z = 3.9\frac{b}{t} = 3.9 \times 14 = 54.6$。

由于$\lambda_y > \lambda_z$，则

$$\lambda_{yz} = \lambda_y \left[1 + 0.16\left(\frac{\lambda_z}{\lambda_y}\right)^2\right] = 137.5 \times \left[1 + 0.16 \times \left(\frac{54.6}{137.5}\right)^2\right] = 140.969 < [\lambda] = 150$$

满足长细比的要求。

截面在 x 和 y 平面皆属 b 类截面，由于 $\lambda_{yz} > \lambda_x$，只需求 φ_y。查附录二得 $\varphi_y = 0.340$。

$$\frac{N}{\varphi_y Af} = \frac{46880}{0.340 \times 1375 \times 215} = 0.466 < 1.0$$

拉应力 $\sigma = \frac{N}{A} = \frac{154710}{1375} = 112.52(\text{N/mm}^2) < 215\text{N/mm}^2$。

所选截面满足要求。

(5) 竖杆 Ie。

轴心力 $N = -83.28\text{kN} = -83280\text{N}$；计算长度 $l_{0x} = 0.8l = 0.8 \times 319 = 255.2(\text{cm})$，$l_{0y} = l = 319\text{cm}$ 。内力较小，按$[\lambda] = 150$选择，需要的回转半径为

$$i_x = \frac{l_{0x}}{[\lambda]} = \frac{255.2}{150} = 1.70(\text{cm}),\quad i_y = \frac{l_{0y}}{[\lambda]} = \frac{319}{150} = 2.13(\text{cm})$$

查附录三，选用截面的 i_x 和 i_y 较上述计算的 i_x 和 i_y 略大些。选用 2∟63×5，得截面几何特性为 $A = 12.286\text{cm}^2$，$i_x = 1.94\text{cm}$，$i_y = 3.04\text{cm}$，$b/t = 63/5 = 12.6$。

$$\lambda_x = \frac{l_{0x}}{i_x} = \frac{255}{1.94} = 131.4 < 150,\quad \lambda_y = \frac{l_{0y}}{i_y} = \frac{319}{3.04} = 105.0 < 150$$

由于是等边双角钢，则 $\lambda_z = 3.9\frac{b}{t} = 3.9 \times 12.6 = 49.14$。

由于$\lambda_y > \lambda_z$，则

$$\lambda_{yz} = \lambda_y \left[1 + 0.16\left(\frac{\lambda_z}{\lambda_y}\right)^2\right] = 105 \times \left[1 + 0.16 \times \left(\frac{49.14}{105}\right)^2\right] = 108.68 < [\lambda] = 150$$

满足长细比的要求。

截面在 x 和 y 平面皆属 b 类截面，由于 $\lambda_x > \lambda_{yz}$，只需求 φ_x。查附录二得 $\varphi_x = 0.381$ 。

$$\frac{N}{\varphi_y Af} = \frac{83280}{0.381 \times 1228.6 \times 215} = 0.827 < 1.0$$

所选截面满足要求。

其余各杆件的截面选择计算过程不一一列出，现将计算结果列于表 7-7 中。

表 7-7　杆件截面选择表

杆件		计算内力 /kN	截面规格	截面面积 /cm²	计算长度/cm		回转半径/cm		长细比		容许长细比[λ]	稳定系数		$\frac{N}{\varphi Af}$
名称	编号				l_{0x}	l_{0y}	i_x	i_y	λ_x	$\lambda_y(\lambda_{yz})$		φ_x	φ_y	
上弦	IJ、JK	−1274.18	∟200×125×12	75.82	150.8	452.4	3.57	9.62	42.24	63.83	150		0.787	0.993
下弦	de	1233.65	∟180×110×12	67.42	300	1485	3.1	8.76	96.77	170.59	350			0.851
腹杆	Aa	−27.76	∟63×5	12.286	199	199	1.94	3.04	102.6	65.5	150	0.538		0.195
	aB	−627.38	∟140×90×10	44.52	253.5	253.5	4.47	3.73	56.71	75.71	150		0.715	0.917
	Bb	508.01	∟100×7	27.6	208.6	260.8	3.09	4.53	67.51	57.57	350			0.856
	Cb	−55.52	∟50×5	9.606	183.2	229	1.53	2.53	119.7	90.5	150	0.439		0.612
	bD	−413.62	∟100×7	27.6	229.5	286.9	3.09	4.53	74.3	63.3	150	0.724		0.963
	Dc	305.36	∟80×5	15.824	228.7	285.9	2.48	3.71	92.22	77.06	350			0.898
	Ec	−55.52	∟63×5	12.286	207.2	259	1.94	3.04	106.8	85.2	150	0.512		0.411
	cF	−233.18	∟90×6	21.27	250.3	312.9	2.79	4.12	89.7	75.8	150	0.623		0.818
	Fd	144.35	∟50×5	9.606	249.5	311.9	1.53	2.53	167	123.3	350			0.699
	Gd	−55.52	∟63×5	12.286	231.2	289	1.94	3.04	119.2	95.07	150	0.441		0.477
	dH	−89.57	∟80×5	15.824	271.6	339.5	2.48	3.71	109.52	91.51	150	0.496		0.531
	He	−36.28	∟63×5	12.286	270.8	338.5	1.94	3.04	139.6	111.4	150	0.347		0.396
	le	−83.28	∟63×5	12.286	255.2	319	1.94	3.04	131.4	108.68	150	0.381		0.827
	eg	−46.88	∟70×5	13.75	230.1	454.97	2.16	3.31	106.5	140.97	150		0.340	0.466
	gK	−44.57	∟70×5	13.75	230.1	454.97	2.16	3.31	106.5	140.97	150		0.340	0.443
	Kf	0	∟63×5	12.286	314.1	314.1	2.45		128.2		200			0.000
	gl	33.31	∟50×5	9.606	166.3	207.9	1.53	2.53	108.7	82.2	350			0.131
	Jg	−55.52	∟50×5	9.606	127.6	159.5	1.53	2.53	83.4	63	150	0.665		0.404

6. 节点设计

(1) 下弦节点 b 设计(图 7.39)。

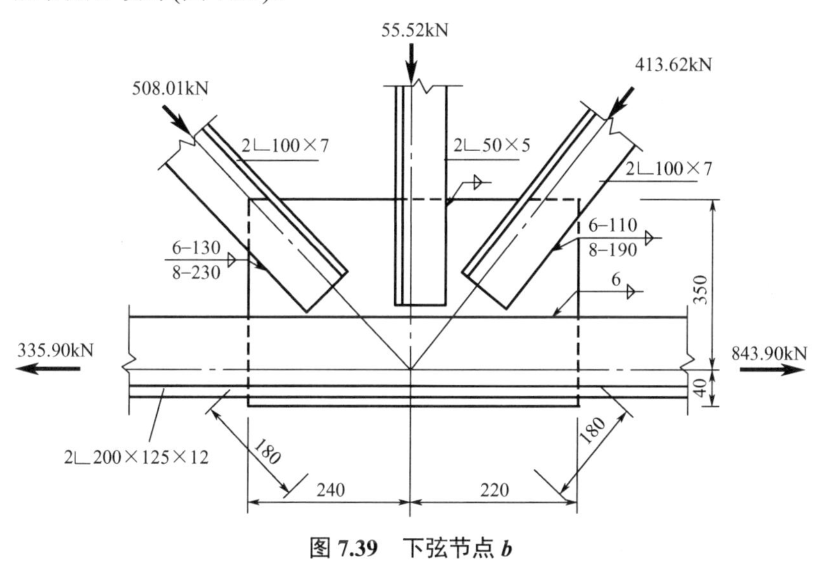

图 7.39 下弦节点 *b*

各杆件的内力由表 7-6 查得。

这类节点的设计步骤是：先根据腹杆的内力计算腹杆与节点板连接焊缝的尺寸，即 h_f 和 l_w，然后根据 l_w 的大小按比例绘出节点板的形状和尺寸，最后验算下弦杆件与节点板的连接焊缝。

例如，选用 E43 型焊条的角焊缝，其抗拉、抗压和抗剪强度设计值为 $f_f^w = 160\text{N/mm}^2$。设杆 Bb 的肢背和肢尖焊缝 $h_f = 8\text{mm}$ 和 6mm，则所需的焊缝长度为

肢背 $l'_w = \dfrac{0.7N}{2h_e f_f^w} = \dfrac{0.7\times 508010}{2\times 0.7\times 8\times 160} = 198.4(\text{mm})$，加 $2h_f$ 后取 23cm。

肢尖 $l''_w = \dfrac{0.3N}{2h_e f_f^w} = \dfrac{0.3\times 508010}{2\times 0.7\times 6\times 160} = 113.4(\text{mm})$，加 $2h_f$ 后取 13cm。

设杆 bD 的肢背和肢尖焊缝 h_f 分别为 8mm 和 6mm，则所需的焊缝长度为

肢背 $l'_w = \dfrac{0.7\times 413620}{2\times 0.7\times 8\times 160} = 161.6(\text{mm})$，取 19cm。

肢尖 $l''_w = \dfrac{0.3\times 413620}{2\times 0.7\times 6\times 160} = 92.3(\text{mm})$，取 11cm。

杆 Cb 的内力很小，焊缝尺寸可按构造确定，取 $h_f = 5\text{mm}$。

根据上面求得的焊缝长度，并考虑杆件之间应有间隙及制作和装配等误差，按比例绘制出节点详图，从而确定节点板尺寸为 390mm×460mm。

下弦杆件与节点板连接的焊缝长度为 46cm，$h_f = 6\text{mm}$。焊缝所受的力为左、右两下弦杆件的内力差 $\Delta N = 843.90 - 335.90 = 508.00(\text{kN})$，受力较大的肢背处的焊缝应力为：

$$\tau_f = \frac{0.75\times 508000}{2\times 0.7\times 6\times (460-12)} = 101.24(\text{N/mm}^2) < 160\text{N/mm}^2$$

则焊缝强度满足要求。

(2) 上弦节点 B 设计(图 7.40)。

杆 Bb 与节点板的焊缝尺寸和节点 b 相同。

杆 aB 与节点板的焊缝尺寸按上述方法计算。

肢背 $h_f = 10$mm，$l'_w = \dfrac{0.65\times627380}{2\times0.7\times10\times160} = 182.05$(mm)，取 21cm。

肢尖 $h_f = 8$mm，$l''_w = \dfrac{0.35\times627380}{2\times0.7\times8\times160} = 122.54$(mm)，取 15cm。

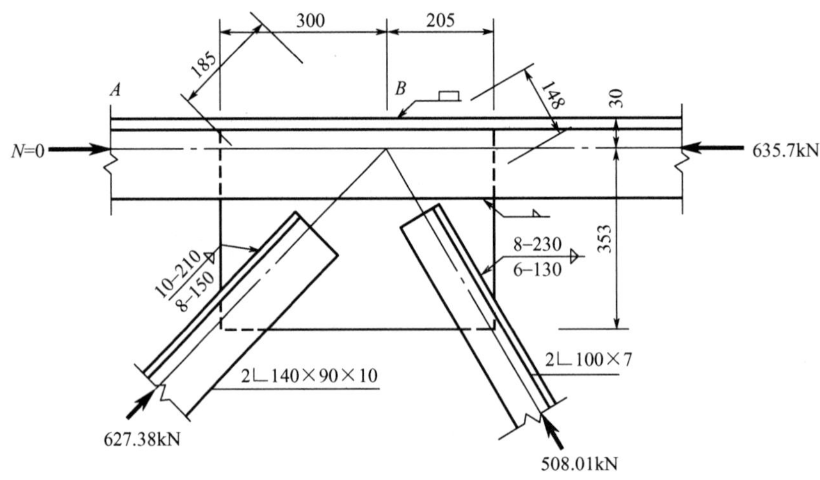

图 7.40　上弦节点 B

为了便于在上弦上方搁置屋面板，节点板的上边缘可缩进上弦肢背 8mm。用槽焊缝把上弦角钢和节点板连接起来(图 7.40)。槽焊缝作为两条角焊缝计算。计算时可略去屋架上弦坡度的影响，而假定集中荷载 F 与上弦垂直。上弦角钢肢背槽焊缝内的应力计算如下。

$$h'_f = \frac{1}{2}\times\text{节点板厚度} = \frac{1}{2}\times12 = 6(\text{mm}),\quad h''_f = 10\text{mm}$$

上弦与节点板间焊缝长度为 505mm。

$$\frac{\sqrt{[K_1(N_1-N_2)]^2+\left(\dfrac{F}{2\times1.22}\right)^2}}{2\times0.7h'_f l'_w} = \frac{\sqrt{(0.75\times635700)^2+\left(\dfrac{55520}{2\times1.22}\right)^2}}{2\times0.7\times6\times(505-12)}$$

$$=115.26(\text{N/mm}^2) < f_f^w = 160\text{N/mm}^2$$

上弦角钢肢尖角焊缝的剪应力为

$$\frac{\sqrt{[K_1(N_1-N_2)]^2+\left(\dfrac{F}{2\times1.22}\right)^2}}{2\times0.7h'_f l'_w} = \frac{\sqrt{(0.25\times635700N)^2+\left(\dfrac{55520}{2\times1.22}\right)^2}}{2\times0.7\times10\times(505-20)}$$

$$=23.64(\text{N/mm}^2) < 160\text{N/mm}^2$$

此节点还可按另一种方法验算。节点荷载由槽焊缝承受，上弦两相邻节间内力差由角钢肢尖焊缝承受，这时槽焊缝肯定是安全的，无须验算。肢尖焊缝验算如下。

$$\tau_f^N = \frac{N_1-N_2}{2\times0.7h''_w l''_w} = \frac{635700}{2\times0.7\times10\times485} = 93.62(\text{N/mm}^2)$$

$$\sigma_f^M = \frac{6M}{2\times 0.7 h_f'' l_w''^2} = \frac{6\times 635700\times 95}{2\times 0.7\times 10\times 485^2} = 110.03(\text{N/mm}^2)$$

$$\sqrt{(\tau_f^N)^2 + (\sigma_f^M/1.22)^2} = \sqrt{93.62^2 + \left(\frac{110.03}{1.22}\right)^2} = 129.99(\text{N/mm}^2) < 160\text{N/mm}^2$$

(3) 屋脊节点 K 设计(图 7.41)。

弦杆一般都采用同号角钢进行拼接，为使拼接角钢与弦杆之间能够密合，且便于施焊，需将拼接角钢的棱角削除(图 7.41)，且截去垂直肢的一部分宽度(一般为 $t+h_f+5$mm)。拼接角钢的这部分削弱，可以靠节点板来补偿。接头一边的焊缝长度按弦杆内力计算。

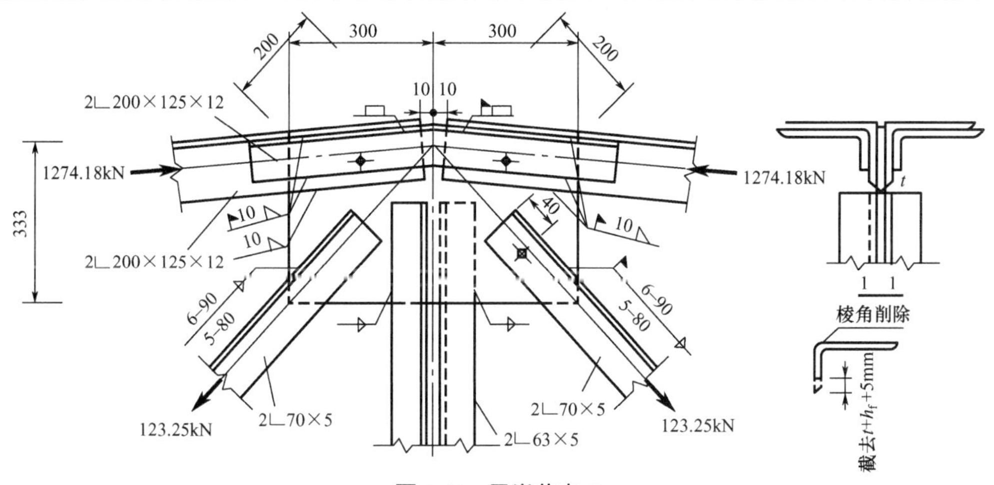

图 7.41 屋脊节点 K

设焊缝 $h_f = 10$mm，则所需焊缝计算长度为(一条焊缝)

$$l_w = \frac{1274180}{4\times 0.7\times 10\times 160} = 284.42(\text{mm})$$

拼接角钢的长度取 740mm ＞ 2×284.42 = 568.84(mm)。

上弦与节点板之间的槽焊缝(假定承受节点荷载)，验算过程省略。上弦角钢肢尖与节点板的连接焊缝应按上弦内力的 15%计算。设肢尖焊缝 $h_f = 6$mm，节点板长度为 60cm，则节点一侧弦杆件焊缝的计算长度为$l_w = \frac{60}{2} - 1 - 2 = 27(\text{cm})$，焊缝应力为

$$\tau_f^N = \frac{0.15\times 1274180}{2\times 0.7\times 10\times 270} = 50.56(\text{N/mm}^2) < f_f^w = 160\text{N/mm}^2$$

如考虑左右两弦杆的竖向分力 V(向上作用)。

$$V = 2N \cdot \sin\alpha = 2\times 1250.09\times \sin(\arctan 0.1) = 248.78(\text{kN})$$

抵消竖向节点荷载，分配到每侧上弦角钢的作用为

$$\frac{1}{2}(V - F) = \frac{1}{2}\times(248.78 - 54.47) = 97.16(\text{kN})$$

假设由角钢的肢背和肢尖平均分担，再考虑 0.15N 的轴心力作用，可按照上弦节点 B 方法验算上弦角钢与节点板之间的焊缝。经验算满足要求，请自行验证。

因屋架的跨度较大，需将屋架分成两个运输单元，屋脊节点和下弦跨中节点为工地拼接，左半边的上弦、斜腹杆和竖腹杆与节点板连接为工厂拼接，而右半边的上弦、斜腹杆

与节点板的连接用工地拼接。

腹杆与节点板连接焊缝计算方法与以上几个节点相同。

(4) 支座节点 *a* 设计(图 7.42)。

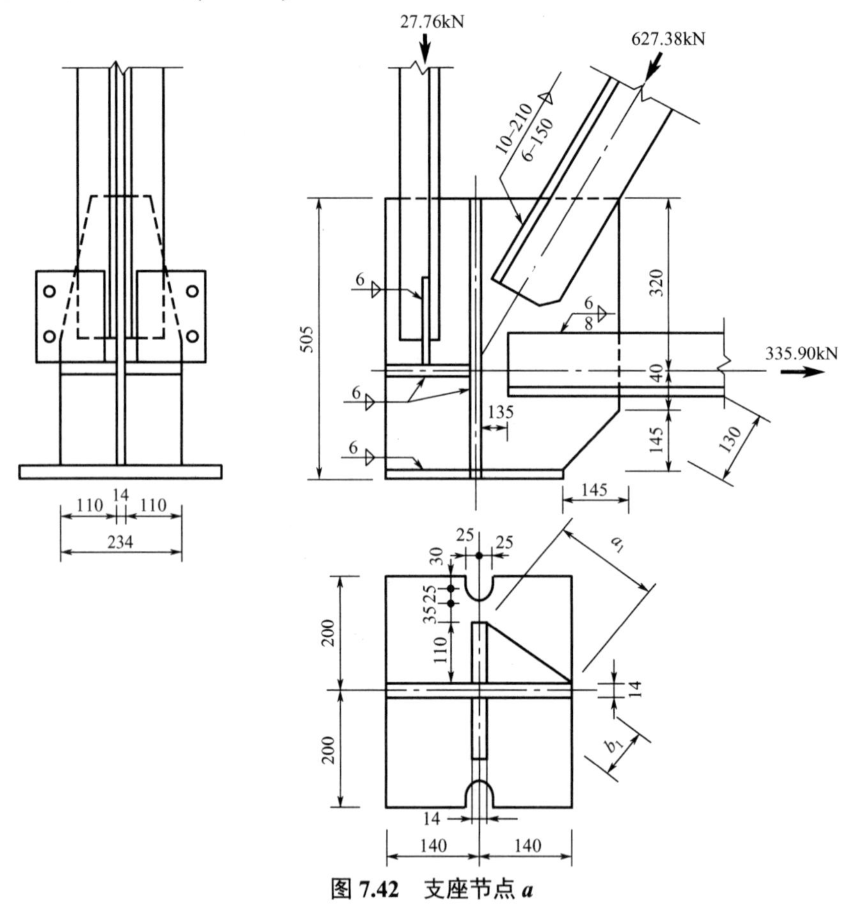

图 7.42　支座节点 *a*

为了便于施焊，下弦杆角钢水平肢的底面与支座底板的净距离取 160mm。在节点中心线上设置加劲肋，加劲肋的高度与节点板的高度相等，厚度为 14mm。

① 支座底板的计算。

支座反力：$R=10F=555200\text{N}$。

支座底板的平面尺寸采用 280mm×400mm，如仅考虑有加劲肋部分的底板承受支座反力，则承压面积为 $280\times234=65520(\text{mm}^2)$。

验算柱顶混凝土的抗压强度。

$$\sigma=\frac{R}{A_n}=\frac{555200}{65520}=8.47(\text{N/mm}^2)<f_c=12.5\text{N/mm}^2(\text{C25混凝土})$$

底板的厚度按屋架反力作用下的弯矩计算，节点板和加劲肋将底板分成 4 块，每块板为两相邻边支承而另两相邻边自由的板，每块板的单位宽度的最大弯矩为

$$M=\beta\sigma a_1^2$$

式中，σ 为底板下的平均应力，$\sigma=\dfrac{555200}{280\times234}=8.47(\text{N/mm}^2)$。

a_1 为两支承边之间的对角线长度， $a_1=\sqrt{\left(140-\dfrac{14}{2}\right)^2+110^2}=172.6(\text{mm})$。

β 为系数，由 b_1/a_1 查得，其中 b_1 为两支承边的相交点到对角线 a_1 的垂直距离(图 7.42)。由相似三角形的关系，得 $b_1=\dfrac{110\times 133}{172.6}=84.8(\text{mm})$。

用 $\dfrac{b_1}{a_1}=\dfrac{84.8}{172.6}=0.49$，查得 $\beta\approx 0.058$，则

$$M=\beta\sigma a_1^2=0.058\times 8.47\times 172.6^2=14635.01(\text{N}\bullet\text{mm})$$

底板厚度为

$$t=\sqrt{\frac{6M}{f}}=\sqrt{\frac{6\times 14635.01}{215}}=20.21(\text{mm})>16\text{mm}$$

$f=215\text{N/mm}^2$，t 应增大 $\sqrt{215/205}=1.02$ 倍，取 $t=22\text{mm}$。

② 加劲肋与节点板的连接焊缝计算。

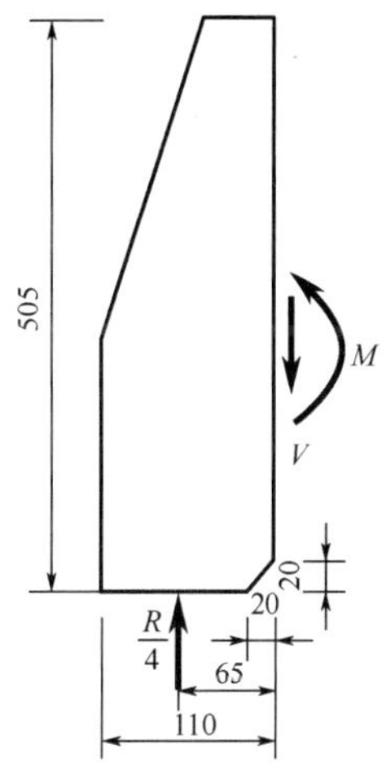

图 7.43 加劲肋计算简图

加劲肋与节点板的连接焊缝计算与牛腿焊缝相似(图 7.43)。偏于安全地假定一个加劲肋的受力为屋架支座反力的 1/4，即

$$R/4=555200/4=138800(\text{N})$$

则焊缝内力为

$$V=138800\text{N}$$
$$M=138800\times 65=9022000(\text{N}\bullet\text{mm})$$

设焊缝 $h_f=6\text{mm}$，焊缝计算长度 $l_w=505-12-20=473(\text{mm})$，则焊缝应力为

$$\sqrt{\left(\frac{138800}{2\times 0.7\times 6\times 473}\right)^2+\left(\frac{9022000\times 6}{2\times 0.7\times 6\times 473^2\times 1.22}\right)^2}=42.16(\text{N/mm}^2)<160\text{N/mm}^2$$

③ 节点板、加劲肋与底板的连接焊缝计算。

设焊缝传递全部支座反力 $R=544700\text{N}$，其中每块加劲肋各传 $R/4=138800\text{N}$，节点板传递 $R/2$=277600N。

设节点板与底板的连接焊缝的焊脚尺寸 $h_f=6\text{mm}$，则焊缝长度 $\sum l_w=2\times(280-12)=536(\text{mm})$，焊缝强度验算如下。

$$\sigma_f=\frac{R/2}{0.7\sum l_w\times h_f}=\frac{277600}{0.7\times 536\times 6}=123.31(\text{N/mm}^2)<1.22\times 160=195.2(\text{N/mm}^2)$$

每块加劲肋与底板的连接焊缝长度为

$$\sum l_w=(110-20-12)\times 2=156(\text{mm})$$

焊缝强度验算如下。

$$\sigma_f=\frac{R/4}{0.7\times\sum l_w\times h_f}=\frac{138800}{0.7\times 156\times 6}=211.84(\text{N/mm}^2)>195.2\text{N/mm}^2$$

改取 $h_f=8\text{mm}$。

7. 屋架施工图

本设计实例屋架施工图见图 7.34。

习　题

一、单项选择题

1．两端简支且跨度(　　)的三角形屋架，当下弦无曲折时宜起拱，起拱高度一般为跨度的 1/500。

A．≥15m　　B．≥24m　　C．>15m　　D．>24m

2．屋架设计中，积灰荷载应与(　　)同时考虑。

A．屋面活荷载　　B．雪荷载

C．屋面活荷载和雪荷载两者中的较大值　　D．屋面活荷载和雪荷载

3．屋架中，双角钢十字形截面端竖杆的斜平面计算长度为(　　)(设杆件几何长度为 l)。

A．l　　B．$0.8l$　　C．$0.9l$　　D．$2l$

4．梯形屋架端斜杆最合理的截面形式是(　　)。

A．两长边相连的不等边角钢组成的 T 形截面

B．两短边相连的不等边角钢组成的 T 形截面

C．两等边角钢组成的 T 形截面

D．两等边角钢组成的十字形截面

5．为避免屋架杆件在自重作用下产生过大的挠度、在动力荷载作用下产生剧烈振动，应使杆件的(　　)。

A．$\lambda \leqslant [\lambda]$　　B．$\dfrac{N}{A_n} \leqslant f$　　C．$\dfrac{N}{\varphi A} \leqslant f$　　D．$\dfrac{N}{A_n} \leqslant f$ 及 $\dfrac{N}{\varphi A} \leqslant f$

二、填空题

1．能承受压力的系杆是______系杆，只能承受拉力而不能承受压力的系杆是______系杆。

2．两角钢组成的杆件上的垫板间距，对拉杆不应大于______，对压杆不应大于______。压杆的平面外计算长度范围内垫板数不得少于______个。

3．当在屋架竖杆上直接设螺栓孔以连接垂直支撑时，竖杆截面除应满足受力要求外，还应满足设置螺栓孔的______要求。

4．当屋架杆件用节点板连接时，弦杆与腹杆、腹杆与腹杆的杆端边缘的间距，不宜小于______。

5．由双角钢组成的十字形和 T 形截面轴心受压杆件，都属______类截面，仅需______即可使压杆对两主轴的稳定性相等。

三、简答题

1．什么是有檩屋盖和无檩屋盖？它们各自的特点和适用范围是什么？

2．屋盖支撑有几种？支撑体系在屋盖结构中的作用是什么？

3．钢屋架有哪几种桁架形式？

4．试描述屋盖支撑杆件的截面选择方法。

5．试描述确定屋架杆件计算长度的原则。

四、计算题

1．如图 7.45 所示，某钢屋架端部受压的上弦杆件，轴心压力设计值 N 为：第一节间 $N=0$；第二节间 $N=1100\text{kN}$(节间长度 1.5m)。节点板厚度为 14mm，钢材为 Q235B。截面采用双角钢 2∟180×110×12 组成的 T 形截面，短边相连，截面外伸肢上有一个直径 21.5mm 的螺栓孔，其位置在节点板范围以外。试验算该上弦杆件的承载力和刚度是否满足要求。

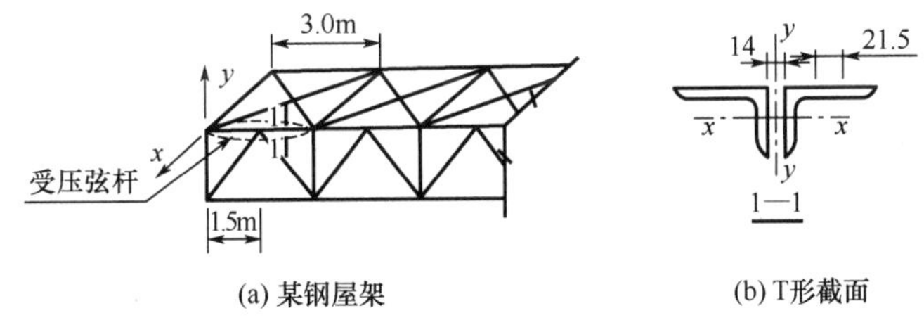

(a) 某钢屋架　　(b) T形截面

图 7.45　计算题 1 图

2．某一下弦拼接节点两侧的下弦杆件为 2∟160×100×10，其内力如图及节点板的尺寸如图 7.46 所示。试设计拼接节点，并验算下弦与节点板的连接是否满足要求。

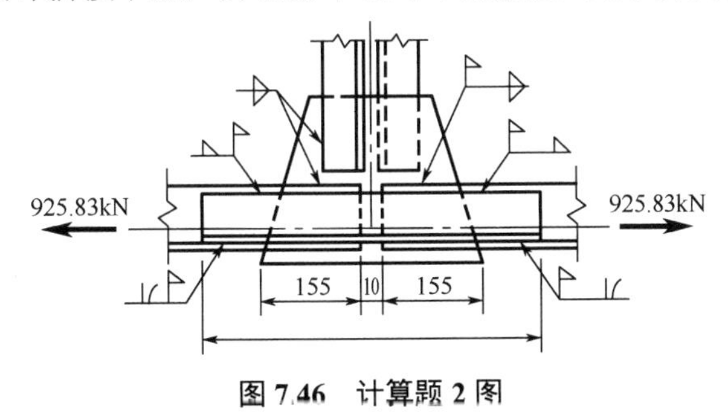

图 7.46　计算题 2 图

附 录

附录一 强度设计指标

附表 1-1 钢材的设计用强度指标

单位：N/mm^2

钢材牌号		钢材厚或直径/mm	强度设计值			屈服强度 f_y	抗拉强度 f_u
			抗拉、拉压、抗弯 f	抗剪 f_v	端面承压(刨平顶紧)f_{ce}		
碳素结构钢	Q235	≤16	215	125	320	235	370
		＞16～40	205	120		225	
		＞40～100	200	115		215	
低合金高强度结构钢	Q355	≤16	305	175	400	345	470
		＞16～40	295	170		335	
		＞40～63	290	165		325	
		＞63～80	280	160		315	
		＞80～100	270	155		305	
	Q390	≤16	345	200	415	390	490
		＞16～40	330	190		370	
		＞40～63	310	180		350	
		＞63～100	295	170		330	
	Q420	≤16	375	215	440	420	520
		＞16～40	355	205		400	

(单位：N/mm²)续表

钢材牌号		钢材厚或直径/mm	强度设计值			屈服强度 f_y	抗拉强度 f_u
			抗拉、拉压、抗弯 f	抗剪 f_v	端面承压(刨平顶紧) f_{ce}		
低合金高强度结构钢	Q420	＞40～63	320	185	440	380	520
		＞63～100	305	175		360	
	Q460	≤16	410	235	470	460	550
		＞16～40	390	225		440	
		＞40～63	355	205		420	
		＞63～100	340	195		400	

注：1. 表中直径指实芯棒材直径，厚度是指计算点的钢材或钢管壁厚度，对轴心受拉和轴心受压构件是指截面中较厚板件的厚度。

2. 冷弯型材和冷弯钢管，其强度设计值应按国家现行有关标准的规定采用。

附表 1-2 铸钢件的强度设计值

单位：N/mm²

类别	钢号	铸件厚度/mm	抗拉、抗压、抗弯 f	抗剪 f_v	端面承压(刨平顶紧) f_{ce}
非焊接结构用铸钢件	ZG230-450	≤100	180	105	290
	ZG270-500		210	120	325
	ZG310-570		240	140	370
焊接结构用铸钢件	ZG230-450H	≤100	180	105	290
	ZG270-480H		210	120	310
	ZG300-500H		235	135	325
	ZG340-550H		265	150	355

附表 1-3 焊缝的强度指标

单位：N/mm²

焊接方法和焊条型号	构件钢材		对接焊缝强度设计值				角焊缝强度设计值	对接焊缝抗拉强度 f_u^w	角焊缝抗拉、抗压和抗剪强度 f_u^f
	牌号	厚度或直径/mm	抗压 f_c^w	焊缝质量为下列等级时，抗拉 f_t^w		抗剪 f_v^w	抗拉、抗压和抗剪 f_f^w		
				一级、二级	三级				
自动焊、半自动焊和E43型焊条手工焊	Q235	≤16	215	215	185	125	160	415	240
		＞16～40	205	205	175	120			
		＞40～100	200	200	170	115			
自动焊、半自动焊和E50、E55型焊条手工焊	Q355	≤16	305	305	260	175	200	480(E50) 540(E55)	280(E50) 315(E55)
		＞16～40	295	295	250	170			
		＞40～63	290	290	245	165			
		＞63～80	280	280	240	160			
		＞80～100	270	270	230	155			

（单位：N/mm²）续表

焊接方法和焊条型号	构件钢材		对接焊缝强度设计值				角焊缝强度设计值	对接焊缝抗拉强度 f_u^w	角焊缝抗拉、抗压和抗剪强度 f_u^f
	牌号	厚度或直径/mm	抗压 f_c^w	焊缝质量为下列等级时，抗拉 f_t^w		抗剪 f_v^w	抗拉、抗压和抗剪 f_f^w		
				一级、二级	三级				
自动焊、半自动焊和E50、E55型焊条手工焊	Q390	≤16	345	345	295	200	200(E50) 220(E55)		
		＞16～40	330	330	280	190			
		＞40～63	310	310	265	180			
		＞63～100	295	295	250	170			
自动焊、半自动焊和E55、E60型焊条手工焊	Q420	≤16	375	375	320	215	220(E55) 240(E60)	540(E55) 590(E60)	315(E55) 340(E60)
		＞16～40	355	355	300	205			
		＞40～63	320	320	270	185			
		＞63～100	305	305	260	175			
自动焊、半自动焊和E55、E60型焊条手工焊	Q460	≤16	410	410	350	235	220(E55) 240(E60)	540(E55) 590(E60)	315(E55) 340(E60)
		＞16～40	390	390	330	225			
		＞40～63	355	355	300	205			
		＞63～100	340	340	290	195			

注：表中厚度是指计算点的钢材厚度，对轴心受拉和轴心受压构件则是指截面中较厚板件的厚度。

附表 1-4　螺栓连接的强度设计值

单位：N/mm²

螺栓的性能等级、锚栓和构件钢材的牌号		强度设计值										高强度螺栓的抗拉强度 f_u^b
		普通螺栓						锚栓	承压型连接或网架用高强度螺栓			
		C 级螺栓			A 级、B 级螺栓							
		抗拉 f_t^b	抗剪 f_v^b	承压 f_c^b	抗拉 f_t^b	抗剪 f_v^b	承压 f_c^b	抗拉 f_t^b	抗拉 f_t^b	抗剪 f_v^b	承压 f_c^b	
普通螺栓	4.6 级、4.8 级	170	140	—	—	—	—	—	—	—	—	—
	5.6 级	—	—	—	210	190	—	—	—	—	—	—
	8.8 级	—	—	—	400	320	—	—	—	—	—	—
锚栓	Q235	—	—	—	—	—	—	140	—	—	—	—
	Q355	—	—	—	—	—	—	180	—	—	—	—
	Q390	—	—	—	—	—	—	185	—	—	—	—
承压型连接高强度螺栓	8.8 级	—	—	—	—	—	—	—	400	250	—	830
	10.9 级	—	—	—	—	—	—	—	500	310	—	1040
螺栓球节点用高强度螺栓	9.8 级	—	—	—	—	—	—	—	385	—	—	—
	10.9 级	—	—	—	—	—	—	—	430	—	—	—

(单位：N/mm^2)续表

螺栓的性能等级、锚栓和构件钢材的牌号		强度设计值										高强度螺栓的抗拉强度 f_u^b
		普通螺栓						锚栓	承压型连接或网架用高强度螺栓			
		C 级螺栓			A 级、B 级螺栓							
		抗拉 f_t^b	抗剪 f_v^b	承压 f_c^b	抗拉 f_t^b	抗剪 f_v^b	承压 f_c^b	抗拉 f_t^b	抗拉 f_t^b	抗剪 f_v^b	承压 f_c^b	
构件钢材牌号	Q235	—	—	305	—	—	405	—	—	—	470	—
	Q355	—	—	385	—	—	510	—	—	—	590	—
	Q390	—	—	400	—	—	530	—	—	——	615	—
	Q420	—	—	425	—	—	560	—	—	—	655	—
	Q460	—	—	450	—	—	595	—	—	—	695	—

注：1. A 级螺栓用于 $d \leqslant 24$mm 和 $L \leqslant 10d$ 或 $L \leqslant 150$mm (按较小值)的螺栓；B 级螺栓用于 $d>24$mm 或 $L>10d$ 或 $L>150$mm (按较小值)的螺栓(d 为公称直径，L 为公称长度)。

2. A 级、B 级螺栓孔的精度和孔壁表面粗糙度，C 级螺栓孔的允许偏差和孔壁表面粗糙度，均应符合《钢结构工程施工质量验收标准》(GB 50205—2020)的要求。

3. 用于螺栓球节点网架的高强度螺栓，M12～M36 为 10.9 级，M39～M64 为 9.8 级。

附表 1-5　铆钉连接的强度设计值

单位：N/mm^2

铆钉钢号和构件钢材牌号		抗拉(钉头拉脱) f_t^r	抗剪 f_v^r		承压 f_c^r	
			Ⅰ类孔	Ⅱ类孔	Ⅰ类孔	Ⅱ类孔
铆钉	BL2 或 BL3	120	185	155	—	—
构件	Q235	—	—	—	450	365
	Q355	—	—	—	565	460
	Q390	—	—	—	590	480

注：1. 属于下列情况者为Ⅰ类孔。

(1) 在装配好的构件上按设计孔径钻成的孔；

(2) 在单个零件和构件上按设计孔径分别用钻模钻成的孔；

(3) 在单个零件上先钻成或冲成较小的孔径，然后在装配好的构件上再扩钻至设计孔径的孔。

2. 在单个零件上一次冲成或不用钻模钻成设计孔径的孔属于Ⅱ类孔。

附表 1-6　焊条规格[《非合金钢及细晶粒钢焊条》(GB/T 5117—2012)]

焊条型号		药皮类型	焊接位置	电流种类
E43 系列(熔敷金属抗拉强度≥430MPa)	E4303	钛型	平焊、向下立焊、仰焊、横焊	交流和直流正、反接
	E4310	纤维素		直流反接
	E4311	纤维素		交流和直流反接
	E4312	金红石		交流和直流正接
	E4313	金红石		交流和直流正、反接
	E4315	碱性		直流反接
	E4316	碱性		交流和直流反接
	E4318	碱性＋铁粉		
	E4319	钛铁矿		交流和直流正、反接

续表

焊条型号		药皮类型	焊接位置	电流种类
E43 系列(熔敷金属抗拉强度≥430MPa)	E4320	氧化铁	平焊、平角焊	交流和直流正接
	E4324	金红石+铁粉		交流和直流正、反接
	E4327	氧化铁+铁粉		
	E4328	碱性+铁粉	平焊、平角焊、横焊	交流和直流反接
	E4340	不做规定	由制造商确定	
E50 系列(熔敷金属抗拉强度≥490MPa)	E5003	钛型	平焊、向下立焊、仰焊、横焊	交流和直流正、反接
	E5010	纤维素		直流反接
	E5011	纤维素		交流和直流反接
	E5012	金红石		交流和直流正接
	E5013	金红石		交流和直流正、反接
	E5014	金红石+铁粉		
	E5015	碱性		直流反接
	E5016	碱性		交流和直流反接
	E5018	碱性+铁粉		
	E5019	钛铁矿		交流和直流正、反接
	E5024	金红石+铁粉	平焊、平角焊	交流和直流正、反接
	E5027	氧化铁+铁粉		
	E5028	碱性+铁粉	平焊、平角焊、横焊	交流和直流反接
	E5048	碱性	平焊、向下立焊、仰焊、横焊	

附表 1-7　疲劳计算时的构件和连接分类

项次	类型	简图	说明	类别编号
1	非焊接的构件和连接分类		无连接处的母材 轧制型钢	Z1
2			无连接处的母材 钢板。 (1) 两边为轧制边或刨边。 (2) 两边为自动、半自动切割边(切割质量标准应符合《钢结构工程施工及验收规范》)	Z1 Z2

续表

项次	类型	简图	说明	类别编号
3	非焊接的构件和连接分类		连系螺栓和虚孔处的母材 应力以净截面面积计算	Z4
4			螺栓连接处的母材 高强度螺栓摩擦型连接应力以毛截面面积计算；其他螺栓连接应力以净截面面积计算。 铆钉连接处的母材 连接应力以净截面面积计算	Z2 Z4
5			受拉螺栓的螺纹处母材 连接板件应有足够的刚度，保证不产生撬力。否则受拉正应力应考虑撬力及其他因素产生的全部附加应力。 对于直径大于 30mm 螺栓，需要考虑尺寸效应对容许应力幅进行修正，修正系数 $\gamma_t = \left(\frac{30}{d}\right)^{0.25}$	Z11
6	纵向传力焊缝的构件和连接分类		无垫板的纵向对接焊缝附近的母材 焊缝符合二级焊缝标准	Z2
7			有连接垫板的纵向自动对接焊缝附近的母材 (1) 无起弧、灭弧。 (2) 有起弧、灭弧	 Z4 Z5
8			翼缘连接焊缝附近的母材 (1) 翼缘板与腹板的连接焊缝。 自动焊，二级 T 形对接与角接组合焊缝。 自动焊，角焊缝，外观质量标准符合二级。 手工焊，角焊缝，外观质量标准符合二级。 (2) 双层翼缘板之间的连接焊缝 自动焊，角焊缝，外观质量标准符合二级。 手工焊，角焊缝，外观质量标准符合二级	 Z2 Z4 Z5 Z4 Z5

续表

项次	类型	简图	说明	类别编号
9	纵向传力焊缝的构件和连接分类	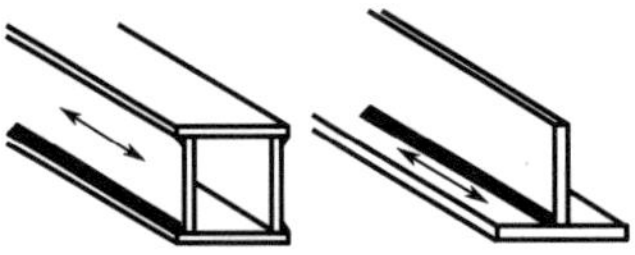	仅单侧施焊的手工或自动对接焊缝附近的母材 焊缝符合二级焊缝标准，翼缘与腹板很好贴合	Z5
10		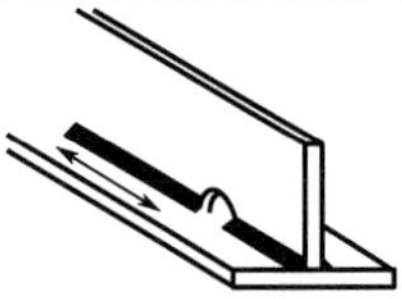	开工艺孔处焊缝附近的母材 焊缝符合二级焊缝标准的对接焊缝、焊缝外观质量符合二级焊缝标准的角焊缝等	Z8
11		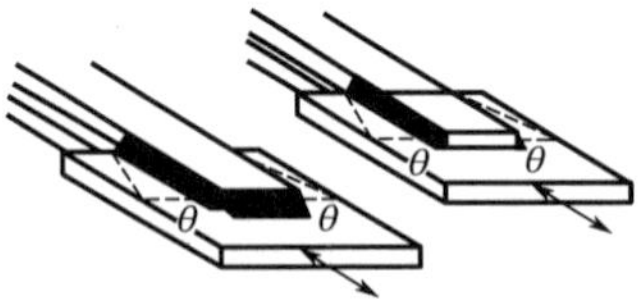 θ θ θ θ	节点板搭接的两侧面角焊缝端部的母材 节点板搭接的三面围焊时两侧角焊缝端部的母材 三面围焊或两侧面角焊缝的节点板母材 节点板计算宽度按应力扩散角 θ 等于30°考虑	Z10 Z8 Z8
12	横向传力焊缝的构件和连接分类	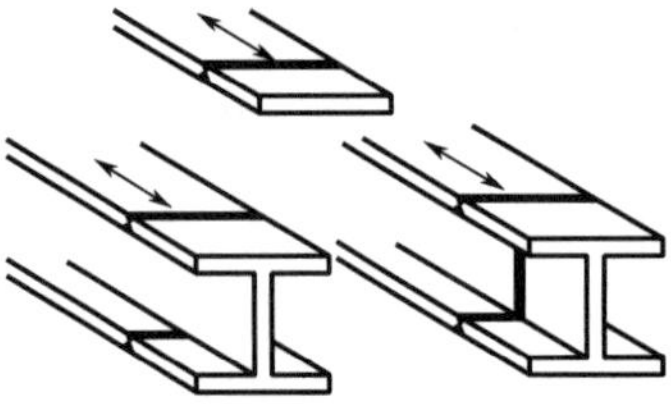	横向对接焊缝附近的母材，轧制梁对接焊缝附近的母材 符合现行国家标准《钢结构工程施工质量验收规范》的一级焊缝，且经加工、磨平。 符合现行国家标准《钢结构工程施工质量验收规范》的一级焊缝	Z2 Z4
13		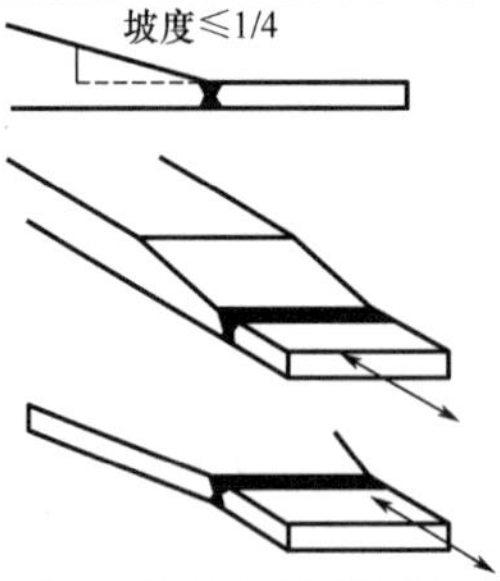 坡度≤1/4	不同厚度（或宽度）横向对接焊缝附近的母材 符合现行国家标准《钢结构工程施工质量验收规范》的一级焊缝，且经加工、磨平 符合现行国家标准《钢结构工程施工质量验收规范》的一级焊缝	Z2 Z4
14		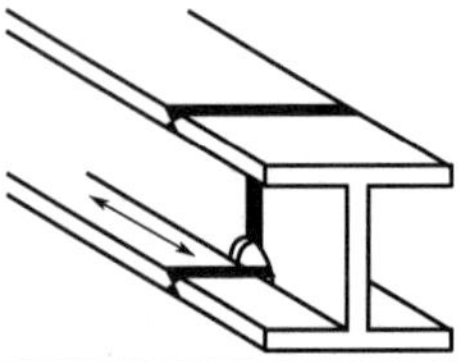	有工艺孔的轧制梁对接焊缝附近的母材 焊缝加工成平滑过渡并符合一级焊缝标准	Z6
15		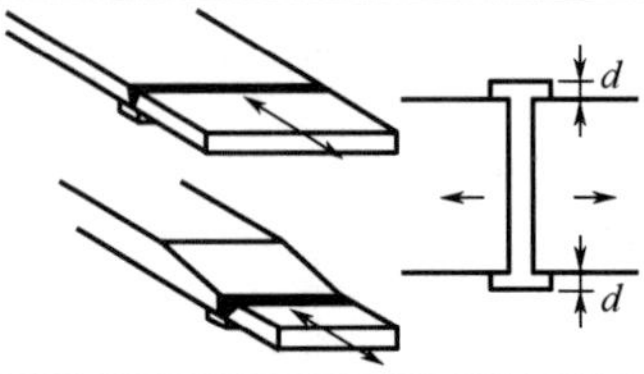 d d	带垫板的横向对接焊缝附近的母材 垫板端部超出母板距离 d： d≥10mm； d>10mm	Z8 Z11

续表

项次	类型	简图	说明	类别编号
16	横向传力焊缝的构件和连接分类	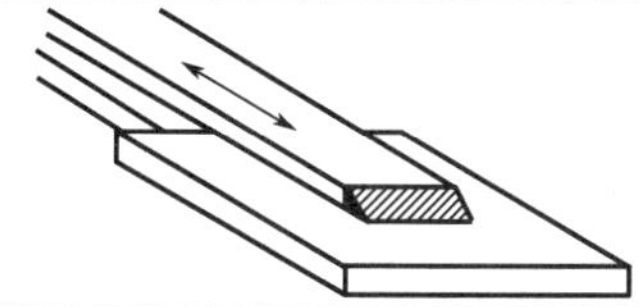	节点板搭接的端面角焊缝的母材	Z7
17		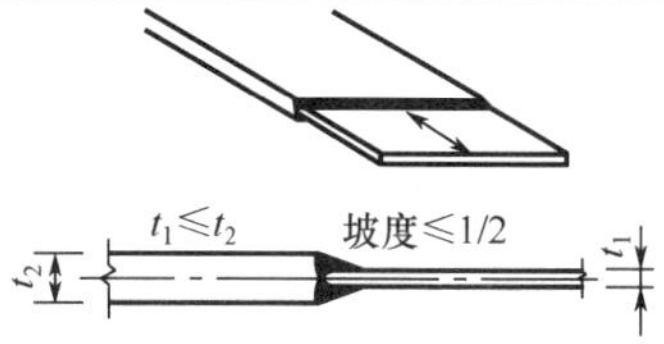 $t_1 \leqslant t_2$ 坡度≤1/2 t_2 t_1	不同厚度直接横向对接焊缝附近的母材 焊缝等级为一级，无偏心	Z8
18		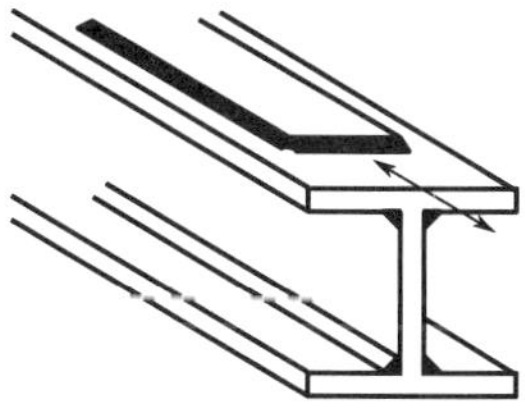	翼缘盖板中断处的母材(板端有横向端焊缝)	Z8
19		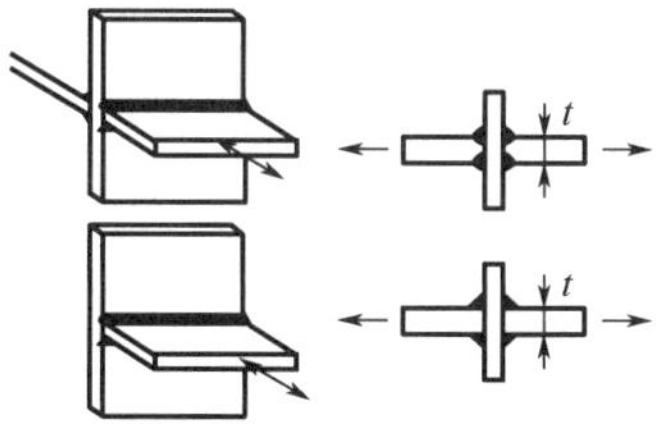 t	十字形连接、T形连接中K形坡口、T形对接与角接组合焊缝处的母材 十字形连接两侧轴线偏离距离小于0.15t，焊缝为二级，焊趾角$\alpha \leqslant 45°$。 十字形连接、T形连接中角焊缝处的母材 十字形连接两侧轴线偏离距离小于0.15t	Z6 Z8
20		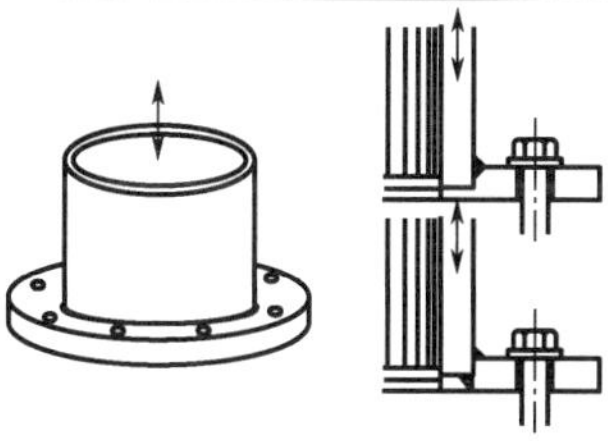	法兰焊缝连接附近的母材 (1) 采用对接焊缝，焊缝为一级。 (2) 采用角焊缝	Z8 Z13
21	非传力焊缝的构件和连接分类	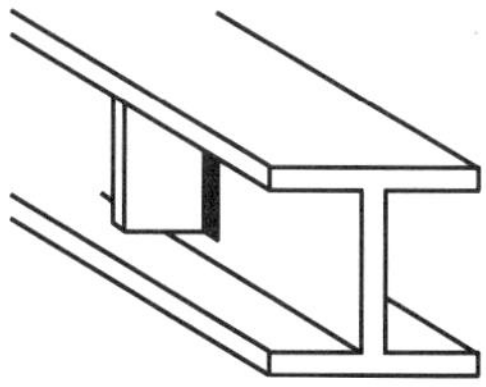	横向加劲肋端部附近的母材 肋端焊缝不断弧(采用回焊) 肋端焊缝断弧	Z5 Z6
22		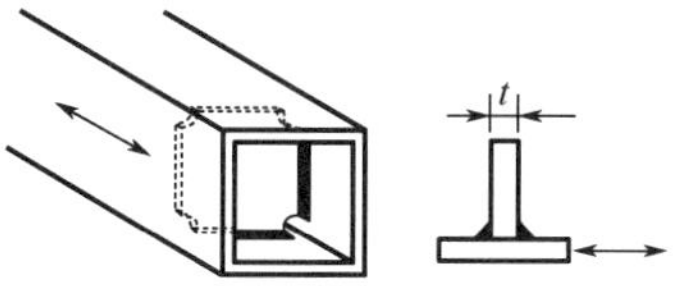 t	横向焊接附件附近的母材 (1) $t \leqslant 50$mm。 (2) 50mm$\leqslant t \leqslant$80mm。	Z7 Z8

续表

项次	类型	简图	说明	类别编号
23	非传力焊缝的构件和连接分类	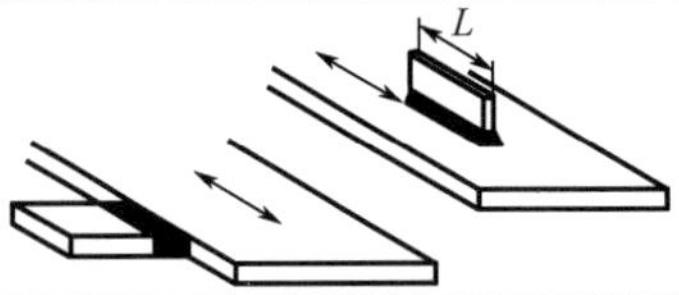	矩形节点板焊接于构件翼缘或腹板处的母材 节点板焊缝方向的长度 $L>$ 150mm	Z8
24		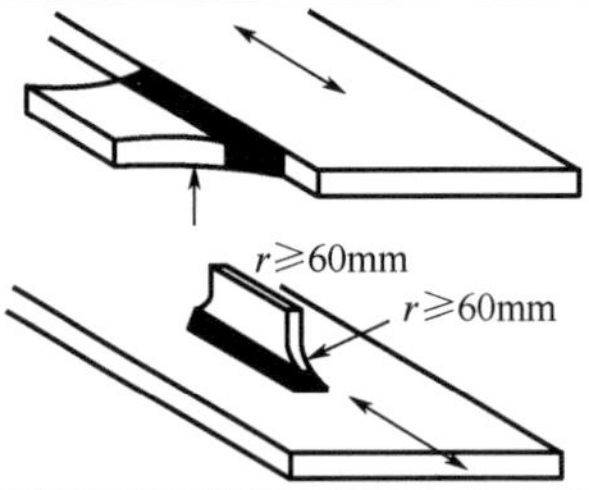	带圆弧的梯形节点板用对接焊缝焊于梁翼缘、腹板及桁架构件处的母材 圆弧过渡处在焊后铲平、磨光、圆滑过渡，不得有焊接起弧、灭弧缺陷	Z6
25		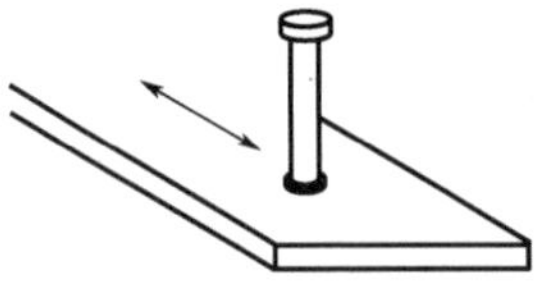	焊接剪力栓钉附近的钢板母材	Z7
26	钢管截面的构件和连接分类		钢管纵向自动焊缝的母材 (1) 无焊接起弧、灭弧点。 (2) 有焊接起弧、灭弧点	Z3 Z6
27		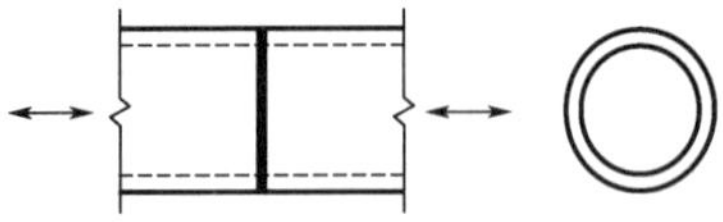	圆管端部对接焊缝附近的母材 焊接平滑过渡并符合现行国际标准《钢结构工程施工质量验收规范》的一级焊缝标准，余高不大于焊缝宽度的10%。 (1) 圆管壁厚 $8\text{mm}<t\leqslant 12.5\text{mm}$。 (2) 圆管壁厚 $t\leqslant 8\text{mm}$	Z6 Z8
28		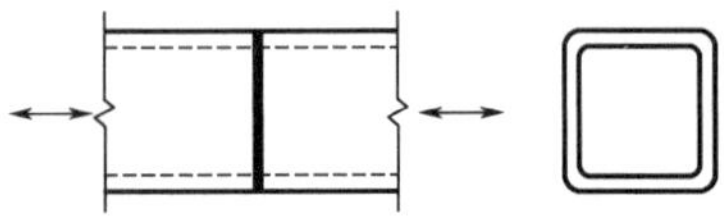	矩形管端部对接焊缝附近的母材 焊缝平滑过渡并符合一级焊缝标准，余高不大于焊缝宽度的10%。 (1) 方管壁厚 $8\text{mm}<t\leqslant 12.5\text{mm}$。 (2) 方管壁厚 $t\leqslant 8\text{mm}$	Z8 Z10
29		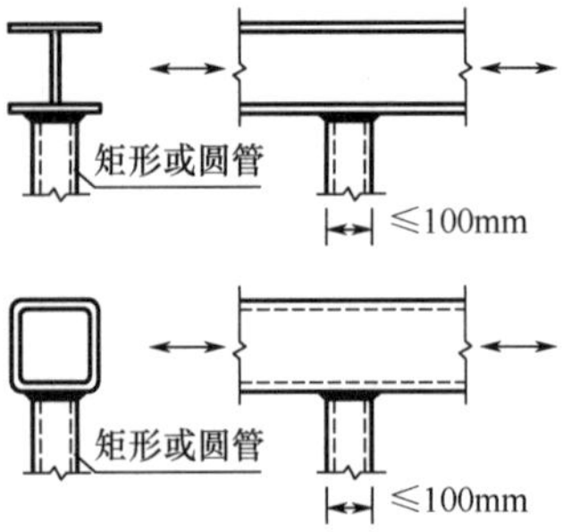	焊有矩形管或圆管的构件，连接角焊缝附近的母材 角焊缝为非承载焊缝，其外观质量标准符合二级，矩形管宽度或圆管直径不大于100mm	Z8

续表

项次	类型	简图	说明	类别编号
30	钢管截面的构件和连接分类	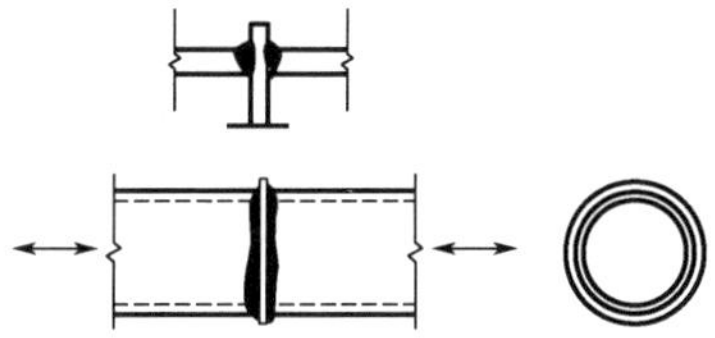	通过端板采用对接焊缝拼接的圆管母材 焊缝符合一级质量标准。 (1) 圆管壁厚 8mm<t≤12.5mm。 (2) 圆管壁厚 t≤8mm	Z10 Z11
31		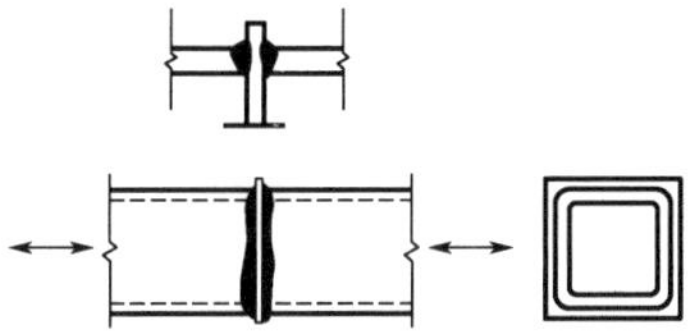	通过端板采用对接焊缝拼接的矩形管母材 焊缝符合一级质量标准。 (1) 方管壁厚 8mm<t≤12.5mm。 (2) 方管壁厚 t≤8mm	Z11 Z12
32		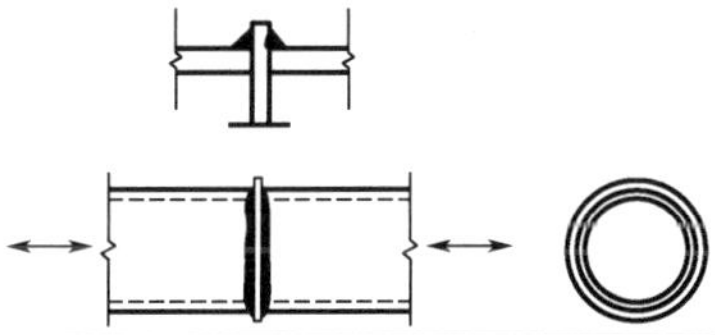	通过端板采用对接焊缝拼接的圆管母材 焊缝外观质量标准符合二级，管壁厚度 t≤8mm	Z13
33		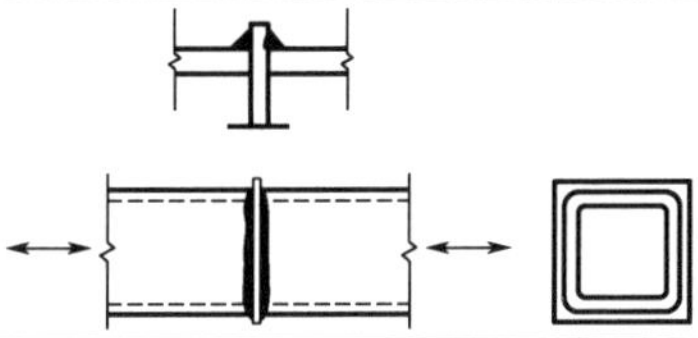	通过端板采用对接焊缝拼接的矩形管母材 焊缝外观质量标准符合二级，管壁厚度 t≤8mm	Z14
34		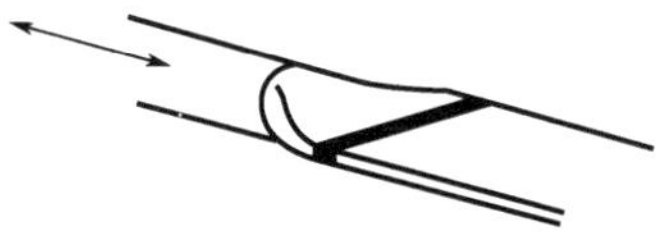	焊缝端部压扁与钢板对接焊缝连接 仅适用于直径小于 200mm 的钢管，计算时采用钢管的应力幅	Z8
35		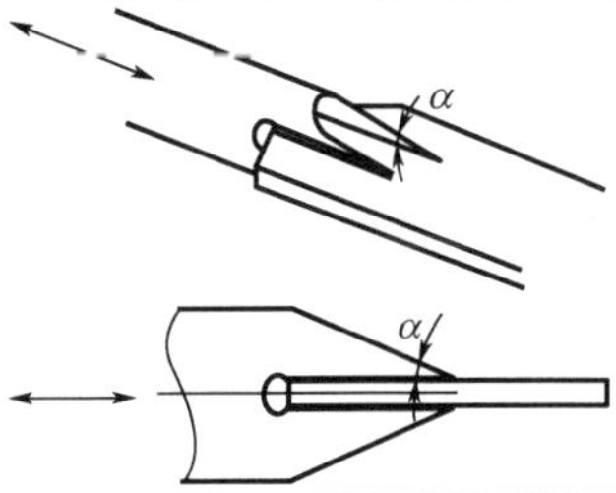	钢管端部开设槽口与钢板角焊缝连接 槽口端部为圆弧，计算时采用钢管的应力幅。 (1) 倾斜角 α≤45°。 (2) 倾斜角 α>45°	Z8 Z9
36	剪应力作用下的构件和连接分类	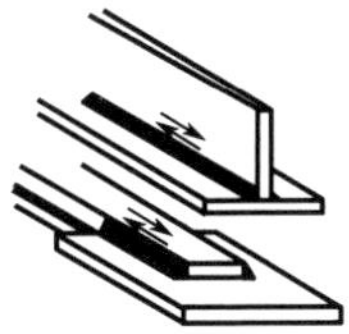	各类受剪角焊缝 剪应力按有效截面计算	J1
37		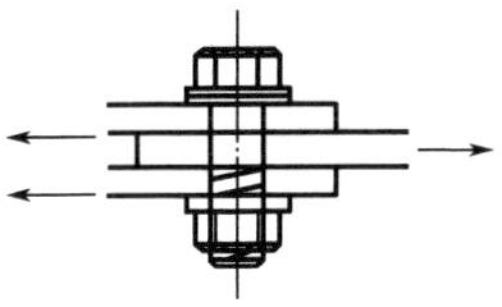	受剪力的普通螺栓 采用螺杆截面的剪应力	J2

续表

项次	类型	简图	说明	类别编号
38			焊接剪力栓钉 采用栓钉名义截面的剪应力	J3

注：箭头表示计算应力幅的位置和方向。

附录二　稳定系数

附表 2-1　a 类截面轴心受压构件的稳定系数 φ

λ/ε_k	0	1	2	3	4	5	6	7	8	9
0	1.000	1.000	1.000	1.000	0.999	0.999	0.998	0.998	0.997	0.996
10	0.995	0.994	0.993	0.992	0.991	0.989	0.988	0.986	0.985	0.983
20	0.981	0.979	0.977	0.976	0.974	0.972	0.970	0.968	0.966	0.964
30	0.963	0.961	0.959	0.957	0.954	0.952	0.950	0.948	0.946	0.944
40	0.941	0.939	0.937	0.934	0.932	0.929	0.927	0.924	0.921	0.918
50	0.916	0.913	0.910	0.907	0.903	0.900	0.897	0.893	0.890	0.886
60	0.883	0.879	0.875	0.871	0.867	0.862	0.858	0.854	0.849	0.844
70	0.839	0.834	0.829	0.824	0.818	0.813	0.807	0.801	0.795	0.789
80	0.783	0.776	0.770	0.763	0.756	0.749	0.742	0.735	0.728	0.721
90	0.713	0.706	0.698	0.691	0.683	0.676	0.668	0.660	0.653	0.645
100	0.637	0.630	0.622	0.614	0.607	0.599	0.592	0.584	0.577	0.569
110	0.562	0.555	0.548	0.541	0.534	0.527	0.520	0.513	0.507	0.500
120	0.494	0.487	0.481	0.475	0.469	0.463	0.457	0.451	0.445	0.439
130	0.434	0.428	0.423	0.417	0.412	0.407	0.402	0.397	0.392	0.387
140	0.382	0.378	0.373	0.368	0.364	0.360	0.355	0.351	0.347	0.343
150	0.339	0.335	0.331	0.327	0.323	0.319	0.316	0.312	0.308	0.305
160	0.302	0.2989	0.295	0.292	0.288	0.285	0.282	0.279	0.276	0.273
170	0.270	0.267	0.264	0.261	0.259	0.256	0.253	0.250	0.248	0.245
180	0.243	0.240	0.238	0.235	0.233	0.231	0.228	0.226	0.224	0.222
190	0.219	0.217	0.215	0.213	0.211	0.209	0.207	0.205	0.203	0.201
200	0.199	0.197	0.196	0.194	0.192	0.190	0.188	0.187	0.185	0.183
210	0.182	0.180	0.178	0.177	0.175	0.174	0.172	0.171	0.169	0.168
220	0.166	0.165	0.163	0.162	0.161	0.159	0.158	0.157	0.155	0.154
230	0.153	0.151	0.150	0.149	0.148	0.147	0.145	0.144	0.143	0.142
240	0.141	0.140	0.139	0.137	0.136	0.135	0.134	0.133	0.132	0.131

附表 2-2 b 类截面轴心受压构件的稳定系数 φ

λ/ε_k	0	1	2	3	4	5	6	7	8	9
0	1.000	1.000	1.000	0.999	0.999	0.998	0.997	0.996	0.995	0.994
10	0.992	0.991	0.989	0.987	0.985	0.983	0.981	0.978	0.976	0.973
20	0.970	0.967	0.963	0.960	0.957	0.953	0.950	0.946	0.943	0.939
30	0.936	0.932	0.929	0.925	0.922	0.918	0.914	0.910	0.906	0.903
40	0.899	0.895	0.891	0.886	0.882	0.878	0.874	0.870	0.865	0.861
50	0.856	0.852	0.847	0.842	0.837	0.833	0.828	0.823	0.818	0.812
60	0.807	0.802	0.796	0.791	0.785	0.780	0.774	0.768	0.762	0.757
70	0.751	0.745	0.738	0.732	0.726	0.720	0.713	0.707	0.701	0.694
80	0.687	0.681	0.674	0.668	0.661	0.654	0.648	0.641	0.634	0.628
90	0.621	0.614	0.607	0.601	0.594	0.587	0.581	0.574	0.568	0.561
100	0.555	0.548	0.542	0.535	0.529	0.523	0.517	0.511	0.504	0.498
110	0.492	0.487	0.481	0.475	0.469	0.464	0.458	0.453	0.447	0.442
120	0.436	0.431	0.426	0.421	0.416	0.411	0.406	0.401	0.396	0.392
130	0.387	0.383	0.378	0.374	0.369	0.365	0.361	0.357	0.352	0.348
140	0.344	0.340	0.337	0.333	0.329	0.325	0.322	0.318	0.314	0.311
150	0.308	0.304	0.301	0.297	0.294	0.291	0.288	0.285	0.282	0.279
160	0.276	0.273	0.270	0.267	0.264	0.262	0.259	0.256	0.253	0.251
170	0.248	0.246	0.243	0.241	0.238	0.236	0.234	0.231	0.229	0.227
180	0.225	0.222	0.220	0.218	0.216	0.214	0.212	0.210	0.208	0.206
190	0.204	0.202	0.200	0.198	0.196	0.195	0.193	0.191	0.189	0.188
200	0.186	0.184	0.183	0.181	0.179	0.178	0.176	0.175	0.173	0.172
210	0.170	0.169	0.167	0.166	0.164	0.163	0.162	0.160	0.159	0.158
220	0.156	0.155	0.154	0.152	0.151	0.150	0.149	0.147	0.146	0.145
230	0.144	0.143	0.142	0.141	0.139	0.138	0.137	0.136	0.135	0.134
240	0.133	0.132	0.131	0.130	0.129	0.128	0.127	0.126	0.125	0.124
250	0.123	—	—	—	—	—	—	—	—	—

附表 2-3 c 类截面轴心受压构件的稳定系数 φ

λ/ε_k	0	1	2	3	4	5	6	7	8	9
0	1.000	1.000	1.000	0.999	0.999	0.998	0.997	0.996	0.995	0.993
10	0.992	0.990	0.988	0.986	0.983	0.981	0.978	0.976	0.973	0.970
20	0.966	0.959	0.953	0.947	0.940	0.934	0.928	0.921	0.915	0.909
30	0.902	0.896	0.890	0.883	0.877	0.871	0.865	0.858	0.852	0.845
40	0.839	0.833	0.826	0.820	0.813	0.807	0.800	0.794	0.787	0.781
50	0.774	0.768	0.761	0.755	0.748	0.742	0.735	0.728	0.722	0.715
60	0.709	0.702	0.695	0.689	0.682	0.675	0.669	0.662	0.656	0.649
70	0.642	0.636	0.629	0.623	0.616	0.610	0.603	0.597	0.591	0.584

续表

λ/ε_k	0	1	2	3	4	5	6	7	8	9
80	0.578	0.572	0.565	0.559	0.553	0.547	0.541	0.535	0.529	0.523
90	0.517	0.511	0.505	0.499	0.494	0.488	0.483	0.477	0.471	0.467
100	0.462	0.458	0.453	0.449	0.445	0.440	0.436	0.432	0.427	0.423
110	0.419	0.415	0.411	0.407	0.402	0.398	0.394	0.390	0.386	0.383
120	0.379	0.375	0.371	0.367	0.363	0.360	0.356	0.352	0.349	0.345
130	0.342	0.338	0.335	0.332	0.328	0.325	0.322	0.318	0.315	0.312
140	0.309	0.306	0.303	0.300	0.297	0.294	0.291	0.288	0.285	0.282
150	0.279	0.277	0.274	0.271	0.269	0.266	0.263	0.261	0.258	0.256
160	0.253	0.251	0.248	0.246	0.244	0.241	0.239	0.237	0.235	0.232
170	0.230	0.228	0.226	0.224	0.222	0.220	0.218	0.216	0.214	0.212
180	0.210	0.208	0.206	0.204	0.203	0.201	0.199	0.197	0.195	0.194
190	0.192	0.190	0.189	0.187	0.185	0.184	0.182	0.181	0.179	0.178
200	0.176	0.175	0.173	0.172	0.170	0.169	0.167	0.166	0.165	0.163
210	0.162	0.161	0.159	0.158	0.157	0.155	0.154	0.153	0.152	0.151
220	0.149	0.148	0.147	0.146	0.145	0.144	0.142	0.141	0.140	0.139
230	0.138	0.137	0.136	0.135	0.134	0.133	0.132	0.131	0.130	0.129
240	0.128	0.127	0.126	0.125	0.124	0.123	0.123	0.122	0.121	0.120
250	0.119	—	—	—	—	—	—	—	—	—

附表 2-4　d 类截面轴心受压构件的稳定系数 φ

λ/ε_k	0	1	2	3	4	5	6	7	8	9
0	1.000	1.000	0.999	0.999	0.998	0.996	0.994	0.992	0.990	0.987
10	0.984	0.981	0.978	0.974	0.969	0.965	0.960	0.955	0.949	0.944
20	0.937	0.927	0.918	0.909	0.900	0.891	0.883	0.874	0.865	0.857
30	0.848	0.840	0.831	0.823	0.815	0.807	0.798	0.790	0.782	0.774
40	0.766	0.758	0.751	0.743	0.735	0.727	0.720	0.712	0.705	0.697
50	0.690	0.682	0.675	0.668	0.660	0.653	0.646	0.639	0.632	0.625
60	0.618	0.611	0.605	0.598	0.591	0.585	0.578	0.571	0.565	0.559
70	0.552	0.546	0.540	0.534	0.528	0.521	0.516	0.510	0.504	0.498
80	0.492	0.487	0.481	0.476	0.470	0.465	0.459	0.454	0.449	0.444
90	0.439	0.434	0.429	0.424	0.419	0.414	0.409	0.405	0.401	0.397
100	0.393	0.390	0.386	0.383	0.380	0.376	0.373	0.369	0.366	0.363
110	0.359	0.356	0.353	0.350	0.346	0.343	0.340	0.337	0.334	0.331
120	0.328	0.325	0.322	0.319	0.316	0.313	0.310	0.307	0.304	0.301
130	0.298	0.296	0.293	0.290	0.288	0.285	0.282	0.280	0.277	0.275
140	0.272	0.270	0.267	0.265	0.262	0.260	0.257	0.255	0.253	0.250
150	0.248	0.246	0.244	0.242	0.239	0.237	0.235	0.233	0.231	0.229

续表

λ/ε_k	0	1	2	3	4	5	6	7	8	9
160	0.227	0.225	0.223	0.221	0.219	0.217	0.215	0.213	0.211	0.210
170	0.208	0.206	0.204	0.202	0.201	0.199	0.197	0.196	0.194	0.192
180	0.191	0.189	0.187	0.186	0.184	0.183	0.181	0.180	0.178	0.177
190	0.175	0.174	0.173	0.171	0.170	0.168	0.167	0.166	0.164	0.163
200	0.162	—	—	—	—	—	—	—	—	—

附表 2-5　工字形等截面简支梁的系数 β_b

项次	侧向支承	荷载		ξ		适用范围
				≤2.0	>2.0	
1	跨中无侧向支承	均布荷载作用在	上翼缘	$0.69+0.13\xi$	0.95	对称截面及上翼缘加强的截面
2			下翼缘	$1.73-0.20\xi$	1.33	
3		集中荷载作用在	上翼缘	$0.73+0.18\xi$	1.09	
4			下翼缘	$2.23\quad 0.28\xi$	1.67	
5	跨度中点有一个侧向支承点	均布荷载作用在	上翼缘	1.15		对称截面、上翼缘加强及下翼缘加强的截面
6			下翼缘	1.40		
7		集中荷载作用在截面高度上任意处		1.75		
8	跨中有不少于两个等距离侧向支承点	任意荷载作用在	上翼缘	1.20		
9			下翼缘	1.40		
10	梁端有弯矩，但跨中无荷载作用			$1.75-1.05(M_2/M_1)+0.3(M_2/M_1)^2$ 但≤2.3		

注：1. ξ 是参数，$\xi=\frac{l_1 t_1}{b_1 h}$，其中 b_1 是受压翼缘的宽度。

2. M_1 和 M_2 为梁的端弯矩，使梁产生同向曲率时 M_1 和 M_2 取同号，产生反向双曲率时取异号，$|M_1|\geqslant|M_2|$。

3. 表中项次 3、4、7 的集中荷载是指一个或少数几个集中荷载位于跨中央附近的情况，对其他情况的集中荷载，应按表中项次 1、2、5、6 的数值采用。

4. 项次 8、9 的 β_b，当集中荷载作用在侧向支承点处时，取 $\beta_b=1.20$。

5. 荷载作用在上翼缘系指荷载作用点在翼缘表面，方向指向截面形心；荷载作用在下翼缘系指荷载作用点在翼缘表面，方向背向截面形心。

6. 对 $\alpha_b>0.8$ 的加强受压翼缘工字钢截面，下列情况的 β_b 值应乘以相应的系数。项次 1，当 $\xi\leqslant1.0$ 时，乘以 0.95；项次 3，当 $\xi\leqslant0.5$ 时，乘以 0.90；当 $0.5<\xi\leqslant1.0$，乘以 0.95。

附表 2-6　双轴对称工字形等截面悬臂梁的系数 β_b

项次	荷载形式		$0.60\leqslant\xi\leqslant1.24$	$1.24<\xi\leqslant1.96$	$1.96<\xi\leqslant3.10$
1	自由端一个集中荷载作用在	上翼缘	$0.21+0.67\xi$	$0.72+0.26\xi$	$1.17+0.03\xi$
2		下翼缘	$2.94-0.65\xi$	$2.64-0.40\xi$	$2.15-0.15\xi$
3	均布荷载作用在上翼缘		$0.62+0.82\xi$	$1.25+0.31\xi$	$1.66+0.10\xi$

注：1. 本表是按支承端为固定的情况确定的，当用于由邻跨延伸出来的伸臂梁时，应在构造上采取措施加强支承处的抗扭能力。

2. 表中 ξ 见附表 2-5 注 1。

附表 2-7　轧制普通工字钢简支梁的 φ_b

项次	荷载情况			工字钢型号	自由长度 l_1								
					2	**3**	**4**	**5**	**6**	**7**	**8**	**9**	**10**
1	跨中无侧向支承点的梁	集中荷载作用于	上翼缘	10～20	2.00	1.30	0.99	0.80	0.68	0.58	0.53	0.48	0.43
				22～32	2.40	1.48	1.09	0.86	0.72	0.62	0.54	0.49	0.45
				36～63	2.80	1.60	1.07	0.83	0.68	0.56	0.50	0.45	0.40
2			下翼缘	10～20	3.10	1.95	1.34	1.01	0.82	0.69	0.63	0.57	0.52
				22～40	5.50	2.80	1.84	1.37	1.07	0.86	0.73	0.64	0.56
				45～63	7.30	3.60	2.30	1.62	1.20	0.96	0.80	0.69	0.60
3		均布荷载作用于	上翼缘	10～20	1.70	1.12	0.84	0.68	0.57	0.50	0.45	0.41	0.37
				22～40	2.10	1.30	0.93	0.73	0.60	0.51	0.45	0.40	0.36
				45～63	2.60	1.45	0.97	0.73	0.59	0.50	0.44	0.38	0.35
4			下翼缘	10～20	2.50	1.55	1.08	0.83	0.68	0.56	0.52	0.47	0.42
				22～40	4.00	2.20	1.45	1.10	0.85	0.70	0.60	0.52	0.46
				45～63	5.60	2.80	1.80	1.25	0.95	0.78	0.65	0.55	0.49
5	跨中有侧向支承点的梁(不论荷载作用点在截面高度上的位置)			10～20	2.20	1.39	1.01	0.79	-0.66	0.57	0.52	0.47	0.42
				22～40	3.00	1.80	1.24	0.96	0.76	0.65	0.56	0.49	0.43
				45～63	4.00	2.20	1.38	1.01	0.80	0.66	0.56	0.49	0.43

注：1．同附表 2-5 中的注 3、5。
　　2．表中的 φ_b 值适用于 Q235 钢。对其他钢号，表中数值应乘以 ε_k^2。

附表 2-8　均匀弯曲的受弯构件，当 $\lambda_y \leqslant 120\varepsilon_k$ 时，整体稳定系数 φ_b 的近似计算公式

截面			近似公式	说明
工字钢、H 型钢	双轴对称时		$\varphi_b = 1.07 - \dfrac{\lambda_y^2}{44000\varepsilon_k^2}$	当 φ_b>1.0 时，取 1.0
	单轴对称时		$\varphi_b = 1.07 - \dfrac{W_x}{(2\alpha_b + 0.1)Ah} \cdot \dfrac{\lambda_y^2}{14000\varepsilon_k^2}$	
T 形	翼缘受压	双角钢组成	$\varphi_b = 1 - 0.0017\lambda_y/\varepsilon_k$	
		剖分 T 形两板组成	$\varphi_b = 1 - 0.0022\lambda_y/\varepsilon_k$	
	翼缘受拉		$\varphi_b = 1 - 0.0005\lambda_y/\varepsilon_k$	腹板宽厚比 $h_0/t_w \leqslant 18/\varepsilon_k$

注：1．算出 φ_b＞0.6 时，无须换算为 φ_b'；φ_b＞1.0 时，取 $\varphi_b = 1.0$。
　　2．$\alpha_b = \dfrac{I_1}{I_1 + I_2}$，$I_1$ 和 I_2 分别是受压翼缘和受拉翼缘对 y 轴的惯性矩。

附录三 型钢截面特性

附表 3-1 普通工字钢

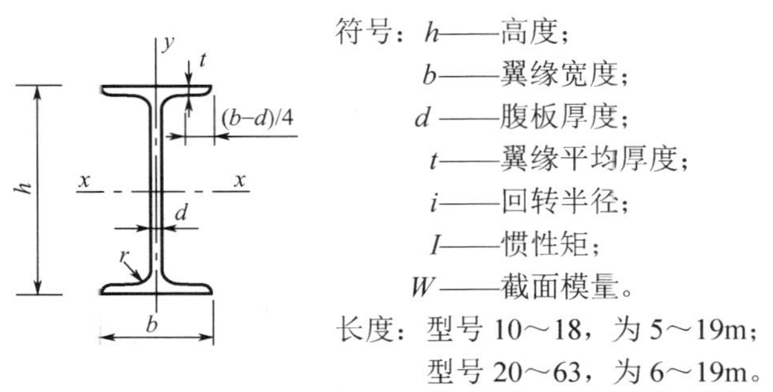

符号：h——高度；
b——翼缘宽度；
d——腹板厚度；
t——翼缘平均厚度；
i——回转半径；
I——惯性矩；
W——截面模量。

长度：型号 10～18，为 5～19m；
型号 20～63，为 6～19m。

型号		尺寸/mm					截面积 /cm^2	质量 /(kg/m)	x—x			y—y		
		h	b	d	t	r			I_x/cm^4	W_x/cm^3	i_x/cm	I_y/cm^4	W_y/cm^3	i_y/cm
10		100	68	4.5	7.6	6.5	14.33	11.3	245	49.0	4.14	33.0	9.72	1.52
12		120	74	5.0	8.4	7.0	17.80	14.0	436	72.7	4.95	46.9	12.7	1.62
12.6		126	74	5.0	8.4	7.0	18.10	14.2	488	77.5	5.20	46.9	12.7	1.61
14		140	80	5.5	9.1	7.5	21.50	16.9	712	102	5.76	64.4	16.1	1.73
16		160	88	6.0	9.9	8.0	26.11	20.5	1130	141	6.58	93.1	21.2	1.89
18		180	94	6.5	10.7	8.5	30.74	24.1	1660	185	7.36	122	26.0	2.00
20	a	200	100	7.0	11.4	9.0	35.55	27.9	2370	237	8.15	158	31.5	2.12
	b		102	9.0			39.55	31.1	2500	250	7.96	169	33.1	2.06
22	a	220	110	7.5	12.3	9.5	42.10	33.1	3400	309	8.99	225	40.9	2.31
	b		112	9.5			46.50	36.5	3570	325	8.78	239	42.7	2.27
24	a	240	116	8.0	13.0	10.0	47.71	37.5	4570	381	9.77	280	48.4	2.42
	b		118	10.0			52.51	41.2	4800	400	9.57	297	50.4	2.38

续表

型号		尺寸/mm					截面积/cm^2	质量/(kg/m)	x—x			y—y		
		h	b	d	t	r			I_x/cm^4	W_x/cm^3	i_x/cm	I_y/cm^4	W_y/cm^3	i_y/cm
25	a	250	116	8.0			48.51	38.1	5020	402	10.2	280	48.3	2.40
	b		118	10.0			53.51	42.0	5280	423	9.94	309	52.4	2.40
27	a	270	122	8.5	13.7	10.5	54.52	42.8	6550	485	10.9	345	56.6	2.51
	b		124	10.5			59.92	47.0	6870	509	10.7	366	58.9	2.47
28	a	280	122	8.5			55.37	43.5	7110	508	11.3	345	56.6	2.50
	b		124	10.5			60.97	47.9	7480	534	11.1	379	61.2	2.49
30	a	300	126	9.0	14.4	11.0	61.22	48.1	8950	597	12.1	400	63.5	2.55
	b		128	11.0			67.22	52.8	9400	627	11.8	422	65.9	2.50
	c		130	13.0			73.22	57.5	9850	657	11.6	445	68.5	2.46
32	a	320	130	9.5	15.0	11.5	67.12	52.7	11100	692	12.8	460	70.8	2.62
	b		132	11.5			73.52	57.7	11600	726	12.6	502	76.0	2.61
	c		134	13.5			79.92	62.7	12200	760	12.3	544	81.2	2.61
36	a	360	136	10.0	15.8	12.0	76.44	60.0	15800	875	14.4	552	81.2	2.69
	b		138	12.0			83.64	65.7	16500	919	14.1	582	84.3	2.64
	c		140	14.0			90.84	71.3	17300	962	13.8	612	87.4	2.60
40	a	400	142	10.5	16.5	12.5	86.07	67.6	21700	1090	15.9	660	93.2	2.77
	b		144	12.5			94.07	73.8	22800	1140	15.6	692	96.2	2.71
	c		146	14.5			102.1	80.1	23900	1190	15.2	727	99.6	2.65
45	a	450	150	11.5	18.0	13.5	102.4	80.4	32200	1430	17.7	855	114	2.89
	b		152	13.5			111.4	87.4	33800	1500	17.4	894	118	2.84
	c		154	15.5			120.4	94.5	35300	1570	17.1	938	122	2.79
50	a	500	158	12.0	20.0	14.0	119.2	93.6	46500	1860	19.7	1120	142	3.07
	b		160	14.0			129.2	101	48600	1940	19.4	1170	146	3.01
	c		162	16.0			139.2	109	50600	2080	19.0	1220	151	2.96

续表

型号		尺寸/mm					截面积/cm²	质量/(kg/m)	x—x			y—y		
		h	b	d	t	r			I_x/cm^4	W_x/cm^3	i_x/cm	I_y/cm^4	W_y/cm^3	i_y/cm
55	a	550	166	12.5	21.0	14.5	134.1	105	62900	2290	21.6	1370	164	3.19
	b		168	14.5			145.1	114	65600	2390	21.2	1420	170	3.14
	c		170	16.5			156.1	123	68400	2490	20.9	1480	175	3.08
56	a	560	166	12.5			135.4	106	65600	2340	22.0	1370	165	3.18
	b		168	14.5			146.6	115	68500	2450	21.6	1490	174	3.16
	c		170	16.5			157.8	124	71400	2550	21.3	1560	183	3.16
63	a	630	176	13.0	22.0	15.0	154.6	122	93900	2980	24.5	1700	193	3.31
	b		178	15.0			167.2	131	98100	3160	24.2	1810	204	3.29
	c		180	17.0			179.8	141	102000	3300	23.8	1920	214	3.27

附表 3-2　普通槽钢

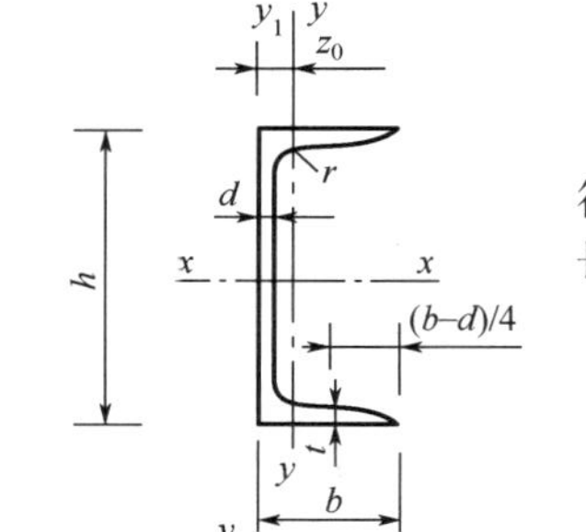

符号：同普通工字钢。
长度：型号 5～8，为 5～12m；
型号 10～18，为 5～19m；
型号 20～40，为 6～19m。

型号	尺寸/mm					截面积/cm²	质量/(kg/m)	x—x			y—y			y_1—y_1	z_0
	h	b	d	t	r			I_x/cm^4	W_x/cm^3	i_x/cm	I_y/cm^4	W_y/cm^3	i_y/cm	i_{y1}	
5	50	37	4.5	7.0	7.0	6.925	5.44	26.0	10.4	1.94	8.30	3.55	1.10	20.9	1.35
6.3	63	40	4.8	7.5	7.5	8.446	6.63	50.8	16.1	2.45	11.9	4.50	1.19	28.4	1.36

续表

型号		尺寸/mm					截面积/cm^2	质量/(kg/m)	x—x			y—y			y_1—y_1	z_0
		h	b	d	t	r			I_x/cm^4	W_x/cm^3	i_x/cm	I_y/cm^4	W_y/cm^3	i_y/cm	i_{y1}	
6.5		65	40	4.3	7.5	7.5	8.292	6.51	55.2	17.0	2.54	12.0	4.59	1.19	28.3	1.38
8		80	43	5.0	8.0	8.0	10.24	8.04	101	25.3	3.15	16.6	5.79	1.27	37.4	1.43
10		100	48	5.3	8.5	8.5	12.74	10.0	198	39.7	3.95	25.6	7.80	1.41	54.9	1.52
12		120	53	5.5	9.0	9.0	15.36	12.1	346	57.7	4.75	37.4	10.2	1.56	77.7	1.62
12.6		126	53	5.5	9.0	9.0	15.69	12.3	391	62.1	4.95	38.0	10.2	1.57	77.1	1.59
14	a	140	58	6.0	9.5	9.5	18.51	14.5	564	80.5	5.52	53.2	13.0	1.70	107	1.71
	b		60	8.0			21.31	16.7	609	87.1	5.35	61.1	14.1	1.69	121	1.67
16	a	160	63	6.5	10.0	10.0	21.95	17.2	866	108	6.28	73.3	16.3	1.83	144	1.80
	b		65	8.5			25.15	19.8	935	117	6.10	83.4	17.6	1.82	161	1.75
18	a	180	68	7.0	10.5	10.5	25.69	20.2	1270	141	7.04	98.6	20.0	1.96	190	1.88
	b		70	9.0			29.29	23.0	1370	152	6.84	111	21.5	1.95	210	1.84
20	a	200	73	7.0	11.0	11.0	28.83	22.6	1780	178	7.86	128	24.2	2.11	244	2.01
	b		75	9.0			32.83	25.8	1910	191	7.64	144	25.9	2.09	268	1.95
22	a	220	77	7.0	11.5	11.5	31.83	25.0	2390	218	8.67	158	28.2	2.23	298	2.10
	b		79	9.0			36.23	28.5	2570	234	8.42	176	30.1	2.21	326	2.03
24	a	240	78	7.0	12.0	12.0	34.21	26.9	3050	254	9.45	174	30.5	2.25	325	2.10
	b		80	9.0			39.01	30.6	3280	274	9.17	194	32.5	2.23	355	2.03
	c		82	11.0			43.81	34.4	3510	293	8.96	213	34.4	2.21	388	2.00
25	a	250	78	7.0			34.91	27.4	3370	270	9.82	176	30.6	2.24	322	2.07
	b		80	9.0			39.91	31.3	3530	282	9.41	196	32.7	2.22	353	1.98
	c		82	11.0			44.91	35.3	3690	295	9.07	218	35.9	2.21	384	1.92

续表

型号		尺寸/mm					截面积/cm²	质量/(kg/m)	x—x			y—y			y_1—y_1	z_0
		h	b	d	t	r			I_x/cm⁴	W_x/cm³	i_x/cm	I_y/cm⁴	W_y/cm³	i_y/cm	i_{y1}	
	a		82	7.5	12.5	12.5	39.27	30.8	4360	323	10.5	216	35.5	2.34	393	2.13
27	b	270	84	9.5			44.67	35.1	4690	347	10.3	239	37.7	2.31	428	2.06
	c		86	11.5			50.07	39.3	5020	372	10.1	261	39.8	2.28	467	2.03
	a		82	7.5			40.02	31.4	4760	340	10.9	218	35.7	2.33	388	2.10
28	b	280	84	9.5			45.62	35.8	5130	366	10.6	242	37.9	2.30	428	2.02
	c		86	11.5			51.22	40.2	5500	393	10.4	268	40.3	2.29	463	1.95
	a		85	7.5			43.89	34.5	6050	403	11.7	260	41.1	2.43	467	2.17
30	b	300	87	9.5	13.5	13.5	49.89	39.2	6500	433	11.4	289	44.0	2.41	515	2.13
	c		89	11.5			55.89	43.9	6950	463	11.2	316	46.4	2.38	560	2.09
	a		88	8.0			48.50	38.1	7600	475	12.5	305	46.5	2.50	552	2.24
32	b	320	90	10.0	14.0	14.0	54.90	43.1	8140	509	12.1	336	49.2	2.47	593	2.16
	c		92	12.0			61.30	48.1	8690	543	11.9	374	52.6	2.47	643	2.09
	a		96	9.0			60.89	47.8	11900	660	14.0	455	63.5	2.73	818	2.44
36	b	360	98	11.0	16.0	16.0	68.09	53.5	12700	703	13.6	497	66.9	2.70	880	2.37
	c		100	13.0			75.29	59.1	13400	746	13.4	536	70.0	2.67	948	2.34
	a		100	10.5			75.04	58.9	17600	879	15.3	592	78.8	2.81	1070	2.49
40	b	400	102	12.5	18.0	18.0	83.04	65.2	18600	932	15.0	640	82.5	2.78	1140	2.44
	c		104	14.5			91.04	71.5	19700	986	14.7	688	86.2	2.75	1220	2.42

附表 3-3　热轧等边角钢

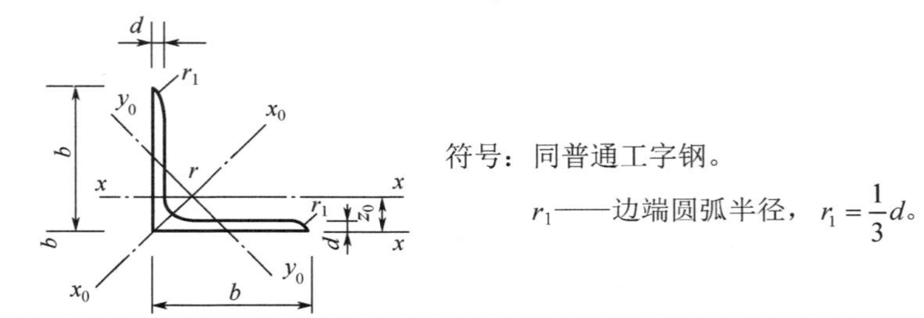

符号：同普通工字钢。

r_1——边端圆弧半径，$r_1=\frac{1}{3}d$。

尺寸/mm			截面积 A/cm^2	质量 /(kg/m)	表面积 /(m^2/m)	$x—x$			$x_0—x_0$			$y_0—y_0$			$x_1—x_1$	z_0/cm
b	d	r				I_x/cm^4	i_x/cm	W_x/cm^3	I_{x0}/cm^4	i_{x0}/cm	W_{x0}/cm^3	I_{y0}/cm^4	i_{y0}/cm	W_{y0}/cm^3	I_{x1}/cm^4	
20	3	3.5	1.132	0.89	0.078	0.40	0.59	0.29	0.63	0.75	0.45	0.17	0.39	0.20	0.81	0.60
	4		1.459	1.15	0.077	0.50	0.58	0.36	0.78	0.73	0.55	0.22	0.38	0.24	1.09	0.64
25	3	3.5	1.432	1.12	0.098	0.82	0.76	0.46	1.29	0.95	0.73	0.34	0.49	0.33	1.57	0.73
	4		1.859	1.46	0.097	1.03	0.74	0.59	1.62	0.93	0.92	0.43	0.48	0.40	2.11	0.76
30	3	4.5	1.749	1.37	0.117	1.46	0.91	0.68	2.31	1.15	1.09	0.61	0.59	0.51	2.71	0.85
	4		2.276	1.79	0.117	1.84	0.90	0.87	2.92	1.13	1.37	0.77	0.58	0.62	3.63	0.89
36	3	4.5	2.109	1.66	0.141	2.58	1.11	0.99	4.09	1.39	1.61	1.07	0.71	0.76	4.68	1.00
	4		2.756	2.16	0.141	3.29	1.09	1.28	5.22	1.38	2.05	1.37	0.70	0.93	6.25	1.04
	5		3.382	2.65	0.141	3.95	1.08	1.56	6.24	1.36	2.45	1.65	0.70	1.00	7.84	1.07
40	3	5	2.359	1.85	0.157	3.59	1.23	1.23	5.69	1.55	2.01	1.49	0.79	0.96	6.41	1.09
	4		3.086	2.42	0.157	4.60	1.22	1.60	7.29	1.54	2.58	1.91	0.79	1.19	8.56	1.13
	5		3.792	2.98	0.156	5.53	1.21	1.96	8.76	1.52	3.10	2.30	0.78	1.39	10.7	1.17
45	3	5	2.659	2.09	0.177	5.17	1.40	1.58	8.20	1.76	2.58	2.14	0.89	1.24	9.12	1.22
	4		3.486	2.74	0.177	6.65	1.38	2.05	10.6	1.74	3.32	2.75	0.89	1.54	12.2	1.26
	5		4.292	3.37	0.176	8.04	1.37	2.51	12.7	1.72	4.00	3.33	0.88	1.81	15.2	1.30
	6		5.077	3.99	0.176	9.33	1.36	2.95	14.8	1.70	4.64	3.89	0.80	2.06	18.4	1.33

续表

尺寸/mm			截面积	质量	表面积	x—x			x_0—x_0			y_0—y_0			x_1—x_1	z_0/cm
b	*d*	*r*	A/cm^2	/(kg/m)	/(m^2/m)	I_x/cm^4	i_x/cm	W_x/cm^3	I_{x0}/cm^4	i_{x0}/cm	W_{x0}/cm^3	I_{y0}/cm^4	i_{y0}/cm	W_{y0}/cm^3	I_{x1}/cm^4	
50	3	5.5	2.971	2.33	0.197	7.18	1.55	1.96	11.4	1.96	3.22	2.98	1.00	1.57	12.5	1.34
	4		3.897	3.06	0.197	9.26	1.54	2.56	14.7	1.94	4.16	3.82	0.99	1.96	16.7	1.38
	5		4.803	3.77	0.196	11.2	1.53	3.13	17.8	1.92	5.03	4.64	0.98	2.31	20.9	1.42
	6		5.688	4.46	0.196	13.1	1.52	3.68	20.7	1.91	5.85	5.42	0.98	2.63	25.1	1.46
56	3	6	3.343	2.62	0.221	10.2	1.75	2.48	16.1	2.20	4.08	4.24	1.13	2.02	17.6	1.48
	4		4.390	3.45	0.220	13.2	1.73	3.24	20.9	2.18	5.28	5.46	1.11	2.52	23.4	1.53
	5		5.415	4.25	0.220	16.0	1.72	3.97	25.4	2.17	6.42	6.61	1.10	2.98	29.3	1.57
	6		6.420	5.04	0.220	18.7	1.71	4.68	29.7	2.15	7.49	7.73	1.10	3.40	35.3	1.61
	7		7.404	5.81	0.219	21.2	1.69	5.36	33.6	2.13	8.49	8.82	1.09	3.80	41.2	1.64
	8		8.367	6.57	0.219	23.6	1.68	6.03	37.4	2.11	9.44	9.89	1.09	4.16	47.2	1.68
63	4	7	4.978	3.91	0.248	19.0	1.96	4.13	30.2	2.46	6.78	7.89	1.26	3.29	33.4	1.70
	5		6.143	4.82	0.248	23.2	1.94	5.08	36.8	2.45	8.25	9.57	1.25	3.90	41.7	1.74
	6		7.288	5.72	0.247	27.1	1.93	6.00	43.0	2.43	9.66	11.2	1.24	4.46	50.1	1.78
	7		8.412	6.60	0.247	30.9	1.92	6.88	49.0	2.41	11.0	12.8	1.23	4.98	58.6	1.82
	8		9.515	7.47	0.247	34.5	1.90	7.75	54.6	2.40	12.3	14.3	1.23	5.47	67.1	1.85
	10		11.66	9.15	0.246	41.1	1.88	9.39	64.9	2.36	14.6	17.3	1.22	6.36	84.3	1.93
70	4	8	5.570	4.37	0.275	26.4	2.18	5.14	41.8	2.74	8.44	11.0	1.40	4.17	45.7	1.86
	5		6.876	5.40	0.275	32.2	2.16	6.32	51.1	2.73	10.3	13.3	1.39	4.95	57.2	1.91
	6		8.160	6.41	0.275	37.8	2.15	7.48	59.9	2.71	12.1	15.6	1.38	5.67	68.7	1.95
	7		9.424	7.40	0.275	43.1	2.14	8.59	68.4	2.69	13.8	17.8	1.38	6.34	80.3	1.99
	8		10.67	8.37	0.274	48.2	2.12	9.68	76.4	2.68	15.4	20.0	1.37	6.98	91.9	2.03

续表

尺寸/mm			截面积 A/cm^2	质量 /(kg/m)	表面积 /(m^2/m)	$x—x$			$x_0—x_0$			$y_0—y_0$			$x_1—x_1$	z_0/cm
b	d	r				I_x/cm^4	i_x/cm	W_x/cm^3	I_{x0}/cm^4	i_{x0}/cm	W_{x0}/cm^3	I_{y0}/cm^4	i_{y0}/cm	W_{y0}/cm^3	I_{x1}/cm^4	
75	5	9	7.412	5.82	0.295	40.0	2.33	7.32	63.3	2.92	11.9	16.6	1.50	5.77	70.6	2.04
	6		8.797	6.91	0.294	47.0	2.31	8.64	74.4	2.90	14.0	19.5	1.49	6.67	84.6	2.07
	7		10.16	7.98	0.294	53.6	2.30	9.93	85.0	2.89	16.0	22.2	1.48	7.44	98.7	2.11
	8		11.50	9.03	0.294	60.0	2.28	11.2	95.1	2.88	17.9	24.9	1.47	8.19	113	2.15
	9		12.83	10.1	0.294	66.1	2.27	12.4	105	2.86	19.8	27.5	1.46	8.89	127	2.18
	10		14.13	11.1	0.293	72.0	2.26	13.6	114	2.84	21.5	30.1	1.46	9.56	142	2.22
80	5		7.912	6.21	0.315	48.8	2.48	8.34	77.3	3.13	13.7	20.3	1.60	6.66	85.4	2.15
	6		9.397	7.38	0.314	57.4	2.47	9.87	91.0	3.11	16.1	23.7	1.59	7.65	103	2.19
	7		10.86	8.53	0.314	65.6	2.46	11.4	104	3.10	18.4	27.1	1.58	8.58	120	2.23
	8		12.30	9.66	0.314	73.5	2.44	12.8	117	3.08	20.6	30.4	1.57	9.46	137	2.27
	9		13.73	10.8	0.314	81.1	2.43	14.3	129	3.06	22.7	33.6	1.56	10.3	154	2.31
	10		15.13	11.9	0.313	88.4	2.42	15.6	140	3.04	24.8	36.8	1.56	11.1	172	2.35
90	6	10	10.64	8.35	0.354	82.8	2.79	12.6	131	3.51	20.6	34.3	1.80	9.95	146	2.44
	7		12.30	9.66	0.354	94.8	2.78	14.5	150	3.50	23.6	39.2	1.78	11.2	170	2.48
	8		13.94	10.9	0.353	106	2.76	16.4	169	3.48	26.6	44.0	1.78	12.4	195	2.52
	9		15.57	12.2	0.353	118	2.75	18.3	187	3.46	29.4	48.7	1.77	13.5	219	2.56
	10		17.17	13.5	0.353	129	2.74	20.1	204	3.45	32.0	53.3	1.76	14.5	244	2.59
	12		20.31	15.9	0.352	149	2.71	23.6	236	3.41	37.1	62.2	1.75	16.5	294	2.67
100	6	12	11.93	9.37	0.393	115	3.10	15.7	182	3.90	25.7	47.9	2.00	12.7	200	2.67
	7		13.80	10.8	0.393	132	3.09	18.1	209	3.89	29.6	54.7	1.99	14.3	234	2.71
	8		15.64	12.3	0.393	148	3.08	20.5	235	3.88	33.2	61.4	1.98	15.8	267	2.76
	9		17.46	13.7	0.392	164	3.07	22.8	260	3.86	36.8	68.0	1.97	17.2	300	2.80

续表

尺寸/mm			截面积 A/cm^2	质量 /(kg/m)	表面积 /(m^2/m)	$x—x$			$x_0—x_0$			$y_0—y_0$			$x_1—x_1$	z_0/cm
b	d	r				I_x/cm^4	i_x/cm	W_x/cm^3	I_{x0}/cm^4	i_{x0}/cm	W_{x0}/cm^3	I_{y0}/cm^4	i_{y0}/cm	W_{y0}/cm^3	I_{x1}/cm^4	
100	10	12	19.26	15.1	0.392	180	3.05	25.1	285	3.84	40.3	74.4	1.96	18.5	334	2.84
	12		22.80	17.9	0.391	209	3.03	29.5	331	3.81	46.8	86.8	1.95	21.1	402	2.91
	14		26.26	20.6	0.391	237	3.00	33.7	374	3.77	52.9	99.0	1.94	23.4	471	2.99
	16		29.63	23.3	0.390	263	2.98	37.8	414	3.74	58.6	111	1.94	25.6	540	3.06
110	7	12	15.20	11.9	0.433	177	3.41	22.1	281	4.30	36.1	73.4	2.20	17.5	311	2.96
	8		17.24	13.5	0.433	199	3.40	25.0	316	4.28	40.7	82.4	2.19	19.4	355	3.01
	10		21.26	16.7	0.432	242	3.38	30.6	384	4.25	49.4	100	2.17	22.9	445	3.09
	12		25.20	19.8	0.431	283	3.35	36.1	448	4.22	57.6	117	2.15	26.2	535	3.16
	14		29.06	22.8	0.431	321	3.32	41.3	508	4.18	65.3	133	2.14	29.1	625	3.24
125	8	14	19.75	15.5	0.492	297	3.88	32.5	471	4.88	53.3	123	2.50	25.9	521	3.37
	10		24.37	19.1	0.491	362	3.85	40.0	574	4.85	64.9	149	2.48	30.6	652	3.45
	12		28.91	22.7	0.491	423	3.83	41.2	671	4.82	76.0	175	2.46	35.0	783	3.53
	14		33.37	26.2	0.490	482	3.80	54.2	764	4.78	86.4	200	2.45	39.1	916	3.61
	16		37.74	29.6	0.489	537	3.77	60.9	851	4.75	96.3	224	2.43	43.0	1050	3.68
140	10	14	27.37	21.5	0.551	515	4.34	50.6	817	5.46	82.6	212	2.78	39.2	915	3.82
	12		32.51	25.5	0.551	604	4.31	59.8	959	5.43	96.9	249	2.77	45.0	1100	3.90
	14		37.57	29.5	0.550	689	4.28	68.8	1090	5.40	110	284	2.75	50.5	1280	3.98
	16		42.54	33.4	0.549	770	4.26	77.5	1220	5.36	123	319	2.74	55.6	1470	4.06
150	8	14	23.75	18.6	0.592	521	4.69	47.4	827	5.90	78.0	215	3.01	38.1	900	3.99
	10		29.37	23.1	0.591	638	4.66	58.4	1010	5.87	95.5	262	2.99	45.5	1130	4.08
	12		34.91	27.4	0.591	749	4.63	69.0	1190	5.84	112	308	2.97	52.4	1350	4.15
	14		40.37	31.7	0.590	856	4.60	79.5	1360	5.80	128	352	2.95	58.8	1580	4.23

续表

尺寸/mm			截面积 A/cm^2	质量 /(kg/m)	表面积 /(m^2/m)	x—x			x_0—x_0			y_0—y_0			x_1—x_1	z_0/cm
b	d	r				I_x/cm^4	i_x/cm	W_x/cm^3	I_{x0}/cm^4	i_{x0}/cm	W_{x0}/cm^3	I_{y0}/cm^4	i_{y0}/cm	W_{y0}/cm^3	I_{x1}/cm^4	
150	15	14	43.06	33.8	0.590	907	4.59	84.6	1440	5.78	136	374	2.95	61.9	1690	4.27
	16		45.74	35.9	0.589	958	4.58	89.6	1520	5.77	143	395	2.94	64.9	1810	4.31
160	10	16	31.50	24.7	0.630	780	4.98	66.7	1240	6.27	109	322	3.20	52.8	1370	4.31
	12		37.44	29.4	0.630	917	4.95	79.0	1460	6.24	129	377	3.18	60.7	1640	4.39
	14		43.30	34.0	0.629	1050	4.92	91.0	1670	6.20	147	432	3.16	68.2	1910	4.47
	16		49.70	38.5	0.629	1180	4.89	103	1870	6.17	165	485	3.14	75.3	2190	4.55
180	12		12.24	33.2	0.710	1320	5.59	101	2100	7.05	165	543	3.58	78.4	2330	4.89
	14		48.90	38.4	0.709	1510	5.56	116	2410	7.02	189	622	3.56	88.4	2720	4.97
	16		55.47	43.5	0.709	1700	5.54	131	2700	6.98	212	699	3.55	97.8	3120	5.05
	18		61.96	48.6	0.708	1880	5.50	146	2990	6.94	235	762	3.51	105	3500	5.13
200	14	18	56.64	42.9	0.788	2100	6.20	145	3340	7.82	236	864	3.98	112	3730	5.46
	16		62.01	48.7	0.788	2370	6.18	164	3760	7.79	266	971	3.96	124	4270	5.54
	18		69.30	54.4	0.787	2620	6.15	182	4160	7.75	294	1080	3.94	136	4810	5.62
	20		76.51	60.1	0.787	2870	6.12	200	4550	7.72	322	1180	3.93	147	5350	5.69
	24		90.66	71.2	0.785	3340	6.07	236	5290	7.64	374	1380	3.90	167	6460	5.87
220	16	21	68.67	53.9	0.866	3190	6.81	200	5060	8.59	326	1310	4.37	154	5680	6.03
	18		76.75	60.3	0.866	3540	6.79	223	5620	8.55	361	1450	4.35	168	6400	6.11
	20		84.76	66.5	0.865	3870	6.76	245	6150	8.52	395	1590	4.34	182	7110	6.18
	22		92.68	72.8	0.865	4200	6.73	267	6670	8.48	429	1730	4.32	195	7830	6.26
	24		100.5	78.9	0.864	4520	6.71	289	7170	8.45	461	1870	4.31	208	8550	6.33
	26		108.3	85.0	0.864	4830	6.68	310	7690	8.41	492	2000	4.30	221	9280	6.41
250	18	24	87.84	69.0	0.985	5270	7.75	290	8370	9.76	473	2170	4.97	224	9380	6.84
	20		97.05	76.2	0.984	5780	7.72	320	9180	9.73	519	2380	4.95	243	10400	6.92

续表

尺寸/mm			截面积 A/cm^2	质量 /(kg/m)	表面积 /(m²/m)	x—x			x_0—x_0			y_0—y_0			x_1—x_1	z_0/cm
b	d	r				I_x/cm^4	i_x/cm	W_x/cm^3	I_{x0}/cm^4	i_{x0}/cm	W_{x0}/cm^3	I_{y0}/cm^4	i_{y0}/cm	W_{y0}/cm^3	I_{x1}/cm^4	
250	22	24	106.2	83.3	0.983	6280	7.69	349	9970	9.69	564	2580	4.93	261	11500	7.00
	24		115.2	90.4	0.983	6770	7.67	378	10700	9.66	608	2790	4.92	278	12500	7.07
	26		124.2	97.5	0.982	7240	7.64	406	11500	9.62	650	2980	4.90	295	13600	7.15
	28		133.0	104	0.982	7700	7.61	433	12200	9.58	691	3180	4.89	311	14600	7.22
	30		141.8	111	0.981	8160	7.58	461	12900	9.55	731	3380	4.88	327	15700	7.30
	32		150.5	118	0.981	8600	7.56	488	13600	9.51	770	3570	4.87	342	16800	7.37
	35		163.4	128	0.980	9240	7.52	527	14600	9.46	827	3850	4.86	364	18400	7.48

附表 3-4 热轧不等边角钢

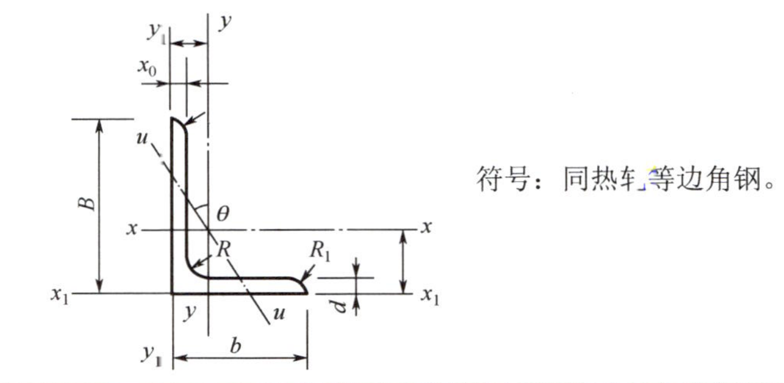

符号：同热轧等边角钢。

尺寸/mm				截面积 A/cm^2	质量 /(kg/m)	表面积 /(m²/m)	x—x			y—y			x_1—x_1		y_1—y_1		u—u			
B	b	d	r				I_x/cm^4	i_x/cm	W_x/cm^3	I_y/cm^4	i_y/cm	W_y/cm^3	I_{x1}/cm^4	y_0/cm	I_{y1}/cm^4	x_0/cm	I_u/cm^4	i_u/cm	W_u/cm^3	$\tan\theta$
25	16	3	3.5	1.162	0.91	0.080	0.70	0.78	0.43	0.22	0.44	0.19	1.56	0.86	0.43	0.42	0.14	0.34	0.16	0.392
		4		1.499	1.18	0.079	0.88	0.77	0.55	0.27	0.43	0.24	2.09	0.90	0.59	0.46	0.17	0.34	0.20	0.381
32	20	3	3.5	1.492	1.17	0.102	1.53	1.01	0.72	0.46	0.55	0.30	3.27	1.08	0.82	0.49	0.28	0.43	0.25	0.382
		4		1.939	1.52	0.101	1.93	1.00	0.93	0.57	0.54	0.39	4.37	1.12	1.12	0.53	0.35	0.42	0.32	0.374

续表

尺寸/mm				截面积 A/cm^2	质量 /(kg/m)	表面积 /(m^2/m)	x—x			y—y			x_1—x_1		y_1—y_1		u—u			
B	b	d	r				I_x/cm^4	i_x/cm	W_x/cm^3	I_y/cm^4	i_y/cm	W_y/cm^3	I_{x1}/cm^4	y_0/cm	I_{y1}/cm^4	x_0/cm	I_u/cm^4	i_u/cm	W_u/cm^3	$\tan\theta$
40	25	3	4	1.890	1.48	0.127	3.08	1.28	1.15	0.93	0.70	0.49	5.39	1.32	1.59	0.59	0.56	0.54	0.40	0.385
		4		2.467	1.94	0.127	3.93	1.26	1.49	1.18	0.69	0.63	8.53	1.37	2.14	0.63	0.71	0.54	0.52	0.381
45	28	3	5	2.149	1.69	0.143	4.45	1.44	1.47	1.34	0.79	0.62	9.10	1.47	2.23	0.64	0.80	0.61	0.51	0.383
		4		2.806	2.20	0.143	5.69	1.42	1.91	1.70	0.78	0.80	12.1	1.51	3.00	0.68	1.02	0.60	0.66	0.380
50	32	3	5.5	2.431	1.91	0.161	6.24	1.60	1.84	2.02	0.91	0.82	12.5	1.60	3.31	0.73	1.20	0.70	0.68	0.404
		4		3.177	2.49	0.160	8.02	1.59	2.39	2.58	0.90	1.06	16.7	1.65	4.45	0.77	1.53	0.69	0.87	0.402
56	36	3	6	2.743	2.15	0.181	8.88	1.80	2.32	2.92	1.03	1.05	17.5	1.78	4.70	0.80	1.73	0.79	0.87	0.408
		4		3.590	2.82	0.180	11.5	1.79	3.03	3.76	1.02	1.37	23.4	1.82	6.33	0.85	2.23	0.79	1.13	0.408
		5		4.415	3.47	0.180	13.9	1.77	3.71	4.49	1.01	1.65	29.3	1.87	7.94	0.88	2.67	0.78	1.36	0.404
63	40	4	7	4.058	3.19	0.202	16.5	2.02	3.87	5.23	1.14	1.70	33.3	2.04	8.63	0.92	3.12	0.88	1.40	0.398
		5		4.993	3.92	0.202	20.0	2.00	4.74	6.31	1.12	2.07	41.6	2.08	10.9	0.95	3.76	0.87	1.71	0.396
		6		5.908	4.64	0.201	23.4	1.96	5.59	7.29	1.11	2.43	50.0	2.12	13.1	0.99	4.34	0.86	1.99	0.393
		7		6.802	5.34	0.201	26.5	1.98	6.40	8.24	1.10	2.78	58.1	2.15	15.5	1.03	4.97	0.86	2.29	0.389
70	45	4	7.5	4.553	3.57	0.226	23.2	2.26	4.86	7.55	1.29	2.17	45.9	2.24	12.3	1.02	4.40	0.98	1.77	0.410
		5		5.609	4.40	0.225	28.0	2.23	5.92	9.13	1.28	2.65	57.1	2.28	15.4	1.06	5.40	0.98	2.19	0.407
		6		6.644	5.22	0.225	32.5	2.21	6.95	10.6	1.26	3.12	68.4	2.32	18.6	1.09	6.35	0.98	2.59	0.404
		7		7.658	6.01	0.225	37.2	2.20	8.03	12.0	1.25	3.57	80.0	2.36	21.8	1.13	7.16	0.97	2.94	0.402
75	50	5	8	6.126	4.84	0.245	34.9	2.39	6.83	12.6	1.44	3.30	70.0	2.40	21.0	1.17	7.41	1.10	2.74	0.435
		6		7.260	5.70	0.245	41.1	2.38	8.12	14.7	1.42	3.88	84.3	2.44	25.4	1.21	8.54	1.08	3.19	0.435
		8		9.467	7.43	0.244	52.4	2.35	10.5	18.5	1.40	4.99	113	2.52	34.2	1.29	10.9	1.07	4.10	0.429
		10		11.59	9.10	0.244	62.7	2.33	12.8	22.0	1.38	6.04	141	2.60	43.4	1.36	13.1	1.06	4.99	0.423
80	50	5	8	6.376	5.00	0.255	42.0	2.56	7.78	12.8	1.42	3.32	85.2	2.60	21.1	1.14	7.66	1.10	2.74	0.388

续表

尺寸/mm				截面积 A/cm^2	质量 /(kg/m)	表面积 /(m^2/m)	x—x			y—y			x_1—x_1		y_1—y_1		u—u			
B	b	d	r				I_x/cm^4	i_x/cm	W_x/cm^3	I_y/cm^4	i_y/cm	W_y/cm^3	I_{x1}/cm^4	y_0/cm	I_{y1}/cm^4	x_0/cm	I_u/cm^4	i_u/cm	W_u/cm^3	$\tan\theta$
80	50	6	8	7.560	5.93	0.255	49.5	2.56	9.25	15.0	1.41	3.91	103	2.65	25.4	1.18	8.85	1.08	3.20	0.387
		7		8.724	6.85	0.255	56.2	2.54	10.6	17.0	1.39	4.48	119	2.69	29.8	1.21	10.2	1.08	3.70	0.384
		8		9.867	7.75	0.254	62.8	2.52	11.9	18.9	1.38	5.03	136	2.73	34.3	1.25	11.4	1.07	4.16	0.381
90	56	5	9	7.212	5.66	0.287	60.5	2.90	9.92	18.3	1.59	4.21	121	2.91	29.5	1.25	11.0	1.23	3.49	0.385
		6		8.557	6.72	0.286	71.0	2.88	11.7	21.4	1.58	4.96	146	2.95	35.6	1.29	12.9	1.23	4.13	0.384
		7		9.881	7.76	0.286	81.0	2.86	13.5	24.4	1.57	5.70	170	3.00	41.7	1.33	14.7	1.22	4.72	0.382
		8		11.18	8.78	0.286	91.0	2.85	15.3	27.2	1.56	6.41	194	3.04	47.9	1.36	16.3	1.21	5.29	0.380
90	56	5	9	7.212	5.66	0.287	60.5	2.90	9.92	18.3	1.59	4.21	121	2.91	29.5	1.25	11.0	1.23	3.49	0.385
		6		8.557	6.72	0.286	71.0	2.88	11.7	21.4	1.58	4.96	146	2.95	35.6	1.29	12.9	1.23	4.13	0.384
		7		9.881	7.76	0.286	81.0	2.86	13.5	24.4	1.57	5.70	170	3.00	41.7	1.33	14.7	1.22	4.72	0.382
		8		11.18	8.78	0.286	91.0	2.85	15.3	27.2	1.56	6.41	194	3.04	47.9	1.36	16.3	1.21	5.29	0.380
100	63	6	10	9.618	7.55	0.320	99.1	3.21	14.6	30.9	1.79	6.35	200	3.24	50.5	1.43	18.4	1.38	5.25	0.394
		7		11.11	8.72	0.320	113	3.20	16.9	35.3	1.78	7.29	233	3.28	59.1	1.47	21.0	1.38	6.02	0.393
		8		12.58	9.88	0.319	127	3.18	19.1	39.4	1.77	8.21	266	3.32	67.9	1.50	23.5	1.37	6.78	0.391
		9		15.47	12.1	0.319	154	3.15	23.3	47.1	1.74	9.98	333	3.40	85.7	1.58	28.3	1.35	8.24	0.387
100	80	6	10	10.64	8.35	0.354	107	3.17	15.2	61.2	2.40	10.2	200	2.95	103	1.97	31.7	1.72	8.37	0.627
		7		12.30	9.66	0.354	123	3.16	17.5	70.1	2.39	11.7	233	3.00	120	2.01	36.2	1.72	9.60	0.626
		8		13.94	10.9	0.353	138	3.14	19.8	78.6	2.37	13.2	267	3.04	137	2.05	40.6	1.71	10.8	0.625
		9		17.17	13.5	0.353	167	3.12	24.2	94.7	2.35	16.1	334	3.12	172	2.13	49.1	1.69	13.1	0.622
110	70	6	10	10.64	8.35	0.354	133	3.54	17.9	42.9	2.01	7.90	266	3.53	69.1	1.57	25.4	1.54	6.53	0.403
		7		12.30	9.66	0.354	153	3.53	20.6	49.0	2.00	9.09	310	3.57	80.8	1.61	29.0	1.53	7.50	0.402

续表

尺寸/mm				截面积 A/cm^2	质量 /(kg/m)	表面积 /(m²/m)	x—x			y—y			x_1—x_1		y_1—y_1		u—u			
B	b	d	r				I_x/cm^4	i_x/cm	W_x/cm^3	I_y/cm^4	i_y/cm	W_y/cm^3	I_{x1}/cm^4	y_0/cm	I_{y1}/cm^4	x_0/cm	I_u/cm^4	i_u/cm	W_u/cm^3	$\tan\theta$
110	70	8	10	13.94	10.9	0.353	172	3.51	23.3	54.9	1.98	10.3	354	3.62	92.7	1.65	32.5	1.53	8.45	0.401
		10		17.17	13.5	0.353	208	3.48	28.5	65.9	1.96	12.5	443	3.70	117	1.72	39.2	1.51	10.3	0.397
125	80	7	11	14.096	11.066	0.403	227.98	4.02	26.86	74.42	2.30	12.01	454.99	4.01	120.32	1.80	43.81	1.76	9.92	0.408
		8		15.989	12.551	0.403	256.77	4.01	30.41	83.49	2.28	13.56	519.99	4.06	137.85	1.84	49.15	1.75	11.18	0.407
		10		19.712	15.474	0.402	312.04	3.98	37.33	100.67	2.26	16.56	650.09	4.14	173.40	1.92	59.45	1.74	13.64	0.404
		12		23.351	18.330	0.402	364.41	3.95	44.01	116.67	2.24	19.43	780.39	4.22	209.67	2.00	69.35	1.72	16.01	0.400
140	90	8	12	18.04	14.2	0.453	366	4.50	38.5	121	2.59	17.3	731	4.50	196	2.04	70.8	1.98	14.3	0.411
		10		22.26	17.5	0.452	446	4.47	47.3	140	2.56	21.2	913	4.58	246	2.12	85.8	1.96	17.5	0.409
		12		26.40	20.7	0.451	522	4.44	55.9	170	2.54	25.0	1100	4.66	297	2.19	100	1.95	20.5	0.406
		14		30.46	23.9	0.451	594	4.42	64.2	192	2.51	28.5	1280	4.74	349	2.27	114	1.94	23.5	0.403
150	90	8	12	18.84	14.8	0.473	442	4.84	43.9	123	2.55	17.5	898	4.92	196	1.97	74.1	1.98	14.5	0.364
		10		23.26	18.3	0.472	539	4.81	54.0	149	2.53	21.4	1120	5.01	246	2.05	89.9	1.97	17.7	0.362
		12		27.60	21.7	0.471	632	4.79	63.8	173	2.50	25.1	1350	5.09	297	2.12	105	1.95	20.8	0.359
		14		31.86	25.0	0.471	721	4.76	73.3	196	2.48	28.8	1570	5.17	350	2.20	120	1.94	23.8	0.356
		15		33.95	26.7	0.471	764	4.74	78.0	207	2.47	30.5	1680	5.21	376	2.24	127	1.93	25.3	0.354
		16		36.03	28.3	0.470	806	4.73	82.6	217	2.45	32.3	1800	5.25	403	2.27	134	1.93	26.8	0.352
160	100	10	13	25.32	19.9	0.512	669	5.14	62.1	205	2.85	26.6	1360	5.24	337	2.28	122	2.19	21.9	0.390
		12		30.05	23.6	0.511	785	5.11	73.5	239	2.82	31.3	1640	5.32	406	2.36	142	2.17	25.8	0.388
		14		34.71	27.2	0.510	896	5.08	84.6	271	2.80	35.8	1910	5.40	476	2.43	162	2.16	29.6	0.385
		16		39.28	30.8	0.510	1000	5.05	95.3	302	2.77	40.2	2180	5.48	548	2.51	183	2.16	33.4	0.382
180	110	10	14	28.37	22.3	0.571	956	5.80	79.0	278	3.13	32.5	1940	5.89	447	2.44	167	2.42	26.9	0.376
		12		33.71	26.5	0.571	1120	5.78	93.5	325	3.10	38.3	2330	5.98	539	2.52	195	2.40	31.7	0.374

续表

尺寸/mm				截面积	质量	表面积	x—x			y—y			x_1—x_1		y_1—y_1		u—u			
B	b	d	r	A/cm^2	/(kg/m)	/(m^2/m)	I_x/cm^4	i_x/cm	W_x/cm^3	I_y/cm^4	i_y/cm	W_y/cm^3	I_{x1}/cm^4	y_0/cm	I_{y1}/cm^4	x_0/cm	I_u/cm^4	i_u/cm	W_u/cm^3	$\tan\theta$
180	110	14	14	38.97	30.6	0.570	1290	5.75	108	370	3.08	44.0	2720	6.06	632	2.59	222	2.39	36.3	0.372
		16		44.14	34.6	0.569	1440	5.72	122	412	3.06	49.4	3110	6.14	726	2.67	249	2.38	40.9	0.369
200	120	12	14	37.91	29.8	0.641	1570	6.44	117	483	3.57	50.0	3190	6.54	788	2.83	286	2.74	41.2	0.392
		14		43.87	34.4	0.640	1800	6.41	135	551	3.54	57.4	3730	6.62	922	2.91	327	2.73	47.3	0.390
		16		49.74	39.0	0.639	2020	6.38	152	615	3.52	64.9	4260	6.70	1060	2.99	366	2.71	53.3	0.388
		18		55.53	43.6	0.639	2240	6.35	169	677	3.49	71.7	4790	6.78	1200	3.06	405	2.70	59.2	0.385

附表 3-5(a)　双角钢 T 形截面(等边角钢)

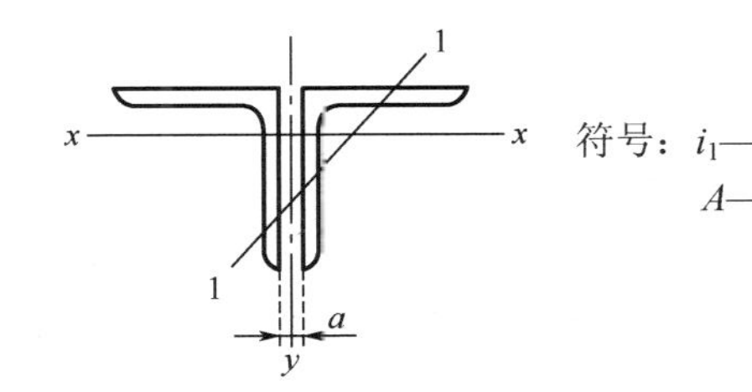

符号：i_1——单个角钢的最小回转半径；
A——两个角钢的截面面积之和。

ᄀ厂/mm		A/cm^2	i_1/cm	x—x		a/mm									
						6		8		10		12		14	
				I_x/cm^4	i_x/cm	I_y	i_y	I_y	i_y	I_y	i_y	I_y	i_y	I_y	i_y
50×	3	5.94	1.00	14.4	1.55	30.4	2.26	31.8	2.33	34.4	2.41	36.8	2.49	38.9	2.56
	4	7.79	0.99	18.5	1.54	40.3	2.28	43.0	2.35	45.9	2.43	48.9	2.51	52.1	2.59
	5	9.61	0.98	22.4	1.53	50.7	2.30	54.1	2.38	57.7	2.45	61.5	2.53	65.4	2.61
	6	11.38	0.98	26.1	1.52	61.3	2.32	65.5	2.40	69.7	2.48	74.3	2.56	79.1	2.64
56×	3	6.7	1.13	20.4	1.75	42.0	2.50	44.0	2.56	46.5	2.64	49.2	2.72	52.1	2.79
	4	8.8	1.11	26.4	1.73	55.4	2.51	58.7	2.59	62.1	2.66	65.8	2.74	69.6	2.82

续表

┐┌/mm		A/cm^2	i_1/cm	x—x		a/mm									
						6		8		10		12		14	
				I_x/cm^4	i_x/cm	I_y	i_y	I_y	i_y	I_y	i_y	I_y	i_y	I_y	i_y
56×	5	10.83	1.10	32.0	1.72	69.6	2.54	73.8	2.61	78.1	2.69	82.7	2.77	87.5	2.84
	8	16.73	1.09	47.3	1.68	112.8	2.60	119.6	2.68	126.8	2.75	134.3	2.84	141.9	2.91
63×	4	9.96	1.26	38.1	1.96	76.9	2.79	81.0	2.86	85.3	2.93	89.7	3.01	94.4	3.08
	5	12.3	1.25	46.3	1.94	96.7	2.81	102.0	2.88	107.0	2.96	113.0	3.03	119.0	3.11
	6	14.58	1.24	54.2	1.93	117.0	2.83	123.0	2.91	129.0	2.98	136.0	3.06	143.0	3.14
	8	19.03	1.23	68.9	1.90	156.7	2.87	165.1	2.94	173.9	3.02	183.1	3.11	192.4	3.18
70×	4	11.14	1.40	52.8	2.18	104.7	3.06	109.6	3.14	115.0	3.21	120.3	3.28	126.8	3.36
	5	13.75	1.39	64.4	2.16	131.0	3.09	137.0	3.16	143.0	3.23	150.0	3.31	157.0	3.39
	6	16.32	1.38	75.5	2.15	158.0	3.11	165.0	3.18	173.0	3.26	181.0	3.33	189.0	3.41
	8	21.33	1.37	96.3	2.12	212.0	3.15	222.0	3.23	233.0	3.30	244.0	3.38	255.0	3.46
75×	5	14.73	1.50	79.9	2.33	159.0	3.30	166.0	3.37	173.0	3.45	181.0	3.52	189.0	3.60
	6	17.6	1.49	93.9	2.31	191.0	3.30	199.0	3.38	208.0	3.46	218.0	3.52	227.0	3.61
	7	20.32	1.48	107.1	2.30	224.0	3.32	234.0	3.39	244.0	3.48	255.0	3.54	266.0	3.62
	8	23.0	1.47	120.0	2.28	258.0	3.35	270.0	3.42	281.0	3.49	294.0	3.57	307.0	3.65
80×	6	18.8	1.59	114.7	2.47	230.0	3.50	239.0	3.57	249.0	3.65	260.0	3.72	270.0	3.80
	7	21.7	1.58	131.2	2.46	269.0	3.52	281.0	3.60	292.0	3.67	304.0	3.75	317.0	3.82
	8	24.6	1.57	147.0	2.44	309.0	3.55	322.0	3.62	335.0	3.69	349.0	3.77	364.0	3.85
90×	6	21.27	1.80	165.5	2.79	322.0	3.90	333.0	3.97	346.0	4.05	358.0	4.13	371.0	4.20
	8	27.9	1.78	213.0	2.76	432.0	3.94	448.0	4.01	465.0	4.09	482.0	4.16	499.0	4.24
	10	34.3	1.76	257.2	2.74	543.1	3.98	564.2	4.05	584.2	4.12	606.0	4.19	628.0	4.27
100×	6	23.9	2.00	230.0	3.10	439.9	4.28	454.5	4.36	469.9	4.44	484.0	4.50	500.0	4.57

续表

ㄱ厂/mm		A/cm^2	i_1/cm	x—x		a/mm									
				I_x/cm^4	i_x/cm	6		8		10		12		14	
						I_y	i_y	I_y	i_y	I_y	i_y	I_y	i_y	I_y	i_y
100×	8	31.3	1.98	296.5	3.08	585.0	4.33	604.0	4.40	624.0	4.47	645.0	4.55	666.0	4.62
	10	38.5	1.96	359.0	3.05	736.0	4.37	760.0	4.45	786.0	4.52	812.0	4.59	838.0	4.67
	12	45.6	1.95	417.8	3.03	889.0	4.41	918.0	4.49	949.0	4.56	981.0	4.64	1010	4.71
	14	52.5	1.94	473.0	3.00	1043	4.45	1079	4.53	1115	4.60	1152	4.68	1190	4.76
110×	8	34.5	2.19	398.9	3.40	771.0	4.75	794.0	4.82	818.0	4.88	842.0	4.95	867.0	5.02
	10	42.5	2.17	484.4	3.38	972.0	4.78	1000	4.85	1031	4.92	1062	5.00	1094	5.08
	12	50.4	2.15	565.1	3.35	1168	4.81	1202	4.88	1240	4.96	1287	5.03	1317	5.12
125×	8	39.5	2.50	594.1	3.88	1120	5.32	1150	5.39	1181	5.46	1210	5.53	1240	5.61
	10	48.75	2.48	723.3	3.85	1400	5.37	1440	5.44	1480	5.51	1520	5.58	1560	5.66
	12	57.8	2.46	846.3	3.83	1690	5.41	1740	5.48	1780	5.55	1830	5.63	1880	5.70
	14	66.7	2.45	963.3	3.80	1980	5.45	2040	5.52	2090	5.60	2150	5.67	2200	5.74
140×	10	54.75	2.78	1029	4.34	1950	5.98	2000	6.05	2050	6.12	2090	6.19	2140	6.26
	12	65.0	2.76	1207	4.31	2350	6.02	2410	6.09	2460	6.16	2520	6.23	2580	6.30
	14	75.1	2.75	1378	4.28	2758	6.05	2825	6.14	2890	6.20	2957	6.27	3020	6.34
160×	10	63.0	3.20	1559	4.98	2880	6.77	2940	6.84	3000	6.91	3060	6.98	3130	7.05
	12	74.9	3.18	1833	4.95	3470	6.81	3540	6.88	3620	6.95	3690	7.02	3770	7.09
	14	86.6	3.16	2097	4.92	4070	6.85	4150	6.92	4230	6.99	4320	7.07	4410	7.14
	16	98.1	3.14	2350	4.89	4660	6.89	4760	6.96	4860	7.03	4960	7.11	5060	7.18
180×	12	84.5	3.58	2643	5.59	4910	7.63	5000	7.69	5090	7.76	5180	7.83	5270	7.90
	14	97.8	3.56	3029	5.56	5749	7.66	5849	7.72	6051	7.80	6059	7.88	6169	7.95
	16	110.9	3.55	3402	5.54	6582	7.70	6702	7.78	6822	7.84	6942	7.90	7072	7.97

续表

⌉⌈/mm		A/cm²	i_1/cm	x—x		a/mm									
				I_x/cm⁴	i_x/cm	6		8		10		12		14	
						I_y	i_y	I_y	i_y	I_y	i_y	I_y	i_y	I_y	i_y
200×	14	109.3	3.98	4207	6.20	7810	8.45	7940	8.52	8070	8.59	8200	8.66	8330	8.73
	16	124.0	3.96	4732	6.18	8950	8.47	9100	8.53	9250	8.60	9400	8.67	9550	8.74
	18	138.6	3.94	5241	6.15	10101	8.54	10270	8.60	10431	8.67	10601	8.74	10781	8.81
	20	153.0	3.93	5735	6.12	11250	8.57	11430	8.64	11620	8.71	11810	8.78	12010	8.85

附表 3-5(b)　双角钢 T 形截面(不等边角钢短边相连)

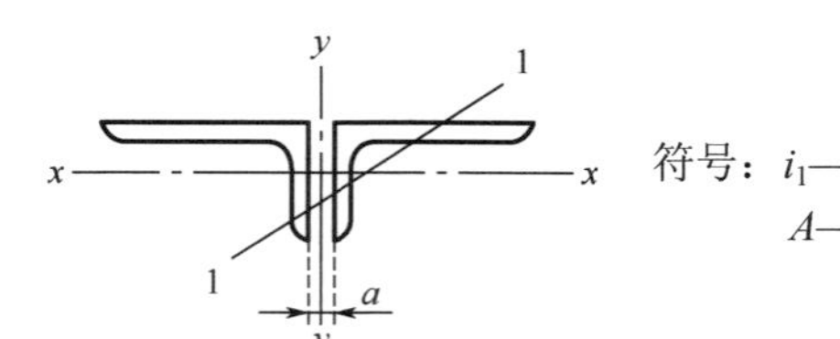

符号：i_1——单个角钢的最小回转半径；
A——两个角钢的截面面积之和。

⌉⌈/mm		A/cm²	i_1/cm	x—x		a/mm									
				I_x/cm⁴	i_x/cm	6		8		10		12		14	
						I_y	i_y	I_y	i_y	I_y	i_y	I_y	i_y	I_y	i_y
63×40×	4	8.12	0.88	10.46	1.14	76.4	3.08	80.3	3.15	84.3	3.23	88.4	3.31	92.8	3.40
	5	9.99	0.87	12.62	1.12	96.0	3.10	101	3.18	106	3.26	111	3.34	116	3.42
	6	11.82	0.86	14.58	1.11	116	3.13	121	3.21	128	3.29	134	3.37	140	3.45
70×45×	4	9.09	0.98	15.10	1.29	106	3.40	110	3.48	115	3.56	120	3.62	125	3.70
	5	11.22	0.98	18.26	1.28	130	3.42	136	3.50	142	3.58	148	3.63	155	3.72
	6	13.29	0.98	21.24	1.26	166	3.43	163	3.52	171	3.60	178	3.66	186	3.74
75×50×	5	12.25	1.10	25.22	1.44	168	3.61	165	3.67	172	3.76	179	3.83	187	3.91
	6	14.52	1.08	29.40	1.42	191	3.63	199	3.70	207	3.78	216	3.86	225	3.94

续表

ㄱΓ/mm		A/cm²	i_1/cm	x—x		a/mm									
				I_x/cm⁴	i_x/cm	6		8		10		12		14	
						I_y	i_y	I_y	i_y	I_y	i_y	I_y	i_y	I_y	i_y
75×50×	8	18.93	1.07	37.06	1.40	255	3.67	266	3.76	277	3.83	289	3.91	302	4.00
80×50×	5	12.75	1.10	25.64	1.42	190	3.86	197	3.94	205	4.02	213	4.09	221	4.17
	6	15.12	1.08	29.90	1.41	228	3.89	238	3.97	247	4.04	256	4.12	266	4.20
	8	19.73	1.07	37.70	1.38	307	3.95	319	4.03	331	4.10	344	4.18	358	4.27
90×56×	5	14.42	1.23	36.64	1.59	269	4.32	280	4.40	288	4.47	298	4.54	309	4.62
	6	17.11	1.23	42.84	1.58	321	4.34	332	4.43	344	4.50	356	4.58	368	4.66
	8	22.37	1.21	54.30	1.56	430	4.39	445	4.46	461	4.54	477	4.62	494	4.70
100×63×	5	19.23	1.38	61.88	1.79	435	4.76	448	4.84	463	4.91	477	4.99	462	5.07
	6	25.17	1.37	78.78	1.77	583	4.82	601	4.89	620	4.97	640	5.06	659	5.12
	8	30.93	1.35	94.24	1.74	731	4.86	755	4.94	779	5.02	803	5.10	828	5.17
100×80×	6	21.27	1.72	122.5	2.40	439	4.54	453	4.62	467	4.68	482	4.77	497	4.85
	8	27.89	1.71	157.2	2.37	587	4.58	606	4.66	626	4.73	646	4.82	666	4.88
	10	34.33	1.69	189.3	2.35	735	4.62	759	4.70	784	4.77	809	4.86	834	4.92
110×70×	6	21.27	1.54	85.84	2.01	579	5.20	595	5.28	612	5.36	629	5.43	647	5.51
	8	27.89	1.53	109.7	1.98	769	5.25	791	5.33	814	5.41	837	5.48	860	5.56
	10	34.33	1.51	131.8	1.96	967	5.31	994	5.38	1022	5.48	1051	5.54	1082	5.62
125×80×	8	31.98	1.75	167.0	2.28	1110	5.91	1140	5.98	1170	6.06	1200	6.13	1230	6.21
	10	39.42	1.74	201.4	2.26	1400	5.96	1143	6.03	1470	6.11	1510	6.19	1540	6.26
	12	46.70	1.72	233.3	2.24	1680	6.00	1730	6.08	1770	6.16	1810	6.23	1860	6.31
140×90×	8	36.08	1.98	241.4	2.59	1550	6.57	1590	6.64	1620	6.72	1660	6.79	1700	6.87
	10	44.52	1.96	292.1	2.56	1950	6.62	1990	6.69	2040	6.77	2080	6.84	2130	6.92
	12	52.80	1.95	339.6	2.54	2343	6.67	2398	6.73	2453	6.82	2508	6.88	2561	6.96

续表

┐┌/mm		A/cm^2	i_1/cm	x—x		a/mm									
				I_x/cm^4	i_x/cm	6		8		10		12		14	
						I_y	i_y	I_y	i_y	I_y	i_y	I_y	i_y	I_y	i_y
160×100	10	50.63	2.19	410.1	2.85	2880	7.55	2940	7.62	2990	7.69	3050	7.77	3110	7.84
	12	60.11	2.17	478.1	2.82	3460	7.59	3530	7.67	3600	7.74	3670	7.82	3740	7.89
	14	69.42	2.16	542.4	2.80	4050	7.64	4130	7.71	4210	7.79	4290	7.86	4380	7.94
180×110×	10	56.75	2.42	566	3.13	4070	8.47	4140	8.55	4210	8.62	4280	8.69	4350	8.77
	12	67.42	2.40	660	3.10	4890	8.52	4980	8.60	5060	8.67	5150	8.74	5240	8.82
	14	77.93	2.39	739	3.08	5724	8.56	5824	8.64	5924	8.72	6024	8.80	6134	8.86
200×125×	12	75.82	2.74	966	3.57	6680	9.39	6780	9.46	6890	9.53	6990	9.61	7100	9.68
	14	87.73	2.73	1102	3.54	7800	9.43	7920	9.51	8050	9.58	8170	9.65	8300	9.73
	16	99.48	2.71	1231	3.52	8930	9.47	9070	9.55	9220	9.62	9360	9.70	9510	9.77
	18	111.1	2.70	1354	3.49	10047	9.50	10197	9.58	10357	9.66	10527	9.74	10697	9.82

附表 3-5(c)　双角钢 T 形截面(不等角钢长边相连)

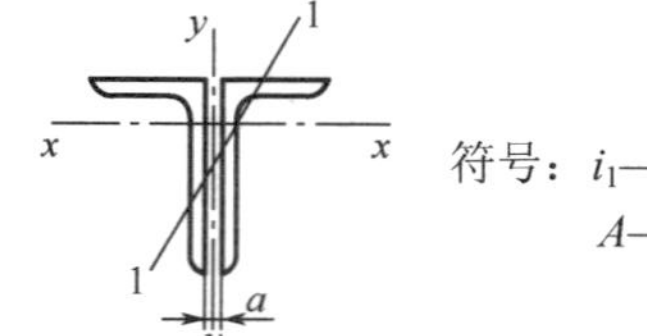

符号：i_1——单个角钢的最小回转半径；
A——两个角钢的截面面积之和。

┐┌/mm		A/cm^2	i_1/cm	x—x		a/mm									
				I_x/cm^4	i_x/cm	6		8		10		12		14	
						I_y	i_y	I_y	i_y	I_y	i_y	I_y	i_y	I_y	i_y
63×40×	4	8.12	0.88	33.0	2.02	22.1	1.66	24.1	1.73	26.3	1.81	28.7	1.89	31.2	1.97
	5	9.99	0.87	40.0	2.00	28.0	1.68	30.6	1.75	33.4	1.83	36.4	1.91	39.6	1.99
	6	11.82	0.86	46.7	1.96	34.2	1.70	37.3	1.78	40.7	1.86	44.4	1.94	48.2	2.02

续表

┐┌/mm		A/cm^2	i_1/cm	x—x		a/mm									
				I_x/cm^4	i_x/cm	6		8		10		12		14	
						I_y	i_y	I_y	i_y	I_y	i_y	I_y	i_y	I_y	i_y
70×45×	4	9.09	0.98	46.3	2.26	30.9	1.84	33.4	1.92	36.1	1.99	38.9	2.07	42.0	2.16
	5	11.22	0.98	55.9	2.23	38.8	1.86	41.7	1.93	45.1	2.01	48.6	2.09	52.5	2.18
	6	13.29	0.98	65.1	2.21	46.8	1.88	50.8	1.95	54.8	2.03	59.1	2.12	63.8	2.19
75×50×	5	12.25	1.10	69.7	2.39	51.4	2.05	55.1	2.13	59.0	2.20	63.2	2.28	67.7	2.36
	6	14.52	1.08	82.2	2.38	62.3	2.07	66.8	2.15	71.5	2.22	76.8	2.30	82.1	2.38
	8	18.93	1.07	105	2.35	84.8	2.12	91.1	2.20	97.5	2.27	105	2.36	112	2.44
80×50×	5	12.75	1.10	83.9	2.56	51.2	2.01	55.0	2.08	59.0	2.16	63.2	2.23	67.8	2.31
	6	15.12	1.08	99.0	2.56	61.0	2.03	66.5	2.10	71.4	2.18	76.6	2.25	82.1	2.33
	8	19.73	1.07	126	2.52	85.1	2.08	91.4	2.16	98.0	2.23	105	2.31	113	2.39
90×56×	5	14.42	1.23	121	2.90	71.2	2.22	75.8	2.30	80.8	2.36	85.9	2.43	91.4	2.52
	6	17.11	1.23	142	2.88	85.1	2.23	90.7	2.31	96.6	2.38	103	2.45	109	2.53
	8	22.73	1.21	182	2.85	116	2.28	123	2.36	131	2.43	140	2.50	149	2.58
100×63×	6	19.23	1.38	198	3.21	118	2.48	124	2.55	132	2.62	139	2.69	147	2.77
	8	25.17	1.37	255	3.18	160	2.52	169	2.59	179	2.67	189	2.74	200	2.82
	10	30.93	1.35	308	3.15	203	2.56	215	2.64	228	2.71	241	2.79	255	2.87
100×80×	6	21.27	1.54	267	3.54	160	2.74	168	2.81	177	2.88	188	2.97	195	3.02
	8	27.89	1.53	344	3.51	214	2.77	225	2.84	237	2.92	249	2.99	262	3.07
	10	34.33	1.51	417	3.48	272	2.82	286	2.90	301	2.96	316	3.04	333	3.12
110×70×	6	21.27	1.54	267	3.54	160	2.74	168	2.81	177	2.88	188	2.97	195	3.02
	8	27.89	1.53	344	3.51	214	2.77	225	2.84	237	2.92	249	2.99	262	3.07
	10	34.33	1.51	417	3.48	272	2.82	286	2.90	301	2.96	316	3.04	333	3.12
125×80×	8	31.98	1.75	514	4.01	311	3.12	325	3.19	340	3.26	355	3.34	371	3.41

续表

┐┌/mm		A/cm²	i_1/cm	x—x		a/mm									
						6		8		10		12		14	
				I_x/cm⁴	i_x/cm	I_y	i_y	I_y	i_y	I_y	i_y	I_y	i_y	I_y	i_y
125×80×	10	39.42	1.74	624	3.98	394	3.16	412	3.23	431	3.31	450	3.38	470	3.46
	12	46.70	1.72	729	3.95	480	3.20	501	3.28	524	3.35	548	3.43	573	3.50
140×90×	8	36.08	1.98	731	4.50	436	3.48	453	3.55	471	3.62	489	3.69	509	3.76
	10	44.52	1.96	891	4.47	551	3.52	572	3.59	595	3.66	619	3.73	644	3.80
	12	52.80	1.95	1043	4.44	667	3.56	694	3.62	722	3.70	751	3.77	782	3.84
160×100×	10	50.63	2.19	1337	5.14	743	3.83	769	3.90	797	3.97	825	4.04	855	4.11
	12	60.11	2.17	1570	5.11	900	3.87	933	3.94	967	4.01	1000	4.08	1040	4.16
	14	69.42	2.16	1793	5.08	1060	3.91	1100	3.98	1140	4.05	1180	4.12	1220	4.20
180×110×	10	56.75	2.42	1912	5.80	975	4.15	1010	4.22	1040	4.28	1070	4.35	1110	4.42
	12	67.42	2.40	2249	5.78	1180	4.19	1220	4.26	1260	4.32	1300	4.39	1340	4.47
	14	77.93	2.39	2574	5.75	1389	4.23	1434	4.31	1484	4.37	1532	4.44	1580	4.51
200×125×	12	75.82	2.74	3142	6.44	1700	4.74	1750	4.81	1800	4.88	1850	4.95	1910	5.02
	14	87.73	2.73	3602	6.41	2000	4.78	2060	4.86	2120	4.92	2180	4.99	2240	5.06
	16	99.48	2.71	4067	6.38	2310	4.82	2370	4.89	2440	4.96	2510	5.03	2590	5.10
	18	111.1	2.70	4477	6.35	2604	4.86	2672	4.92	2762	5.00	2839	5.07	2922	5.14

附表 3-6(a) 热轧 H 型钢

类型	型号(高度×宽度)/mm	截面尺寸/mm				截面面积/cm²	理论质量/(kg/m)	截面特性参数					
								惯性矩/cm⁴		惯性半径/cm		截面模数/cm³	
		H×B	t_1	t_2	r			I_x	I_y	i_x	i_y	W_x	W_y
HW	100×100	100×100	6	8	8	21.58	16.9	378	134	4.18	2.48	75.6	26.7
	125×125	125×125	6.5	9	8	30.00	23.6	839	293	5.28	3.12	134	46.9

续表

类型	型号(高度×宽度)/mm	截面尺寸/mm				截面面积/cm^2	理论质量/(kg/m)	截面特性参数					
								惯性矩/cm^4		惯性半径/cm		截面模数/cm^3	
		$H \times B$	t_1	t_2	r			I_x	I_y	i_x	i_y	W_x	W_y
HW	150×150	150×150	7	10	8	39.64	31.1	1620	563	6.39	3.76	216	75.1
	175×175	175×175	7.5	11	13	51.42	40.4	2900	984	7.50	4.37	331	112
	200×200	200×200	8	12	13	63.53	49.9	4720	1600	8.61	5.02	472	160
		*200×204	12	12	13	71.53	56.2	4980	1700	8.34	4.87	498	167
	250×250	*244×252	11	11	13	81.31	63.8	8700	2940	10.3	6.01	713	233
		250×250	9	14	13	91.43	71.8	10700	3650	10.8	6.31	860	292
		*250×255	14	14	13	103.9	81.6	11400	3880	10.5	6.10	912	304
	300×300	*294×302	12	12	13	106.3	83.5	16600	5510	12.5	7.20	1130	365
		300×300	10	15	13	118.5	93.0	20200	6750	13.1	7.55	1350	450
		*300×305	15	15	13	133.5	105	21300	7100	12.6	7.29	1420	466
	350×350	*338×351	13	13	13	133.3	105	27700	9380	14.4	8.38	1640	534
		*344×348	10	16	13	144.0	113	32800	11200	15.1	8.83	1910	646
		*344×354	16	16	13	164.7	129	34900	11800	14.6	8.48	2030	669
	350×350	350×350	12	19	13	171.9	135	39800	13600	15.2	8.88	2280	776
		*350×357	19	19	13	196.4	154	42300	14400	14.7	8.57	2420	808
	400×400	*388×402	15	15	22	178.5	140	49000	16300	16.6	9.54	2520	809
		*394×398	11	18	22	186.8	147	56100	18900	17.3	10.1	2850	951
		*394×405	18	18	22	214.4	168	59700	20000	16.7	9.64	3030	985
		400×400	13	21	22	218.7	172	66600	22400	17.5	10.1	3330	1120
		*400×408	21	21	22	250.7	197	70900	23800	16.8	9.74	3540	1170
		*414×405	18	28	22	295.4	232	92800	31000	17.7	10.2	4480	1530
		*428×407	20	35	22	360.7	283	119000	39400	18.2	10.4	5570	1930

续表

类型	型号(高度×宽度)/mm	截面尺寸/mm				截面面积/cm^2	理论质量/(kg/m)	截面特性参数					
								惯性矩/cm^4		惯性半径/cm		截面模数/cm^3	
		$H×B$	t_1	t_2	r			I_x	I_y	i_x	i_y	W_x	W_y
HW	400×400	*458×417	30	50	22	528.6	415	187000	60500	18.8	10.7	8170	2900
		*498×432	45	70	22	770.1	604	298000	94400	19.7	11.1	12000	4370
	500×500	*492×465	15	20	22	258.0	202	117000	33500	21.3	11.4	4770	1440
		*502×465	15	25	22	304.5	239	146000	41900	21.9	11.7	5810	1800
		*502×470	20	25	22	329.6	259	151000	43300	21.4	11.5	6020	1840
HM	150×100	148×100	6	9	8	26.34	20.7	1000	150	6.16	2.38	135	30.1
	200×150	194×150	6	9	8	38.10	29.9	2630	507	8.30	3.64	271	67.6
	250×175	244×175	7	11	13	55.49	43.6	6040	984	10.4	4.21	495	112
	300×200	294×200	8	12	13	71.05	55.8	11100	1600	12.5	4.74	756	160
		*298×201	9	14	13	82.03	64.4	13100	1900	12.6	4.80	878	189
	350×250	340×250	9	14	13	99.53	78.1	21200	3650	14.6	6.05	1250	292
	400×300	390×300	10	16	13	133.3	105	37900	7200	16.9	7.35	1940	480
	450×300	440×300	11	18	13	153.9	121	54700	8110	18.9	7.25	2490	540
	500×300	*482×300	11	15	13	141.2	111	58300	6760	20.3	6.91	2420	450
		488×300	11	18	13	159.2	125	68900	8110	20.8	7.13	2820	540
	600×300	*582×300	12	17	13	169.2	133	98900	7660	24.2	6.72	3400	511
		588×300	12	20	13	187.2	147	114000	9010	24.7	6.93	3890	601
		*594×302	14	23	13	217.1	170	134000	10600	24.8	6.97	4500	700
HN	*100×50	100×50	5	7	8	11.84	9.30	187	14.8	3.97	1.11	37.5	5.91
	*125×60	125×60	6	8	8	16.68	13.1	409	29.1	4.95	1.32	65.4	9.71
	150×75	150×75	5	7	8	17.84	14.0	666	49.5	6.10	1.66	88.8	13.2
	175×90	175×90	5	8	8	22.89	18.0	1210	97.5	7.25	2.06	138	21.7
	200×100	*198×99	4.5	7	8	22.68	17.8	1540	113	8.24	2.23	156	22.9

续表

类型	型号(高度×宽度)/mm	截面尺寸/mm				截面面积/cm²	理论质量/(kg/m)	截面特性参数					
								惯性矩/cm⁴		惯性半径/cm		截面模数/cm³	
		$H\times B$	t_1	t_2	r			I_x	I_y	i_x	i_y	W_x	W_y
HN	200×100	200×100	5.5	8	8	26.66	20.9	1810	134	8.22	2.23	181	26.7
	250×125	*248×124	5	8	8	31.98	25.1	3450	255	10.4	2.82	278	41.1
		250×125	6	9	8	36.96	29.0	3960	294	10.4	2.81	317	47.0
	300×150	*298×149	5.5	8	13	40.80	32.0	6320	442	12.4	3.29	424	59.3
		300×150	6.5	9	13	46.78	36.7	7210	508	12.4	3.29	481	67.7
	350×175	*346×174	6	9	13	53.45	41.2	11000	791	14.5	3.88	638	91.0
		350×175	7	11	13	62.91	49.4	13500	984	14.6	3.95	771	112
	400×150	400×150	8	13	13	70.37	55.2	18500	734	16.3	3.22	929	97.8
	400×200	*396×199	7	11	13	71.41	56.1	19300	1450	16.6	4.50	999	145
		400×200	8	13	13	83.37	65.4	23500	1740	16.8	4.56	1170	174
	450×150	*446×150	7	12	13	66.99	52.6	22000	677	18.1	3.17	985	90.3
		450×151	8	14	13	77.49	60.8	25700	806	18.2	3.22	1140	107
	450×200	*446×199	8	12	13	82.97	65.1	1.65	1580	18.4	4.36	1260	159
		450×200	9	14	13	95.43	74.9	1.66	1870	18.6	4.42	1460	187
	475×150	*470×150	7	13	13	71.53	56.2	26200	733	19.1	3.20	1110	97.8
		*475×151.5	8.5	15.5	13	86.15	67.6	31700	901	19.2	3.23	1330	119
		482×153.5	10.5	19	13	106.4	83.5	39600	1150	19.3	3.28	1640	150
	500×150	*492×150	7	12	13	70.21	55.1	27500	677	19.8	3.10	1120	90.3
		*500×152	9	16	13	92.21	72.4	37000	940	20.0	3.19	1480	124
		504×153	10	18	13	103.3	81.1	41900	1080	20.1	3.23	1660	141
	500×200	*496×199	9	14	13	99.29	77.9	40800	1840	20.3	4.30	1650	185

续表

类型	型号(高度×宽度)/mm	截面尺寸/mm				截面面积/cm^2	理论质量/(kg/m)	截面特性参数					
								惯性矩/cm^4		惯性半径/cm		截面模数/cm^3	
		H×B	t_1	t_2	r			I_x	I_y	i_x	i_y	W_x	W_y
N	500×200	500×200	10	16	13	112.3	88.1	46800	2140	20.4	4.36	1870	214
		*506×201	11	19	13	129.3	102	55500	2580	20.7	4.46	2190	257
	550×200	*546×199	9	14	13	103.8	81.5	50800	1840	22.1	4.21	1860	185
		550×200	10	16	13	117.3	92.0	58200	2140	22.3	4.27	2120	214
	600×200	*596×199	10	15	13	117.8	92.4	66600	1980	23.8	4.09	2240	199
		600×200	11	17	13	131.7	103	75600	2270	24.0	4.15	2520	227
		*606×201	12	20	13	149.8	118	88300	2720	24.3	4.25	2910	270
HN	625×200	*625×198.5	13.5	17.5	13	1506	118	88500	2300	24.2	3.90	2830	231
		630×200	15	20	13	170.0	133	101000	2690	24.4	3.97	3220	268
		*638×202	17	24	13	198.7	156	122000	3320	24.8	4.09	3820	329
	650×300	*646×299	12	18	18	183.6	144	131000	8030	26.7	6.61	4080	537
		*650×300	13	20	18	202.1	159	146000	9010	26.9	6.67	4500	601
		*654×301	14	22	18	220.6	173	161000	10000	27.4	6.81	4930	666
	700×300	*692×300	13	20	18	207.5	163	168000	9020	28.5	6.59	4870	601
		700×300	13	24	18	231.5	182	197000	10800	29.2	6.83	5640	721
	750×300	*734×299	12	16	18	182.7	143	161000	7140	29.7	6.25	4390	478
		*742×300	13	20	18	214.0	168	197000	9020	30.4	6.49	5320	601
		*750×300	13	24	18	238.0	187	231000	10800	31.1	6.74	6150	721
		*758×303	16	28	18	284.8	224	276000	13000	31.1	6.75	7270	859
	800×300	*792×300	14	22	18	239.5	188	248000	9920	32.2	6.43	6270	661
		800×300	15	26	18	263.5	207	286000	11700	33.0	6.66	7160	781

续表

类型	型号(高度×宽度)/mm	截面尺寸/mm				截面面积/cm²	理论质量/(kg/m)	截面特性参数					
								惯性矩/cm⁴		惯性半径/cm		截面模数/cm³	
		$H \times B$	t_1	t_2	r			I_x	I_y	i_x	i_y	W_x	W_y
HN	800×300	*834×298	14	19	18	227.5	179	251000	8400	33.2	6.07	6020	564
		*842×299	15	23	18	259.7	204	298000	10300	33.9	6.28	7080	687
		*850×300	16	27	18	292.1	229	346000	12200	34.4	6.45	8140	812
		*858×301	17	31	18	324.7	255	395000	14100	34.9	6.59	9210	939
	900×300	*890×299	15	23	18	266.9	210	339000	10300	35.6	6.20	7610	687
		900×300	16	28	18	305.8	240	404000	12600	36.4	6.42	8990	842
	900×300	*912×302	18	34	18	360.1	283	491000	15700	36.9	6.59	10800	1040
	1000×300	*970×297	16	21	18	276.0	217	393000	9210	37.8	5.77	8110	620
		*980×298	17	26	18	315.5	248	472000	11500	38.7	6.04	9630	772
		*990×298	17	31	18	345.3	271	544000	13700	39.7	6.30	11000	921
		*1000×300	19	36	18	395.1	310	634000	16300	40.1	6.41	12700	1080
		*1008×302	21	40	18	439.3	345	712000	18400	40.3	6.47	14100	1220

注：1. “*”表示的是规格为非常用规格。
2. 型号属同一范围的产品，其内侧尺寸高度是一致的。
3. 截面面积计算公式为$t_1(H-2t_2)+2Bt_2+0.858r^2$。

附表 3-6(b)　剖分 T 形钢

类型	型号(高度×宽度)/mm	截面尺寸/mm					截面面积/cm²	理论质量/(kg/m)	截面特性参数							对应 H 型钢系列
									惯性矩/cm⁴		惯性半径/cm		截面模数/cm³		重心/cm	
		h	B	t_1	t_2	r			I_x	I_y	i_x	i_y	W_x	W_y	C_x	
TW	50×100	50	100	6	8	8	10.79	8.47	16.1	66.8	1.22	2.48	4.02	13.4	1.00	100×100
	62.5×125	62.5	125	6.5	9	8	15.00	11.8	35.0	147	1.52	3.12	6.91	23.5	1.19	125×125

续表

类型	型号(高度×宽度)/mm	截面尺寸/mm					截面面积/cm^2	理论质量/(kg/m)	截面特性参数							对应H型钢系列
									惯性矩/cm^4		惯性半径/cm		截面模数/cm^3		重心/cm	
		h	B	t_1	t_2	r			I_x	I_y	i_x	i_y	W_x	W_y	C_x	
TW	75×150	75	150	7	10	8	19.82	15.6	66.4	282	1.82	3.76	10.8	37.5	1.37	150×150
	87.5×175	87.5	175	7.5	11	13	25.71	20.2	115	492	2.11	4.37	15.9	56.2	1.55	175×175
	100×200	100	200	8	12	13	31.76	24.9	184	801	2.40	5.02	22.3	80.1	1.73	200×200
		100	204	12	12	13	35.76	28.1	256	851	2.67	4.87	32.4	83.4	2.09	
	125×250	125	250	9	14	13	45.71	35.9	412	1820	3.00	6.31	39.5	146	2.08	250×250
		125	255	14	14	13	51.96	40.8	589	1940	3.36	6.10	59.4	152	2.58	
	150×300	147	302	12	12	13	53.16	41.7	857	2760	4.01	7.20	72.3	183	2.85	300×300
		150	300	10	15	13	59.22	46.5	798	3380	3.67	7.55	63.7	225	2.47	
		150	305	15	15	13	66.72	52.4	1110	3550	4.07	7.29	92.5	233	3.04	
	175×350	172	348	10	16	13	72.00	56.5	1230	5620	4.13	8.83	84.7	323	2.67	350×350
		175	350	12	19	13	85.94	67.5	1520	6790	4.20	8.88	104	388	2.87	
	200×400	194	402	15	15	22	89.22	70.0	2480	8130	5.27	9.54	158	404	3.70	400×400
		197	398	11	18	22	93.40	73.3	2050	9460	4.67	10.1	123	475	3.01	
		200	400	13	21	22	109.3	85.8	2480	11200	4.75	10.1	147	560	3.21	
		200	408	21	21	22	125.3	98.4	3650	11900	5.39	9.74	229	584	4.07	
		207	405	18	28	22	147.7	116	3620	15500	4.95	10.2	213	766	3.68	
		214	407	20	35	22	180.3	142	4380	19700	4.92	10.4	250	967	3.90	
TM	75×100	74	100	6	9	8	13.17	10.3	51.7	75.2	1.98	2.38	8.84	15.0	1.56	150×100
	100×150	97	150	6	9	8	19.05	15.0	124	253	2.55	3.64	15.8	33.8	1.80	200×150
	125×175	122	175	7	11	13	27.74	21.8	288	492	3.22	4.21	29.1	56.2	2.28	250×175

续表

类型	型号(高度×宽度)/mm	截面尺寸/mm					截面面积/cm^2	理论质量/(kg/m)	截面特性参数							对应H型钢系列
									惯性矩/cm^4		惯性半径/cm		截面模数/cm^3		重心/cm	
		h	B	t_1	t_2	r			I_x	I_y	i_x	i_y	W_x	W_y	C_x	
TM	150×200	147	200	8	12	13	35.52	27.9	571	801	4.00	4.74	48.2	80.1	2.85	300×200
		149	201	9	14	13	41.01	32.2	661	949	4.01	4.80	55.2	94.4	2.92	
	175×250	170	250	9	14	13	49.76	39.1	1020	1820	4.51	6.05	73.2	146	3.11	350×250
	200×300	195	300	10	16	13	66.62	52.3	1730	3600	5.09	7.35	108	240	3.43	400×300
	225×300	220	300	11	18	13	76.94	60.4	2680	4050	5.89	7.25	150	270	4.09	450×300
	250×300	241	300	11	15	13	70.58	55.4	3400	3380	6.93	6.91	178	225	5.00	500×300
		244	300	11	18	13	79.58	62.5	3610	4050	6.73	7.13	184	270	4.72	
	275×300	272	300	11	15	13	73.99	58.1	4790	3380	8.04	6.75	225	225	5.96	550×300
		275	300	11	18	13	82.99	65.2	5090	4050	7.82	6.98	232	270	5.59	
	300×300	291	300	12	17	13	84.60	66.4	6320	3830	8.64	6.72	280	255	6.51	600×300
		294	300	12	20	13	93.60	73.5	6680	4500	8.44	6.93	288	300	6.17	
		297	302	14	23	13	108.5	85.2	7890	5290	8.52	6.97	339	350	6.41	
TN	50×50	50	50	5	7	8	5.920	4.65	11.8	7.39	1.41	1.11	3.18	2.95	1.28	100×50
	62.5×60	62.5	60	6	8	8	8.340	6.55	27.5	14.6	1.81	1.32	5.96	4.85	1.64	125×60
	75×75	75	75	5	7	8	8.920	7.00	42.6	24.7	2.18	1.66	7.46	6.59	1.79	150×75
	87.5×90	85.5	89	4	6	8	8.790	6.90	53.7	35.3	2.47	2.00	8.02	7.94	1.86	175×90
		87.5	90	5	8	8	11.44	8.98	70.6	48.7	2.48	2.06	10.4	10.8	1.93	
	100×100	99	99	4.5	7	8	11.34	8.90	93.5	56.7	2.87	2.23	12.1	11.5	2.17	200×100
		100	100	5.5	8	8	13.33	10.5	114	66.9	2.92	2.23	14.8	13.4	2.31	
	125×125	124	124	5	8	8	15.99	12.6	207	127	3.59	2.82	21.3	20.5	2.66	250×125

续表

类型	型号(高度×宽度)/mm	截面尺寸/mm					截面面积/cm^2	理论质量/(kg/m)	截面特性参数							对应H型钢系列
									惯性矩/cm^4		惯性半径/cm		截面模数/cm^3		重心/cm	
		h	B	t_1	t_2	r			I_x	I_y	i_x	i_y	W_x	W_y	C_x	
TN	125×125	125	125	6	9	8	18.48	14.5	248	147	3.66	2.81	25.6	23.5	2.81	250×125
	150×150	149	149	5.5	8	13	20.40	16.0	393	221	4.39	3.29	33.8	29.7	3.26	300×150
		150	150	6.5	9	13	23.39	18.4	464	254	4.45	3.29	40.0	33.8	3.41	
	175×175	173	174	6	9	13	26.22	20.6	679	396	5.08	3.88	50.0	45.5	3.72	350×175
		175	175	7	11	13	31.45	24.7	814	492	5.08	3.95	59.3	56.2	3.76	
	200×200	198	199	7	11	13	35.70	28.0	1190	723	5.77	4.50	76.4	72.7	4.20	400×200
		200	200	8	13	13	41.68	32.7	1390	868	5.78	4.56	88.6	86.8	4.26	
	225×150	223	150	7	12	13	33.49	26.3	1570	338	6.84	3.17	93.7	45.1	5.54	450×150
		225	151	8	14	13	38.74	30.4	1830	403	6.87	3.22	108	53.4	5.62	
	225×200	223	199	8	12	13	41.48	32.6	1870	789	6.71	4.36	109	79.3	5.15	450×200
		225	200	9	14	13	47.71	37.5	2150	935	6.71	4.42	124	93.5	5.19	
	237.5×150	223	150	7	13	13	35.76	28.1	1850	367	7.18	3.20	104	48.9	7.50	475×150
		237.5	151.5	8.5	15.5	13	43.07	33.8	2270	451	7.25	3.23	128	59.5	7.57	
		241	153.4	10.5	19	13	53.20	41.8	1860	575	7.33	3.28	160	75.0	7.67	
	250×150	246	150	7	12	13	35.10	27.6	2060	339	7.66	3.10	113	45.1	6.36	500×150
		250	152	9	16	13	46.10	36.2	2750	470	7.71	3.19	149	61.9	6.53	
		252	153	10	18	13	51.66	40.6	3100	540	7.74	3.23	167	70.5	6.62	
	250×200	248	199	9	14	13	49.64	39.0	2820	921	7.54	4.30	150	92.6	5.97	500×200
		250	200	10	16	13	56.12	44.1	3200	1070	7.54	4.36	169	107	6.03	
		253	201	11	19	13	64.65	50.8	3660	1290	7.52	4.46	189	128	6.00	
	275×200	273	199	9	14	13	51.89	40.7	3690	921	8.43	4.21	180	92.6	6.85	550×200

续表

类型	型号(高度×宽度)/mm	截面尺寸/mm					截面面积/cm^2	理论质量/(kg/m)	截面特性参数							对应H型钢系列
									惯性矩/cm^4		惯性半径/cm		截面模数/cm^3		重心/cm	
		h	B	t_1	t_2	r			I_x	I_y	i_x	i_y	W_x	W_y	C_x	
TN	275×200	275	200	10	16	13	58.62	46.0	4180	1070	8.44	4.27	203	107	6.89	550×200
	300×200	298	199	10	15	13	58.87	46.2	5150	988	9.35	4.09	235	99.3	7.92	600×200
		300	200	11	17	13	65.85	51.7	5770	1140	9.35	4.15	262	114	7.95	
		303	201	12	20	13	74.88	58.8	6530	1360	9.33	4.25	291	135	7.88	
	312.5×200	312.5	198.5	13.5	17.5	13	75.28	59.1	7460	1150	9.95	3.90	338	116	9.15	625×200
		315	200	15	20	13	84.97	66.7	8470	1340	9.98	3.97	380	134	9.21	
		319	202	17	24	13	99.35	78.0	9960	1160	10.0	4.08	440	165	9.26	
	325×300	323	299	12	18	18	91.81	72.1	8570	4020	9.66	6.61	344	269	7.36	650×300
		325	300	13	20	18	101.0	79.3	9430	4510	9.66	6.67	376	300	7.40	
		327	301	14	22	18	110.3	86.6	10300	5010	9.66	6.73	408	333	7.45	
	350×300	346	300	13	20	18	103.8	81.5	11300	4510	10.4	6.59	424	301	8.09	700×300
		350	300	13	24	18	115.8	90.9	12000	5410	10.2	6.83	438	361	7.63	
	400×300	396	300	14	22	18	119.8	94.0	17600	4960	12.1	6.43	592	331	9.78	800×300
		400	300	14	26	18	131.8	103	18700	5860	11.9	6.66	610	391	9.27	
	450×300	445	299	15	23	18	133.5	105	25900	5140	13.9	6.20	789	344	11.7	900×300
		450	300	16	28	18	152.9	120	29100	5320	13.8	6.42	865	421	11.4	
		456	302	18	34	18	180.0	141	34100	7830	13.8	6.59	997	518	11.3	

附表 3-7　普通螺栓规格

公称直径 d/mm	12	14	16	18	20	22	24	27	30
螺距 t/mm	1.75	2.0	2.0	2.5	2.5	2.5	3.0	3.0	3.5
中径 d_2/mm	10.863	12.701	14.701	16.376	18.376	20.376	22.052	25.052	27.727
内径 d_1/mm	10.106	11.835	13.835	15.294	17.294	19.294	20.752	23.752	26.211
计算净截面积 A_n/cm^2	0.84	1.15	1.57	1.92	2.45	3.03	3.53	4.59	5.61

注：净截面积按式 $A_n=\frac{\pi}{4}\left(\frac{d_2+d_3}{2}\right)^2$ 算得，式中 $d_3=d_1-0.1444t$ 。

附表 3-8　角钢的线距

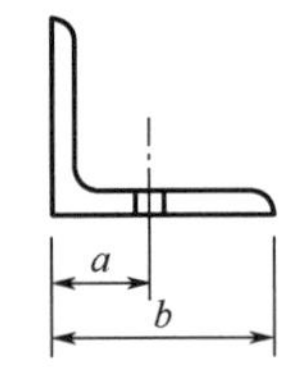

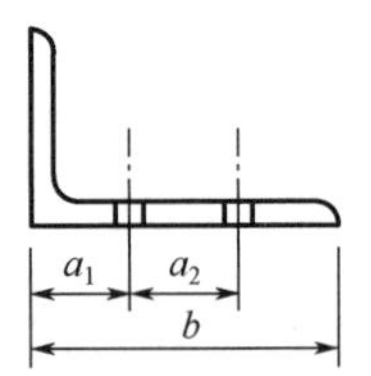

边宽 b/mm	单行排列/mm		交错排列/mm			双行排列/mm		
	a	孔的最大直径	a_1	a_2	孔的最大直径	a_1	a_2	孔的最大直径
45	25	11	—	—	—	—	—	—
50	30	13	—	—	—	—	—	—
56	30	15	—	—	—	—	—	—
63	35	17	—	—	—	—	—	—
70	40	19	—	—	—	—	—	—
75	45	21.5	—	—	—	—	—	—
80	45	21.5	—	—	—	—	—	—
90	50	23.5	—	—	—	—	—	—
100	55	23.5	—	—	—	—	—	—
110	60	25.5	—	—	—	—	—	—
125	70	25.5	55	35	23.5	—	—	—
140	—	—	60	45	23.5	55	60	19
150	—	—	60	65	25.5	60	65	21.5
160	—	—	60	65	25.5	60	70	23.5
180	—	—	—	—	—	65	80	25.5
200	—	—	—	—	—	80	80	25.5

附表 3-9　工字钢的线距

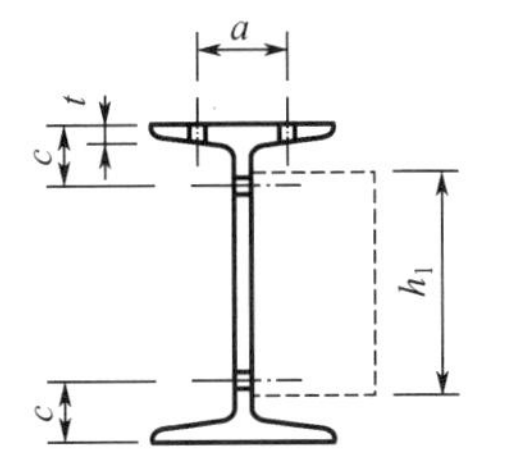

t——翼缘在规线处的厚度；

h_1——连接件的最大高度。

<table>
<tr><th colspan="7">普通工字钢</th></tr>
<tr><th rowspan="2">型号</th><th colspan="3">翼缘/mm</th><th colspan="3">腹板/mm</th></tr>
<tr><th>a</th><th>t</th><th>最大孔径</th><th>c</th><th>h_1</th><th>最大孔径</th></tr>
<tr><td>10</td><td>36</td><td>7.6</td><td>11</td><td>35</td><td>63</td><td>9</td></tr>
<tr><td>12</td><td>42</td><td>8.2</td><td>11</td><td>35</td><td>88</td><td>11</td></tr>
<tr><td>12.6</td><td>42</td><td>8.2</td><td>11</td><td>35</td><td>89</td><td>11</td></tr>
<tr><td>14</td><td>44</td><td>9.2</td><td>13</td><td>40</td><td>103</td><td>13</td></tr>
<tr><td>16</td><td>44</td><td>10.2</td><td>15</td><td>45</td><td>119</td><td>15</td></tr>
<tr><td>18</td><td>50</td><td>10.7</td><td>17</td><td>50</td><td>137</td><td>17</td></tr>
<tr><td>20a</td><td rowspan="2">54</td><td rowspan="2">11.5</td><td rowspan="2">17</td><td rowspan="2">50</td><td rowspan="2">155</td><td rowspan="2">17</td></tr>
<tr><td>20b</td></tr>
<tr><td>22a</td><td rowspan="2">54</td><td rowspan="2">12.8</td><td rowspan="2">19</td><td rowspan="2">50</td><td rowspan="2">171</td><td rowspan="2">19</td></tr>
<tr><td>22b</td></tr>
<tr><td>24a</td><td rowspan="2">64</td><td rowspan="2">13.0</td><td rowspan="2">21.5</td><td rowspan="2">60</td><td rowspan="2">187</td><td rowspan="2">21.5</td></tr>
<tr><td>24b</td></tr>
<tr><td>25a</td><td rowspan="2">64</td><td rowspan="2">13.0</td><td rowspan="2">21.5</td><td rowspan="2">60</td><td rowspan="2">197</td><td rowspan="2">21.5</td></tr>
<tr><td>25b</td></tr>
<tr><td>27a</td><td rowspan="2">64</td><td rowspan="2">13.9</td><td rowspan="2">21.5</td><td rowspan="2">60</td><td rowspan="2">216</td><td rowspan="2">21.5</td></tr>
<tr><td>27b</td></tr>
<tr><td>28a</td><td rowspan="2">64</td><td rowspan="2">13.9</td><td rowspan="2">21.5</td><td rowspan="2">60</td><td rowspan="2">226</td><td rowspan="2">21.5</td></tr>
<tr><td>28b</td></tr>
<tr><td>30a</td><td rowspan="3">68</td><td rowspan="3">14.6</td><td rowspan="3">21.5</td><td rowspan="3">65</td><td rowspan="3">243</td><td rowspan="3">21.5</td></tr>
<tr><td>30b</td></tr>
<tr><td>30c</td></tr>
<tr><td>32a</td><td rowspan="3">70</td><td rowspan="3">15.3</td><td rowspan="3">21.5</td><td rowspan="3">65</td><td rowspan="3">260</td><td rowspan="3">21.5</td></tr>
<tr><td>32b</td></tr>
<tr><td>32c</td></tr>
<tr><td>36a</td><td rowspan="3">74</td><td rowspan="3">16.1</td><td rowspan="3">23.5</td><td rowspan="3">65</td><td rowspan="3">298</td><td rowspan="3">23.5</td></tr>
<tr><td>36b</td></tr>
<tr><td>36c</td></tr>
</table>

<table>
<tr><th colspan="7">轻型工字钢</th></tr>
<tr><th rowspan="2">型号</th><th colspan="3">翼缘/mm</th><th colspan="3">腹板/mm</th></tr>
<tr><th>a</th><th>t</th><th>最大孔径</th><th>c</th><th>h_1</th><th>最大孔径</th></tr>
<tr><td>10</td><td>32</td><td>7.1</td><td>9</td><td>35</td><td>70</td><td>9</td></tr>
<tr><td>12</td><td>36</td><td>7.2</td><td>11</td><td>35</td><td>88</td><td>11</td></tr>
<tr><td>14</td><td>40</td><td>7.4</td><td>13</td><td>40</td><td>107</td><td>13</td></tr>
<tr><td>16</td><td>46</td><td>7.7</td><td>13</td><td>40</td><td>125</td><td>15</td></tr>
<tr><td>18</td><td>50</td><td>8.0</td><td>15</td><td>45</td><td>143</td><td>15</td></tr>
<tr><td>18a</td><td>54</td><td>8.2</td><td>17</td><td>45</td><td>142</td><td>17</td></tr>
<tr><td>20</td><td>54</td><td>8.3</td><td>17</td><td>50</td><td>161</td><td>17</td></tr>
<tr><td>20a</td><td>60</td><td>8.5</td><td>19</td><td>50</td><td>160</td><td>21.5</td></tr>
<tr><td>22</td><td>60</td><td>8.6</td><td>19</td><td>55</td><td>178</td><td>21.5</td></tr>
<tr><td>22a</td><td>64</td><td>8.8</td><td>21.5</td><td>55</td><td>178</td><td>21.5</td></tr>
<tr><td>24</td><td>60</td><td>9.5</td><td>19</td><td>55</td><td>196</td><td>21.5</td></tr>
<tr><td>24a</td><td>70</td><td>9.5</td><td>21.5</td><td>55</td><td>195</td><td>21.5</td></tr>
<tr><td>27</td><td>70</td><td>9.5</td><td>21.5</td><td>60</td><td>224</td><td>21.5</td></tr>
<tr><td>27a</td><td>70</td><td>9.9</td><td>23.5</td><td>60</td><td>222</td><td>23.5</td></tr>
<tr><td>30</td><td>70</td><td>9.9</td><td>23.5</td><td>65</td><td>251</td><td>23.5</td></tr>
<tr><td>30a</td><td>80</td><td>10.4</td><td>23.5</td><td>65</td><td>248</td><td>23.5</td></tr>
<tr><td>33</td><td>80</td><td>10.8</td><td>23.5</td><td>65</td><td>277</td><td>23.5</td></tr>
<tr><td>36</td><td>80</td><td>12.1</td><td>23.5</td><td>65</td><td>302</td><td>23.5</td></tr>
</table>

续表

普通工字钢						
型号	翼缘/mm			腹板/mm		
	a	t	最大孔径	c	h_1	最大孔径
40a						
40b	80	16.5	23.5	70	336	23.5
40c						
45a						
45b	84	18.1	25.5	75	380	25.5
45c						
50a						
50b	94	19.6	25.5	75	424	25.5
50c						
55a						
55b	104	20.1	25.5	80	470	25.5
55c						
56a						
56b	104	20.1	25.5	80	480	25.5
56c						
63a						
63b	110	21.0	25.5	80	546	25.5
63c						

轻型工字钢						
型号	翼缘/mm			腹板/mm		
	a	t	最大孔径	c	h_1	最大孔径
40	80	12.8	23.5	70	339	25.5
45	90	13.9	23.5	70	384	25.5
50	100	14.9	25.5	75	430	25.5
55	100	16.2	28.5	80	475	28.5
60	110	17.2	28.5	80	518	28.5
65	110	19.0	28.5	85	561	28.5
70	110	20.2	28.5	90	604	28.5
70a	120	23.5	28.5	100	598	28.5
70b	120	27.8	28.5	100	591	28.5

附录四　截面回转半径的近似值

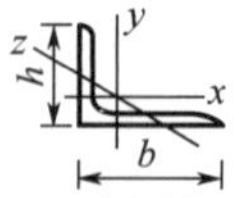

$i_x=0.30h$ $i_y=0.90b$ $i_z=0.195h$	$i_x=0.40h$ $i_y=0.21b$	$i_x=0.38h$ $i_y=0.60b$	$i_x=0.41h$ $i_y=0.22b$
$i_x=0.32h$ $i_y=0.28b$ $i_z=0.18\frac{h+b}{2}$	$i_x=0.45h$ $i_y=0.235b$	$i_x=0.38h$ $i_y=0.44b$	$i_x=0.32h$ $i_y=0.49b$

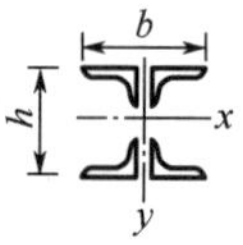

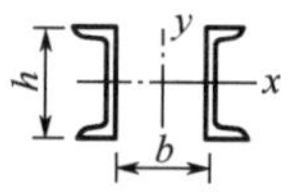

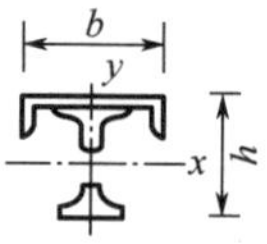

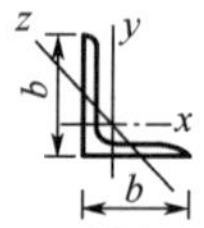

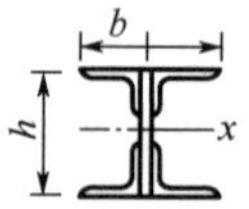

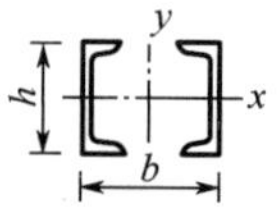

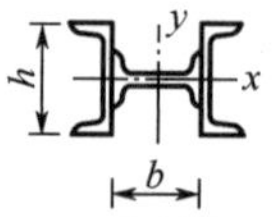

续表

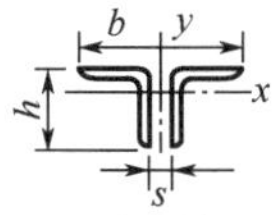 $i_x = 0.30h$ $i_y = 0.215b$	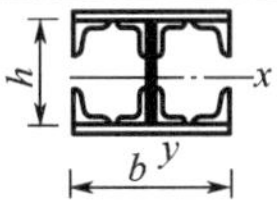 $i_x = 0.44h$ $i_y = 0.28b$	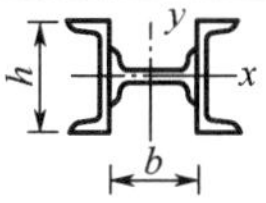 $i_x = 0.32h$ $i_y = 0.58b$	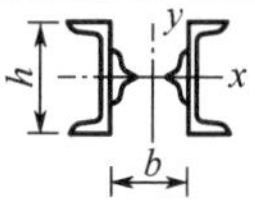 $i_x = 0.29h$ $i_y = 0.50b$
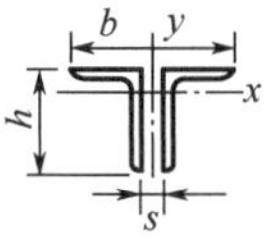 $i_x = 0.32h$ $i_y = 0.20b$	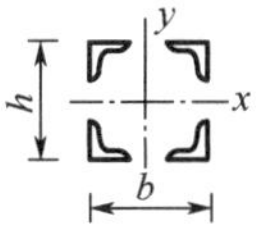 $i_x = 0.43h$ $i_y = 0.432b$	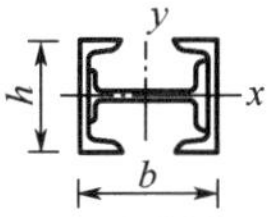 $i_x = 0.32h$ $i_y = 0.40b$	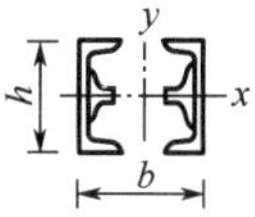 $i_x = 0.29h$ $i_y = 0.45b$
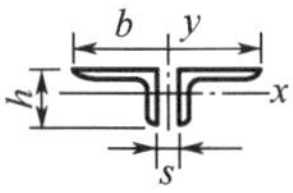 $i_x = 0.28h$ $i_y = 0.24b$	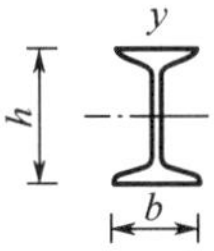 $i_x = 0.39h$ $i_y = 0.20b$	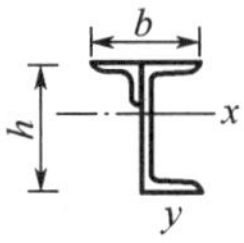 $i_x = 0.38h$ $i_y = 0.21b$	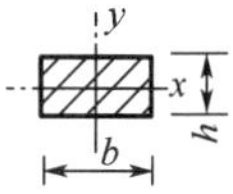 $i_x = 0.29h$ $i_y = 0.29b$
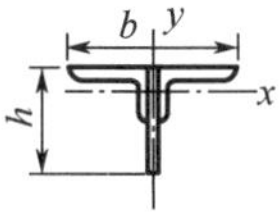 $i_x = 0.30h$ $i_y = 0.17b$	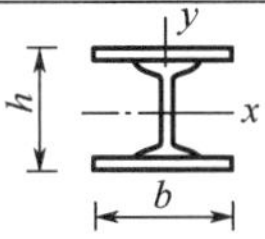 $i_x = 0.42h$ $i_y = 0.22b$	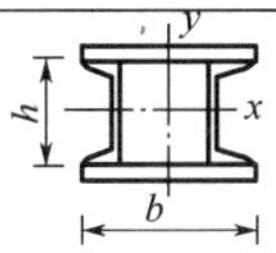 $i_x = 0.44h$ $i_y = 0.32b$	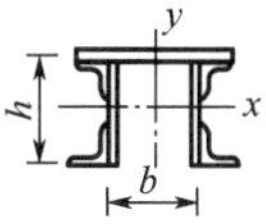 $i_x = 0.39h$ $i_y = 0.53b$
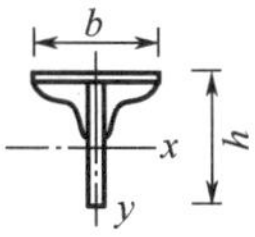 $i_x = 0.28h$ $i_y = 0.21b$	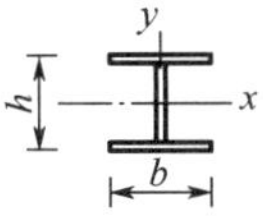 $i_x = 0.43h$ $i_y = 0.24b$	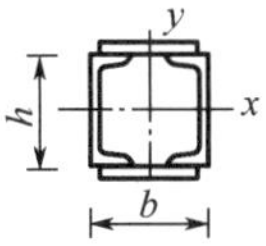 $i_x = 0.44h$ $i_y = 0.38b$	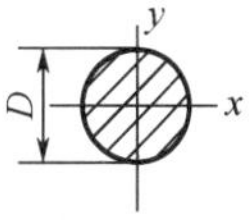 $i = 0.25d$
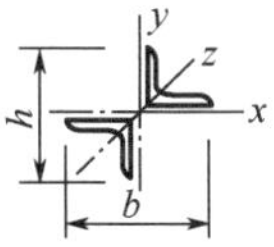 $i_x = 0.21h$ $i_y = 0.21b$ $i_z = 0.185h$	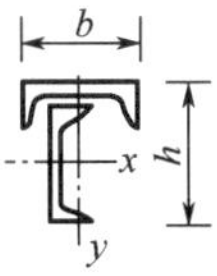 $i_x = 0.365h$ $i_y = 0.275b$	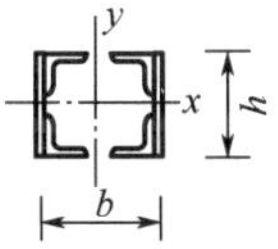 $i_x = 0.37h$ $i_y = 0.54b$	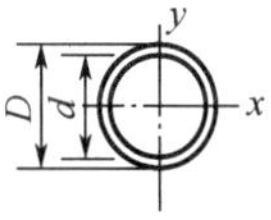 $i = 0.35\frac{d+D}{2}$
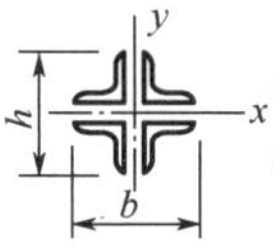 $i_x = 0.21h$ $i_y = 0.21b$	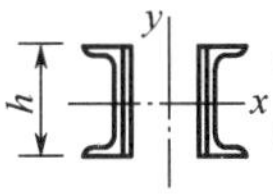 $i_x = 0.35h$ $i_y = 0.56b$	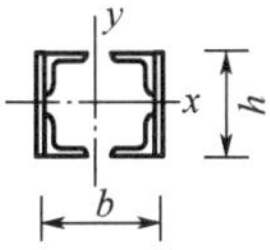 $i_x = 0.37h$ $i_y = 0.45b$	
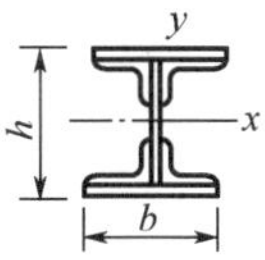 $i_x = 0.45h$ $i_y = 0.24b$	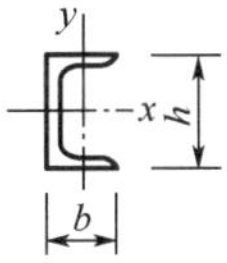 $i_x = 0.39h$ $i_y = 0.29b$	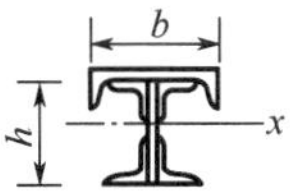 $i_x = 0.40h$ $i_y = 0.24b$	

参 考 文 献

郭健，苏彦江，刘苗，等，2022. 钢结构设计原理[M]. 北京：人民交通出版社.
刘鸿文，2017. 材料力学：I[M]. 6版. 北京：高等教育出版社.
杨娜，2022. 钢结构设计原理[M]. 2版. 北京：国家开放大学出版社.
张耀春，2020. 钢结构设计原理[M]. 2版. 北京：高等教育出版社.

后　　记

经全国高等教育自学考试指导委员会同意，由土木水利矿业环境类专业委员会负责高等教育自学考试教材《钢结构(2024 年版)》的审定工作。

本教材由哈尔滨工业大学王玉银教授、郭兰慧教授、耿悦教授任主编，哈尔滨工业大学高山副教授、苏安第教授任副主编。全书由王玉银教授统稿。

本教材由北京工业大学张爱林教授任主审，天津大学丁阳教授和哈尔滨工业大学邵永松教授参审。他们对教材进行了认真的审阅并提出了修改意见，谨向他们表示诚挚的谢意。

土木水利矿业环境类专业委员会最后审定通过了本教材。

全国高等教育自学考试指导委员会

土木水利矿业环境类专业委员会

2023 年 12 月